China Building Materials Press

我们提供

图书出版、图书广告宣传、企业/个人定向出版、设计业务、企业内刊等外包、代选代购图书、团体用书、会议、培训，其他深度合作等优质高效服务。

编辑部	宣传推广	出版咨询	图书销售	设计业务
010-88385207	010-68361706	010-68343948	010-88386906	010-68361706

邮箱：jccbs-zbs@163.com   网址：www.jccbs.com.cn

发展出版传媒　服务经济建设

传播科技进步　满足社会需求

湖北统领科技集团有限公司

Hu Bei Tong Ling Technology Group Limited Liability Company

湖北统领科技集团有限公司位于湖北省襄阳市，成立于2002年，公司注册资金5000万元，是以复合多功能水泥助磨剂、混凝土系列外加剂为主导产业，以塑胶管材管件、食用油生产和销售为双翼的多元化集团公司。现为中国水泥协会理事单位、水泥助磨剂分会副会长单位、世界杰出华商新能源协会副会长单位、世界杰出华商协会理事长单位、襄阳市创新型试点企业、襄阳市上市后备企业、国家高新技术企业，拥有"湖北省校企研发中心"。

公司目前已发展到6家分(子)公司和2家专业材料生产基地，达到年产液体水泥助磨剂15万吨、粉体水泥助磨剂5万吨、混凝土系列减水剂3万吨的生产能力。2007年，公司首开行业先河，实行校企联姻，与武汉理工大学合作成立"武汉理工大学·统领公司助磨剂研究所"，并与中国建筑材料科学研究总院、西安科技大学、湖北文理学院建立密切的合作关系，为公司科研提供专业的技术培训服务和关键技术的联合攻关。自2006年以来，公司成功开发出TL-T系列液体复合高效水泥助磨剂、TL-A系列粉体复合多功能水泥助磨剂、早强剂、缓凝剂、TL-J系列混凝土减水剂、TL-K型矿渣专用助磨剂、TL-TB白水泥专用助磨剂、TL-C石灰石专用助磨剂等。这些产品对水泥厂提高水泥早期强度、保持水泥后期强度正常发挥、调整水泥凝结时间、改善水泥稳定性、增强助磨功能、改善水泥流动性能等方面起到了很大的作用，为水泥企业降低了生产成本，提高了经济效益。

公司拥有9项商标、7项专利和3项科技成果奖励，顺利通过国家CTC产品质量认证、ISO 9001质量管理体系认证、ISO 14001环境管理体系认证、GB/T 28001职业健康安全管理体系认证和中国环境标志认证等。统领产品已跻身"全国水泥助磨剂十大名优品牌""中国最具节能减排产品""全国用户最满意产品"等。公司被评为"全国水泥助磨剂十强企业""水泥行业优秀供应商企业""十大诚信品牌企业""中国质量信用AAA级企业""绿色建材诚信供应商企业"等荣誉称号。

统领集团总部地址：湖北 襄阳

全 国 免 费 热 线：400-626-5056

传真：0710-3574999

网址：http://www.tljt.com.cn

http://www.tonglingjituan.com

统领集团河南分公司 销售电话：15938027137

统领集团陕西分公司 销售电话：15971039699

统领集团江西分公司 销售电话：15179095999

统领集团重庆分公司 销售电话：15826252666

统领集团新疆分公司 销售电话：18699160236

统领集团云南分公司 销售电话：15108722816

空气链式输送机

（充气FU或水平空气输送槽）

专利名称：粉状物料链式空气输送机　专利号：新型实用ZL2013 2 011 6889.0

粉料水平输送重大突破，每小时可达1200m³

一、简介

空气链式输送机是一种组合式粉料输送设备，它是在传统的链式输送机壳体底部加装充气箱，利用高压空气把壳体内粉料气化而使内摩擦降低，这样壳体内的气化物料在较小的输送链条和传动能耗下，即可实现大输送量的效果，从而实现节能降耗的目的。可广泛应用于库顶、库底、码头以及粉料的长距离输送。

二、特点

1. 输送量大，动力消耗小，比同规格的FU链运机节电50%以上，可与空气输送斜槽电耗相媲美。
2. 可水平或小角度向下输送。
3. 运行费用低，为同规格FU链运机的5%～10%。
4. 可对现有的FU链运机进行技术改造。

三、链式空气输送机的输送功能和功耗

型号	长度	0-10	10-20	20-30	30-40	40-50	50-60	输送量
FUK400	轴功率（kW）	2.2	3	4	5.5	7.5	11	120 m³/h
FUK400	风机功率（kW）	1.5	2.2	3	4	5.5	7.5	120 m³/h
FUK630	轴功率（kW）	4	5.5	7.5	11	15	18.5	350 m³/h
FUK630	风机功率（kW）	3	4	5.5	7.5	11	15	350 m³/h
FUK1000	轴功率（kW）	7.5	11	15	18.5	22	30	1200 m³/h
FUK1000	风机功率（kW）	5.5	7.5	11	15	18.5	22	1200 m³/h

四、空气链式输送机近期用户

智海企业集团榆次有限公司　安徽省振华工贸股份有限公司　陕西昌荣建材配制有限公司三原分公司

山西天王台建材集团有限公司　湖南邵东县峦峰水泥有限公司

五、公司其他创新产品

气力与机械复合混料机　　（专利号：实用新型ZL201220615946.1）

气化沉淀式水泥除铁（渣）器　（专利号：实用新型ZL201020156435.2）

山西龙舟输送机械有限公司/ISO9001质量管理体系认证企业

董事长兼总经理：张天兵　（0）13903486037　　销售电话：0359-8798950

传真：0359-8798850　　地　址：山西省绛县古绛镇南路村　邮政编码：043600

http://www.sxlz.net　　邮　箱：sxlznet@163.com

水泥工程 ® 伴你同行

中国水泥行业标准汇编

本社组编

中国建材工业出版社

图书在版编目(CIP)数据

中国水泥行业标准汇编/中国建材工业出版社编.
—北京:中国建材工业出版社,2014.10
ISBN 978-7-5160-0352-7

I.①中…　II.①中…　III.①水泥工业—行业标准—
汇编—中国　IV.①TQ172-65

中国版本图书馆 CIP 数据核字(2012)第 312251 号

中国水泥行业标准汇编
本社组编

出版发行:中国建材工业出版社
地　　址:北京市海淀区三里河路 1 号
邮　　编:100044
经　　销:全国各地新华书店
印　　刷:北京雁林吉兆印刷有限公司
开　　本:787mm×1092mm　1/16
印　　张:46
字　　数:1424 千字
版　　次:2014 年 10 月第 1 版
印　　次:2014 年 10 月第 1 次
定　　价:689.00 元

本社网址:www.jccbs.com.cn　　微信公众号:zgjcgycbs
本书如出现印装质量问题,由我社发行部负责调换。联系电话:(010)88386906
广告经营许可证号:京西工商广字第 8143 号

出版说明

　　水泥在建材行业中占有举足轻重的地位,然而目前水泥行业正面临着产业升级、结构调整和优化存量等严峻问题,更多的水泥企业需要进一步研究学习,寻求企业生存和长远发展的根本之路。水泥标准是企业必备的案头工具书,但水泥行业涉及的标准繁多,加之单册标准比较分散,不易保存和查询,于是我们将中国水泥行业 80 余个现行行业标准汇集成册统一出版。主要包括水泥通用标准、水泥机械、质量检验等几大方面。将中国水泥行业标准整合汇编,在实用的基础上,又对早期汇编的全面性和最新性进行了刷新,便于使用者查询参考,助力企业实践,更好地服务于行业。

　　本书内容全面实用,适于水泥生产企业、水泥机械企业、质量检验机构等水泥相关企业的技术人员使用。

目　录

目　录

目　录

ICS 91-110

Q 92

备案号:20861—2007

JC

中华人民共和国建材行业标准

JC/T 821—2007

代替 JC/T 821—1988(1996)

水泥工业用熟料输送机

The clinker conveyer for cement industry

2007-05-29 发布   2007-11-01 实施

中华人民共和国国家发展和改革委员会   发 布

1

前　言

本标准是对 JC/T 821—1988(1996)进行的修订。

本标准自实施之日起代替 JC/T 821—1988(1996)。

本标准与 JC/T 821—1988(1996)相比主要变化如下：

——增加了标准的范围；

——增加了规范性引用文件目录；

——增加了产品的型式基本参数(JC/T 821—1988(1996)的第1章，本版的第3章)；

——修订了技术要求(JC/T 821—1988(1996)的第2章，本版的第4章)；

——增加了整机性能(本版的4.2)；

——修改了料斗的型式、链条和滚轮的装配位置(JC/T 821—1988(1996)的2.2.5；本版的4.3.5)；

——增加了链轮的结构型式和材质的品种(ZB Q 92003—1988 的 2.2.3，本版的4.3.6)；

——增加了轴套材质的品种(ZB Q 92003—1988 的 2.2.3，本版的4.3.3)。

本标准由中国建筑材料工业协会提出。

本标准由国家建筑材料工业机械标准化技术委员会归口。

本标准负责起草单位：中国建筑材料工业建设总公司上饶机械厂、中国建材装备有限公司。

本标准参加起草单位：天津水泥工业设计院、杭州洪宝输送机械有限公司、国家建筑材料工业建材机械产品质量监督检验测试中心、建筑材料工业技术监督研究中心。

本标准主要起草人：彭明德、刘志福、梁云玲、储晓敏、邹积玉、甘向晨、穆惠民。

本标准的历次发布情况为：

——ZB Q 92003—1988；

——JC/T 821—1988(1996)。

水泥工业用熟料输送机

1 范围

本标准规定了熟料输送机的型式、基本参数、技术要求、试验方法、验收规则及标志、包装、运输和贮存。

本标准适用于水泥工业用熟料输送机(以下简称输送机),也适用于输送粒度不大于150mm,温度不大于200℃的干性物料。

2 规范性引用文件

下列文件中的条款通过本标准的引用而成为本标准的条款。凡是注日期的引用文件,其随后所有的修改单(不包括勘误的内容)或修订版均不适用于本标准,然而,鼓励根据本标准达成协议的各方研究是否可使用这些文件的最新版本。凡是不注日期的引用文件,其最新版本适用于本标准。

GB/T 699　优质碳素结构钢　技术条件

GB/T 1184—1996　形状与位置公差未注公差值

GB/T 1222—1984　弹簧钢

GB/T 1239.4—1989　热卷圆柱螺旋弹簧　技术条件

GB/T 1804—2000　一般公差　线性尺寸的未注公差

GB/T 3077　合金结构钢技术条件

GB/T 9439　灰铸铁件

GB/T 11352　一般工程用铸造碳钢件

GB/T 12361—2003　钢质模锻件　通用技术条件

GB/T 13306　标牌

JC/T 402—2006　水泥机械涂漆防锈技术条件

JC/T 406　水泥机械包装技术条件

JC/T 532　建材机械钢焊接件通用技术条件

3 型式、基本参数

3.1 滚轮

滚轮的支承轴承为滚动轴承。

3.2 输送机型号定义示例

示例:

3.3 基本参数

基本参数见表1。

表1 整机性能及工艺参数

参数名称		单位	规格型号 SDB(D)、SCB(D)						
			500	630	800	1000	1200	1400	1600
输送量		t/h	30~65	80~105	125~170	220~250	280~300	330~350	400~450
物料容量		t/m³	1.45						
链条节距		mm	250						
最大输送高度		m	65			60			
最大倾斜角度		°	55						
料斗	宽度	mm	500	630	800	1000	1200	1400	1600
	斗速	m/s	0.25~0.35						
电动机功率		kW	7.5~11	45~55	55~75	75~90	90~110	132	165
钢轨型号	上	kg/m	15	22	22	24	24	30	30
	下	kg/m	11	15	15	22	22	24	24

4 技术要求

4.1 基本要求

4.1.1 输送机应符合本标准的要求,并按照经批准的图样和技术文件制造。凡本标准、图样和技术文件未规定的技术要求,按建材机械标准和重型机械标准的有关通用技术条件的规定制造。

4.1.2 图样上未注公差,按 GB/T 1804—2000 的规定执行,其中机械加工尺寸按 m 级,焊接件非加工尺寸按 c 级。

4.1.3 未注形位公差的金属切削加工面,按 GB/T 1184—1996 的 L 级公差制造。

4.1.4 型钢在焊前必须进行矫正,矫正后应符合 JC/T 532 的规定。

4.1.5 易损件及备用件的相应配合尺寸应做到互换。

4.1.6 产品构件的外表面应平整,不得有明显的凹凸不平等影响外观质量的缺陷。

4.1.7 铸件应符合 GB/T 9439 和 GB/T 11352 的规定。

4.1.8 锻件应符合 GB/T 12361 的规定。

4.1.9 设备中使用的材料,45 钢应符合 GB/T 699 的规定,40Cr 应符合 GB/T 3077 的规定。

4.2 整机性能

4.2.1 整机运行平稳,头部与链条啮合无异常冲击声。

4.2.2 整机连续年运转率不得低于 95%。

4.2.3 大修周期(除易损件外)50000h 以上。

4.3 主要零部件技术要求

4.3.1 链板

4.3.1.1 板链材料用 45 钢或 40Mn2,热处理硬度为 210~240HB。锻造链材料用 40Cr 或 40Mn2,热处理硬度为 280~320HB。

4.3.1.2 表面不应有凹痕、夹渣、结疤及其他缺陷,也不允许焊补。

4.3.1.3 与销轴(轴套)配合孔的两孔间距极限偏差为 ±0.18mm。

4.3.2 销轴

板链中的销轴材料采用 45 钢或 40Cr,调质后表面淬火,深度为 2~3mm。采用 45 钢时,硬度为 40~45HRC;采用 40Cr 时,硬度为 45~50HRC。

锻造链中的销轴材料用 50Mn 或 40Cr,调质后表面淬火,深度为 3~4mm,硬度为 50~55HRC。

4.3.3 轴套

板链中的轴套,材料用 45 钢或 40Cr,整体淬火,深度为 2mm~3mm,硬度为 45~50HRC。

锻造链中的轴套,材料用20CrMnTi或20CrMo,调质后渗碳、淬火回火,深度为1.7~2.2mm,硬度为58~62HRC。

4.3.4 滚轮

4.3.4.1 材料不低于 ZG 310—570。

4.3.4.2 调质处理,硬度 280~320HB。

4.3.5 料斗和料槽

料斗和料槽的示意图见图1,尺寸偏差见表2。

表 2 尺寸偏差表 单位为毫米

料　斗			料　槽		
$a \pm 2$	b^{0}_{-2}	$c \pm 1$	$a \pm 0.5$	$b \pm 0.5$	$c \pm 1$
$d \pm 2$	$e \pm 0.3$	$f \pm 1$	$d \pm 1$	$e \pm 0.3$	$f \pm 0.3$
$g \pm 0.5$	$k \pm 0.5$	—	$g \pm 1$	$h \pm 1$	$k \pm 0.5$
—	—	—	$m \pm 0.3$	$n \pm 0.3$	—

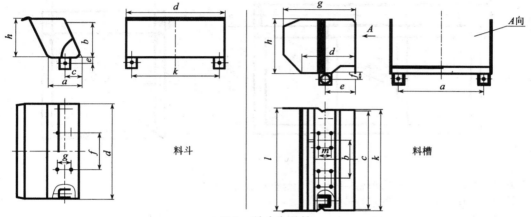

图 1 料斗和斜槽

4.3.6 链轮

4.3.6.1 链轮有整体式和分体式,优先采用分体式。分体式头部链轮齿圈的材料,有 ZG 42 SiMn 和锻钢 40 Cr 两种;分体式尾部链轮的材料,有 ZG 42 SiMn 或 ZG 310—570。分体式轮毂材料不低于 ZG 310—570。

4.3.6.2 链轮齿圈调质处理,齿面淬火硬度45~55HRC,淬硬层深度不小于5mm。

4.3.6.3 铸件不得有裂纹和影响强度的砂眼、缩孔等铸造缺陷,锻件不得有裂纹、夹碴和影响强度的皱纹等锻造缺陷。铸锻件齿面都不得有影响使用性能的缺陷。

4.3.7 头尾链轮轴

4.3.7.1 材料应不低于45钢。

4.3.7.2 头轮轴调质处理,硬度为217~255HB。

4.3.8 张紧弹簧

4.3.8.1 应符合 GB/T 1239.4—1989 中2级精度的要求。

4.3.8.2 材料不应低于 GB 1222 中60 Si2 Mn的规定。

4.3.9 支架(见图2)

4.3.9.1 上、下轨道间距 a 的极限偏差为 0^{+4} mm。

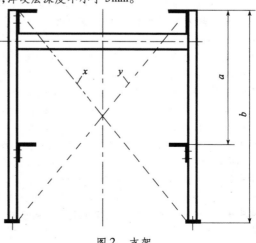

图 2 支架

4.3.9.2 上托板平面至支架底面间距 b 的极限偏差为 b_{-5}^{0} mm。

4.3.9.3 同一平面内,两对角线(x 与 y)之差不大于 5mm。

4.3.10 尾架(见图3、图4)

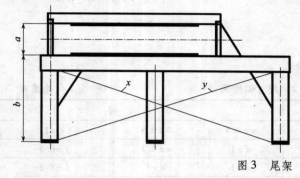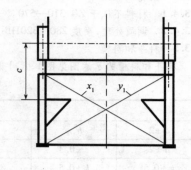

图 3 尾架

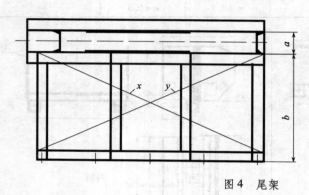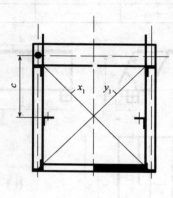

图 4 尾架

4.3.10.1 置放轴承座的上下滑轨应平行,尺寸的极限偏差为 a_{0}^{+1} mm,b_{-3}^{0} mm。

4.3.10.2 两轴承的下滑轨高低差和平面度公差为 1mm。

4.3.10.3 上、下轨道托板间距的极限偏差为 c_{0}^{+4} mm。上托板平面至支架底面间距的极限偏差为 d_{-5}^{0} mm。

4.3.10.4 同一平面内,两对角线(x 与 y、x_1 与 y_1)之差不大于 5mm。

4.4 装配技术要求

4.4.1 零部件要求

所有零部件必须检验合格后方可进行装配。

4.4.2 传动装置

传动装置组装后,空车试运转2h无故障。

4.4.3 头部装置

4.4.3.1 两驱动链轮对头架中心线的对称度公差为 3mm。

4.4.3.2 驱动链轮轮齿所在平面与头轮轴中心线的垂直度公差为 1mm。

4.4.3.3 两轴承中心高的差值不大于其间距的 1/1000。

4.4.3.4 头部装置组装后,链轮用手转动应灵活。

4.4.4 尾部装置

4.4.4.1 两尾部链轮对尾架中心线的对称度公差为 3mm。

4.4.4.2 两链轮轮齿所在平面与尾轴中心线的垂直度公差为 1mm。

4.4.4.3 两轴承中心高的差值不大于其间距的 1/1000。

4.4.4.4 轴承在滑轨上滑动应当轻便,不应有卡阻现象。

4.4.4.5 尾部装置组装后,链轮应能用手灵活转动。

4.4.5 运行部分

4.4.5.1 链条组装时要对内外链板的孔距进行测量。孔距一致或接近的为一对,装在同一节距内。每10节链条为一组,其总长极限偏差为±2mm。

4.4.5.2 锻链组装后,各节点的转动角度为±40°。

4.4.5.3 滚轮组装后,用手转动应灵活。

4.5 安装技术要求

4.5.1 头部装置和尾部装置

4.5.1.1 两轴承中心高的差值不大于其间距的1/1000。

4.5.1.2 头、尾轴中心线对输送机纵向中心线的垂直度公差为两轴承间距的1/1000。

4.5.1.3 头部及尾部两链轮对输送机纵向中心线的对称度公差为1mm。

4.5.2 支架

4.5.2.1 支架中心线对输送机纵向中心线的偏移值不超过2mm。

4.5.2.2 两相邻支架的上轨道托板平面在垂直基础方向上的差值不超过其间距的1/1000,在输送机全长上不大于5mm。

4.5.2.3 支架的两个轨道托板平面的相对高差不超过轨距的1/1000。

4.5.2.4 支架门框所在平面对输送机纵向中心线的垂直度公差为支架宽的1/500。

4.5.3 轨道

4.5.3.1 钢轨在安装前必须校直,直线度公差为测量长度的1/1000,全长不超过3mm。

4.5.3.2 各条钢轨的接头位置应错开,错开距离不得为链板节距的整倍数。

4.5.3.3 一节轨道不得少于两个支架支承。

4.5.3.4 同一水平面上两条平行轨道对输送机中心线的对称度公差为2mm,轨距极限偏差为±2mm。

4.5.3.5 接头处水平错位不大于1mm,高低差不大于0.5mm。

4.5.3.6 接头处间隙为3～6mm。

4.5.4 运行部分

4.5.4.1 料斗(槽)安装后,不得歪斜。

4.5.4.2 运行时料斗的搭接部分不得相碰。

4.5.4.3 链条装配时,经选择使两边链条的总长度差值不大于8mm。

4.5.4.4 所有滚轮与轨道应均匀接触。

4.6 产品涂漆、防锈要求

产品涂漆应符合JC/T 402的规定。

5 检验规则

5.1 检验分类

检验分为出厂检验和型式检验。

5.2 出厂检验

产品零部件应经制造厂检验部门逐件检验,外购件、外协件应符合有关标准的规定,并且有合格证和相关的检验结果方可出厂。

5.3 现场试车验收

现场安装后,空车试运转4h,轴承和减速机温升不大于30℃;负载试运转4h,轴承和减速机温升不大于40℃。

5.4 型式检验

5.4.1 有下列情况时应进行型式检验:

a)新产品试制或首台;

b)结构设计采用材料和制造工艺有较大改变,并且可能影响产品性能时;

c)投入批量生产后,应定期进行检验;

d)长期停产后,重新恢复生产时;

e)出厂检验结果与前一次型式检验有明显差异时。

5.4.2 型式检验项目为标准规定的全部技术要求。

5.5 判定规则

5.5.1 出厂检验项目按本标准5.2规定的项目进行检验,检验合格,判定该台产品为合格;检验不合格,判定该产品为不合格。

5.5.2 型式检验的样品从出厂检验合格的产品中抽取,每次一台,型式检验中如有不合格项目出现,允许加倍抽样对不合格项目复检,复检中仍有不合格,则判定该台产品为不合格。

6 标志、包装、运输和贮存

6.1 产品应在明显的位置固定产品的标牌,并标明下列内容:

 a)产品的名称、型号及标准代号;

 b)主要技术参数;

 c)出厂编号;

 d)出厂日期;

 e)制造厂名称。

6.2 包装、运输和贮存

6.2.1 产品包装应符合 JC/T 406 的规定。

6.2.2 输送机在安装使用前,制造厂和用户均须将零件妥善保管,防止锈蚀、损坏和变形。

6.3 技术文件

 随机附带的技术文件包括:

 a)装箱单;

 b)产品合格证;

 c)产品安装使用说明书;

 d)产品安装图、基础图、主要部件图等。

ICS 91-110

Q 92

备案号:20861—2007

JC

中华人民共和国建材行业标准

JC/T 360—2007
代替 JC/T 360—1985(1996)

水泥工业用旋风式选粉机

Whirlwind air separator for cement industry

2007-05-29 发布

2007-11-01 实施

中华人民共和国国家发展和改革委员会　发布

前　言

本标准是对 JC/T 360—1985（1996）《水泥工业用旋风式选粉机》的修订。

本标准自实施之日起代替 JC/T 360—1985（1996）《水泥工业用旋风式选粉机》。

本标准与 JC/T 360—1985（1996）相比主要的技术内容变化如下：

——对规范性引用文件进行了修订与增补；

——对产品基本参数中部分条款进行了重新修改界定；

——对技术要求中部分条款进行了重新修改界定；

——对试验方法中部分条款进行了重新修改。

请注意本标准的某些内容有可能涉及专利。本标准的发布机构不应承担识别这些专利的责任。

本标准由中国建筑材料工业协会提出。

本标准由国家建筑材料工业机械标准化技术委员会归口。

本标准负责起草单位：中材国际南京水泥工业设计研究院、中国建材装备有限公司。

本标准参加起草单位：江苏鹏飞集团股份有限公司、上海建设路桥机械设备有限公司。

本标准主要起草人：吴涛、景国泉、贵道林、王奕成、穆惠民。

本标准所代替标准的历次版本发布情况为：

——JC/T 360—1985（1996）。

水泥工业用旋风式选粉机

1 范围

本标准规定了水泥工业用旋风式选粉机(以下简称选粉机)的产品分类、技术要求、试验方法、检验规则及标志、包装、运输和贮存。

本标准适用于对粉状物料分选的选粉机,主要适用于水泥工业的水泥、生料等圈流粉磨系统,其他行业亦可参照执行。

2 规范性引用文件

下列文件中的条款通过本标准的引用而成为本标准的条款。凡是注日期的引用文件,其随后所有的修改单(不包括勘误的内容)或修订版均不适用于本标准,然而,鼓励根据本标准达成协议的各方研究是否可使用这些文件的最新版本。凡是不注日期的引用文件,其最新版本适用于本标准。

GB/T 699—1999 优质碳素结构钢
GB/T 700—1998 碳素结构钢
GB/T 1184—1996 形状和位置公差 未注公差值
GB/T 1804—2000 一般公差 未注公差的线性和角度尺寸的公差
GB/T 11334 圆锥公差
GB/T 11352 一般工程用铸造碳钢件
GB/T 11365 锥齿轮和准双曲面齿轮 精度
GB/T 13306 标牌
JB/T 8853 圆柱齿轮减速器
JC/T 402 水泥机械涂漆防锈技术条件
JC/T 406 水泥机械包装技术条件
JC/T 532 建材机械钢焊接件通用技术条件

3 产品分类

选粉机型号及基本参数见表1。

表1

项目		单位	××15	××20	××25	××28	××30	××40
选粉室直径		m	1.5	2.0	2.5	2.8	3.0	4.0
旋风筒	直径	m	0.65	0.96	1.10	1.00	1.30	1.75
	数量	个	6			8		6
生产能力	生料	t/h	14~17	25~30	40~46	50~58	59~68	103~120
	水泥	t/h	9~11	16~20	25~31	32~38	38~45	65~80
回转部分	主轴转速	r/min	190~390	160~300	120~250	110~220	90~195	80~175
	电动机功率	kW	5.5	7.5	11	15	18.5	75
配用风机	风量	m³/h	23000	38000	68000	73000	91000	170000
	风压	kPa	2.65	2.65	2.65	2.65	2.65	2.65
	功率	kW	22	40	75		90	160

注:生产能力系指:水泥比表面积为320m²/kg~360m²/kg。生料为0.08mm筛筛余8%~10%时的生产能力。

4 技术要求

4.1 基本要求

4.1.1 旋风式选粉机应符合本标准的要求,并按照规定程序批准的图样及技术文件制造。凡是本标准和图样、技术文件未规定的技术要求,按建材机械行业标准和重型机械行业标准的有关通用技术条件的规定制造。

4.1.2 图样中未注公差尺寸的极限偏差,应符合 GB/T 1804—2000 的规定。

4.1.3 未注形位公差的配合圆柱面的圆度、圆柱度公差为直径公差之半。

4.1.4 未注公差的配合圆锥面的角度公差按 GB/T 11334 中的 8 级精度制造。

4.1.5 未注形位公差的轴、轮毂的键槽宽度对其轴心线的对称度公差按 GB/T 1184—1996 中的 8 级精度制造。

4.1.6 焊缝质量应符合 JC/T 532 中的有关规定。

4.1.7 内部有气体流通的零部件的焊缝和法兰连接处不应有漏风现象。

4.1.8 所有联接法兰的螺栓孔位置应准确,其偏差不得影响螺栓的顺利装配。

4.1.9 产品结构件的外表面应平整,不应有显著的锤痕、凸凹不平等影响外观质量的缺陷。

4.2 主要零件技术要求

4.2.1 主轴

4.2.1.1 材料应不低于 GB/T 699—1999 有关 45 号钢的规定;经调质处理后硬度为 HB 217—2550。

4.2.1.2 与轴承相配合轴径对轴心线的径向圆跳动公差值和轴径的圆柱度公差值应符合表 2 的规定。

4.2.1.3 与撒料盘相配合的圆锥面对轴心线的斜向圆跳动公差值应符合表 2 的规定。

表 2   单位为毫米

直径	>18~30	>30~50	>50~80	>80~120	>120~180	>180~250	>250~315
同轴度公差、圆跳动公差	0.025	0.030	0.040		0.050		0.060
圆柱度公差	0.009	0.011	0.013	0.015	0.018	0.020	0.023

4.2.2 套筒

4.2.2.1 材料应不低于 GB/T 11352 中有关 ZG 270—500 的规定。铸件须经退火处理。

4.2.2.2 与径向轴承相配合的两端内孔,其同轴度、圆柱度公差值应符合表 2 的规定。

4.2.2.3 支承推力轴承的平面对轴心线的垂直度公差值在 100mm 直径上为 0.04mm。

4.2.3 风叶盘

4.2.3.1 材料应不低于 GB/T 700—1998 中有关 Q235A 钢的规定。

4.2.3.2 风叶盘装风叶杆的平面,其平面度公差值为 1mm。

4.2.4 风叶

4.2.4.1 材料应不低于 GB/T 700—1998 中有关 Q235A 钢的规定。

4.2.4.2 风叶周边的表面粗糙度不得低于争$\sqrt{}^{25}$。

4.2.4.3 全部风叶中任意两个的重量之差不得大于设计单重的 4%。

4.2.4.4 风叶的平面度公差值在 100mm×500mm 上为 0.5mm。

4.2.5 减速器

4.2.5.1 减速器的技术要求应符合 JB/T 8853 的有关规定。其中机体、机盖上安装圆锥齿轮轴的孔轴心线不相交性公差值和轴线夹角的极限偏差值应符合表 3 的规定。

表 3   单位为毫米

锥距	>120~200	>200~320	>320~500
轴心线不相交性公差	—	0.022	0.028
轴线夹角的极限偏差	±0.080	±0.095	±0.011

4.2.5.2 圆锥齿轮的材料应符合图样要求,其制造精度应符合 GB/T 11365 的规定。

4.2.6 壳体

4.2.6.1 壳体中,所有圆筒状零件的周长公差为 $0.2\%D$(D 为零件内径),但相结合的两圆筒状零件的周长差不大于 $0.15\%D$。圆筒状零件同一断面上最大直径与最小直径之差应小于 $0.25\%D$;接口处棱角 E(见图1)的允许值应符合表4的规定。

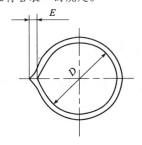 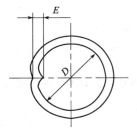

图 1

表 4 　　　　　　　　　　　　　　　　　　单位为毫米

内径 D	>300~1500	>1500~3000	>3000~5000
棱角 E	≤2	≤2.5	≤3

4.2.6.2 圆筒状零件两端法兰平面的平行度公差值在每米直径上为 1.5mm,但在全长上不得大于 4mm。法兰平面对轴心线的垂直度公差值在每米直径上为 1mm。

4.2.7 旋风筒

旋风筒的技术要求同 4.2.6.1。

4.3 装配技术要求

4.3.1 减速器

4.3.1.1 用手转动高速轴,必须轻快灵活,无卡滞现象。

4.3.1.2 在轻微制动下转动数转后,圆柱齿轮的轮齿表面接触斑点按齿高度不少于45%,按齿长度不少于60%;圆锥齿轮轮齿表面的接触斑点,按齿高度不少于60%,按齿长度不少于60%。

4.3.1.3 圆柱齿轮和圆锥齿轮传动的最小侧隙,应符合表5的规定。

表 5 　　　　　　　　　　　　　　　　　　单位为毫米

中心距(锥距)	>120~200	>200~320	>320~500
圆柱、圆锥齿轮传动侧隙	≤0.17	≤0.21	≤0.26

4.3.1.4 轴承内环必须紧贴轴肩或定距环,用 0.05mm 塞尺检查不得通过。

4.3.2 回转部分

4.3.2.1 回转部分装配后,主轴转动应灵活,无卡滞、碰撞等现象。

4.3.2.2 撒料盘、风叶盘、风叶座、风叶等零件组装成整体后进行静平衡,其平衡力矩允差不得大于表6的规定。

表 6 　　　　　　　　　　　　　　　　　　单位为毫米

型号	××15	××20	××25	××28	××30	××40
平衡力矩允差	0.5	1.0	1.5		2.0	3.0

4.3.3 电动机与减速器、减速器与回转部分主轴联轴器的同轴度公差值应符合表7的规定。

表 7 　　　　　　　　　　　　　　　　　　单位为毫米

联轴器外径	105~170	190~260	290~350	410~500
同轴度公差	0.14	0.16	0.18	0.20

4.3.4 选粉机在现场总装配后,上盖的水平误差每米不得大于 2mm,轴承的温升不得超过 30℃,负荷试验时轴承温升不得超过 40℃。

4.4 产品涂漆要求

产品涂漆应符合图样及工艺要求,并符合 JC/T 402 的规定。未涂防锈油或防锈漆的产品不得出厂。

5 试验方法

5.1 减速器按 JB/T 8853 进行试验。

5.2 回转部分按 4.3.2.2 要求的精度进行静平衡试验。试验中调整不平衡重量时,不允许改变风味的重量和安装尺寸。

5.3 回转部分在现场与减速器、电动机联接后,在额定转速下进行空载试验,试验时间不得少于 2h。

6 检验规则

6.1 检验分类

检验分出厂检验和型式检验

6.2 出厂检验

6.2.1 所有零件必须质量合格,外购件、外协件必须具有质量合格证明文件或经厂内进行检验合格后,方可进行装配。

6.2.2 产品在出厂前必须进行总装配检验。批量生产时每批产品至少总装一台。总装时按图样要求检验各零部件安装位置和连接尺寸。

6.2.3 回转部分检验项目:

   a)静平衡精度;

   b)轴承温度。

6.2.4 整机在现场安装合格,并与配套风机、锁风装置联接后,开动风机,检查壳体、旋风筒等零件的焊缝和连接处的密封情况。

6.2.5 外观检查项目:

   a)金属结构件的焊缝;

   b)表面涂漆。

6.3 型式检验

6.3.1 有下列情况时应进行型式检验:

   a)新产品试制或首台产品;

   b)结构设计采用材料和制造工艺有较大改变,并且可能影响产品性能时;

   c)投入批量生产后,应定期进行检验;

   d)长期停产后,重新恢复生产时;

   e)出厂检验结果与前一次型式检验有明显差异时。

6.3.2 型式检验项目对本标准规定的全部项目进行检验。

6.3.3 型式检验的样机应从检验合格的产品中随机抽取一台,检验合格,判定该台产品为合格;检验不合格,判定该台产品为不合格。

7 标志、包装、运输和贮存

7.1 旋风式选粉机应在适当而明显的位置固定产品标牌,其型式与尺寸应符合 GB/T 13306 的规定,并标明下列内容:

   a)产品名称及型号;

   b)主要技术参数;

   c)出厂编号;

   d)出厂日期;

e)制造厂名称。

7.2 选粉机在分解运输时,减速器、电动机应有包装箱,机件在箱内应固定可靠,并有防雨、防潮等措施。回转部分机件应采取有效的运输保护,采取防雨、防锈及防变形措施。

7.3 拆开付运的壳体应符合运输装卸要求,并有可靠的防止在运输途中变形的加固措施。

7.4 产品包装应符合 JC/T 406 的有关规定。

7.5 随机附带的技术文件包括:

a)装箱单;

b)产品合格证明书;

c)产品使用说明书;

d)产品总装配图、基础图、主要部件图及易损件图。

ICS 91-110
Q 92
备案号:20857—2007

JC

中华人民共和国建材行业标准

JC/T 606—2007
代替 JC/T 606—1995

水泥工业用水平涡流式选粉机

Plane vortex separator for cement industry

2007-05-29 发布

2007-11-01 实施

中华人民共和国国家发展和改革委员会 发布

前　言

本标准代替 JC/T 606—1995《水泥工业用水平涡流式选粉机》。

本标准与 JC/T 606—1995《水泥工业用水平涡流式选粉机》相比主要的技术变化有：

——对规范性引用文件进行了修订与增补；

——适当提高各类型号水平涡流式选粉机的性能指标；

——对产品基本参数中的生产能力、转子转速、电机功率等适用范围进行了重新界定；

——对技术要求中的整机性能、装配与安装要求、材料要求等条款进行了重新修改界定；

——对试验方法中的主轴套充油滴漏试验、试运转条件等条款进行了重新修改。

请注意本标准的某些内容有可能涉及专利。本标准的发布机构不应承担识别这些专利的责任。

本标准由国家建筑材料工业协会提出。

本标准由国家建筑材料工业机械标准化技术委员会归口。

本标准负责起草单位：中天仕名（淄博）重型机械公司、中国建材装备有限公司。

本标准参加起草单位：天津水泥工业设计研究院、中材国际南京水泥工业设计研究院参加。

本标准主要起草人：张帆、徐兴国、李征宇、吴涛、苏立忠、王洪波、穆惠民。

本标准所代替标准的历次版本发布情况为：

——JC/T 606—1995。

水泥工业用水平涡流式选粉机

1 范围

本标准规定了水泥工业用水平涡流式选粉机(以下简称选粉机)的产品分类、技术要求、试验方法、检验规则及标志、包装、运输和贮存。

本标准适用于对粉状物料分选的选粉机,主要适用于水泥工业的水泥、生料等圈流粉磨系统,其他行业亦可参照执行。

2 规范性引用文件

下列文件中的条款通过本标准的引用而成为本标准的条款。凡注日期的引用文件,其后所有的修改单(不包括勘误的内容)或修订版均不适用本标准。然而,鼓励根据本标准达成协议的各方研究是否可使用这些文件的最新版本。凡不注日期的引用文件,其最新版本适用本标准。

GB/T 699—1999　优质碳素结构钢　技术条件

GB/T 1804—2000　一般公差　线性尺寸的未注公差

GB/T 1031—1995　表面粗糙度参数及其数值

GB 3768　噪声源声功率级的测定　简易法

GB 5083　生产设备安全卫生设计总则

GB 6414—1999　铸件尺寸公差与机械加工余量

GB/T 13306　标牌

JC/T 355　水泥机械产品型号编制方法

JC/T 402　水泥机械涂漆防锈技术条件

JC/T 406　水泥机械包装技术条件

JC/T 432　建材机械钢焊接件通用技术条件

3 产品分类

3.1 形式

选粉机以水平涡流为特征,主要由蜗形壳体、笼形转子及导流叶片组成。

3.2 型号

型号表示方法规定如下:

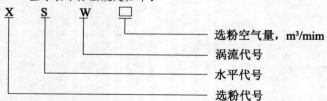

3.3 标记示例

选粉空气量为1000m³/min的水平涡流式选粉机:

选粉机 XSW1000

3.4 基本参数

基本参数见表1。

表1

项目	单位	型号												
		XSW 250	XSW 350	XSW 500	XSW 750	XSW 1000	XSW 1500	XSW 2000	XSW 2500	XSW 3000	XSW 3500	XSW 4000	XSW 4500	XSW 5000
		参数												
选粉空气量	m³/min	250	350	500	750	1000	1500	2000	2500	3000	3500	4000	4500	5000
生产能力		12～15	16～21	24～30	36～45	48～60	72～90	96～120	120～150	140～180	170～210	190～240	216～270	240～300
正常喂料量	t/h	37.5	52.5	75	112.5	150	225	300	375	450	525	600	675	750
最大喂料量		45	63	90	135	180	270	360	450	540	630	720	810	900
转子转速	r/min	295～550	240～470	220～425	180～355	160～310	130～255	115～230	105～205	95～190	90～175	85～165	80～155	76～147
电动机功率	kW	22	30	37	55	75	90	132	160	185	200	220	250	280

注1：生产能力指水泥在比表面积$33m^2kg \sim 360m^2kg$时的产量。

注2：电动机功率为比表面积在$360m^2kg$时的装机功率。具体装机功率，可根据实际不同的工艺要求，另行计算选择。

4 技术要求

4.1 基本要求

4.1.1 产品应符合本标准的规定，并按照经规定程序批准的图样及技术文件制造。

4.1.2 产品的安全卫生要求应符合 GB 5083 的规定。

4.1.3 切削加工部位线性尺寸的未注公差按 GB/T 1804—2000 中 m 级的规定执行。

4.1.4 铸件非切削加工部位的尺寸公差按 GB 6414—1999 中 CT12 级的规定执行。

4.1.5 图样上表面粗糙度参数数值执行 GB/T 1031—1995 中 Ra 的规定。

4.1.6 所有焊接件应符合 JC/T 532 的规定。

4.2 整机性能

4.2.1 选粉空气量、生产能力、最大喂料量应符合表1的规定。

4.2.2 正常使用下，耐磨材料应无脱落。

4.2.3 正常使用下，选粉机主轴承的使用寿命应不低于 30000h。

4.2.4 正常使用下，选粉机耐磨件的使用寿命应不低于 25000h。

4.2.5 选粉机空载运转时，噪声应不大于85dB(A)。

4.2.6 钢结构焊接件焊缝、法兰联接处和入孔门处应严密不漏风。

4.3 装配与安装要求

4.3.1 所有零部件必须经检验合格。外购件、外协件必须具有质量合格证明书或经质检部门检验合格后，方可进行装配。

4.3.2 主轴与主轴套装配后，主轴转动应灵活，在主轴套内进行油压试验，不得有渗漏现象。

4.3.3 转子组装后应进行动平衡试验，平衡精度等级应不低于 G6.3 级。

4.3.4 弹性柱销和梅花联轴器的同轴度公差应符合表2的规定。

表2
单位为毫米

联轴器外径	105～170	190～260	290～350	400～550
同轴度公差值	0.20	0.25	0.30	0.40

4.3.5 安装后，壳体的上平面各支点应在同一水平面上，其误差每米应不大于2mm，回转部分支座上平面的水平误差每米应不大于0.20mm。

4.3.6 上下密封圈之间轴向间隙的偏差应为±2mm。上下密封圈与主轴旋转中心的同轴度公差值应符合表3的规定。

表3　　　　　　　　　　　　　　　　　　　　　　　　　　　　　　　　　　单位为毫米

密封圈外径	≤1500	>1500
同轴度公差值	2	3

4.4 材料要求

4.4.1 主轴材质应不低于 GB 699—1999 中 45 号钢的规定。调质处理后的硬度为217HB～255HB。

4.4.2 耐磨高铬铸铁密封圈硬度要求 48HRC～55HRC。

4.4.3 耐磨刚玉片材料 Al_2O_3 含量应不小于92%，密度应不小于 $3.5g/cm^3$，抗压强度应不小于1200MPa。

4.4.4 耐磨复合钢板的耐磨层硬度应不小于50HRC。

4.4.5 采用其他耐磨材料时耐磨件的使用寿命应不低于25000h。

4.5 焊接要求

焊接件应符合 JC/T 532 的有关规定：

a)焊接件尺寸极限偏差和角度极限偏差应不低于 C 级精度；

b)焊接接头的表面质量应不低于 Ⅲ 级精度；

c)焊接件的直线度和平面度公差应不低于 G 级精度；

d)主轴套、转子轴套焊后应进行热处理，消除焊接应力。

4.6 外观要求

4.6.1 选粉机表面应光滑平整，不得有明显锤痕及凹凸不平等缺陷。

4.6.2 各法兰边缘应光滑平整，不得有扭曲变形缺陷。

4.6.3 所有裸露的型钢、钢板的切割边缘应光滑平整，粗糙度 *Ra*50。

4.7 涂漆与防锈要求

涂漆防锈应符合 JC/T 402 的规定。

4.8 试运转要求

4.8.1 空载试动转应符合下列要求：

a)主轴承和减速机润滑系统油的循环应正常；

b)轴承温升应不高于35℃；

c)各密封处不应有渗漏油现象；

d)噪声应符合4.2.4的规定。

4.8.2 负载试动转应符合下列要求：

a)应符合4.8.1中a)、c)的要求；

b)轴承温升应不高于40℃；

c)无异常声响。

5　试验方法

5.1 主轴套油压试验，试验压力为 0.15MPa，保压 10min。

5.2 转子动平衡试验，在动平衡试验机上试验。

5.3 空载试动转：

a)整机安装检验合格；

b)轴承温升用 Pt100 温度传感器检测；

c)噪声按 GB 3768 的规定检测。

5.4 负载试动转：

a) 空载试运转检验合格;

b) 不得有铁器及其他异物进入选粉机。

c) 连续正常运转应不小于8h。

6 检验规则

6.1 检验分类

产品检验分出厂检验和型式检验。

6.2 出厂检验

产品出厂前应完成4.1、4.3~4.7、7.1和7.2的检验,检验合格签发合格证后方可出厂。

6.3 型式检验

型式检验应检验本标准规定的全部项目,对其中4.2.1~4.2.4允许跟踪检验。有下列情况之一时进行型式检验:

a) 新产品试制或老产品转厂生产的试制定型鉴定时;

b) 正常生产后,如结构、材料、工艺有较大改变,可能影响产品性能时;

c) 正常生产时,每两年进行一次检查;

d) 产品长期停产后,恢复生产时;

e) 出厂检验结果与上次型式检验有较大差异时。

6.4 判定规则

6.4.1 出厂检验项目按本标准6.2规定的项目进行检验,检验合格,判定该台产品为合格;检验不合格,判定该产品为不合格。

6.4.2 型式检验项目应按本标准6.2的规定进行检验,在出厂检验合格的产品中抽取一台,检验合格,判定该台产品为合格;检验不合格,判定该台产品为不合格。

7 标志、包装、运输和贮存

7.1 选粉机应在明显的位置固定标牌,其形式与尺寸应符合GB/T 13306的规定,并标明下列内容:

a) 产品名称、型号及执行标准代号;

b) 主要技术参数;

c) 出厂编号;

d) 出厂日期;

e) 制造厂名称及商标。

7.2 产品包装及随机文件应符合JC/T 406的有关规定。应适应陆路、水路运输要求。

7.3 产品在安装前,制造厂和用户均须将零件、部件妥善保管,防止变形及损坏。

ICS 91-110

Q 92

备案号:20852—2007

JC

中华人民共和国建材行业标准

JC/T 451—2007

代替 JC/T 451—1992(1996)

微介质水泥磨机

Minipebs cement mill

2007-05-29 发布　　　　　　　　　　2007-11-01 实施

中华人民共和国国家发展和改革委员会　发布

前　言

本标准是对 JC/T 451—1992(1996)《微介质水泥磨机》的修订。

本标准自实施之日起代替 JC/T 451—1992(1996)《微介质水泥磨机》。

本标准与 JC/T 451—1992(1996)相比主要技术内容变化如下：

——增加了个别的引用标准；

——对个别引用标准进行了新旧对换；

——修订了产品分类中的基本参数示例，主要选择目前国内常用配置的微介质水泥磨机；

——修订了若干项技术要求，根据当前管磨机技术进展，适当调整了相关的要求。

请注意本标准的某些内容有可能涉及专利。本标准的发布机构不应承担识别这些专利的责任。

本标准由中国建筑材料工业协会提出。

本标准由国家建筑材料机械工业标准化技术委员会归口。

本标准负责起草单位：中材国际南京水泥工业设计研究院、中国建材装备有限公司。

本标准参加起草单位：江苏龙潭重型机械有限公司、北京金正源水泥机械厂。

本标准主要起草人：施静如、燕志荣、邓京林、朱华、穆惠民。

本标准所代替标准的历次版本发布情况为：

——JC/T 451—1992(1996)。

微介质水泥磨机

1 范围

本标准规定了微介质水泥磨机的产品分类、技术要求、试验方法、检验规则及标志、包装、运输和贮存等。

本标准适用于微介质水泥磨机(以下简称磨机)。

2 规范性引用文件

下列文件中的条款通过本标准的引用而成为本标准的条款。凡是注日期的引用文件,其随后所有的修改单(不包括勘误的内容)或修订版均不适用于本标准,然而,鼓励根据本标准达成协议的各方研究是否可使用这些文件的最新版本。凡是不注日期的引用文件,其最新版本适用于本标准。

GB/T 700—1988 碳素结构钢

GB/T 1804—2000 一般公差 未注公差的线性和角度尺寸的公差

GB/T 11352 一般工程用铸造碳钢件

GB/T 13306 标牌

JC/T 334.1 水泥工业用管磨机

JC/T 355 水泥机械产品型号编制方法

JC/T 401.1 建材机械用高锰钢铸件技术条件

JC/T 401.2 建材机械用碳钢和低合金钢铸件技术条件

JC/T 401.3 建材机械用铸钢件缺陷处理规定

JC/T 401.4 建材机械用铸件交货技术条件

JC/T 402 水泥机械涂漆防锈技术条件

JC/T 406 水泥机械包装技术条件

JC/T 532 建材机械钢焊接件通用技术条件

3 产品分类

3.1 磨机的型号应符合 JC/T 355 中的相关规定,表示方法如下:

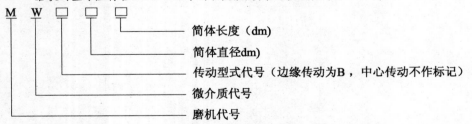

简体直径为 φ22dm、长度为 75dm 的边缘传动的微介质水泥磨机标记示例:
MWB 2275

3.2 磨机规格应符合如下规定:

    a) 磨机简体内径应为 18dm～42dm 之间的偶数;

    b) 磨机简体的公称长度应在 50dm～150dm 之间,且为 5dm 的整倍数。

3.3 基本参数示例见表 1。

表1 基本参数示例

序号	型号	筒体直径 mm	筒体长度 mm	生产能力 t/h	转速 r/min	装机功率 kW	研磨体装载量	参考重量 t	粉磨方式
1	MWB2275	2200	7500	12～14	21.40	380	34	60	开流
2	MWB2295	2200	9500	15～16	21.40	625	45	84	开流
3	MWB2475	2400	7500	16～18	21.30	570	43	80	开流
4	MWB30110	3000	11000	30～32	18.44	1250	100	144	开流
5	MW30110	3000	11000	43～47	17.60	1250	100	153	圈流
6	MW32130	3200	13000	40～42	18.10	1600	125	202	开流
7	MW42140	4200	14000	95～105	15.80	3550	245	262	开流

注1:生产能力随着粉磨物料的特性及产品细度的不同,会有变化,表中数值仅供参考。

注2:参考重量均不含研磨体,中心传动磨机不含传动装置。

4 技术要求

4.1 基本要求

4.1.1 产品应符合本标准的要求,并按照经规定程序批准的设计图样、技术文件和技术规范制造、安装和使用,本标准和设计图样、技术文件、技术规范未规定的技术要求,应符合国家标准、建材行业或机电行业相关标准中的相关规定。

4.1.2 图样上线性尺寸的未注公差:

a) 切削加工部位应符合 GB/T 1804—2000 中的 m 级要求;

b) 焊接件非切削加工部位应符合 JC/T 532 中的相关规定;

c) 铸钢件应符合 JC/T 401.1～JC/T 401.4 中的相关规定;

d) 焊接件应符合 JC/T 532 中的相关规定。

4.2 主要零部件要求

4.2.1 隔仓板(见图1)

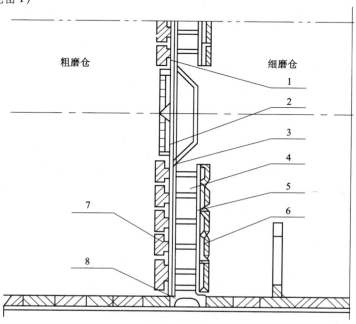

图1 隔仓板

1—前板;2—细筛板;3—后板;4—扬料板;5—支撑板;6—扇形衬板;7—固定块;8—粗筛板

25

4.2.1.1 粗筛板和扇形衬板的材料应采用铬合金铸钢(机械性能:铸件的硬度51～57HRC、冲击韧性 α_k ≥49J/cm² (标准无缺口试棒)或不低于其性能的材料。

4.2.1.2 固定块的材料应不低于GB/T 11352中关于ZG230-450的规定。

4.2.1.3 支撑板、前板、后板和筛板的材料应不低于GB/T 700—1988中关于Q235A的规定。

4.2.1.4 前板和支撑板平面度为在每平方米区域内不超过2mm,焊缝和切口不得有影响机械强度的缺陷。

4.2.1.5 前板和支撑板螺栓孔的位置度公差为 ϕ2mm。

4.2.1.6 筛板的筛缝宽度在开流生产时应不大于3mm,在圈流生产时应不大于5mm。

4.2.2 出料箅板(见图2)

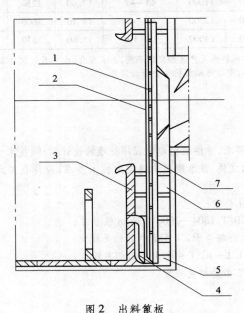

图2 出料箅板

1—筛板;2—粗箅板;3—实体挡料圈;4—回料管;5—固定块;6—支撑板;7—支撑箅板

4.2.2.1 实体挡料圈的材料应符合4.2.1.1的规定。

4.2.2.2 粗箅板、支撑箅板、支撑板和筛板的材料应不低于GB/T 700中有关Q235A的规定。

4.2.2.3 支撑箅板和支撑板的技术要求应符合4.2.1.4的规定。

4.2.2.4 筛板的筛缝宽度应不大于5mm。

4.2.2.5 回料管内径应不小于 ϕ70mm。

4.2.3 衬板和挡料圈

4.2.3.1 磨机粗磨仓采用阶梯衬板,其材料应符合4.2.1.1的规定。

4.2.3.2 磨机细磨仓采用小波纹衬板并加置挡料圈,其材料应符合4.2.1.1的规定。

4.2.4 粉磨介质

4.2.4.1 磨机粗磨仓采用 ϕ50mm～ϕ90mm的钢球。

4.2.4.2 磨机细磨仓采用不大于 ϕ15mm的微钢球或不大于 ϕ12mm×12mm的微钢段。

4.2.5 筒体、传动接管、中空轴、滑环、主轴承、滑履轴承、大齿轮、小齿轮和小齿轮轴。

筒体、传动接管、中空轴、滑环、主轴承、滑履轴承、大齿轮和小齿轮轴均应符合JC/T 334.1中相应的规定。

4.2.6 探伤质量

筒体和传动接管焊缝及铸锻件的探伤质量应符合JC/T 334.1中相应的规定。

4.3 装配和安装要求

4.3.1 磨体部分

4.3.1.1 隔仓板的粗筛板相邻间隙应为20mm±2mm,扇形衬板相邻间隙应为4~8mm。

4.3.1.2 出料箅板的实体挡料圈的相邻间隙不大于5mm。

4.3.1.3 隔仓板的支撑板和前板的安装方向应符合磨机的物料流向。

4.3.1.4 出料箅板的回料管和实体挡料圈的安装应符合磨机旋转方向。

4.3.1.5 采用螺栓固定的筒体衬板,其相邻间隙为4~10mm,镶砌衬板四周须砌紧楔牢。

4.3.1.6 中空轴、滑环、大齿轮和进出料密封装置的装配应符合JC/T 334.1中相应的规定。

4.3.2 主轴承、滑履轴承和传动装置
主轴承、滑履轴承和传动装置的装配应符合JC/T 334.1中相应的规定。

4.4 运转要求
运转要求应符合JC/T 334.1中相应的规定。

4.5 涂漆防锈要求
产品的涂漆防锈应符合JC/T 402中的相关规定。

5 试验方法

5.1 扇形固定块应与筒体全部试组装。

5.2 筒体衬板(镶砌衬板除外)应与筒体试组装,每种衬板在环向和轴向各不少于三排,其中包括入孔门衬板。

5.3 粗筛板和扇形衬板应与前板、支撑板试组装,每圈不少于三块,并按4.3.1.1的规定检验。

5.4 实体挡料圈应与筒体试组装,并按4.3.1.2的规定检验。

5.5 筒体、齿轮、主轴承、滑履轴承、衬板和两中空轴的相对径向跳动,按JC/T 334.1中的有关规定进行检验。

5.6 负荷试运转加载步骤按表2的规定进行。

表2 负荷试运转的步骤和要求

研磨体装载量%	0	30	60	90	100
试运转时间 h	8	16	36	72	96
最少连续运行时间 h	4	8	24	24	24

6 检验规则

6.1 检验分类
检验分为出厂检验和型式检验。

6.2 出厂检验

6.2.1 产品零部件应经制造厂检验部门逐件检验,外购件、外协件应符合有关标准的规定,并具有合格证和相关的检验结果。

6.2.2 出厂检验应按4.1~4.2、4.5、7.1~7.2的规定进行检验,检验合格后签发产品合格证书。

6.2.3 对焊缝的检验规则应符合JC/T 334.1中相应的规定。

6.3 型式检验

6.3.1 有下列情况时应进行型式检验:
a) 新产品试制或首台产品;
b) 结构设计采用材料和制造工艺有较大改变,并且可能影响产品性能时;
c) 投入批量生产后,应定期进行检验;
d) 长期停产后,重新恢复生产时;
e) 出厂检验结果与前一次型式检验有明显差异时。

6.3.2 型式检验项目按本标准规定的全部项目进行检验。

6.3.3 型式检验的样机应从检验合格的产品中抽取一台,检验合格,判定该台产品为合格;检验不合格,判定该台产品为不合格。

7 标志、包装、运输和贮存

7.1 标志采用标牌,标牌应固定在产品的醒目部位,其规格型式应符合 GB/T 13306 中的相关规定。标牌内容应包括:

  a) 制造厂名称;

  b) 产品名称和型号;

  c) 产品主要技术参数;

  d) 产品出厂编号和制造日期;

  e) 产品标准号和商标。

7.2 包装应符合 JC/T 406 中的相关规定,并应适应陆路、水路运输的相关要求。

7.3 包装箱外和裸装件应有文字标记和符号,内容应包括:

  a) 收货单位及地址;

  b) 主要产品名称、型号和规格;

  c) 出厂编号和箱号;

  d) 外形尺寸、毛重和净重;

  e) 制造厂名称。

7.4 随机技术文件应包括:

  a) 产品使用说明书;

  b) 产品合格证;

  c) 装箱单;

  d) 产品安装图。

7.5 安装使用前,制造厂和用户应将零、部件妥善保管,防止锈蚀、损伤、变形及丢失。

7.6 贮存产品的场地,应具备防锈、防腐蚀和防损伤的措施和设施。产品的摆放应预防挤压变形和本身重力变形。贮存期长的产品应定期检查维护。

ICS 91-110

Q 92

备案号:20850—2007

JC

中华人民共和国建材行业标准

JC/T 358.2—2007
代替 JC/T 358.2—1992(1996)

水泥工业用电除尘器　技术条件

Electrostatic precipitator for cement industry technical conditions

2007-05-29 发布　　　　　　　　　　2007-11-01 实施

中华人民共和国国家发展和改革委员会　发布

前　言

本标准是对 JC/T 358.2—1992《水泥工业用电除尘器　技术条件》的修订。

本标准自实施之日起代替 JC/T 358.2—1992《水泥工业用电除尘器　技术条件》。

本标准与 JC/T 358.2—1992 相比主要技术内容修订如下：

——充实了原标准"技术要求"的内容。

——增加了规范性附录 A 中对带截流墙的电除尘器气流分布测试。

——提高了规范性附录 B 中空载试验电压，并对不同的同极间距作了规定。

本标准附录 A、附录 B 是规范性附录。

本标准由中国建筑材料工业协会提出。

本标准由国家建筑材料工业机械标准化技术委员会归口。

本标准负责起草单位：河南中材环保有限公司、中国建材装备有限公司。

本标准参加起草单位：西安西矿环保科技有限公司、中天仕名科技集团有限公司。

本标准主要起草人：成庚生、马保国、杨春荣、迟万恩、王作杰、穆惠民。

本标准所代替标准的历次版本发布情况为：

——JC 358.2—1985；

——JC/T 358.2—1992(1996)。

水泥工业用电除尘器 技术条件

1 范围

JC/T 358 的本部分规定了水泥工业用电除尘器(以下简称电除尘器)的技术要求、试验方式、检验规则及标志、包装、运输和贮存。

本部分适用于处理水泥工业用回转窑、原料磨、熟料冷却机、煤磨、水泥磨和烘干机等尘源设备烟气的电除尘器,也可用于其他行业同类产品。

2 规范性引用文件

下列文件中的条款通过 JC/T 358 的本部分的引用而成为本部分的条款。凡是注日期的引用文件,其随后所有的修改单(不包括勘误的内容)或修订版均不适用于本部分,然而,鼓励根据本部分达成协议的各方研究是否可使用这些文件的最新版本。凡是不注日期的引用文件,其最新版本适用于本部分。

GB/T 699—1999 优质碳素结构钢

GB/T 700—1988 碳素结构钢

GB/T 985 气焊、手工电弧焊及气体保护焊焊缝坡口的基本形式与尺寸

GB/T 986 埋弧焊焊缝坡口的基本形式和尺寸

GB/T 1804—2000 一般公差 未注公差的线性和角度尺寸的公差

GB 4053.2 固定式钢斜梯安全技术条件

GB 4053.3 固定式工业防护栏杆安装技术条件

GB 4053.4 固定式工业钢平台

GB/T 13306 标牌

GB/T 13931—2002 电除尘器性能测试方法

GB/T 50254～GB 50257 电气装置安装工程施工及验收规范

JB/T 9688 高压静电除尘用整流设备

JC/T 358.1—2007 水泥工业用电除尘器 型式与基本参数

JC/T 402 水泥机械涂漆防锈技术条件

JC/T 406 水泥机械包装技术条件

3 技术要求

3.1 基本要求

3.1.1 电除尘器应符合 JC/T 358.1、JC/T 358 的本部分的要求,并按照经规定程序批准的图样和技术文件制造。凡本标准、图样和技术文件未规定的技术要求按建材行业、机电行业有关通用标准执行。

3.1.2 零件机械加工部位未注公差尺寸的极限偏差按 GB 1804—2000 中的 m 级;焊接结构件未注公差尺寸的极限偏差应符合表1的规定;焊接结构件的直线度、平面度、平行度未注公差值应符合表2的规定。

3.1.3 焊接应符合 GB/T 985、GB/T 986 等有关规定。

3.1.4 电除尘器安装后,壳体应敷设保温屋。

3.1.5 回转窑用电除尘器均应配置一氧化碳监测报警装置。煤磨用电除尘器除配置一氧化碳监测报警装置外,还应配置防爆装置和灭火装置。

3.1.6 在结构计算中,灰斗的存灰量应以满灰斗考虑。满灰斗是指:存灰的体积等于灰斗的容积。

3.1.7 楼梯平台栏杆的设计应符合 GB 4053.2、GB 4053.3、GB 4053.4 的规定。

表 1　焊接结构件未注公差尺寸的极限偏差　　　　单位为毫米

基本尺寸	极限偏差	基本尺寸	极限偏差
>30 ~ 315	±2	>8000 ~ 12000	±10
>315 ~ 1000	±3	>12000 ~ 16000	±12
>1000 ~ 2000	±4	>16000 ~ 20000	±14
>2000 ~ 4000	±6	>20000	±16
>4000 ~ 8000	±8		

表 2　焊接结构件的直线度、平面度、平行度的未注公差值　　　　单位为毫米

基本尺寸	公差值	基本尺寸	公差值
>30 ~ 120	1	>4000 ~ 8000	8
>120 ~ 315	1.5	>8000 ~ 12000	10
>315 ~ 1000	3	>12000 ~ 16000	12
>1000 ~ 2000	4.5	>16000 ~ 20000	14
>2000 ~ 4000	6	>20000	16

3.2　整机性能

3.2.1　在符合设计工况条件下,电除尘器的粉尘排放浓度、本体压力降、本体漏风率应符合 JC/T 358.1—2007 中表 1 的规定。

3.2.2　在符合设计工况条件,在正常的使用和维护条件下,电除尘器的使用寿命应不低于 10 年。

3.3　主要零部件要求

3.3.1　收尘极板

3.3.1.1　收尘极板的材料应不低于 GB/T 700—1988 有关 Q215-A 的规定。

3.3.1.2　收尘极板的主要尺寸和形状极限偏差见图 1 和图 2,应符合表 3 的规定。

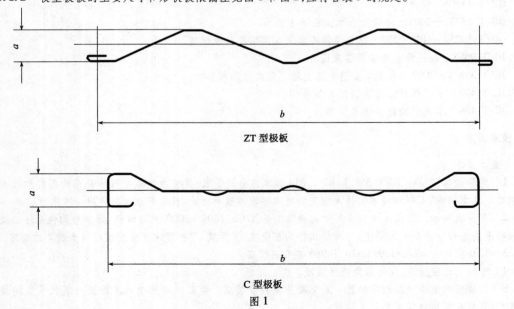

ZT 型极板

C 型极板

图 1

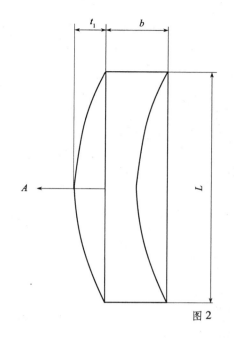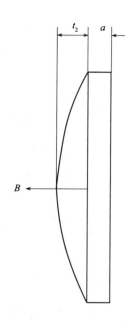

图 2

表 3　收尘极板的主要尺寸和形状极限偏差　　　　　　　　单位为毫米

项　　　目		单　　位	极　　板	
			ZT 型	C 型
			极限偏差	
长度 l			0 −5	0 −5
宽度 b			+2.5 −1.0	±2.0
高度 a		mm	±4.0	±1.5
A 向弯曲 t_1			±2	2
B 向弯曲 t_2			±10	±1/1000
上下端扭曲	距离		/	10
	角度	(°)	15	/

3.3.1.3　收尘极板表面应光滑平整,无损伤性划痕,无裂纹,两端面应平整无毛刺。

3.3.1.4　当收尘极板两端为挂板连接时,两端挂板孔的间距极限偏差为 ±1.5mm。

3.3.2　极板悬吊梁

3.3.2.1　极板悬吊梁应平直,Y 方向最大允许偏差为长度 L 的 3/1000(只允许上拱),X 方向最大允许偏差为长度 L 的 1/1000,见图 3。

3.3.2.2　悬吊梁上安装极板的相邻销轴距偏差不大于 ±2mm,累积偏差不大于 ±2mm。所有销轴在长度方向与梁对称度 ±2mm。

3.3.3　放电极线

3.3.3.1　极线材料应不低于 GB/T 700 有关 Q215-A 的规定。

3.3.3.2　B5 型、V0 型、V15 型、V25 型和 V40 型放电极线直线度公差为 12mm。

3.3.3.3　放电极线上钢丝与扁钢焊接牢固,不弯曲。放电极线与两端螺杆或光杆焊接时,表面不发蓝或轻微发蓝。

3.3.3.4 RS型放电极线直线度公差为长度的1/1000,平面度公差为5mm。

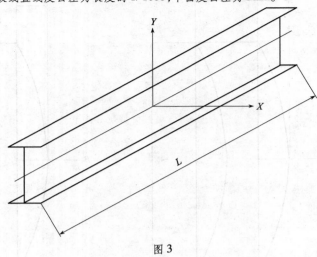

图3

3.3.3.5 RS型放电极线与两端连接件应连接牢固。

3.3.4 放电极框架

3.3.4.1 材料在烟气温度小于或等于250℃时应不低于GB/T 700—1988有关Q235-A的规定;当温大于250℃时,框架周边材料应不低于GB/T 699—1999有关20钢的规定。

3.3.4.2 框架组焊后其两对角线之差应不大于对角线长度的1/1000,在悬吊状态下其平面度公差:当框架高度小于等于5m时,为5mm;当高度大于5m,为10mm。

3.3.4.3 在框架平面内各横管之间平行度公差为4mm,装在框架上的放电极线对横管的垂直度公差为5mm。

3.3.5 壳体

3.3.5.1 立柱、顶梁、底梁长度尺寸的极限偏差应符合表4的规定。

表4　立柱、顶梁、底梁长度尺寸的极限偏差　　　　　单位为毫米

项　目	基　　本　　尺　　寸				
	>2000~4000	>4000~8000	>8000~12000	>12000~16000	>16000
	极　　限　　偏　　差				
立柱底梁	±4	±5	±6	±7	±8
顶梁	±6	±8	±10	±12	±14

3.3.5.2 立柱、顶梁、底梁的直线度、平面度、平行度公差应符合表5的规定。

表5　立柱、顶梁、底梁的直线度、平面度、平行度公差　　　　　单位为毫米

项　目	基　　本　　尺　　寸			
	>2000~4000	>4000~8000	>8000~12000	>12000
	公　　　　差			
立柱				
顶梁	5	6	8	10
底梁				

3.3.5.3 立柱端板平面对立柱轴线垂直度为端板长度的5/1000。

3.4 电气及配套件技术要求

3.4.1 高压硅整流装置的技术性能应符合 JB/T 9688 的规定,并应具有自动跟踪选择最佳平均值电压和手动调压两种功能。

3.4.2 绝缘套管、绝缘瓷轴等与烟气直接接触的绝缘材料的允许工作温度应不低于正常工况条件下的烟气温度,支柱绝缘子、穿墙套管等不直接接触烟气的绝缘材料的允许工作温度应不低于150℃,直流耐压值不低于工作电压的1.5倍,用于振打绝缘瓷轴抗拉强度应不小于9.32MPa,扭矩不小于1000N·m。

3.4.3 绝缘套管处和瓷轴箱内应设置电加热器和自动恒温控制装置。

3.4.4 收尘极振打系统应配有自动程序控制装置,振打周期应可调节。

3.5 涂漆防锈要求

产品出厂包装前应按设计要求涂漆或涂油,涂漆应符合 JC/T 402 的有关规定。

3.6 安装要求

3.6.1 收尘极板安装前应检查并矫正,其尺寸和形状偏差应符合3.3.1.2的规定。

3.6.2 收尘极板组装后,板排的平面度公差ZT型为20mm,C型为10mm。

3.6.3 极板与两端悬挂板用螺栓连接,螺栓的拧紧力矩应达到135N·m,并采取措施防止极板变形。

3.6.4 放电极框架与放电极线组装后,两对角线之差应不大于对角线长度的1/1000,在悬吊状态下,其平面度公差为10mm。

3.6.5 放电极框架上各极线的弛张度应均匀一致,张紧力为300～350N。

3.6.6 极线两端光杆拉紧后应焊在框架管上,端部两条对称焊缝,每条焊缝长度为光杆120°圆周,内侧一条焊缝,焊缝长度为光杆120°圆周,见图4。两端为螺杆时,拧紧后螺母应做止转焊接,焊缝不得有尖角毛刺。

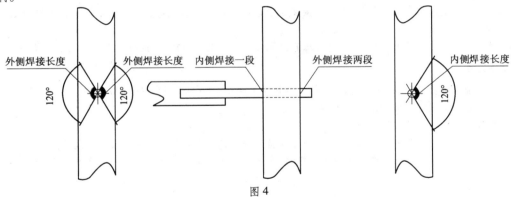

图4

3.6.7 两极安装调整后,异极间距极限偏差为±20mm。

3.6.8 收尘极振打杆应在收尘极安装调整完成后安装,安装后,其高度极限偏差为±3mm,砧头在顺气流方向的位置极限偏差为3mm。

3.6.9 极板与振打杆用螺栓连接,螺栓的拧紧力矩对板式振打杆应达到120N·m,对管式振打杆应达到135N·m,特别注意,振打杆的螺栓应在极板全部调整完成并在自然状态下才能拧紧。

3.6.10 收尘极振打轴应在收尘极板和振打杆安装调整完成后进行,为保证轴的水平,其高度极限偏差为±1mm;全部锤头安装就位后,调整锤头与承击砧的接触位置极限偏差在水平方向和铅垂方向均为±3mm。

3.6.11 放电极振打轴应在放电极框架安装调整完成后进行,为保证轴的水平,其高度极限偏差为±1mm;全部锤头安装就位后,调整锤头与承击砧的接触位置极限偏差在水平方向和铅垂方向均为±3mm。

3.6.12 锤头转动应灵活,无卡碰现象。

3.6.13 两极安装调整后所有螺栓螺母应做止转焊接,焊缝不得有尖角毛刺。

3.6.14 壳体安装应符合气密性要求。焊接应符合 JC/T 358.1 的规定。

3.6.15 振打传动装置输出轴与振打轴的同轴度为 ϕ1.5mm。

3.6.16 整机安装完毕后,应清除电除尘器内一切杂物。

3.6.17 电气安装应符合 GB 50254~GB 50257 的有关规定。除尘器应设置专用接地网,外壳与接地网连接应不少于 4 点,接地电阻不大于 2Ω。

3.7 试运转要求

3.7.1 空载试运转

3.7.1.1 空载试运前要进行全面检查,电除尘器内部不得有任何杂物,检查合格后封闭入孔门,并采取安全措施。

3.7.1.2 接地装置应安全可靠,接地电阻不大于 2Ω。

3.7.1.3 高压硅整流器及其控制设备仪表的安装调试,应符合 GB 50254~GB 50257 及有关规定,试运前应接通各电加热器,干燥各绝缘件,检查高压回路系统的绝缘电阻,应大于 100MΩ。

3.7.1.4 收尘极、放电极和分布板振打装置连续运转不少于 4h,转动灵活,无卡碰脱打现象,振打周期应符合要求,传动装置无异常振动和噪声。

3.7.1.5 减速器应无渗油现象,轴承温升不超过 50℃,油温升不超过 40℃。

3.7.1.6 电除尘器全部安装后,敷设保温层前应进行漏风率测试,本体漏风率按 JC/T 358.1—2007 中表 1 执行。

3.7.1.7 现场气流分布测试,气流分布均匀性应符合附录 A 的要求。

3.7.1.8 进行空载伏安特性试验,试验结果应符合附录 B 的要求。

3.7.2 负荷试运转

3.7.2.1 试运前检查校正各种测定仪。

3.7.2.2 电除尘器须经烟气加热,当烟气温度高于露点温度 30℃ 以上时,再经 2h 后方可供电进行负荷运行。在燃油期间,不能供电进行负荷运行。

3.7.2.3 通入设计工况下的烟气,逐点升压直至规定的工作电压,同时将振打周期调整到最佳状态。

4 试验方法

4.1 进口含尘浓度、出口排放浓度、压力降和漏风率的测试,按 GB/T 13931—2002 进行。

4.2 气流分布测试方法按附录 A 的规定。

4.3 空载伏安特性试验方法按附录 B 的规定。

4.4 对 3.3.1.2 极板 B 向弯曲和上、下端扭曲检验方法应在专用检测架上用拉线或吊线法测量。

4.5 对 3.3.3.3 的检验应在虎钳上夹紧螺杆(或光杆),用手锤敲击极线直至母材撕裂时不脱焊。钢丝与扁钢用手钳扳弯 90° 时不脱焊。

5 检验规则

5.1 出厂检验

产品出厂前应完成对 3.1.1~3.1.3、3.3~3.5、6.1、6.2 的检验。零部件出厂检验项目及抽样检测率按表 6 规定。

表 6 零部件出厂检验项目及抽样检测率

名　　称	项　　目	检 测 率	本标准所属条款
收尘极板	尺寸 L,b A 向弯曲 B 向弯曲 扭曲	3%	表 3
放电极线	直线度 平面度	2%	3.3.3.2 3.3.3.4
	两端连接杆牢固性	每 50 根抽检 1 根	3.3.3.3 3.3.3.5

名　　称	项　　目	检　测　率	本标准所属条款
放电极框架	对角线平面度	5%	3.3.4.2
极板悬吊梁	直线偏差	10%	3.3.2.1

5.2 型式检验

5.2.1 下列情况之一应进行型式检验：

　　a）新产品试制定型鉴定时；

　　b）正式生产后如结构、材料、工艺有较大改变，可能影响产品性能时；

　　c）产品长期停产后，恢复生产时；

　　d）出厂检验结果与上次型式检验有较大差异时。

5.2.2 型式检验的内容应包括本标准第3章规定的内容。

5.2.3 安装要求和整机性能在现场检验。

5.2.4 电除尘器投产运行4～6个月对3.2.1进行性能测定。

5.3 抽样、组批与判定

5.3.1 主要零部件一般应逐件检验。极线每生产50根为一组按抽检率进行抽检，抽检不合格加倍抽检，当仍不合格时判定该批为不合格。

5.3.2 极板悬吊梁和放电极框架以每台电除尘器的总数为一批，按抽检率抽检，抽检不合格时，应逐件检验。

6. 标志、包装、运输和贮存

6.1 应在适当而明显的位置上固定产品标牌。其刑式与尺寸应符合 GB/T 13306 的有关规定，并标明下列内容：

　　a）产品名称和产品标；

　　b）出厂编号；

　　c）出厂日期；

　　d）制造厂名称。

6.2 产品包装及随机文件应符合 JG/T 406 的规定。并适应陆路、水路运哈的要求。

6.3 电除尘器安装使用前，供需双方须装零、部件妥善保管，防止锈蚀、变形、损坏和丢失。

附录 A

(规范性附录)

电除尘器气流分布测试

A.1 测试条件

A.1.1 测试应在良好的密封和常温空气条件下进行,测试过程中应保持流量稳定。

A.1.2 在现场测试时,应使流体的雷诺数接近额定工况下的雷诺数。

A.2 测试截面布置

A.2.1 气流速度分布测试截面应在Ⅰ、Ⅱ电场间 MⅠ和Ⅱ、Ⅲ电场间 MⅡ处,见图 A.1。

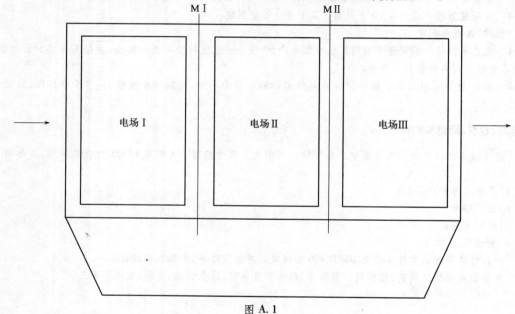

图 A.1

A.2.2 对于带截流墙的电除尘器,气流速度分布测试截面应在Ⅱ、Ⅲ电场间 MⅠ和Ⅲ、Ⅳ电场间 MⅡ处,只有三个电场的电除尘器,仅在Ⅱ、Ⅲ电场间 MⅠ处,见图 A.2,同时将截面按高度方向分成截流和非截流区,截流区为截流墙扣除底部全封闭部分的高度,非截流区为截流区以上的部分。

A.2.3 测试截面应避开管撑、框架等大构件。

A.3 测点布置

A.3.1 将整个截面划分成等面积小矩形,测点位于各矩形的重心上。

A.3.2 测点数目的选择:在有测量区的高度上至少安排八个测量行,测量列按下列原则选择:

小于 28 通道:每 3 个通道为一列;

大于 28 通道:每 4 个通道为一列。

A.3.3 测点的布置应使最外列和行各测点与边缘的距离相等,其距离等于相邻测点距离之半。如果由于通道数不能均匀分配,应在中间作必要调整,测点分布见图 A.3。

A.4 测试仪器及数据测定

A.4.1 测速可用翼式风速仪、热球 (线)风速仪等,仪器应以国家法定计量单位定期标定。

A.4.2 测定数据应为该测点流速的时间平均值,若仪器只能指示瞬时值时则应取至少 20s 内的平均值。

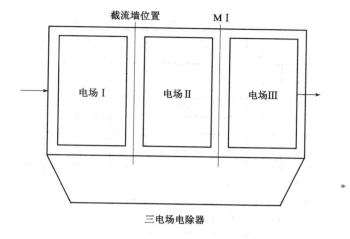

三电场电除器

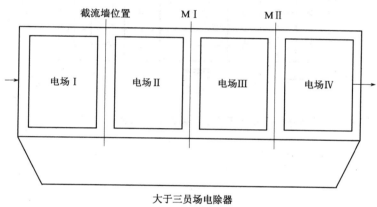

大于三员场电除器

图 A.2

A.4.3 测速方向应平行于电除尘器测量截面轴线,其偏差角不大于5°。

A.5 气流分布均匀性评价标准

A.5.1 根据测试截面测点风速按式(A.1)求出相对标准偏差 S_r(%):

$$S_r = \frac{1}{\overline{V}} \sqrt{\frac{\sum_{i=1}^{0} (\overline{V} - V_i)^2}{n-1}} \times 100 \quad\cdots\cdots\cdots\cdots\cdots\cdots\cdots\text{(A.1)}$$

式中: $\overline{V}$——测量断面上的平均气流速度, $\overline{V} = \sum_{i=1}^{0} V_i / n$,m/s;

V_i——被测点的单项流速,m/s;

n——截面测点数(单个截面)。

A.5.2 对于不带截流墙的电除尘器,计算两测试截面测得的结果的算术平均值 $\overline{S}_r$,对于带截流墙的电除尘器,则分别计算截流区和非截流区截面测得的结果算术平均值 $\overline{S}_r$,再按表 A.1 查出 ΔW 值(驱进速度的偏差), $\Delta W \leq 12\%$ 为合格。

表 A.1
单位为%

$\overline{S}_r$	5	10	15	20	25	30	32	35	40
ΔW	0.5	1.3	2.5	4.6	7.1	10	12	15	18

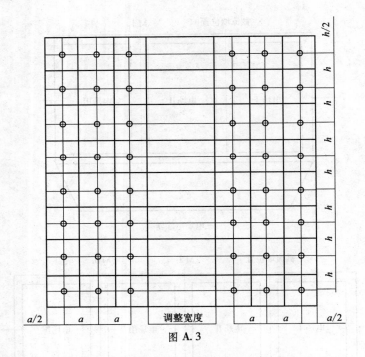

图 A.3

A.5.3 顶部和底部测量行各测点的平均流速应小于截面的平均流速。

附录 B
（规范性附录）
电除尘器空载伏安特性试验

B.1 试验条件

B.1.1 试验应在收尘极系统和放电极系统安装后进行。

B.1.2 试验前应确认电场内清理完毕，并检查绝缘件的绝缘性能。

B.1.3 试验必须在正常天气条件下进行，不能在大雨、大雪、大风天气进行。测试时应记录当时的气象条件，包括温度、湿度、大气压等。

B.1.4 试验前，应在高压部位并接高压静电表，并按电流额定值的三分之二值校核控制柜二次电压表。

B.2 试验设备和方法

B.2.1 测试时应使用配套的高压硅整流装置和控制柜仪表等进行升压试验。

B.2.2 试验时在高压部位并接高压静电表，按电流额定值的三分之二值校核控制柜二次电压表。

B.2.3 试验时逐点进行升压并记录电除尘器的电流电压值，当达到额定电压或额定电流时，即应将电压缓慢降下来。

B.2.4 将测得的二次电流值（mA）除以电场的收尘极板投影面积（m^2）计算出收尘极板电流密（mA/m^2），将相应的二次电压（kV）和板电流密度绘制出伏安特性曲线。

B.3 试验要求

B.3.1 每电场空载试验电压应符合表 B.1 的规定。

表 B.1 　　　　　　　　　　　　　　　　单位为 kV

放电极线型式	同极间距	
	400mm	450mm
V40 型	≥55	≥60
B5 型、V15 型、V25 弄、RS 型	≥60	≥66
V0 型	≥66	≥70

注：试验电压值为海拔高度不高于1000m 的情况下。当海拔高度高于1000m 时，可按每增加500m 试验电压降低2.5kV 确定，不足500m 按500m 计算。

B.3.2 试验所得的伏安特性曲线应平滑，如有异常，应进行调整。

ICS 91-110

Q 92

备案号:20849—2007

JC

中华人民共和国建材行业标准

JC/T 358.1—2007

代替 JC/T 358.1—1992(1996)

水泥工业用电除尘器　型式与基本参数

Electrostatic precipitator's type and basic technical parameters for cement industry

2007-05-29 发布

2007-11-01 实施

中华人民共和国国家发展和改革委员会　发布

前　言

JC/T 358《水泥工业用电除尘器》分为两部分：

——第1部分：水泥工业用电除尘器　型式与基本参数；

——第2部分：水泥工业用电除尘器　技术条件。

本部分是对 JC/T 358.1—1992《水泥工业用电除尘器　型式与基本参数》的修订。

本部分自实施之日起代替 JC/T 358.1—1992《水泥工业用电除尘器　型式与基本参数》。

本部分与 JC/T 358.1—1992 相比主要技术内容修订如下：

——修订电除尘器分类、代号、用途；

——修订电除尘器型号规格规定；

——增加放电极 VX 线型式；

——修订壳体漏风率；

——修订压力降；

——JB/T 9688《高压静电除尘用整流设备》代替 ZBK 46008.1。

请注意本标准的某些内容有可能涉及专利。本标准的发布机构不应承担识别这些专利的责任。

本部分由中国建筑材料工业协会提出。

本部分由国家建筑材料工业机械标准化技术委员会归口。

本部分负责起草单位：西安西矿环保科技有限公司、中国建材装备有限公司。

本部分参加起草单位：中天仕名科技集团有限公司、河南中材环保有限公司、唐山盾石机械制造有限公司。

本部分主要起草人：迟万恩、李宇、王作杰、成庚生、穆惠民、袁海荣。

本部分所代替标准的历次版本发布情况为：

——JC 358.1—1985；

——JC/T 358.1—1992(1996)。

水泥工业用电除尘器 型式与基本参数

1 范围

JC/T 358 的本部分规定了水泥工业用电除尘器(以下简称电除尘器)的型式与基本参数。

本部分适用于处理水泥工业用回转窑、原料磨、熟料冷却机、煤磨、水泥磨和烘干机等尘源设备烟气的电除尘器,也可用于其他行业同类产品。

2 规范性引用文件

下列文件中的条款通过 JC/T 358 的本部分的引用而成为本部分的条款。凡是注日期的引用文件,其随后所有的修改单(不包括勘误的内容)或修订版均不适用于本部分,然而,鼓励根据本部分达成协议的各方研究是否可使用这些文件的最新版本。凡是不注日期的引用文件,其最新版本适用于本部分。

GB 4915 水泥工业大气污染物排放标准

JB/T 9688 高压静电除尘用整流设备

JC/T 358.2 水泥工业用电除尘器 技术条件

3 产品分类

3.1 分类

3.1.1 窑尾电除尘器(干法窑应配增湿塔、一氧化碳监测装置)。

3.1.2 窑头电除尘器(冷却机应配喷头装置)。

3.1.3 煤磨电除尘器(带防爆卸压装置、一氧化碳监测装置及二氧化碳灭火装置)。

3.1.4 生料磨电除尘器。

3.1.5 水泥磨电除尘器。

3.1.6 烘干机电除尘器。

3.2 型式

3.2.1 电除尘器为卧式。

3.2.2 结构型式为:

a)壳体为钢结构;

b)基础为混凝土或钢支架;

c)进气口分为水平进气式、上进气式和下进气式;

d)出气口分为水平出气式、上出气式和下出气式;

e)气流分布板分为 X 孔型、圆孔型、方孔型、百叶窗型和垂直折板型等;

f)收尘极板主要采用 ZT24 型、C 型,其截面形状见图1;

g)放电极线主要采用 B5 型、VX 型、RS 型等,其形状见图2;

h)高压直流电源采用 JB/T 9688 中规定的高压静电除尘用整流设备。每个供电分区应单独配置一台;

i)电源型式分为户外式、户内式;

j)放电极振打为侧部振打,其振打传动分为顶部拨叉棘轮传动、顶部凸轮提升传动、侧部传动;

k)沉淀极振打为侧部振打,侧部传动。

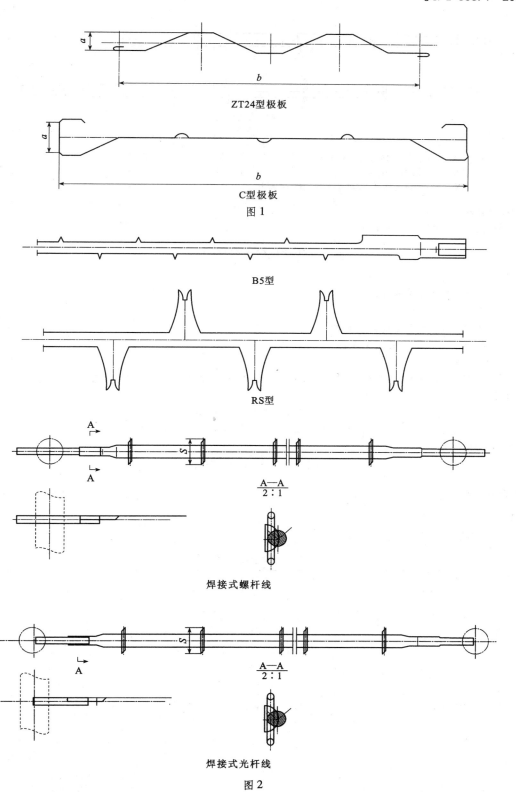

ZT24型极板

C型极板

图1

B5型

RS型

A—A
2∶1

焊接式螺杆线

A—A
2∶1

焊接式光杆线

图2

整体式光杆线
VX型
图 2

注:X 值为:0、15、25、40 即 V0、V15、V40;
S 值为:0、30、50、80;
VX 型式:焊接式螺杆、焊接式光杆、整体式螺杆、整体式光杆。

3.3 产品标记

产品型号规格标记规定如下:

$$ZG/FT/ZF \times ZST/GA$$

式中 ZG——通道数;

FT——电场公称高度;

ZF——电场数;

ZST——每电场每排极板条带数;

GA——同极间距(通道宽度)。

标记示例:

单室,每室 21 个通道,电场公称高度 10m,三个电场,每电场每排极板 8 条,同极间距 0.4m,壳体结构型式 BS 780 的电除尘器:

$$21/10/3 \times 8/0.4 - BS \ 780$$

双室,每室 21 个通道,电场公称高度 10m,三个电场,每电场每排极板 8 条,同极间距 0.4m,壳体结构型式 BS 930 的电除尘器:

$$2 \times 21/10/3 \times 8/0.4 - BS \ 930$$

4 基本参数

4.1 性能参数

电除尘器性能参数见表 1。

表 1 电除尘器性能参数

项 目		单 位	参 数
处理烟气量		m³/h	$1.00 \times 10^4 \sim 160 \times 10^4$
入口烟气温度	上限	℃	瞬间 400
	下限		高于露点 30
工作压力		kPa	$-16 \sim 20$
入口含尘浓度		g/m³(标)	≤ 1300
排放含尘浓度		mg/m³(标)	按 GB 4915 规定
压力损失		Pa	1. 水平进、出气:$\leq 200Pa$ 2. 上、下进气或上、下出气:$\leq 300Pa$ 3. 高浓度、高负压:根据工况而定
漏风率		%	工作压力:$|P| \leq 2000Pa,\leq 3$ 工作压力:$|P| \leq 5000Pa,\leq 4$ 工作压力:$|P| > 5000Pa,\leq 5$

注:漏风率指在进气口、出气口密封、灰斗口封堵的前提下,在工况压力下检测所得。

4.2 规格参数

4.2.1 室数:单室、多室。

4.2.2 单室通道数:6~40个。

4.2.3 电场公称高度:不大于15m。

4.2.4 电场数:1~6个。

4.2.5 每个电场每排极板条数:5~12条。

4.2.6 同极间距:0.4m、0.45m。

4.2.7 电场有效高度 H_1:

ZT24型极板:

$$H_1 = FT + 0.35,当 FT \leqslant 9.0m 时$$

$$H_1 = FT + 0.45,当 FT > 9.0m 时$$

C型极板,H_1 为电晕极框架管上、下中心线的高度。

4.2.8 电场有效宽度按式(1)计算:

$$B = D \cdot S \quad\cdots\cdots\cdots（1）$$

式中 B——电场有效宽度,m;

D——通道数;

S——同极间距,m。

4.2.9 每电场有效长度按式(2)计算:

$$L_1 = R \cdot b \quad\cdots\cdots\cdots（2）$$

式中 L_1——每电场有效长度,m;

R——每电场每排极板条数;

b——收尘极板的有效宽度(见图1),m。

4.2.10 单室电场横截面积按式(3)计算:

$$F = H_1 \cdot D \cdot S \quad\cdots\cdots\cdots（3）$$

式中 F——单室电场横截面积,m²。

4.2.11 单室电场气流流通面积按式(4)计算:

$$F_1 = H_1 \cdot D \cdot (S - a) \quad\cdots\cdots\cdots（4）$$

式中 F_1——单室电场气流流通面积,m²;

H_1——电场有效高度,m;

a——极板厚度,m;ZT24型:$a = 0.04$,C型:$a = 0.045$。

4.2.12 总收尘面积(收尘极板有效投影总面积)按式(5)计算:

$$A = 2N \cdot D \cdot L_1 \cdot H_1 \quad\cdots\cdots\cdots（5）$$

式中 A——总收尘面积,m²;

N——电场数。

4.2.13 电场风速按式(6)计算:

$$V = Q/F_1 \quad\cdots\cdots\cdots（6）$$

式中 V——电场风速,m/s;

Q——处理烟气量,m³/s。

4.2.14 比收尘极面积按式(7)计算:

$$f = A/Q \quad \cdots\cdots\cdots\cdots\cdots\cdots\cdots\cdots\cdots\cdots\cdots\cdots\cdots\cdots\cdots\cdots\cdots (7)$$

式中 f——比收尘极面积,$m^2/m^3/s$。

4.3 电气参数

整流设备额定输出直流电压、电流等级的选择应符合 JB/T 9688 的规定。

ICS 91-110

Q 92

备案号：20859—2007

JC

中华人民共和国建材行业标准

JC/T 818—2007

代替 JC/T 818—1998

回转式水泥包装机

Roto packer

2007-05-29 发布   2007-11-01 实施

中华人民共和国国家发展和改革委员会 发布

前　言

本标准是对 JC/T 818—1998《回转式水泥包装机》进行的修订。

本标准与 JC/T 818—1998 相比增加了如下内容：

——增加了螺旋出料方式；

——提高了袋重准确度，增加了连续 20 袋总重控制范围；

——引用了 GB 9774 水泥袋标准，增加了对收尘风量及负压的要求；

——增加了包装机整机性能要求。

本标准的某些内容可能涉及专利，本标准的发布机构不承担识别这些专利的责任。

本标准由中国建筑材料工业协会提出。

本标准由国家建筑材料工业机械标准化技术委员会归口。

本标准起草单位：湖北哈福机械有限责任公司、天津水泥工业设计研究院、无锡建仪仪器机械有限公司(哈佛水泥机械有限公司)、唐山任氏包装设备有限公司、中国建材装备有限公司。

本标准主要起草人：邹小强、黄咏平、陈崇光、邓军、沈生根、胡根清、刘胜利、穆惠民。

本标准所代替标准的历次版本发布情况为：

——JC/T 818—1986(1996)；

——JC/T 818—1998。

回转式水泥包装机

1 范围

本标准规定了回转式水泥包装机的术语和定义、产品分类、技术要求、试验方法、检验规则、标志、包装、运输和贮存。

本标准适用于叶轮给料回转式水泥包装机及螺旋给料回转式水泥包装机(以下简称包装机),其他回转式水泥包装机亦可参照执行。

2 规范性引用文件

下列文件中的条款通过本标准的引用而成为本标准的条款。凡是注日期的引用文件,其随后所有的修改单(不包括勘误的内容)或修订版均不适用于本标准,然而,鼓励根据本标准达成协议的各方研究是否可使用这些文件的最新版本。凡是不注日期的引用文件,其最新版本适用于本标准。

GB/T 1804—2000 一般公差 线性尺寸的未注公差

GB/T 2681 电工成套装置中的导线颜色

GB/T 2682 电工成套装置中的指示灯和按钮的颜色

GB/T 4208 外壳防护等级的分类

GB/T 4720 电控设备 第1部分:低压电器电控设备

GB/T 4942 电机外壳防护分级

GB/T 6414—1999 铸件尺寸公差与机械加工余量

GB/T 7551 电阻应变称重传感器

GB/T 10095 渐开线圆柱齿轮精度

GB/T 13306 标牌

GB 9774 水泥包装袋

JC/T 402 水泥机械涂漆防锈技术条件

JC/T 406 水泥机械包装技术条件

JC/T 532 建材机械钢焊接件通用技术条件

JJG 564 重力式自动装料衡器(定量自动衡器)检定规程

3 术语和定义

下列术语和定义适用于本标准。

3.1 回转式水泥包装机

一种带多个填充单元,能将水泥或类似的粉状物料定量充灌入自封口包装袋内,并且各单元能绕同一轴线水平方向回转的机械设备。

3.2 过渡软连接

每一填充单元充料口处固定部分与浮动部分的连接零件。

4 产品分类

4.1 型式

4.1.1 包装机按计量装置的结构分为三种形式:机械称量式(简称机械式,代号为J);电子称量式(简称电子式,代号为D);微机称量式(简称微机式,代号为W)。

4.1.2 包装机出料方式分为两种形式:叶轮给料方式(代号为Y);螺旋给料方式(代号为L)。

4.2 型号

型号表示方法规定如下：

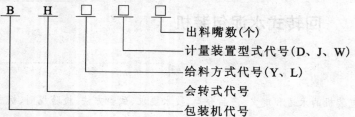

- 出料嘴数(个)
- 计量装置型式代号(D、J、W)
- 给料方式代号(Y、L)
- 会转式代号
- 包装机代号

4.3 标记示例

出料嘴数 8 个、电子称量式、叶轮给料回转式水泥包装机：

回转式水泥包装机 BHYD8

4.4 基本参数

基本参数见表 1。

表 1

参数名称		单位	参 数 值			
出料嘴数		个	6	8	12	16
包装能力		袋/小时	1800	2400	3600	4800
单袋重量		kg	50			
称量准确度	95%的袋数单袋重量误差	kg	+0.4 −0.2			
	连续 20 袋总质量		1000~1004			

5 技术要求

5.1 基本要求

5.1.1 产品应符合本标准的要求，并按照经规定程序批准的图样和技术文件制造。凡本标准、图样和技术文件未规定的技术要求，均按有关国家标准、建材和机电行业通用技术条件的规定执行。

5.1.2 图样上线性尺寸的未注公差：机械加工表面应符合 GB/T 1804—2000 的 f 级，锻件的非机械加工表面应符合 GB/T 1804 的 C 级。铸件尺寸公差按 GB/T 6414 中的 CT10 级制造。

5.1.3 钢焊接件应按 JC/T 532 的有关规定执行。其中直线和角度尺寸偏差为 B 级，直线度和平面度公差为 F 级。焊接接头的表面质量应达到 II 级要求。

5.2 使用条件

5.2.1 电源电压波动 ±10%，额定频率变化 ±2%。

5.2.2 水泥含水量应不超过 1%。

5.2.3 水泥温度应低于 70℃。

5.2.4 水泥包装袋应符合 GB 9774。

5.2.5 中间仓内应连续保持有不低于 2t 的物料。

5.2.6 气源含油量小于 4mg/m³，含尘颗粒小于 50μm，常压露点 −30℃，压力 0.6MPa。

5.2.7 压缩空气及收尘参数见表 2。

表 2

参数名称		单位	参 数 值			
出料嘴数		个	6	8	10	12
压缩空气	压力	MPa	0.6	0.6	0.6	0.6
	风量	m³/h	60	80	120	160

参数名称		单位	参 数 值			
收尘空气	负压	Pa	−600	−600	−600	−600
	风量	m³/h	>9000	>12000	>18000	>24000

5.2.8 正常工作环境条件：

　　a) 环境温度范围：−10℃～40℃；

　　b) 温度变化速率：≤±5℃/h；

　　c) 相对湿度：≤90%RH；

　　d) 海拔高度：≤2000m。

5.3 整机性能要求

5.3.1 包装机计量准确度及包装能力见表1。

5.3.2 包装机整机工作寿命不低于40000h。

5.3.3 包装机工作噪声低于75dB。

5.3.4 包装机可包装25kg～50kg袋重水泥包。

5.4 电子式、微机式附加性能要求

5.4.1 电子式、微机式重量显示四位数码，显示最大重量值不小于称重的130%。

5.4.2 电子式、微机式显示分辨率为20g。

5.4.3 电子式、微机式具有自动调零去皮、重量自校正、累计袋数、袋重打印功能。

5.5 装配要求

5.5.1 所有零部件必须经检验合格，外购件、外协件必须具有质量合格证明文件或经制造厂检验合格后，方可进行装配。

5.5.2 支承弹簧装配后应处于同一水平面内，其误差不大于2.5mm。

5.5.3 给料叶轮运转时不得有擦壳现象，径向间隙应不大于2mm。叶轮轴转动应灵活。

5.5.4 过渡软连接装配后，秤杆端部指针指零，此时托架与固定部分的相对移动量应不小于4mm。

5.5.5 机械式两个支承刀刃组合后，刃口应在同一直线上，与刀承应成直线接触，其接触部分应超过刀承工作长度的2/3，刀承安装在支座上后应能绕销轴自由转动。

5.5.6 机械式传力拉杆连接前，上下两接点水平投影的偏移量应不大于8mm。

5.5.7 电子式、微机式称重传感器传力拉杆连接前，上下两接点水平投影的偏移量应不大于5mm。称重传感器精度等级不低于GB/T 7551中0.1级的要求。

5.5.8 包装机主轴与筒体同轴度公差应小于4mm，筒体在组装焊接时每单元应等分，等分弧长的误差应小于6mm。

5.5.9 驱动装置装配后，传动齿轮接触精度应不低于GB/T 10095中的8级规定。当用手转动时，筒体应转动灵活，无卡滞现象。

5.5.10 气动元件及管路连接前应保持清洁整齐，管路不得有大于50μm的杂质。

5.5.11 电控柜结构应符合GB/T 4720的要求，其金属壳体与接地螺栓之间的连接电阻不得超过0.1Ω。

5.5.12 电动机及电气控制柜应符合GB/T 4942.1和GB/T 4208中ⅠP44防护等级的规定。

5.5.13 电控柜选用的指示灯和按钮色彩应符合GB/T 2682的规定，电路选配与标示的导线颜色应符合GB/T 2681的规定。

5.5.14 设备中主电路、控制电路(除电子电路外)的绝缘电阻应不低于1MΩ。

5.6 安装要求

5.6.1 包装机定位在基础上时其驱动立轴应与水平面垂直，垂直度公差为轴长的2‰。

5.6.2 系统安装后从储料仓到包装机叶轮箱之间不得有异物。

5.6.3 感应开关接近片固定后，与各单元接近开关无碰撞，接近开关工作正确可靠。

5.6.4 包装机应可靠接地。

5.6.5 包装机筒体与灌装架连接面不能有漏料现象。

5.7 涂漆防锈要求

产品的涂漆与防锈要求应符合 JC/T 402 的规定。

5.8 空载试运转要求

5.8.1 包装机通电操作试验,在控制电路分别通以 85% 和 110% 额定电压的条件下,每单元操作各五次,每次动作均应正确无误。

5.8.2 机械和气动部分、电磁铁部分动作应灵活,无明显振动和异常声音,各部分动作协调,轴承温升应不超过 25℃。

5.8.3 产品应进行静态灵敏度试验,机械式每加减 200g,杠杆端部指针移动应大于 0.5mm;电子式、微机式每加减 20g 应能正确显示,允许有 20g 的跳动变化。

5.8.4 包装机回转速度可由 0 调至最高 6r/min。

5.9 负载试运转要求

5.9.1 机械和气动部分应运转灵活,无明显振动,各部分动作协调,轴承温升应不超过 40℃。

5.9.2 负载试验在使用现场进行,包装能力、称量精度应符合表 1 的规定。

5.9.3 包装机应无漏气、漏料、漏电等现象。

6 试验方法

6.1 对 5.5.4 各单元过渡软连接径向位移的检测。应在袋座上放置 50kg 砝码,并再加上不小于 150N 的力,测袋座相对固定部分的相对位移量。

6.2 对 5.5.6、5.5.7 检测传力拉杆两接点水平投影的偏移量。应首先松开传力拉杆与托架连接插销,使传力拉杆自由垂挂,测其与托袋架连接处的偏移量。

6.3 对 5.8.2,包装机空载试验筒体连续回转不少于 1h,且每单元模拟动作应不小于 30 次。

6.4 电子式、微机式电气部分连续通电 40h 后,应达到 5.8.1 的要求。

6.5 对 5.8.3,机械式静态灵敏度试验:

a)代座上放置设定重量 50kg,抬起小杠杆使滚轮与主杠杆的垂直杆脱离,调节机械秤主杠杆上大小游动重锤,使端部指针指零;

b)在袋座上加放 200g 砝码,测杠杆端部指针移动量;

c)取下 200g 砝码,指针应回零。

6.6 对 5.8.3,电子式、微机式静态灵敏度试验:

a)不加载时,应调整使显示器显示 00.00;

b)在袋座上加放 20g 砝码,观察显示值;

c)加载设定的重量 50kg,观察显示值;

d)卸下载荷,观察显示值。

6.7 对 5.9.2,应在包装机系统成套性完整情况下,每次经精确调试后各项性能满足附表的要求。其检定方法按 JJG 564 中的有关规定执行。

7 检验规则

7.1 检验分类

检验分出厂检验和型式检验。

7.2 出厂检验

产品出厂前须经制造厂质量检验部门逐台检验合格,并出具产品质量合格证书后方能出厂。应完成的检验项目应包括 5.1、5.4、5.5、5.7、5.8、8.1、8.2 七项。

7.3 型式检验

产品在下列情况之一时,对标准中规定的全部技术要求进行型式检验。对 5.8.2 采用跟踪方式检验。

a)新产品或者老产品转厂生产的试制定型鉴定时;

b) 正式生产后,如结构、材料、工艺有较大改变,可能影响产品性能时;

c) 每正常生产一年时;

d) 产品停产一年,恢复生产时;

e) 出厂检验结果与上次型式检验有较大差异时。

7.4 判断规则

7.4.1 出厂检验项目按本标准7.2规定的项目进行检验,检验合格判定该台产品为合格;检验不合格判定该产品为不合格。

7.4.2 型式检验项目应按本标准7.2的规定进行检验,在出厂检验合格的产品中抽取一台,检验合格判定该台产品为合格;检验不合格判定该产品为不合格。

8 标志、包装、运输和贮存

8.1 包装机应在适当明显的部位固定产品标牌,其型式与尺寸应符合GB/T 13306的规定,并标明下列内容:

a) 产品名称、型号及标准代号;

b) 主要技术参数;

c) 出厂编号;

d) 制造厂名称;

e) 出厂日期;

f) 计量器具标志及生产许可证编号;

g) 商标。

8.2 产品包装和随机文件应符合JC/T 406的规定,并适应陆路、水路运输的要求。

8.3 产品在使用前,供需双方应将零件、部件妥善保管,防止锈蚀、变形、损坏和丢失。

ICS 91-110

Q 92

备案号:18411—2006

JC

中华人民共和国建材行业标准

JC/T 334.1—2006

代替 JC/T 334.1—1994

水泥工业用管磨机

Tube mill for cement industry

2006-08-19 发布

2006-12-01 实施

中华人民共和国国家发展和改革委员会　发布

目　次

前　言

本标准是对 JC/T 334.1—1994《水泥工业用管磨机》进行的修订。

本标准与 JC/T 334.1—1994 相比,主要技术内容变化如下:

——修订了第 3 章产品分类中的基本参数示例,主要选择目前国内主流新型干法生产线生产规模常用配置的管磨机;

——增加了对整机性能的要求;

——增加了对焊接滑环结构的相关技术要求;

——修订了主要铸锻件的探伤检验要求,使之更加符合国内的生产实际情况;

——增加了对轴承温度的相关要求。

请注意本标准的某些内容有可能涉及专利。本标准的发布机构不应承担识别这些专利的责任。

本标准自实施之日起代替 JC/T 334.1—1994《水泥工业用管磨机》。

本标准由中国建筑材料工业协会提出。

本标准由国家建筑材料工业机械标准化技术委员会归口。

本标准负责起草单位:天津水泥工业设计研究院中天仕名科技集团有限公司。

本标准参加起草单位:中材国际南京水泥工业设计研究院、中天仕名(徐州)重型机械有限公司、朝阳重型机器厂、上海建设路桥机械设备有限公司、唐山盾石机械制造有限责任公司、中国建材装备有限公司。

本标准主要起草人:李雄波、施静如、姚群海、王少民、王定华、高国志、袁海荣、孟庆林。

本标准所代替标准的历次版本发布情况为:

——JC/T 334.1—1994;

——JC/T 334—1992。

水泥工业用管磨机

1 范围

本标准规定了水泥工业用磨机(以下简称"磨机")的产品分类、技术要求、试验方法、检验规则、标志、包装、运输和贮存等。

本标准适用于水泥工业用磨机。其他行业用磨机也可参照使用。

2 规范性引用文件

下列文件中的条款通过本标准的引用而成为本标准的条款。凡是注日期的引用文件,其随后所有的修改单(不包括勘误的内容)或修订版均不适用于本标准,然而,鼓励根据本标准达成协议的各方研究是否可使用这些文件的最新版本。凡是不注日期的引用文件,其最新版本适用于本标准。

GB/T 699　优质碳素结构钢　技术条件

GB/T 700　碳素结构钢

GB/T 1174　铸造轴承合金

GB/T 1184　形状和位置公差　未注公差值(eqv ISO 2768—2:989)

GB 1348—1988　球墨铸铁件

GB/T 1801　极限与配合　公差带和配合的选择(eqv ISO 1829—1975)

GB/T 1804—2000　一般公差　未注公差的线性和角度尺寸的公差(eqv ISO 2768—1:1989)

GB/T 2970　厚钢板超声波检验方法

GB 3323—1987　钢熔化焊对接接头射线照相和质量分级

GB 3768　声学　声压法测定噪声源声功率级　反射面上方采用包络测量表面的简易法

GB/T 6402　钢锻件超声波检验方法

GB/T 9439　灰铸铁件

GB 9443—1988　铸钢件渗透探伤及缺陷显示迹痕的评级方法

GB 9444—1988　铸钢件磁粉探伤及质量评级方法

GB/T 10095　渐开线圆柱齿轮　精度

GB/T 11345　钢焊缝手工超声波探伤方法和探伤结果分级

GB/T 11352　一般工程用铸造碳钢件

GB/T 13306　标牌

JB/T 5000.14　重型机械通用技术条件　铸钢件无损探伤

JB/T 5000.15　重型机械通用技术条件　锻钢件无损探伤

JC/T 355　水泥机械产品型号编制方法

JC/T 401.1　建材机械用高锰钢铸件技术条件

JC/T 401.2　建材机械用碳钢和低合金钢铸件技术条件

JC/T 401.4　建材机械用铸件交货技术条件

JC/T 402　水泥机械涂漆防锈技术条件

JC/T 406　水泥机械包装技术条件

JC 532　建材机械钢焊接件通用技术条件

3 产品分类

3.1 磨机的型号应符合 JC/T 355 中的相关规定。

3.2 磨机的规格应符合如下规定：

    a）磨机筒体内径应为 2000mm～6000mm 之间的偶数；

    b）磨机粉磨仓筒体的公称长度应在 4000mm～20000mm 之间，且为 500mm 的整数倍数。

3.3 基本参数示例见表1。

表1 基本参数示例

序号	分类型号	生产能力/(t/h)			转速/(r/min)	装机功率/kW	装球量/t	设备重量/t	粉磨方式
		生料	水泥	煤粉					
1	MFB2245			8.3	22.0	240	18.2	46	圈流
2	MNB24130		22		20.4	800	65	88	开流
3	MB26130	50	29		19.5	1000	78	140	开流
4	MFB2880			16	18.9	500	32	108	圈流
5	MN30110		47		17.6	1250	100	103	圈流
6	MH3270	50			17.7	1000	58	107	圈流
7	MFB3490			30	17.47	900	54	164	圈流
8	MHB3475+18	60			16.9	1000	70	167	圈流
9	MFB3895			40	16.3	1250	75.5	226	圈流
10	MN38130		60		16.3	2500	174	222	圈流
11	MN40130		64		16	2800	191	264	圈流
12	MN42130		75		15.6	3150	209	255	圈流
13	MHZ4675+35	150			15	2500	127	270	圈流
14	MHZ46100+35	190			15	3550	190	352	圈流
15	MHB50105	230			14.42	3550	190	268	圈流
16	MHZ50100+25	250			14.42	4000	220	382	圈流

    注：生产能力随着粉磨物料的易磨性和产品的细度的不同会有变化，表中的数值仅供参考。

4 技术要求

4.1 基本要求

4.1.1 产品应符合本标准的要求，并按照经规定程序批准的设计图样、技术文件和技术规范制造、安装和使用，本标准和设计图样、技术文件、技术规范未规定的技术要求，应符合国家标准、建材行业或机电行业相关标准中的相关规定。

4.1.2 图样上线性尺寸的未注公差：

    a）切削加工部位应符合 GB/T 1804—2000 中 m 级的规定；

    b）焊接件非切削加工部位应符合 GB/T 1804—2000 中 v 级的规定。

4.1.3 铸钢件应符合 JC/T 401.1、JC/T 401.2、JC/T 401.4 中的相关规定。

4.1.4 焊接件应符合 JC 532 中的相关规定。

4.2 整机性能

    整机性能要求应符合表2的规定。

    4.3 主要零部件要求

4.3.1 筒体和传动接管

4.3.1.1 钢板材料应不低于 GB/T 700 中关于 Q235-B 的规定；厚度小于 20mm 的钢板，钢板材料应不低于 GB/T 700 中关于 Q235-A 的规定。

4.3.1.2 铸钢件端盖和传动接管，材料应不低于 GB/T 11352 中关于 ZG230-450 的规定。

4.3.1.3 钢板厚度大于等于 30mm 时，应沿下料周边 50mm 进行超声波探伤检验，并应符合 GB/T 2970 的规定。

4.3.1.4 筒体上的焊缝必须与孔错开，边缘距离不小于 75mm。

表2 整机性能要求

类别	项目		相关条号	指标或要求	试验方法
整机性能	型号		3.1	符合规定	检查标牌及图样
	规格直径		3.2		
	规格长度				
	运转平稳性		—	无异常振动	现场观测
	轴承油温和轴瓦温度/℃		4.4.1	符合规定	现场测试
	噪声(空载)/dB(A)		—	≤85	按 GB 3768 规定的方法测试
	基本参数	生产能力/(t/h)	4.1.1	符合规定	按照相关的图样及技术文件现场检测
		转速/(r/min)			
		装机功率/kW			
		装球量/t			
可靠性[b]	运转率[a]/%		—	≥80	用户的评议证明材料
	第一次大修[c]/h			≥20000	用户的评议证明材料
配套完整性	保证设备正常工作的配套设备及配套件			配套齐全,保证整机正常工作,有产品合格证	检查实物及资料
	随机技术文件		7.6	符合规定	
安全环保	防护装置		—	传动装置和旋转部分安全装置确有防护作用,有必要可靠的起吊装置	现场观测
	防尘、防漏油			无明显的漏粉尘、油	
标牌与包装	标牌		7.1	符合规定	检查实物
	包装		7.2	符合规定	检查实物及资料

[a] 运转率。指不考虑系统工艺和其他方面的原因,仅从设备本身机械质量考虑。

[b] 可靠性。指设备在额定生产能力时,正常工作状态下,应达到的最少工作时间。

[c] 第一次大修期。在正常使用情况下,凡设备需全部解体并需要更换或修复大部主要零件,使其恢复原有使用性能,称为大修(不包含易损件)。

4.3.1.5 简体相邻段间节间的纵向焊缝应沿圆周方向错开,间隔距离应不小于600mm。

4.3.1.6 简体尺寸公差:

a)圆周长度:0~+10mm;

b)轴向全长:0~+10mm;

c)圆度:5mm;

d)圆柱面素线直线度:5mm。

4.3.1.7 简体两端法兰的公差:

a)两端法兰定位圆对简体圆柱面轴线的同轴度公差:ϕ6mm;

b)两端法兰定位圆的同轴度公差:GB/T 1184 中的 9 级;

c)两端法兰定位圆的直径公差:GB/T 1801 中的 f9 级;

d)法兰端面对其定位圆轴线的端面全跳动公差:GB/T 1184 中的 8 级;

e)法兰上螺栓孔的位置度公差:ϕ1mm;

f)两端滑环外圆面的相对径向圆跳动公差:0.4mm。

4.3.1.8 端盖和滑环腹板的钢板不允许采用环向拼接对焊的形式。

4.3.1.9 焊缝应饱满、均匀整齐,焊缝表面质量应符合 JC 532 中 I 级的规定。

4.3.1.10 焊缝表面的处理：

a) 筒体内部焊缝、端盖焊缝及筒体与端盖相接的环向焊缝均应磨平，磨削面允许高出母材表面 0~0.5mm；

b) 端盖与筒体相接焊缝、端盖与其补强板的角焊缝表面应磨光；

c) 滑环与筒体焊缝、滑环腹板两侧拼接焊缝两面均应磨平；

d) 滑环与滑环腹板角焊缝表面应车削加工；

e) 磨削后焊缝表面要光滑。

4.3.1.11 钢板厚度超过30mm时，筒体焊后宜整体退火消除焊接应力。

4.3.1.12 固定衬板的螺栓孔，其位置度公差为 ϕ1mm。

4.3.1.13 所有螺栓孔孔口均应倒角，表面粗糙度 R_a 为 12.5 μm。

4.3.1.14 入孔及卸料孔必须切削加工，且须在筒体整体退火消除焊接应力之前进行。

4.3.1.15 入孔和卸料孔孔口均需倒圆，倒圆半径为钢板厚度的1/10，且不少于3mm，加工后的表面粗糙度 R_a 为 3.2 μm。

4.3.2 中空轴和滑环

4.3.2.1 材料应符合下列规定：

a) 铸钢件的材料应不低于 GB/T 11352 中关于 ZG230-450 的规定；

b) 钢板焊接件的材料应不低于 GB/T 700 中关于 Q235-B 的规定；

c) 小型磨机的中空轴允许用符合 GB 1348—1988 中关于 QT400-18 的规定的材料。

4.3.2.2 中空轴和滑环的表面粗糙度应符合表3的规定。

表3　中空轴和滑环的表面粗糙度

部　　　　位		表面粗糙度 R_a/μm
中空轴	轴根圆角区外侧面	1.6
	轴根圆角区内侧面	3.2
	轴颈、轴肩圆角区	1.6
滑环	外圆承载面	
	腹板根部圆角区	3.2

4.3.2.3 中空轴的公差：

a) 轴颈直径公差应符合 GB/T 1801 中 h8 级的规定；

b) 大法兰定位圆直径公差应符合 GB/T 1801 中 f9 级的规定；

c) 大法兰定位圆对轴颈的同轴度公差应符合 GB/T 1184 中 7 级的规定；

d) 大法兰端面对轴颈轴线的垂直度公差应符合 GB/T 1184 中 7 级的规定；

e) 法兰上螺栓孔的位置度公差为 ϕ1mm。

4.3.2.4 滑环的公差：

a) 外圆面直径公差应符合 GB/T 1801 中 h8 级的规定；

b) 法兰定位圆直径公差应符合 GB/T 1801 中 h8 级的规定；

c) 法兰端面对外圆面轴线的垂直度公差应符合 GB/T 1184 中 7 级的规定；

d) 法兰上螺栓孔的位置度公差为 ϕ1mm。

4.3.3 主轴承和滑履轴承

4.3.3.1 材料应符合下列规定：

a) 轴承底座铸钢件的材料应不低于 GB/T 11352 中关于 ZG230-450 的规定；

b) 轴承底座铸铁件的材料应不低于 GB/T 9439 中关于 HT200 的规定；

c) 主轴瓦和托瓦瓦体铸钢件的材料应不低于 GB/T 11352 中关于 ZG230-450 的规定；

d) 主轴瓦铸铁件的材料应不低于 GB/T 9439 中关于 HT200 的规定；

e）轴承合金的材料应符合 GB/T 1174 中关于 ZSnSb11Cu6 的规定。

4.3.3.2 轴承合金必须与主轴瓦和托瓦瓦体结合严实，主轴承主轴瓦在中心夹角60℃范围内、滑履轴承托瓦在全部工作面内不允许脱壳。

4.3.3.3 轴承合金的工作表面加工后，其表面粗糙度 R_a 为 1.6μm。

4.3.3.4 主轴承主轴瓦的公称包角为 120°。

4.3.3.5 主轴承主轴瓦工作面直径的尺寸偏差应符合表4的规定。

表4　主轴承主轴瓦工作面的尺寸偏差

公称直径/mm	800	900	1000	1200	1400	1600	1800	2000	2240
偏差/mm	+1.10 +0.80	+1.15 +0.90	+1.20 +1.00	+1.40 +1.20	+1.50 +1.30	+1.60 +1.30	+1.80 +1.40	+2.00 +1.63	+2.24 +1.80

4.3.4 大齿轮

4.3.4.1 铸钢件的材料应不低于 GB/T 11352 中关于 ZG310-570 的规定，硬度应不低于HB180；球墨铸铁件的材料应不低于 GB 1348—1988 中关于 QT500-7 的规定，硬度应不低于HB200。

4.3.4.2 加工精度应不低于 GB/T 10095 中关于 9-8-8 级的规定。

4.3.4.3 齿顶圆对法兰定位圆的同轴度公差为 GB/T 1184 中的 7 级。

4.3.4.4 法兰基准端面对齿顶圆的端面全跳动公差为 GB/T 1184 中的 7 级。

4.3.5 小齿轮和小齿轮轴

4.3.5.1 材料应不低于 GB/T 699 中关于 45 钢的规定，硬度应不低于HB210，小齿轮硬度应超过大齿轮HB30 以上。

4.3.5.2 小齿轮的加工精度应不低于 GB/T 10095 中关于 9-8-8 级的规定。

4.3.6 探伤质量

筒体和传动接管焊缝及铸锻件的探伤质量应符合表5的规定。

表5　筒体和传动接管焊缝及铸锻件的探伤质量

探 伤 部 位			探 伤 质 量	
			内 部	表 面
筒体焊缝			GB/T 11345 中Ⅱ·B 级的规定 或 GB 3323—1987 中Ⅲ级的规定	GB 9443—1988 或 GB 9444—1988 中 Ⅱ级的规定
滑环圆柱面焊缝				
滑环圆柱面与腹板角焊缝				
端盖和滑环腹板的拼接焊缝				
传动接管全部焊缝				
中空轴		轴根圆角区外侧面	JB/T 5000.14 中Ⅱ级的规定	
		轴颈、轴肩圆角区外侧面	JB/T 5000.14 中Ⅲ级的规定	
		大法兰及其余部位	JB/T 5000.14 中Ⅴ级的规定	
铸造端盖		外圆圆角区		
		法兰及法兰圆外200mm		
铸造滑干环		圆柱面和T形部位		
大齿轮		轮缘圆柱面		
小齿轮			GB/T 6402 中Ⅲ级的规定 或 JB/T 5000.15 中Ⅲ级的规定	
小齿轮轴				

4.4 装配和安装要求

4.4.1 磨体部分

4.4.1.1 中空轴或滑环与筒体装配后，两端中空轴轴颈的相对径向圆跳动公差为 0.2mm，两端滑环外圆面的相对径向圆跳动公差为 0.4mm。

4.4.1.2 大齿轮对中空轴轴颈或滑环外圆的径向跳动公差为大齿轮齿顶圆直径的 0.25/1000，端面跳动公差为大齿轮齿顶圆直径的 0.35/1000。

4.4.1.3 进出料的密封摩擦部位的圆柱面对中空轴轴颈或滑环外圆面的径向跳动公差为 0.5mm。

4.4.1.4 采用螺栓固定的衬板，其相邻间隙为 4mm～10mm，镶砌衬板四周须砌紧楔牢。

4.4.1.5 相邻隔仓板、箅板之间的间隙不超过篦缝的最大宽度。

4.4.2 主轴承和滑履轴承

4.4.2.1 主轴承主轴瓦与中空轴轴颈的配合接触要求：

a) 配合接触的侧面间隙 S 应符合表 6 的规定，测量部位见图 1；

b) 配合接触斑点的分布如图 1 所示，斑点沿母线全长上等宽、均匀连续分布，间距应不大于 5mm；

c) 当侧面间隙或配合接触斑点的分布不符合要求时，允许在规定接触带范围内刮研处理，包角不超过 30°。

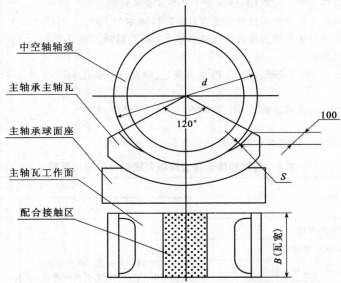

图 1　主轴承主轴瓦与中空轴轴颈的配合接触斑点分布

表 6　主轴承主轴瓦与中空轴轴颈的配合接触的侧面间隙

公上径 d/mm	800	900	1000	1200	1400	1600	1800	2000	2240
侧隙 S/mm	0.12～0.19	0.14～0.21	0.16～0.23	0.21～0.28	0.24～0.32	0.25～0.35	0.29～0.41	0.34～0.46	0.39～0.54

4.4.2.2 滑履轴承托瓦与滑环外圆面的配合接触要求：

a) 配合接触斑点的分布要求为斑点沿母线全长上等宽、均匀连续分布，间距应不大于 5mm；

b) 当配合接触斑点的分布不符合要求时，允许在规定接触带范围内刮研处理，接触带周向长度不超过托瓦瓦宽。

4.4.2.3 主轴瓦与球面座的配合接触要求：

a) 球面接触带的周向配合接触包角应不小于 30°，轴向配合接触宽度不超过球面座宽度的 1/3，但不得小于 10mm；

b)配合接触斑点应均匀连续分布,间距应不大于5mm;

c)当配合接触斑点的分布区不符合要求时,允许在规定接触带范围内刮研处理,使之最终达到要求。

4.4.2.4 滑履轴承凸球体与凹球体的配合接触要求:

a)球面接触带的配合接触范围的直径不超过球缺直径的一半,但不得小于5mm;

b)配合接触斑点应均匀连续分布;

c)当配合接触斑点的分布区不符合要求时,允许在规定接触带范围内刮研处理,使之最终达到要求。

4.4.2.5 经检验符合要求后,在零件上打印匹配标志以便于安装。

4.4.2.6 主轴瓦与轴承座、托瓦与相关零部件组装后,应对冷却水通道和接头和管路做不低于0.6MPa的水压试验,延续时间不少于20min。

4.4.2.7 主轴瓦和托瓦高压油管及接头组装后,应做不低于32MPa的油压试验,延续时间不少于10min。

4.4.2.8 对主轴承座等盛油零件,应做渗油试验,延续时间不少于30min。

4.4.3 传动装置

4.4.3.1 边缘传动磨机的齿轮副接触精度应符合GB/T 10095中关于8级的规定。

4.4.3.2 边缘传动磨机的齿轮副齿侧间隙无特殊规定时,基准齿形的齿轮副侧隙应符合表7的规定。

4.4.3.3 电动机轴对减速器高速轴、减速器低速轴对传动轴的相对偏移量,应不超过所用联轴器允许补偿量的一半。

4.4.3.4 中心传动磨机主减速器的低速轴与磨机传动接管法兰轴线的同轴度,在没有特殊规定时按不大于φ0.4mm执行。

表7 齿轮副侧隙

中心距/mm	>1250~1600	>1600~2000	>2000~2500	>2500~3150	>3150~4000
齿侧间隙/mm	0.85~1.05	1.06~1.30	1.32~1.55	1.60~1.90	1.92~2.17

4.5 运转要求

4.5.1 主轴承的温度应符合下列要求:

a)润滑油温应不超过60℃;

b)轴瓦温度应不超过65℃。

4.5.2 滑履轴承的温度应符合下列要求:

a)润滑油温应不超过60℃;

b)托瓦温度应不超过75℃。

4.6 涂漆防锈要求

产品的涂漆防锈应符合JC/T 402中的相关规定。

5 试验方法

5.1 对筒体圆周长度(4.3.1.6中的a项)的偏差,应在筒体段节环焊缝的两侧100mm处检测。

5.2 开式齿轮硬度(4.3.4.1和4.3.5.1)的检测部位为齿顶,检验齿数大齿轮不少于8个,间距夹角不超过45°;小齿轮不少于4个,间距夹角不超过90°。

5.3 铸造端盖、中空轴和滑环内部质量的超声波探伤方法,应按照本标准中表5的规定进行。

5.4 焊接端盖和滑环的焊缝内部质量的探伤方法,应按照本标准中表5的规定进行。

5.5 主轴承和滑履轴承应在制造厂进行试组装,并在相关零部件上做好标记。

5.6 端衬板、隔仓板和出料算板应进行试组装。

5.7 筒体衬板(镶砌衬板除外)应进行试组装,每种衬板在环向和轴向各不少于3排,并且应该包含入孔门衬板。

5.8 烘干仓衬板(扬料板除外)应进行试组装,在环向和轴向各不少于1排。

5.9 两中空轴(或滑环)径向跳动偏差的检测,按图2所示的方式架设百分表,转动筒体按八等分分别检测4个百分表的数值,计算出相对径向跳动偏差,并应符合4.4.1.1的规定。

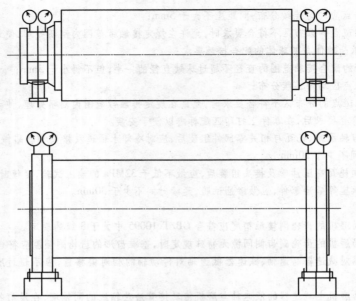

图 2 装配检测图

5.10 试运转加负荷的步骤和要求参照表 8 的规定进行。

表 8 试运转加负荷的步骤和要求

研磨体装载量/%	0	30	60	90	100
试运转时间/h	8	16	36	72	96
最少连续运行时间/h	4	8	24	24	24

注:对于新型干法水泥生产线的煤磨,可以按照试生产的安排进行负荷试车。

6 检验规则

6.1 检验分类

检验分为出厂检验和型式检验。

6.2 出厂检验

6.2.1 产品零部件应经制造厂检验部门逐件检验,外购件、外协件应符合有关标准的规定,并具有合格证和相关的检验结果。

6.2.2 出厂检验应符合本标准 4.1、4.2、4.5、7.1、7.2 的规定进行检验,检验合格后签发产品合格证书。

6.2.3 简体和滑环焊缝检验规定:

a) 每一条焊缝都必须进行探伤检验,检验长度不应小于该条焊缝长度的百分比:当采用超声波探伤检验时为 50%;当采用射线探伤检验时为 15%。纵环向焊缝交叉的 T 形接头焊缝必须检验:检验长度纵向为 500mm,环向两侧各为 500mm;

b) 滑环焊缝必须全部检验;

c) 对用超声波探伤检验发现的焊缝可疑处,应采用射线探伤进一步评定;

d) 焊缝探伤检验不合格时,对该条焊缝应加倍长度检验,若再不合格则应 100% 检验;

e) 焊缝同一部位返修次数不应超过两次,超过两次时应经施焊企业技术负责人批准,且返修部位和次数应在产品质量证明书中予以说明。

6.3 型式检验

6.3.1 有下列情况时应进行型式检验:

a) 新产品试制或首台产品;

66

b)结构设计、采用材料和制造工艺有较大改变,并且可能影响产品性能时;

c)投入批量生产后,应定期进行检验;

d)长期停产后,重新恢复生产时;

e)出厂检验结果与前一次型式检验有明显差异时;

f)国家质量监督部门提出进行型式检验的要求时。

6.3.2 型式检验项目按本标准规定的全部项目进行检验。

6.4 判定规则

6.4.1 出厂检验项目按本标准6.2.2规定的项目进行检验,检验合格判定该台产品为合格;检验不合格判定该产品为不合格。

6.4.2 型式检验项目应按本标准6.3.2的规定进行检验,在出厂检验合格的产品中抽取一台,检验合格判定该台产品为合格;检验不合格判定该台产品为不合格。

7 标志、包装、运输和贮存

7.1 标志采用标牌,标牌应固定在产品的醒目部位,其规格型式应符合GB/T 13306中的相关规定。标牌内容应包括:

a)制造厂名称;

b)产品名称和型号;

c)产品主要技术参数;

d)产品出厂编号和制造日期;

e)产品标准号和商标。

7.2 包装应符合JC/T 406中的相关规定,并应适应陆路、水路运输的相关要求。

7.3 在出厂简体的适当位置应设置支撑装置防止变形。

7.4 拆成两半运输的大齿轮,应采取加固措施,以保持其正确状态,防止变形。

7.5 包装箱外和裸装件应有文字标记和符号,内容应包括:

a)收货单位及地址;

b)主要产品名称、型号和规格;

c)出厂编号和箱号;

d)外形尺寸、毛重和净重;

e)制造厂名称。

7.6 随机技术文件应包括:

a)产品使用说明书;

b)产品合格证:

c)装箱单;

d)产品安装图。

7.7 在安装使用前,制造厂和用户应将零、部件妥善保管,防止锈蚀、损伤、变形及丢失。

7.8 长期堆放的简体、大齿圈等重要零件,必须单独水平存放,其上不允许放置任何重物。

7.9 贮存产品的场地,应具备防锈、防腐蚀和防损伤的措施和设施。产品的摆放应预防挤压变形和本身重力变形。贮存期长的产品应定期检查维护。

ICS 91-110
Q 92
备案号:18407—2006

JC

中华人民共和国建材行业标准

JC/T 333—2006
代替 JC/T 333—1991(1996)

水泥工业用回转窑

Rotary kiln for cement industry

2006-08-19 发布

2006-12-01 实施

中华人民共和国国家发展和改革委员会　发布

目　次

前　言

本标准是对 JC/T 333—1991(1996)《水泥工业用回转窑》进行的修订。

本标准与 JC/T 333—1991(1996) 相比，主要技术内容变化如下：

——基本参数：随着设备大型化的需求，简体内径由最大 4.0m 扩大范围至 6.4m，且含去 3.0m 以下的规格；简体长度由水泥生产工艺方法并结合生产厂的原燃料等特定条件确定；

——吸纳国外信息，结合国内重型机械、水泥行业实况，调整部分大型铸锻件的材料和硬度指标；

——随国内外科技进步，为进一步确保产品质量，调整和增加部分零部件的技术参数和技术要求；

——技术要求中主要零部件简体部分按材料、尺寸公差和形位公差、简体拼接、焊缝质量、轮带和垫板焊接以及开孔要求等顺序叙述；

——大齿圈、小齿轮部分形位公差按 GB/T 10095.1～10095.2—2001 规定选取；

——增加 4.4 安全要求；

——根据 GB/T 1.2—2002 的规定，对检验规则作了较大改动，将检验分为出厂检验和型式检验。

注意本标准的某些内容有可能涉及专利。本标准的发布机构不应承担识别这些专利的责任。

本标准自实施之日起替代 JC/T 333—1991(1996)《水泥工业用回转窑》。

本标准由中国建筑材料工业协会提出。

本标准由国家建筑材料工业机械标准化技术委员会归口。

本标准起草单位：天津水泥工业设计研究院中天仕名科技集团有限公司、中材国际南京水泥工业设计研究院、中天仕名(徐州)重型机械有限公司、唐山盾石机械制造有限公司、朝阳重型机器厂、上海建设路桥机械设备有限公司、中国建材装备有限公司。

本标准主要起草人：钱毓骥、张玉慧、周昌华、潘沛、姚群海、高建明、袁海荣、王守龄、王奕成、孟庆林。

本标准所代替标准的历次版本发布情况为：

——JC/T 333—1991(1996)；

——JC/T 333—1991；

——JC333—1983。

水泥工业用回转窑

1 范围

本标准规定了水泥工业用回转窑(以下简称"回转窑")的基本参数和型号、技术要求、试验方法、检验规则、标志、包装、运输和贮存。

本标准适用于筒体内径为 3.0~6.4m 的普通干法和预分解回转窑。对其他窑型和规格的回转窑,也可参照本标准的有关条文执行。

2 规范性引用文件

下列文件中的条款通过本标准的引用而成为本标准的条款。凡是注日期的引用文件,其随后所有的修改单(不包括勘误的内容)或修订版均不适用于本标准,然而,鼓励根据本标准达成协议的各方研究是否可使用这些文件的最新版本。凡是不注日期的引用文件,其最新版本适用于本标准。

GB/T 1.2—2002　标准化工作导则　第2部分:标准的制定方法

GB/T 699　优质碳素结构钢

GB/T 700　碳素结构钢

GB/T 1175　铸造锌合金

GB 1176　铸造铜合金技术条件

GB/T 1184—1996　形状和位置公差　未注公差值(ISO 2768—2:1989,MOD)

GB/T 1800.4　极限与配合　标准公差等级和孔、轴的极限偏差表(eqv ISO 286—2:1988)

GB/T 1804　一般公差　未注公差的线性和角度尺寸的公差

GB/T 2970　厚钢板超声波检验方法

GB/T 3077　合金结构钢

GB 3274　碳素结构钢和低合金结构钢　热轧厚钢板和钢带

GB 3323　钢熔化焊对接接头射线照相和质量分级

GB/T 5117—1995　碳钢焊条

GB/T 5118—1995　低合金钢焊条

GB/T 6402　钢锻件超声波检验方法

GB 7233　铸钢件超声探伤及质量评级方法

GB 8110　气体保护电弧焊用碳钢、低合金钢焊丝

GB 9439—1988　灰铸铁件

GB/T 10095.1—2001　渐开线圆柱齿轮—精度　第1部分:轮齿同侧齿面偏差的定义和允许值(idt ISO 1328—1:1997)

GB/T 10095.2—2001　渐开线圆柱齿轮—精度　第2部分:径向综合偏差与径向跳动的定义和允许值(idt ISO 1328—2:1997)

GB 11345　钢焊缝手工超声波探伤方法和探伤结果分级

GB/T 13306　标牌

GB/T 16746　锌合金铸件

JC/T 355　水泥机械产品型号编制方法

JC/T 401.2　建材机械用碳钢和低合金钢铸件技术条件

JC/T 401.3　建材机械用铸钢件缺陷处理规定

JC/T 402　水泥机械涂漆防锈技术条件

JC/T 406　水泥机械包装技术条件

JC 532　建材机械钢焊接件通用技术条件

JB/ZQ 4006　公差与配合　尺寸大于3150mm至10000mm孔、轴公差带

JB/T 6396　大型合金结构钢锻件

JB/T 6397　大型碳素结构钢锻件

JB/T 6402　大型低合金钢铸件

JB/T 8853　圆柱齿轮减速器

3　基本参数和型号

3.1　回转窑型号

回转窑型号参照 JC/T 355 的规定。

3.2　回转窑的基本参数

回转窑的基本参数应符合表1的规定。

表1

项　　目		基　本　参　数								
筒体内径 /m	第1系列	3.0		3.5		4.0		4.8	5.0	5.6	6.0
	第2系列		3.2～3.3		3.8		4.2～4.3 4.6～4.7		5.2	5.5	6.2	6.4
长径比/m		由水泥生产工艺方法确定								
转速	主传动	最高/(r/min)	预热器窑:2.5;预分解窑:4～4.2							
		调速范围	1:3～1:10							
	辅助传动/(r/h)		5～15							
窑体斜度/%		3.5、4								
挡轮型式		液压或机械								

3.3　型号标注示例

例1:筒体内径 ϕ4m,筒体长度60m的回转窑的标注为:

Y4×60m 回转窑。

例2:主体筒体内径 ϕ6m,窑尾筒体扩大内径 ϕ6.4m,筒体长度90m回转窑的标注为:

Y6/6.4×90m 回转窑。

4　技术要求

4.1　基本要求

4.1.1　回转窑应符合本标准的要求,并按规定程序批准的图样和技术文件制造。凡本标准、图样和技术文件未规定的技术要求,按建材、机械行业有关通用技术规定执行。

4.1.2　图样上机械加工面的未注公差值的极限偏差应符合 GB/T 1804 中 m 级的规定:非机械加工面的未注公差值的极限偏差应符合 GB/T 1804 中 v 级的规定。机械加工的未注形位公差值应不低于 GB/T 1184—1996 中 k 级的规定。未注焊接技术要求的焊接件按 JC 532 的规定执行。

4.1.3　如有特殊要求,用户与制造厂商定。

4.2　主要零部件要求

4.2.1　筒体

4.2.1.1　材料

4.2.1.1.1　对于 $D \leqslant \phi$4m 窑(两档窑除外),其Ⅱ挡轮带后方过渡钢板后的筒体,材料应不低于 GB 700 中

Q235B(镇静钢)的规定;对于 $D>\phi 4m$ 窑,材料应不低于 GB 700 中 Q235C 的规定。钢材表面质量应符合 GB 3274 的规定。

4.2.1.1.2 对于厚度≥38mm 或轧制宽度超过 1900mm 的钢板,下料前对成材边缘宽度为 60mm 的区域内进行超声波检查,按批次抽检,每台回转窑筒体钢板抽检率不低于 30%,并且每种板厚不少于 1 张。若发现有裂纹、分层等缺陷,每发现一个超标缺陷,再相应提高该批次钢板抽检率 10%,直至全检。其质量等级应达到 GB/T 2970 中 Ⅱ 级的规定。

4.2.1.1.3 筒体焊接材料所形成焊缝的机械性能应不低于母体材料的机械性能。

4.2.1.1.4 碳钢焊条和低合金钢焊条应分别符合 GB/T 5117—1995 和 GB/T 5118—1995 的规定;焊丝应符合 GB 8110 的规定。

4.2.1.1.5 筒体排板图样中的钢板宽度(即圆柱形筒体小段节的长度),允许制造厂对钢板宽度进行调整。但调整应以增加宽度减少小段节数量为原则,尤其是轮带下和轮带两侧的过渡钢板宽度不得随意减窄。调整后若出现小段节长度比图样要求减窄较多的情况,如超出 4.2.1.3.3 的要求,需经设计单位的认可。

4.2.1.2 筒体的尺寸公差、形状和位置公差

4.2.1.2.1 筒体段节两端的端面偏差值 f (见图 1):制造厂内小段节不应大于 2mm;出厂大段节不应大于 1mm。

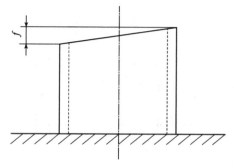
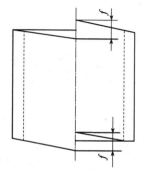

图 1

4.2.1.2.2 筒体按窑名义内径 D 制造,筒体最大外径与钢板厚度公差有关。筒体小段节内径公差值,对于内径为 $D=3m$、$4m$、$5m$ 和 $6m$ 的筒体,分别对应为:$\pm 1.0mm$、$\pm 1.5mm$、$\pm 2mm$ 和 $\pm 3mm$。对其他 D 值,可按上述公差值类比确定。筒体小段节拼接成大段节时,应保证内表面平齐,符合 4.2.1.3.4 对口错边量的要求。

4.2.1.2.3 出厂的两相邻大段节在接缝处的周长差为 $0.15\%D$。当拼制相邻大段节接缝处的两个相邻小段节钢板厚度差值≥5mm 时,两者接口周长应配做,以降低周长差值。

4.2.1.2.4 安装轮带或大齿圈的同一筒体小段节同一横截面上的最大直径与最小直径之差不应大于 $0.15\%D$,其余同一小段节在同一横截面上的最大直径与最小直径之差不应大于 $0.20\%D$。

4.2.1.3 筒体的拼接要求

4.2.1.3.1 筒体小段节钢板作环向拼接时,每个小段节的纵焊缝不得多于 2 条。

4.2.1.3.2 筒体各相邻段节的纵向焊缝必须相互错开 45°以上,最短拼板弧长不得小于 1/4 周长。

4.2.1.3.3 筒体小段节的最短长度不应小于 1m,同一跨内长度小于 1.5m 的段节不应多于 1 节(在特殊情况下,允许筒体两端悬臂端有 2 个小段节),并布置在该跨的中间部位。

4.2.1.3.4 筒节纵向焊缝对口错边量 b_1 不得大于 1.5mm,环向焊缝对口错边量 b_2 不得大于 2mm(见图 2)。

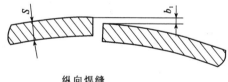
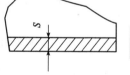
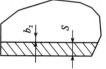

纵向焊缝   环向焊缝

图 2

4.2.1.3.5 不等厚钢板对接时,当两板厚度差大于薄板厚度的30%或超过5mm时,应在段节外壁按 $L \geq 5$ $(S_1 - S_2)$ 要求将厚板加工成过渡圆锥面(见图3)。L 段的表面粗糙度 R_a 的最大允许值为 $12.5\mu m$。

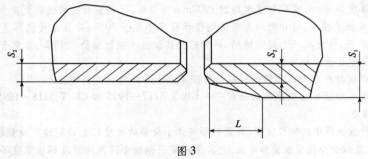

图3

4.2.1.3.6 卷制筒体小段节圆弧的钢板端头必须预留足够长的过渡板或直接进行预弯曲,以使卷成筒节后的末端区域能形成正确的圆柱形表面。对接焊缝形成的棱角 E_1 不得大于3mm; E_2 不得大于1.5mm。纵焊缝用弦长 $B \geq 1/5D$、且不小于1m 的样板检测(见图4);环焊缝用长度不小于500mm 的直尺检查(见图5)。

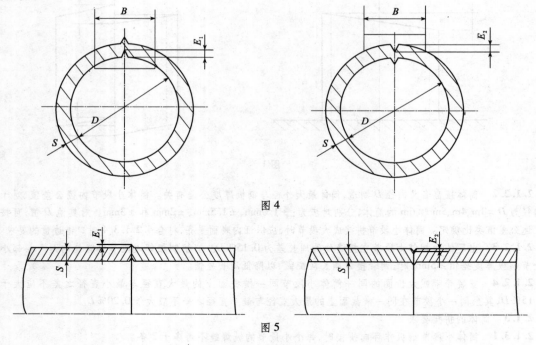

图4

图5

4.2.1.3.7 出厂的大段节中心线的直线度:安装轮带与大齿圈处的段节公差为 $\phi 4mm$,其余段节为 $\phi 5mm$。

4.2.1.3.8 出厂大段节的长度公差为该大段节长度的 $\pm 0.025\%$。

4.2.1.3.9 出厂大段节两端的焊接坡口在制造厂一律采用机械加工。设计图样规定的该坡口形式适用于手工电弧焊,若现场采用自动焊而变更坡口形式,须经设计单位认可。

4.2.1.4　焊缝质量要求

4.2.1.4.1 焊前对筒体的坡口形式、尺寸应进行检查,且坡口处不得有裂纹、夹渣和分层等影响质量的缺陷。

4.2.1.4.2 焊缝要饱满,最低点不应低于基体金属表面。焊缝超出基体金属表面的高度:

　a)筒体内部:一般区域不应大于1.5mm;烧成带及相邻区域(即从出料端算起9倍筒体内径的长度范

围)不应大于 0.5mm；

　　b)筒体外部不应大于 3mm。

4.2.1.4.3 焊缝咬边深度不应大于 0.5mm，连续长度不应大于 100mm。每条焊缝的咬边总长度(焊缝两侧之和)不应超过该焊缝长度的 10%。

4.2.1.4.4 焊缝应进行探伤，其质量评定为：当采用超声波探伤时应达到 GB 11345 中 Ⅱ 级的要求；当采用射线探伤时应达到 GB 3323 中 Ⅲ 级的要求。

4.2.1.4.5 焊缝表面及热影响区不允许有裂纹和其他影响强度的缺陷。

4.2.1.5 轮带下垫板的焊接要求

4.2.1.5.1 轮带下与筒体焊接的垫板(包括表面不必机械加工的可换垫板下再设置的垫板)应符合如下要求：

　　a)垫板的焊缝和垫板本体不得与筒体的纵焊缝重叠，两种焊缝的距离不应小于 50mm；

　　b)焊接在筒体上的垫板外表面应在焊接后机械加工；

　　c)垫板与筒体焊前应在不施力的情况下紧密贴合，用 0.5mm 塞尺检查最大塞入深度不应大于 100mm，而且塞入深度小于 100mm 处的数量每块垫板不多于 2 处。

4.2.1.5.2 轮带下筒体的可换垫板(表面不必机械加工的可换垫板直接浮置于筒体外表面)应符合如下要求：

　　a)可换垫板本体不应与筒体纵焊缝重叠，筒体纵焊缝宜处于两块垫板的中央部位；

　　b)与焊接于筒体的定位挡块相遇的纵焊缝应磨平。

4.2.1.6 筒体开孔要求

　　筒体的入孔门等开孔应符合下列要求：

　　a)加工表面粗糙度 R_a 不应高于 12.5μm，孔口四周上下棱角均需倒圆；

　　b)筒体焊缝处不应开孔，而且孔边与焊缝的距离不应小于 100mm；

　　c)沿孔边缘应进行探伤，当采用超声波探伤时应达到 GB/T 2970 中 Ⅱ 级的要求。

4.2.2 大齿圈

4.2.2.1 大齿轮材料应符合如下要求：

　　a)对于 $D \leqslant 4m$ 窑，材料应不低于 JC/T 401.2 中有关 ZG310-570 的规定。铸件应进行正火和回火处理，加工后齿顶圆表面硬度不低于 170HB。

　　b)对于 $D > 4m$ 窑，材料应不低于 JB/T 6402 中 ZG35CrMo 的规定。铸件应进行正火和回火处理，加工后齿顶圆表面硬度不低于 185HB。

4.2.2.2 加工后轮缘厚度应均匀，其偏差不应超过轮缘设计厚度的 −5% ～ +10%。

4.2.2.3 制造精度应符合 GB/T 10095.1 ～ 10095.2—2001 中 9-9-8KM 的规定(注：新标准中个别未予规定的参数，允许采用 GB/T 10095—1988 的有关规定)。

4.2.2.4 粗加工后进行超声波探伤，并应达到 GB 7233 中 3 级的规定。

4.2.3 小齿轮

4.2.3.1 材料应不低于 JB/T 6396 中 35CrMo 锻钢的规定。调质处理后齿顶圆表面硬度不低于 230HB。

4.2.3.2 齿顶圆硬度应比大齿圈齿顶圆的表面硬度高 20HB 以上。

4.2.3.3 制造精度应符合 GB/T 10095.1 ～ 10095.2—2001 中 9-9-8HK 的规定(注：新标准中个别未予规定的参数，允许采用 GB/T 10095—1988 的有关规定)。

4.2.3.4 粗加工后进行超声波探伤，并应达到 GB/T 6402 中 3 级的规定。

4.2.4 小齿轮轴

4.2.4.1 小齿轮材料应符合如下要求：

　　a)对于 $D \leqslant 4m$ 窑，材料应不低于 JB/T 6397 中 45 号锻钢的规定。调质处理后硬度不低于 210HB。

　　b)对于 $D > 4m$ 窑，材料应不低于 JB/T 6396 中 35CrMo 锻钢的规定。调质处理后硬度不低于 220HB。

4.2.4.2 粗加工后进行超声波探伤，并应达到 GB/T 6402 中 3 级的规定。

4.2.5 托轮

4.2.5.1 托轮材料应符合如下要求：

a) 对于 $D \leqslant 4m$ 窑,材料应不低于 JC/T 401.2 中有关 ZG340-640 的规定。铸件应进行正火和回火处理,加工后外圆表面硬度不低于 190HB。

b) 对于 $D > 4m$ 窑,材料应不低于 JB/T 6402 中有关 ZG42CrMo 的规定。铸件应进行正火和回火处理,加工后外圆表面硬度不低于 200HB。

4.2.5.2 托轮外圆表面硬度应比轮带外圆表面硬度高 20HB 以上。

4.2.5.3 外圆表面对轴孔(基准)的同轴度公差应按 GB/T 1184—1996 不低于 8 级精度和外圆直径选取;托轮外圆柱面圆柱度公差值为 0.2mm。

4.2.5.4 托轮外圆直径公差按 IT11 级,并圆整到小数点后一位:宽度公差上偏差为 +1mm,下偏差为 0mm。

4.2.5.5 加工后的轮缘、轮毂的厚度偏差不超过设计尺寸的 5%。

4.2.5.6 粗加工后进行超声波探伤,并应达到 GB 7233 中 3 级的规定。

4.2.6 托轮轴

4.2.6.1 托轮轴应符合如下要求:

a) 对于 $D \leqslant 4m$ 窑,材料应不低于 JB/T 6397 中 45 号锻钢的规定。调质处理后硬度不低于 210HB;

b) 对于 $D > 4m$ 窑,材料应不低于 JB/T 6396 中 35CrMo 锻钢的规定。调质处理后硬度不低于 215HB。

4.2.6.2 粗加工后进行超声波探伤,并应达到 GB/T 6402 中 3 级的规定。

4.2.6.3 轴与托轮配合处的轴径对两端轴承处轴颈的同轴度公差按 GB/T 1184—1996 不低于 7 级精度和托轮处轴径选取;轴与托轮和衬瓦配合处的圆柱度公差均按 7 级精度和相应轴径选取(当轴径 $\leqslant$ 600mm、700mm、800mm 和 900mm 时,分别取 0.023mm、0.026mm、0.029mm 和 0.032mm)。

4.2.6.4 轴与衬瓦和密封件配合处的表面粗糙度 R_a 的最大允许值均为 1.6μm;与托轮配合处的表面粗糙度 R_a 的最大允许值为 3.2μm。

4.2.7 托轮轴承衬瓦

4.2.7.1 衬瓦有两类材料选择:

a) 符合 GB 1176 中 ZCuA110Fe3(ZQA1 9-4)铸造铝青铜的规定;

b) 符合 GB/T 1175 中不低于 ZA27(含尚未录入该标准由 ZA27 衍生的新品种 ZA303)铸造锌合金的规定。

4.2.7.2 铸件应符合如下要求:

a) 铸件应致密均匀,不得有裂纹、孔穴、偏析、夹砂、缩孔和疏松等缺陷;

b) 锌合金铸件应满足径向许用比压不低于 4.5MPa,轴向止推面比压不低于 4MPa,延伸率 $\delta_5 \geqslant 10\%$,硬度 $\geqslant$ 100HB。铸件质量除符合 GB/T 16746 中 Ⅰ 类铸件外,加工后的工作表面也不得有 a)规定的缺陷,非工作表面不得有影响强度的缺陷。

4.2.7.3 衬瓦内外圆柱面的同轴度公差按 GB/T 1184—1996 不低于 7 级精度和内径选取;瓦肩端面对内圆柱面的垂直度公差按 6 级精度和瓦肩外径选取。

4.2.7.4 不刮瓦衬瓦内圆柱面直径略大于托轮轴轴颈名义直径 d,其差值为(0.2% ~0.3%)d。

4.2.8 托轮轴承球面瓦

4.2.8.1 材料应不低于 GB 9439—1988 中的 HT200 的规定。铸件不应有裂纹和影响强度的砂眼、缩孔等缺陷。

4.2.8.2 球面瓦的球心对内圆柱面轴线及其沿轴向的对称中心线的位置度公差为 $S\phi 0.10mm$。

4.2.8.3 应进行水压试验,无渗漏现象。

4.2.9 轮带

4.2.9.1 轮带材料应符合如下要求:

a) 对于 $D \leqslant 4m$ 窑,材料应不低于 JC/T 401.2 中有关 ZG310-570 的规定。铸件应进行正火和回火处理,加工后外圆表面硬度不低于 170HB。

b) 对于 $D > 4m$ 窑,材料应不低于 JB/T 6402 中 ZG35CrMo 的规定,铸件应进行正火和回火处理,加工后外圆表面硬度不低于 185HB。

4.2.9.2 粗加工后进行超声波探伤,并应达到 GB 7233 中 3 级的规定。

4.2.9.3 轮带内外圆柱面的同轴度公差按 GB/T 1184—1996 中 8 级精度和轮带外径选取;轮带外圆柱面圆柱度公差值为 0.30mm。

4.2.9.4 轮带与挡轮接触锥角之角度公差值均为 ±20″。

4.2.9.5 轮带外圆直径公差按 IT10 级查取,并圆整到小数点后一位;内径和宽度公差均为:上偏差为 +1mm,下偏差为 0mm。

4.2.9.6 对于直接浮置于轮带下筒体的可换垫板结构(垫板表面不必机械加工),应严格控制轮带下筒体外径(含筒体和垫板的钢板厚度)公差。轮带内径值应与筒体外径实测值配作(内径公差值保持不变),以达到图样所规定的轮带与垫板的间隙值。

4.2.10 挡轮

4.2.10.1 挡轮材料应符合如下要求:

a)对于 $D \leqslant 4m$ 窑,材料不低于 JC/T 401.2 中有关 ZG340-640 的规定。铸件应进行正火和回火处理,加工后圆锥工作面硬度不低于 190HB。

b)对于 $D > 4m$ 窑,材料应不低于 JB/T 6402 中 ZG42CrMo 的规定。铸件应进行正火和回火处理,加工后圆锥工作面硬度不低于 210HB。

4.2.10.2 粗加工后进行超声波探伤,并应达到 GB 7233 中 3 级的规定。

4.2.10.3 挡轮圆锥面对其滚动轴承或挡轮轴配合内圆柱面的斜向圆跳动公差值为 0.1mm。

4.2.11 铸钢件的缺陷处理

4.2.11.1 铸钢件的缺陷处理应符合 JC/T 401.3 的规定。

4.2.11.2 对大齿圈、托轮、挡轮和轮带等重要铸钢件的缺陷处理还应满足下列要求:

a)粗加工后托轮、轮带、挡轮外圆表面和大齿圈轮缘上的缺陷,当不超过下述情况时允许补焊:切凿宽度不超过工作宽度的 10%,切凿深度不超过壁厚的 25%,切凿面积总和不超过该面总面积的 2%,但连同毛坯件的切凿面积在内总和小于该面总面积的 4%。

b)焊接前必须预热,焊补后应进行适合材料和焊补面范围大小的消除应力热处理。焊补处硬度应低于母材硬度,其中心与母材硬度差值不大于 10%。

c)精加工后工作表面不允许焊补,发现允许存在的小缺陷,应仔细修整。原粗加工焊补区域精加工后应进行磁粉探伤,不得有裂纹等缺陷。

4.3 装配和安装

4.3.1 零部件装配前的要求

所有零件必须检验合格。外购件、外协件必须有质量合格证明文件或厂内检验合格后方可进行装配。

4.3.2 筒体部分

4.3.2.1 筒体安装在现场进行,制造厂将筒体分段出厂,并做好分段和对接位置标记。

4.3.2.2 筒体安装后,各长度和轮带间距尺寸公差(以三挡窑为例,如图 6 所示)应符合以下要求:

a)相邻两轮带中心距 L_2 和 L_3 的 $\Delta_2 = 0.025\% L_2$,$\Delta_3 = 0.025\% L_3$;

b)首尾轮带中心到窑端面距离 L_1 和 L_4 的 $\Delta_1 = 0.025\% L_1$,$\Delta_4 = 0.025\% L_4$;

c)全长 L 的 $\Delta = 0.025\% L$。

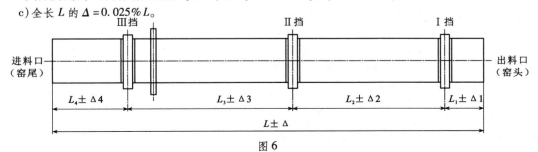

图 6

4.3.2.3 筒体安装以首尾两轮带处筒体中心连线为基准,筒体中心线的直线度:

    a) 大齿圈和轮带处为 ϕ4mm;

    b) 其余部位为 ϕ10mm。

4.3.2.4 大齿圈安装公差按下列规定:

    a) 径向圆跳动公差值为 1.5mm;

    b) 端面圆跳动公差值为 1mm;

    c) 大齿圈与相近轮带沿筒体轴向的中心距偏差值为 ±3mm。

4.3.2.5 各挡轮带的中心应位于同一几何中心线上,其径向圆跳动公差值为 1mm,端面圆跳动公差值为 2mm。

4.3.3 传动装置

4.3.3.1 减速器应符合 JB/T 8853 的规定,并在制造厂完成组装及试验。

4.3.3.2 减速器的低速轴与小齿轮轴的同轴度公差值为 ϕ0.20mm。

4.3.3.3 冷态时大齿圈与小齿轮宽度中心线的相对位置,其偏差不得超过 ±2mm。

4.3.3.4 冷态时大齿圈与小齿轮的齿顶间隙应在 $0.25m_n + (2\sim3)$mm 的范围内,m_n 为齿轮法向模数,图样上图面标注的及安装后的大齿圈与小齿轮的实际中心距均必须比理论计算中心距增大 $2\sim3$mm。

4.3.3.5 大小齿轮齿面的接触斑点沿齿高不少于 40%,沿齿长不少于 50%。

4.3.4 支承装置

4.3.4.1 装配时,托轮衬瓦与托轮轴轴颈呈窄条状接触,要求该接触带沿全长连续和等宽,否则必须对该区域进行刮研。两端的瓦口侧间隙每侧略大于 $(0.1\% \sim 0.15\%) d$(d 为轴颈的名义直径)。

4.3.4.2 装配时,托轮轴承球面瓦与衬瓦的配合面刮研后,每 25mm×25mm 上的接触点不少于 3 点。球面瓦和轴承底座的配合面刮研后,每 25mm×25mm 上的接触点不少于 1~2 点。

4.3.4.3 托轮中心线应平行于筒体中心线安装,平行度公差为 0.10mm/m。

4.3.4.4 同一托轮轴承组两端的轴承座、衬瓦和球面瓦应是同一编号即同时加工之零件。轴承下座的中心高应相等,中心高公差为 Js10。

4.3.4.5 托轮轴承组冷却水管路系统应通过水压试验无渗漏现象。

4.3.4.6 采用液压挡轮时,液压油路系统应通过油压试验无渗漏现象。

4.3.5 防锈涂漆要求

4.3.5.1 回转窑零部件出厂前应涂防锈漆,对焊接部位应涂可焊油漆。

4.3.5.2 回转窑零部件涂漆应符合 JC/T 402 的规定。未涂防锈油脂或防锈漆的产品,不准出厂。

4.3.6 点火前回转窑窑体保养

    回转窑砌衬后点火前一般不应快速转动,以防衬体松动。为防窑体变形,每隔 7 天左右用辅助传动装置转窑体 90° 或 180°。

4.3.7 空运转试验要求

4.3.7.1 空载运转应在窑砌内衬之前进行,空运转试验时间:

    a) 电动机空运转试验时间不应少于 2h;

    b) 主电动机带动主减速器空运转试验时间不应少于 2h;

    c) 辅助电动机带动辅减速器空运转试验时间不应少于 2h;

    d) 辅助电动机带动回转窑空运转试验时间不应少于 2h;

    e) 主电动机带动回转窑空运转试验时间不应少于 4h;

    f) 液压系统、冷却系统、润滑系统及泵、阀连续空运转时间不少于 4h。

4.3.7.2 空运转时的轴承温升:

    a) 托轮滑动轴承温升不应超过 30℃;

    b) 电动机、减速器和小齿轮装置等轴承温升不应超过 25℃。

4.3.7.3 回转窑在冷态下,轮带与托轮接触的长度不应小于工作宽度的 75%。

4.3.7.4 运转时应无异常振动和噪声,润滑和密封正常,各处螺栓不得有松动现象。

4.4 安全要求

4.4.1 在回转窑传动装置中,应设置当辅助传动装置启动时能切断主电动机电源的连锁装置。

4.4.2 回转窑辅助传动装置必须另设应急独立动力源。

4.4.3 回转窑传动装置中的高转速联轴器、开式齿轮等传动部件应设置防护罩。

4.4.4 回转窑辅助传动装置必须安装制动装置,以便在使用中切断辅助传动电动机,防止回转窑自行转动。

5 试验方法

5.1 水压试验

托轮轴承球面瓦在制造厂以及托轮轴承组管路系统在现场安装完毕后,应进行水压试验。水压试验压力为0.6MPa,在试验压力下保压10min。球面瓦和管路系统各处应无渗漏。

5.2 油压试验

5.2.1 挡轮液压系统若无特殊规定,油压试验压力应为最大工作压力的1.5倍。

5.2.2 在试验压力下,整个系统保压10min应无渗漏。

5.3 焊缝探伤

5.3.1 焊缝超声波探伤试验方法应符合GB 11345的规定。

5.3.2 焊缝射线探伤试验方法应符合GB 3323的规定。

5.4 钢板超声波探伤

钢板超声波探伤试验方法应符合GB/T 2970的规定。

5.5 空运转试验

5.5.1 空运转试验时间应按4.3.7.1的规定。

5.5.2 空运转轴承温升试验方法用测温计在最靠近轴承处进行测量,每20min测量一次。

5.5.3 空运转后用通用量具对轮带与托轮的接触长度的百分比进行检验。

6 检验规则

6.1 检验分类

检验分为出厂检验和型式检验。

6.2 出厂检验

6.2.1 检验要求

每台回转窑出厂零部件应经制造厂质量检验部门检验合格后才能出厂,并应附有产品合格证。

6.2.2 出厂检验项目

出厂检验项目:本标准所列出的有制造要求的项目都为出厂检验项目。

6.2.3 筒体焊缝检验规定

6.2.3.1 每一条焊缝都必须进行探伤检验。检验长度不应小于该条焊缝长度的百分比:当采用超声波探伤检验时为25%;当采用射线探伤检验时为15%。纵环向焊缝交叉的T形接头焊缝必须检验:检验长度纵向为500mm,环向两侧各为500mm。

6.2.3.2 对用超声波探伤检验发现的焊缝可疑处,应采用射线探伤进一步评定。

6.2.3.3 焊缝探伤检验不合格时,对该条焊缝应加倍长度检验,若再不合格,则应100%检验。

6.2.3.4 焊缝同一部位返修次数不应超过两次,超过两次时应经施焊企业技术负责人批准,且返修部位和次数应在产品质量证明书中加以说明。

6.3 型式检验

6.3.1 有下列情况之一时应进行型式检验:

a)新产品试制定型鉴定时;

b)老产品在结构、材料、工艺有较大改变,可能影响产品性能时;

c)产品长期停产后恢复生产时;

d) 出厂检验结果与上次型式检验有较大差异时；

e) 国家质量监督机构提出进行型式检验的要求时。

6.3.2 型式检验项目为对第 4 章的全部项目进行检验。

6.4 判定规则

6.4.1 出厂检验项目按本标准 6.2 规定的项目进行检验,检验合格判定该台产品为合格;检验不合格判定该产品为不合格。

6.4.2 型式检验项目应按本标准 6.3.2 的规定进行检验,在出厂检验合格的产品中抽取一台,检验合格判定该台产品为合格;检验不合格判定该台产品为不合格。

7 标志、包装、运输和贮存

7.1 回转窑应在适当而明显的位置固定产品标牌,其型式和尺寸应符合 GB/T 13306 的规定,标牌上的内容应包括:

a) 产品型号和名称;

b) 主要技术参数;

c) 制造厂名和商标;

d) 出厂编号;

e) 出厂日期。

7.2 出厂简体大段节两端应加支撑装置防止变形。

7.3 拆成两半运输的大齿圈,应采取加固措施,以保持其正确状态,防止变形。

7.4 回转窑包装未规定事项还应符合 JC/T 406 的规定。

7.5 包装箱外和裸装件应有文字标记和符号,内容应包括:

a) 收货单位及厂址:

b) 主要产品名称、型号和规格;

c) 出厂编号和箱号;

d) 外形尺寸、毛重和净重;

e) 制造厂名称。

7.6 随机技术文件应包括:

a) 装箱单;

b) 产品合格证;

c) 产品使用说明书;

d) 产品安装图。

7.7 长期存放的轮带、大齿圈等重要零件,必须单独水平放置,其上不允许堆放任何重物。

ICS 91-110

Q 92

备案号:18410—2006

JC

中华人民共和国建材行业标准

JC/T 336—2006

代替 JC/T 336—1991(1996)

水泥工业用推动篦式冷却机

Reciprocating grate cooler for cement industry

2006-08-19 发布　　　　　　　　2006-12-01 实施

中华人民共和国国家发展和改革委员会　发布

目　次

前　言

本标准是对 JC/T 336—1991(1996)《水泥工业用推动篦式冷却机》进行的修订。

本标准与 JC/T 336—1991(1996)相比，主要技术内容变化如下：

a）产品分类：

——删去 JC/T 336—1991(1996)中 3.1 篦冷机篦床上熟料的运动状态分类；

——产品代号表示法因目前国产篦冷机新产品已全部为充气梁式新型篦冷机，故新标准仅用代号 LBTQ□，以代替 JC/T 336—1991(1996)的多种代号表示法；

——基本参数因篦冷机的技术进步和大型化作了大幅度的改动，产量从 700～4000t/d 改为 800～10000t/d；单位篦面积产量(t/m² · d)的数值也有较大提高。

b）技术要求：

——增加液压传动装置及相关液压系统的技术要求：4.2.7、4.3.9、4.5.3；

——对高、低温篦板及盲板的材料提出新的要求，以满足充气梁篦冷机的性能需求(4.2.1)；

——新增篦板梁支承面的角度要求，以保证篦板的装配间隙；

——修订篦板装配的间隙以适应充气梁篦冷机的要求，并分别按充气篦板、阻力篦板及普通篦板陈述(4.3.2)。

本标准自实施之日起代替 JC/T 336—199(1996)《水泥工业用推动篦式冷却机》。

本标准由中国建筑材料工业协会提出。

本标准由国家建筑材料工业机械标准化技术委员会归口。

本标准负责起草单位：天津水泥工业设计研究院中天仕名科技集团有限公司。

本标准参加起草单位：中材国际南京水泥工业设计研究院、沈阳水泥机械有限公司、成都建筑材料工业设计研究院有限公司、中天仕名（徐州）重型机械有限公司、中国建材装备有限公司、江苏兴化市东方机械有限公司。

本标准主要起草人：林修文、黄云苓、邓军、夏敬贤、赵勇、陈泽瑜、马孝直、孟庆林、王祥。

本标准所代替标准的历次版本发布情况为：

——JC/T 336—1991(1996)；

——JC/T 336—1991。

水泥工业用推动篦式冷却机

1 范围

本标准规定了水泥工业用推动篦式冷却机(以下简称"篦冷机")的产品分类、技术要求、试验方法、检验规则和标志、包装运输及贮存。

本标准适用于生产能力为800t/d至10000t/d的水泥工业用篦冷机(含热料锤式破碎机和漏料拉链机)。其他行业用篦冷机也可参照使用。

2 规范性引用文件

下列文件中的条款通过本标准的引用而成为本标准的条款。凡是注日期的引用文件,其随后所有的修改单(不包括勘误的内容)或修订版均不适用于本标准,然而,鼓励根据本标准达成协议的各方研究是否可使用这些文件的最新版本。凡是不注日期的引用文件,其最新版本适用于本标准。

GB/T 699   优质碳素结构钢

GB/T 700   碳素结构钢

GB/T 984   堆焊焊条

GB/T 1031   表面粗糙度   参数及其数值

GB/T 1176   铸造铜合金技术条件

GB/T 1184   形状和位置公差   未注公差值

GB/T 1243   短节距传动用精密滚子链和链轮

GB/T 1804—2000   一般公差   未注公差的线性和角度尺寸的公差

GB/T 3077   合金结构钢

GB/T 3766   液压系统通用技术条件

GB/T 3768   噪声源声功率级的测定   简易法

GB/T 8163   输送流体用无缝钢管

GB/T 8492—1987   耐热钢铸件

GB/T 13306   标牌

JC/T 355   水泥机械产品型号编制方法

JC/T 401.1   建材机械用高锰钢铸件技术条件

JC/T 401.2   建材机械用碳钢和低合金钢铸件技术条件

JC/T 402   水泥机械涂漆防锈技术条件

JC/T 406   水泥机械包装技术条件

JC/T 532   建材机械钢焊接件通用技术条件

3 产品分类

3.1 产品型号

产品型号按JC/T 355的规定,表示方法如下:

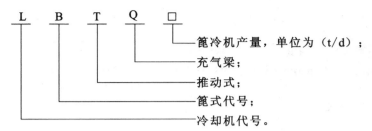

篦冷机产量，单位为（t/d）；

充气梁；

推动式；

篦式代号；

冷却机代号。

3.2 标注示例

示例：2500t/d级充气梁推动篦式冷却机，标注为：LBTQ 2500。

3.3 基本参数

基本参数应符合表1的规定。

表1 基本参数

参数 名称	型 号										
	LBTQ 800	LBTQ 1000	LBTQ 1500	LBTQ 2000	LBTQ 2500	LBTQ 3000	LBTQ 4000	LBTQ 5000	LBTQ 6000	LBTQ 8000	LBTQ 10000
产量 /(t/d)	800	1000	1500	2000	2500	3000	4000	5000	6000	8000	10000
单位有效篦床 面积产量 /(t/m²·d)	38～42	38～42	40～43	40～43	41～44	41～44	41～44	42～46	42～46	42～46	42～46
料层厚度 /mm	~600	~600	~600	~600	~650	~650	~650	~700	~700	~750	~750
进料温度/℃	≤1400										
出料温度ᵃ/℃	65＋环境温度										
出料粒度/mm	≤25										
传动型式/机械 （M）和液压（H）	M			M 或 H					H		

ᵃ 出料温度系指颗粒组成≤25mm 的熟料温度。

4 技术要求

4.1 基本要求

4.1.1 篦冷机应符合本标准的要求,并按照经国家规定程序批准的图样和技术文件制造。凡本标准、图样和技术文件未规定的技术要求,按建材和机电行业标准的通用技术条件规定执行。

4.1.2 图样上未注公差尺寸的极限偏差按GB/T 1804—2000 的规定执行。其中,机械加工表面应符合 m级的规定,非机械加工表面应符合 c 级的规定。

4.1.3 图样上未注的形状和位置公差按GB/T 1184 中 12 级的规定执行。

4.1.4 图样上表面粗糙度的 Ra 值按GB/T 1031 中的规定执行。

4.1.5 型钢焊接件的非机械加工面尺寸的极限偏差按JC/T 532 的规定不低于 B 级;焊接件在焊接前应清除表面污物。焊缝不得有未焊透、未熔合、咬边、裂纹、夹渣、气孔及其他影响强度和外观质量的缺陷。

4.1.6 篦冷机主体工作噪声不超过85dB（A）。

4.1.7 所有焊缝均按JC/T 532 进行检验。

4.1.8 钢结构件表面应平整,不应有明显的锤痕、凹凸等缺陷。

4.1.9 对要求对称制作的对称件,应严格保证其对称性。

4.2 主要零部件的要求

4.2.1 篦板、盲板应符合如下要求：

a) 低温段的篦板和盲板的材料应不低于 GB/T 8492—1987 中有关 ZG30Cr26Ni5 的规定；

b) 高温段的篦板和盲板的材料应不低于 GB/T 8492—1987 中有关 ZG35Cr26Ni12 的规定；

c) 篦板和盲板不得有裂纹、砂眼、气孔、粘砂、飞边、毛刺，并应符合同类件的互换性要求；

d) 篦板应铸出材料代号、制造厂标志。

4.2.2 篦板梁应符合如下要求：

a) 篦板梁前后梁板不允许拼焊；

b) 篦板梁组焊后应进行消除应力处理；

c) 篦板梁上部的各篦板支承面应在同一平面内，其平面度为 1mm；

d) 篦板梁的篦板支承面对梁基准平面（梁支承面）的角度：$a \pm 10'$（a 为支承面斜度）。

4.2.3 活动框架、纵梁应符合如下要求：

a) 活动框架纵梁顶面对框架纵梁基准平面的平行度为 2mm；

b) 活动框架纵梁与导轨接触的支承面呈水平布置，该支承面对基准平面的平行度为 1mm；

c) 活动框架纵梁密封板焊接后，其工作面焊缝表面应磨平；

d) 活动框架纵梁用于支承篦板梁的支座，任意两篦板梁支座间的中心距离的偏差为 ±1mm。

4.2.4 托轮和导轨应符合如下要求：

a) 托轮材料应不低于 GB/T 699 中有关 45 钢的规定，表面淬火硬度为 HRC40~50；

b) 托轮外圆与其轴孔的同轴度应符合 GB/T 1184 中 9 级的规定；

c) 导轨材料应不低于 JC/T 401.2 中有关 ZG310-570 的规定，表面淬火硬度为 HRC35~40；

d) 导轨工作面与基准面的角度：$a \pm 10'$（a 为工作面斜度）。

4.2.5 传动链轮应符合如下要求：

a) 链轮材料应不低于 GB/T 699 中有关 45 钢的规定，齿形表面淬火硬度为 HRC40~50；

b) 链轮齿形公差应符合 GB/T 1243 的有关规定。

4.2.6 曲轴装置应符合如下要求：

a) 曲轴材料应不低于 JC/T 401.2 中有关 ZG35SiMn 的规定；

b) 曲轴轴线与法兰盘端面的垂直度为 ϕ0.25mm。

4.2.7 液压系统应符合如下要求：

a) 液压系统用钢管应满足 GB/T 8163 输送流体用无缝钢管的要求；

b) 液压系统中油缸应在系统最高压力下保压 10min 无泄漏。

4.2.8 熟料锤式破碎机应符合如下要求：

a) 主轴材料应不低于 GB/T 699 中有关 45 钢的规定，调质硬度为 HB217~255；

b) 锤盘和大皮带轮应分别进行静平衡试验，其不平衡力矩不大于 0.49N·m；

c) 锤头材料应不低于 JC/T 401.1 中有关 ZGMn13 的规定；

d) 锤头重量误差为 ±0.5kg。

4.2.9 漏料拉链机应符合如下要求：

a) 链节的材料应不低于 JC/T 401.1 中有关 ZGMn13Cr2 的规定；

b) 链节配合尺寸偏差值为 ±1mm。铸造表面应光滑，无飞边毛刺；

c) 链销的材料应不低于 GB/T 3077 中有关 42CrMo 的规定；

d) 首轮的材料应不低于 GB/T 699 中有关 45 钢的规定，表面热处理硬度为 HRC40~50；

e) 尾轮堆焊焊条应不低于 GB/T 984 中有关 EDCoCr-B-16 的规定。

4.3 装配

4.3.1 所有零件必须经检查合格，外购件、外协件必须有质量合格证明文件或经质量检验部门检查合格后方可进行装配。

4.3.2 篦床的装配应符合如下要求：

a)篦板与篦板之间的侧向间隙为:充气篦板:3±1mm;

阻力篦板:3±1mm;

普通篦板:3±1mm。

b)活动篦板与固定篦板之间的垂直间隙为:充气篦板:3^{+2}_{-1}mm;

阻力篦板:3^{+2}_{-1}mm;

普通篦板:5^{+2}_{-1}mm。

4.3.3 侧框架装配应符合如下要求:

a)在同一横断面上左右纵梁中心距的偏差为±3mm;

b)两侧框架立柱中心线对水平基础面的垂直度为ϕ2mm;

c)同一横断面两对角线长度之差不大于4mm。

4.3.4 活动框架装配应符合如下要求:

a)活动框架装配后两对角线长度之差不大于4mm;

b)活动框架同一横断面上横向连线与篦冷机中心线的垂直度为0.5mm。

4.3.5 各托轮与导轨装配后接触应均匀,不得有间隙。

4.3.6 采用机械传动的机型中,曲轴轴线与水平面的平行度为0.5mm,与篦冷机中心线的垂直度为0.5mm;采用液压传动的机型中,传动轴轴线与水平面的平行度为0.5mm,与篦冷机中心线的垂直度为0.5mm。

4.3.7 采用机械传动的机型中,从动轴轴线对曲轴轴线的平行度为0.5mm。

4.3.8 采用机械传动的机型中,固定及游动轴承的位置与图纸相符。

4.3.9 采用液压传动的机型,液压系统的组装应符合以下要求:

a)液压系统管路应先根据其在篦式冷却机上的安装位置进行配管,液压管路所用钢管的焊接接头全部要求采用氢弧焊焊接;

b)配管完毕并确认无误后将各组油管解体成若干段,进行酸洗,酸洗后用清洗设备进行清洗,清洗后要求烘干;

c)清洗合格的油管按要求安装,并与液压站及液压油缸进行连接;

d)对液压站油箱加油应使用过滤小车,并应使用循环过滤油泵对油箱中的液压油进行多次过滤,直至油箱中的液压油清洁度达到该液压系统中最精密部件所要求的清洁度等级。

4.3.10 熟料锤式破碎机的锤头装配应按其相近重量对称配置于转子上,同一排环向锤头重量差值不大于0.2kg;以破碎机中心线为准,各纵向对称位置的锤头重量之差不大于0.5kg。

4.3.11 熟料锤式破碎机锤头旋转外缘顶面与栅条表面的缝隙为(25±5)mm。

4.4 涂漆防锈

产品应涂防锈油和防锈漆,并应符合JC/T 402的规定。

4.5 试运转要求

4.5.1 传动装置运转应平稳,无异常声响。

4.5.2 篦床应无卡碰和跑偏现象。

4.5.3 采用液压传动的机型,要求在正常压力下,液压系统及液压缸无漏油且运行平稳,两侧液压缸行程误差≤1mm。

4.5.4 各部位轴承温升应小于40℃。

4.5.5 漏料拉链机链条应无跑偏现象。

4.5.6 润滑脂集中润滑点应满足润滑和密封的要求。

5 试验方法

5.1 零部件试验

5.1.1 对4.2.1a)和4.2.1b)材料的检验,按GB/T 8492—1987规定的方法进行。

5.1.2 对4.2.2c)的平面度、4.2.2d)的角度,利用平台找正基准平面后进行检验。

5.1.3 对 4.2.4a)、4.2.4c)和 4.2.6a)材料的检验,按 JC/T 401.2 规定的方法进行。

5.1.4 对 4.2.8b)的静平衡试验,用去除材料法试验。

5.1.5 对 4.2.8c)和 4.2.9a)材料的检验,按 JC/T 401.1 规定的方法进行。

5.2 装配试验

5.2.1 对 4.3.2 的篦板装配间隙,用卡板法检验。

5.2.2 对 4.3.3c)中侧框架横断面对角线及 4.3.4c)中活动框架对角线的差值,用钢卷尺测量:且同一构件应使用同一卷尺。

5.2.3 对 4.3.5 各托轮与导轨装配后的间隙,用塞尺检验。

5.2.4 用水平仪对 4.3.6 中机械传动曲轴轴线及液压传动轴轴线与水平面的平行度进行检测。

5.3 运转试验

5.3.1 篦冷机在制造厂进行的空运转试验,可按分部组装和分部运转试验的方法进行,运转时间为 4h,轴承温升应小于 40℃。

5.3.2 整机运转试验在用户现场安装后进行。各部分运转时间:篦床 8h,熟料锤式破碎机和漏料拉链机均为 4h。

5.3.3 对 4.1.6 的噪声检验,按 GB/T 3768 规定的方法进行。

6 检验规则

6.1 检验分类

检验分出厂检验和型式检验。

6.2 出厂检验

6.2.1 篦冷机应经制造厂检验部门检验合格,并附有产品合格证方可出厂。

6.2.2 产品出厂前应完成的检验有 4.1.1~4.1.5、4.2.1~4.2.9、4.3、4.4、4.5.1~4.5.6 和 7.1~7.3 等项目。

6.3 型式检验

6.3.1 篦冷机在下列情况之一时,应进行型式检验:

a)新产品的试制定型鉴定时;

b)正式生产后,如结构、材料、工艺有较大改变,可能影响产品性能时;

c)正常生产每两年检验一次;

d)产品长期停产后,恢复生产时;

e)出厂检验结果与上次型式检验有较大差异时;

f)国家质量监督机构提出进行型式检验的要求时。

6.3.2 型式检验的项目为第 4 章的全部内容。

6.4 判定规则

6.4.1 出厂检验项目按本标准 6.2 规定的项目进行检验,检验合格判定该台产品为合格:检验不合格判定该产品为不合格。

6.4.2 型式检验项目应按本标准 6.3.2 的规定进行检验,在出厂检验合格的产品中抽取一台,检验合格判定该台产品为合格;检验不合格判定该台产品为不合格。

7 标志、包装、运输及贮存

7.1 篦冷机应在适当而明显的位置上固定产品标牌。产品标牌的型式与尺寸应符合 GB/T 13306 的有关规定,并标明下列内容:

a)产品名称、型号;

b)主要技术参数;

c)出厂编号;

d)出厂日期;

e) 制造厂名称。

7.2 篦冷机的包装应符合 JC/T 406 的规定,并适应陆路、水路运输的要求。

7.3 随机附带的技术文件:

a) 装箱单;

b) 产品合格证;

c) 产品安装使用说明书;

d) 产品安装图。

ICS 91-110
Q 92
备案号:18422—2006

JC

中华人民共和国建材行业标准

JC/T 335—2006
代替 JC/T 335—1992(1996)

水泥工业用回转烘干机

Rotary dryer for cement industry

2006-08-19 发布　　　　　　　　　　2006-12-01 实施

中华人民共和国国家发展和改革委员会　发 布

目　次

前　　言

本标准是对 JC/T 335—1992(1996)《水泥工业用回转烘干机》进行的修订。

本标准与 JC/T 335—1992(1996)相比,主要技术内容变化如下:

——筒体长度按 GB/T 321—1980 优先数系列选配;

——结合国内机械、水泥行业实况,调整筒体钢板材料要求、筒体拼板要求、尺寸公差要求及筒体上孔的位置度要求;

——调整托轮、挡轮材料要求;

——安装要求中增加筒体对接时中心线直线度要求;

——原标准中空载试运转要求并入试验方法中;

——增加 5.4 噪声要求。

本标准自实施之日起代替 JC/T 335—1992(1996)。

本标准由中国建筑材料工业协会提出。

本标准由国家建筑材料工业机械标准化技术委员会归口。

本标准负责起草单位:朝阳重型机器有限公司。

本标准参加起草单位:北京金正源水泥机械厂、江苏(海安)鹏飞集团股份有限公司、上海建设路桥机械设备有限公司。

本标准主要起草人:李东梅、卢玉春、曹丁红、贲道春、王定华。

本标准所代替标准的历次版本发布情况为:

——JC/T 335—1992(1996);

——JC/T 335—1992;

——JC 335—1983。

水泥工业用回转烘干机

1 范围

本标准规定了水泥工业用回转烘干机的产品分类、技术要求、试验方法和检验规则、标志、包装、运输和贮存等。

本标准适用于烘干黏土、矿渣、石灰石和原煤等物料的水泥工业用回转烘干机,也适用于其他行业烘干类似物料的回转烘干机。

2 引用规范性文件

下列文件中的条款通过本标准的引用而成为本标准的条款。凡是注日期的引用文件,其随后所有的修改单(不包括勘误的内容)或修订版均不适用于本标准,然而,鼓励根据本标准达成协议的各方研究是否可使用这些文件的最新版本。凡是不注日期的引用文件,其最新版本适用于本标准。

GB/T 321—1980 优先数和优先数系

GB/T 699—1999 优质碳素结构钢

GB/T 700—1988 碳素结构钢

GB/T 1804—2000 一般公差 未注公差的线性和角度尺寸的公差

GB/T 1184—1996 形状和位置公差 未注公差值

GB/T 3274—1988 碳素结构钢和低合金结构钢 热轧厚钢板和钢带

GB/T 3323—1987 钢熔化焊对接接头射线照相和质量分级

GB/T 3768—1996 声学 声压法测定噪声源声功率级 反射面上方采用包络测量表面的简易法

GB/T 5117—1995 碳钢焊条

GB/T 5118—1995 低合金钢焊条

GB/T 10095.1—2001 渐开线圆柱齿轮—精度 第1部分:轮齿同侧齿面偏差的定义和允许值

GB/T 10095.2—2001 渐开线圆柱齿轮—精度 第2部分:径向综合偏差与径向跳动的定义和允许值

GB/T 11345—1989 钢焊缝手工超声波探伤方法和探伤结果分级

GB/T 13306 标牌

JB/T 8853—2001 圆柱齿轮减速机

JC/T 355 水泥机械产品型号编制方法

JC/T 401.2—1996 建材机械用碳钢和低合金钢铸件技术条件

JC/T 401.3—1996 建材机械用铸钢件缺陷处理规定

JC/T 402 水泥机械涂漆防锈技术条件

JC/T 406 水泥机械包装技术条件

3 产品分类

3.1 型式与型号

型式与型号按 JC/T 355 及国内外习惯规定如下:

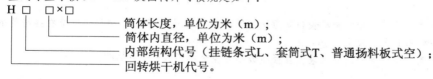

H□ □×□
├── 筒体长度,单位为米(m);
├── 筒体内直径,单位为米(m);
├── 内部结构代号(挂链条式L、套筒式T、普通扬料板式空);
└── 回转烘干机代号。

3.2 标记示例

示例：筒体内径2.5m，筒体长度20m，筒体内部挂链条式，回转烘干机标记为：

烘干机 HL 2.5×20JC/T 335—2006。

3.3 基本参数

基本参数推荐数值见表1。

表1 基本参数推荐数值

项目		参数值								
筒体内直径/m	第一系列	1.0		1.5		2.0			2.5		3.0	3.5
	第二系列		1.2		1.8		2.2	2.4		2.8		3.2	
筒体长度/m		由设计单位按GB/T 321—1980优先数系列选配									
转速/(r/min)		2～8									
斜度/%		3～5									
进口热风温度/℃		≤700[a]									

[a] 进口热风温度大于700℃时，筒体进风口部位应采取处理措施。

4 技术要求

4.1 基本要求

4.1.1 烘干机应符合本标准的要求，并按照经规定程序批准的图样和技术文件制造。凡本标准、图样和技术文件未规定的技术要求，按照有关国家标准、行业通用标准执行。

4.1.2 图样上未注公差尺寸的极限偏差，应按照GB/T 1804—2000的规定。其中机械加工尺寸为c级，型钢焊接件非加工尺寸为v级。

4.1.3 未注形位公差的配合表面的圆度和圆柱度公差为直径尺寸公差值之半。

4.1.4 如有特殊要求，用户和制造厂可通过协商作补充规定。

4.2 主要零部件要求

4.2.1 筒体

4.2.1.1 材料应不低于GB/T 700—1988有关Q235-A的规定，厚度大于20mm的钢板不低于GB/T 700—1988有关Q235-B的规定。

4.2.1.2 钢板表面质量应符合GB/T 3274—1988的规定。

4.2.1.3 筒体段节作环向拼板时，沿整个圆周上的纵焊缝条数，直径小于等于2.5m的烘干机不应多于两条，直径大于2.5m的烘干机不应多于三条。最短拼板弧长不应小于1/4周长。

4.2.1.4 筒体段节的最短长度不应小于800mm，在跨内数量不应多于一段，且不应布置在轮带附近。

4.2.1.5 各相邻筒体段节的纵向焊缝应相互错开，且错开弧长不应小于600mm。

4.2.1.6 焊缝对口错边量b（见图1）不应大于2mm。

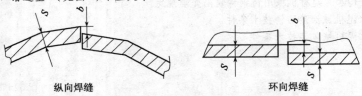

纵向焊缝　　　　　　　　　　　　环向焊缝

图1 焊缝对口

4.2.1.7 出厂任意大段节端面处的圆周长公差为0.25%D（D为筒体内径），两相邻大段节在接缝处的周长差不应大于0.20%D，且不应大于7mm。

4.2.1.8 厂内整体制作筒体同一断面上最大直径与最小直径之差不应大于0.20%D。

4.2.1.9 出厂的筒体段节两端对接的焊接坡口在制造厂加工,坡口形式按设计图样的规定执行。

4.2.1.10 段节两端面偏差值 f(见图2),制造厂内小段节不应大于2mm,出厂的大段节不应大于1mm。

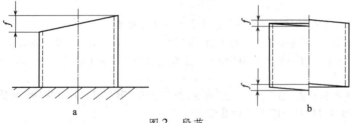

图 2　段节

4.2.1.11 不同厚度的钢板对接时,当两钢板厚度差大于薄钢板厚度的30%或超过5mm时,在厚钢板段节外侧按 $L_1 \geqslant 5(S_1 - S_2)$(见图3)的要求削薄厚板的边缘。$L_1$ 段表面粗糙度 R_a 的最大允许值为12.5μm。

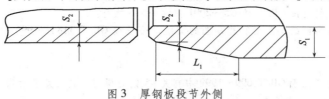

图 3　厚钢板段节外侧

4.2.1.12 对接焊缝形成的棱角 E 不应大于 $0.1S + 1$,并且不应大于3mm,纵焊缝用弦长 L_2 等于 $1/6D$ 且不小于300mm的样板检查,环向焊缝用长度不小于300mm的直尺检查(见图4、图5)。

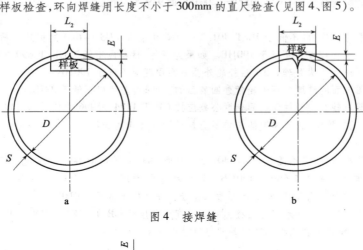

图 4　接焊缝

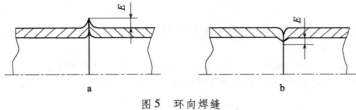

图 5　环向焊缝

4.2.1.13 筒体焊接后的长度公差为其长度的0.05%,轮带间距公差为其间距的0.025%。

4.2.1.14 厂内组装筒体中心线的直线度公差:大齿圈和轮带处为 ϕ4mm,其余部位为 ϕ5mm。长度公差为该段节长度的0.025%。

4.2.1.15 段节焊接用的焊条应符合 GB/T 5117—1995 和 GB/T 5118—1995 中的规定,其质量应保证焊缝的机械性能不低于母材的机械性能。

4.2.1.16 筒体上的孔应与焊缝错开,其边缘距离焊缝不小于75mm。所有孔的位置度公差为φ2.5mm。

4.2.1.17 焊接前应对筒体的坡口形式、尺寸进行检查,且坡口处不允许有裂纹、夹渣和分层等影响质量的缺陷。

4.2.1.18 焊缝表面及热影响区不允许有裂纹等影响强度的缺陷。

4.2.1.19 焊缝应饱满,最低应不低于母材表面,最高应不高出3mm,扬料板处焊缝应磨平。焊缝咬边深度不应大于0.5mm,连续长度不应大于100mm,每条焊缝咬边总长度(焊缝两侧之和)不应超过该条焊缝长度的10%。

4.2.1.20 筒体焊缝探伤检查:当采用射线探伤时,应不低于GB/T 3323—1987中的Ⅲ级;当采用超声波探伤时,应不低于GB/T 11345—1989中的Ⅱ级。

4.2.2 大齿轮

4.2.2.1 材料应不低于JC/T 401.2—1996中有关ZG310-570的规定。

4.2.2.2 铸件应进行正火处理,加工后齿顶圆表面硬度应不低于170HB。

4.2.2.3 大齿轮制造精度按GB/T 10095—2001中的9-9-8执行。

4.2.2.4 大齿轮基准端面的全跳动和齿顶圆的圆跳动公差按GB/T 1184—1996附表2-3-23中8级的规定。

4.2.3 小齿轮

4.2.3.1 齿轮材料应不低于GB/T 699—1999中有关45钢的规定。调质处理后齿顶圆表面硬度应不低于220HB。

4.2.3.2 小齿轮的齿顶圆表面硬度应高于大齿轮齿顶圆表面硬度,其差值应不低于20HB。

4.2.3.3 小齿轮的制造精度按GB/T 10095—2001中的9-9-8执行。

4.2.4 托轮

4.2.4.1 材料如果为铸件,应不低于JC/T 401.2—1996中有关ZG340-640的规定。铸件应进行正火处理,加工后托轮外圆表面硬度应不低于190HB。如果为锻件,材料应不低于GB/T 699—1999中有关55号锻钢的规定,锻件应进行正火处理,加工后托轮外圆表面硬度应不低于190HB。

4.2.4.2 托轮外圆表面的硬度应高于轮带外圆表面的硬度,其差值应不低于20HB。

4.2.4.3 托轮外圆与轴孔的圆柱面的同轴度公差应按GB/T 1184—1996中9级的规定。

4.2.4.4 加工后,托轮轮缘、轮毂厚度的偏差不应超过设计尺寸的5%。

4.2.5 挡轮

4.2.5.1 材料如果为铸件,应不低于JC/T 401.2—1996中有关ZG340-640的规定。铸件应进行正火处理,加工后圆锥工作表面硬度应不低于190HB。如果为锻件,材料应不低于GB/T 699—1999中有关55号锻钢的规定,锻件应进行正火处理,加工后圆锥工作表面硬度应不低于190HB。

4.2.5.2 挡轮圆锥工作面与轴承配合圆柱面的同轴度公差应按GB/T 1184—1996中9级的规定。

4.2.5.3 加工后,挡轮内外圆轮缘厚度偏差不应超过设计尺寸的5%。

4.2.6 轮带

4.2.6.1 材料应不低于JC/T 401.2—1996中有关ZG310-570的规定。铸件应进行正火处理,加工后轮带外圆工作表面硬度应不低于170HB。

4.2.6.2 轮带内、外圆柱面的同轴度公差应按GB/T 1184—1996中9级的规定。

4.2.6.3 加工后,箱形结构轮带的内、外轮缘厚度偏差不得小于设计尺寸的5%或大于设计尺寸的10%。

4.2.7 托轮轴

4.2.7.1 材料应不低于GB/T 699—1999中有关45号锻钢的规定。调质处理后的硬度为200~240HB。

4.2.7.2 托轮轴的制造同轴度公差按GB/T 1184—1996中8级的规定执行。

4.2.8 铸钢件缺陷处理规定

4.2.8.1 铸钢件的处理应符合JC/T 401.3—1996中的有关规定。

4.2.8.2 对大齿轮、轮带、托轮、挡轮等重要铸钢件的缺陷处理,尚应符合以下规定:

a)粗加工后,轮带、托轮、挡轮外圆表面和大齿轮轮缘上的缺陷,当不超过下述情况时允许焊补:切凿宽度不超过工作宽度的10%;切凿深度不超过壁厚的25%;切凿面积总和应不超过各该表面总面积的2%,但连同毛坯件的切凿面积在内总和应不超过各该表面总面积的4%;

b)焊补前应进行预热,焊补后进行热处理。焊补处硬度应低于母材硬度,其中心部位的硬度与母材硬度的差值应不大于10%;

c)精加工后的工作表面不允许进行焊补。

4.3 装配要求

4.3.1 所有零件必须经检查合格。外购件、外协件必须有质量合格证明文件或厂内检验合格后方可进行装配。

4.3.2 筒体组装一般应在制造厂进行,但需分段出厂的段节,制造厂应做好对接位置标记。

4.3.3 减速器装配及试验应符合JB/T 8853—2001的规定。

4.4 安装要求

4.4.1 筒体组装后应符合下列要求:

a)轮带端面圆跳动不应大于2mm,径向圆跳动不应大于1mm;

b)大齿轮端面圆跳动不应大于1mm,径向圆跳动不应大于1.5mm;

c)大齿轮与相邻轮带间距极限偏差不大于2mm;

d)筒体现场对接时,以首尾两挡轮带处筒体中心的连线为基准,筒体中心线的直线度:大齿轮和轮带处为ϕ4mm,其余部位为ϕ12mm。

4.4.2 大齿轮和小齿轮的轴向相对位置偏差不应大于2mm。

4.4.3 减速器低速轴与小齿轮轴同轴度公差按GB/T 1184—1996中9级的规定。

4.4.4 大、小齿轮的齿顶间隙在冷态时应在0.25m(m为齿轮模数)加上2~3mm范围内。

4.4.5 大、小齿轮的齿面接触斑点沿齿高不少于40%,沿齿长不少于50%。

4.4.6 托轮中心线应平行于筒体中心线倾斜安装,平行度公差在每米长度内为0.1mm。

4.4.7 同一组托轮轴承座的中心高应相等,允差不应超过0.1mm。

4.5 涂漆防锈要求

产品的涂漆防锈按照JC/T 402执行。未涂防锈油或防锈漆的产品不准出厂。

5 试验方法

5.1 焊缝射线探伤的试验方法

焊缝射线探伤的试验方法按GB/T 3323—1987进行。

5.2 焊缝超声波探伤的试验方法

焊缝超声波探伤的试验方法按GB/T 11345—1989进行。

5.3 空载试运转要求

5.3.1 空载试运转时间按如下规定:

a)电动机带动减速器连续运转4h;

b)电动机带动整个机组连续运转8h。

5.3.2 各润滑部分温升及电机温升不超过30℃。

5.3.3 挡轮、托轮、传动装置应正常运转,无异常冲击和噪声。

5.3.4 轮带与托轮接触宽度应不少于其工作宽度的75%。

5.3.5 筒体两端及大齿轮罩等处密封正常。

5.4 噪声要求

噪声按GB/T 3768—1996中有关规定进行试验。运转噪声不超过85dB(A)。

6 检验规则

6.1 检验要求

产品须经制造厂质量检查部门检验合格后才能出厂,并附有产品质量合格证书及有关技术文件。

6.2 检验分类

检验分出厂检验和型式检验。

6.2.1 出厂检验

产品出厂前应完成 4.1～4.3、4.5、7.1 和 7.2 各项检验,并全部符合要求。

6.2.2 型式检验

型式检验应检验本标准规定的全部技术要求。下列情况之一时须进行型式检验:

a)新产品试制定型鉴定时;

b)正式生产后,如结构、材料、工艺等有较大改变,可能影响产品性能时;

c)正常生产时,应至少每两年进行一次检验;

d)产品长期停产后,恢复生产时;

e)出厂检验结果与上次型式检验有较大差异时;

f)国家质量监督机构提出进行型式检验的要求时。

6.3 抽样与判定

6.3.1 主要零部件应逐件检验。

6.3.2 简体焊缝检验规定:

a)每一条焊缝都必须进行探伤检验,检验长度不应小于该条焊缝长度的百分数为:当采用超声波探伤检验时为 25%,当采用射线探伤检验时为 15%,焊缝交叉处均必须检验;

b)对用超声波探伤检验发现的焊缝可疑处,应采用射线探伤检验进一步评定;

c)焊缝探伤检验不合格时,对该条焊缝应加倍长度检验。若再不合格时,应 100%检验。对不允许的缺陷应清除干净后进行补焊,并对该部位采用原探伤方法重新检查;

d)焊缝同一部位的返修次数不应超过两次,超过两次时,应经施焊企业技术总负责人批准,且返修部位和次数应在产品质量证明书中说明。

7 标志、包装、运输与贮存

7.1 烘干机应在适当且明显的位置固定其产品标牌,其型式与尺寸应符合 GB/T 13306 中的规定,并标明下列内容:

a)制造厂名称;

b)产品名称和型号;

c)产品主要技术参数;

d)产品出厂编号和出厂日期;

e)产品标准号和商标。

7.2 产品包装应符合 JC/T 406 的规定,并适应陆路、水陆运输要求。

7.3 贮存产品的场所,应具备防锈、防腐蚀和防损伤的设施。产品零、部件的放置,须防挤压、变形和本身重力变形。贮存期长的产品应定期检查维护。

ICS 91-110

Q 92

备案号：18415—2006

JC

中华人民共和国建材行业标准

JC/T 1000—2006

水泥工业用轴瓦（轴承）

Bearing for cement industry

2006-08-19 发布

2006-12-01 实施

中华人民共和国国家发展和改革委员会　发布

目　次

前　言

本标准是根据国外先进实物质量指标并在国内科研、设计制造和使用经验的基础上制订的。

本标准由中国建筑材料工业协会提出。

本标准由国家建筑材料工业机械标准化技术委员会归口。

本标准负责起草单位：中天仕名（徐州）重型机械有限公司。

本标准参加起草单位：中材国际南京水泥工业设计研究院、南昌建材轴瓦厂、北票市理想机械工程有限公司、中天仕名（淄博）重型机械有限公司、建筑材料工业技术监督研究中心。

本标准主要起草人：姚群海、张秀华、戴世民、罗敏旭、李宪章、徐海、甘向晨。

本标准于2006年8月首次发布。

水泥工业用轴瓦(轴承)

1 范围

本标准规定了水泥工业用轴瓦(轴承)的产品分类、技术要求、试验方法、检验规则、标志、运输、包装和贮存。

本标准适用于水泥工业用轴瓦(轴承),其他类似轴瓦(轴承)也可参照本标准执行。

2 规范性引用文件

下列文件中的条款通过本标准的引用而成为本标准的条款。凡是注日期的引用文件,其随后所有的修改单(不包括勘误的内容)或修订版均不适用于本标准,然而,鼓励根据本标准达成协议的各方研究是否可使用这些文件的最新版本。凡是不注日期的引用文件,其最新版本适用于本标准。

GB/T 307.1—1994 滚动轴承 向心轴承 公差

GB/T 307.2 滚动轴承 测量和检验的原则及方法

GB/T 307.3—1996 滚动轴承 通用技术规则

GB/T 699—1999 优质碳素结构钢

GB/T 1174—1992 铸造轴承合金

GB/T 1175—1997 铸造锌合金

GB/T 1176—1987 铸造铜合金

GB/T 1184—1996 形状和位置公差 未注公差值

GB/T 1804—2000 一般公差 未注公差的线性和角度尺寸的公差

GB/T 5868 滚动轴承 安装尺寸

GB/T 9439—1988 灰铸铁件

GB/T 11352—1989 一般工程用铸造碳钢件

GB/T 16746—1997 锌合金铸件

GB/T 18254—2002 高碳铬轴承钢

JB/T 1255 高碳铬轴承钢滚动轴承零件 热处理技术条件

JB/T 7361 滚动轴承零件硬度试验方法

JC/T 333 水泥工业用回转窑

JC/T 334.1 水泥工业用管磨机

3 产品分类

水泥工业用轴瓦(轴承)可分为滑动轴瓦(简称"轴瓦")和滚动轴承两种。轴瓦包括普通主轴瓦、衬瓦和大型磨机用滑履轴承。

4 技术要求

4.1 基本要求

4.1.1 轴瓦

4.1.1.1 轴瓦应符合本标准的规定,并按规定程序批准的设计图样和技术文件制造。

4.1.1.2 按公称直径加工后的主轴瓦瓦体铸件,不得有裂纹、气孔、砂眼和夹渣等铸造缺陷。

4.1.1.3 轴瓦宽度大于等于400mm时，冷却水道应设计为双腔；轴瓦宽度小于400mm时，冷却水道可以设计为单腔。

4.1.1.4 瓦体水道中的型砂和其他杂质应清理干净。必要时可用酸清洗，再用碱水中和后用清水冲净。

4.1.1.5 应在轴瓦的适当位置开设用于固定测温装置和起吊装置的孔。

4.1.2 滚动轴承

4.1.2.1 磨机用滚动轴承应符合本标准的要求，并按规定程序批准的设计图样和技术文件制造。

4.1.2.2 图样上未注公差尺寸的极限偏差应符合GB/T 1804—2000中IT13级的规定。

4.2 材料

4.2.1 轴瓦

4.2.1.1 主轴瓦和托瓦瓦体铸钢件的材料性能应不低于GB/T 11352—1989中关于ZG230-450的规定。

4.2.1.2 主轴瓦铸铁件的材料性能应不低于GB/T 9439—1988中关于HT200的规定。

4.2.1.3 瓦衬的材料性能应不低于GB/T 1174—1992中ZSnSb11Cu6、ZPbSb16Sn16Cu2的规定。

4.2.1.4 衬瓦有两类材料选择：

　　a）应符合GB/T 1176—1987中关于ZCuAl10Fe$_3$（ZQAl 9-4）铸造铝青铜的规定；

　　b）应符合GB/T 1175—1997中关于ZA27（含尚未录入该标准由ZA27衍生的新品种ZA303）铸造锌合金的规定。

4.2.2 铸件

4.2.2.1 铸件应致密均匀，不得有裂纹、偏析。工作表面不允许有夹砂、缩孔等缺陷，在其他表面上不允许有影响强度的铸造缺陷。

4.2.2.2 铸件的化学成分及机械性能应符合GB/T 9439—1988、GB/T 11352—1989中的规定。

4.2.2.3 锌合金铸件应满足径向许用比压不低于4.5MPa，轴向止推面比压不低于4MPa，延伸率$\delta_5 \geq 10\%$，硬度≥ 100HB。铸件质量除符合GB/T 16746—1997中Ⅰ类铸件外，加工后的工作表面也不得有4.2.2.1规定的缺陷，非工作表面不得有影响强度的铸造缺陷。

4.2.3 滑履轴瓦

　　轴承合金的材料性能应不低于GB/T 1174—1992中ZSnSb11Cu6的规定。

4.2.4 滚动轴承

　　滚动轴承内圈、下半环型外圈应符合以下要求：

　　a）轧环的材料性能应不低于GB/T 18254—2002中GCr15SiMn的规定；

　　b）热处理硬度应符合JB/T 1255的规定。

4.2.5 滚子

　　滚子应符合以下要求：

　　a）材料性能应不低于GB/T 18254—2002中GCr15SiMn的规定；

　　b）热处理硬度应符合JB/T 1255的规定。

4.2.6 保持架

　　保持架应符合以下要求：

　　a）轧环材料不低于GB/T 699—1999中45钢的规定；

　　b）热处理硬度应符合JB/T 1255的规定。

4.3 尺寸公差

4.3.1 轴瓦

　　轴瓦尺寸公差及偏差应符合以下要求：

　　a）外球面与轴承底座的配合H9/e9；

　　b）主轴瓦宽度与中空轴固定端配合H11/f9；

c) 主轴承主轴瓦的公称包角为 90°~120°；

d) 主轴承主轴瓦工作面直径的尺寸偏差应符合表 1 的规定；

表 1 直径尺寸偏差 单位为毫米

公称直径	800	900	1000	1200	1400	1600	1800	2000	2240
偏差	+1.100 +0.800	+1.150 +0.900	+1.200 +1.000	+1.400 +1.200	+1.500 +1.300	+1.600 +1.300	+1.800 +1.400	+2.000 +1.630	+2.240 +1.800

e) 托轮轴承衬瓦内、外圆柱面的同轴度公差按 GB/T 1184—1996 不低于 7 级精度选取(以衬瓦内径为准)。瓦肩端面对内圆柱面的垂直度公差按 7 级精度选取(以瓦肩外径为准)；

f) 托轮轴承衬瓦内圆柱面的直径略大于托轮轴轴径直径 d，其差值为 $0.2\%d$；

g) 主轴瓦的球心对内圆柱面轴线及其沿轴向的对称中心线的位置度公差为 $S\phi 0.10mm$。

4.3.2 滚动轴承

滚动轴承内圈滚道加工尺寸的公差不低于 GB/T 307.1—1994 中 0 级的规定。

4.4 表面粗糙度

4.4.1 轴瓦

轴瓦表面粗糙度应符合以下要求：

a) 外球面工作表面的表面粗糙度为 $R_a 3.2\mu m$；

b) 内圆柱轴承合金工作表面的表面粗糙度为 $R_a 1.6\mu m$。

4.4.2 滚动轴承

滚动轴承表面粗糙度应符合以下要求：

a) 滚动轴承内圈、外圈滚道的表面粗糙度为 $R_a 0.4\mu m$；

b) 滚动轴承外圈外径及端面的表面粗糙度为 $R_a 0.8\mu m$；

c) 滚动轴承滚子表面的粗糙度为 $R_a 0.25\mu m$；

d) 保持架表面的粗糙度为 $R_a 6.3\mu m$。

4.5 合金的浇注

4.5.1 浇注

瓦体在浇注轴承合金前，应加工成燕尾槽并纵横交错夹角 90°，槽间距 100mm~150mm。应按规定的工艺过程进行浇铸，浇注后的瓦衬在中心夹角 60° 范围内不得有外来夹杂物及气孔、缩松等铸造缺陷。轴瓦面合金厚度一般不得小于 11mm，小型瓦最小厚度不得小于 8mm。

4.5.2 瓦体与瓦衬的粘合

4.5.2.1 轴承合金必须与主轴瓦和托瓦瓦体结合严实，主轴承球面瓦在中心夹角 60° 范围内，滑履轴承托瓦在全部工作面内不允许脱壳。

4.5.2.2 若球面瓦中心夹角 90° 范围之外出现脱壳，在此区域外每侧脱壳的面积不得超过两侧面积之和的 5%。

4.6 装配和安装

4.6.1 轴瓦

主轴承主轴瓦与中空轴轴颈的配合接触要求：

a) 配合接触的侧面间隙 S 应符合表 2 的规定：

b) 配合接触斑点的分布，斑点沿母线全长上等宽、均匀连续分布，间距应不大于 5mm；

c) 当侧面间隙或配合接触斑点的分布不符合要求时，允许在规定接触带范围内刮研处理，包角不超过 30°。

表2 配合接触的侧面间隙

单位为毫米

公称直径 d	800	900	1000	1200	1400	1600	1800	2000	2240
侧隙 S	0.12 ~ 0.19	0.14 ~ 0.21	0.16 ~ 0.23	0.21 ~ 0.28	0.24 ~ 0.32	0.25 ~ 0.35	0.29 ~ 0.41	0.34 ~ 0.46	0.39 ~ 0.54

4.6.2 滑履轴承主轴瓦

滑履轴承主轴瓦与滑环外圆面的配合接触要求:

a)配合接触斑点的分布要求为斑点沿母线全长上等宽、均匀连续分布,间距应不大于5mm;

b)当配合接触斑点的分布不符合要求时,允许在规定接触带范围内刮研处理,接触带周向长度不超过托瓦瓦宽。

4.6.3 主轴瓦与球面座

主轴瓦与球面座的配合接触要求:

a)球面接触带的周向配合接触包角应不小于30°,轴向配合接触宽度不超过球面座宽度的三分之一,但不得小于10mm;

b)配合接触斑点应均匀连续分布,间距应不大于5mm;

c)当配合接触斑点的分布区不符合要求时,允许在规定接触带范围内刮研处理,使之最终达到要求。

4.6.4 滚动轴承

4.6.4.1 轴承与轴装配时需用机械油加热到90℃~95℃,30min后再安装。

4.6.4.2 轴承部安装其所有零件的位置应符合GB/T 5868的规定。

4.6.4.3 在安装端衬板和算子板之前,打开轴承部的两个通道,往轴承滚道内和油室内加满润滑脂,正常工作时的填充量保证占含油区的三分之二。稀油润滑时轴承盒内的稀油量不低于外露油标的下限。

4.7 运转要求

4.7.1 主轴承的温度应符合下列要求:

a)轴承内的油温应不超过60℃;

b)轴瓦温度应不超过65℃。

4.7.2 滑履轴承的温度应符合下列要求:

a)轴承内的油温应不超过60℃;

b)轴瓦温度应不超过75℃。

4.8 润滑

4.8.1 轴瓦

润滑油推荐冬季采用N200、夏季采用N320。

4.8.2 滚动轴承

4.8.2.1 设备工作及环境温度在-10℃~60℃时,使用合成钙基润滑脂ZG-3H。

4.8.2.2 设备工作及环境温度在-25℃~150℃时,使用合成锂基润滑脂ZL-2H。

5 试验方法

5.1 轴瓦

5.1.1 轴瓦的水压试验

5.1.1.1 铸件在粗加工后,浇注轴承合金前应进行0.6MPa的水压试验,保压20min,无渗漏现象。

5.1.1.2 轴瓦与轴承座,托瓦与相关零部件组装后,应对冷却水通道及接头和管路做不低于0.4MPa的水压试验,延续时间不少于20min。

5.1.2 轴瓦的油压试验

主轴瓦高压油路系统中的油管通道及其接头经焊接组装后,在浇注轴承合金前,应进行高压试验,在高压油路试验压力为 32MPa 并保压 15min 的情况下,无渗漏现象。油压试验允许用水压代替。

5.1.3 二次实验

主轴瓦精加工后,须再一次进行水压和油压试验。试验方法同 5.1.1 的规定。

5.1.4 轴瓦浇注合金层试验

主轴瓦浇注合金层的检验采用敲击法。

5.2 滚动轴承

滚动轴承零件硬度的试验方法应符合 JB/T 7361 的规定;轴承各部件和成品的检验,应符合 GB/T 307.2 的规定。

6 检验规则

6.1 检验分类

产品检验分出厂检验和型式检验。

6.2 出厂检验

产品出厂按本标准 4.1～5.2 的规定进行检验,并签发产品合格证后方可出厂。

6.3 型式检验

型式检验应检验本标准的全部项目,有下列情况之一时,应进行型式检验:

a) 新产品或老产品转厂生产的试制定型鉴定;

b) 正式生产后,如结构、材料、工艺有较大改变,可能影响产品性能时;

c) 出厂检验的结果与上次型式检验有较大差异时;

d) 国家质量技术监督部门提出进行型式检验要求时。

6.4 判定规则

6.4.1 出厂检验的合格判定:逐项合格方为合格,否则为不合格。

6.4.2 型式检验应在出厂检验合格的产品中随机抽取一件进行检验,检验中若不合格则应加倍进行复检。如复检合格则判该批产品为合格。如仍有一件不合格,则判该批产品为不合格。

7 标志、包装、运输和贮存

7.1 标志

对检验合格的产品应附带标签,并标明下列内容:

a) 制造厂名称、地址;

b) 产品名称和型号;

c) 主要技术参数:

d) 标准号和商标;

e) 制造日期、出厂编号。

7.2 包装、运输和贮存

7.2.1 每件主轴瓦在包装前应在合金面上涂防锈油脂,在不加工的外表面上涂防锈油漆,并用防水材料包好。

7.2.2 将包装好的主轴瓦装入具有内衬防水材料的包装箱内,并用相应规格的螺栓固定,以确保在正常运输中不受损伤。

7.2.3 在包装箱内应附有质量检测部门检验员签章的产品合格证,并附有材料的成分及物理试验报告。

7.2.4 包装箱外表面应标明:

a) 产品规格、名称及数量;

b) 箱体尺寸(长×宽×高);

c) 净重与毛坯重;

d) 到站(港)及收货单位;

e) 发站(港)及发货单位;

f) "向上"、"由此吊起"、"禁止翻滚"等标志。

7.2.5 包装好的主轴瓦应放在通风干燥的仓库里,在正常保管的情况下,制造厂应保证产品自出厂之日起12个月内不锈蚀。

ICS 91-110

Q 92

备案号:18416—2006

JC

中华人民共和国建材行业标准

JC/T 1001—2006

水泥工业用热风阀

Air pipe channel valve for cement industry

2006-08-19 发布　　　　2005-12-01 实施

中华人民共和国国家发展和改革委员会　发布

前　　言

　　本标准根据国外引进技术及国内开发的产品中的基本技术要求而制定,对我国水泥工业用热风阀的发展具有推动作用。

　　请注意本标准的某些内容可能涉及专利。本标准的发布机构不应承担识别这些专利的责任。

　　本标准由中国建筑材料工业协会提出。

　　本标准由国家建筑材料工业机械标准化技术委员会归口。

　　本标准负责起草单位:沈阳重型机械集团有限责任公司。

　　本标准参加起草单位:天津水泥工业设计研究院。

　　本标准主要起草人:杨萍、申占民。

　　本标准于2006年8月首次发布。

水泥工业用热风阀

1 范围

本标准规定了水泥工业用热风阀（以下简称"热风阀"）的产品分类、技术要求、试验方法与检验规则、标志、包装、运输、贮存。

本标准适用于在水泥行业大型成套设备的通风管路系统中，完成风量的自动控制和调节的热风阀。

2 规范性引用文件

下列文件中的条款通过本标准的引用而成为本标准的条款。凡是注日期的引用文件，其随后所有的修改单（不包括勘误的内容）或修订版均不适用于本标准，然而，鼓励根据本标准达成协议的各方研究是否可使用这些文件的最新版本。凡是不注日期的引用文件，其最新版本适用于本标准。

GB/T 699—1999 优质碳素结构钢

GB/T 700—1988 碳素结构钢（DIN 630:1987,NEQ）

GB/T 1184—1996 形状和位置公差 未注公差值（ISO 2768—2:1989,MOD）

GB/T 1801—1999 极限与配合 公差带和配合的选择（ISO 1829:1995,MOD）

GB/T 1804—2000 一般公差 未注公差的线性和角度尺寸的公差

GB/T 4064—1983 电气设备安全设计导则

GB/T 11345—1989 钢焊缝手工超声波探伤方法和探伤结果分级

GB/T 13306—1991 标牌

JB/T 5000.3—1998 重型机械通用技术条件 焊接件

JB/T 7929—1999 齿轮传动装置 清洁度

JC/T 402—1996 水泥机械涂漆防锈技术条件

JC/T 406—1996 水泥机械包装技术条件

3 形式与基本参数

3.1 示意图

热风阀结构示意图如图1所示。

3.2 基本参数

热风阀的基本参数应符合表1的规定。

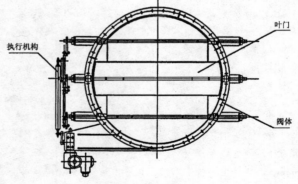

图1 热风阀

表1 热风阀的基本参数

型号	公称通径 mm	公称压力 Pa	阀门开启角度°	阀门开启方向	全行程（0°~90°）时间/s	驱动电机功率 kW
ZAJWH-IS-1120	1120	1×10^5	0~90	单向	38	0.18
ZAJWH-IS-1200	1200	1×10^5	0~90	单向	38	0.18
ZAJWH-IS-1500	1500	1×10^5	0~90	单向	38	0.18
ZAJWH-IS-1700	1700	1×10^5	0~90	单向	38	0.18

续表

型号	公称通径 mm	公称压力 Pa	阀门开启 角度°	阀门开启 方向	全行程 (0°~90°) 时间/s	驱动电机 功率 kW
ZAJWH-IS-1800	1800	1×10^5	0~90	单向	38	0.18
ZAJWH-IS-2000	2000	1×10^5	0~90	单向	30	0.7
ZAJWH-IS-2100	2100	1×10^5	0~90	单向	30	0.7
ZAJWH-IS-2240	2240	1×10^5	0~90	单向	30	0.7
ZAJWH-IS-2360	2360	1×10^5	0~90	单向	30	0.7
ZAJWH-IS-2500	2500	1×10^5	0~90	单向	30	0.7

3.3 型号表示法

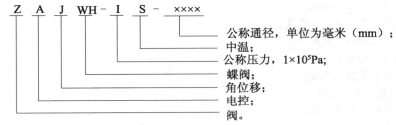

公称通径，单位为毫米（mm）；
中温；
公称压力，1×10^5Pa；
蝶阀；
角位移；
电控；
阀。

3.4 标记示例

示例:公称通径为1500mm的热风阀,标记为:ZAJWH-IS-1500 热风阀。

4 技术要求

4.1 基本要求

4.1.1 热风阀应符合本标准的规定,并按规定程序批准的图样和技术文件制造、安装和使用。本标准未规定的原材料、外购件及加工、装配、安装等技术条件,均应符合国家标准及有关行业通用标准的规定。

4.1.2 图样上线性尺寸的未注公差:

a) 切削加工部位应符合 GB/T 1804—2000 的 m 级;

b) 焊接件非切削加工部位应符合 JB/T 5000.3—1998 中7.3 的有关规定。

4.1.3 焊接件应符合 JB/T 5000.3—1998 中的有关规定。

4.1.4 未注形状和位置公差应符合 GB/T 1184—1996 中 A 级的有关规定。

4.2 整机性能要求

4.2.1 整机主要技术参数应适应于系统设备的要求。

4.2.2 设置必要的密封装置,保证设备各轴承内不进入灰尘。

4.2.3 各润滑系统应密封良好无渗漏。

4.2.4 阀体各密封处应密封良好,不应泄漏粉尘。

4.2.5 电气设备的设计应符合 GB/T 4064—1983 的有关规定。

4.2.6 同型号规格的易损件应具有互换性,并容易更换。

4.3 主要零部件要求

4.3.1 主轴

4.3.1.1 材料应不低于 45 号钢的有关规定,并做相应的热处理。

4.3.1.2 轴的基准尺寸公差等级不低于 GB/T 1801—1999 的 k6 级,表面粗糙度不低于 $R_a3.2\mu m$。

4.3.2 阀体

4.3.2.1 阀体焊缝质量应不低于 GB/T 11345—1989 中 I.B 级的有关规定。

4.3.2.2 钢板材料应不低于 GB/T 700—1988 中有关 Q235-A 的规定。

4.4 装配和安装要求

4.4.1 阀体与叶门之间及叶门相互之间的缝隙,必须达到 4~6mm。

4.4.2 靠近执行机构连杆一侧的法兰轴承,其内圈分别与各自转轴进行紧定,形成轴向约束;而另一侧的法兰轴承,其内圈与轴则不进行紧定,呈轴向无约束状态。二者不允许装反。

4.4.3 装配后,叶门应转动自由灵活,没有刮碰与卡阻现象。

4.4.4 安装时应考虑执行机构的保养维护方便,阀门周围要留有适当空间和活动余地。

4.4.5 安装位置应保持叶门轴处于水平位置,手轮位于可操作位置。

4.4.6 本阀门与管道两法兰连接处应放置耐高温(350℃)密封垫圈。

4.4.7 安装时应使阀门处于全闭状态。

4.4.8 在现场安装前检查各组成部分是否有由于运输或存储不当造成的损坏。

4.5 试运转要求

4.5.1 空负荷试运转要求

4.5.1.1 电机的绝缘电阻不应小于500kΩ。

4.5.1.2 检查执行机构驱动装置的电气接线是否正确。

4.5.1.3 检查执行机构和叶门的转动趋向是否正确。

4.5.1.4 全行程时间达到性能指标要求。

4.5.1.5 调节品质满足产品质量指标要求。

4.5.1.6 全开、全闭二极限位置上自动停止。

4.5.1.7 各项试验均有相应的标准信号输出。

4.5.2 负荷试运转要求

4.5.2.1 负荷试运转应在空负荷试运转合格后进行。

4.5.2.2 负荷试运转应在现场与管路网络安装连接完成并具备试验条件后进行。

4.5.2.3 试运转程序同 4.5.1.5~4.5.1.7。

4.6 涂漆防锈要求

热风阀涂漆防锈应符合 JC/T 402—1996 的规定。

5 试验方法

5.1 0°~90°全行程启、毕,循环两次,记录全行程时间,其平均值应达到性能指标要求。

5.2 0°~90°之间任意位置停、启三次,检查调节品质是否满足产品质量指标中灵敏度、来回变差、反应时间等各项要求。

5.3 试验在全开、全闭二极限位置上能否自动停止。

5.4 检查各项试验是否有相应的标准信号输出。

6 检验规则

6.1 装配质量的检验

热风阀应在制造厂进行组装,检验装配质量,应符合本标准4.4.1~4.4.6的规定。

6.2 零部件、外购件、外协件的检验

产品零部件应经制造厂检验部门逐件检验,外购件、外协件应符合有关标准的规定并具有合格证。

6.3 出厂检验

出厂检验应按本标准4.1.1~4.1.5、4.2.2、4.2.5、4.2.6、7.1~7.4的有关规定进行,检验合格签发产品合格证书。

6.4 现场检验

需现场检验的项目应符合本标准的有关规定。

6.5 型式检验

型式检验应检验本标准规定的全部技术要求,有下列情况之一时应进行型式检验:

a) 产品试制或首台产品的定型鉴定;

b) 产品结构、材料、工艺有较大改进,可能影响产品性能时;

c) 长期停产,重新恢复生产时;

d) 出厂检验结果与前次型式检验有明显差异时;

e) 国家质量监督机构提出进行型式检验要求时。

6.6 判定规则

6.6.1 出厂检验项目按本标准6.3规定的项目进行检验,检验合格判定该台产品为合格;检验不合格判定该产品为不合格。

6.6.2 型式检验项目应在出厂检验合格的产品中抽取一台,检验合格判定该台产品为合格;检验不合格判定该产品为不合格。

7 标志、包装、运输、贮存

7.1 标牌应固定在产品的明显位置,其型式与尺寸应符合 GB/T 13306—1991 的规定,标牌内容应包括:

a) 制造厂名称;

b) 产品型号与名称;

c) 产品主要技术参数;

d) 产品编号;

e) 出厂日期。

7.2 产品包装应符合 JC/T 406—1996 的规定。

7.3 随整机出厂必须提供的技术文件:

a) 装箱单;

b) 产品合格证书;

c) 产品安装使用说明书(含易损件表);

d) 产品安装图。

7.4 产品按装箱单分类包装,外露加工面应涂防锈油并包扎好,对于出口产品应满足外贸定货的要求。

7.5 电气设备、成套附件等均应包装成箱。

7.6 包装应满足水路、陆路运输的要求,产品整装、分装均不得超限。

ICS 91-110

Q 92

备案号:18417—2006

JC

中华人民共和国建材行业标准

JC/T 1002—2006

水泥工业用三道锁风装置

Three channel gate for cement industry

2006-08-19 发布   2006-12-01 实施

中华人民共和国国家发展和改革委员会   发 布

前　言

本标准根据国外引进技术及国内开发的产品中的基本技术要求而制定,对我国水泥工业用立式辊磨机的发展具有推动作用。

请注意本标准的某些内容可能涉及专利。本标准的发布机构不应承担识别这些专利的责任。

本标准由中国建筑材料工业协会提出。

本标准由国家建筑材料工业机械标准化技术委员会归口。

本标准负责起草单位:沈阳重型机械集团有限责任公司。

本标准参加起草单位:天津水泥工业设计研究院。

本标准主要起草人:信锐、申占民。

本标准于 2006 年 8 月首次发布。

水泥工业用三道锁风装置

1 范围

本标准规定了水泥工业用三道锁风装置（以下简称"锁风装置"）的产品分类、技术要求、试验方法与检验规则、标志、包装、运输、贮存。

本标准适用于建材、冶金、矿山等行业的进料系统。特别适用于黏性、水分较高的原料。

2 规范性引用文件

下列文件中的条款通过本标准的引用而成为本标准的条款。凡是注日期的引用文件，其随后所有的修改单（不包括勘误的内容）或修订版均不适用于本标准，然而，鼓励根据本标准达成协议的各方研究是否可使用这些文件的最新版本。凡是不注日期的引用文件，其最新版本适用于本标准。

GB/T 699—1999　优质碳素结构钢

GB/T 700—1988　碳素结构钢

GB/T 1184—1996　形状和位置公差　未注公差值(ISO 2768—2：1989,MOD)

GB/T 1348—1988　球墨铸铁件

GB/T 1801—2000　极限与配合　公差带和配合的选择(ISO 1829：1995,MOD)

GB/T 1804—2000　一般公差　未注公差的线性和角度尺寸的公差

GB/T 3766—2001　液压系统通用技术条件(ISO 4413,NEQ)

GB/T 3768—1996　噪声源声功率级的测定　简易法

GB/T 4064—1983　电气设备安全设计导则

GB/T 7935—1987　液压元件　通用技术条件(NF-PAT 310.3,NEQ)

GB/T 11345—1989　钢焊缝手工超声波探伤方法和探伤结果分级

GB/T 13306—1991　标牌

JC/T 402—1996　水泥机械涂漆防锈技术条件

JC/T 406—1996　水泥机械包装技术条件

JB/T 5000.3—1998　重型机械通用技术条件　焊接件

JB/T 5000.8—1998　重型机械通用技术条件　锻件

3 型式与基本参数

3.1 示意图

锁风装置结构示意如（图1）所示。

3.2 基本参数

锁风装置基本参数应符合表1的规定。

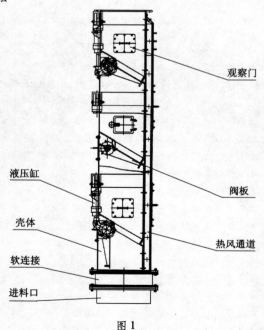

图1

观察门

液压缸

阀板

壳体

热风通道

软连接

进料口

表1 锁风装置基本参数

型 号	进料口宽度/mm	给料粒度/mm	通过能力/（t/h）	含水量/%	电机功率/kW
DSK-630	630	60	65	<12	11
DSK-800	800	65	75	<12	11
DSK-1000	1000	65	85	<12	11
DSK-1250	1250	80	90	<12	11
DSK-1400	1400	80	150	<12	11
DSK-1600	1600	90	220	<12	15
DSK-1700	1700	100	380	<12	15
DSK-2000	2000	110	400	<12	15

3.3 型号表示法

进料口宽度，单位为毫米（mm）；

阀门；

锁风；

数量。

3.4 标记示例

示例:进料口宽度为800mm的三道锁风装置,标记为:DSK—800 三道锁风装置。

4 技术要求

4.1 基本要求

4.1.1 锁风装置应符合本标准的规定,并按规定程序批准的图样和技术文件制造、安装和使用。

4.1.2 本标准未规定的原材料、外购件及加工、装配、安装等技术条件,均应符合国家标准及有关行业通用标准的规定。

4.1.3 图样上线性尺寸的未注公差:

　　a) 切削加工部位应符合 GB/T 1804—2000 的 m 级;

　　b) 焊接件非切削加工部位应符合 JB/T 5000.3—1998 中 7.3 的有关规定。

4.1.4 焊接件应符合 JB/T 5000.3—1998 中的有关规定。

4.1.5 锻件应符合 JB/T 5000.8—1998 中的有关规定。

4.1.6 球墨铸铁件应符合 GB/T 1348—1988 中的有关规定。

4.1.7 未注形状和位置公差应符合 GB/T 1184—1996 中 A 级的有关规定。

4.2 整机性能要求

4.2.1 整机主要技术参数应适应于系统设备的要求。

4.2.2 设置必要的密封装置,保证设备各轴承内不进入灰尘。

4.2.3 各润滑、液压应密封良好无渗漏。

4.2.4 耐磨衬板使用寿命不低于一年。

4.2.5 壳体各密封处应密封良好,不应泄漏粉尘。

4.2.6 应配有监控联锁保护装置。

4.2.7 电器设备的设计应符合 GB/T 4064—1983 的有关规定。

4.2.8 同型号规格的易损件应具有互换性,并容易更换。

4.3 主要零部件要求

4.3.1 轴承座

轴承座铸铁件材料应不低于 GB/T 1348—1988 中的 QT500—7 的有关规定。

4.3.2 轴承壳体

轴承壳体铸铁件材料应不低于 GB/T 1348—1988 中的 QT500—7 的有关规定。

4.3.3 连杆

连杆铸铁件材料应不低于 GB/T 1348—1988 中的 QT500—7 的有关规定。

4.3.4 主轴

4.3.4.1 材料应不低于 GB/T 699—1999 中的 35 号钢的有关规定，并做相应的热处理。

4.3.4.2 轴的基准尺寸公差等级不低于 GB/T 1801—2000 的 k6 级，表面粗糙度不低于 Ra3.2μm。

4.3.5 连接轴

材料应不低于 GB/T 699—1999 中的 45 号钢的有关规定，并做相应的热处理。

4.3.6 壳体

4.3.6.1 壳体焊缝质量应不低于 GB/T 11345—1989 中 I.B 级有关规定。

4.3.6.2 钢板材料应不低于 GB/T 700—1988 中有关 Q235—A 的规定。

4.3.7 液压与润滑

4.3.7.1 液压元件应符合 GB/T 7935—1987 中有关规定。

4.3.7.2 液压系统应符合 GB/T 3766—2001 中有关规定。

4.4 装配和安装要求

4.4.1 阀门与阀门体的相关部位应紧密贴合，不应有漏风现象产生。

4.4.2 安装时应保证阀门开关灵活，与其他零件不应有碰撞现象。

4.4.3 锁风装置与主机和储料仓之间的安装误差不得超过 10mm。

4.4.4 锁风装置滚动轴承与关节轴承定期加入润滑脂。

4.4.5 液压缸运动要平稳，不应有漏油、蠕动现象和明显噪声。

4.4.6 液压缸及液压系统应进行打压试验，试验压力为工作压力的 1.25 倍，保压 120min 压降不得超过试验压力的 10%。

4.4.7 锁风装置工作噪声不超过 90dB(A)。

4.5 试运转要求

4.5.1 空负荷试运转要求

4.5.1.1 空负荷运转前进行全面检查，锁风装置内部不得有任何杂物。

4.5.1.2 检查所有的紧固件与密封件，不应有松动与漏风现象。

4.5.1.3 检查轴承密封装置是否有效。

4.5.1.4 锁风装置各滚动轴承的温升应不超过 30℃。

4.5.1.5 锁风装置空负荷试运转在现场进行，运转时间不少于 2h。

4.5.2 负荷试运转要求

4.5.2.1 负荷试运转应在空负荷试运转合格后进行。

4.5.2.2 锁风装置负荷试运转在现场进行，运转时间不少于 8h。

4.5.2.3 锁风装置滚动轴承的工作温度应不超过 65℃。

4.5.2.4 各液压、润滑系统应运转正常。

4.5.2.5 负荷运转时漏风率应小于 5%。

4.5.2.6 应保证三个阀板周期性的控制时间。

4.6 涂漆防锈要求

锁风装置涂漆防锈应符合 JC/T 402—1996 的规定。

5 试验方法

5.1 盘车试验

盘车试验检查各转动部分的转动灵活性，盘车试验不得少于三转且无卡阻现象。

5.2 空负荷试车检查项目

空负荷试车检查闸板的开度与起动顺序。

5.3 空负荷试车检验

5.3.1 用测温仪表检测轴承的温度并符合 4.5.1.4 的规定。

5.3.2 用压力表检查液压缸密封并符合 4.4.5 的规定。

5.3.3 现场观察锁风情况应符合 4.5.1.2 的规定。

5.3.4 噪声检查按 GB/T 3768—1996 规定的方法进行。

5.4 负荷试车现场检验

5.4.1 通过能力测试以现场设备正常运转值为准。

5.4.2 用测温仪表检测轴承温度并符合 4.5.2.3 的规定。

5.4.3 用控制室仪表检测控制时间应符合 4.5.2.6 的规定。

5.4.4 用液压站中的仪表检查液压与润滑情况并符合 4.5.2.4 的规定。

5.4.5 现场观察漏风情况应符合 4.5.2.5 的规定。

6 检验规则

6.1 装配质量的检验

锁风装置应在制造厂进行组装,检验装配质量,应符合本标准 4.4.1~4.4.6 的规定。

6.2 产品零部件、外购件、外协件的检验

产品零部件应经制造厂检验部门逐件检验,外购件、外协件应符合有关标准的规定并具有合格证。

6.3 出厂检验

出厂检验应按本标准 4.1~4.2.8、7.1~7.4 的有关规定进行检验,检验合格签发产品合格证书。

6.4 现场检验

需现场检验的项目应符合本标准的有关规定。

6.5 型式检验

型式检验应检验本标准规定的全部技术要求,下列情况之一时应进行型式检验:

a) 产品试制或首台产品的定型鉴定;

b) 当产品的结构、材料、工艺等有较大改变,可能影响产品性能时;

c) 长期停产,重新恢复生产时;

d) 出厂检验结果与前次型式检验有明显差异时;

e) 国家质量监督机构提出进行型式检验要求时。

6.6 判定规则

6.6.1 出厂检验项目按本标准 6.3 规定的项目进行检验,检验合格判定该台产品为合格;检验不合格判定该产品为不合格。

6.6.2 型式检验项目应在出厂检验合格的产品中抽取一台,检验合格判定该台产品为合格;检验不合格判定该台产品为不合格。

7 标志、包装、运输、贮存

7.1 标牌应固定在产品的明显位置,其型式与尺寸应符合 GB/T 13306—1991 的规定,标牌内容应包括:

a) 制造厂名称;

b) 产品型号与名称;

c) 产品主要技术参数;

d) 产品编号;

e) 出厂日期。

7.2 产品包装应符合 JC/T 406—1996 的规定。

7.3 随整机出厂必须提供的技术文件:

a) 装箱单;

b) 产品合格证书；

c) 产品安装使用说明书(含易损件表)；

d) 产品安装图、基础图。

7.4 产品按装箱单分类包装,外露加工面应涂防锈油并包扎好,对于出口产品应满足外贸定货的要求。

7.5 电气设备、成套附件等均应包装成箱。

7.6 包装应满足水路、陆路运输的要求,产品整装、分装均不得超限。

ICS 91-110

Q 92

备案号:18423—2006

JC

中华人民共和国建材行业标准

JC/T 1003—2006

水泥工业用密封装置

Sealing device for cement industry

2006-08-19 发布
2006-12-01 实施

中华人民共和国国家发展和改革委员会 发布

目　次

前　言

本标准是在参考国外引进技术及国内开发的技术基础上制定的。

本标准由中国建筑材料工业协会提出。

本标准由国家建筑材料工业机械标准化技术委员会归口。

本标准负责起草单位：北京四方联科技有限责任公司。

本标准参加起草单位：中材国际南京水泥工业设计研究院、北京金正源水泥机械厂。

本标准主要起草人：高玉宗、邢桂文、王强、曹丁红。

本标准于 2006 年 8 月首次发布。

水泥工业用密封装置

1 范围

本标准规定了水泥工业用密封装置的术语和定义、产品分类、技术要求、试验方法、检验规则、标志、包装、运输与贮存。

本标准适用于水泥工业用回转窑、单冷机、烘干机等回转体的密封装置。

2 规范性引用文件

下列文件中的条款通过本标准的引用而成为本标准的条款。凡是注日期的引用文件,其随后所有的修改单(不包括勘误的内容)或修订版均不适用于本标准,然而,鼓励根据本标准达成协议的各方研究是否可使用这些文件的最新版本。凡是不注日期的引用文件,其最新版本适用于本标准。

JC/T 402 水泥机械涂漆防锈技术条件

JC/T 406 水泥机械包装技术条件

JC/T 532 建材机械钢焊接件通用技术条件

3 术语和定义

下列术语和定义适用于本标准。

3.1 密封装置

用于有相对运动的固定设备和运动设备之间起连接和密封作用的装置。

3.2 刚性间隙

密封装置的刚性部件与被密封设备的刚性部件之间的间隙,刚性间隙可以是径向间隙、环向间隙或它们的组合(见图1)。

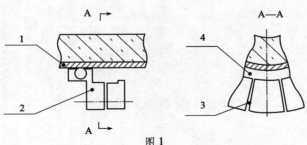

图1

1—筒体;2—密封装置;3—径向间隙;4—环向间隙。

3.3 漏风面积

能够漏风的所有刚性间隙处间隙面积的总和。

3.4 有效面积

被密封设备内用于通风的有效面积。

3.5 漏风面积系数

漏风面积与有效面积的百分比。

3.6 漏风

从设备内通过密封处的刚性间隙漏到设备外的气体;反之,从设备外通过密封处刚性间隙漏到设备内的气体。

3.7 漏灰

气体中含有的粉尘,随漏风一块漏进或漏出。

3.8 漏料

设备内的部分物料漏到设备外部。

4 产品分类

4.1 分类

密封装置的类型主要按结构形式和材料类型进行分类(见表1)。

表1 密封装置类型

类型名称	类型代号
鱼鳞片式	Y
石墨块式	S
弹簧压板式	T
汽缸摩擦片式	Q
迷宫式	M
复合式	F

4.2 类型表示方法

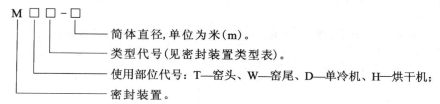

M□□-□

简体直径,单位为米(m)。

类型代号(见密封装置类型表)。

使用部位代号:T—窑头、W—窑尾、D—单冷机、H—烘干机;

密封装置。

4.3 型号标记

示例1:用于直径3m回转窑尾部的石墨块式密封装置,标记为:MWS-3。

示例2:用于直径2.8m单冷机的复合式密封装置,标记为:MDF-2.8。

5 技术要求

5.1 基本要求

密封装置应符合本标准要求,并按规定程序批准的图样及技术文件制作。

5.2 零部件要求

零部件按设计图纸要求。

5.3 漏风面积系数要求

按简体直径分漏风面积系数应符合表2的规定。

表2 漏风面积系数

项 目	参 数							
简体内径/m	2.5	2.7	2.8	3.0	3.2	3.3	3.5	4.0
漏风面积系数/%	≤0.20	≤0.19	≤0.18	≤0.17	≤0.16	≤0.15	≤0.14	≤0.12
简体内径/m	4.3	4.5	5.0	5.2	5.6	5.8	6.0	6.4
漏风面积系数/%	≤0.11	≤0.10	≤0.09	≤0.09	≤0.08	≤0.08	≤0.07	≤0.07

注1:当简体内径不在表2所列范围时,采用插入法计算漏风面积系数。

注2:漏风面积系数偏差波动的上限范围:≤+20%。

5.4 表面质量要求

5.4.1 环向密封接触部位

安装后,环向接触点两侧筒体接触表面400mm。范围内为环向密封接触部位,在上述范围内高于筒体表面的凸棱或焊疤高度 E 值不大于 0.5mm(见图2)。

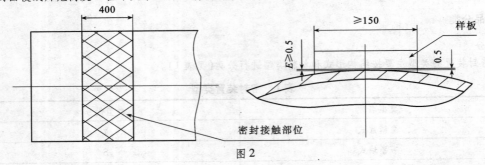

图2

5.4.2 端面接触部位

安装后接触端面,接缝和焊缝处钢板的错边量 $b \leqslant 0.8$mm(见图3)。

5.5 涂漆要求

涂漆应符合 JC/T 402 的要求。

5.6 焊接要求

焊接应符合 JC/T 532 的要求。

5.7 寿命要求

在满足5.3和5.4要求的前提下,没有出现由于磨损、烧损而导致更换易损配件的正常使用时间不少于1年。

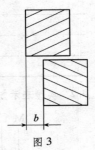

图3

6 试验方法

6.1 漏风面积

6.1.1 间隙的测量

6.1.1.1 在设备静止状态,测量密封接触处所有径向或环向刚性间隙,根据测量结果计算刚性间隙面积总和。

6.1.1.2 在设备运转状态,测量密封接触处所有径向或环向刚性间隙的变化及大小,根据测量结果估计刚性间隙变化大小。

6.1.2 漏风面积系数计算

漏风面积系数按公式(1)计算,结果应符合5.3中表2的要求。

$$K = S'/S \times 100\% \quad\cdots\cdots\cdots\cdots\cdots\cdots\cdots\cdots\cdots\cdots\cdots\cdots \quad (1)$$

式中:

K——漏风面积系数;

S'——刚性间隙面积总和,单位为平方米(m^2);

S——有效面积,$S = D^2 \times \pi/4$,单位为平方米(m^2);

D——砌砖后的筒体内径,单位为米(m)。

6.2 表面质量

6.2.1 用长度不小于150mm的样板检查 E,见图2。

6.2.2 用长卡尺检查 b,见图3。

7 检验规则

7.1 质量一致性检验

每套密封装置质量一致性检验应按 5.3、5.4 进行。

7.2 型式检验

型式检验项目为本标准规定的全部项目要求。在有下列情况之一时应进行型式检验：

a) 新产品或老产品转厂生产的试制定型鉴定；

b) 停产一年以上，恢复生产时；

c) 国家质量监督机构要求进行该项的检验。

7.3 判定规则

7.3.1 质量一致性检验不合格时，判该产品为不合格产品。

7.3.2 型式检验不合格时，则判该产品为不合格产品。

8 标志、包装、运输与贮存

8.1 由生产主机厂家配套提供密封装置时可以不做标志。

8.2 单独提供密封装置时可以采用喷字进行标志，内容应包括：

a) 产品型号；

b) 出厂编号；

c) 制造商名称；

d) 制造日期。

8.3 包装应符合 JC/T 406 中规定的要求。

8.4 安装使用前，运输及贮存过程中应对产品妥善贮存，做到防雨、防潮、防锈和防损坏，放置时防止重压。

ICS 91-110

Q 92

备案号:18413—2006

中华人民共和国建材行业标准

JC/T 405—2006

代替 JC/T 405—1991(1996)

水泥工业用增湿塔

Conditioning tower for cement industry

2006-08-19 发布   2006-12-01 实施

中华人民共和国国家发展和改革委员会 发布

前　言

本标准是对 JC/T 405—1991(1996)《水泥工业用增湿塔》进行的修订。

本标准与 JC/T 405—1991(1996)相比,主要技术内容变化如下:

——对标准中的部分数据进行了修改,如:增湿塔的直径比旧标准推举的增大了 1m;

——增加有关增湿塔整机的要求:4.1.2~4.1.6;

——增加增湿塔焊缝的检验要求:4.1.13~4.1.14;

——增加有关增湿塔设置气流分布板的要求:4.1.3;

——增加有关增湿塔喷水系统施工和验收的要求:4.2.3;

——增加和修改了有关增湿塔安装的技术要求:4.3.2;

——增加有关增湿塔除锈涂漆的要求:4.4;

——增加有关增湿塔保温的要求:4.3.4;

——增加有关增湿塔钢梯、顶部检修平台、栏杆的要求:4.3.5;

——增加相关试验方法:5.2~5.12。

本标准自实施之日起代替 JC/T 405—1991(1996)《水泥工业用增湿塔》。

本标准由中国建筑材料工业协会提出。

本标准由国家建筑材料工业机械标准化技术委员会归口。

本标准负责起草单位:天津水泥工业设计研究院中天仕名科技集团有限公司。

本标准参加起草单位:西安西矿环保科技有限公司、江苏鹏飞集团公司、上海建设路桥机械设备有限公司、中国建材装备有限公司。

本标准主要起草人:李勇、李志军、冉宁、贾道林、王奕成。

本标准所代替标准的历次版本发布情况为:

——JC/T 405—1991(1996);

——JC/T 405—1991。

水泥工业用增湿塔

1 范围

本标准规定了水泥工业用增湿塔的产品分类、型号和基本参数、技术要求、试验方法、检验规则、标志、包装、运输和贮存。

本标准适用于水泥工业用增湿塔,其他行业同类产品可参照使用。

2 规范性引用文件

下列文件中的条款通过本标准的引用而成为本标准的条款。凡是注日期的引用文件,其随后所有的修改单(不包括勘误的内容)或修订版均不适用于本标准,然而,鼓励根据本标准达成协议的各方研究是否可使用这些文件的最新版本。凡是不注日期的引用文件,其最新版本适用于本标准。

GB/T 700—1998 碳素结构钢

GB/T 1220—1992 不锈钢棒

GB/T 3323—2005 钢熔化焊对接接头射线照相和质量分级

GB/T 11345—1989 钢焊缝手工超声波探伤方法和探伤结果分级

GB/T 1184 形状和位置公差 未注公差值

GB/T 1804 一般公差 线性尺寸的未注公差

GB/T 13306 标牌

GB 50235 工业金属管道工程施工及验收规范

GB 50236 现场设备、工业管道焊接工程施工及验收规范

GB 50264 工业设备级管道绝热工程设计规范

GB/T 191 包装储运图示标志

GB 4053.2 固定式钢斜梯安全技术条件

GB 4053.3 固定式工业防护栏杆安全技术条件

GB 4053.4 固定式工业钢平台

JC/T 355 水泥机械产品型号编制方法

JC/T 402 水泥机械涂漆防锈技术条件

JC/T 406 水泥机械包装技术条件

JC 532 建材机械钢焊接件通用技术条件

3 产品分类、型号和基本参数

3.1 增湿塔型号

增湿塔型号应符合 JC/T 355 的规定,示例如下:

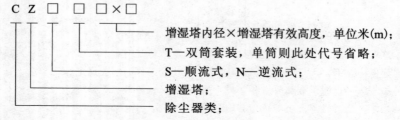

增湿塔内径×增湿塔有效高度,单位米(m);

T—双筒套装,单筒则此处代号省略;

S—顺流式,N—逆流式;

增湿塔;

除尘器类;

标注示例:内径6m,有效高度25m的单筒顺流式增湿塔,标注为:CZS 6×25。

3.2 基本参数

基本参数应符合表1的规定。

表1 基本参数

参数名称	参数值						
增湿塔内径/m	3.5	4	4.5	5	5.5	6	6.5
增湿塔有效高度/m	≥20	≥20	≥20	≥20	≥22	≥24	≥26
处理烟气量/(m³/h)	~100000	~135000	~170000	~210000	~260000	~310000	~360000
进口温度/℃	350	350	350	350	350	350	350
出口温度/℃	150	150	150	150	150	150	150
沉降效率/%	25~30	25~30	25~30	25~30	25~30	25~30	25~30

参数名称	参数值						
增湿塔内径/m	7	7.5	8	8.5	9	9.5	10	10.5
增湿塔有效高度/m	≥28	≥30	≥32	≥34	≥36	≥38	≥40	≥42
处理烟气量/(m³/h)	~420000	~470000	~540000	~610000	~690000	~820000	~90500	~1050000
进口温度/℃	350	350	350	350	350	350	350	350
出口温度/℃	150	150	150	150	150	150	150	150
沉降效率/%	25~30	25~30	25~30	25~30	25~30	25~30	25~30	25~30

注1:增湿塔内径(m)优先选用系列:3.5、4、4.5、5、5.5、6、6.5、7、7.5、8、8.5、9、9.5、10、10.5。

注2:增湿塔筒体长径比不应小于4。

4 技术要求

4.1 基本要求

4.1.1 增湿塔应符合本标准的要求,还应符合国家现行有关强制性标准,并按照经国家规定程序批准的图样和技术文件制造,凡本标准、图样和技术文件未规定的技术要求按相关国家标准、行业标准的通用技术条件规定执行。

4.1.2 增湿塔的喷水系统应具备根据工况的变化自动调节喷水量达到所需出口温度的功能,要求出口温度在150℃的情况下不湿底。使增湿塔出口温度满足工艺要求。

4.1.3 增湿塔入口处应设置气流分布板,中心进气增湿塔应设置气体分布板,侧进气增湿塔应设置导流板和气流分布板。

4.1.4 增湿塔密封效果良好,漏风率不大于5%。

4.1.5 增湿塔排灰系统完善,应具各锁风以及在非正常情况下外排湿料的功能。

4.1.6 增湿塔正常运行时,排灰湿度不大于2%。

4.1.7 产品构件的外表面应平整,不得有明显影响外观质量的缺陷。

4.1.8 图样上未注公差的尺寸的极限偏差按GB/T 1804的规定执行。其中,机械加工表面应符合m级的规定,非机械加工表面应符合c级的规定。

4.1.9 图样上未注的形状和位置公差按GB/T 1184中12级规定执行。

4.1.10 增湿塔的材料根据工况条件合理选用,材料性能应符合国家标准和行业标准规定的技术要求,同时最低材料性能不能低于GB/T 700—1998碳素结构钢有关Q235—A的规定。

4.1.11 用于增湿塔筒体、管道的钢材必须附有钢厂的钢材质量证明书。

4.1.12 焊缝质量应符合JC 532建材机械钢焊接件通用技术条件的有关规定。

4.1.13 图样要求气密焊接的焊缝都要求作焊缝严密性试验,试验时应无渗漏。

4.1.14 增湿塔壳体对接焊缝采用全焊透结构的双面对接焊。

4.2 主要零部件的要求

4.2.1 筒体应符合下列要求：

a）直径较小的筒体应采用分段运输，直径较大的筒体允许分片运输，现场组装；

b）筒体分段或分片交货时，制造厂应将分段或分片的焊接坡口按图样要求加工好，制造厂必须提供分片排版图，并在图和产品上进行统一编号，便于现场安装；

c）单片下料尺寸偏差应符合下列要求（见图1）：A-2mm，B-1mm，C-3mm；

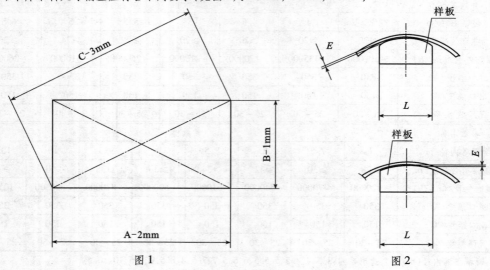

图1

图2

d）单片曲率半径误差 E，其值应小于5mm（见图2）。

4.2.2 喷嘴装置应符合下列要求：

a）喷头材料性能应不低于 GB/T 1220—1992 中 1Cr18Ni9Ti 的规定；

b）喷嘴材料采用碳化钨基硬质合金或类似材料；

c）喷嘴装置喷雾粒径要求：不带回流的压力式喷嘴和气助式喷嘴应小于 $200\mu m$，带回流的压力式喷嘴应小于 $300\mu m$；

d）喷嘴装置组装后，在通入高压水后，各处不得有漏水现象。

4.2.3 喷水系统管道应符合下列要求：

a）管道系统的施工及验收应符合 GB 50235 的要求；

b）管道的焊接应符合 GB 50236 的要求。

4.3 现场安装技术要求

4.3.1 现场焊接准备应符合下列要求：

a）焊接坡口及其两侧至少 15mm 内的母材表面应消除铁锈、油污、氧化皮及其他杂质；

b）当焊件温度为 $-20\sim0℃$ 时，应在始焊处 100mm 范围内预热到 15℃ 以上。

4.3.2 筒体安装尺寸公差：

a）筒体和锥体两端面对轴线垂直度公差值 f 为 2mm（见图3）；

b）筒体同一断面上最大直径与最小直径之差小于 $0.3\%D$（D 为筒体内径），且不大于 25mm；

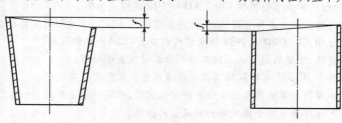

图3

c)筒体周长公差:直径 D 小于3m 时,公差带为 ±5mm; $D = 3 \sim 5$m 时,公差带为 ±7mm; D 大于5m 时,直径每增加1m,上、下偏差值各增加0.5mm;

d)钢板对接错边量符合下列规定(见图4):当 $\delta s < 12$mm 时,轴向 $b < 1/4\delta s$,径向 $b < 1/4\delta s$;当 12mm≤ $\delta s \leqslant 20$mm 时,轴向 $b < 3$mm,径向 $b < 1/4\delta s$;

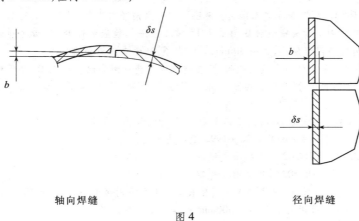

轴向焊缝   径向焊缝

图 4

e)筒体纵向和环向对接焊缝处形成的棱角度 E,其值不得大于 $(0.1\delta s + 2)$mm,且不大于3mm(见图5)。

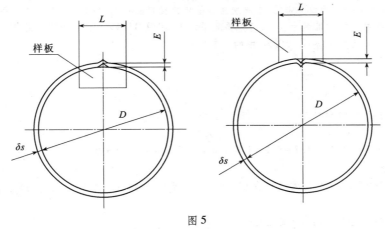

图 5

4.3.3 安装后筒体的允许垂直度 $H/1000$ (H 为塔体有效高度,单位为 mm) ,总高度的垂直度公差不得大于20mm。

4.3.4 增湿塔保温应符合 GB 50264 中的规定。

4.3.5 增湿塔的钢梯,顶部检修平台及栏杆按照 GB 4053.4 中的规定执行。

4.3.6 所有零部件必须检验合格,外购件、外协件、必须有合格证明文件,或由制造厂检验合格后方可进行装配。

4.3.7 各转动部分装配后,应转动灵活,密封良好,无异常响声。空车试运转 2 小时,要求运行平稳,无漏油现象。轴承温升不大于40℃,润滑油温升不大于40℃。

4.4 涂漆防锈要求

产品内外表面应该涂两遍耐热防锈漆,并符合 JC/T 402 的有关规定。

5 试验方法

5.1 喷嘴的雾化性能,可在实验台进行试验,雾滴大小的测定可用下列方法:用厚度3~5mm 的玻璃胶粘成 30mm×30mm 的小池,周边用腊密封,加上比重接近 1 的机油,再用一玻璃片盖住。在水雾区迅速打开玻璃盖,然后迅速盖住,滴入油池内的水滴则成球状,将油池放在显微镜下观察并用测微标尺测量水滴直径。其雾滴粒度:不带回流的压力式喷嘴和气助式喷嘴应小于 20μm,带回流的压力式喷嘴应小于 300μm。

5.2 喷水系统管道安装完毕、无损检验合格后,应对管路系统进行压力试验:试验时,环境温度不得低于 5℃,当环境温度低于 5℃ 时,应采取防冻措施。液压试验采用洁净水进行,试验前,注水时应尽量排尽管道内空气。管道的试验压力应为管道设计压力的 1.15 倍。液压试验应缓慢升压,待达到试验压力后,稳压 10min,再将试验压力降至设计压力,稳压 30min,以压力不降,无渗漏为合格。

5.3 对焊缝严密性试验采用煤油渗透法检验时,在被试验焊缝一面先涂上白至粉,待干燥后,在另一面上涂以大量煤油,经 20~30min 后,观察涂白至粉面,以涂白垩粉面无黑色油斑为无渗漏。试验时,气温不应低于 5℃。

5.4 对 4.2.1d) 的曲率半径误差 E,用弦长等于 $D/5$(D 为筒体内径)的样板测量。

5.5 对 4.2.2a) 材料的检验按 GB/T 1220—1992 规定的方法进行。

5.6 对 4.2.3a) 的验收按 GB 50235 中的有关规定。

5.7 对 4.2.3b) 的验收按 GB 50236 中的有关规定。

5.8 对 4.3.2e) 规定棱角度检测,纵焊缝应采用弦长等于 1/5 的内径 D,且不小于 300mm 的内样板或外样板进行(见图 5),环焊缝应采用长度不小于 300mm 的检验直尺进行。

5.9 对 4.3.3 规定的垂直度,用线坠检测。

5.10 应对筒体主要焊接接口进行局部射线或超声检测,检测长度不得小于各焊接接口长度的 20%,且不小于 250m。焊缝交叉部位及被补强圈、支座所覆盖的焊接接口应计入检测焊接接口内。射线检测不低于 GB/T 3323—2005 中规定的 Ⅲ 级为合格,超声检测不低于 GB/T 11345—1989 中规定的 Ⅱ 级为合格。

5.11 增湿塔保温验收应符合 GB 50264 中的规定。

6 检验规则

6.1 检验分类
产品检验分出厂检验和型式检验。

6.1.1 出厂检验
出厂检验项目为 4.1.1、4.1.7~4.1.14 及 4.2.1、4.2.2、4.3.5、4.3.6、4.4。

6.1.2 型式检验
型式检验项目为本标准规定的全部项目,有下列情况之一时,对标准中规定的全部技术要求应进行检验:

a) 新老产品转厂生产的试制定型鉴定;

b) 正式生产后,如结构、材料、工艺有较大改变可影响产品性能时;

c) 正常生产时,每两年进行一次检验;

d) 产品停产两年后,恢复生产时;

e) 出厂检验结果与上次型式检验有较大差异时;

f) 国家质量监督机构提出型式检验要求时。

6.2 判定规则

6.2.1 出厂检验项目按本标准 6.1.1 规定的项目进行检验,检验合格判定该台产品为合格;检验不合格判定该台产品为不合格;型式检验项目应在出厂检验合格的产品中抽取一台,检验合格判定该台产品为合格;检验不合格判定该台产品为不合格。

6.2.2 按 5.10 的规定检验,探伤长度为每条焊缝长度的 20%,T 形接头处焊缝必须探伤。焊缝探伤不合格时,对该条焊缝应加倍长度检验,若再不合格时应 100% 检验。对不允许的缺陷应清除干净后进行补焊,并对该部位采用原探伤方法重新检验。

6.2.3 焊缝同一部位的返修次数应不超过两次。超过两次时,该焊缝应进行超声波检验,并符合 GB/T 11345—1989 中 Ⅱ 级的要求,且返修部位和次数应在产品质量证明书中说明。

7 标志、包装、运输和贮存

7.1 产品应在明显的位置固定产品标牌,其形式与尺寸应符合 GB/T 13306 的规定,并标明下列内容:

　　a)产品名称、型号;

　　b)主要技术参数;

　　c)出厂编号;

　　d)出厂日期;

　　e)制造厂名称。

7.2 产品包装应符合 JC/T 406 的规定,并适应陆路、水路运输的要求。

7.3 产品运输标志应符合 GB/T 191 的规定。

7.4 随机附带技术文件包括:

　　a)装箱单;

　　b)产品合格证;

　　c)安装使用说明书;

　　d)产品安装图。

7.5 产品安装使用前制造厂和用户均需妥善保管,防止锈蚀、变形、损坏和丢失。

ICS 91-100

Q 92

备案号:18412—2006

JC

中华人民共和国建材行业标准

JC/T 999—2006

水泥工业用组合式选粉机

Composite separator for cement industry

2006-08-19 发布　　　　　　　　2006-12-01 实施

中华人民共和国国家发展和改革委员会　发布

目　次

前　言

本标准根据国外引进的产品技术和国内开发的产品技术的基础要求而制定。

本标准由中国建筑材料工业协会提出。

本标准由国家建筑材料工业机械标准化技术委员会归口。

本标准负责起草单位：天津水泥工业设计研究院中天仕名科技集团有限公司。

本标准参加起草单位：中材国际南京水泥工业设计研究院、成都建筑材料工业设计研究院有限公司、中天仕名（淄博）重型机械有限公司、镇江恒益机械有限责任公司、上海建设路桥机械设备有限公司、中国建材装备有限公司。

本标准主要起草人：刘铁忠、宁长存、吴涛、敬清海、徐兴国、宋玉祥、王定华。

本标准于 2006 年 8 月首次发布。

水泥工业用组合式选粉机

1 范围

本标准规定适用于水泥工业用组合式选粉机(以下简称"选粉机")的产品分类、技术要求、试验方法、检验规则和标志、包装、运输及贮存。

本标准适用于分选矿物类粉状物料产品的选粉机,主要适用于水泥工业的生料、煤粉的圈流粉磨系统,也可用于水泥、电力、化工、冶金等工业。

2 规范性引用文件

下列文件中的条款通过本标准的引用而成为本标准的条款。凡是注日期的引用文件,其随后所有的修改单(不包括勘误的内容)或修订版均不适用于本标准,然而,鼓励根据本标准达成协议的各方研究是否可使用这些文件的最新版本。凡是不注明日期的引用文件,其最新版本适用于本标准。

GB/T 699—1999 优质碳素结构钢

GB 700—1988 碳素结构钢

GB/T 1031—1995 表面粗糙度 参数及其数值

GB/T 1804—2000 一般公差 未注公差的线性和角度尺寸公差

GB/T 1184—1996 形状和位置公差 未注公差值

GB 3768 噪声源声功率级的测定 简易法

GB/T 6402 钢锻件超声波检验方法

GB 7233 铸钢件超声探伤及质量评级方法

GB/T 8163—1999 输送流体用无缝钢管

GB/T 8263—1999 抗磨白口铸铁件

GB 9239—1988 平衡质量的确定

GB 9444—1988 铸钢件磁粉探伤及质量评级方法

GB 11352—1989 一般工程用铸造碳钢件

GB/T 13306—1991 标牌

JB/T 5000.4—1998 重型机械通用技术条件 铸铁

JB/T 5000.7—1998 重型机械通用技术条件 铸钢件补焊

JB/T 5000.8—1988 重型机械通用技术条件 锻件

JC/T 401.4—1991 建材机械用铸钢件交货技术条件

JC/T 402—1991 水泥机械涂漆防锈技术条件

JC/T 406—1991 水泥机械包装技术条件

JC 532—1994 建材机械钢焊接件通用技术条件

3 产品分类

选粉机按照料气分离的方式分为:

a)有料气分离功能,上喂料和下进风,料、风混合喂料形式(用于生料);

b)有料气分离功能,下进风,料、风合一的喂料形式(用于生料);

c)没有料气分离功能,下进风,料、风合一的喂料形式(用于煤粉)。

4 技术要求

4.1 基本要求

4.1.1 选粉机应符合本标准的要求,产品型号和基本参数应符合第3章的规定,并按经规定程序批准的图样及技术文件制造。凡本标准、图样和技术文件未规定的技术要求,均执行建材、机械行业有关通用技术条件规定。

4.1.2 图样上线性尺寸的一般公差执行 GB/T 1804—2000 中的规定,切削加工的尺寸执行 GB/T 1804—2000 中 M 级的规定。

4.1.3 图样上形状公差未注公差值执行 GB/T 1184—1996 中 K 级的规定。

4.1.4 图样上表面粗糙度参数数值执行 GB/T 1031—1995 中 R_a 的规定。

4.1.5 所有焊接件应符合如下要求:

　　a) 焊接接头表面质量应不低于 JC 532—1994 中 Ⅲ 级的规定;

　　b) 焊接件的尺寸极限偏差和角度极限偏差应不低于 JC 532—1994 中 C 级的规定;

　　c) 焊接件的直线度和平面度公差应不低于 JC 532—1994 中 G 级的规定。

4.1.6 铸造尺寸公差执行 JB/T 5000.4—1998 中 CT12 级的规定。

4.2 整机要求

4.2.1 钢结构焊接件焊缝和法兰联接处应严密,不允许漏风。

4.2.2 耐磨件使用寿命不低于15000h,无脱落现象。

4.2.3 各轴承使用寿命不低于25000h。

4.2.4 选粉机有润滑脂及润滑油两种润滑方式。润滑油管必须进行酸洗、中和、清洗、烘干,(采用润滑脂时)充填满润滑脂后与轴套装配。

4.3 主要零部件要求

4.3.1 主轴材料的机械性能应不低于 GB/T 699—1999 中 45 钢的有关规定,调质硬度为217HB～255HB。

4.3.2 轴套材料的机械性能应不低于 GB 11352—1989 中 ZG270—500 铸造碳钢件的有关规定,主轴套焊后须经消除应力热处理,执行 JC 532—1994 附录 B 的规定(也可采用中间钢管焊接结构)。

4.3.3 笼子水平格板上的矩形孔应分布均匀,其位置度公差为 0.5mm。两块以上的格板必须叠合一起加工矩形孔。穿圆钢管的孔亦应一起加工。

4.3.4 反击锥耐磨件要求经时效处理,以消除应力。

4.4 装配要求

4.4.1 所有零件必须经检查合格,外购件、外协件必须有质量合格证明文件或经质量检验部门检查合格后方可进行装配。

4.4.2 主轴与主轴套装配后,主轴转动应灵活,采用润滑油润滑时,在主轴套内须进行油压试验,不得有渗漏现象。

4.4.3 笼轮装配后须做动平衡,平衡精度等级执行 GB 9239—1988 中的 G6.3 级规定。

4.4.4 耐磨件装配应符合如下要求:

　　a) 耐磨件与贴合件之间的间隙不大于3mm;

　　b) 耐磨件之间的间隙不大于3mm。

4.4.5 壳体内的导向叶片装配应符合如下要求:

　　a) 符合图纸要求的方向;

　　b) 每片导向叶片的角度偏差不大于20″。

4.5 外观要求

4.5.1 整机表面不应有锈蚀、锤痕、凹凸和粗糙不平的缺陷,并应进行喷砂处理。

4.5.2 各接合面边缘应整齐匀称,不得有扭曲变形,错边量 ±1.0mm。

4.5.3 所有裸露的型钢、钢板的切割边缘应光滑平整,粗糙度 R_a50。

4.5.4 各接合面螺栓孔位置应准确,其偏差不得影响螺栓的装配,螺栓尾部突出螺母外长度应为 2～4 倍螺距;定位销应略突出部件的外表。

4.5.5 涂漆防锈应符合 JC/T 402—1991 的规定。

4.6 试组装要求

4.6.1 制造厂对传动支架、传动底座、壳体上部、回转部分应进行试组装。

4.6.2 笼轮与密封装置间的间隙按图纸要求进行调整并检验。

4.6.3 回转部分与传动支架间的装配要求,通过调整上壳体与各支架底面之间的调整垫板来保证传动支架上表面的平行度公差值 0.05mm。

4.6.4 试组装调整完毕手动盘车,保证笼轮转动灵活。合格后打上明显组装标记。

4.7 试运转要求

4.7.1 现场试运转前应先手动盘车,要求笼轮转动灵活,不允许有摩擦、卡碰等现象。

4.7.2 点动电动机,观察转向是否正确。

4.7.3 开动电动机,在对应于 5 赫兹的转速时起动笼轮逐步提高至最高转速,连续运转 2h(同时打开风门逐渐增大至 100%)。应满足以下要求:

　　a)运转平稳,无异常振动和噪音;

　　b)各轴承温升不超过 40℃,密封无漏油现象;

　　c)润滑油管畅通,保持良好润滑状态;

　　d)选粉机主体工作时,噪声不超过 85dB(A)。

5 试验方法

5.1 零部件试验

5.1.1 对 4.3.1 的规定,按 GB/T 699—1999 的规定进行检测。

5.1.2 对 4.3.2 的规定,按 GB 11352—1989 的规定进行检测。

5.1.3 对 4.3.3 的规定,用常规量具测量。

5.1.4 对 4.3.4 的规定,按 GB/T 8263—1999 的规定进行检测。

5.2 装配试验

5.2.1 对 4.4.2 的规定,试验压力为 0.6MPa,保压 10min 应无渗漏。

5.2.2 对 4.4.3 的规定,在动平衡机上进行试验。

5.2.3 对 4.4.4 和 4.4.5 的装配间隙,用常规量具测量。

5.3 外观要求

　　对 4.5 的规定,由检验人员用手感目测进行检验,其中错边量用常规量具测量。

5.4 安装试验

　　对 4.6.3 表面的平行度用水平仪检测。

6 检验规则

6.1 出厂检验

6.1.1 出厂检验应对 4.2.1、4.2.4、4.3、4.4、4.5、4.6 的规定进行检验。

6.1.2 选粉机应经供货商质量检验合格,并附有产品合格证书及相关零部件的检验报告方可出厂。

6.2 型式检验

6.2.1 选粉机在下列情况之一时,应进行型式检验:

　　a)新产品或老产品转厂生产的试制定型鉴定;

　　b)正式生产后,如结构、材料、工艺有较大改变,可能影响产品性能时;

　　c)产品停产一年以上,恢复生产时;

　　d)出厂检验结果与上次型式检验有较大差异时;

　　e)产品累计生产 100 台或连续生产两年时;

　　f)国家质量监督机构提出进行型式检验的要求时。

6.2.2 型式检验项目按本标准规定的全部项目进行检验。

6.3 判定规则

6.3.1 出厂检验项目全部符合要求则判为出厂检验合格,否则为不合格。

6.3.2 型式检验应在出厂检验合格的产品中随机抽取一台进行检验,检验中若有一台不合格,则应加倍抽样进行复检。如复检合格,则判定该批产品为合格,如仍有一台不合格时,则判定该批产品为不合格。

7 标志、包装、运输及贮存

7.1 标志

产品应在适当而醒目的部位固定标牌,其规格型式应符合 GB/T 13306—1991 中的相关规定,标明下列各项内容:

　　a) 产品名称、型号、商标;

　　b) 供货商名称、厂址;

　　c) 主要参数;

　　d) 制造日期和出厂编号;

　　e) 执行标准号。

7.2 包装

7.2.1 产品包装应符合 JC/T 406—1991 的规定,包装中对产品的外露加工表面应涂防锈油,油封的有效期不少于六个月。

7.2.2 包装箱外和裸装件应有文字标记和编号标明下列各项内容:

　　a) 收货单位及厂址;

　　b) 产品名称、型号和规格;

　　c) 出厂编号和箱号;

　　d) 外形尺寸、毛重和净重;

　　e) 供货商名称。

7.2.3 随机附带的技术文件:

　　a) 装箱单;

　　b) 产品合格证书;

　　c) 产品安装使用说明书;

　　d) 产品安装图;

　　e) 标准件的订货文件及随机文件。

7.3 运输及贮存

7.3.1 产品适合陆路、水路运输,应符合有关运输部门的规定。

7.3.2 产品在安装使用前,供需双方应将零部件妥善保管,存放在防锈、防腐及无振动的场所。放置时应考虑防挤压变形和本身重力导致的变形,贮存期长的应定期检查维护。

ICS 91-110

Q 92

备案号:18408—2006

JC

中华人民共和国建材行业标准

JC/T 465—2006

代替 JC/T 465—1992(1996)

水泥工业用预热器分解炉系统装备技术条件

Preheater and Precalciner for Cement Industry

2006-08-19 发布　　　　　　　　　　2006-12-01 实施

中华人民共和国国家发展和改革委员会　发布

目　　次

前　言

本标准是对 JC/T 465—1992(1996)《水泥工业用预热器分解炉系统装备技术条件》进行的修订。

本标准与 JC/T 465—1992(1996)相比,主要技术内容变化如下:

——随着设备的大型化,对标准中的部分数据进行了修改,如筒体段节的端面偏差,旧标准为固定数值,新标准更改为与筒体直径相关的参数;

——增加有关运输解体、校形、组对等要求;

——增加有关耐热铸钢件的技术要求内容;

——增加有关浇注料施工要求。

本标准自实施之日起代替 JC/T 465—1992(1996)《水泥工业用预热器分解炉系统装备技术条件》。

本标准由中国建筑材料工业协会提出。

本标准由国家建筑材料工业机械标准化技术委员会归口。

本标准负责起草单位:天津水泥工业设计研究院中天仕名科技集团有限公司。

本标准参加起草单位:中材国际南京水泥工业设计研究院、邯郸中材建设有限公司、成都建筑材料工业设计研究院。

本标准主要起草人:周昌华、李勇、姚丽英、曹烈英、粟晨香、高海峰。

本标准所代替标准的历次版本发布情况为:

——JC/T 465—1992(1996);

——JC/T 465—1992。

水泥工业用预热器分解炉系统装备技术条件

1 范围

本标准规定了水泥工业用预热器分解炉系统装备(包括喂料室、旋风筒、风管、分解炉、下料管、膨胀节、锁风阀等)的技术要求、试验方法、检验规则、标志、包装、运输、储存和安装等。

本标准适用于水泥工业用预热器分解炉系统装备(以下简称"预热器分解炉"),也适用于其他预热器。

2 规范性引用文件

下列文件中的条款通过本标准的引用而成为本标准的条款。凡是注日期的引用文件,其随后所有的修改单(不包括勘误的内容)或修订版均不适用于本标准,然而,鼓励根据本标准达成协议的各方研究是否可使用这些文件的最新版本。凡是不注日期的引用文件,其最新版本适用于本标准。

GB/T 700—1998　碳素结构钢

GB/T 1184　形状和位置公差　未注公差值

GB/T 1804—2000　一般公差、线性尺寸的未注公差值

GB 3274　碳素结构钢和低合金结构钢　热轧厚钢板和钢带

GB 3280　不锈钢冷轧钢板

GB 3323　钢熔化焊对接接头射线照相和质量分级

GB/T 4237　不锈钢热轧钢板

GB/T 4238　耐热钢板

GB/T 8492—1987　耐热钢铸件

GB 11345　钢焊缝手工超声波探伤方法和探伤结果分级

GB/T 13306　标牌

JC/T 402　水泥机械涂漆防锈技术条件

JC/T 406　水泥机械包装技术条件

JC/T 532　建材机械钢焊接件通用技术条件

3 技术要求

3.1 基本要求

3.1.1 预热器分解炉应符合本标准的要求,并按照经规定程序批准的图样和技术文件制造、安装和使用。本标准、图样和技术文件未规定的技术要求,应符合建材行业、机电行业等有关通用标准的规定。

3.1.2 图样上切削加工面的未注尺寸公差的极限偏差应符合GB/T 1804—2000中m级的规定,形状和位置公差应符合GB/T 1184中L级的规定。图样上非切削加工面的未注尺寸公差的极限偏差应符合GB/T 1804中v级的规定。

3.1.3 预热器分解炉所采用的材料中,碳素结构钢应不低于GB/T 700—1998中Q235A的规定;钢板表面质量应符合GB 3274的规定;耐热钢板应符合GB 3280,GB/T 4237,GB/T 4238的有关规定;耐热钢铸件应符合GB/T 8492—1987的有关规定。

3.1.4 焊接件应符合JC/T 532的规定。

3.1.5 钢结构件表面应平整,不应有明显的锤痕、凸凹等缺陷。

3.1.6 耐热钢件的焊缝质量(如:旋风筒内筒、膨胀节的波节和内筒、锁风阀的阀板、闸板阀的阀板、分料

阀的阀板等)按4.2条款的方法进行实施和验收。

3.1.7 每批耐热钢件进厂,应经过化学成分和机械性能复验。首次使用的钢材制造前应进行试焊的工艺评定。

3.1.8 旋风筒、风管、分解炉等大段节受运输条件限制时,经设计单位许可后,可作适当解体,必要时解体面增加对焊法兰,现场由安装单位进行校形并组对焊接。

3.1.9 出厂前,预热器大段节应配置支撑,以防止运输及吊装时部件变形。

3.1.10 现场制作旋风筒、风管、分解炉等大段节时,经设计单位许可后,可根据塔吊、安装空间、原材料因素适当解体,并配置支撑,以防止吊装时部件变形。

3.1.11 旋风筒、风管、分解炉钢支承座与承载梁之间严格按图纸要求制作和安装,并采用钢制垫铁进行找正和调整,垫铁的尺寸应宽出支座受力面10mm。找正用的垫铁由安装单位现场制作。

3.2 主要零部件要求

3.2.1 旋风筒、风管和分解炉

旋风筒、风管和分解炉应符合如下标准:

a) 出厂筒体段节,当筒体内径 $D \leqslant 5000$mm 时,端面偏差 $f \leqslant 2.5$mm;当筒体内径 $D > 5000$mm 时,端面偏差 $f \leqslant (0.5D/1000)$mm(见图1)。筒体同一断面上的最大直径和最小直径之差,应不大于 $(3D/1000)$ mm,在托砖圈上、下200mm 内为 $(2D/1000)$mm;

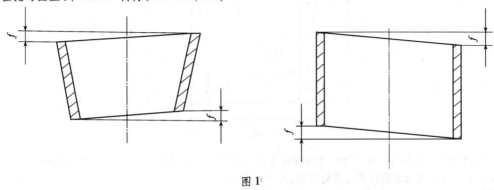

图1

b) 任意段节的周长偏差为 $\pm(D/1000)$mm;

c) 筒体钢板和底座拼接钢板的焊缝对口错边量 b(见图2):当 $\delta < 10$mm 时,$b \leqslant 1.5$mm;当 $\delta \geqslant 10$mm 时,$b \leqslant 2$mm;

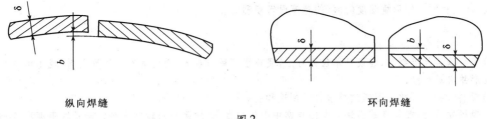

纵向焊缝　　　　　　　　　　　　　　环向焊缝

图2

d) 筒体、顶盖和底座允许拼接,焊缝应错开,错开的最小距离应不小于钢板厚度的15倍。底座与各垫板接触面的焊缝和底座与筒体接触面的焊缝应铲平或磨平;

e) 筒体对接纵向焊缝形成的棱角度 E_1 或 E_2,用弦长 L_1 不小于400mm 的样板检查(见图3),其最大值:$E_1 = 0.18 + 1$,且 $E_1 \leqslant 2$mm;$E_2 = 0.3\delta + 1$,且 $E_2 \leqslant 4$mm;

f) 筒体母线的直线度公差为筒体高度的2/1000;

g) 与筒体中心线平行的风口法兰面的平行度公差为3mm,法兰面的焊缝应磨平。下列尺寸之差(见图4)为:$|a_1 - a_2| \leqslant 4$mm;$|L_1 - L_2| \leqslant 3$mm;

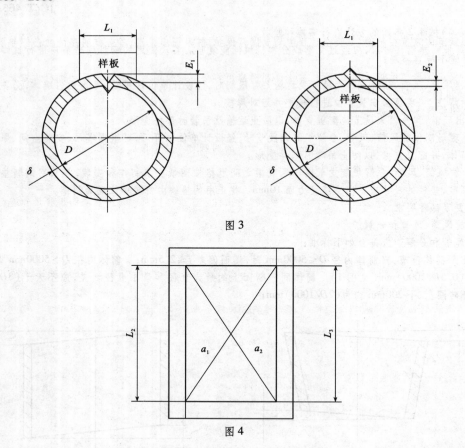

图3

图4

h) 与筒体中心线平行的风口法兰面对筒体中心线的平行度公差为：当 $L_1 < 4m$ 时为 3mm；当 $L_1 \geqslant 4m$ 时为 4mm（L_4 为法兰面至筒体中心线的距离，以下相同）；

i) 顶盖挂砖用的工字钢，下料后必须进行校正，焊后相邻工字钢中心线的平行度公差和工字钢端面中心线与顶盖的垂直度公差均为 1.5mm；

j) 筒体内的托砖圈，焊后应平整，只允许上翘，其偏差为 0°～2°；

k) 旋风筒采用分片式铸件内筒时，制造厂必须对内筒进行试组装，内筒铸件出厂前应严格检验，不得有裂纹、砂眼和缩孔等影响强度的缺陷，确保现场顺利安装。

3.2.2 喂料室

喂料室应符合如下要求：

a) 受运输条件限制时，经设计单位许可后，喂料室可适当解体，增设运输吊装用支撑，现场由安装单位进行校形并组对焊接；

b) 喂料舌头应严格按图纸的要求进行制造和安装；

c) 现场安装时，喂料室端面法兰与回转窑中心线垂直，该端面与回转窑进料口端面的距离应符合设计要求；

d) 以回转窑端面中心标高为基准，喂料室中心标高允许偏差值为 ±2mm。

3.2.3 膨胀节

膨胀节应符合如下要求：

a) 法兰的平面度公差：当 $d < 1.5m$ 时为 2mm；当 $d \geqslant 1.5m$ 时为 3mm（d 为圆法兰外径或方法兰内口对角线长度）；

b) 上、下法兰面的平行度公差为 4mm；对中心线的同轴度公差：当 $h_1 < 500mm$ 时为 $\phi2mm$，当 $h_1 \geqslant 500mm$ 时为 $\phi3mm$（h_1 为膨胀节高度）；

148

c）膨胀节的波节在制造、安装全过程中均要做好保护，其表面应平滑，不应有明显的凹凸不平、伤痕等缺陷。焊缝不应有渗漏；

d）为保证膨胀节的设计膨胀间隙，打浇注料时应严格按照砌筑图要求的形状尺寸进行施工。

3.2.4 锁风阀

锁风阀应符合如下要求：

a）法兰的平面度公差为2mm；

b）上、下法兰面的平行度公差为3mm；对中心线的同轴度公差：当 $h_2 < 1000mm$ 时为 $\phi 2mm$，当 $h_2 \geq 1000mm$ 时为 $\phi 3mm$（h_2 为阀体高度）；

c）阀板与阀体接合面应接触良好，其缝隙应不大于1.5mm。组装后阀板必须摆动轻便灵活；

d）为保证阀板与衬料之间的设计要求间隙，打浇注料时应严格按照砌筑图要求的形状尺寸进行施工。

3.3 试组装要求

3.3.1 所有零部件必须检验合格，外购件、外协件必须有合格证明文件，或由制造厂检验合格后方可进行装配。

3.3.2 旋风筒、分解炉和风管等可分段节出厂。分段处的相关部件应试组装，并在试组装部位打上 0°，90°，180°，270° 的对应母线标记。

3.3.3 试组装后与筒体中心线平行的风口法兰面对筒体中线的平行度公差：当 $L_1 < 4m$ 时为4mm；当 $L_1 \geq 4m$ 时为5mm。

3.3.4 试组装后上、下法兰面的平行度公差为 $((0.6h_3/1000)mm$；上、下法兰对筒体中心线的同轴度公差为 $\phi(0.6h_3/1000)mm$（h_3 为上、下法兰面的距离）。

3.3.5 旋风筒内筒、膨胀节内筒、各种阀板和闸板应在该部件明显位置上打出耐热钢牌号的标记。

3.4 涂漆防锈要求

产品外表应涂两遍耐热防锈漆和两遍耐热面漆，其表面除锈要求应符合 JC/T 402 的有关规足，耐热钢件表面不应涂漆。

3.5 安装要求

3.5.1 安装前各零部件应进行检查，如有变形应进行矫正，对因运输限制而进行的适当解体，安装单位首先要校形并组对焊接，然后按制造厂试组装的标记安装。

3.5.2 两个旋风筒中心线、旋风筒与风管中心线、旋风筒与分解炉中心线的平行度公差为5mm，该距离尺寸偏差 ±3mm。

3.5.3 上下连接两个部件的中心线、每级下料系统中的料管、膨胀节、锁风阀的中心线的同轴度公差为 $\phi 3mm$。

3.5.4 膨胀节安装应核对气流方向和料流方向，严禁以预拉的方法来补偿安装中出现的误差。系统安装完毕后，要拆去预拉用的螺栓。

3.5.5 锁风阀、闸板阀、分料阀、点火烟囱等的运动部件应灵活可靠。

3.5.6 现场焊接的部位应除锈，其表面除锈要求应符合 JC/T 402 的有关规定，并涂两遍耐热防锈漆和两遍耐热面漆。

3.5.7 预热器中耐火衬料必须按有关图纸的要求进行施工和验收。

4 试验方法

4.1 对3.2.3c）中的焊缝渗漏检查，用煤油渗漏方法进行试验。

4.2 对3.1.6中的焊缝质量，当采用超声波探伤时应达到 GB 11345 中Ⅱ级的要求；当采用射线探伤时应达到 GB 3323 中工Ⅲ级的要求。

5 检验规则

5.1 出厂条件

每台产品必须经制造厂检验部门检验确认合格，并签发合格证后方可出厂。

5.1.1 检验分类

产品检验分出厂检验和型式检验。

5.1.2 出厂检验

产品出厂前完成的检验项目有 3.1~3.4 条及 6.1~6.2 条。

5.1.3 型式检验

有下列情况之一时,对标准中规定的全部技术要求应进行检验:

a) 新老产品转厂生产的试制定型鉴定;

b) 正式生产后,如结构、材料、工艺有较大改变可影响产品性能时;

c) 正常生产时,积累 15 套产品后,应周期性进行一次检验;

d) 产品长期停产后,恢复生产时;

e) 出厂检验结果与上次型式检验有较大差异时;

f) 国家质量监督机构提出型式检验要求时。

5.2 判定规则

5.2.1 出厂检验项目按本标准 5.1.2 规定的项目进行检验,检验合格判定该台产品为合格;检验不合格判定该产品为不合格;型式检验项目应在出厂检验合格的产品中抽取一台,检验合格判定该台产品为合格;检验不合格判定该产品为不合格。

5.2.2 按 3.1.6 的规定检验,探伤长度为每条焊缝长度的 20%,T 形接头处焊缝必须探伤。焊缝探伤不合格时,对该条焊缝应加倍长度检验,若再不合格时应 100% 检验。对不允许的缺陷应清除干净后进行补焊,并对该部位采用原探伤方法重新检验。

5.2.3 焊缝同一部位的返修次数应不超过两次,超过两次时,该焊缝应进行超声波检验,并符合 GB 11345 中 Ⅱ 级的要求,且返修部位和次数应在产品质量证明书中说明。

6 标志、包装、运输与储存

6.1 产品应在明显而适当的位置固定产品标牌,其型式与尺寸应符合 GB/T 13306 的规定,并标明下列内容:

a) 产品名称、型号及标准代号;

b) 出厂编号;

c) 出厂日期;

d) 制造厂名称;

e) 商标。

6.2 包装及随机技术文件应符合 JC/T 406 的规定,并适应陆路、水路运输的要求。

6.3 安装使用前制造厂和用户均需妥善保管,防止锈蚀、损坏及变形。

ICS 91-110
Q 92
备案号:18420—2006

JC

中华人民共和国建材行业标准

JC/T 460. 1—2006
代替 JC/T 460. 1—1992(1996)

水泥工业用胶带斗式提升机
第1部分:型式与基本参数

Belt bucket elevator for cement plant
Part 1:Type and basic parameter

2006-08-19 发布　　　　　　　　　　2006-12-01 实施

中华人民共和国国家发展和改革委员会　发布

前　言

JC/T 460《水泥工业用胶带斗式提升机》分为两个部分：
——第 1 部分：水泥工业用胶带斗式提升机　型式与基本参数；
——第 2 部分：水泥工业用胶带斗式提升机　技术条件。

本部分是对 JC/T 460.1—1992(1996)《水泥工业用胶带斗式提升机　型式与基本参数》进行的修订。

本部分与 JC/T 460.1—1992(1996)相比，主要变化如下：
——对最大提升高度进行了重新界定；
——对提升物料的适应温度进行了重新界定。

本部分自实施之日起代替 JC/T 460.1—1992(1996)。

本部分由中国建筑材料工业协会提出。

本部分由国家建筑材料工业机械标准化技术委员会归口。

本部分负责起草单位：朝阳重型机器有限公司。

本部分参加起草单位：江苏(海安)鹏飞集团股份有限公司、深洲市东升橡塑制品有限公司、中国建材装备有限公司。

本部分主要起草人：王智、顾培雨、卢玉春、贵道春、张海建。

本部分所代替标准的历次版本发布情况为：
——JC/T 460.1—1992(1996)；
——JC/T 460.1—1992。

水泥工业用胶带斗式提升机
第1部分:型式与基本参数

1 范围

本部分规定了水泥工业用钢丝绳网芯胶带斗式提升机的型式与基本参数。

本部分适用于水泥工业用提升粒度小于25mm、温度≤120℃物料的混合式卸料胶带斗式提升机(以下简称"提升机")。

2 术语和定义

下列术语和定义适用于JC/T 460的本部分。

斗容　Bucket Capacity

指料斗在垂直上行时,斗内前边上水平面以下所包容的容积。

3 型式与标记

3.1 型式

提升机按传动方式分为左传动和右传动两种型式。面对进料口,传动部分布置在左手方向则为左传动;反之为右传动(见图1)。

3.2 型号

型号表示方法规定如下:

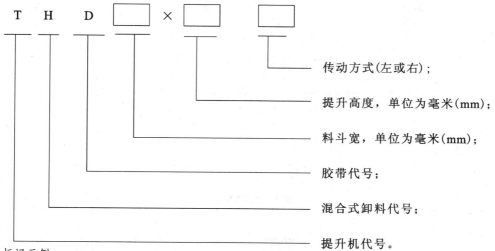

3.3 标记示例

示例:料斗宽630mm,提升高度55037mm,左传动,混合式卸料带斗式提升机;

标记如下:胶带斗式提升机 THD 630×55037 左 JC/T 460.1—2006。

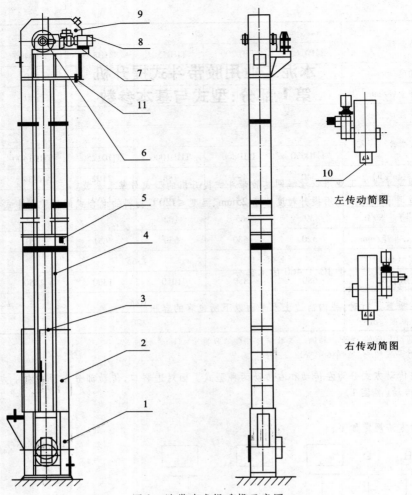

图 1 胶带斗式提升机示意图

1—尾部；2—中间节；3—定距连接板；4—牵引件与料斗；5—通风节；
6—减速器；7—液力耦合器；8—电动机；9—头部；10——进料口；11——卸料口。

4 基本参数

基本参数见表1。

表 1 发基本参数

基本参数		型		号		
		THD160	THD200	THD250	THD315	THD400	THD500
提升量^a/（m³/h）		37	43	78	100	158	220
料斗	斗宽/mm	160	200	250	315	400	500
	斗容/L	3	4	7	10	16	25
	斗距/mm	260	300	325	360	410	460
料斗速度/（m/s）		1.20		1.34		1.50	

续表

基本参数	型		号			
	THD160	THD200	THD250	THD315	THD400	THD500
胶带宽度/mm	200	250	300	350	450	550
头部滚筒直径/mm	500		630		710	800
最大提升高度[b]/m	120					

基本参数	型		号			
	THD630	THD800	THD1000	THD1250	THD1400	THD1600
提升量[a]/(m³/h)	340	499	788	1102	1234	1543
料斗 斗宽/mm	630	800	1000	1250	1400	1600
料斗 斗容/L	39	65	102	158	177	252
料斗 斗距/mm	520	580	650	720	720	820
料斗速度/(m/s)	1.68		1.65		1.86	
胶带宽度/mm	680	850	1050	1300	1450	1650
头部滚筒直径/mm	900		1000		1250	
最大提升高度[b]/m	120					

a 提升量是按斗容的75%计算的。其数值是按物料容重 $\gamma = 1t/m^3$ 计算的。
b 最大提升高度即头、尾部轴中心距。

ICS 91-110

Q 92

备案号：18421—2006

JC

中华人民共和国建材行业标准

JC/T 460.2—2006

代替 JC/T 460.2—1992（1996）

水泥工业用胶带斗式提升机
第 2 部分：技术条件

Belt bucket elevator for cement plant
Part 2：Technical condition

2006-08-19 发布　　　　　　　　2006-12-01 实施

中华人民共和国国家发展和改革委员会　发布

前　言

JC/T 460《水泥工业用胶带斗式提升机》分为两个部分：

——第1部分：水泥工业用胶带斗式提升机　型式与基本参数；

——第2部分：水泥工业用胶带斗式提升机　技术条件。

本部分是对 JC/T 460.2—1992(1996)《水泥工业用胶带斗式提升机　技术条件》进行的修订。

本部分与 JC/T 460.2—1992(1996) 相比，主要变化如下：

——对最大提升高度进行了重新界定；

——对提升物料的适应温度进行了重新界定。

本部分自实施之日起代替 JC/T 460.2—1992(1996)。

本部分由中国建筑材料工业协会提出。

本部分由国家建筑材料工业机械标准化技术委员会归口。

本部分负责起草单位：朝阳重型机器有限公司。

本部分参加起草单位：江苏(海安)鹏飞集团股份有限公司、深洲市东升橡塑制品有限公司、中国建材装备有限公司。

本部分主要起草人：王智、顾培雨、卢玉春、贲道春、张海建。

本部分所代替标准的历次版本发布情况为：

——JC/T 460.2—1992(1996)；

——JC/T 460.2—1992。

水泥工业用胶带斗式提升机
第2部分:技术条件

1 范围

本部分规定了水泥工业用钢丝绳网芯胶带斗式提升机的技术要求、试验方法和检验规则及标志、包装、运输和储存。

本部分适用于水泥工业用胶带斗式提升机(以下简称"提升机")。

2 规范性引用文件

下列文件中的条款通过 JC/T 460 的本部分的引用而成为本部分的条款。凡是注日期的引用文件,其随后所有的修改单(不包括勘误的内容)或修订版均不适用于本部分,然而,鼓励根据本部分达成协议的各方研究是否可使用这些文件的最新版本。凡是不注日期的引用文件,其最新版本适用于本部分。

GB/T 275—1993　　滚动轴承与轴和外壳的配合

GB/T 528—1998　　硫化橡胶或热塑性橡胶拉伸应力应变性能的测定

GB/T 531—1999　　橡胶袖珍硬度计压入硬度试验方法

GB/T 699—1999　　优质碳素结构钢技术条件

GB/T 1184—1996　　形状和位置公差　未注公差值

GB/T 1804—2000　　一般公差　未注公差的线性和角度尺寸的公差

GB/T 1689—1998　　硫化橡胶耐磨性能的测定(用阿克隆磨耗机)

GB/T 3077—1999　　合金结构钢

GB/T 3323—1987　　钢熔化焊对接接头射线照相和质量分级

GB/T 3512—2001　　硫化橡胶或热塑性橡胶热空气加速老化和耐热试验

GB/T 3768—1996　　声学声压法测定噪声源声功率级　反射面上方采用包络测量表面的简易法

GB/T 6402—1991　　钢锻件超声波检验方法

GB/T 9439—1988　　灰铸铁件

GB/T 11211—1989　　硫化橡胶与金属粘合强度测定方法

GB/T 13306　　标牌

GB/T 9770—2001　　普通用途钢丝绳芯输送带

GB/T 11345—1989　　钢焊缝手工超声波探伤方法和探伤结果分级

JC/T 402　　水泥机械涂漆防锈技术条件

JC/T 406　　水泥机械包装技术条件

JC/T 460.1　　水泥工业用高效胶带斗式提升机　型式与基本参数

JC/T 532　　建材机械钢焊接件通用技术条件

3 技术要求

3.1 基本要求

3.1.1　提升机应符合 JC/T 460.1 和本部分要求,并按照经规定程序批准的设计图样和技术文件制造、安装和使用。凡本部分、图样和技术文件未规定的技术要求,按建材行业、机电行业等有关通用标准执行。

3.1.2　图样上未注公差尺寸的极限偏差应符合 GB/T 1804—2000 的规定,其中机械加工表面为 m 级;焊接件非机械加工表面为 v 级;模锻件非机械加工表面为 c 级。

3.1.3 焊接件应符合 JC/T 532 的有关规定。

3.1.4 灰铸铁件应符合 GB/T 9439—1988 的规定。

3.1.5 锻件不得有夹层、折叠、裂纹、锻伤、结疤、夹渣等缺陷。

3.1.6 提升机应设置料位计、速度监测器和胶带防跑偏装置。

3.2 主要零部件要求

3.2.1 头部滚筒

3.2.1.1 头部滚筒筒体应进行消除内应力处理。对于承受合力大于或等于 80kN 的滚筒,其焊缝应进行探伤检查,焊缝质量应符合 GB/T 3323—1987 中Ⅲ级或 GB/T 11345—1989 中Ⅱ级的规定。

3.2.1.2 胶层与滚筒表面应紧密贴合,不得有脱层、起泡等缺陷。

3.2.1.3 面胶的物理机械性能应符合表 1 的规定。

表 1

项　目	指标值
扯断强度/MPa,≥	18
扯断伸长率/%,≥	180
扯断永久变形/%,≤	25
邵尔 A 型硬度/°	60~70
阿克隆磨耗(1.61km)/cm³,≤	1
老化系数(70℃×48h),≥	0.8

3.2.1.4 底胶的物理机械性能应符合表 2 的规定。

表 2

项　目	指标值
扯断强度/MPa,≥	30
抗折断强度/MPa,≥	69
耐热性/℃,≥	120
橡胶与金属粘附扯离强度/MPa,≥	3.9

3.2.1.5 橡胶滚筒外圆径向圆跳动公差:

　　a)滚筒直径小于或等于 800mm 为 1.1mm;

　　b)滚筒直径大于或等于 900mm 为 1.3mm。

3.2.2 钢丝绳网芯输送胶带(以下简称"胶带")

3.2.2.1 胶带采用含有一层纵向、两层横向的钢丝绳芯输送带。胶带的纵向拉伸强度应符合表 3 规定。

3.2.2.2 胶带适应物料温度 120℃的要求。

3.2.2.3 胶带接头强度不得低于胶带强度。

表 3

提升机高度(规格)		胶带纵向拉伸强度/(N/mm)
<30m		800
<50m		1250
≥50~80m	THD630 以下(含 THD630)	1600
	THD800 以上(含 THD800)	2000
≥80~120m	THD630 以下(含 THD630)	4000
	THD800 以上(含 THD800)	5000

3.2.3 主轴

3.2.3.1 材料应不低于 GB/T 699—1999 中有关 45 钢的规定,调质硬度为 HB220~255,并应进行探伤检

查,探伤质量应符合下列要求:

  a)不允许有裂纹和白点;

  b)单个和密集性缺陷应不超过表4的规定。

表4

项　目		指　标　值		
主轴公称直径/mm		200	>200~400	>400
单个缺陷	最大当量直径/mm	$\phi 4$	$\phi 6$	$\phi 8$
	间隙/mm	≥100		
	同一端面内数量/个	3		
密集性缺陷	当量直径/mm	—	≤$\phi 4$	≤$\phi 5$
	间距/mm	—	≥100	≥120
	面积/mm²		15	25
	密集区总面积不大于轴截面面积的比值/%	—	<5	

3.2.3.2 轴颈与轴承配合部位形状与位置公差应符合 GB/T 275—1993 的有关规定。

3.2.4 机壳(头、尾、中间节)

3.2.4.1 机壳表面平面度公差应符合表5的规定。

表5

提升机斗宽/mm	≤800	>800
平面度公差/mm	4	5

3.2.4.2 上、下法兰平行度公差应符合 GB/T 1184—1996 中Ⅱ级的规定。

3.2.4.3 法兰面对机壳中心线的垂直度公差应符合 GB/T 1184—1996 中Ⅱ级的规定。

3.2.4.4 机壳高度尺寸公差应符合 GB/T 1804—2000 中 m 级的规定。

3.2.4.5 机壳各对应两平面上的对角线长度之差和相对应两边边长之差应小于或等于3mm。

3.2.5 逆止器和超越离合器

3.2.5.1 逆止器的外壳、星轮和滚柱,超越离合器的半联轴节和滚柱,其材料均应不低于 GB/T 3077—1999 中有关 20Cr 的规定。

3.2.5.2 逆止器的外壳、星轮同滚柱相接触面,超越离合器的半联轴节同滚柱相接触面热处理硬度均应为 HRC45~50,表面粗糙度 R_a1.6μm。

3.2.5.3 逆止器和超越离合器的滚柱外圆热处理硬度均应为 HRC58~62,表面粗糙度 R_a0.8μm。

3.3 涂漆防锈要求

3.3.1 产品应涂防锈油或防锈漆,并应符合 JC/T 402 的规定。

3.3.2 料斗的面漆为黑色,其余涂漆件的面漆为海灰色或绿色。

3.4 装配要求

3.4.1 头轮组及尾轮组装配后,用手转动应轻便灵活。

3.4.2 电机与液力耦合器联接,轴向间隙应为 2mm~4mm。

3.4.3 电机轴与减速器轴径向位移允差不大于0.2mm,角位移不大于30′。

3.5 安装要求

3.5.1 尾部上法兰面水平度允差每 1000mm 不大于1mm。

3.5.2 头、尾轮轴水平度允差每 1000mm 不大于0.3mm。

3.5.3 头、尾轮轴安装应符合图1和表6的规定。

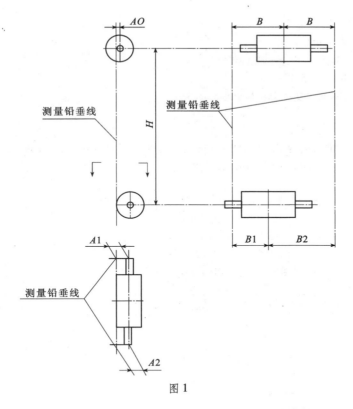

图 1

表 6

测量尺寸	$H \leqslant 30\text{m}$	$30\text{m} < H \leqslant 50\text{m}$	$H > 60\text{m}$
	公差值/mm		
$|A_1 - A_2|$			
$|A_0 - A_1|$	2	4	6
$|A_0 - A_2|$			
$|B_1 - B_2|$	5	7	9

3.5.4 中间壳体对提升机中心垂线平行度允差每1000mm长度内不大于0.5mm。同时应符合3.5.3的规定。

3.5.5 机壳法兰之间连接应严密。

3.6 试运转要求

3.6.1 提升机头部试运转,应符合下列要求:

a)减速器无异常振动和冲击声;

b)液力耦合器及减速器无渗油现象;

c)主轴承温升不超过30℃。

3.6.2 整机空载运转在安全设施完备后进行,并应符合下列要求:

a)超越离合器动作正常,辅助传动应平稳;

b)电器控制可靠,电动机、减速器、液力耦合器运转平稳,无渗油;

c)牵引件应运转正常,无打滑、偏移现象,料斗与其他部件无碰撞;

d)各轴承温升不超过30℃。

3.6.3 负荷试运转应达到3.6.2中b)、c)项和以下要求:

a)提升量达到设计要求;

161

b) 无明显回料现象;

c) 轴承温升不超过 40℃:

d) 间断停车 2~3 次,确认逆止器工作可靠;

e) 头部噪声应不超过 85dB(A);

f) 头部主轴承处振动速度小于或等于 4.5mm/s。

4 试验方法

4.1 头部滚筒筒体探伤方法按 GB/T 3323—1987 或 GB/T 11345—1989 的规定执行。

4.2 主轴的探伤方法按 GB/T 6402—1991 的规定执行。

4.3 头部滚筒胶层试验:

a) 胶层扯断强度、扯断伸长率、扯断永久变形的测定按 GB/T 528—1998 的规定执行;

b) 胶层硬度试验按 GB/T 531—1999 的规定执行;

c) 胶层磨耗的测定按 GB/T 1689—1998 的规定执行;

d) 胶层热空气老化系数的测定按 GB/T 3512—2001 的规定执行;

e) 橡胶与金属粘附扯离强度的测定按 GB/T 11211—1989 的规定执行。

4.4 胶带强度试验方法按 GB/T 9770—2001 的规定执行。

4.5 胶带接头的试样宽度不得少于 2 个螺栓距离,试验方法按 GB/T 9770—2001 的有关规定执行。

4.6 试运转要求:

a) 提升机头部试运转,不少于 4h;

b) 整机空载试运转,不少于 4h;

c) 负荷试运转,不少于 24h。

4.7 噪声检测按 GB/T 3768—1996 的规定进行。

4.8 振动速度应采用测振仪检测。

5 检验规则

5.1 抽样与组批

5.1.1 加工件应逐件检验合格,外购件、外协件应符合有关标准规定,并具有合格证方能组装。

5.1.2 对 3.2.2.1 胶带接头强度检验按同规格提升机台数的 1/10 抽样,但不得少于 1 件。当不合格时,则应在同批中加倍取样检验,当仍有不合格时,则判全批不合格。

5.2 检验分类

检验分出厂检验和型式检验。

5.3 出厂检验

5.3.1 提升机应经制造厂检验部门检验合格,并具有产品合格证方可出厂。

5.3.2 产品出厂前应完成 3.1~3.4(不含 3.2.1.3 及 3.2.1.4)、3.6.1、6.1、6.2 等项的检验。

5.4 型式检验

5.4.1 提升机在下列情况之一时,应进行型式检验:

a) 新产品的试制定型鉴定;

b) 正式生产后,如结构、材料、工艺有较大改变,可能影响产品性能时;

c) 正式生产时,应至少每 2 年进行一次检验:

d) 产品长期停产后,恢复生产时;

e) 出厂检验结果与上次型式检验有较大差异时;

f) 国家质量监督检验部门提出型式检验要求时。

5.4.2 型式检验应对本部分规定的全部技术要求进行检验,提升机分部组装出厂,对 3.5、3.6.2、3.6.3 规定在现场安装检验。

6 标志、包装、运输与储存

6.1 提升机应在适当而明显的位置上固定产品标牌,其型式与尺寸应符合 GB/T 13306 的规定,并标明下列内容:

 a)产品名称、型号;

 b)主要技术参数;

 c)出厂编号;

 d)出厂日期;

 e)制造厂名称。

6.2 提升机的包装和随机文件应符合 JC/T 406 的规定,并适应陆路、水路运输的要求。

6.3 包装中对产品的外露加工表面应采取防止锈蚀措施,其有效期应符合 JC/T 402 中4.1.1 的规定。

6.4 提升机安装使用前,供需双方对零件部件应妥善保管,防止锈蚀、变形、损坏和丢失。

ICS 91-110
Q 92
备案号：18418—2006

中华人民共和国建材行业标准

JC/T 459.1—2006
代替 JC/T 459.1—1992(1996)

水泥工业用环链式提升机
第 1 部分：型式与基本参数

Chain bucket elevator for cement plant
Part 1：Type and basic parameter

2006-08-19 发布
2006-12-01 实施

中华人民共和国国家发展和改革委员会 发布

前　言

JC/T 459《水泥工业用环链斗式提升机》分为两个部分：

——第 1 部分：水泥工业用环链斗式提升机　型式与基本参数；

——第 2 部分：水泥工业用环链斗式提升机　技术条件。

本部分是对 JC/T 459.1—1992(1996)《水泥工业用环链斗式提升机　型式与基本参数》进行的修订。

本部分与 JC/T 459.1—1992(1996) 相比，主要变化如下：

——型号表示方法作了修订；

——基本参数表作了修订。

本部分自实施之日起代替 JC/T 459.1—1992(1996)《水泥工业用环链斗式提升机　型式与基才参数》。

本部分由中国建筑材料工业协会提出。

本部分由国家建筑材料工业机械标准化技术委员会归口。

本部分负责起草单位：朝阳重型机器有限公司。

本部分参加起草单位：江苏(海安)鹏飞集团股份有限公司、中国建材装备有限公司。

本部分主要起草人：顾培雨、王智、卢玉春、贲道春。

本部分所代替标准的历次版本发布情况为：

——JC/T 459.1—1992(1996)；

——JC/T 459.1—1992。

水泥工业用环链斗式提升机
第1部分:型式与基本参数

1 范围

本部分规定了水泥工业用高硬度、高强度环链斗式提升机的型式与基本参数。

本部分适用于水泥工业用提升粒度小于60mm、温度低于350℃物料的重力式卸料环链斗式提升机(以下简称"提升机")。其他行业类似工况条件下也可参照使用。

2 术语和定义

下列术语和定义适用于JC/T 459的本部分。

斗容 Bucket Capacity

指料斗在垂直上行时,斗内前边上水平面以下所包容的容积。

3 型式与标记

3.1 型式

提升机按传动方式分为左传动和右传动两种型式。面对进料口,传动部分布置在左手方向则为左传动;反之为右传动(见图1)。

3.2 型号

型号表示方法规定如下:

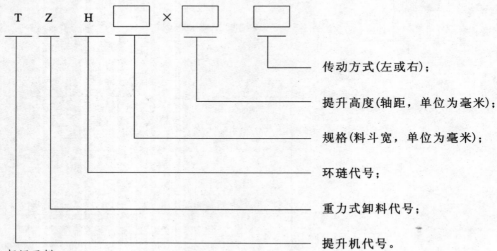

```
T    Z    H   [  ] × [  ]    [  ]
```

传动方式(左或右);

提升高度(轴距,单位为毫米);

规格(料斗宽,单位为毫米);

环琏代号;

重力式卸料代号;

提升机代号。

3.3 标记示例

示例:料斗宽630mm,提升高度29436mm,左传动,重力式卸料环链斗式提升机;

标记如下:环链斗式提升机TZH630×29436 左 JC/T 459.1—2006。

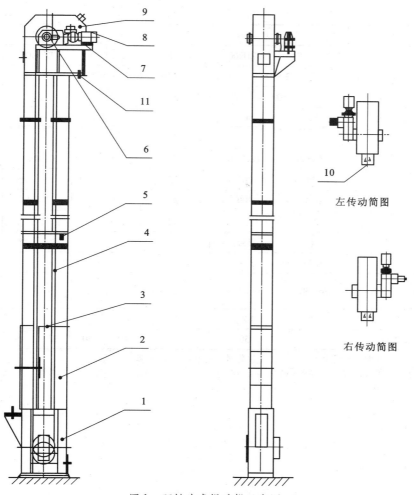

图 1　环链斗式提升机示意图

1—尾部;2—中间节;3—定距连接板;4—牵引件与料斗;5——通风节;
6—减速器;7—液力耦合器;8—电动机;9—头部;10—进料口;11——卸料口

4　基本参数

基本参数见表1。

表1　基本参数

基本参数		型		号			
		TZH160	TZH200	TZH250	TZH315	TZH400	TZH500
提升量[a]/(m³/h)		28	37	58	74	120	164
料斗	斗宽/mm	160	200	250	315	400	500
	斗容/L	3	4	7	10	16	25
	斗距/mm	270	270	336	378	420	480
料斗速度/(m/s)		0.93		1.04		1.17	

续表

基本参数		型		号		
	TZH160	TZH200	TZH250	TZH315	TZH400	TZH500
圆环链圆钢 直径×节距/mm	13×45		16×56	18×63	20×70	22×80
链轮节圆直径/mm	500		630	710	800	
最大提升高度[b]/m	50	44	50			45

基本参数		型		号			
		TZH630	TZH800	TZH1000	TZH1250	TZH1400	TZH1600
提升量[a]/(m³/h)		254	365	535	829	711	925	790	1134
料斗	斗宽/mm	630	800	1000	1250		1400		1600
	斗容/L	39	65	102	158		177		252
	斗距/mm	546	630	756	756	882	756	882	882
料斗速度/(m/s)		1.32	1.31	1.47				
圆环链圆钢 直径×节距/mm		26×91	30×105	36×126	42×147	36×126	42×147	
链轮节圆直径/mm		900	1000	1250				
最大提升高度[b]/m		50			40	50	35	50	40

a 提升量是按斗容的75%计算的。其数值是按物料容重 $\gamma = 1t/m^3$ 计算的。

b 最大提升高度即头、尾轮轴中心距(轴距)。

ICS 91-110

Q 92

备案号：18419—2006

JC

中华人民共和国建材行业标准

JC/T 459.2—2006

代替 JC/T 459.2—1992（1996）

水泥工业用环链斗式提升机
第2部分：技术条件

Chain bucket elevator for cement plant
Part 2：Technical condition

2006-08-19 发布

2006-12-01 实施

中华人民共和国国家发展和改革委员会　发布

前　言

JC/T 459《水泥工业用环链斗式提升机》分为两个部分：
——第1部分：水泥工业用环链斗式提升机　型式与基本参数；
——第2部分：水泥工业用环链斗式提升机　技术条件。

本部分是对 JC/T 459.2—1992(1996)《水泥工业用环链斗式提升机　技术条件》进行的修订。

本部分与 JC/T 459.2—1992(1996)相比，主要变化如下：
——环链名称修订为圆环链，增加了技术要求(见3.2.4)；
——链节名称修订为链环钩，增加了技术要求(见3.2.5)；
——增加了接链环(见3.2.6)。

本部分自实施之日起代替 JC/T 459.2—1992(1996)《水泥工业用环链斗式提升机　技术条件》。

本部分由中国建筑材料工业协会提出。

本部分由国家建筑材料工业机械标准化技术委员会归口。

本部分负责起草单位：朝阳重型机器有限公司。

本部分参加起草单位：江苏(海安)鹏飞集团股份有限公司、中国建材装备有限公司。

本部分主要起草人：顾培雨、王智、卢玉春、贲道春。

本部分所代替标准的历次版本发布情况为：
——JC/T 459.2—1992(1996)；
——JC/T 459.2—1992。

水泥工业用环链斗式提升机
第2部分:技术条件

1 范围

本部分规定了水泥工业用高硬度、高强度环链斗式提升机的技术要求、试验方法和检验规则及标志、包装、运输和贮存。

本部分适用于水泥工业用环链斗式提升机(以下简称"提升机")。

2 规范性引用文件

下列文件中的条款通过 JC/T 459 的本部分的引用而成为本部分的条款。凡是注日期的引用文件,其随后所有的修改单(不包括勘误的内容)或修订版均不适用于本部分,然而,鼓励根据本部分达成协议的各方研究是否可使用这些文件的最新版本。凡是不注日期的引用文件,其最新版本适用于本部分。

GB/T 228—2002 金属材料 室温拉伸试验方法

GB/T 230 金属洛氏硬度试验方法

GB/T 275—1993 滚动轴承与轴和外壳的配合

GB/T 699—1999 优质碳素结构钢

GB/T 1184—1996 形状和位置公差 未注公差值

GB/T 1804—2000 一般公差 未注公差的线性和角度尺寸的公差

GB/T 1800.4—1999 极限与配合 标准公差等级和孔、轴的极限偏差表

GB/T 3077—1999 合金结构钢

GB/T 3768—1996 声学 声压法测定噪声源声功率级 反射面上方采用包络测量表面的简易法

GB/T 6402—1991 钢锻件超声波检验方法

GB/T 9439—1988 灰铸铁件

GB/T 10560—1989 矿用高强度圆环链用钢技术条件

GB/T 12718—2001 矿用高强度圆环链

GB/T 13306 标牌

JC/T 402 水泥机械涂漆防锈技术条件

JC/T 406 水泥机械包装技术条件

JC/T 459.1 水泥工业用环链斗式提升机 第1部分:型式与基本参数

JC/T 532 建材机械钢焊接件通用技术条件

JC/T 919—2003 水泥工业用链条技术条件

3 技术要求

3.1 基本要求

3.1.1 提升机应符合 JC/T 459.1—2006 和本部分的要求,并应按照经规定程序批准的设计图样和技术文件制造、安装和使用。凡本部分、图样和技术文件未规定的技术要求,均应符合国家标准、建材行业或机电行业等有关通用标准规定。

3.1.2 图样上未注公差尺寸的极限偏差应符合 GB/T 1804—2000 的规定,其中机械加工表面为 m 级;焊接件非机械加工表面为 v 级;模锻件非机械加工表面为 c 级。

3.1.3 焊接件应符合 JC/T 532 的规定。

3.1.4 灰铸铁件应符合 GB/T 9439—1988 的规定。

3.1.5 锻件不得有夹层、折叠、裂纹、锻伤、结疤、夹渣等缺陷。

3.1.6 提升机应设置料位计和速度监测器。

3.1.7 形状和位置公差的未注公差值不低于 GB/T 1184—1996 中 5.1 的 k 级。

3.2 主要零部件要求

3.2.1 头尾部链轮

3.2.1.1 整体铸造链轮和组合式链轮轮体的材料不低于 GB/T 9439—1988 中有关 HT250 的规定,并应消除内应力。

3.2.1.2 铸件不得有裂纹及其他影响机械强度的缺陷。

3.2.1.3 组合式链轮工作表面硬度应为 HRC40~45,硬化层深度不小于 3mm。

3.2.2 主轴

3.2.2.1 材料应不低于 GB/T 699—1999 中有关 45 钢的规定,调质硬度为 HB220~255,并应进行探伤检查,探伤质量应符合下列要求:

　　a) 不允许有裂纹和白点;

　　b) 单个和密集性缺陷不应超过表 1 的规定。

表 1

项　目		指　标　值		
主轴公称直径/mm		≤200	>200~400	>400
单个缺陷	最大当量直径/mm	$\phi 4$	$\phi 6$	$\phi 8$
	间距/mm	≥100		
	同一端面内数量/个	3		
密集性缺陷	当量直径/mm	—	≤$\phi 4$	≤$\phi 5$
	间距/mm	—	≥100	≥120
	面积/mm^2	—	15	25
	密集区总面积不大于轴截面面积的比值/%	—	<5	

3.2.2.2 轴颈与轴承配合部位的技术要求应符合 GB/T 275—1993 的规定。其他配合部位应符合 GB/T 1800.4—1999 的规定。

3.2.3 链轮轴组件

3.2.3.1 链轮轴组件的两链轮机械加工工作表面直径差应不大于 0.15mm。

3.2.3.2 链轮轴组件中两链轮非机械加工工作表面的共同径向全跳动见表 2。

表 2

链轮工作表面公称直径/mm	≤800	>800
径向全跳动/mm	0.2	0.3

3.2.4 圆环链

3.2.4.1 圆环链材料应不低于 GB/T 10560—1989 中有关 25MnV 的规定。

3.2.4.2 圆环链用钢的质量应符合 GB/T 12718—2001 中 5.2 的规定。

3.2.4.3 圆环链用钢的棒料直径公差应符合 GB/T 12718—2001 中 5.3 的规定。

3.2.4.4 圆环链焊接处的直径应不小于环链钢直径,但不得超出 7.5%,对焊错口量不得超过环链钢直径的 3%,同时应满足 GB/T 12718—2001 中 5.4.2、5.4.3 及 5.4.4 的规定。

3.2.4.5 圆环链表面热处理硬度为 HRC50~60。淬硬层深度直径 d < 22mm 的为 $(0.1~0.2)d$;直径 $d ≥$ 22mm 的为 2.2mm~2.6mm。圆环链破断负荷见表 3。热处理前应符合 GB/T 12718—2001 中 5.5 的规定。

3.2.4.6 所有圆环链在热处理后均应进行预拉伸处理,预拉伸负荷为该规格圆环链破断负荷的60%～65%,预拉伸处理后的圆环链应进行外观检查,对任何有目视裂纹及其他缺陷的链环应去掉而补入新环,对所补入的新环仍应进行热处理和预拉伸。

3.2.4.7 圆环链分每五环为一组和5m～8m长链条两种形式,其尺寸见图1和表3。

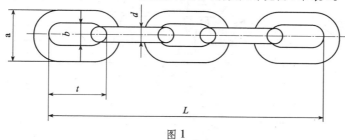

图 1

表 3

单位为毫米

提升机型号及规格	链坯圆钢公称直径 d	节距 t		宽度		圆环链组内长 L=5t		圆环链破断负荷/kN	
		公称尺寸	极限偏差	b	a	公称尺寸	极限偏差	提升高度	
				最小	最大			≥35m	<35m
TZH160	13	45	+0.7 -0.4	18	47	225	+1.6 -0.9	75	63
TZH200	13	45	+0.7 -0.4	18	47	225	+1.6 -0.9	75	63
TZH250	16	56	+0.9 -0.5	22	58	280	+2.0 -1.1	118	100
TZH315	18	63	+1.0 -0.5	24	65	315	+2.2 -1.3	150	125
TZ11400	20	70	+1.1 -0.6	27	72	350	+2.5 -1.4	190	160
TZH500	22	80	+1.3 -0.7	31	83	400	+2.8 -1.6	216	185
TZH630	26	91	+1.5 -0.8	35	94	455	+3.2 -1.8	300	250
TZH800	30	105	+1.7 -0.9	39	108	525	+3.7 -2.1	400	340
TZH1000	36	126	2.1 -1.0	47	130	630	+4.4 -2.5	600	500
TZH1250	36	126	+2.1 -1.0	47	130	630	+4.4 -2.5	600	500
	42	147	+2.4 -1.3	55	151	735	+5.1 -2.5	800	680
TZH1400	36	126	+2.1 -1.0	47	130	630	+4.4 -2.5	600	500
	42	147	+2.4 -1.3	55	151	735	+5.1 -2.5	800	680
TZH1600	42	147	+2.4 -1.3	55	151	735	+5.1 -2.5	800	680

3.2.4.8 圆环链需配对使用,应符合JC/T 919—2003中3.2.1.8的规定。

3.2.5 链环钩

3.2.5.1 链环钩用钢应为全镇静钢,材料应不低于GB/T 699—1999中有关45钢的规定。

3.2.5.2 链环钩分整体链环钩和分体链环钩两种。

3.2.5.3 整体链环钩与相应规格五环圆环链配合使用,见图2。

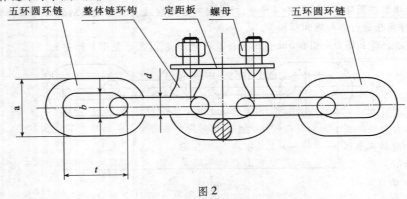

图 2

3.2.5.4 分体链环钩(组件)与相应规格长链条配合使用,见图3。

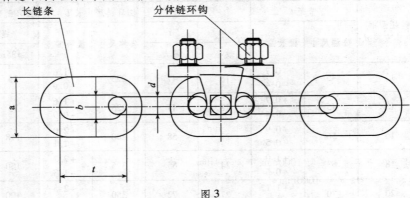

图 3

3.2.5.5 链环钩表面质量及螺纹要求应符合 JC/T 919—2003 中 3.2.2.5 及 3.2.2.6 的规定。

3.2.5.6 整体链环钩调质处理硬度为 HB220～250,与圆环链接触工作表面热处理硬度为 HRC45～50,淬硬层深度,直径 $d < 22mm$ 的为 $(0.1～0.12)d$;直径 $d \geqslant 22mm$ 的为 $2.2mm～2.6mm$。破断负荷应不低于相应规格圆环链的允许值,见表3。

3.2.5.7 整体链环钩应带有定距板,见图2。

3.2.6 接链环

3.2.6.1 长链条之间连接采用相应规格接链环形式,见图4。

3.2.6.2 接链环要求不低于相应规格圆环链中 3.2.4.1、3.2.4.2、3.2.4.5、3.2.4.6 的有关规定。

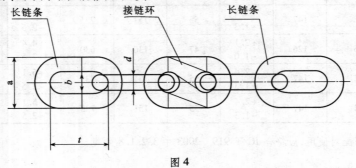

图 4

3.2.7 机壳(头、尾、中间节)

3.2.7.1 机壳表面平面度公差应符合表4的规定。

表4

提升机斗宽/mm	≤800	>800
平面度公差/mm	4	5

3.2.7.2 上、下法兰平行度公差应符合 GB/T 1184—1996 中 11 级的规定。

3.2.7.3 法兰面对机壳中心线的垂直度公差应符合 GB/T 1184—1996 中 11 级的规定。

3.2.7.4 机壳高度尺寸公差应符合 GB/T 1804—2000 中 m 级的规定。

3.2.7.5 机壳各对应两平面上的对角线长度之差和相对应两边边长之差应小于或等于 3mm。

3.2.8 逆止器和超越离合器

3.2.8.1 逆止器的外壳、星轮和滚柱,超越离合器的半联轴节和滚柱,其材料均应不低于 GB/T 3077—1999 中有关 20Cr 的规定。

3.2.8.2 逆止器的外壳、星轮同滚柱相接触面,超越离合器的半联轴节同滚柱相接触面热处理硬度均应为 HRC45~50,表面粗糙度 R_a 为 1.6μm。

3.2.8.3 逆止器和超越离合器的滚柱外圆热处理硬度均应为 HRC58~62,表面粗糙度 R_a 为 0.8μm。

3.3 涂漆防锈要求

3.3.1 产品应涂防锈油或防锈漆,并应符合 JC/T 402 的规定。

3.3.2 圆环链、链环钩、接链环及料斗的面漆为黑色,其余涂漆件的面漆为海灰色或绿色。

3.4 装配要求

3.4.1 头轮组及尾轮组装配后,用手转动应轻便灵活。

3.4.2 电机与液力耦合器联接,轴向间隙应为 2mm~4mm。

3.4.3 电机轴与减速器轴径向位移允差不大于 0.2mm,角位移不大于 30′。

3.5 安装要求

3.5.1 尾部上法兰面水平度允差每 1000mm 不大于 1mm。

3.5.2 头、尾轮轴水平度允差每 1000mm 不大于 0.3mm。

3.5.3 头、尾轮安装应符合表5和图5的规定。

表5

测量尺寸	H≤30m	H>30m
	公差值/mm	
$|A_1 - A_2|$		
$|A_0 - A_1|$	2	4
$|A_0 - A_2|$		
B_1	2	4
B_2		

3.5.4 中间壳体对提升机中心垂线平行度允差每 1000mm 长度内不大于 0.5mm。同时应符合 3.5.3 的规定。

3.5.5 提升机两排牵引件之间总长度差应不大于 3mm。

3.5.6 机壳法兰之间连接应严密。

3.6 试运转要求

3.6.1 提升机头部试运转应符合下列要求:

　　a) 减速器无异常振动和冲击声;

　　b) 液力耦合器及减速器无渗油现象;

　　c) 主轴承温升不超过 30℃。

175

3.6.2 整机空载运转在安全设施完备后进行,并应符合下列要求:

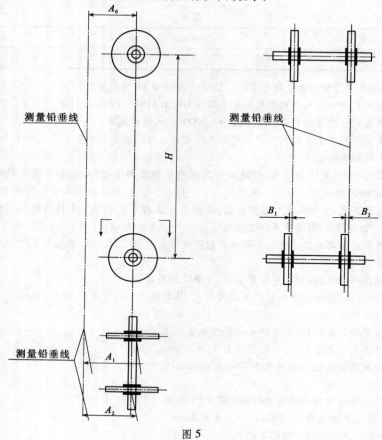

图 5

a)超越离合器动作正常,辅助传动应平稳;

b)电器控制可靠,电动机、减速器、液力耦合器运转平稳,无渗油;

c)牵引件应运转正常,无打滑、偏移现象,料斗与其他件无碰撞;

d)各轴承温升不超过30℃。

3.6.3 负荷试运转应达到3.6.2中b),c)项和以下要求:

a)提升量达到设计要求;

b)无明显回料现象;

c)轴承温升不超过40℃;

d)间断停车2~3次,确认逆止器工作可靠;

e)头部噪声应不超过85dB(A);

f)头部主轴承处振动速度小于或等于4.5mm/s。

4 试验方法

4.1 主轴的探伤方法按GB/T 6402—1991中的规定执行。

4.2 圆环链和接链环破断负荷检验应各以一组圆环链和一个接链环为一个试样,整体链环钩破断负荷以一个整体链环钩和相应附件为一个试样,均按GB/T 228—2002的规定执行。

4.3 圆环链组内长 L 偏差应在环链承受25N/mm² 的拉应力状况下检测。

4.4 圆环链成对选配应在自由悬挂状态下检测。

4.5 试运转：

　　a）提升机头部试运转不少于4h；

　　b）整机空载试运转不少于4h；

　　c）负荷试运转不少于24h。

4.6 噪声检测按GB/T 3768—1996的规定进行。

4.7 振动速度应采用测振仪检测。

5　检验规则

5.1　抽样与组批

5.1.1　加工件应逐件检验合格，外购件和外协件应符合有关标准规定，并具有合格证方能组装。

5.1.2　对3.2.4.5中圆环链、3.2.5.6中整体链环钩及3.2.6.2中接链环的破断负荷检验按供货合同中相同规格为一批，抽取2/1000，但不得少于1组。当有一组不合格时，则应在同批中加倍抽取检验，当仍有不合格时，则判全批不合格。

5.1.3　对3.2.4.7中圆环链组内长 L 的偏差检验按热处理每炉为一批，抽取5%，但不得少于5组，仍有不合格时，则应逐件检验。

5.2　检验分类

　　检验分出厂检验和型式检验。

5.3　出厂检验

5.3.1　提升机应经制造厂检验部门检验合格，并具有产品合格证方可出厂。

5.3.2　产品出厂前应完成3.1～3.4、3.6.1、6.1～6.3等项的检验。

5.4　型式检验

5.4.1　提升机在下列情况之一时，应进行型式检验：

　　a）新产品或老产品转厂生产的试制定型鉴定；

　　b）正式生产后，如结构、材料、工艺有较大改变，可能影响产品性能时；

　　c）正常生产时，应至少每两年进行一次检验；

　　d）产品长期停产后，恢复生产时；

　　e）出厂检验结果与上次型式检验有较大差异时；

　　f）国家质量监督机构提出进行型式检验要求时。

5.4.2　型式检验应对本部分规定的全部技术要求进行检验，提升机分部组装出厂，对3.5、6.2、3.6.3条规定在现场安装检验。

6　标志、包装、运输与贮存

6.1　提升机应在适当而明显的位置上固定产品标牌，其型式与尺寸应符合GB/T 13306的规定，并标明下面内容：

　　a）商标、产品名称；

　　b）产品型号、规格；

　　c）主要技术参数；

　　d）出厂编号；

　　e）出厂日期；

　　f）制造厂名称。

6.2　提升机的包装和随机文件应符合JC/T 406的规定，并适应陆路、水路运输的要求。

6.3　包装中对产品的外露加工表面应采取防锈措施，其有效期应符合JC/T 402中4.1.1的规定。

6.4　提升机安装使用前，供需双方对零件部件应妥善保管，防止锈蚀、变形、损坏和丢失。

ICS 91-110
Q 92
备案号：17693—2009

JC

中华人民共和国建材行业标准

JC/T 462—2006
代替 JC/T 462—1992（1996）

水泥工业用螺旋泵

Screw pump for cement industry

2006-05-12 发布　　　　　　　　　　　2006-11-01 实施

中华人民共和国国家发展和改革委员会　发布

前　言

请注意,本标准的某些内容有可能涉及专利。本标准的发布机构不应承担识别这些专利的责任。

本标准是对 JC/T 462—1992(1996)《水泥工业用螺旋泵》进行的修订。

本标准与 JC/T 462—1992(1996)相比,主要做了如下修改:

——在原标准基础上增加了外观质量要求和装配要求的条款。

本标准自实施之日起代替 JC/T 462—1992(1996)。

本标准由中国建筑材料工业协会提出。

本标准由国家建筑材料工业机械标准化技术委员会归口。

本标准负责起草单位:南京顺风气力输送系统有限公司。

本标准参加起草单位:合肥水泥研究设计院、南京水泥工业设计研究院。

本标准主要起草人:王兆生、李步渠、王博涛、王强。

本标准所代替标准的历次版本发布情况为:

——JC/T 462—1992(1996)

水泥工业用螺旋泵

1 范围

本标准规定了水泥工业用螺旋泵的术语和定义、分类、技术要求、试验方法、检验规则、标志、包装、运输和贮存。

本标准适用于输送低于200℃粉状干物料的水泥工业用螺旋泵(以下简称"螺旋泵")。其他类似产品可参照执行。

2 规范性引用文件

下列文件中的条款通过本标准的引用而成为本标准的条款。凡是注日期的引用文件,其随后所有的修改单(不包括勘误的内容)或修订版均不适用于本标准,然而,鼓励根据本标准达成协议的各方研究是否可使用这些文件的最新版本。凡是不注日期的引用文件,其最新版本适用于本标准。

GB/T 1184—1996 形状和位置公差 未注公差值

GB/T 1348—1988 球墨铸铁件

GB/T 1804—2000 一般公差 未注公差的线性和角度尺寸的公差

GB/T 3768 声学 声压法测定噪声源声功率级 反射面上方近似自由场的工程法

GB/T 9439—1988 灰铸铁件

GB/T 13306 标牌

GB/T 13384 机电产品包装通用技术条件

JC/T 402 水泥机械涂漆防锈技术条件

JC/T 406 水泥机械包装技术条件

3 术语和定义

下列术语和定义适用于本标准。

3.1 螺旋泵 screw pump

用于输送粉状物料,物料通过螺旋叶片被推至混合箱,被压缩空气流态化后吹入管道的输送设备。

3.2 第一次大修期 first general overhaul

从正常使用到必须更换或全部拆卸螺旋轴及轴套,使其恢复其原有功能的已经使用的时间。

4 分类

4.1 型式

螺旋泵按支承型式,分为简支型(代号为J)和悬臂型(不作标记)。

4.2 型号

型号表示方法规定如下:

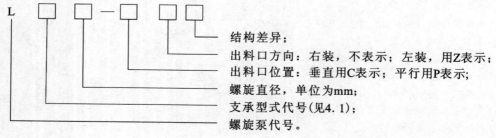

结构差异;

出料口方向:右装,不表示;左装,用Z表示;

出料口位置:垂直用C表示;平行用P表示;

螺旋直径,单位为mm;

支承型式代号(见4.1);

螺旋泵代号。

4.3 型号及全称示例

示例1：LJ300—C 螺旋泵

表示简支型、螺旋直径300mm、垂直出料、右装(在驱动端看，出料口在右边)的螺旋泵。

示例2：L150—PZ 螺旋泵

表示悬臂型、螺旋直径150mm、平行出料、左装的螺旋泵。

4.4 基本参数

螺旋泵的基本参数见表1、表2。

表1　简支型螺旋泵基本参数

项　目	型　　号				
	LJ150	LJ200	LJ250	LJ300	LJ350
螺旋直径/mm	150	200	250	300	350
输送能力/(m³/min)	13	50	110	235	380
螺旋转速/(r/min)	1000				
工作压力/MPa	≤0.21				

表2　悬臂型螺旋泵基本参数

项　目	型　　号				
	L100	L125	L150	L180	L200
螺旋直径/mm	100	125	150	180	200
输送能力/(m³/min)	4.5	6	12.5	28	35
螺旋转速/(r/min)	1000				
工作压力/MPa	≤0.21				

5 技术要求

5.1 基本要求

5.1.1 螺旋泵应符合本标准的要求，并按照经规定程序批准的产品图样和技术文件制造。凡本标准、图样和技术文件未规定的技术要求，均按国家标准、建材和机电行业有关通用技术条件的规定执行。

5.1.2 图样上未注公差尺寸的极限偏差应符合GB/T 1804—2000的规定，其中，机械切削加工部位为m级；焊接件非机械加工部位为c级。

5.1.3 铸件不应有裂缝、缩孔、疏松和砂眼等缺陷。

5.1.4 所用配套件应符合国家标准和行业标准有关的规定。

5.2 整机性能要求

5.2.1 空载试车要求应符合下列规定：

a) 螺旋泵运转平稳，无异常振动和声音；

b) 轴承部位的温升应不高于35℃；

c) 噪声应不高于80dB(A)；

d) 各处螺栓不得有松动现象。

5.2.2 负载试车要求应符合下列规定：

a) 螺旋泵运转平稳，无异常振动和声音；

b) 轴承部位的温升应不高于70℃；

c) 噪声应不高于80dB(A)；

d) 测定电机电流应无不正常的波动现象；

e) 各处螺栓不得有松动现象。

5.2.3 按照制造厂要求进行维护和保养,在正常工作状态下第一次大修期为1年。

5.3 外观质量要求

5.3.1 铸件表面应进行喷砂处理,不得有明显的凸起、凹陷、粗糙不平等影响外观质量的缺陷。

5.3.2 主要机加工表面不应有拉毛、碰伤和锈蚀现象。

5.3.3 外露紧固件的突出部分不应过长或参差不齐,其螺栓尾端应突出螺母之外2~4倍螺距。

5.3.4 螺旋泵的涂漆防锈应符合 JC/T 402 的有关规定。

5.3.5 各种标牌的字体应清晰,固定位置明显、牢固、不歪斜。

5.4 主要零部件要求

5.4.1 螺旋轴

5.4.1.1 螺旋与轴应连续焊接。焊缝的机械性能应不低于母材的机械性能。

5.4.1.2 螺旋轴易磨损表面应进行硬化处理,硬度应不低于56HRC。

5.4.1.3 螺旋轴应做动平衡试验。在 600r/min 的转速下,两平衡轮中心平面所指示的不平衡量应不大于140g。

5.4.2 外套筒及衬套

5.4.2.1 外套筒内孔的同轴度公差不低于 GB/T 1184—1996 中的 8 级。

5.4.2.2 外套筒两端面圆孔法兰平行度公差不低于 GB/T 1184—1996 中的 6 级。

5.4.2.3 衬套在易磨损部位应采用耐磨材料或对内圆表面进行硬化处理,硬度应不低于45HRC。

5.4.3 轴承座及密封座

5.4.3.1 材料应不低于 GB/T 9439—1988 中有关 HT300 的规定。

5.4.3.2 两端内孔的同轴度公差不低于 GB/T 1184—1996 中的 8 级。

5.4.3.3 两端面圆孔法兰平行度公差不低于 GB/T 1184—1996 中的 6 级。

5.4.4 止回阀阀盖与阀座

止回阀阀盖与阀座之间接合面的表面硬度应不低于56HRC。

5.4.5 混合箱

5.4.5.1 混合箱材料应不低于 GB/T 9439—1988 中有关 HT350 的规定;输送煤粉的混合箱应不低于 GB/T 1348—1988 中有关 QT 450—10 的规定。

5.4.5.2 混合箱应进行水压试验。试验压力应不低于 0.26MPa;输送煤粉时,应不低于 0.97MPa;应无渗漏现象。

5.4.5.3 箱体两端孔的同轴度公差不低于 GB/T 1184—1996 中的 8 级。

5.4.5.4 箱体两端面圆孔法兰平行度公差不低于 GB/T 1184—1996 中的 6 级。

5.4.6 进料箱

5.4.6.1 进料箱材料应不低于 GB/T 9439—1988 中有关 HT300 的规定;输送煤粉时,应不低于 GB/T 9439—1988中有关 HT350 的规定。

5.4.6.2 进料箱应进行水压试验。试验压力应不低于 0.2MPa,对于输送煤粉的应不低于 0.45MPa;应无渗漏现象。

5.4.6.3 箱体两端孔的同轴度公差不低于 GB/T 1184—1996 中的 8 级。

5.4.6.4 箱体两端面圆孔法兰平行度公差不低于 GB/T 1184—1996 中的 6 级。

5.5 装配要求

5.5.1 所有零部件应逐件检验合格。外购件、外协件必须有质量合格证明文件或厂内检验合格后方可进行装配。

5.5.2 衬套内径表面与螺旋外径表面之间的间隙应为1mm~3mm。

5.5.3 阀盖与阀座的结合面安装间隙应小于 0.2mm,阀盖应启闭灵活。

5.5.4 螺旋轴应旋转灵活。

5.5.5 密封用气管路两端调压过滤器后的活接头内必须装有节流孔板。

6 试验方法

6.1 螺旋泵空载试车须连续运转2h,应符合5.2.1的要求。

6.2 螺旋泵在使用厂安装后,应进行负载试车,负载试车在空载试车后进行,负载试车须连续运转4h,应符合5.2.2的要求。

6.3 螺旋轴动平衡试验应在动平衡机上进行,并应符合5.4.1.3的要求。

6.4 根据图样和技术文件的要求,需进行水压试验的零件,水压试验应达到规定的试验压力。试压前应将箱体内空气排尽,混合箱在达到5.4.5.2规定的压力下进行,进料箱水压试验在达到5.4.6.2规定的压力下进行,均应保压30min。

6.5 噪声测量方法按GB/T 3768的有关规定。

7 检验规则

7.1 检验分类

产品检验分型式检验和出厂检验。

7.2 型式检验

在下列情况之一时,应对标准中规定的全部技术要求进行型式检验:

a)新产品试制或者老产品转厂时;

b)正式生产后,如结构、材料、工艺有较大改变,可能影响产品性能时;

c)正常生产时,至少每3年进行一次型式检验;

d)国家质量监督部门提出进行型式检验要求时;

e)产品长期停产后,恢复生产时;

f)出厂检验结果与上次型式检验有较大差异时。

7.3 出厂检验

7.3.1 每台螺旋泵应经制造厂的检验部门检验合格,并附有产品质量合格证,方可出厂。

7.3.2 出厂检验项目应包括6.1~6.4、8.1~8.2等。

7.4 判定规则

7.4.1 出厂检验项目按本标准7.3规定的项目进行检验,检验合格判定该台产品为合格;检验不合格判定该台产品为不合格。

7.4.2 型式检验项目应在出厂检验合格的产品中抽取一台,检验合格判定该台产品为合格;检验不合格判定该台产品为不合格。

8 标志、包装、运输与贮存

8.1 螺旋泵应在明显位置固定产品标牌,其型式与尺寸应符合GB/T 13306的规定,并标明下列内容:

a)产品型号、产品名称;

b)标准代号:

c)主要技术参数;

d)出厂编号、出厂日期;

e)制造厂名称及商标。

8.2 螺旋泵的包装应符合GB/T 13384或JC/T 406的有关规定。随机文件应包括合格证、使用说明书、装箱单等。

8.3 螺旋泵的运输应符合交通部门的有关规定。

8.4 螺旋泵应贮存于干燥通风的库房或不致受潮的有遮盖场所。

8.5 螺旋泵在安装前,制造厂和用户均应妥善保管,防止锈蚀、损坏、变形及丢失。

ICS 91-110

Q 92

备案号:17692—2006

JC

中华人民共和国建材行业标准

JC/T 461—2006
代替 JC/T 461—1992(1996)

水泥工业用仓式泵

Pressure tank for cement industry

2006-05-12 发布   2006-11-01 实施

中华人民共和国国家发展和改革委员会 发 布

前　　言

请注意,本标准的某些内容有可能涉及专利。本标准的发布机构不应承担识别这些专利的责任。

本标准是对 JC/T 461—1992(1996)《水泥工业用仓式泵》进行的修订。

本标准与 JC/T 461—1992(1996)相比,主要技术内容变化如下:

——增加了整机性能的要求;

——增加了对外观质量的要求;

——增加了对装配要求的条款。

本标准自实施之日起代替 JC/T 461—1992(1996)。

本标准由中国建筑材料工业协会提出。

本标准由国家建筑材料工业机械标准化技术委员会归口。

本标准负责起草单位:南京顺风气力输送系统有限公司。

本标准参加起草单位:合肥水泥研究设计院、南京水泥工业设计研究院。

本标准主要起草人:王兆生、李步渠、陶鸿、王强。

本标准所代替标准的历次版本发布情况为:

——JC/T 461—1992(1996)。

水泥工业用仓式泵

1 范围

本标准规定了水泥工业用仓式泵的术语和定义、型号及基本参数、技术要求、试验方法、检验规则、标志、包装、运输和贮存。

本标准适用于输送粉粒状干物料的各种输送形式的水泥工业用仓式泵(以下简称"仓式泵")。其他类似产品可参照执行。

2 规范性引用文件

下列文件中的条款通过本标准的引用而成为本标准的条款。凡是注日期的引用文件,其随后所有的修改单(不包括勘误的内容)或修订版均不适用于本标准,然而,鼓励根据本标准达成协议的各方研究是否可使用这些文件的最新版本。凡是不注日期的引用文件,其最新版本适用于本标准。

GB 150 钢制压力容器

GB/T 700 碳素结构钢

GB/T 1804—2000 一般公差 未注公差的线性和角度尺寸的公差

GB/T 3323—1987 钢熔化焊接接头射线照相和质量分级

GB/T 5117 碳钢焊条

GB/T 5118 低合金钢焊条

GB/T 5293 碳素钢埋弧焊用焊剂

GB 6654 压力容器用碳素钢和低合金钢厚钢板

GB/T 8163 流体输送用无缝钢管

GB/T 9439—1988 灰铸铁件

GB/T 13306 标牌

JB/T 4711 压力容器涂敷与运输包装

JB 4730—2005 承压设备无损检测

JC/T 401.2—1991 建材机械用碳钢和低合金钢铸件技术条件

压力容器安全技术监察规程

3 术语和定义

下列术语和定义适用于本标准。

仓式泵 pressure tank

一种充气罐式输送装置,是间歇式压送气力输送系统中的发送设备。

4 型号及基本参数

4.1 型号

仓式泵的型号表示方法规定如下:

泵体有效容积,单位为m³;

仓式泵的代号。

4.2 型号及全称示例

示例：C8.0 仓式泵

表示有效容积为 8.0m³ 的筒形单仓仓式泵。

4.3 基本参数

仓式泵的基本参数，见表1。

表1 基本参数

项 目	型							号
	C1.0	C2.0	C3.0	C4.0	C5.0	C6.0	C8.0	C10
有效容积/m³	1.0	2.0	3.0	4.0	5.0	6.0	8.0	10
泵体内径/mm	1000	1400	1600	1800	2000	2000	2200	2400
出口直径/mm	80/100	100	125	125	150	175	200	225
工作压力/MPa	0.2 ~ 0.5							
输送次数/(次/小时)	≤10							

5 技术要求

5.1 基本要求

5.1.1 仓式泵应符合本标准的要求,并按经规定程序批准的产品图样的技术文件制造、安装和使用。凡本标准、图样和技术文件未规定的技术要求,均按国家标准、建材和机电行业有关通用技术条件的规定执行。

5.1.2 仓式泵的泵体应符合 GB 150 及《压力容器安全技术监察规程》的有关规定,进行设计制造。并按 JB 4730—2005 进行检测。

5.1.3 图样上未注公差尺寸的极限偏差应符合 GB/T 1804—2000 的规定,其中,机械切削加工部位为 m 级;焊接件非机械加工部位为 c 级。

5.1.4 系统上应设有安全阀,安全阀应能保证在达到系统允许最高压力时能迅速释放,以保护仓式泵及其系统。

5.1.5 仓式泵所用配套件应符合有关国家标准和行业标准的规定。

5.2 整机性能要求

仓式泵结构件使用寿命不低于30年。

5.3 外观质量要求

5.3.1 产品表面应平整光洁,不应有凸凹和粗糙现象,各结合面边缘应整齐匀称。

5.3.2 外露紧固件的突出部分不应过长或参差不齐,其螺栓尾端应突出螺母之外 2 ~ 4 倍螺距。

5.3.3 仓式泵泵体的涂漆防锈要求应按 JB/T 4711 有关规定执行。

5.3.4 各种标牌的字体应清晰,固定位置明显、牢固、不歪斜。

5.4 主要零部件要求

5.4.1 泵体

5.4.1.1 泵体的材料应不低于表2的规定。

表2 泵体材料要求

使用条件		钢板标准	钢材牌号
使用温度	钢板厚度		
≥0℃	≤16mm	GB 700	Q 235-B
≥ −10℃	≤16mm(热轧)	GB 6654ᵃ	20R
≥ −20℃	≤16mm(热轧)	GB 6654	16MnR

a 应进行 −20℃ 的冲击试验,冲击功应不小于 20J。

5.4.1.2 对厚度不小于 6mm 的钢板,下料前应在成材边缘宽度为 50mm 的区域内进行超声波探伤,并符合 JB 4730—2005 的有关规定,碳素钢为Ⅲ级,低合金钢为Ⅱ级。

5.4.1.3 封头应符合下列规定:

a) 封头拼接时,焊缝方向只允许径向,两径向焊缝之间最小距离 l 应不小于 100mm(见图 1);

b) 冲压成形的封头,其最小厚度不得小于图样厚度 δ_n 减去钢板厚度负偏差;

c) 用弦长不小于封头内直径 $(3/4)D_i$ 的内样板,检查椭圆形内表面的形状偏差(见图 2),其间隙不得大于 $0.0125D_i$。

5.4.1.4 直筒应符合下列规定:

a) 焊缝对口错边量 b:(见图 3)

当 δ_n 不大于 12mm 时,错边量 b 应不大于 $(1/4)\delta_n$;

当 δ_n 大于 12mm ~ 16mm 时,错边量 b 应不大于 3mm。

b) 焊缝在环向形成的棱角 E(见图 4),不得大于 $(\delta_n/10 + 2)$mm,且不大于 5mm;

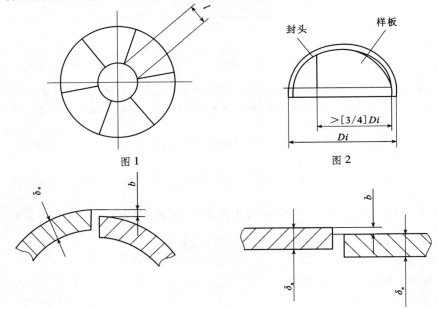

图 1   图 2

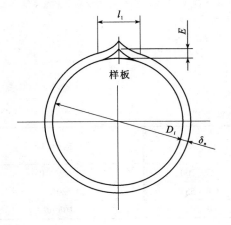

图 3

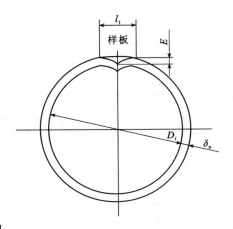

图 4

188

c) 焊接在轴向形成的棱角 E_1（见图5），其 E_1 值应不大于 $(\delta_n/10+2)$ mm 且不大于5mm；

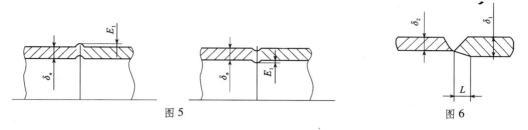

图5   图6

d) 直筒与封头相连的环向焊缝，如两板厚度差大于厚度的30%或超过5mm，在内侧按图6所示 $L \geqslant 3(\delta_1 - \delta_2)$ 的要求削薄厚板的边缘。L 段表面粗糙度 Ra 的最大允许值为 $12.5\mu m$。

5.4.1.5 组焊要求应符合下列规定：

a) 相邻对接焊缝的距离应不小于100mm；

b) 上、下法兰面对直筒中心线的垂直度不大于0.01（法兰外径），且不大于3mm；

c) 泵体内所有附件应避开泵体焊缝；

d) 泵体修磨处的深度不得超过厚度 δ_n 的5%，大于2mm时允许采用补焊，修磨范围内的斜度至少为 $1:3$；

e) 泵体同一断面上最大内径与最小内径之差应不大于 $0.01D_i$，且不大于25mm（见图7）。

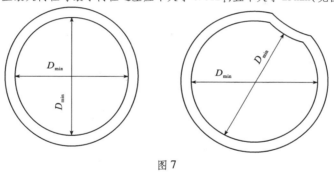

图7

5.4.1.6 焊接要求应符合下列规定：

a) 焊条、焊剂应符合 GB/T 5117，GB/T 5118 和 GB/T 5293 的规定，其质量应保证焊缝的机械性能不低于母材的机械性能；

b) 焊缝表面及热影响区不允许有裂纹、气孔、弧坑和夹渣等影响强度的缺陷。

5.4.1.7 泵体的焊缝质量应不低于 JB 4730—2005 中的 Ⅱ 级或 GB/T 3323—1987 中的 Ⅲ 级。

5.4.1.8 泵体应进行水压试验，密封不漏。

5.4.2 进料阀

5.4.2.1 锥阀材料应不低于 JC/T 401.2—1991 中有关 ZB 340—640 的规定。

5.4.2.2 橡胶圈材料应不低于氟橡胶的有关规定。

5.4.3 排气阀、出料阀

5.4.3.1 排气阀、出料阀阀座材料应不低于 GB/T 9439—1988 中有关 HT200 的规定，并应进行时效处理。

5.4.3.2 阀门的密封面应采用耐磨材料制造或耐磨工艺处理，保证密封性和动作灵活。

5.5 装配要求

5.5.1 所有零部件必须检验合格。外购件、外协件必须有质量合格证明文件或由制造厂检验合格后方可进行装配。

5.5.2 各连接部件应牢固，各种阀及控制机构的动作应灵活可靠。

5.5.3 进料阀关闭时应严密不漏气。

5.5.4 仓式泵安装时，泵体中心线应与水平面垂直，其允差应不大于3mm。

5.5.5 安装时,泵体与中间仓各管路法兰结合面应严密不漏气。

5.5.6 各种阀门应启闭灵活。

6 试验方法

6.1 仓式泵的泵体按 JB 4730—2005 进行压力容器无损检测。

6.2 对 5.4.1.4b)项,用弦长 l_1 等于直径(1/6)D_i;,且不小于 300mm 的内、外样板检查(见图 4)。

6.3 对 5.4.1.4c)项,用长度不小于 300mm 的检查尺检查(见图 5)。

6.4 水压试验

6.4.1 泵体水压试验压力应不低于 P_r:

$$P_r = 1.25P\frac{[\sigma]}{[\sigma]'} \quad\cdots\cdots\cdots\cdots\cdots\cdots\cdots\cdots\cdots\cdots\cdots\cdots\cdots\cdots\cdots\cdots\cdots (1)$$

式中:

P_r——水压试验压力,单位为 MPa;

P——设计压力,单位为 MPa;

$[\sigma]$——材料试验温度下的许用应力,单位为 MPa;

$[\sigma]'$——材料设计温度下的许用应力,单位为 MPa。

6.4.2 水压试验必须用两个量程相同的并经过校正的压力表,其量程是试验压力的 1.5～4 倍,以 2 倍为宜。

6.4.3 试验用水的温度应不低于 5℃。

6.4.4 利用泵体顶部的排气口,在充水时,将泵内的空气排净。

6.4.5 试验时,压力应缓慢上升至试验压力,保压时间应不少于 30min。然后将压力降至试验压力的 80%,对所有焊接部位进行检查。如有渗漏,应修补后重新试验。

6.5 在仓式泵及其系统装配完成后,应对控制部位接通空气进行仓式泵启闭试验。检验项目按如下规定:

　　a)检查各零、部件的装配质量,工作情况和相互作用的正确性;

　　b)检查各种阀及控制机构动作的灵活可靠性,不得有卡阻现象;

　　c)检查进料阀、出料阀及排气阀的密封性,不得有漏气现象。

6.6 根据需要,仓式泵可以进行粉粒状干物料的实际输送试验,以检验仓式泵的可靠性和实际输送能力。

7 检验规则

7.1 检验分类

产品检验分为型式检验、出厂检验和抽样检验。

7.2 型式检验

有下列情况之一时,仓式泵应进行型式检验。型式检验的内容,应包括本标准规定的全部技术要求:

　　a)新产品试制或者老产品转厂生产时;

　　b)正式生产后,如结构、材料、工艺有较大改变,可能影响产品性能时;

　　c)正常生产时,至少每 3 年进行一次型式检验;

　　d)国家质量监督部门提出进行型式检验要求时;

　　e)产品长期停产后,恢复生产时;

　　f)出厂检验结果与上次型式检验有较大差异时。

7.3 出厂检验

7.3.1 每台仓式泵应进行出厂检验。经质量检验部门检验合格,并附有产品质量合格证,方可出厂。

7.3.2 出厂检验项目应包括 5.1 等。

7.4 抽样检验

7.4.1 成批生产的仓式泵应进行抽样检验,抽样检验的内容应包括第 5 章的规定。

7.4.2 每次抽检台数应不少于 1 台,抽检时间应一年内均衡分布。

7.4.3 抽查的批不合格时,制造厂应对该批产品逐台检查,将发现的不合格品剔除或修好。

7.5 判定规则

7.5.1 出厂检验项目按本标准 7.3 规定的项目进行检验,检验合格判定该台产品为合格;检验不合格判定该台产品为不合格。

7.5.2 型式检验项目应在出厂检验合格的产品中抽取一台,检验合格判定该台产品为合格;检验不合格判定该台产品为不合格。

8 标志、包装、运输与贮存

8.1 仓式泵应在明显位置固定产品标牌,其尺寸与技术要求应符合 GB/T 13306 的规定,并标明下列内容:

    a)产品型号、产品名称;

    b)标准代号;

    c)主要技术参数;

    d)出厂编号、出厂日期;

    e)制造厂名称及商标。

8.2 仓式泵的包装和运输应符合 JB/T 4711 的有关规定。随机文件应包括合格证、使用说明书、装箱单及压力容器的有关资料等。

8.3 仓式泵应贮存于干燥通风的库房或不致受潮的有遮盖场所。

8.4 仓式泵在安装前,制造厂和用户均应妥善保管,防止锈蚀、损坏、变形及丢失。

ICS 91-110
Q 92
备案号:17694—2006

JC

中华人民共和国建材行业标准

JC/T 463—2006
代替 JC/T 463—1992(1996)

水泥工业用气力提升泵

Air lift for cement industry

2006-05-12 发布　　　　　　　　　2006-11-01 实施

中华人民共和国国家发展和改革委员会　发布

前　　言

请注意,本标准的某些内容有可能涉及专利。本标准的发布机构不应承担识别这些专利的责任。

本标准是对 JC/T 463—1992(1996)《水泥工业用提升泵》进行的修改。

本标准与 JC/T 463—1992(1996)相比,主要技术内容变化如下:

——增加了对整机性能的要求;

——增加了对外观质量的要求;

——增加了对装配要求的条款。

本标准自实施之日起代替 JC/T 463—1992(1996)。

本标准由中国建筑材料工业协会提出。

本标准由国家建筑材料工业机械标准化技术委员会归口。

本标准负责起草单位:南京顺风气力输送系统有限公司。

本标准参加起草单位:合肥水泥研究设计院、南京水泥工业设计研究院。

本标准主要起草人:王兆生、李步渠、王博涛、王强。

本标准所代替标准的历次版本发布情况为:

——JC/T 463—1992(1996)。

水泥工业用气力提升泵

1 范围

本标准规定了水泥工业用提升泵的术语和定义、型号及基本参数、技术要求、试验方法、检验规则、标志、包装、运输和贮存。

本标准适用于垂直向上输送粉状干物料的水泥工业用气力提升泵(以下简称"提升泵")。其他类似产品可参照执行。

2 规范性引用文件

下列文件中的条款通过本标准的引用而成为本标准的条款。凡是注日期的引用文件,其随后所有的修改单(不包括勘误的内容)或修订版均不适用于本标准,然而,鼓励根据本标准达成协议的各方研究是否可使用这些文件的最新版本。凡是不注日期的引用文件,其最新版本适用于本标准。

GB/T 700—1988 碳素结构钢

GB/T 985 气焊、手工电弧焊及气焊保护焊焊缝坡口的基本形式与尺寸

GB/T 1804—2000 一般公差 未注公差的线性和角度尺寸的公差

GB/T 5117—1995 碳钢焊条

GB/T 13306 标牌

GB/T 13384 机电产品包装通用技术条件

JC/T 402 水泥机械涂漆防锈技术条件

JC/T 406 水泥机械包装技术条件

JC/T 532 焊接通用技术条件

3 术语和定义

下列术语和定义适用于本标准。

3.1 气力提升泵 air lift

气力提升泵用于将能充气流化而不发生离析现象的粉状物料,通过垂直管道输送到相当高位置的料仓内。

3.2 第一次大修期 first general overhaul

从正常使用到必须更换或全部拆卸透气层及喷嘴,使其恢复其原有功能的已经使用的时间。

4 型号及基本参数

4.1 型号

型号表示方法规定如下:

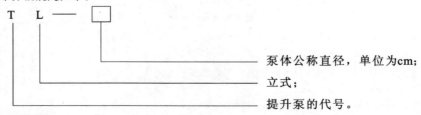

泵体公称直径,单位为cm;

立式;

提升泵的代号。

4.2 型号及全称示例

示例:TL120气力提升泵

表示泵体公称直径为 $\phi120cm$ 的气力提升泵。

4.3 基本参数

提升泵的基本参数,见表1。

表1 基本参数

项 目	型 号					
	TL90	TL120	TL150	TL180	TL210	TL245
泵体公称直径/cm	90	120	150	180	210	245
输送能力/(m³/h)	25~75	80~140	140~220	220~290	290~350	350~410
出料管直径/cm	17~20	25~30	35~40	40~45	45~50	50~60
空气耗量/(m³/min)	≤35	≤120	≤180	≤280	≤340	≤450
最大提升高度/m	50	80			100	
泵体高度/cm	200~800				400~900	
工作压力/MPa	0.030~0.070					

5 技术要求

5.1 基本要求

5.1.1 提升泵应符合本标准的要求,并按照经规定程序批准的产品图样和技术文件制造。凡本标准、图样和技术文件未规定的技术要求,均按国家标准、建材和机电行业有关通用技术条件的规定执行。

5.1.2 图样上未注公差尺寸的极限偏差应符合GB/T 1804—2000的规定,其中,机械切削加工部位为m级;焊接件非机械加工部位为c级。

5.1.3 焊接应符合GB/T 985有关的规定,其焊缝应焊透,不应有裂缝、夹渣、弧坑和气孔等缺陷。并不得保留有熔渣与飞溅物。

5.1.4 提升泵所用配套件应不低于有关国家标准和行业标准的规定。

5.2 整机性能要求

5.2.1 提升泵结构件使用寿命不低于20年。

5.2.2 按照制造厂要求进行维护和保养,在正常工作状态下第一次大修期为1年。

5.3 外观质量要求

5.3.1 产品表面应平整光洁,不应有凸凹和粗糙现象,各结合面边缘应整齐匀称,其错边量不大于1mm。

5.3.2 外露紧固件的突出部分不应过长或参差不齐,其螺栓尾端应突出螺母之外2~4倍螺距。

5.3.3 提升泵的涂漆防锈应符合JC/T 402的有关规定。

5.3.4 各种标牌的字体应清晰,固定位置明显、牢固、不歪斜。

5.4 主要零部件要求

5.4.1 泵体和输送管

5.4.1.1 材料应不低于GB/T 700—1988中有关Q235-A的规定。

5.4.1.2 焊接相邻两筒节的纵向焊缝应错开,间距应不小于100mm。

5.4.1.3 壳体直线度公差不大于其长度的1/1000,其圆度公差不大于直径的2/1000。

5.4.1.4 焊接用的焊条应不低于GB/T 5117—1995中有关E4303牌号焊条的规定,焊缝的机械性能应不低于母材的机械性能,焊缝连续应不漏气。

5.4.1.5 泵体上开孔应与焊缝错开,开孔边缘与焊缝的距离应不小于60mm。

5.4.2 喷嘴和进料罩

5.4.2.1 喷嘴和进料罩的材料应不低于GB/T 700—1988中有关Q235—A的规定。

5.4.2.2 喷嘴锥面的角度公差应不低于GB/T 1084—2000中的c级精度。

5.4.3 织物透气层

5.4.3.1 透气层材料应采用厚度为 5mm～6mm 的织物。透气层在风压为 0.088MPa 时,透气量应不大于 3.2m³/(m²·h)。

5.4.3.2 织物透气层为化纤材质时,裁切的边缘要用火封口。

5.5 装配要求

5.5.1 所有零部件应逐件检验合格。外购件、外协件必须有质量合格证明文件或厂内检验合格后方可进行装配。

5.5.2 泵体输送管与泵体组装应在同一轴线上,其同轴度公差不大于 φ5mm。

5.5.3 输送管进口与喷嘴应在同一轴线上,其同轴度公差不大于 φ2mm。

5.5.4 泵体内逆止阀的孔与喷嘴应在同一轴线上,其同轴度公差不大于 φ4mm。泵体外主空气管道上逆止阀的安装位置应高于泵体内料面高度。

5.5.5 逆止阀应启闭灵活,关闭严密。

5.5.6 织物透气层安装应张紧,张紧力应不低于 200N。织物透气层与下法兰之间使用粘合剂粘接。

5.5.7 泵体安装后各连接处应不漏气。

6 试验方法

6.1 对 5.4.1.3 用拉线法检查。

6.2 对 5.4.1.4 和 5.5.7 用气压试验法,试验压力为 0.075MPa,保压 30min 后进行泄漏检查。

6.3 对 5.5.2～5.5.4 用垂线法检查。

7 检验规则

7.1 检验分类
产品检验分为型式检验和出厂检验。

7.2 型式检验
在下列情况之一时,应对标准中规定的全部技术要求进行型式检验:
a)新产品试制或者老产品转厂时;
b)正式生产后,如结构、材料、工艺有较大改变,可能影响产品性能时;
c)正常生产时,至少每 3 年进行一次型式检验;
d)国家质量监督部门提出进行型式检验要求时;
e)产品长期停产后,恢复生产时;
f)出厂检验结果与上次型式检验有较大差异时。

7.3 出厂检验

7.3.1 每台提升泵应进行出厂检验。经质量检验部门检验合格,并附有产品质量合格证后,方可出厂。

7.3.2 出厂检验项目应包括 5.1～5.4、8.1～8.2 等。

7.4 判定规则

7.4.1 出厂检验项目按本标准 7.3 规定的项目进行检验,检验合格判定该台产品为合格;检验不合格判定该台产品为不合格。

7.4.2 型式检验项目应在出厂检验合格的产品中抽取一台,检验合格判定该台产品为合格;检验不合格判定该台产品为不合格。

8 标志、包装、运输和贮存

8.1 提升泵应在明显位置固定产品标牌,其尺寸与技术要求应符合 GB/T 13306 的规定,并标明下列内容:
a)产品型号、产品名称;
b)标准代号;
c)主要技术参数;

d）出厂编号、出厂日期；

e）制造厂名称及商标。

8.2 提升泵的包装应符合 GB/T 13384 或 JC/T 406 的有关规定。随机文件应包括合格证、使用说明书、装箱单等。

8.3 提升泵的运输应符合交通部门的有关规定。

8.4 提升泵应贮存于干燥通风的库房或不致受潮的有遮盖场所。

8.5 提升泵在安装前，制造厂和用户均应妥善保管，防止锈蚀、损坏、变形及丢失。

ICS 91-110
Q 93
备案号：15196—2005

JC

中华人民共和国建材行业标准

JC/T 464—2005
代替 JC/T 464—1992（1996）

水泥工业用空气炮清堵器

Air cannon for cement industry

2006-02-14发布　　　　　　　　2005-07-01实施

中华人民共和国国家发展和改革委员会　发布

前　言

本标准是对 JC/T 464—1992(1996)《水泥工业用空气炮清堵器》进行的修订。

本标准自实施之日起代替 JC/T 464—1992(1996)。

本标准与 JC/T 464—1992(1996)相比主要变化如下:

——本标准的编写格式上贯彻了 GB/T 1.1—2002、GB/T 1.2—2002 的一系列要求;

——对规范性引用文件根据目前最新的有效标准情况进行了调整、引用;

——产品的型式增加了中间(喷爆)式,规格由 0.014m^3 ~ 0.3m^3 计 8 种规格增加为 0.014m^3 ~ 0.50m^3 计 19 种规格(4.1 及表 1);

——取消了易损件寿命应不低于 1000 次充气喷爆循环的要求;

——按照新的压力容器对焊缝焊接的规定,对空气炮的有关材料及焊逢等作了新的规定;

——出厂检验项目增加了水压试验和焊逢射线探伤。

本标准由中国建筑材料工业协会提出。

本标准由国家建筑材料工业机械标准化技术委员会归口。

本标准负责起草单位:郑州欧亚空气炮有限公司。

本标准参加起草单位:天津市鼓风机总厂、天津市水泥工业设计研究院。

本标准主要起草人:周根生、张银生、赵学录、韩仲琦。

木标准所代替标准的历次版本发布情况为:

——JC/T 464—1992(1996)。

水泥工业用空气炮清堵器

1 范围

本标准规定了水泥工业用空气炮清堵器的术语和定义、型式、规格、技术要求、试验方法、检验规则以及标志、包装、运输和贮存。

本标准适用于工作环境温度为 −20℃ ~ 60℃，工作气压为 0.4MPa ~ 0.8MPa 的水泥工业用空气炮清堵器(以下简称空气炮清堵器)。类似产品也可参照执行。

2 规范性引用文件

下列文件中的条款通过本标准的引用而成为本标准的条款。凡是注日期的引用文件，其随后所有的修改单(不包括勘误的内容)或修订版均不适用于本标准，然而，鼓励根据本标准达成协议的各方研究是否可使用这些文件的最新版本。凡是不注日期的引用文件，其最新版本适用于本标准。

GB 150—1998 钢制压力容器

GB 700—1988 碳素结构钢

GB/T 709—1988 热轧钢板和钢带的尺寸、外形、重量及允许偏差

GB/T 1804—2000 一般公差 未注公差的线性和角度尺寸的公差

GB 6654—1996 压力容器用钢板

GB/T 8163—1999 输送流体用无缝钢管

GB/T 9019—2001 压力容器公称直径

JB 2536—1988 压力容器油漆、包装、运输

JB 4708—2000 钢制压力容器焊接工艺评定

JB 4730—1994 压力容器无损检测

JB/T 4746—2002 钢制压力容器用封头

JB/T 6378—1992 气动换向阀技术条件

HG 20592 钢制管法兰

3 术语和定义

下列术语和定义适用于本标准

3.1 水泥工业用空气炮清堵器

是指以空气喷爆原理清除水泥工业生产系统中物料结皮、起拱、堵塞等现象的专用设备。

3.2 容积

是指储气罐公称容积。

3.3 冲击力

是指当储气罐的气压在 0.8MPa 的情况下，距喷爆口 0.1m 处压缩空气喷爆时的高压气流冲击力。

4 产品的型式、规格

4.1 型式说明

型式按进气口与喷爆口位置分为以下三种：

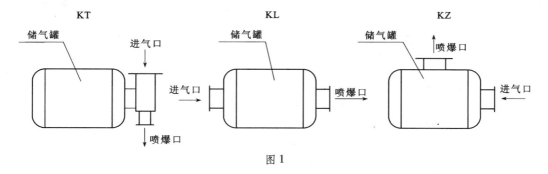

图 1

4.2 型号说明

型号表示方法规定如下：

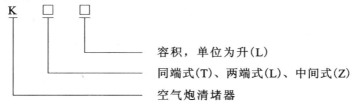

容积，单位为升(L)

同端式(T)、两端式(L)、中间式(Z)

空气炮清堵器

4.3 标记示例

示例：两端式、容积为 0.03m³ 的空气炮清堵器,标记为：

空气炮清堵器　KL30

4.4 基本参数

基本参数应符合表 1 的规定。

表 1

型号	容积 m³	公称通径 DN mm	进气口称直径 in	喷爆口 DN mm	工作压力 MPa	冲击力 ≥N
KL14	0.014	200				2200
KL30	0.030	300	1/2	50		2800
KL50	0.050	350				3500
KT75	0.075	400				4800
KT100	0.100	400	1/2	100	0.4~0.8	5800
KT150	0.150	500				8200
KT300	0.300	600	1/2	125		11000
KT500	0.500	700				15000
KZ25	0.025	300				1500
KZ35	0.035	300				2000
KZ50	0.050	350				2400
KZ60	0.060	350				2500
KZ75	0.075	400				2680
KZ80	0.080	400	1/2	65	0.4~0.8	2720
KZ100	0.100	400				2830
KZ120	0.120	450				3300
KZ150	0.150	500				4500
KZ170	0.170	500				4850
KZ200	0.200	500				5300

5 技术要求

5.1 基本要求

5.1.1 产品应符合本标准的要求,并按经规定程序批准的图样和技术文件制造。凡本标准未规定的技术要求,按相关国家标准和建材行业标准执行。

5.1.2 图样未注公差尺寸的极限偏差应按 GB/T 1804—2000 的规定执行,机械加工尺寸按 IT14 级,非机械加工尺寸按 IT16 级制造。

5.2 主要零部件要求

5.2.1 储气罐

5.2.1.1 储气罐壳体材料,当工作环境温度在 0℃~60℃时,应不低于 GB 700—1988 中 Q235-B 的有关规定;当工作环境温度在 -20℃~0℃时,应不低于 GB 6654—1996 中 16MnR 的有关规定。

5.2.1.2 储气罐封头应符合 JB/T 4746—2002 的规定,且由整块钢板冲压成形。

5.2.1.3 封头成形后,钢板的最小厚度应不小了图样标注的封头厚度减去使用加工封头的钢板负偏差,钢板负偏差应符合 GB/T 709—1988 的规定。

5.2.1.4 形状偏差应符合 GB 150—1993 中 10.2.2.3 的规定。

5.2.1.5 储气罐进气口接管及喷爆口接管的材料应符合 GB/T 8163—1999 中的有关 20 钢无缝钢管的规定。

5.2.1.6 储气罐 A、B 类焊接接头对口错边量 b(见图2),不应大于钢板厚度 t 的 10%,且不大于 1.0mm。

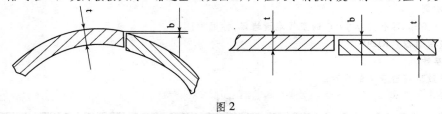

图2

5.2.1.7 在焊接接头环向形成的棱角 E(见图3)不大于 1.5mm。

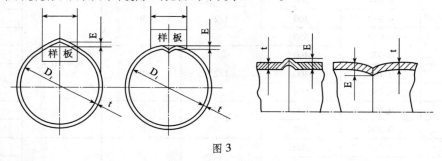

图3

5.2.1.8 两端式空气炮清堵器的储气罐进气口接管与喷爆口接管的同轴度公差为 ϕ0.5mm。

5.2.1.9 法兰面应垂直于接管,且垂直或平行于储气罐壳体的主轴中心线,其偏筹应不超过法兰外径的 1%。

5.2.1.10 储气罐壳体同一断面上的最大外直径与最小外直径之差应不大于 3mm。

5.2.1.11 焊缝应焊透、饱满,表面应圆滑。

5.2.1.12 焊缝咬边深度不大于 0.5mm,咬边连续长度应不超过 100mm。两侧累计长度应不超过该条焊缝长度的 10%。

5.2.1.13 焊缝内部质量应不低于 JB 4730—1994 中Ⅲ级的规定。

5.2.1.14 法兰应符合 HG 20592 中公称压力为 1MPa 的法兰的规定。

5.2.1.15 储气罐应依据 GB 150—1988 有关要求进行水压试验,不渗漏。

5.2.2 气缸、活塞

气缸、活塞材料应不低于 GB/T 9439—1988 中有关 HT200 的规定。

5.2.3 电磁阀

电磁阀应符合 GB/T 6378—1992《启动换向阀 技术条件》的要求。

5.3 装配要求

活塞在气缸内应运动灵活,二者的径向间隙应在 0.12m～0.20mm 之间。

5.4 外观质量要求

5.4.1 储气罐外表面应采用喷砂等方法进行处理,以改善外观质量,外表面不应有图样未规定的凸、凹及其他损伤。

5.4.2 零部件结合处的边缘应整齐、匀称。

5.5 充气喷爆试验要求

5.5.1 充气喷爆试验次数应不少于 10 次。电器控制应准确可靠,二位三通电磁阀换向灵活。

5.5.2 在喷爆试验过程中不应有异常声音,活塞不应有卡死现象。

5.5.3 密封应可靠,无漏气现象。

5.5.4 冲击力应符合表 1 的规定。

5.6 涂漆防锈要求

产品涂漆和防锈应符合 JB 2536—1988 的规定。

6 试验方法

6.1 水压试验

水压试验的方法应符合 GB 150—1998 的有关规定。

6.2 储气罐焊接接头形成的棱角 E 的测量方法

在检查焊接接头环向形成的棱角 E(见图 3)时,用弦长不小于 1/6 内径 Di,且不小于 300mm 的内样板或外样板检查;轴向形成的棱角 E,用长度不小于 300mm 的直尺检查。

6.3 焊缝射线探伤方法

焊缝的射线探伤方法按 JB 4730—1994 的有关规定。

6.4 喷爆试验要求

6.4.1 试验时气压为 0.8MPa,并将空气炮清堵器卧放,加以固定。

6.4.2 冲击力测试时,测试板与喷爆口的距离为 0.1m。测试板应垂直于喷射管中心线,其中心应在喷爆口中心线上。用压力传感器检测,满足表 1 要求。

7 检验规则

每台产品必须经制造厂的检验部门检验合格,并签发合格证后方可出厂。

7.1 检验分类

检验分出厂检验和型式检验。

7.1.1 产品出厂前应完成的出厂检验项目为 5.1～5.6 中除 5.5.4 的其他项目,及 8.1～8.4 条。

7.1.2 型式检验应检验标准中规定的全部有关项目。有下列情况之一时,应对产品进行型式检验:

　　a)新产品试制定型鉴定时;

　　b)采用的材料、工艺有较大的变化,有可能影响产品性能时;

　　c)正常生产满一年时;

　　d)停产一年以上重新生产时;

　　e)出厂检验结果与上次型式检验有较大差异时;

　　f)国家质检部门提出要求时。

7.2 抽样与判定规则

7.2.1 零部件应逐件、逐项检验,外购件、外协件均应有质量合格证书。

7.2.2 对储气罐焊缝的射线探伤检验,抽查长度应不少于每条焊缝总长的20%,且应包含各T形焊缝部位。如发现有不允许的缺陷时,应在该部位的两端延伸增加检查长度,增加的长度不少于该焊缝长度的10%,若仍有不允许的缺陷时,则对该焊缝进行100%探伤检查。对不允许的缺陷应清除干净后进行补焊,并对该部位采用原探伤方法重新检查。

7.2.3 焊缝的同一部位返修次数不宜超过两次。如超过两次,返修前均应经制造单位技术总负责人批准。返修部位和返修情况应记入储气罐的质量证明书。

7.2.4 型式检验的抽样,在产品中抽取一台,检验结果如完全符合本标准要求,则判定为合格。

8 标志、包装、运输和贮存

8.1 产品标牌应符合《压力容器安全技术监察规程》的有关规定。

8.2 产品随机文件应符合《压力容器安全技术监察规程》中关于压力容器质量证明书内容的要求。

8.3 产品包装、运输应符合 JB 2536—1988 的有关规定。

8.4 安装使用前制造厂和用户均需妥善保管,防止锈蚀、损坏及变形。

备案号：15210—2005

中华人民共和国建材行业标准

JC/T 729—2005
代替 JC/T 729—1989（1996）

水泥净浆搅拌机

Mixer for cement paste

2005-02-14 发布
2005-07-01 实施

中华人民共和国国家发展和改革委员会　发布

前　　言

本标准是对 JC/T 729—1989(1996)《水泥物理检验仪器　水泥净浆搅拌机》进行的修订。

本标准自实施之日起代替 JC/T 729—1989(1996)。

本标准与 JC/T 729—1989(1996)相比,主要变化如下:

——增加了搅拌锅尺寸的公差(1996 版的 3.3,本版的 4.3);

——增加了搅拌叶的某些尺寸及公差(1996 版的 3.5,本版的 4.4.3);

——增加了搅拌叶的联结螺纹等规定(本版的 4.4.2);

——增加检验条件和检验用器具和辅助工具(本版的 5.1、5.2);

——细化了检验方法(本版的 5.3~5.10);

——细化检验规则,增加了型式检验的规定和判定规则(本版的 6.2、6.3)。

本标准由中国建筑材料工业协会提出。

本标准由全国水泥标准化技术委员会(SAC/TC184)归口。

本标准负责起草单位:中国建筑材料科学研究院。

本标准参加起草单位:无锡市锡东建材设备厂、无锡市锡仪建材仪器厂、上虞市东关建工仪器厂、无锡建仪仪器机械有限公司。

本标准主要起草人:肖忠明、宋立春、汪舸舸、汪义湘、韩永甫、唐晓坪。

本标准委托中国建筑材料科学研究院负责解释。

本标准所代替标准的历次版本发布情况为:

——GB 3350.8—1989、JC/T 729—1989(1996)。

水泥净浆搅拌机

1 范围

本标准规定了水泥净浆搅拌机(以下简称搅拌机)的结构和类型、技术要求、检验方法、检验规则以及标志和包装等内容。

本标准适用于按 GB/T 1346—2001 水泥标准稠度用水量、凝结时间、安定性检验方法及其他试验方法所用的制备水泥净浆的搅拌机。

2 规范性引用文件

下列文件中的条款通过本标准的引用而成为本标准的条款。凡是注日期的引用文件,其随后所有的修改单(不包括勘误的内容)或修订版均不适用于本标准,然而,鼓励根据本标准达成协议的各方研究是否可使用这些文件的最新版本。凡是不注日期的引用文件,其最新版本适用于本标准。

GB/T 1346—2001 水泥标准稠度用水量、凝结时间、安定性检验方法(eqv ISO 9597:1989)

3 结构和类型

水泥净浆搅拌机主要由搅拌锅、搅拌叶片、传动机构和控制系统组成。搅拌叶片在搅拌锅内做旋转方向相反的公转和自转,并可在竖直方向调节。搅拌锅可以升降,传动结构保证搅拌叶片按规定的方向和速度运转,控制系统具有按程序自动控制与手动控制两种功能。

4 技术要求

4.1 搅拌叶片高速与低速时的自转和公转速度应符合表1的要求:

表1 搅拌叶片高速与低速时的自转和公转速度

搅拌速度	搅拌叶片	
	自转 r/min	公转 r/min
慢速	140 ± 5	62 ± 5
快速	285 ± 10	125 ± 10

4.2 搅拌机拌和一次的自动控制程序:慢速 120s ± 3s,停拌 15s ± 1s,快速 120s ± 3s。

4.3 搅拌锅

4.3.1 搅拌锅由不锈钢或带有耐蚀电镀层的铁质材料制成,形状和基本尺寸如图1所示。

4.3.2 搅拌锅深度:139mm ± 2mm。

4.3.3 搅拌锅内径:160mm ± 1mm。

4.3.4 搅拌锅壁厚:≥0.8mm。

4.4 搅拌叶片

4.4.1 搅拌叶片由铸钢或不锈钢制造,形状和基本尺寸如图1所示。

4.4.2 搅拌叶片轴外径为 $\Phi20.0mm ± 0.5mm$;与搅拌叶片传动轴联接螺纹为 M16 × 1 ~ 7H-L:定位孔直径为 $\Phi12_0^{+0.043}mm$,深度 ≥32mm。

4.4.3 搅拌叶片总长:165mm ± 1mm;搅拌有效长度:110mm ± 2mm;搅拌叶片总宽:$111.0_0^{+1.5}mm$;搅拌叶片翘外沿直径:$\Phi5_0^{+1.5}mm$。

4.5 搅拌叶片与锅底、锅壁的工作间隙:2mm±1mm。

4.6 在机头醒目位置标有搅拌叶片公转方向的标志。搅拌叶片自转方向为顺时针,公转方向为逆时针。

单位为毫米

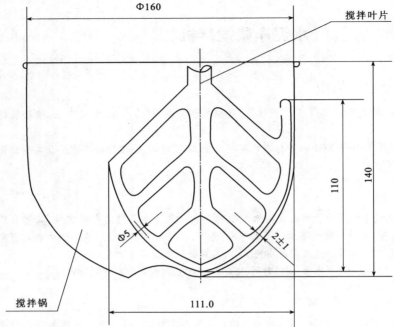

图1 搅拌锅和搅拌叶片的形状和基本尺寸

4.7 搅拌机运转时声音正常,搅拌锅和搅拌叶片没有明显的晃动现象。

4.8 搅拌机的电气部分绝缘良好,整机绝缘电阻≥2MΩ。

4.9 搅拌机外表面不得有粗糙不平及图中未规定的凸起、凹陷。

4.10 搅拌机非加工表面均应进行防锈处理,外表面油漆应平整、光滑、均匀和色调一致。

4.11 搅拌机的零件加工面不得有碰伤、划痕和锈斑。

5 检验方法

5.1 检验条件

5.1.1 检验室内应保持清洁、无腐蚀性气体。

5.1.2 电源电压的波动范围:±10%。

5.2 检验用仪器设备

　　a)转速测量仪:精度不低于1r/min;

　　b)秒表:精度不低于0.1s;

　　c)深度尺:分度值不大于0.02mm;

　　d)游标卡尺:分度值不大于0.02mm;

　　e)Φ1mm和Φ3mm钢丝;

　　f)内径千分尺:分度值不大于0.02mm;

　　g)测厚卡规:分度值不大于0.02mm;

　　h)M16×1螺纹规;

　　i)额定直流电压500V,准确度不低于2.5级的兆欧表;

　　j)其他辅助性工具器具。

5.3 对4.1搅拌叶片转速的检测

搅拌叶片转速可在负载也可在空载情况下检测,有争议时以负载为准。

检测时,在搅拌叶片公转轴上贴一块黑色胶布,再在黑色胶布上贴反光片,用反射式表直接检测搅拌叶片公转速度 n_1,n_1',然后按式(1)、式(2)计算出搅拌叶片的自转快、慢转速。

$$n_2 = i \times n_1 \quad\cdots\cdots\cdots\cdots\cdots\cdots\cdots\cdots\cdots\cdots\cdots\cdots\cdots\cdots (1)$$

$$n_2' = i \times n_1' \quad\cdots\cdots\cdots\cdots\cdots\cdots\cdots\cdots\cdots\cdots\cdots\cdots\cdots (2)$$

$$i = \frac{z_1 - z_2}{z_2} \quad\cdots\cdots\cdots\cdots\cdots\cdots\cdots\cdots\cdots\cdots\cdots\cdots (3)$$

式中:

n_1,n_1'——搅拌叶片公转的快、慢转速,单位为转每分(r/min);

n_2,n_2'——搅拌叶片自转的快、慢转速,单位为转每分(r/min);

i——搅拌机行星机构的减速比;

z_1——行星机构齿圈齿数,单位为个;

z_2——行星机构齿轮齿数,单位为个。

5.4 对4.2控制程序的检测

用秒表检测。

5.5 对4.3搅拌锅的检查和检测

5.5.1 对4.3.1材质和防锈处理的检查

目测检查。

5.5.2 对4.3.2锅深度的检测

用深度尺检测锅底圆弧最低点至锅口平面的距离。

5.5.3 对4.3.3锅内径的检测

用内径千分尺在圆柱段任意二个相互垂直的位置检测,并取两者的平均值作为最终结果。

5.5.4 对4.3.4锅壁厚的检测

用测厚卡规在锅的上部和下部各测对称的两点。

5.6 对4.4搅拌叶片的检查和检测

5.6.1 对4.4.1材质的检查:目测检查。

5.6.2 对4.4.2、4.4.3搅拌叶片轴外径、定位孔直径、深度、搅拌叶片总长、搅拌有效长度、搅拌叶片总宽、搅拌叶片翅外沿直径的检测:用游标卡尺检测。

5.6.3 对4.4.2联接螺纹的检查:用螺纹规检查。

5.7 对4.5搅拌叶片与锅壁间隙的检测

先切断电源,打开电机后端盖,用手转动电机风叶带动搅拌叶片,使搅拌叶片平面处于与锅壁垂直的状态,在相互对称的六个位置用直径 Φ1.0mm 和 Φ3.0mm 钢丝检测叶片与锅底、锅壁的间隙。

5.8 对4.6、4.7运行状态的检查

目测检查。

5.9 对4.8绝缘电阻的检测

用兆欧表检测。

5.10 对4.9、4.10、4.11外观和零件的检查

目测检查。

6 检验规则

6.1 出厂检验

出厂检验为第4章除4.1自转速度外的全部内容。出厂检验的主要项目的实测数据应记入随机文件中。

6.2 型式检验

型式检验为第4章的全部内容。

有下列情况之一时,应进行型式检验:

a)新产品试制或老产品转厂生产的试制定型检定;

b)产品正式生产后,其结构设计、材料、工艺以及关键的配套元器件有较大改变可能影响产品性能时;

c)正常生产时,定期或积累一定产量后,应周期性进行一次检验;

d)产品长期停产后,恢复生产时;

e)国家质量监督机构提出进行型式检验要求时。

6.3 判定规则

6.3.1 出厂检验

每台搅拌机均符合出厂检验要求时判为出厂检验合格。其中任何一项不符合要求时,判为出厂检验不合格。

6.3.2 型式检验

当批量不大于50台时,抽样两台,若检验后有一台不合格,则判定该批产品为不合格批;当批量大于50台时,抽样五台,若检验后出现两台或两台以上的不合格品,则判定该批产品为不合格批。

7 标志及包装

7.1 标志

搅拌机应具有铭牌,其内容包括:

a)名称;

b)型号;

c)生产日期;

d)生产编号;

e)制造厂家。

7.2 包装

7.2.1 装箱前除表面喷漆部分外均须采取防锈措施。

7.2.2 装箱时用螺栓固定在箱底上,机器上方及四周应加以支撑,使其在运输途中不致发生任何方向的移动。包装箱应满足相应运输方式的要求。

7.2.3 随包装箱附有产品合格证、检验报告、使用说明书、装箱单、备用件和检测专用工具等。

7.2.4 包装箱上要清楚标明:

a)仪器全称与型号、上下标志、制造厂名及生产编号;

b)收货单位及地址;

c)"请勿倒置"、"小心轻放"、"防潮"等字样。

备案号:15202—2005

中华人民共和国建材行业标准

JC/T 681—2005
代替 JC/T 681—1997

行星式水泥胶砂搅拌机

Mixer for mixing mortars

2005-02-14 发布 2005-07-01 实施

中华人民共和国国家发展和改革委员会 发 布

前　言

本标准是对 JC/T 681—1997《行星式水泥胶砂搅拌机》进行的修订。

本标准自实施之日起代替 JC/T 681—1997。

与 JC/T 681—1997 相比,主要变化如下:

——取消1997版中的定义(1997版第3章);

——将自动控制程序改为:低速 30s±1s,再低速 30s±1s,同时自动开始加砂并在 20～30s 内全部加完,高速 30s±1s,停 90s±1s,高速 60s±1s(1997 版 5.2、本版 4.2);

——增加检验条件和检验用器具和辅助工具(本版 5.1、5.2);

——细化了检验方法(本版第 5 章);

——细化检验规则,增加了型式检验的规定和判定原则(本版 6.2、6.3);

——取消1997版8.1关于"每台搅拌机都应有监制单位认可的监制标志。";

——取消了 1997 版中的附录 A。

本标准由中国建筑材料工业协会提出。

本标准由全国水泥标准化技术委员会(SAC/TC184)归口。

本标准负责起草单位:中国建筑材料科学研究院。

本标准参加起草单位:绍兴市肯特机械电子有限公司、无锡市锡仪建材仪器厂、上虞市东关建工仪器厂、上海东星建材试验设备有限公司、无锡建仪仪器机械有限公司。

本标准主要起草人:肖忠明、张大同、宋立春、李钊海、汪义湘、韩永甫、陆光耀、唐晓坪。

本标准委托中国建筑材料科学研究院负责解释。

本标准所代替标准的历次版本发布情况为:

——JC/T 681—1997。

行星式水泥胶砂搅拌机

1 范围

本标准规定了行星式水泥胶砂搅拌机(以下简称胶砂搅拌机)的结构和类型、技术要求、检验方法、检验规则、标志及包装等内容。

本标准适用于按 GB/T 17671—1999 测定水泥胶砂强度及其他指定采用本标准的胶砂搅拌机。

2 规范性引用文件

下列文件中的条款通过本标准的引用而成为本标准的条款。凡是注日期的引用文件,其随后所有的修改单(不包括勘误的内容)或修订版均不适用于本标准,然而,鼓励根据本标准达成协议的各方研究是否可使用这些文件的最新版本。凡是不注日期的引用文件,其最新版本适用于本标准。

GB/T 17671—1999 水泥胶砂强度检验方法(ISO 法)(idt ISO 679:1989)

3 结构和类型

行星式胶砂搅拌机由胶砂搅拌锅和搅拌叶片及相应的机构组成。搅拌锅可以随意挪动,但可以很方便地固定在锅座上,而且搅拌时也不会明显晃动和转动;搅拌叶片呈扇形,搅拌时顺时针自转外沿锅周边逆时针公转,并具有高低两种速度,属行星式搅拌机。是采用 ISO 679:1989 标准中的 ISO 胶砂搅拌机类型。

4 技术要求

4.1 搅拌叶片高速与低速时的自转和公转速度应符合表 1 的要求:

表 1 搅拌叶片高速与低速时的自转和公转速度

	自转 r/min	公转 r/min
低	140 ±5	62 ±5
高	285 ±10	125 ±10

4.2 胶砂搅拌机的工作程序分手动和自动两种。

自动控制程序为:低速 30s ±1s,再低速 30s ±1s、同时自动开始加砂并在 20~30s 内全部加完,高速 30s ±1s,停 90s ±1s,高速 60s ±1s。

手动控制具有高、停、低三档速度及加砂功能控制扭,并与自动互锁。

4.3 一次试验所用标准砂应全部进入锅内不应外溅。

4.4 搅拌锅

4.4.1 搅拌锅应耐锈蚀。搅拌锅的形状和基本尺寸见图 1。

4.4.2 搅拌锅深度:180mm ±2mm。

4.4.3 搅拌锅内径:202mm ±1mm。

4.4.4 搅拌锅壁厚:1.5mm ±0.1mm。

4.5 搅拌叶片

4.5.1 搅拌叶片由铸钢或不锈钢制造。搅拌叶片的形状和基本尺寸见图 2。

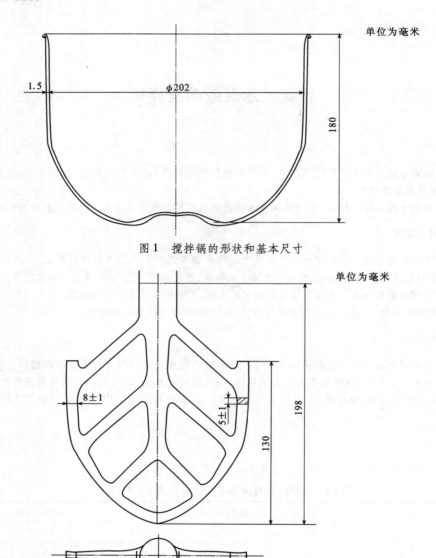

图1 搅拌锅的形状和基本尺寸

图2 搅拌叶片的形状和基本尺寸

4.5.2 搅拌叶片轴外径为 $\Phi 27.0mm \pm 0.5mm$;与搅拌叶片传动轴联接螺纹为 $M18 \times 1.5 \sim 6H$;定位孔直径为 $\Phi 15_0^{+0.027}mm$,深度 $\geqslant 18mm$。

4.5.3 搅拌叶片总长:198mm±1mm;搅拌有效长度:130mm±2mm;搅拌叶片总宽:135.0mm～135.5mm;搅拌叶片翘宽:8mm±1mm;搅拌叶片翘厚:5mm±1mm。

4.6 搅拌叶片与锅底、锅壁的工作间隙:3mm±1mm。

4.7 在机头醒目位置标有搅拌叶片公转方向的标志。搅拌叶片自转方向为顺时针,公转方向为逆时针。

4.8 胶砂搅拌机运转时声音正常,锅和搅拌叶片不得有明显的晃动现象。

4.9 胶砂搅拌机的电气控制稳定可靠,整机绝缘电阻 $\geqslant 2M\Omega$。

4.10 胶砂搅拌机外表面不得有粗糙不平及图中未规定的凸起、凹陷。

4.11 胶砂搅拌机非加工表面均应进行防锈处理,外表面油漆应平整、光滑、均匀和色调一致。

4.12 胶砂搅拌机的零件加工面不得有碰伤、划痕和锈斑。

5 检验方法

5.1 检验条件

5.1.1 检验室内应保持清洁、无腐蚀性气体。

5.1.2 电源电压的波动不超过 ±10%。

5.2 检验用仪器设备

    a) 转速测量仪：精度不低于 1r/min；

    b) 秒表：精度不低于 0.1s；

    c) 深度尺：分度值不大于 0.02mm；

    d) 游标卡尺：分度值不大于 0.02mm；

    e) Φ2mm 和 Φ4mm 钢丝；

    f) 内径千分尺：分度值不大于 0.02mm；

    g) 测厚卡规：分度值不大于 0.02mm；

    h) 天平：分度值不大于 0.1g；

    i) M18×1.5 螺纹规；

    j) 兆欧表：额定直流电压 500V，准确度不低于 2.5 级；

    k) 其他辅助性工具器具。

5.3 对 4.1 搅拌叶片转速的检测

    搅拌叶片转速可在负载也可在空载情况下检测，有争议时以负载为准。

    检测时，在搅拌叶片公转轴上贴一块黑色胶布，再在黑色胶布上贴反光片，用反射式表直接检测搅拌叶片公转速度 n_1，n_1'，然后按式（1）、式（2）计算出搅拌叶片的自转快、慢转速。

$$n_2 = i \times n_1 \quad \cdots\cdots\cdots\cdots\cdots\cdots\cdots\cdots\cdots\cdots\cdots\cdots\cdots\cdots \quad (1)$$

$$n_2' = i \times n_1' \quad \cdots\cdots\cdots\cdots\cdots\cdots\cdots\cdots\cdots\cdots\cdots\cdots\cdots \quad (2)$$

$$i = \frac{z_1 - z_2}{z_2} \quad \cdots\cdots\cdots\cdots\cdots\cdots\cdots\cdots\cdots\cdots\cdots\cdots \quad (3)$$

    式中：

    n_1，n_1'——搅拌叶公转的快、慢转速，单位为转/分（r/min）；

    n_2，n_2'——搅拌叶自转的快、慢转速，单位为转/分（r/min）；

        i——搅拌机行星机构的减速比；

      z_1——行星机构齿圈齿数，单位为个；

      z_2——行星机构齿轮齿数，单位为个。

5.4 对 4.2 搅拌时间的检测

    用秒表检测。

5.5 对 4.3 加砂完全性的检查

    准确称量一袋标准砂后将其倒入砂桶，启动搅拌机自动工作程序，搅拌程序结束后检查搅拌锅内的砂子重量，当砂子损失≤1g 时为符合要求。

5.6 对 4.4 搅拌锅的检查和检测

5.6.1 对 4.4.1 搅拌锅的材质和防锈处理

    目测检查。

5.6.2 对 4.4.2 锅深度的检测

    用深度尺检测锅底圆弧最低点至锅口平面的距离。

5.6.3 对 4.4.3 锅内径的检测

    用内径千分尺在圆柱段任意二个相互垂直的位置检测，并取两者的平均值作为最终结果。

5.6.4 对 4.4.4 锅壁厚的检测

    用测厚卡规在锅的上部和下部各测对称的两点。

5.7 对4.5 搅拌叶片的检查和检测

5.7.1 对4.5.1 搅拌叶片材质的检查：目测检查。

5.7.2 对4.5.2、4.5.3 搅拌叶片轴外径、定位孔直径、深度、搅拌叶片总长、搅拌有效长度、搅拌叶片总宽、搅拌叶片翘宽和搅拌叶片翘厚的检测：用游标卡尺检测。

5.7.3 对4.5.2 连接螺纹的检查：用螺纹规检查。

5.8 对4.6 搅拌叶片与锅壁间隙的检查

先切断电源，打开电机后端盖，用手转动电机风叶带动搅拌叶片，使搅拌叶片平面处于与锅壁垂直的状态，在相互对称的6个位置用直径 $\Phi 2.0mm$ 和 $\Phi 4.0mm$ 钢丝检查搅拌叶片与锅底、锅壁的间隙。

5.9 对4.7、4.8 搅拌机运行状态的检查

目测检查。

5.10 对4.9 绝缘电阻的检测

用兆欧表检测。

5.11 对4.10、4.11、4.12 外观和零件的检查

目测检查。

6 检验规则

6.1 出厂检验

出厂检验为第4章除4.1 自转速度外的全部内容。出厂检验的主要项目的实测数据应记入随机文件中。

6.2 型式检验

型式检验为第4章的全部内容。

有下列情况之一时，应进行型式检验：

a)新产品试制或老产品转厂生产的试制定型检定；

b)产品正式生产后，其结构设计、材料、工艺以及关键的配套元器件有较大改变可能影响产品性能时；

c)正常生产时，定期或积累一定产量后，应周期性进行一次检验；

d)产品长期停产后，恢复生产时；

e)国家质量监督机构提出进行型式检验要求时。

6.3 判定规则

6.3.1 出厂检验

每台搅拌机均符合出厂要求时判为出厂检验合格。其中任何一项不符合要求时，判为出厂检验不合格。

6.3.2 型式检验

当批量不大于50台时，抽样两台，若检验后有一台不合格，则判定该批产品为不合格批；当批量大于50台时，抽样五台，若检验后出现两台或两台以上的不合格品，则判定该批产品为不合格批。

7 标志及包装

7.1 标志

搅拌机应具有铭牌，其内容包括：

a)名称；

b)型号；

c)生产日期；

d)生产编号；

e)制造厂家。

7.2 包装

7.2.1 装箱前除表面喷漆部分外均须采取防锈措施。

7.2.2 装箱时用螺栓固定在箱底上,机器上方及四周应加以支撑,使其在运输途中不致发生任何方向的移动。包装箱应满足相应运输方式的要求。

7.2.3 随包装箱附有产品合格证、检验报告、使用说明书、装箱单、备用件和检测专用工具等。

7.2.4 包装箱上要清楚标明:

　　a) 仪器全称与型号、上下标志、制造厂名及出厂编号;

　　b) 收货单位及地址;

　　c) "请勿倒置"、"小心轻放"、"防潮"等字样。

备案号:15203—2005

JC

中华人民共和国建材行业标准

JC/T 682—2005
代替 JC/T 682—1997

水泥胶砂试体成型振实台

Jolting table for compacting mortars specimen

2005-02-14 发布　　　　　　　　　　2005-07-01 实施

中华人民共和国国家发展和改革委员会　发布

前　言

本标准是对 JC/T 682—1997《水泥胶砂试体成型振实台》进行的修订。

本标准自实施之日起代替 JC/T 682—1997。

与 JC/T 682—1997 相比,主要变化如下:

——取消 1997 版对模套内部尺寸的要求(1997 版的 3.3);

——取消生产控制性要求:台盘中心到滚轮和凸轮轴线的水平距离(1997 版的 3.8);

——台盘水平状态的要求采用 ISO 679:1989 的描述(1997 版的 3.6,本版的 4.6);

——增加底座地脚螺栓孔中心距的规定及检验方法(本版的 4.15);

——细化了检验规则,增加了型式检验和判定规则的规定(本版的 5.2、5.3);

——取消了 1997 版中的标准的附录 A,将检验方法纳入标准正文中(1997 版附录 A,本版第 5 章);

——取消了 1997 版中的提示的附录 B;

——增加了资料性附录 A,指导振实台的安装(本版附录 A)。

本标准的附录 A 为资料性附录。

本标准由中国建筑材料工业协会提出。

本标准由全国水泥标准化技术委员会(SAC/TC184)归口。

本标准负责起草单位:中国建筑材料科学研究院。

本标准参加起草单位:上虞市东关建工仪器厂、无锡市锡仪建材仪器厂、广州市建材中专学校工厂、上海东星建材试验设备有限公司、无锡建仪仪器机械有限公司。

本标准主要起草人:肖忠明、张大同、宋立春、韩永甫、汪义湘、叶应华、陆光耀、唐晓坪。

本标准委托中国建筑材料科学研究院负责解释。

本标准所代替标准的历次版本发布情况为:

——JC/T 682—1997。

水泥胶砂试体成型振实台

1 范围

本标准规定了水泥胶砂试体成型振实台(以下简称振实台)的基本结构、技术要求、检验方法、检验规则、以及标志和包装等内容。

本标准适用于按 GB/T 17671—1999 测定水泥胶砂强度及其他指定采用本标准的胶砂振实台。

2 规范性引用文件

下列文件中的条款通过本标准的引用而成为本标准的条款。凡是注日期的引用文件,其随后所有的修改单(不包括勘误的内容)或修订版均不适用于本标准,然而,鼓励根据本标准达成协议的各方研究是否可使用这些文件的最新版本。凡是不注日期的引用文件,其最新版本适用于本标准。

GB/T 17671—1999 水泥胶砂强度检验方法(ISO 法)(idt ISO 679: 1989)

3 基本结构

振实台由台盘和使其跳动的凸轮等组成。台盘上有固定试模用的卡具,并连有两根起稳定作用的臂,凸轮由电机带动,通过控制器控制按一定的要求转动并保证使台盘平稳上升至一定高度后自由下落,其中心恰好与止动器撞击。卡具与模套连成一体,可沿与臂杆垂直方向向上转动不小于100°。基本结构如图1所示。设备的安装参见附录A。

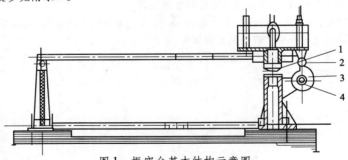

图 1 振实台基本结构示意图

1—突头;2—随动轮;3—凸轮;4—止动器。

4 技术要求

4.1 振实台的振幅:15.0mm ± 0.3mm。

4.2 振动 60 次的时间:60s ± 2s。

4.3 台盘(包括臂杆、模套和卡具)的总质量:13.75kg ± 0.25kg,并将实测数据标识在台盘的侧面。

4.4 两根臂杆及其十字拉肋的总质量:2.25kg ± 0.25kg。

4.5 台盘中心到臂杆轴中心的距离:800mm ± 1mm。

4.6 当突头落在止动器上时,台盘表面应是水平的,四个角中任一角的高度与其平均高度差不应大于1mm。

4.7 突头的工作面为球面,其与止动器的接触为点接触。

4.8 突头和止动器由洛氏硬度≥55HRC 的全硬化钢制造。

4.9 凸轮由洛氏硬度≥40HRC 的钢制造。

4.10 卡具与模套连成一体,卡紧时模套能压紧试模并与试模内侧对齐。

4.11 控制器和计数器灵敏可靠,能控制振实台振动 60 次后自动停止。

4.12 整机绝缘电阻≥2.5MΩ。

4.13 臂杆轴只能转动不允许有旷动。

4.14 振实台启动后,其台盘在上升过程中和撞击瞬间无摆动现象,传动部分运动声音正常。

4.15 振实台底座地脚螺栓孔中心距见图2。

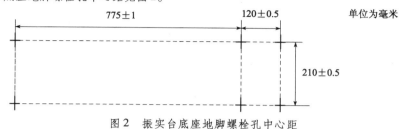

图2 振实台底座地脚螺栓孔中心距

4.16 振实台外表面不应有粗糙不平及图中未规定的凸起、凹陷。油漆面应平整、光滑、均匀和色调一致。零件加工面不应有碰伤、划痕和锈斑。

5 检验方法

5.1 检验条件

5.1.1 检验室内应保持清洁、无腐蚀性气体。

5.1.2 电源电压的波动范围 −7% ~ +10%。

5.2 检验用仪器设备

    a)秒表:分度值不大于 0.1s;

    b)台称:分度值不大于 0.01kg;

    c)标准块;

    d)卡尺:分度值不大于 0.02mm;

    e)兆欧表;

    f)直尺:分度值不大于 0.5mm;

    g)高度尺:分度值不大于 0.02mm;

    h)洛氏硬度计;

    i)其他辅助性工具器具。

5.3 对 4.1 振幅的检测

    用 14.7mm 和 15.3mm 标准块检测。当在突头和止动器之间放入 14.7mm 标准块时,转动凸轮,凸轮与随动轮相接触;当放入 15.3mm 标准块时,再转动凸轮,则凸轮与随动轮不接触。

5.4 对 4.2 振动时间的检测

    启动振实台,先空振一周,然后在开动振实台的同时用秒表计时,读取振实台振动 60 次的时间。

5.5 对 4.3、4.4 台盘质量和臂杆质量的检测

    将台盘连同臂杆拆下,用台称检测。

5.6 对 4.5 台盘中心到臂杆轴中心的距离的检测

    用卡尺测出台盘内侧到立柱中心的距离 L_1,然后用直尺测量台盘以外臂杆(包括转轴)的长度 L_2,再用卡尺测量转轴外部直径 φ,则台盘中心到臂杆轴中心的距离按下式(1)计算:

$$L_0 = L_1 + L_2 - \frac{\phi}{2} \cdots\cdots\cdots\cdots\cdots\cdots\cdots\cdots\cdots\cdots\cdots\cdots\cdots\cdots\cdots (1)$$

    式中:

    L_0——台盘中心到臂杆轴中心的距离,单位为毫米(mm);

    L_1——台盘内侧到立柱中心的距离,单位为毫米(mm);

L_2——台盘以外臂杆(包括转轴)的长度,单位为毫米(mm);

ϕ——转轴外部直径,单位为毫米(mm)。

5.7 对4.6台盘水平状态的检测:在平台上用高度尺检测。

5.8 对4.7突头的形状和与止动器接触的检查:目测检查。

5.9 对4.8、4.9突头、止动器和凸轮的硬度检测:用洛氏硬度计检测。

5.10 对4.11、4.13、4.14运行状态的检查:通过运行检查。

5.11 对4.12绝缘电阻的检测:用兆欧表检测。

5.12 对4.15地脚螺栓孔中心距的检测:用直尺检测。

5.13 对4.10、4.16模套及外观的检查:目测检查。

6 检验规则

6.1 出厂检验

出厂检验为第4章除4.3、4.4外的全部内容。检测的实测数据应记入随机文件中。

6.2 型式检验

型式检验为第4章的全部内容。

有下列情况之一时,应进行型式检验:

a) 新产品试制或老产品转厂生产的试制定型检定;

b) 产品正式生产后,其结构设计、材料、工艺以及关键的配套元器件有较大改变可能影响产品性能时;

c) 正常生产时,定期或积累一定产量后,应周期性进行一次检验;

d) 产品长期停产后,恢复生产时;

e) 国家质量监督机构提出进行型式检验要求时。

6.3 判定规则

6.3.1 出厂检验

每台振实台均符合出厂检验要求时判为出厂合格。其中任何一项不符合要求时,判为出厂检验不合格。

6.3.2 型式检验

当批量不大于50台时,抽样两台,若检验后有一台不合格,则判定该批产品为不合格批;当批量大于50台时,抽样五台,若检验后出现两台或两台以上的不合格品,则判定该批产品为不合格批。

7 标志和包装

7.1 标志

振实台应具有铭牌,其内容包括:

a) 名称;

b) 型号;

c) 生产日期;

d) 生产编号;

e) 制造厂家。

7.2 包装

7.2.1 装箱前除表面喷漆部分外均须采取防锈措施。

7.2.2 装箱时用螺栓固定在箱底上,机器上方及四周应加以支撑,使其在运输途中不致发生任何方向的移动。包装箱的牢固度和防护应适应运输方式的要求。

7.2.3 随包装箱附有产品合格证、检验报告、使用说明书、装箱单、备用件和检测专用工具等。

7.2.4 包装箱上要清楚标明:

a) 仪器全称与型号、上下标志、制造厂名及生产编号;

b) 收货单位及地址;

c) "请勿倒置"、"小心轻放"、"防潮"等字样。

附 录 A
（资料性附录）
水泥胶砂试体振实台的安装

A.1 振实台的安装质量影响振实台的振实效果,振实台的安装应按本附录进行。

A.2 振实台应安装在适当高度的普通混凝土基座上,混凝土的体积不少于为 $0.25m^3$,质量不低于600kg,高度宜适于成型操作。

A.3 如有外部震源,整个混凝土基座应放在像天然橡胶这样的弹性衬垫上,以防止外部震动影响振实效果。

A.4 按照设备的安装尺寸在混凝土基座上预埋地脚螺栓或基座硬化后打孔安放膨胀螺栓,等基座硬化后开始安装。安装前先在基座上铺一层砂浆,然后将振实台按安装位置放置在砂浆上。用木锤或橡皮锤轻敲振实台的底座,直到振实台的台盘呈水平状态,同时振实台的连接臂呈自然状态且设备底座与砂浆之间完全接触。等砂浆硬化后拧紧螺丝。

备案号:15204—2005

JC/T 683—2005
代替 JC/T 683—1997

中华人民共和国建材行业标准

40mm×40mm 水泥抗压夹具

40mm×40mm Jig for cement compressive strength test machine

2005-02-14 发布   2005-07-01 实施

中华人民共和国国家发展和改革委员会   发 布

前　言

本标准是对 JC/T 683—1997《40mm×40mm 水泥抗压夹具》进行的修订。

本标准自实施之日起代替 JC/T 683—1997。

本标准与 JC/T 683—1997 相比,主要变化如下:

——将范围中的 ISO 679:1989(E)改为 GB/T 17671—1999,取消范围中的"制造与验收"字样(本版第 1 章);

——增加了球座环带的规定(本版的 4.6);

——增加了传压柱中心轴线与上压板中心及下压板中心的同轴度(本版的 4.8);

——增加了定位销硬度的规定(本版的 4.12);

——增口两定位销内侧连线与下压板中心线的垂直度和定位销内侧到下压板中心的距离(本版的 4.12);

——增加框架底部中心定位孔和传压柱工艺孔直径、深度的公差范围(本版的 4.13、4.14);

——将负荷检验由压力机检验改为固定质量的砝码检验(本版的 4.16);

——增加检验条件和检验用器具和辅助工具(本版的 5.1、5.2);

——细化了检验方法(本版第 5 章);

——取消 1997 版 7.1 条关于"每台抗压夹具都应有监制单位认可的监制标志。";

——取消了 1997 版中的附录 A。

本标准由中国建筑材料工业协会提出。

本标准由全国水泥标准化技术委员会(SAC/TC184)归口。

本标准负责起草单位:中国建筑材料科学研究院。

本标准参加起草单位:无锡建仪仪器机械有限公司。

本标准主要起草人:肖忠明、蔡京生、宋立春、唐晓坪。

本标准委托中国建筑材料科学研究院负责解释。

本标准所代替标准的历次版本发布情况为:

——JC/T 683—1997。

40mm×40mm 水泥抗压夹具

1 范围

本标准规定了 40mm×40mm 水泥抗压夹具(以下简称抗压夹具)的结构与类型、技术要求、检验方法、检验规则以及标志和包装等内容。

本标准适用于按 GB/T 17671—1999 水泥胶砂强度试验方法测定水泥胶砂强度的抗压夹具及其他指定采用本标准的抗压夹具。

2 规范性引用文件

下列文件中的条款通过本标准的引用而成为本标准的条款。凡是注日期的引用文件,其随后所有的修改单(不包括勘误的内容)或修订版均不适用于本标准,然而,鼓励根据本标准达成协议的各方研究是否可使用这些文件的最新版本。凡是不注日期的引用文件,其最新版本适用于本标准。

GB/T 230.1　金属洛氏硬度试验　第 1 部分:试验方法

GB/T 11337　平面度误差检测

GB/T 17671—1999　水泥胶砂强度检验方法(ISO 法)(idt ISO 679:1989)

3 结构与类型

抗压夹具由框架、传压柱、上下压板组成,上压板带有球座,用两根吊簧吊在框架上,下压板固定在框架上。工作时传压柱、上下压板与框架处于同轴线上。结构为双臂式,如图 1 所示:

4 技术要求

4.1 上、下压板宽度:40.0mm±0.1mm;长度:大于 40mm;厚度:大于 10mm。

4.2 上、下压板的平面度为 0.01mm。

4.3 上、下压板表面粗糙度不高于 Ra0.1,不低于 Ra0.8。

4.4 上、下压板材料应采用洛氏硬度大于 58HRC 的硬质钢。传压柱材料应采用洛氏硬度大于 55HRC 的硬质钢。

4.5 上压板上的球座的中心应在夹具中心轴线与上压板下表面的交点上,偏差不大于 1mm。

4.6 球座应为环带接触,环带的位置大约在球座的 2/3 高处,宽 4~5mm。

4.7 上、下压板长度方向的两端面边应相互重合,不重合边最大偏差不大于 0.2mm。

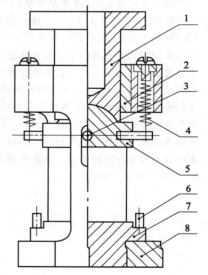

图 1　抗压夹具结构示意图

1—传压柱;2—铜套;3—定位销;4—吊簧;
5—上压板和球座;6—定位销;
7—下压板;8—框架。

4.8 传压柱中心轴线与上压板中心及下压板中心的同轴度不大于 0.2mm。

4.9 上压板随着与试体的接触应能自动找平,但在加荷过程中上、下压板的相对位置应保持固定。

4.10 下压板的表面对夹具的轴线应是垂直的,并且在加荷过程中应保持垂直。

4.11 上、下压板自由距离大于 45mm。

4.12 定位销的材料硬度应大于 55HRC。定位销高度不高于压板表面 5mm,间距为 41mm~55mm。两定位销内侧连线与下压板中心线的垂直度小于0.06mm。定位销内侧到下压板中心的垂直距离为20.0mm±0.1mm。

4.13 框架底部中心定位孔直径为 ϕ8.0mm±0.1mm,深度为8mm~10mm。

4.14 传压柱进行导向运动时垂直滑动而不发生摩擦和晃动,上端中心工艺孔直径为 ϕ8.0mm±0.1mm,深度为8~10mm。

4.15 导向销与导向槽配合光滑,无阻涩和旷动。

4.16 当抗压夹具上放置2300g砝码时,上下压板间的距离应在37mm~42mm之间。

4.17 外表面应平整光洁,无碰伤和划痕。底座平齐,无凸出或凹进。下压板与框架接触紧密。

5 检验方法

5.1 检验应在无腐蚀性气体、常温、明亮的室内进行。

5.2 检验用器具和辅助工具:

a)游标卡尺和深度尺:分度值不大于0.02mm;

b)塞尺;

c)刀口尺:0级;

d)表面粗糙度比较样块或粗糙度仪;

e)洛氏硬度计;

f)专用检具;

g)R24~26mmR规;

h)砝码(四等);

i)其他检验用器具和辅助工具。

5.3 对4.1、4.11、4.12、4.13、4.14中的上、下压板的长度、宽度、厚度、上下压板自由距离、框架底部中心定位孔及传压柱工艺孔直径和深度、定位销高度、两定位销中心间距的检测:用游标卡尺进行检测。

5.4 对4.2上、下压板平面度的检测:按GB 11337进行检测或用刀口尺进行检测。检测时刀口尺垂直放在上、下压板平面上,使刀口尺刃部与压板平面保持线接触,用眼观察是否透光,如有透光则为不合格。

5.5 对4.3压板表面粗糙度的检测:用表面粗糙度比较样块或粗糙度仪进行检测,在用比较样块检测时,应在光线明亮处,将试件和比较样块进行比较。

5.6 对4.4压板和4.12定位销硬度的检测:用洛氏硬度计按GB/T 230.1进行检测。

5.7 对4.5球座中心的检测:用游标卡尺和R规进行检测。检测时,用R规先测出球座球半径R,然后用游标卡尺测出球座顶部定位孔半径r,再用游标卡尺测出球座及上压板的总厚度h,偏差A按式(1)计算:

$$A = h - (R^2 - r^2)^{1/2} \quad\cdots\cdots\cdots\cdots\cdots\cdots\cdots\cdots\cdots\cdots\cdots\cdots\cdots\cdots (1)$$

式中:

A——球座中心偏差,单位为毫米(mm);

h——球座及上压板的总厚度,单位为毫米(mm);

R——球座球半径,单位为毫米(mm);

r——球座顶部定位孔半径,单位为毫米(mm)。

5.8 对4.6球座环带的检测:环带的检查:将球座擦净,在阴球座上涂红丹粉,然后将阳球座在阴球座中转动,目测阳球座上的着色点是否在环带上;

用卡尺检验环带的位置和宽度。环带的位置检验:用卡尺测出球座的总高和从压板工作面到环带中间的高度,然后求两者的比。

5.9 对4.7上、下压板重合度的检查:用专用检具进行检测。检测时将重合度检具放入夹具中,使其两端板卡住下压板,检具侧面与定位销靠紧,将传压柱向下压,同时沿压板长度方向移动检具,上压板应能落入重合度检具两端板中。

5.10 对4.8传压柱中心轴线与上压板中心及下压板中心同轴度的检查:用专用检具和塞尺进行检测。检测时取下传压柱及上压板,将下检具放入夹具中,使其两端板卡住下压板,同时沿压板长度方向移动检具,然后将上检具放入传压柱铜套中,上检具中心圆柱落入下检具中心孔中,然后用塞尺检测定位销内侧与下检具侧面的距离。

5.11 对4.9上压板自动找平能力的检查:将重合度检具以非工作面上下方向放入夹具中,向下按导压柱,观察上压板表面是否能自动地与检具的表面相接触。

5.12 对4.10垂直度的检查:用专用检具的上检具检测。检测时将传压柱、上压板取下,将上检具放入传压柱铜套内并使其圆柱端面与下压板表面相接触,观察其端面与下压板的接触面是否重合,不应有明显缝隙、透光。

5.13 对4.12两定位销内侧连线与下压板中心线垂直度的检测:用专用检具的下检具检测。检测时将下检具的端板卡住下压板并与下压板一侧边靠紧,同时检具的侧面与其中的一个定位销靠紧,用塞尺检查另一定位销与检具之间的距离。

5.14 对4.12定位销内侧到下压板中心的距离的检测:用专用检具和塞尺检测。检测时取下传压柱及上压板,将下检具放入夹具中,然后将上检具放入传压柱铜套并使中心圆柱落入下检具中心孔中。然后用塞尺检测两个定位销内侧与下检具之间的距离,两者之间的最大值应符合技术要求中的规定。

5.15 对4.14、4.15配合、滑动状态的检查:实际操作检查。

5.16 对4.16加荷后上下压板间距离的检测:用2300g的砝码进行检测。检测时将砝码置于夹具的传压柱上,并使传压柱处于自然状态,然后测出上下压板之间的距离,合格情况下其距离应在37mm～42mm之间。

5.17 对4.17外观的检查:目测检查。

6 检验规则

6.1 出厂检验

出厂检验为第4章除4.12定位销硬度外的全部内容。出厂检验的实测数据应记入随机文件中。

6.2 型式检验

型式检验为第4章的全部内容。

有下列情况之一时,应进行型式检验:

a)新产品试制或老产品转厂生产的试制定型检定;

b)产品正式生产后,其结构设计、材料、工艺以及关键的配套元器件有较大改变可能影响产品性能时;

c)正常生产时,定期或积累一定产量后,应周期性进行一次检验;

d)产品长期停产后,恢复生产时;

e)国家质量监督机构提出进行型式检验要求时。

6.3 判定规则

6.3.1 出厂检验,

每台抗压夹具均符合出厂检验要求时判为出厂检验合格。其中任何一项不符合要求时,判为出厂检验不合格。

6.3.2 型式检验

当批量不大于50台时,抽样两台,若检验后有一台不合格,则判定该批产品为不合格批;当批量大于50台时,抽样五台,若检验后出现两台或两台以上的不合格品,则判定该批产品为不合格批。

7 标志及包装

7.1 标志

抗压夹具应具有铭牌,其内容包括:

a)名称;

b)型号;

c)生产日期;

d)生产编号;

e）制造厂家。

7.2　包装

7.2.1　装箱前夹具加工面应涂油防锈。

7.2.2　抗压夹具应用符合国家环保要求的材料进行包装，包装箱应适于运输方式的要求。

7.2.3　随包装箱应附有产品合格证、检验报告、使用说明书、装箱单及附件。

7.2.4　包装箱上应清楚标明：

　　a）产品名称与型号，制造单位，上下标记和数量；

　　b）"小心轻放"，"防潮"等标记。

备案号：14585—2004

JC

中华人民共和国建材行业标准

JC/T 938—2004

水泥工业用多风道煤粉燃烧器技术条件

Technical conditions of multi-air channel coal burner for cement industry

2004-10-20 发布　　　　　　2005-04-01 实施

中华人民共和国国家发展和改革委员会　发布

前　言

本标准由中国建筑材料工业协会提出。

本标准由国家建筑材料工业机械标准化技术委员会归口。

本标准负责起草单位:中材国际南京水泥工业设计研究院,

本标准参加起草单位:南京瑞建机械制造有限公司、南京建安机械制造有限公司、天津水泥工业设计研究院、唐山盾石机械制造有限公司、江苏省扬州新建机械厂。

本标准主要起草人朱忠民、童迎庆、张仕立、周凤翔、白小燕、夏敬贤、李雨森、周明海。

本标准为首次发布。

水泥工业用多风道煤粉燃烧器技术条件

1 范围

本标准规定了水泥工业用多风道煤粉燃烧器的技术要求、试验方法、检验规则以及标志、包装、运输和贮存。

本标准适用于水泥工业用多风道煤粉燃烧器,包括回转窑用、分解炉用和预燃室用多风道煤粉燃烧器(以下简称燃烧器)。其他行业用燃烧器也可参照使用。

2 规范性引用文件

下列文件中的条款通过本标准的引用而成为本标准的条款。凡是注日期的引用文件,其随后所有的修改单(不包括勘误的内容)或修订版均不适用于本标准,然而,鼓励根据本标准达成协议的各方研究是否可使用这些文件的最新版本。凡是不注日期的引用文件,其最新版本适用于本标准。

GB/T 1184—1996 形状和位置公差 未注公差值(eqv ISO 2768-2: 1989)

GB/T 1958 形状和位置公差 检测规定

GB/T 8162—1999 结构用无缝钢管

GB/T 8492—1987 耐热钢铸件

GB/T 13306 标牌

JB/T 5000.9 重型机械通用技术条件 切削加工件

JC/T 355 水泥机械产品型号编制方法

JC/T 401.4 建材机械用铸钢件交货技术条件

JC/T 402 水泥机械涂漆防锈技术条件

JC/T 406 水泥机械包装技术条件

JC/T 532—1994 建材机械钢焊接件通用技术条件

3 技术要求

3.1 基本要求

3.1.1 燃烧器应符合本标准的要求,并按经规定程序批准的图样和技术文件制造。

3.1.2 基本参数应满足系统的工艺要求。

3.1.3 产品型号宜符合 JC/T 355 的规定。

3.2 整机要求

3.2.1 喷嘴出口处各风道圆环同轴度应不大于 $\Phi0.3mm$。

3.2.2 各套管间通道的同轴度应不大于 $\Phi1.0mm$。

3.2.3 各管道的法兰联接处应严密,不允许有漏风现象。

3.2.4 回转窑用燃烧器各净风管道上应设置压力表。

3.2.5 各净风管道上应设置调节阀,阀门开度应有刻度指示,装配后应调节方便、灵活。

3.2.6 燃烧器整机使用期限应不少于40000h。

3.3 主要零部件要求

3.3.1 燃烧器各管道应采用不低于 GB/T 8162—1999 中20钢性能的材料的无缝钢管制造。

3.3.2 头部各喷嘴、旋流器应采用不低于 GB/T 8492—1987 中ZG40Cr25Ni20性能的材料制造。

3.3.3 头部各喷嘴、旋流器的圆度公差应不低于 GB/T 1184—1996 中7级要求。

3.3.4 煤风入口处煤粉冲刷部位应采取耐磨保护措施。

3.3.5 切削加工件未注尺寸和角度公差、形位公差均应符合 JB/T 5000.9 的规定。

3.3.6 焊接件应符合 JC/T 532—1994 的规定,其中:

a)焊接接头表面质量应不低于 11 级要求;

b)尺寸极限偏差和角度极限偏差应不低于 B 级要求;

c)直线度和平面度公差应不低于 F 级要求。

3.3.7 铸钢件交货应符合 JC/T 401.4 的规定。

3.3.8 外购件应符合相关的国家标准和行业标准,并具有合格证。

3.3.9 使用期限:

a)外风管喷嘴应不少于 10000h,其余头部各喷嘴、旋流器应不少于 15000h;

b)煤风通道内支撑板应不少于 15000h;

c)煤风入口处煤粉冲刷部位应不少于 15000h;

d)煤通道管壁应不小于 25000h。

3.4 外观要求

3.4.1 整体表面不应有锈蚀、凹凸和粗糙不平现象,并应进行喷砂处理;各接合面边缘应整齐均称,错边量应不大于 1.0mm;加工面不应有划伤。

3.4.2 外露紧固件的突出部分不应过长或参差不齐,其螺栓尾端应突出螺母之外 3～4 螺距;固定销应略突出零件外表。

3.4.3 涂漆防锈应符合 JC/T 402 的规定。

4 试验方法

4.1 对 3.2.1、3.2.2 的规定,按 GB/T 1958 的规定进行检测。

4.2 对 3.3.1 的规定,按 GB/T 8162—1999 的规定进行检测。

4.3 对 3.3.2 的规定,按 GB/T 8492—1987 的规定进行检测,以理化试验报告为准。

4.4 对 3.3.3 的规定,按 GB/T 1184—1996 的规定进行检测。

4.5 对 3.3.5 的规定,按 JB/T 5000.9 的规定进行检测。

4.6 对 3.3.6 的规定,按 JC/T 532—1994 的规定进行检测。

4.7 对 3.3.7 的规定,按 JC/T 401.4 的规定进行检测。

4.8 尺寸和表面粗糙度的检验,用常规量具测量。

4.9 调节阀(3.2.5)由检验人员进行检验。

4.10 使用期限(3.2.6)、(3.3.9)以用户的使用报告为准。

4.11 外观质量(3.4)由检验人员用手感目测进行检验,其中错边量用常规量具测量。

5 检验规则

5.1 出厂检验

5.1.1 出厂检验应对 3.1～3.4(3.2.6、3.3.9 除外)的规定进行检验。

5.1.2 每台产品必须经出厂检验合格,并有检验部门签发的产品合格证后方能出厂。

5.2 型式检验

5.2.1 有下列情况之一时,应进行型式检验:

a)新产品或老产品转厂生产的试制定型鉴定;

b)正式生产后,如结构、材料、工艺有较大改变,可能影响产品性能时;

c)产品停产一年以上,恢复生产时;

d)出厂检验结果与上次型式检验有较大差异时;

e)产品累计生产 100 台或连续生产两年时;

f)国家质量监督机构提出进行型式检验的要求时。

5.2.2 型式检验项目按本标准规定的全部项目进行检验。

5.3 判定规则

5.3.1 出厂检验的合格判定为:按 5.1 的规定应逐项合格,否则为不合格。

5.3.2 型式检验应在出厂检验合格的产品中随机抽取一台进行检验,检验中若不合格,则应加倍抽样进行复检。如复检合格,则判该批产品为合格,如仍有一台不合格时,则判该批产品为不合格品。

6 标志、包装、运输和贮存

6.1 标志

标牌应固定在产品醒目的部位,其型式和规格应符合 GB/T 13306 的规定,并标明下列内容:

a) 产品名称、型号、商标;

b) 制造厂名称、厂址;

c) 主要参数;

d) 制造日期和出厂编号;

e) 执行标准号。

6.2 包装

6.2.1 燃烧器的包装和随机文件应符合 JC/T 406 中的规定。

6.2.2 包装中对产品的外露加工表面应涂防锈油,油封的有效期不少于六个月。

6.3 运输

产品的运输应符合有关运输部门的规定。

6.4 贮存

燃烧器应存放在防雨、防锈、防腐及无振动场所。放置时应考虑防挤压变形和本身重力导致的变形,贮存期长的应定期检查维护。

ICS 91-110

Q 92

备案号:12771—2003

中华人民共和国建材行业标准

JC/T 922—2003

水泥工业用破碎机技术条件

Crusher technical eondition in ecment industry

2003-09-20 发布　　　　　　　　2003-12-01 实施

中华人民共和国国家发展和改革委员会　发布

目　次

前　　言

本标准的附录 A、附录 B、附录 C、附录 D、附录 E 和附录 F 为规范性附录。

本标准由国家建筑材料工业机械标准化技术委员会提出并归口。

本标准负责起草单位：上海建设路桥机械设备有限公司。

本标准参加起草单位：天津水泥工业设计研究院、沈阳重型机器厂、北京重型机器厂、南京水泥工业设计研究院、南京进相机厂。

本标准主要起草人：李本仁、王定华、高亚天、詹旺明、
信　锐、唐　健、吴荫尹、许德荣。

水泥工业用破碎机技术条件

1 范围

本标准规定了水泥工业用破碎机技术要求、试验方法、检验规则及标志、包装、运输和贮存。

本标准适用于水泥工业用破碎机(以下简称破碎机),包括颚式破碎机(附录A)、锤式破碎机(附录B)、反击破碎机(附录C)、立式冲击破碎机(附录D)、辊式破碎机(附录E)和圆锥破碎机(附录F)。

2 规范性引用文件

下列文件中的条款通过本标准的引用而成为本标准的条款。凡是注日期的引用文件,其随后所有的修改单(不包括勘误的内容)或修订版均不适用于本标准,然而,鼓励根据本标准达成协议的各方研究是否可使用这些文件的最新版本。凡是不注日期的引用文件,其最新版本适用于本标准。

GB/T 699—1999 优质碳素结构钢 技术条件

GB/T 3766 液压系统通用技术条件(neq ISO 4413)

GB/T 3768 声学 声压法测定噪声源声功率级 反射面上方采用包络测量表面的简易法(eqv ISO 3746)

GB 5083 生产设备安全卫生设计总则(neq DIN 31000/VDE 1000)

GB 5226.1 机械安全 机械电气设备 第一部分:通用技术条件(IEC 60204—1:2000,IDT)

GB/T 9239—1988 刚性转子平衡品质 许用不平衡的确定(eqv ISO 1940—1:1986)

GB/T 11352—1989 一般工程用铸造碳钢件(neq ISO 3755)

GB/T 13306 标牌

JB/T 5000.9 重型机械通用技术条件 切削加工件

JB/T 5000.15—1998 重型机械通用技术条件 锻钢件无损探伤

JB/T 6396—1992 大型合金结构钢锻件

JB/T 6397—1992 大型碳素结构钢锻件(neq ASTM A668)

JB/T 6399—1992 重型机械用弹簧钢

JB/T 6402—1992 大型低合金钢铸件(neq ASTMA 356)

JC/T 355—2001 水泥机械产品型号编制方法

JC/T 401.1—1991 建材机械用高锰钢铸件技术条件

JC/T 402 水泥机械涂漆防锈技术条件

JC/T 406 水泥机械包装技术条件

JC532—1994 建材机械钢焊接件通用技术条件

3 技术要求

3.1 基本要求

3.1.1 产品应符合本标准的规定,并按经规定程序的图样和技术文件制造。

3.1.2 基本参数和传动的方位应满足系统工艺的要求。

3.1.3 产品型号应符合 JC/T 355—2001 的规定。

3.1.4 同型号产品的易损件应具有互换性。

3.1.5 易损件应便于更换,宜备有专用拆卸的辅助装置和工具。

3.2 整机要求

3.2.1 机体各接合部以及检修门、盖等应密封严实,不得泄漏粉尘。

3.2.2 安全防护装置应符合 GB 5083 的规定。

3.2.3 电气设备及其系统应符合 GB/T 5226.1 的规定。

3.2.4 轴承应有良好的密封防尘措施,其温升不应超过30℃,对于电机功率≥100kW 的破碎机,应有可靠的温度监测设备。

3.2.5 各润滑、液压件应密封良好无渗漏,其液压系统应符合 GB/T 3766 的规定。

3.2.6 空负荷试车时的噪声值不应大于85dB(A)。

3.2.7 在正常使用情况下,首次大修前的使用期限:

    a)电机功率≥100kW 不应低于12000h;

    b)电机功率<100kW 不应低于8000h;

    c)对于立式冲击破碎机不应低于6000h。

3.3 主要零部件要求

3.3.1 主轴材料的力学性能应不低于 JB/T 6397—1992 中第2章45号或50号钢的规定。

3.3.2 耐磨件材料的力学性能应不低于 JC/T 401.1—1991 中第4章 ZGMn13 的规定。

3.3.3 主轴应经超声波探伤检验,并应符合 JB/T 5000.15—1998 中Ⅳ级的规定。

3.3.4 转子体(不含锤类件)应进行平衡试验,其平衡品质等级值应符合 GB/T 9239—1988 中 G16 的规定。

3.3.5 外购件应不低于相关的国家、行业标准,并具有合格证。

3.3.6 切削加工件未注尺寸和角度公差、形位公差均应符合 JB/T 5000.9 的规定。

3.3.7 焊接件应符合 JC 532—1994 的规定。

3.4 外观要求

3.4.1 产品表面不应有凹凸和粗糙不平现象;各接合面边缘应整齐匀称,缝隙量不应大于1mm,错位量不应大于相关件厚度的5%;加工面不应有划伤和锈蚀。

3.4.2 外露紧固件的突出部分不应过长或参差不齐,其螺栓尾端应突出螺母之外2~4倍的螺距。

3.4.3 各管路和线路的布置应合理、整齐、牢固。

3.4.4 涂漆防锈应符合 JC/T 402 的规定。

4 试验方法

4.1 首次大修前的使用期限,以用户的使用报告为准。

4.2 外观质量及防护装置的检验用目测。

4.3 材料的力学性能,以理化试验报告为准,应符合3.3.1和3.3.2的规定。

4.4 对转动部件进行人工盘车,应转动灵活无卡阻现象。

4.5 对主轴进行超声波探伤检验,应符合3.3.3的规定。

4.6 对转子体进行的平衡试验,应符合3.3.4的规定。

4.7 在额定转速下进行空负荷试车,其连续运行时间不少于2h,但必须在轴承温度稳定1h后方能结束。

4.8 空负荷试车检查以下项目:

    a)各运动部位运转应灵活、可靠、无异常响声;

    b)检查轴承温度,应符合3.2.4的规定;

    c)各润滑部位和液压系统的密封性,应符合3.2.5的规定;

    d)按 GB/T 3768 规定测量噪声值,应符合3.2.6的规定。

5 检验规则

5.1 检验分为出厂检验和型式检验。

5.2 出厂检验应按3.1~3.4(3.2.7除外)、6.2~6.4的规定进行检验,检验合格后签发产品合格证明书。

5.3 有下列情况之一时,应进行型式检验:

a)新产品试制；

b)老产品转厂生产；

c)产品结构、材料、工艺有较大改变，可能影响产品性能时；

d)产品停产后，恢复生产时；

e)国家质量监督机构提出进行型式检验的要求时。

5.4 型式检验项目，按本标准规定的全部项目进行检验。型式检验应在出厂检验合格的产品中抽取一台进行检验。检验中若不合格，则判该批产品为不合格品。

6 标志、包装、运输和贮存

6.1 标牌应固定在产品醒目的位置，其形式和规格应符合 GB/T 13306 的规定；内容、术语及其排列应符合下列规定：

a)商标、产品名称；

b)产品型号、标准编号；

c)制造编号、制造日期；

d)制造厂名、厂址。

6.2 包装和随机文件应符合 JC/T 406 中第6章的规定。

6.3 包装中对产品的外露加工表面，应采取防锈措施，其有效期应符合 JC/T 402 中第3章的规定。

6.4 包装应满足运输部门的需要。

6.5 在安装使用前，应对产品妥善贮存，防止生锈、变形和损坏。

附　录　A
（规范性附录）
颚式破碎机

A1　技术要求

A1.1　整机要求

A1.1.1　应有保护装置。当非破碎物混入破碎腔内时,产品的主要零部件不被损坏。

A1.1.2　排料口宽度均匀,其偏差不大于5mm,调整装置操作灵活。

A1.1.3　空负荷试车时无明显跳动,其跳动量为:

　　a)≥100kW不大于3mm;

　　b)<100kW不大于2mm。

A1.2　主要零部件要求

A1.2.1　主要零件材料的力学性能,应不低于表A1所列材料的规定。

表 A1

名　称	材　料
动　额	ZG 270—500(GB/T 11352—1989)
连　杆	40(GB/T 699—1999)
弹　簧	60Si2Mn(JB/T 6399—1992)

A1.2.2　肘板与肘板垫应接触均匀,其间隙不应大于1.5mm/1000mm。

A1.2.3　颚板与支承面应接触均匀,其间隙以颚板最大边长计,不大于3.0mm/1000mm。

A2　试验方法

A2.1　排料口宽度的测量:要求破碎机水平安放,在活动颚板与固定颚板离开最远时,用钢卷尺或卡板测量一个颚板齿顶到另一个颚板齿根之间的水平最短距离。

A2.2　产品水平放在枕木上空负荷运转中,用振动测量仪测量地脚板前后摆动,应符合A1.1.3的规定。

A2.3　主要零件材料的力学性能,以理化试验报告为准,并应符合A1.2.1的规定。

附 录 B
（规范性附录）
锤式破碎机

B1 技术要求

B1.1 整机要求

B1.1.1 空负荷运转时,在主轴承座上测量的水平和垂直振幅不得大于 0.12mm。

B1.1.2 转子轴的水平度不大于 0.2mm/1000mm。

B1.1.3 锤头外缘运动轨迹与冲击板和蓖板之间的间隙应不小于10mm;在烘干锤式破碎机中,该间隙应不小于20mm。

B1.1.4 对称位置的两排锤头,其总重量差不得大于总重量的 0.25%。

B1.2 主要零部件要求

主要零件材料的力学性能,应不低于表 B1 所列材料的规定。

表 B1

名　　称	材　　料
锤　　轴	38 CrMoAl(JB/T 6396—1992)
锤　　盘	ZG 270—500(GB/T 11352—1989)

B2 试验方法

B2.1 用振动测量分析仪测量主轴承振动,实测振幅应符合 B1.1.1 的规定。

B2.2 主要零件材料的力学性能,以理化试验报告为准,并应符合 B1.2 的规定。

附　录　C
（规范性附录）
反击破碎机

C1　技术要求

C1.1　整机要求

C1.1.1　应有保护装置。当非破碎物混入破碎腔内时，产品的主要零部件不被损坏。

C1.1.2　板锤外缘运动轨迹与反击板下缘之间的间隙不小于10mm。

C1.1.3　板锤外缘对反击板下缘的平行度公差，在板锤全长范围内不大于7mm。

C1.1.4　对称位置板锤重量差不得大于其重量的0.25%。

C1.1.5　空负荷运转时，在主轴承座上测量的水平和垂直振幅不得大于0.20mm。

C1.2　主要零部件要求

转子套材料的力学性能，应不低于GB/T 11352—1989中第2章ZG 270—500的规定。

C2　试验方法

C2.1　用振动测量分析仪测量主轴承振动，实测振幅应符合C1.1.5的规定。

C2.2　转子套材料的力学性能，以理化试验报告为准，并应符合C1.2的规定。

附 录 D
（规范性附录）
立式冲击破碎机

D1 技术要求

D1.1 整机要求

D1.1.1 装在转子上任意两件的重量差不得大于 0.05kg。

D1.1.2 空负荷试车时，在机盖处测的水平和垂直振幅不得大于 0.5mm。

D1.2 主要零部件要求

D1.2.1 主要零件材料的力学性能，应不低于表 D1 所列材料的规定。

D1.2.2 叶轮应进行平衡试验，其平衡品质等级值，应符合 GB/T 9239—1988 中 G16 的规定。

表 D1

名　　称	材　　料
轴　毂	45（GB/T 699—1999）
轴承座	ZG 270—500（GB/T 11352—1989）

D2 试验方法

D2.1 用百分表测量机盖处振动，实测振幅应符合 D1.1.2 的规定。

D2.2 主要零件材料的力学性能，以理化试验报告为准，并应符合 D1.2.1 的规定。

D2.3 叶轮的平衡试验，应符合 D1.2.2 的规定。

附　录　E
（规范性附录）
辊式破碎机

E1　技术要求

E1.1　整机要求

E1.1.1　应有保护装置,当非破碎物混入破碎腔内时,产品的主要零部件不被损坏。

E1.1.2　双光辊破碎机排料口宽度的偏差,不应大于排料口宽度的10%。

E1.2　主要零部件要求

辊皮材料的力学性能,应不低于 JB/T 6402—1992 中第 2 章 ZGSOMn2 的规定。

E2　试验方法

E2.1　以专用卡板测量双光辊破碎机排料口宽度的偏差,应符合 E1.1.2 的规定。

E2.2　辊皮材料的力学性能,以理化试验报告为准,并应符合 E1.2 的规定。

附　录　F
（规范性附录）
圆锥破碎机

F1　技术要求

F1.1　整机要求

F1.1.1　传动轴的轴向游动间隙为 0.8mm ~ 1.6mm。

F1.1.2　碗形轴承架装配后,其下端面与偏心套上端面的间隙,应符合表 F1 的规定。

表 F1

单位为毫米

动锥直径	600	900	1200	1300	1750	2200
间隙	2.3 ~ 6.0	2.5 ~ 6.5	2.7 ~ 7.0	3.0 ~ 8.0	4.0 ~ 9.0	5.0 ~ 9.5

F1.1.3　圆锥齿轮大端的啮合间隙,应符合表 F2 的规定。

表 F2

单位为毫米

动锥直径	侧隙	顶隙
600	0.51 ~ 1.02	2.34 ~ 3.12
900	0.51 ~ 1.02	2.34 ~ 3.12
1200	0.51 ~ 1.02	2.34 ~ 3.96
1300	0.76 ~ 1.27	2.34 ~ 3.96
1750	1.02 ~ 1.52	3.18 ~ 4.78
2200	1.27 ~ 1.78	3.18 ~ 7.93

F1.1.4　装配后,当排料口调至最小时,动锥与定锥在整个圆周的排料间隙偏差不大于排料口宽度的 25。

F1.1.5　装配后,应在制造厂用相同工作转速的电机和性能相似的润滑站连续进行 2h 空负荷试车。

F1.1.6　空负荷试车中,动锥的自转转速不应大于 15r/min。

F1.1.7　空负荷试车的供油压力应在 0.06MPa ~ 0.10MPa 范围内,其回油的油温最高不得超过 50℃。

F1.1.8　应有保护装置,当非破碎物混入破碎腔内时,产品的主要零部件不被损坏。

F1.2　主要零部件要求

主要零件材料的力学性能,应不低于表 F3 所列材料的规定。

表 F3

名　　称	材　　料
支承套	ZG 270—500（GB/T 11352—1989）
调整套	ZG 270—500（GB/T 11352—1989）
动锥体	ZG 270—500（GB/T 11352—1989）
大齿轮	ZG 42Cr1Mo（JB/T 6402—1992）
小齿轮	20 CrMoTi（JB/T 6396—1992）

F2 试验方法

F2.1 检查齿轮大端的啮合间隙时,应将偏心套与小齿轮一侧的机架衬套靠紧,用压铅方法测定。

F2.2 检查传动轴的轴向游动间隙时,应将小齿轮背部靠紧传动衬套端面,用塞尺检查甩油环与传动轴另一衬套的端面间隙。

F2.3 检查排料口尺寸时,用固定在钢丝上的铅球,沿破碎腔的周围大致均布四点上测定,四点铅球挤压后尺寸的算术平均值,即为排料口尺寸。测定铅球的直径应大于预定排料口的尺寸。

F2.4 主要零件材料的力学性能,以理化试验报告为准,并应符合 F1.2 的规定。

附 录 G
（标准的附录）
抗折强度试验方法

G1 试验设备

G1.1 试验机

试验机可采用抗折试验机、万能试验机或带有抗折试验架的压力试验机。试验机的示值相对误差和量程要求同本标准附录 A1.1。

G1.2 支座及加压棒

支座的两个支承棒和加压棒的直径为 40mm，材料为钢质，其中一个支承棒应能滚动并可自由调整水平。

G2 试件

试件数量为 5 块。

G3 试验步骤

G3.1 清除试件表面粘渣、毛刺，放入室温水中浸泡 24h。

G3.2 将试件从水中取出用拧干的湿毛巾擦去表面附着水，顺着长度方向外露表面朝上置于支座上（如图 G1 所示）。抗折支距为试件厚度的 4 倍。在支座及加压棒与试件接触面之间应垫有 3~5mm 厚的胶合板垫层。

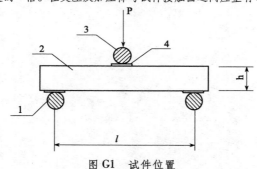

图 G1 试件位置

1—支座；2—试件；3—加压棒；4—胶合板垫层

G3.3 启动试验机，连续均匀地加荷，加荷速度为 0.04~0.06MPa/s，直至试件破坏。记录破坏荷载（P）。

G3.4 结果计算与评定

抗折强度按式（G1）计算：

$$R_f = \frac{3Pl}{2bh^2}$$ ···（G1）

式中：R_f——抗折强度，MPa；

P——破坏荷载，N；

l——两支座间的中心距离，mm；

b——试件宽度，mm；

h——试件厚度，mm。

结果以 5 块试样抗折强度的平均值和单块最小值表示，计算精确至 0.01MPa。

ICS
Q
备案号:27684—2010

中华人民共和国建材行业标准

JC/T 312—2009
代替 JC/T 312—2000

明矾石膨胀水泥化学分析方法

Methods for chemical analysis of alunite expansive cement

2009-12-04 发布   2010-06-01 实施

中华人民共和国工业和信息化部   发布

前　言

本标准为 JC/T 312—2000《明矾石膨胀水泥化学分析方法》标准的修订版。

本标准与 JC/T 312—2000 相比，主要变化如下：

——全硫的测定，增列了库仑滴定法（代用法）（本版的第 19 章）；

——全硫测定基准法中硫酸钡灼烧温度改为 800℃～950℃（本版的第 17.2 条，JC/T 312—2000 版的第 16.1.2 条）；

——允许差改为重复性限和再现性限（本版的第 23 章；JC/T 312—2000 版的第 9.4 条、第 10.4 条、第 11.4 条、第 12.4 条、第 13.4 条、第 14.4 条、第 15.4 条、第 16.4 条、第 17.4 条、第 18.4 条、第 19.4 条）。

本标准的生效日起，同时代替 JC/T 312—2000。

本标准由中国建筑材料联合会提出。

本标准由全国水泥标准化技术委员会（SAC/TC 184）归口。

本标准负责起草单位：中国建筑材料科学研究总院、中国建筑材料检验认证中心。

本标准参加起草单位：北京中科建自动化设备有限公司。

本标准起草人：刘文长、崔健、刘胜、王文茹、倪竹君、王瑞海。

本标准所代替标准的历次版本发布情况为：

——JC/T 312—1982、JC/T 312—2000。

明矾石膨胀水泥化学分析方法

1 范围

本标准规定了明矾石膨胀水泥的化学分析方法。

本标准适用于明矾石膨胀水泥。

2 规范性引用文件

下列文件中的条款通过本标准的引用而成为本标准的条款。凡是注日期的引用文件,其随后所有的修改单(不包括勘误的内容)或修订版均不适用于本标准。然而,鼓励根据本标准达成协议的各方研究是否可使用这些文件的最新版本。凡是不注日期的引用文件,其最新版本适用于本标准。

GB/T 12573　水泥取样方法

GB/T 6682　　分析试验室用水规格和试验方法(GB/T 6682—2008,ISO 3696:1987/MOD)

3 术语和定义

3.1 重复性条件

在同一实验室,由同一操作员使用相同的设备,按相同的测定方法,在短时间内对同一被测对象相互独立进行的测定条件。

3.2 再现性条件

在不同的实验室,由不同的操作员使用不同设备,按相同的测定方法,对同一被测对象相互独立进行的测定条件。

3.3 重复性限

一个数值在重复性条件(3.1)下,两个测定结果的绝对差不大于此数的概率为95%。

3.4 再现性限

一个数值在再现性条件(3.2)下,两个测定结果的绝对差不大于此数的概率为95%。

4 试验的基本要求

4.1 试验次数与要求

每项测定次数为两次,用两次测定结果的平均值表示测定结果。

在进行化学分析时,除另有说明外,必须同时进行烧失量的测定;其他各项测定应同时进行空白试验,并对测定结果加以校正。

4.2 质量、体积、滴定度和结果的表示

用"克(g)"表示质量,精确至0.0001g。滴定管体积用"毫升(mL)"表示,精确至0.05mL。滴定度单位用"毫克每毫升(mg/mL)"表示。

标准滴定溶液的滴定度和体积比经修约后保留有效数字四位。

除另有说明外,各项分析结果均以质量分数计。各项分析结果以"%"表示至小数后二位。

4.3 空白试验

使用相同量的试剂,不加入试样,按照相同的测定步骤进行试验,对得到的测定结果进行校正。

4.4 灼烧

将滤纸和沉淀放入预先已灼烧并恒量的坩埚中,为避免产生火焰,在氧化性气氛中缓慢干燥、灰化,灰化至无黑色炭颗粒后,放入高温炉(6.5)中,在规定的温度下灼烧。在干燥器中冷却至室温,称量。

4.5 恒量

经第一次灼烧、冷却、称量后,通过反复灼烧,每次15min,然后冷却、称量的方法来检查恒定质量,当连续两次称量之差小于0.0005g时,即达到恒量。

4.6 检查氯 Cl⁻ 离子(硝酸银检验)

按规定洗涤沉淀数次后,用数滴水淋洗漏斗的下端,用数毫升水洗涤滤纸和沉淀,将滤液收集在试管中,加几滴硝酸银溶液(5.15),观察试管中溶液是否浑浊。如果浑浊,继续洗涤并定期检查,直至用硝酸银检验不再浑浊为止。

5 试剂和材料

分析过程中,所用水符合GB/T 6682规定的三级水要求;所有试剂应为分析纯或优级纯试剂;用于标定与配制标准溶液的试剂,除另有说明外应为基准试剂。在化学分析中,所用酸或氨水,凡未注明浓度者均指市售的浓酸或氨水。用体积比表示试剂稀释程度,例如:盐酸(1+2)表示1份体积的浓盐酸与2份体积的水相混合。

除另有说明外,%表示"质量分数"。本标准使用的市售浓液体试剂具有下列密度(ρ),单位为克每立方厘米(g/cm³):

5.1 盐酸(HCl)

$\rho = 1.18\text{g/cm}^3 \sim 1.19\text{g/cm}^3$,质量分数36%~38%。

5.2 氢氟酸(HF)

$\rho = 1.13\text{g/cm}^3$,质量分数40%。

5.3 硝酸(HNO₃)

$\rho = 1.39\text{g/cm}^3 \sim 1.41\text{g/cm}^3$,质量分数65%~68%。

5.4 硫酸(H₂SO₄)

$\rho = 1.84\text{g/cm}^3$,质量分数95%~98%。

5.5 冰乙酸(CH₃COOH)

$\rho = 1.049\text{g/cm}^3$,质量分数99.8%。

5.6 氨水(NH₃·H₂O)

$\rho = 0.90\text{g/cm}^3 \sim 0.91\text{g/cm}^3$,质量分数25%~28%。

5.7 乙醇(C₂H₅OH)

体积分数95%或无水乙醇。

5.8 盐酸(1+1);(1+2);(1+11);(1+5)

5.9 硫酸(1+2);(1+1);(1+9)

5.10 磷酸(1+1)

5.11 氨水(1+1);(1+2)

5.12 氢氧化钠(NaOH)

5.13 氢氧化钾(KOH)

5.14 氢氧化钾溶液(200g/L)

将200g氢氧化钾(5.13)溶于水中,加水稀释至1L。贮存于塑料瓶中。

5.15 硝酸银溶液(5g/L)

将5g硝酸银(AgNO₃)溶于水中,加10mL硝酸(HNO₃),用水稀释至1L。

5.16 抗坏血酸溶液(5g/L)

将0.5g抗坏血酸(V.C)溶于100mL水中,过滤后使用。用时现配。

5.17 焦硫酸钾(K₂S₂O₇)

将市售焦硫酸钾在瓷蒸发皿中加热熔化,待气泡停止发生后,冷却、砸碎、贮存于磨口瓶中。

5.18 氯化钡溶液(100g/L)

将100g二水氯化钡(BaCl₂·2H₂O)溶于水中,加水稀释至1L。

5.19 氯化亚锡($SnCl_2 \cdot 2H_2O$)

5.20 氯化亚锡－磷酸溶液

将1000mL磷酸放在烧杯中,在通风橱中于电热板上加热脱水,至溶液体积缩减至850mL～950mL时,停止加热。待溶液温度降至100℃以下时,加入100g氯化亚锡(5.19)。继续加热至溶液透明,并无大气泡冒出时为止(此溶液的使用期一般以不超过2周为宜)。

5.21 氨性硫酸锌溶液(100g/L)

将100g硫酸锌($ZnSO_4 \cdot 7H_2O$)溶于300mL水后加入700mL氨水,用水稀释至1L,静置24h,过滤后使用。

5.22 明胶溶液(5g/L)

将0.5g明胶(动物胶)溶于100mL70℃～80℃的水中,用时现配。

5.23 淀粉溶液(10g/L)

将1g淀粉(水溶性)置于小烧杯中,加水调成糊状后,加入沸水稀释至100mL,再煮沸约1min,冷却后使用。

5.24 二安替比林甲烷溶液(30g/L盐酸溶液)

将15g二安替比林甲烷($C_{23}H_{24}N_4O_2$)溶于500mL盐酸(1+11)中,过滤后使用。

5.25 高碘酸钾(KIO_4)

5.26 碳酸铵溶液(100g/L)

将10g碳酸铵[$(NH_4)_2CO_3$]溶于100mL水中。

5.27 EDTA-铜溶液

按EDTA标准滴定溶液(5.48)与硫酸铜标准滴定溶液(5.49)的体积比(5.49.2),准确配制成等浓度的混合溶液。

5.28 pH3的缓冲溶液

将3.2g无水乙酸钠(CH_2COONa)溶于水中,加120mL冰乙酸(CH_3COOH),用水稀释至1L,摇匀。

5.29 pH4.3的缓冲溶液

将42.3g无水乙酸钠(CH_cOONa)溶于水中,加80mL冰乙酸(CH_3COOH),用水稀释至1L,摇匀。

5.30 pH10的缓冲溶液

将67.5g氯化铵(NH_4Cl)溶于水中,加570mL氨水,加水稀释至1L,摇匀。

5.31 氢氧化钠溶液(150g/L)

将150g氢氧化钠(NaOH)溶于水中,加水稀释至1L,贮存于塑料瓶中。

5.32 pH6.0的总离子强度配位缓冲液

将294.1g柠檬酸钠($C_6H_5Na_3O_7 \cdot 2H_2O$)溶于水中,用盐酸(1+1)和氢氧化钠溶液(5.31)调整溶液pH值至6.0,然后加水稀释至1L。

5.33 三乙醇胺[$N(CH_2CH_2OH)_3$]:(1+2)

5.34 酒石酸钾钠溶液(100g/L)

将100g酒石酸钾钠($C_4H_4KNaO_6 \cdot 4H_2O$)溶于水中,稀释至1L。

5.35 盐酸羟胺($NH_2OH \cdot HCl$)

5.36 氯化钾(KCl):颗粒粗大时,应研细后使用

5.37 氟化钾溶液(150g/L)

称取150g氟化钾($KF \cdot 2H_2O$)溶于水中,稀释至1L,贮存于塑料瓶中。

5.38 氟化钾溶液(20g/L)

称取20g氟化钾($KF \cdot 2H_2O$)溶于水中,稀释至1L,贮存于塑料瓶中。

5.39 氯化钾溶液(50g/L)

将50g氯化钾(KCl)溶于水中,用水稀释至1L。

5.40 氯化钾-乙醇溶液(50g/L)

将5g氯化钾(KCl)溶于50mL水中,加入50mL乙醇950o(体积分数),混匀。

5.41 五氧化二钒（V_2O_5）

5.42 二氧化钛（TiO_2）标准溶液

5.42.1 标准溶液的配制

称取 0.1000g 经高温灼烧过的光谱纯二氧化钛（TiO_2），精确至 0.0001g，置于铂（或瓷）坩埚中，加入 2g 焦硫酸钾（5.17），在 500℃～600℃下熔融至透明。熔块用硫酸（1+9）浸出，加热至 50℃～60℃使熔块完全溶解，冷却后移入 1000mL 容量瓶中，用硫酸（1+9）稀释至标线，摇匀。此标准溶液每毫升含有 0.1mg 二氧化钛。

吸取 100.00mL 上述标准溶液于 500mL 容量瓶中，用硫酸（1+9）稀释至标线，摇匀。此标准溶液每毫升含有 0.02mg 二氧化钛。

5.42.2 工作曲线的绘制

吸取每毫升含有 0.02mg 二氧化钛的标准溶液 0mL、2.50mL、5.00mL、7.50mL、10.00mL、12.50mL、15.00mL 分别放入 100mL 容量瓶中，依次加入 10mL 盐酸（1+2），10mL 抗坏血酸溶液（5.16）、5mL 95%（体积分数）乙醇、20mL 二安替比林甲烷溶液（5.24），用水稀释至标线，摇匀。放置 40min 后，使用分光光度计（6.9）、10mm 比色皿，以水作参比，于 420nm 处测定溶液的吸光度。用测得的吸光度作为相对应的二氧化钛含量的函数，绘制工作曲线。

5.43 氧化钾（K_2O）、氧化钠（Na_2O）标准溶液

5.43.1 氧化钾、氧化钠标准溶液的配制

称取 0.792g 已于 105℃～110℃烘过 2h 的光谱纯氯化钾（KCl）和 0.943g 已于 105℃～110℃烘过 2h 的光谱纯氯化钠（NaCI），精确至 0.0001g，置于烧杯中，加水溶解后，移入 1000mL 容量瓶中，用水稀释至标线，摇匀。贮存于塑料瓶中。此标准溶液每毫升相当于 0.5mg 氧化钾、氧化钠。

5.43.2 工作曲线的绘制

吸取按第 5.43.1 条配制的每毫升相当于 0.5mg 氧化钾、氧化钠的标准溶液 0mL、1.00mL、2.00mL、4.00mL、6.00mL、8.00mL、10.00mL、12.00mL，以一一对应的顺序，分别放入 100mL 容量瓶中，用水稀释至标线，摇匀。使用火焰光度计（6.10）按仪器使用规程进行测定。用测得的读数作为相对应的氧化钾、氧化钠含量的函数，绘制工作曲线。

5.44 碘酸钾标准滴定溶液 $[c(1/6KIO_3)=0.03mol/L]$

将 5.4g 碘酸钾（KIO_3）溶于 200mL 新煮沸过的冷水中，加入 5g 氢氧化钠（5.12）及 150g 碘化钾（KI），溶解后移入棕色玻璃下口瓶中，再以新煮沸过的冷水稀释至 5L，摇匀。

5.45 重铬酸钾基准溶液 $[c(1/6K_2Cr_2O_7)=0.03mol/L]$

称取 1.4710g 已于 150℃～180℃烘过 2h 的重铬酸钾（$K_2Cr_2O_7$），精确至 0.0001g，置于烧杯中，用 100mL～150mL 水溶解后，移入 1000mL 容量瓶中，用水稀释至标线，摇匀。

5.46 硫代硫酸钠标准滴定溶液 $[c(Na_2S_2O_3)=0.03mol/L]$

5.46.1 标准滴定溶液的配制

将 37.5g 硫代硫酸钠（$Na_2S_2O_3 \cdot 5H_2O$）溶于 200mL 新煮沸过的冷水中，加入约 0.25g 无水碳酸钠，搅拌溶解后移入棕色玻璃下口瓶中，再以新煮沸过的冷水稀释至 5L，摇匀。静置 14d 后使用。

5.46.2 标定

5.46.2.1 硫代硫酸钠标准滴定溶液浓度的标定

取 15.00mL 重铬酸钾基准溶液（5.39）放入带有磨口塞的 200mL 锥形瓶中，加入 3g 碘化钾（KI）及 50mL 水，溶解后加入 10mL 硫酸（1+2），盖上磨口塞，于暗处放置 15min～20min。用少量水冲洗瓶壁及瓶塞，以硫代硫酸钠标准滴定溶液滴定至淡黄色，加入约 2mL 淀粉溶液（5.23），再继续滴定至蓝色消失。

另以 15mL 水代替重铬酸钾基准溶液，按上述分析步骤进行空白试验。

硫代硫酸钠标准滴定溶液的浓度按式（1）计算：

$$c(Na_2S_2O_3) = \frac{0.03 \times 15.00}{V_2 - V_1} \quad\cdots\cdots (1)$$

式中：

$c(Na_2S_2O_3)$——硫代硫酸钠标准滴定溶液的浓度，单位为摩尔每升（mol/L）；

0.03——重铬酸钾基准溶液的浓度,单位为摩尔每升(mol/L);

V_1——空白试验时消耗硫代硫酸钠标准滴定溶液的体积,单位为毫升(mL);

V_2——滴定时消耗硫代硫酸钠标准滴定溶液的体积,单位为毫升(mL);

15.00——加入重铬酸钾基准溶液的体积,单位为毫升(mL)。

5.46.2.2 碘酸钾标准滴定溶液与硫代硫酸标准滴定溶液体积比的标定

取15.00mL碘酸钾标准滴定溶液(5.44)放入200mL锥形瓶中,加入25mL水及10mL硫酸(1+2),在摇动下用硫代硫酸钠标准滴定溶液(5.46)滴定至淡黄色,加入约2mL淀粉溶液(5.23),再继续滴定至蓝色消失。

碘酸钾标准滴定溶液与硫代硫酸钠标准滴定溶液的体积比按式(2)计算:

$$K_1 = \frac{V_3}{15.00} \quad\cdots\cdots\cdots\cdots\cdots\cdots\cdots\cdots\cdots\cdots\cdots\cdots\cdots\cdots\cdots\cdots (2)$$

式中:

K_1——每毫升硫代硫酸钠标准滴定溶液相当于碘酸钾标准滴定溶液的毫升数。

V_3——滴定时消耗硫代硫酸钠标准滴定溶液的体积,单位为毫升(mL);

15.00——加入碘酸钾标准滴定溶液的体积,单位为毫升(mL)。

碘酸钾标准滴定溶液对三氧化硫及对硫的滴定度按式(3)和式(4)计算:

$$T_{SO_3} = \frac{c(Na_2S_2O_3) \times V_3 \times 40.03}{15.00} \quad\cdots\cdots\cdots\cdots\cdots\cdots\cdots\cdots\cdots\cdots (3)$$

$$T_S = \frac{c(Na_2S_2O_3) \times V_3 \times 16.03}{15.00} \quad\cdots\cdots\cdots\cdots\cdots\cdots\cdots\cdots\cdots\cdots (4)$$

式中:

T_{SO_3}——每毫升硫代硫酸钠标准滴定溶液相当于三氧化硫的毫克数,单位为毫克每毫升(mg/mL);

T_S——每毫升硫代硫酸钠标准滴定溶液相当于硫的毫克数,单位为毫克每毫升(mg/mL);

$c(Na_2S_2O_3)$——硫代硫酸钠标准滴定溶液的浓度,单位为摩尔每升(mol/L);

K_1——碘酸钾标准滴定溶液与硫代硫酸钠标准滴定溶液的体积比;

V_3——滴定时消耗硫代硫酸钠标准滴定溶液的体积,单位为毫升(mL);

15.00——标定体积比K_1时加入碘酸钾标准滴定溶液的体积,单位为毫升(mL)。

5.47 碳酸钙基准溶液[$c(CaCO_3) = 0.024$mol/L]

称取0.6g(m_1)已于105℃~110℃烘过2h的基准碳酸钙($CaCO_3$),精确至0.0001g,置于400mL烧杯中,加入约100mL水,盖上表面皿,沿杯口加入10mL盐酸(1+1)溶液至碳酸钙全部溶解,加热煮沸数2mL~3mL,取下烧杯,将溶液冷却至室温,移入250mL容量瓶中,用水稀释至标线,摇匀。

5.48 EDTA标准滴定溶液[$c(EDTA) = 0.015$mol/L]

5.48.1 标准滴定溶液的配制

称取约5.6g EDTA(乙二胺四乙酸二钠盐)置于烧杯中,加约200mL水,加热溶解,过滤,用水稀释至1L。

5.48.2 EDTA标准滴定溶液浓度的标定

吸取25.00mL碳酸钙标准溶液(5.47)放入400mL烧杯中,加水稀释至200mL,加入适量CMP混合指示剂(5.56),在搅拌下加入氢氧化钾溶液(5.14)到出现绿色荧光后过量2mL~3mL,以EDTA标准滴定溶液滴定至绿色荧光消失并呈现红色。

EDTA标准滴定溶液的浓度按式(5)计算:

$$c(EDTA) = \frac{m_1 \times 25 \times 1000}{250 \times V_4 \times 100.09} \quad\cdots\cdots\cdots\cdots\cdots\cdots\cdots\cdots\cdots (5)$$

式中:

$c(EDTA)$——EDTA标准滴定溶液的浓度,单位为摩尔每升(mol/L);

V_4——滴定时消耗EDTA标准滴定溶液的体积,单位为毫升(mL);

m_1——按第 5.47 条配制碳酸钙其准溶液的碳酸钙的质量,单位为克(g);

100.09——$CaCO_3$ 的摩尔质量,单位为克每摩尔(g/mol)。

5.48.3 EDTA 标准滴定溶液对各氧化物滴定度的计算

EDTA 标准滴定溶液对三氧化二铁、三氧化二铝、氧化钙、氧化镁的滴定度分别按式(6)、式(7)、式(8)、式(9)计算:

$$T_{Fe_2O_3} = c(EDTA) \times 79.84 \quad\cdots\cdots\cdots\cdots\cdots\cdots (6)$$

$$T_{Al_2O_3} = c(EDTA) \times 50.98 \quad\cdots\cdots\cdots\cdots\cdots\cdots (7)$$

$$T_{CaO} = c(EDTA) \times 56.08 \quad\cdots\cdots\cdots\cdots\cdots\cdots (8)$$

$$T_{MgO} = c(EDTA) \times 40.31 \quad\cdots\cdots\cdots\cdots\cdots\cdots (9)$$

式中:

$T_{Fe_2O_3}$——每毫升 EDTA 标准滴定溶液相当于三氧化二铁的毫克数,单位为毫克每毫升(mg/mL);

$T_{Al_2O_3}$——每毫升 EDTA 标准滴定溶液相当于三氧化二铝的毫克数,单位为毫克每毫升(mg/mL);

T_{CaO}——每毫升 EDTA 标准滴定溶液相当于氧化钙的毫克数,单位为毫克每毫升(mg/mL);

T_{MgO}——每毫升 EDTA 标准滴定溶液相当于氧化镁的毫克数,单位为毫克每毫升(mg/mL);

$c(EDTA)$——EDTA 标准滴定溶液的浓度,单位为摩尔每升(mol/L);

79.84——(1/2 Fe_2O_3)的摩尔质量,单位为克每摩尔(g/mol);

50.98——(1/2 Al_2O_3)的摩尔质量,单位为克每摩尔(g/mol);

56.08——CaO 的摩尔质量,单位为克每摩尔(g/mol);

40.31——MgO 的摩尔质量,单位为克每摩尔(g/mol)。

5.49 硫酸铜标准滴定溶液[$c(CuSO_4) = 0.015mol/L$]

5.49.1 标准滴定溶液的配制

将 3.7g 硫酸铜($CuSO_4 \cdot 5H_2O$)溶于水中,加 4~5 滴硫酸(1+1),用水稀释至 1L,摇匀。

5.49.2 EDTA 标准滴定溶液与硫酸铜标准滴定溶液体积比的标定

从滴定管缓慢放出 10mL~15mLEDTA 标准滴定溶液(5.48)放入 400mL 烧杯中,用水稀释到约 150mL,加入 pH4.3 的缓冲溶液(5.29),加热至沸,取下稍冷,加入 5~6 滴 PAN 指示剂溶液(5.55),以硫酸铜标准滴定溶液滴定至亮紫色。

EDTA 标准滴定溶液与硫酸铜标准滴定溶液的体积比按式(10)计算:

$$K_3 = \frac{V_5}{V_6} \quad\cdots\cdots\cdots\cdots\cdots\cdots\cdots\cdots (10)$$

式中:

K——EDTA 标准滴定溶液与硫酸铜标准滴定溶液的体积比;

V_5——EDTA 标准滴定溶液的体积,单位为毫升(mL);

V_6——滴定时消耗硫酸铜标准滴定溶液的体积,单位为毫升(mL)。

5.50 氢氧化钠标准滴定溶液[$c(NaOH) = 0.15mol/L$]

5.50.1 标准滴定溶液的配制

将 60g 氢氧化钠(NaOH)溶于水中,充分摇匀,贮存于带胶塞(装有钠石灰干燥管)的硬质玻璃瓶或塑料瓶内。

5.50.2 氢氧化钠标准滴定溶液浓度的标定

称取约 0.8g(m_2)苯二甲酸氢钾($C_8H_5KO_4$),精确至 0.0001g,置于 400mL 烧杯中,加入约 150mL 新煮沸过的已用氢氧化钠溶液中和至酚酞呈微红色的冷水,搅拌使其溶解,加入 6~7 滴酚酞指示剂溶液(见 5.58),用氢氧化钠标准滴定溶液滴定至微红色。

氢氧化钠标准滴定溶液的浓度按式(11)计算:

$$c(NaOH) = \frac{m_2 \times 1000}{V_7 \times 204.2} \quad\cdots\cdots\cdots\cdots\cdots\cdots (11)$$

式中：

$c(NaOH)$——氢氧化钠标准滴定溶液的浓度，单位为摩尔每升(mol/L)；

$\quad\quad V_7$——滴定时消耗氢氧化钠标准滴定溶液的体积，单位为毫升(mL)；

$\quad\quad m_2$——苯二甲酸氢钾的质量，单位为克(g)；

$\quad204.2$——苯二甲酸氢钾的摩尔质量，单位为克每摩尔(g/mol)。

氢氧化钠标准滴定溶液对二氧化硅的滴定度按式(12)计算：

$$T_{SiO_2} = c(NaOH) \times 15.02 \quad\cdots\cdots\cdots\cdots\cdots\cdots\cdots\cdots\cdots\cdots\cdots\cdots\cdots\cdots \quad(12)$$

式中：

T_{SiO_2}——每毫升氢氧化钠标准滴定溶液相当于二氧化硅的毫克数，单位为毫克每毫升(mg/mL)；

$c(NaOH)$——氢氧化钠标准滴定溶液的浓度，单位为摩尔每升(mol/L)；

$\quad15.02$——($1/4SiO_2$)的摩尔质量，单位为克每摩尔(g/mol)。

5.51 氟(F)标准溶液

5.51.1 标准溶液的配制

称取0.2763g已于500℃左右灼烧10min（或在120℃烘过2h）的优级纯氟化钠(NaF)，精确至0.0001g，置于烧杯中，加水溶解后移入500mL容量瓶中，用水稀释至标线，摇匀。贮存于塑料瓶中。此标准溶液每毫升相当于0.25mg氟。

吸取上述标准溶液20mL；40mL、80mL、120mL分别放入1000mL容量瓶中，加水稀释至刻度，摇匀，此溶液每毫升分别相当于0.005mg、0.010mg、0.020mg、0.030mg氟的系列标准溶液，并分别贮存于塑料瓶中。

5.51.2 工作曲线的绘制

吸取5.51.1中系列标准溶液各10.00mL，放入盛有一搅拌子的50mL烧杯中，加入10.00mL pH6.0的总离子强度配位缓冲液(5.32)，将烧杯置于电磁搅拌器(6.8)上，在溶液中插入氟离子选择电极和饱和氯化钾甘汞电极，打开磁力搅拌器(6.8)搅拌2min，停搅30s。用离子计或酸度计(6.11)测量溶液的平衡电位。用单对数坐标纸，以对数坐标为氟的浓度，常数坐标为电位值，绘制工作曲线。

5.52 甲基红指示剂溶液

将0.2g甲基红溶于100mL乙醇95%(体积分数)中。

5.53 磺基水杨酸钠指示剂溶液

将10g磺基水杨酸钠溶于水中，加水稀释至100mL。

5.54 溴酚蓝指示剂溶液

将0.2g溴酚蓝溶于100mL乙醇溶液(1+4)中。

5.55 1-(2-吡啶偶氮)-2-萘酚(PAN)指示剂溶液

将0.2gPAN溶于100mL乙醇95%(体积分数)中。

5.56 钙黄绿素-甲基百里香酚蓝-酚酞混合指示剂(简称CMP混合指示剂)

称取1.000g钙黄绿素、1.000g甲基百里香酚蓝、0.200g酚酞与50g已在105℃～110℃烘干过的硝酸钾(KNO₃)混合研细，保存在磨口瓶中。

5.57 酸性铬蓝K-萘酚绿B混合指示剂

称取1.000g酸性铬蓝K与2.500g萘酚绿B和50g已在105℃～110℃烘干过的硝酸钾(KNO₃)，混合研细，保存在磨口瓶中。

5.58 酚酞指示剂溶液

将1g酚酞溶于100mL乙醇95%(体积分数)中。

5.59 电解液

称取6g碘化钾和6g溴化钾，加入10mL冰乙酸，用水稀释至300mL，搅拌使其全部溶解。此溶液在棕色试剂瓶中保存。

6 仪器与设备

6.1 天平

精确至0.0001g。

6.2 铂、银或瓷坩埚

带盖,容量20mL~30mL。

6.3 铂皿

容量70mL~100mL。

6.4 镍坩埚

带盖,容量30mL~50mL。

6.5 高温炉

隔焰加热炉,在炉膛外围进行电阻加热。应使用温度控制器,准确控制炉温。温度控制范围:室温~1000℃。

6.6 滤纸

定量滤纸。

6.7 玻璃容量器皿

滴定管、容量瓶、移液管。

6.8 磁力搅拌器

带有塑料外壳的搅拌子,配备有调速和加热装置。

6.9 分光光度计

可在400nm~700nm范围内测定溶液的吸光度,带有10mm、20mm比色皿。

6.10 火焰光度计

带有768nm和589nm的干涉滤光片。

6.11 离子计或酸度计

带有氟离子选择性电极及饱和氯化钾甘汞电极。

6.12 库仑积分测硫仪

由管式高温炉、电解池、磁力搅拌器和库仑积分器组成。

6.13 测定硫化物及全硫量的仪器装置如图1所示:

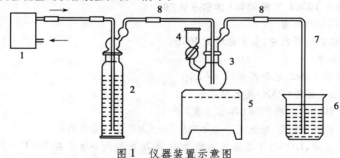

图1 仪器装置示意图

1—微型空气泵;2—洗气瓶,内盛100mL硫酸铜溶液(50g/L);3—反应瓶(100mL);
4—分液漏斗;5—电炉(600W);6—烧杯;7—玻璃管;8—连接硅胶管。

7 试样的制备

按GB/T 12573方法进行取样,样品应是具有代表性的均匀样品。采用四分法缩至约100g,经80μm方孔筛筛析,用磁铁吸去筛余物中的金属铁,将筛余物经过研磨后使其全部通过80μm方孔筛。将样品充分混匀后,装入带有磨口塞的瓶中并密封。

8 烧失量的测定——灼烧差减法

8.1 方法提要

试样在800℃~850℃的高温炉中灼烧,驱除水分和二氧化碳,同时将存在的易氧化元素氧化。

8.2 分析步骤

称取约1g试样（m_3），精确至0.0001g，置于已灼烧恒量的瓷坩埚中，将盖斜置于坩埚上，放在高温炉（6.5）内从低温开始逐渐升温，在800℃～850℃下灼烧40min，取出坩埚置于干燥器中冷却至室温，称量。反复灼烧，直至恒量。

8.3 结果的计算与表示

烧失量的质量分数 ω_{LOI} 按式（13）计算：

$$\omega_{LOI} = \frac{m_3 - m_1}{m_3} \times 100 \quad\cdots\cdots\cdots\cdots\cdots\cdots\cdots\quad (13)$$

式中：

ω_{LOI}——烧失量的质量分数，%；

m_3——试料的质量，单位为克（g）；

m_4——灼烧后试料的质量，单位为克（g）。

9 系统分析溶液的制备

称取约0.5g试样（m_5），精确至0.0001.g，置于银坩埚中，加入6g～7g氢氧化钠（5.12），在650℃～700℃的高温下熔融30min。取出冷却，将坩埚放入已盛有100mL近沸腾水的烧杯中，盖上表面皿，于电炉上适当加热。待熔块完全浸出后，取出坩埚，在搅拌下一次加入25mL～30mL盐酸，再加入1mL硝酸。用热盐酸（1+5）洗净坩埚和盖，将溶液加热至沸。冷却，然后移入250mL容量瓶中，用水稀释至标线，摇匀。此溶液供测定二氧化硅、三氧化二铁、三氧化二铝、二氧化钛、氧化钙、氧化镁用。

10 二氧化硅的测定——氟硅酸钾容量法

10.1 方法提要

在有过量的氟离子和钾离子存在的强酸性溶液中，使硅酸形成氟硅酸钾（K_2SiF_6）沉淀，经过滤、洗涤及中和残余酸后，加沸水使氟硅酸钾沉淀水解生成等物质的量的氢氟酸，然后以酚酞为指示剂，用氢氧化钠标准滴定溶液滴定。

10.2 分析步骤

吸取第9章中溶液50.00mL放入250mL～300mL塑料杯中，加入10mL～15mL硝酸，搅拌，冷却至30℃以下。加入固体氯化钾（5.36），仔细搅拌至饱和并有少量氯化钾固体颗粒悬浮于溶液中，再加入2g氯化钾（5.36）及10mL氟化钾溶液（5.37），仔细搅拌（如氯化钾析出量不够，应再补充加入），放置15min～20min。用中速滤纸过滤，用氯化钾溶液（5.39）洗涤塑料杯及沉淀3次。将滤纸连同沉淀取下，置于原塑料杯中，沿杯壁加入10mL30℃以下的氯化钾-乙醇溶液（5.40）及1mL酚酞指示剂溶液（5.58），用氢氧化钠标准滴定溶液（5.50）中和未洗尽的酸，仔细搅动滤纸并随之擦洗杯壁直至溶液呈红色。向杯中加入200mL沸水（煮沸并用氢氧化钠溶液中和至酚酞呈微红色），用氢氧化钠标准滴定溶液（5.50）滴定至微红色。

10.3 结果的计算与表示

二氧化硅的质量分数 ω_{SiO_2}：按式（14）计算：

$$\omega_{SiO_2} = \frac{T_{SiO_2} \times V_8 \times 5}{m_5 \times 1000} \times 100 \quad\cdots\cdots\cdots\cdots\cdots\cdots\cdots\cdots\cdots\quad (14)$$

式中：

ω_{SiO_2}——二氧化硅的质量分数，%；

T_{SiO_2}——每毫升氢氧化钠标准滴定溶液相当于二氧化硅的毫克数，单位为毫克每毫升（mg/mL）；

V_8——滴定时消耗氢氧化钠标准滴定溶液的体积，单位为毫升（mL）；

m_5——第9章中试料的质量，单位为克（g）；

5——全部试样溶液与所分取试样溶液的体积比。

11 三氧化二铁的测定——EDTA 直接滴定法

11.1 方法提要

在 pH1.8~2.0、温度为 60℃~70℃ 的溶液中,以磺基水杨酸钠为指示剂,用 EDTA 标准滴定溶液滴定。

11.2 分析步骤

吸取第 9 章中溶液 25.00mL 放入 300mL 烧杯中,加水稀释至约 100mL,用氨水(1+1)和盐酸(1+1)调节溶液 pH 值在 1.8~2.0 之间(用精密 pH 试纸检验)。将溶液加热至 70℃,加入 10 滴磺基水杨酸钠指示剂溶液(5.53),用 EDTA 标准滴定溶液(5.48)缓慢地滴定至亮黄色(终点时溶液温度不低于 60℃)。保留此溶液供测定三氧化二铝用。

11.3 结果的计算与表示

三氧化二铁的质量分数 $\omega_{Fe_2O_3}$ 按式(15)计算:

$$\omega_{Fe_2O_3} = \frac{T_{Fe_2O_3} \times V_9 \times 10}{m_5 \times 1000} \times 100 \quad\cdots\cdots\cdots\cdots\cdots\cdots\cdots\cdots (15)$$

式中:

$\omega_{Fe_2O_3}$——三氧化二铁的质量分数,%;

$T_{Fe_2O_3}$——每毫升 EDTA 标准滴定溶液相当于三氧化二铁的毫克数,单位为毫克每毫升(mg/mL);

V_9——滴定时消耗 EDTA 标准滴定溶液的体积,单位为毫升(mL);

10——全部试样溶液与所分取试样溶液的体积比;

m_5——第 9 章中试料的质量,单位为克(g)。

12 三氧化二铝的测定——EDTA 直接滴定法

12.1 方法提要

将滴定三氧化二铁后的溶液 pH 值调整至 3,在煮沸下以 EDTA-铜和 PAN 为指示剂,用 EDTA 标准滴定溶液滴定。

12.2 分析步骤

将第 11.2 条中测完铁的溶液用水稀释至约 200mL,加 1~2 滴溴酚蓝指示剂溶液(5.54),滴加氨水(1+2)至溶液出现蓝紫色,再滴加盐酸(1+2)至黄色,加入 15mLpH3 的缓冲溶液(5.29)。加热至微沸并保持 1min,加入 10 滴 EDTA-铜溶液(5.27)及 2~3 滴 PAN 指示剂溶液(5.55),用 EDTA 标准滴定溶液(5.48)滴定到红色消失。继续煮沸,滴定,直至溶液经煮沸后红色不再出现,呈稳定的亮黄色为止。

12.3 结果的计算与表示

三氧化二铝的质量分数 $\omega_{Al_2O_3}$ 按式(16)计算:

$$\omega_{Al_2O_3} = \frac{T_{Al_2O_3} \times V_{10} \times 10}{m_5 \times 1000} \times 100 \quad\cdots\cdots\cdots\cdots\cdots\cdots\cdots (16)$$

式中:

$\omega_{Al_2O_3}$——三氧化二铝的质量分数,%;

$T_{Al_2O_3}$——每毫升 EDTA 标准滴定溶液相当于三氧化二铝的毫克数,单位为毫克每毫升(mg/mL);

V_{10}——滴定时消耗 EDTA 标准滴定溶液的体积,单位为毫升(mL);

10——全部试样溶液与所分取试样溶液的体积比;

m_5——第 9 章中试料的质量,单位为克(g)。

13 二氧化钛的测定——二安替比林甲烷比色法

13.1 方法提要

在酸性溶液中 TiO^{2+} 与二安替比林甲烷生成黄色配合物,于波长 420nm 处测定其吸光度。用抗坏血酸消除三价铁离子的干扰。

13.2 分析步骤

从第9章溶液中吸取25.00mL移入100mL容量瓶中,加入10mL盐酸(1+2)及10mL抗坏血酸溶液(5.16),静置5min。加5mL乙醇95%、20mL二安替比林甲烷溶液(5.24),用水稀释至标线,摇匀。放置40min后,使用分光光度计,10mm比色皿,以水作参比,于420nm处测定溶液的吸光度。在工作曲线(5.42.2)上查出二氧化钛的含量(m_6)。

13.3 结果的计算与表示

二氧化钛的质量分数 $\omega_{\mathrm{TiO_2}}$ 按式(17)计算:

$$\omega_{\mathrm{TiO_2}} = \frac{m_6 \times 10}{m_5 \times 1000} \times 100 \quad\cdots\cdots\cdots\cdots\cdots\cdots\cdots\cdots\cdots\cdots\cdots (17)$$

式中:

$\omega_{\mathrm{TiO_2}}$——二氧化钛的质量分数,%;

m_6——100mL测定溶液中二氧化钛的含量,单位为毫克(mg);

10——全部试样溶液与所分取试样溶液的体积比;

m_5——第9章中试料的质量,单位为克(g)。

14 氧化钙的测定——EDTA 滴定法

14.1 方法提要

预先在酸性溶液中加入适量氟化钾,以抑制硅酸的干扰,然后在pH13以上的强碱性溶液中,以三乙醇胺为掩蔽剂,用钙黄绿素-甲基百里香酚蓝-酚酞混合指示剂,以EDTA标准滴定溶液滴定。

14.2 分析步骤

从第9章溶液中吸取25.00mL放入400mL烧杯中,加入7mL氟化钾溶液(5.38),搅拌并放置2min以上。加水稀释至约200mL,加5mL三乙醇胺(5.33)及适量CMP混合指示剂(5.56),在搅拌下加入氢氧化钾溶液(5.14)至出现绿色萤光后,再过量7mL~8mL(此时溶液pH>13),用EDTA标准滴定溶液(5.48)滴定至绿色萤光消失并呈红色。

14.3 结果的计算与表示

氧化钙的质量分数 ω_{CaO} 按式(18)计算:

$$\omega_{\mathrm{CaO}} = \frac{T_{\mathrm{CaO}} \times V_{11} \times 10}{m_5 \times 1000} \times 100 \quad\cdots\cdots\cdots\cdots\cdots\cdots\cdots\cdots\cdots (18)$$

式中:

ω_{CaO}——氧化钙的质量分数,%;

T_{CaO}——每毫升EDTA标准滴定溶液相当于氧化钙的毫克数,单位为毫克每毫升(mg/mL);

V_{11}——滴定时消耗EDTA标准滴定溶液的体积,单位为毫升(mL);

10——全部试样溶液与所分取试样溶液的体积比;

m_5——第9章中试料的质量,单位为克(g)。

15 氧化镁的测定——EDTA 滴定差减法

15.1 方法提要

在pH10的溶液中,以三乙醇胺、酒石酸钾钠为掩蔽剂,酸性铬蓝K-萘酚绿B为混合指示剂,用EDTA标准滴定溶液滴定。

15.2 分析步骤

从第9章溶液中吸取25.00mL放入400mL烧杯中,加水稀释至约200mL,加1mL酒石酸钾钠溶液(5.34)、5mL三乙醇胺(5.33)。在搅拌下,用氨水(1+1)调整溶液pH值在9左右(用精密pH试纸检验)。然后加入25mLpH10的缓冲溶液(5.30)及少许酸性铬蓝K-萘酚绿B混合指示剂(5.57),用EDTA标准滴定溶液(5.48)滴定,近终点时,应缓慢滴定至纯蓝色。

15.3 结果的计算与表示

氧化镁的质量分数 ω_{MgO} 按式(19)计算:

$$\omega_{MgO} = \frac{T_{MgO} \times (V_{12} - V_{11})}{m_5 \times 1000} \times 100 \quad\cdots\cdots\cdots\cdots\cdots\cdots\cdots\cdots\cdots\cdots\cdots\cdots\cdots\cdots\cdots (19)$$

式中:

ω_{MgO}——氧化镁的质量分数,%;

T_{MgO}——每毫升 EDTA 标准滴定溶液相当于氧化镁的毫克数,单位为毫克每毫升(mg/mL);

V_{11}——滴定氧化钙时消耗 EDTA 标准滴定溶液的体积,单位为毫升(mL);

V_{12}——滴定钙、镁总量时消耗 EDTA 标准滴定溶液的体积,单位为毫升(mL);

10——全部试样溶液与所分取试样溶液的体积比;

m_5——第 9 章中试料的质量,单位为克(g)。

16 硫化物硫的测定——碘量法

16.1 方法提要

在还原条件下,试样用盐酸分解,产生的硫化氢收集于氨性硫酸锌溶液中,然后用碘量法测定。

16.2 分析步骤

使用 6.13 中规定的仪器装置。称取约 0.5g 试样(m_7),精确至 0.0001g,置于 100mL 的干燥的反应瓶底部,加入 1g 氯化亚锡(5.19)。按 6.13 中仪器装置图连接各部件。由分液漏斗向反应瓶中加入 15mL 盐酸(1+1),迅速关闭活塞。开动空气泵,在保持通气速度为每秒钟 4~5 个气泡的条件下加热反应瓶中的试样,当吸收杯中刚出现氯化铵白色烟雾时(一般在加热后 5min 左右),停止加热,再继续通气 5min。取下吸收杯,关闭空气泵,用水冲洗吸收液内的玻璃管,加 10mL 明胶溶液(5.22),用滴定管加入 5.00mL 碘酸钾标准滴定溶液(5.44),在搅拌下一次加入 30mL 硫酸(1+2),用硫代硫酸钠标准滴定溶液(5.46)滴定至淡黄色,加入 2mL 淀粉溶液(5.23),再继续滴定至蓝色消失。

16.3 结果的计算与表示

硫化物硫的质量分数 ω_S 按式(20)计算:

$$\omega_S = \frac{T_S \times (V_{14} - K_1 V_{13})}{m_7 \times 1000} \times 100 \quad\cdots\cdots\cdots\cdots\cdots\cdots\cdots\cdots\cdots\cdots\cdots\cdots\cdots\cdots (20)$$

式中:

ω_S——硫化物的质量分数,%;

T_S——每毫升碘酸钾标准滴定溶液相当于硫的毫克数,单位为毫克每毫升(mg/mL);

V_{13}——加入碘酸钾标准滴定溶液的体积,单位为毫升(mL);

V_{14}——滴定时消耗硫代硫酸钠标准滴定溶液的体积,单位为毫升(mL);

K_1——碘酸钾标准滴定溶液与硫代硫酸钠标准滴定溶液的体积比;

m_7——试料的质量,单位为克(g)。

17 全硫的测定——硫酸钡重量法(基准法)

17.1 方法提要

通过熔融,然后用酸分解,将试样中不同形态的硫全部转变成可溶性硫酸盐,用氯化钡溶液将可溶性硫酸盐沉淀,经过滤灼烧后,以硫酸钡形式称量,测定结果以三氧化硫计。

17.2 分析步骤

称取约 0.20g±0.01g 试样(m_8),精确至 0.0001g,置于镍坩埚(6.4)中。加入 4g 氢氧化钾(5.13),盖上坩埚盖(留有较大缝隙),放在小电炉上(500℃~600℃)熔融 30min。取下坩埚,放冷。用热水将熔融物浸出于 300mL 烧杯中,并以数滴盐酸(1+1)和热水洗净坩埚及盖。加入 20mL 盐酸(1+1),将溶液加热煮沸,使熔融物完全分解。用快速滤纸过滤,以热水洗涤7~8次,滤液及洗液收集于400mL烧杯中。

向溶液中加入1~2滴甲基红指示剂溶液(5.52),滴加氨水(1+1)至溶液变黄,再滴加盐酸(1+1)至溶液呈红色。然后加入10mL盐酸(1+1),并将溶液体积调整至200mL~250mL。将溶液加热至沸,在搅拌下滴加15mL氯化钡溶液(5.18),继续煮沸数分钟。然后移至温热处静置4h以上,或静置12h~24h。

用慢速定量滤纸过滤,并以温水洗涤至氯根反应消失为止,用硝酸银溶液(5.15)检验。将沉淀及滤纸一并移入已灼烧恒量的瓷坩埚中,灰化后在800℃~950℃的高温炉内灼烧30min。取出坩埚,置于干燥器中冷却至室温,称量。如此反复灼烧,直至恒量。

18.3 结果的计算与表示

全硫(以三氧化硫表示)的质量分数($\omega_{SO_3全}$)按式(21)计算:

$$(\omega_{SO_3全}) = \frac{m_9 \times 0.343}{m_8} \times 100 \quad\cdots\cdots\cdots\cdots\cdots\cdots\cdots\cdots\cdots\cdots\cdots (21)$$

式中:

$(\omega_{SO_3全})$——全硫(以三氧化硫表示)的质量分数,%;

m_9——灼烧后沉淀的质量,单位为克(g);

0.343——硫酸钡对三氧化硫的换算系数;

m_8——试料质量,单位为克(g)。

18 全硫的测定——碘量法(代用法)

18.1 方法提要

试样用磷酸溶解,借助强还原剂氯化亚锡将试样中的硫酸盐还原成硫化物后,用碘量法进行测定,测得结果为全硫量。

18.2 分析步骤

称取约0.2g试样(m_{10}),精确至0.0001g,放入洗净烘干的反应瓶中。于带有刻度的500mL吸收杯中,加入300mL水及20mL氨性硫酸锌溶液(5.21)。向反应瓶中加入20mL氯化亚锡-磷酸溶液(5.20)反应瓶内的进气管须高出液面)。按仪器装置示意图(6.13),联接空气泵、洗气瓶、反应瓶及吸收杯(600W电炉与调压变压器及240V交流电压表相联接)。开动空气泵,使通气速度保持每秒4~5个气泡。打开电炉,用调压变压器调整输出电压至200V加热10min,再调至160V加热10min。然后于继续通气的情况下将电炉关闭(旋转调压变压器的指针至零)。卸下吸收杯一端的导气管,并用水冲洗(以吸收杯承接)。取下反应瓶,放在耐火板或石棉网上。关闭空气泵。向吸收杯中加入10mL明胶溶液(5.22)。由滴定管向吸收杯中加入15mL~20mL碘酸钾标准滴定溶液(5.44),一般应过量2mL~3mL。在搅拌下向吸收杯中一次快速加入30mL硫酸(1+2)。用硫代硫酸钠标准滴定溶液(5.46)滴定至淡黄色,然后加入2mL淀粉溶液(5.23),继续滴定至蓝色消失。同时进行空白试验。

17.3 结果的计算与表示

试样中全硫(以三氧化硫计)的质量分数$\omega_{SO_3全}$按式(22)计算:

$$\omega_{SO_3全} = \frac{T_{SO_3} \times (V_{16} - K_{17})}{m_{10} \times 1000} \times 100 \quad\cdots\cdots\cdots\cdots\cdots\cdots\cdots\cdots\cdots (22)$$

式中:

$\omega_{SO_3全}$——全硫(以三氧化硫计)的质量分数,%;

T_{SO_3}——每毫升碘酸钾标准滴定溶液相当于三氧化硫的毫克数,单位为毫克每毫升(mg/mL);

V_{16}——加入碘酸钾标准滴定溶液的体积,单位为毫升(mL);

V_{17}——滴定时消耗硫代硫酸钠标准滴定溶液的体积,单位为毫升(mL);

K_1——碘酸钾标准滴定溶液与硫代硫酸钠标准滴定溶液的体积比;

m_{10}——试料的质量,单位为克(g)。

19 全硫的测定——库仑滴定法（代用法）

19.1 方法提要

试样在催化剂的作用下，于空气流中燃烧分解，试样中硫生成二氧化硫并被碘化钾溶液吸收，以电解碘化钾溶液所产生的碘进行滴定。

19.2 分析步骤

使用库仑积分测硫仪(6.12)，将管式高温炉升温并保证高温炉内异径管温度控制在1150℃～1200℃。

开动供气泵和抽气泵并将抽气流量调节到约1000mL/min。在抽气下，将约300mL电解液(5.59)加入电解池内，开动磁力搅拌器。

调节电位平衡：在瓷舟中放入少量含一定硫的试样，并盖一薄层五氧化二钒(5.41)，将瓷舟置于一稍大的石英舟上，送进炉内，库仑滴定随即开始。如果试验结束后库仑积分器的显示值为零，应再次调节直至显示值不为零为止。

称取约0.05g试样(m_{11})，精确至0.0001g，铺于瓷舟中，在试料上覆盖一薄层五氧化二钒(5.41)，将瓷舟置于石英舟上，送进炉内，库仑滴定随即开始，试验结束后，库仑积分器显示出的结果通过标准样品进行校正后，得到三氧化硫(或全硫量)的毫克数(m_{12})。

19.3 结果的计算与表示

全硫(以三氧化硫计)的质量分数 ω_{SO_3} 按式(23)计算：

$$\omega_{SO_3} = \frac{m_{12}}{m_{11} \times 1000} \times 100 \times \frac{m_{12} \times 0.1}{m_{11}} \quad\cdots\cdots\cdots\cdots\cdots\cdots (23)$$

式中：

ω_{SO_3}——全硫(以三氧化硫计)的质量分数，%；

m_{12}——库仑积分器上三氧化硫的显示值，单位为毫克(mg)；

m_{12}——试料的质量，单位为克(g)。

20 硫酸盐硫的测定——差减法

20.1 方法提要

按照第16章和第17章或第18章、第19章方法得到硫化物硫质量分数值或全硫量的质量分数值，通过差减，得到硫酸盐硫(以三氧化硫计)的质量百分数值。

20.2 分析步骤

同第16.2条和第17.2条或第18.2条、第19.2条内容。

20.3 结果的计算与表示

硫酸盐硫(以三氧化硫表示)的质量分数 ω_{SO_3} 按式(25)计算：

$$\omega_{SO_3} = \omega_{SO_3全} - \omega_S \times 2.5 \quad\cdots\cdots\cdots\cdots\cdots\cdots\cdots\cdots (25)$$

式中：

$\omega_{SO_3全}$——第17章或第18章、第19章中 $\omega_{SO_3全}$ 数值，%；

ω_S——第16章中 ω_S 数值，%；

2.5——三氧化硫对硫的换算系数。

21 氧化钾和氧化钠的测定——火焰光度法

21.1 方法提要

明矾石膨胀水泥经氢氟酸-硫酸蒸发处理除去硅，用热水浸取残渣，以氨水和碳酸铵分离铁、铝、钙、镁。滤液中的钾、钠用火焰光度计(6.10)进行测定。

21.2 分析步骤

称取约0.2g试样(m_{13})，精确至0.0001g，置于铂皿中，用少量水润湿，加5mL～7mL氢氟酸及15～20

滴硫酸(1+1),置于低温电热板上蒸发。近干时摇动铂皿,以防溅失,待氢氟酸驱尽后逐渐升高温度,继续将三氧化硫白烟赶尽。取下放冷,加入50mL热水,压碎残渣使其溶解,加1滴甲基红指示剂溶液(5.52),用氨水(1+1)中和至黄色,加入10mL碳酸铵溶液(5.26),搅拌,置于电热板上加热20min~30min。用快速滤纸过滤,以热水洗涤,滤液及洗液盛于100mL容量瓶中,冷却至室温。用盐酸(1+1)中和至溶液呈微红色,用水稀释至标线,摇匀。在火焰光度计(6.10)上,按仪器使用规程进行测定。在工作曲线(5.43.2)上分别查出氧化钾和氧化钠的含量(m_{14})和(m_{15})。

21.3 结果的计算与表示

氧化钾和氧化钠的质量百分数 ω_{K_2O} 和 ω_{Na_2O} 按式(26)和式(27)计算:

$$\omega_{K_2O} = \frac{m_{14}}{m_{13} \times 1000} \times 100 \cdots\cdots\cdots\cdots\cdots\cdots\cdots\cdots\cdots\cdots (26)$$

$$\omega_{Na_2O} = \frac{m_{15}}{m_{13} \times 1000} \times 100 \cdots\cdots\cdots\cdots\cdots\cdots\cdots\cdots\cdots\cdots (27)$$

式中:

ω_{K_3O}——氧化钾的质量百分数,%;

ω_{Na_2O}——氧化钠的质量百分数,%;

m_{14}——100mL测定溶液中氧化钾的含量,单位为毫克(mg);

m_{15}——100mL测定溶液中氧化钠的含量,单位为毫克(mg);

m_{13}——试料的质量,单位为克(g)。

22 氟的测定——离子选择电极法

22.1 方法提要

在pH6.0总离子强度配位缓冲液的存在下,以氟离子选择性电极作指示电极,饱和氯化钾甘汞电极作参比电极,用离子计或酸度计测量含氟溶液的电极电位。

22.2 分析步骤

称取约0.2g试样(m_{16}),精确至0.0001g,置于100mL的干烧杯中,加入10mL水使其分散,加入5mL盐酸(1+1),加热至微沸并保持1min~2min。用快速滤纸过滤,用温水洗涤5~6次,冷却,加入2~3滴溴酚蓝指示剂溶液(5.54)。用盐酸(1+1)和氢氧化钠溶液(5.31)调整溶液的酸度,使溶液的颜色刚由蓝色变为黄色,移入100mL容量瓶中,用水稀释至标线,摇匀。

吸取10.00mL溶液,放入置有一根搅拌子的50mL烧杯中,加10.00mL pH6.0的离子强度配位缓冲液(5.32),将烧杯置于电磁搅拌器(6.8)上,在溶液中插入氟离子选择性电极和饱和氯化钾甘汞电极,打开磁力搅拌器搅拌2min,停止搅拌30s,用离子计或酸度计测量溶液的平衡电位,由工作曲线(5.51.2)上查出氟的浓度。

22.3 结果的计算与表示

氟的质量分数 ω_F 按式(28)计算:

$$\omega_F = \frac{c_7 \times 100}{m_{16} \times 1000} \times 100 \cdots\cdots\cdots\cdots\cdots\cdots\cdots\cdots\cdots\cdots (28)$$

式中:

ω_F——氟的质量百分数,%;

c_7——测定溶液中氟的浓度,单位为毫克每毫升(mg/mL);

100——测定溶液稀释的总体积,单位为毫升(mL);

m_{16}——试料的质量,单位为克(g)。

23 重复性限和再现性限

本标准所列重复性限和再现性限为绝对偏差,以质量分数(%)表示。

在重复性条件下(3.1),采用本标准所列方法分析同一试样时,两次分析结果之差应在所列的重复性限(表1)内。如超出重复性限,应在短时间内进行第三次测定,测定结果与前两次或任一次分析结果之差值符合重复性限的规定时,则取其平均值,否则,应查找原因,重新按上述规定进行分析。

在再现性条件下(3.2),采用本标准所列方法对同一试样各自进行分析时,所得分析结果的平均值之差应在所列的再现性限(表1)内。

化学分析方法测定结果的重复性限和再现性限见表1。

表1 化学分析方法测定结果的重复性限和再现性限

成 分	测定方法	重复性限/%	再现性限/%
烧失量	灼烧差减法	0.15	/
二氧化硅	氟硅酸钾容量法	0.20	0.30
三氧化二铁	EDTA 直接滴定法	0.15	0.20
三氧化二铝	EDTA 直接滴定法	0.20	0.30
二氧化钛	二安替比林甲烷比色法	0.05	0.10
氧化钙	EDTA 滴定法	0.25	0.40
氧化镁	EDTA 滴定差减法	0.20	0.30
硫化物硫	碘量法	0.10	0.20
全硫(以三氧化硫表示)(基准法)	硫酸钡重量法	0.15	0.20
全硫(以三氧化硫表示)(代用法)	碘量法	0.15	0.20
全硫(以三氧化硫表示)(代用法)	库仑滴定法	0.15	0.20
硫酸盐硫(以三氧化硫表示)	碘量法	0.15	0.20
氧化钾	火焰光度法	0.10	0.15
氧化钠	火焰光度法	0.05	0.10
氟离子	离子选择电极法	0.10	0.15

ICS 91. 100. 10

Q 11

备案号:27685—2010

中华人民共和国建材行业标准

JC/T 313—2009

代替 JC/T 313—1982(1996)

膨胀水泥膨胀率试验方法

Test method for determining expansive ratio of expansive cement

2009-12-04 发布　　　　　　　　　2010-06-01 实施

中华人民共和国工业和信息化部　发布

前　言

本标准自实施之日起代替 JC/T 313—1982(1996)《膨胀水泥膨胀率试验方法》标准。

本标准与 JC/T 313—1982(1996)《膨胀水泥膨胀率试验方法》相比,主要修改点如下:

——搅拌设备采用行星式胶砂搅拌机(1982 版第 1.1 条,本版第 5.1 条);

——试验样品称样量由 1000g 改为 1200g(1982 版第 4.3 条,本版第 7.3.2 条);

——规范了试验条件(1982 版第 3 章,本版第 6 章);

——规范了试体养护条件及换水方式(1982 版第 5.4 条,本版第 7.5.6 条);

——规范了试验结果的处理方式(1982 版第 6.5 条,本版第 7.7.2 条);

——增加了仲裁试验用水为蒸馏水(1982 版第 2.2 条,本版第 4.2 条);

——删除了表 1、表 2、表 3、附录 A。

本标准由中国建筑材料联合会提出。

本标准由全国水泥标准化技术委员会(SAC/TC 184)归口。

本标准负责起草单位:中国建筑材料科学研究总院、中国建筑材料检验认证中心。

本标准主要起草人:王旭方、刘胜、倪竹君、王雅明、张晓明、宋来深。

本标准所代替标准的历次版本发布情况为:

——JC/T 313—1982、JC/T 313—1982(1996)。

膨胀水泥膨胀率试验方法

1 范围

本标准规定了膨胀水泥膨胀率试验方法的原理、材料、仪器设备、试验条件、试验步骤、结果的计算及处理。

本标准适用于具有膨胀性能的水泥和指定采用本方法的水泥。

2 规范性引用文件

下列文件中的条款通过本标准的引用而成为本标准的条款。凡是注日期的引用文件,其随后所有的修改单(不包括勘误的内容)或修订版均不适用于本标准,然而,鼓励根据本标准达成协议的各方研究是否可使用这些文件的最新版本。凡是不注日期的引用文件,其最新版本适用于本标准。

GB/T 1346　水泥标准稠度用水量、凝结时间、安定性检验方法(GB/T 1346—2001 eqv ISO 9597:1989)

JC/T 681　行星式水泥胶砂搅拌机

GB/T 6682　分析实验室用水规格和试验方法

3 原理

本方法是将一定长度的水泥净浆试体,在规定条件下的水中养护,通过测量规定的龄期试体长度变化率来确定水泥浆体的膨胀性能。

4 材料

4.1　水泥试样应通过0.9mm的方孔筛,并充分混合均匀。

4.2　拌合用水应是洁净的饮用水。有争议时采用GB/T 6682要求的Ⅲ级以上水。

5 仪器设备

5.1　行星式胶砂搅拌机

符合JC/T 681的技术要求。

5.2　天平

最大量程不小于2000g,分度值不大于1g。

5.3　比长仪

由百分表、支架及校正杆组成,百分表分度值为0.01mm,最大基长不小于300mm,量程为10mm。

5.4　试模

5.4.1　试模为三联模,由相互垂直的隔板、端板、底座以及定位螺丝组成,结构如图1所示。各组件可以拆卸,组装后每联内壁尺寸为长280mm、宽25mm、高25mm,使用中试模允许误差长280mm±3mm、宽25mm±0.3mm、高25mm±0.3mm。端板有三个安置测量钉头的小孔,其位置应保证成型后试体的测量钉头在试体的轴线上。

5.4.2　隔板和端板采用布氏硬度不小于HB150的钢材制成,工作面表面粗糙度Ra不大于1.6。

5.4.3　底座用HT100灰口铸铁加工,底座上表面粗糙度Ra不大于1.6,底座非加工面涂漆无流痕。

5.5　测量用钉头

用不锈钢或铜制成,规格如图2所示。成型试体时测量钉头深入试模端板的深度为(10±1)mm。

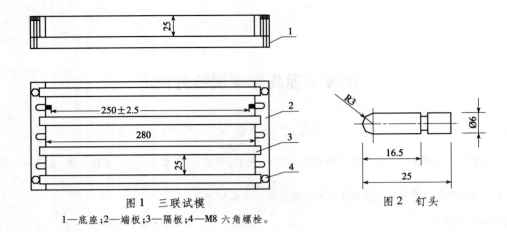

图1　三联试模

1—底座;2—端板;3—隔板;4—M8 六角螺栓。

图2　钉头

6　试验条件

6.1　成型试验室温度应保持在 20℃±2C,相对湿度不低于50%。

6.2　湿气养护箱温度应保持在 20℃±10C,相对湿度不低于90%。

6.3　试体养护池水温应在 20℃±1℃ 范围内。

6.4　试验室、养护箱温度和相对湿度及养护池水温在工作期间每天至少记录一次。

7　试件组成

7.1　水泥试样量

水泥膨胀率试验需成型一组三条 25mm×25mm×280mm 试体。成型时需称取水泥试样1200g。

7.2　成型用水量

按 GB/T 1346 的规定测定水泥样品的水泥净浆标准稠度用水量,成型按标准稠度用水量加水。

8　试体成型

8.1　将试模擦净并装配好,内壁均匀地刷一层薄机油。然后将钉头插入试模端板上的小孔中,钉头插入深度为 10mm±1mm,松紧适宜。

8.2　用量筒量取拌合用水量,并用天平称取水泥1200g。

8.3　用湿布将搅拌锅和搅拌叶擦拭,然后将拌合用水全部倒入搅拌锅中,再加入水泥,装上搅拌锅,开动搅拌机,按 JC/T 681 的自动程序进行搅拌(即慢拌 60s,快拌 30s,停 90s,再快拌 60se),用餐刀刮下粘在叶片上的水泥浆,取下搅拌锅。

8.4　将搅拌好的水泥浆均匀地装入试模内,先用餐刀插划试模内的水泥浆,使其填满试模的边角空间,再用餐刀以 45°角由试模的一端向另一端压实水泥浆约 10 次,然后再向反方向返回压实水泥浆约 10 次,用餐刀在钉头两侧插实 3 次~5 次,这一操作反复进行 2 遍,每一条试体都重复以上操作。再将水泥浆铺平。

8.5　一只手顶住试模的一端,用提手将试模另一端向上提起 30mm~50mm,使其自由落下,振动 10 次,用同样操作将试模另一端振动 10 次。用餐刀将试体刮平并编号。从加水时起 10min 内完成成型工作。

8.6　将成型好的试体连同试模水平放入湿气养护箱中进行养护。

9　试体脱模、养护和测量

9.1　试体自加水时间算起,养护24h±2h 脱模。对于凝结硬化较慢的水泥,可以适当延长养护时间,以脱模时试体完整无缺为限,延长的时间应记录。有特殊要求的水泥脱模时间、试体养护条件及龄期由双方协商确定。

9.2　将脱模后的试体两端的钉头擦干净,并立即放入比长仪上测量试体的初始长度值 L_1。比长仪使用前应在试验室中放置 24h 以上,用校正杆进行校准,确认零点无误后才能用于试体测量。测量结束后,应再用校正杆重新检查零点,如零点变动超过±0.01mm,则整批试体应重新测定。

　　提示:零点是一个基准数,不一定是零。

9.3　试体初始长度值测量完毕后,立即放入水中进行养护。

9.4　试体水平放置刮平面朝上,放在不易腐烂的算子上,并试体彼此间应保持一定间距,以让水与试体的六个面接触。养护期间试体之间间隔或试体上表面的水深不得小于5mm。试体每次测量后立即放入水中继续养护至全部龄期结束。

　　每个养护池只养护同类型的水泥试体。最初用自来水装满养护池(或容器),随后随时加水保持适当的恒定水位,不允许在养护期间全部换水。

9.5　试体的养护龄期按产品标准规定的要求进行。试体的养护龄期计算是从测量试体的初始长度值时算起。

9.6　在水中养护至相应龄期后,测量试体某龄期的长度值L_x,试体在比长仪中的上下位置应与初始测量时的位置一致。

9.7　测量读数时应旋转试体,使试体钉头和比长仪正确接触,指针摆动不得大于±0.02mm,表针摆动时,取摆动范围内的平均值。读数应记录至0.001mm。一组试体从脱模完成到测量初始长度应在10min内完成。

9.8　任何到龄期的试体应在测量前15min内从水中取出。揩去试体表面沉积物,并用湿布覆盖至测量试验为止。测量不同龄期试体长度值在下列时间范围内进行:

　　　　——1d±15min

　　　　——2d±30min

　　　　——3d±45min

　　　　——7d±2h

　　　　——14±4h

　　　　——≥28d±8h

10　结果的计算及处理

10.1　水泥试体膨胀率的计算

　　水泥试体某龄期的膨胀率E_x(%)按式(1)计算,计算至0.001%:

$$E_x = \frac{L_x - L_1}{250} \times 100 \quad\cdots\cdots\cdots\cdots\cdots\cdots\cdots\cdots\cdots\cdots\cdots\cdots \quad (1)$$

　　式中:

　　E_x——试体某龄期的膨胀率,单位为百分数(%);

　　L_x——试体某龄期长度读数,单位为毫米(mm);

　　L_1——试体初始长度读数,单位为毫米(mm);

　　250——试体的有效长度250mm。

10.2　结果处理

　　以三条试体膨胀率的平均值作为试样膨胀率的结果,如三条试体膨胀率最大极差大于0.010%时,取相接近的两条试体膨胀率的平均值作为试样的膨胀率结果。

ICS
Q
备案号:27691—2010

中华人民共和国建材行业标准

JC/T 455—2009
代替 JC/T 455—1992

水泥生料球性能测定方法

Methods for performance-measuring of raw meal nodule of cement

2009-12-04 发布　　　　　　　　　　2010-06-01 实施

中华人民共和国工业和信息化部　发布

前　言

本标准自实施之日起代替 JC/T 455—1992《水泥生料球性能测试方法》。

本标准与 JC/T 455—1992 相比，主要变化如下：

——增加了改制维卡仪料球耐压力测定方法（本版第4.2.2条）；

——增加料球级配测定中均匀性系数的计算（本版第4.3.3条）；

——增加了生料球性能评价（本版第5条）。

本标准由中国建筑材料联合会提出。

本标准由全国水泥标准化技术委员会（SAC/TC184）归口。

本标准负责起草单位：中国建筑材料科学研究总院。

本标准参加起草单位：合肥水泥研究设计院、南京建通水泥技术开发有限公司、广西华宏水泥股份有限公司、云南大理弥渡庞威有限公司、湖南省洞口县为百水泥厂、内蒙古乌后旗祺祥建材有限公司、江苏科行集团、山东宏艺科技发展有限公司、北京炭宝科技发展有限公司、上海福丰电子有限公司、甘肃博石水泥技术工程公司，广西平果万佳水泥有限公司、江苏磊达水泥股份有限公司、黑龙江嫩江华夏水泥有限公司、宁夏建成建材有限公司、南京旋立集团。

本标准主要起草人：宋军华、顾惠元、赵慰慈、丁奇生、王金平、陈绍龙、陈新中、李永利、孙兆忠、张雪华、任林福、赵洪义、张朝发。

本标准1992年首次发布，本次为第一次修订。

水泥生料球性能测定方法

1 范围

本标准规定了水泥生料球的水分、料球级配、耐压力、堆积密度、表观密度、生料密度、堆积空隙率、孔隙率、高温爆破率、冲击破损率、干球磨损率、高温收缩率的测定方法和生料球性能评价。

本标准规定了料球强度仪和改制维卡仪两种测定料球强度的方法,有争议时以专用料球强度测定仪方法为准。

本标准适用于半干法水泥生产工艺中生料球性能的测定。

2 规范性引用文件

下列文件中的条款通过本标准的引用而成为本标准的条款。凡是注日期的引用文件,其随后所有的修改单(不包括勘误的内容)或修订版均不适用于本标准,然而,鼓励根据本标准达成协议的各方研究是否可使用这些文件的最新版本。凡是不注日期的引用文件,其最新版本适用于本标准。

GB/T 208 水泥密度测定方法

GB/T 1346 水泥标准稠度用水量、凝结时间、安定性检验方法(GB/T 1346—2001,eqv ISO 9597:1989)

GB 6003 试验筛

3 术语和定义

下列名词、术语适用于本标准。

3.1 水分 moisture content

生料球中所含水的质量与生料球质量之比,以 W 表示,单位为百分数(%)。

3.2 料球级配 expects the ball gradation

某一粒径范围生料球与全部生料球的质量比,以 B_i 表示,单位为百分数(%)。

3.3 耐压力 compression resistance

一定粒径范围料球所能承受的极限压力,以 F 表示,单位为牛顿(N)。

3.4 堆积密度 stack density

又称松散容重。料球在自然堆积状态下单位体积的质量,以 ρ_d 表示,单位为克每立方厘米(g/cm^3)。

3.5 表观密度 apparent density

又称视密度。单位体积(包括内部封闭空隙)生料球的质量,以 ρ_d 表示,单位为克每立方厘米(g/cm^3)。

3.6 生料密度 raw material density

生料球的实际密度,以 ρ_d 表示,单位为克每立方厘米(g/cm^3)。

3.7 堆积空隙率 stack percentage of voids

生料球自然堆积状态下,球间空隙所占体积与堆积体的外观体积之比,以 P_d 表示,单位为百分数(%)。

3.8 孔隙率 factor of porosity

生料球内部孔隙及自由水所占的体积与生料球总体积之比,以 P_d 表示,单位为百分数(%)。

3.9 高温爆破率 high temperature demolition rate

以室温突然进入一定温度的高温炉中,生料球爆破的个数与样品个数之比,以 B_g 表示,单位为百分数(%)。

3.10 冲击破损率　impact breakage rate

在一定冲击力作用下,生料球破损的个数与样品个数之比,以 B_c 表示,单位为百分数(%)。

3.11 干球磨损率　dry ball rate of wear

生料球受磨损失去的质量占料球质量的百分数以 A 表示,单位为百分数(%)。

3.12 线收缩率　line shrinkage

高温收缩率的一种表达方式,生料球锻烧后直径的减小量与原直径之比,以 S_1 表示,单位为百分数(%)。

3.13 体积收缩率　volume shrinkage

高温收缩率的一种表达方式,生料球缎烧后体积的减小量与原体积之比,以 S_v 表示,单位为百分数(%)。

4　测定方法

4.1　取样

测定时取样应具有代表性,取入窑前的生料球装入试样桶中,加盖,其总质量应多于测用量的 1 倍。取样后应立即进行测定。

4.2　火分的测定

4.2.1　仪器

a. 天平

分度值不大于 0.1g,最大称量不小于 100g。

b. 烘干设备

烘干箱(带有恒温控制装置)可控制温度不低于110℃,最小分度值不大于2℃。

也可使用红外线灯,功率不小于250W。

c. 盛料盘

由薄铁皮制成,直径约100mm,深约10mm。

d. 干燥器

4.2.2　测定步骤

从试样桶中取生料球约100g捣碎至5mm以下,用天平准确称取50g料球倒入已知质量(m_1)的盛料盘中。然后置于105℃~110℃的烘干箱中烘干1h,或置于红外线灯下40mm处烘烤20min后,立即移入干燥器内。冷却至室温后称量(m_2)。

4.2.3　计算

生料球水分按式(1)计算,结果计算保留至小数点后一位。

$$W = \frac{50 + m_1 - m_2}{50} \times 100 \quad\cdots\cdots\cdots\cdots\cdots\cdots\cdots\cdots\cdots\cdots\cdots\cdots \text{（1）}$$

式中:

W——生料球水分,单位为百分数(%);

50——烘干前生料球质量,单位为克(g);

m_2——烘干后生料球及盛料盘质量(g);

m_2——盛料盘质量,单位为克(g)。

4.3　料球级配的测定

4.3.1　仪器

a. 台秤

分度值不大于5g,最大称量不小于5000g。

b. 圆孔套筛

符合 GB 6003 规定的系列套筛,其中筛框直径 φ300mm,高 50mm,筛孔直径为:

表1 料球级配筛孔直径

孔径代号	d_1	d_2	d_3	d_4	d_5	d_6	d_7	d_8	d_9
直径(mm)	3.0	5.0	7.1	9.0	11.2	13.2	16.0	19.0	22.4

4.3.2 测定步骤

称取试样桶中生料球1000g(m)装入套筛内进行分级,然后分别称量各筛上的筛余及底盘上的试样质量。

4.3.3 计算

4.3.3.1 生料球级配

按式(2)计算,计算结果精确至0.5%。

$$B_i = \frac{C_i}{m} \times 100\% \quad\cdots\cdots\cdots\cdots\cdots\cdots\cdots\cdots\cdots (2)$$

式中:

B_i——$d_i \sim d_{i+1}$级料球占总料球的质量百分含量,单位为百分数(%);

C_i——通过d_{i+1}筛未通过d_i筛上的生料球质量,单位为克(g);

m——试样总质量,单位为克(g)。

4.3.3.2 生料球算术平均粒径

按式(3)计算,d_i大于22.4mm的球按小于25.0mm计算。计算结果精确至0.5mm。

$$d_0 = \sum \frac{1}{2}(d_i + d_{i+1})B_i \quad\cdots\cdots\cdots\cdots\cdots\cdots\cdots\cdots (3)$$

式中:

d_0——生料球的算术平均粒径,单位为毫米(mm);

d_i——第i级筛的孔径,单位为毫米(mm);

d_{i+1}——第$i+1$级筛的孔径,单位为毫米(mm)。

4.3.3.3 生料球的特征粒径及均匀性系数

根据4.3.3.1生料球级配计算,计算粒径为D时的累计筛余结果R。

根据RRSB方程$R = 100e^{-\left(\frac{D}{D_e}\right)^N}$作图求出均匀性系数$n$,及$R = 36.8\%$时的特征粒径$D_e$。

4.4 耐压力的测定

4.4.1 料球强度仪法(基准法)

4.4.1.1 仪器

a. 料球强度仪

主要由荷载、测量、显示三部分构成,如图1所示。测量精度1级,示值分度值不大于0.01N,最大负荷分为30N和150N两档。

b. 陶瓷蒸发皿

60mL。

4.4.1.2 测定步骤

1)测定前将料球强度测定仪调零。

2)取5.0mm~7.1mm区间的生料球12个,分别置于陶瓷蒸发皿内,放在托样盘上,用料球强度仪测定各料球耐压力。

4.4.1.3 计算

剔除所测数据中的最大值和最小值,求出其余数据的算术平均值,并以该平均值来表征料球的耐压力。生料球的耐压力按式(4)计算,计算结果保留至小数点后两位。

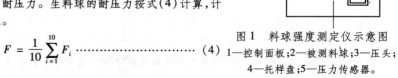

图1 料球强度测定仪示意图
1—控制面板;2—被测料球;3—压头;
4—托样盘;5—压力传感器。

$$F = \frac{1}{10}\sum_{i=1}^{10}F_i \quad\cdots\cdots\cdots\cdots\cdots\cdots (4)$$

式中：

F——算术平均粒径区间生料球的耐压力，单位为牛顿(N)；

F_i——剔除最大和最小两个数据后,存留的 5.0mm～7.1mm 区间生料球的耐压力,单位为牛顿(N)。

4.4.2 改制维卡仪法(代用法)

4.4.2.1 仪器

a. 改制维卡仪

该仪器是用符合 GB/T 1346 要求的用于测定水泥凝结时间的维卡仪改制而成。将维卡仪的试针取下,在活动的金属棒上端固定一个薄铁皮制作的锥斗,如图2所示。

b. 砝码

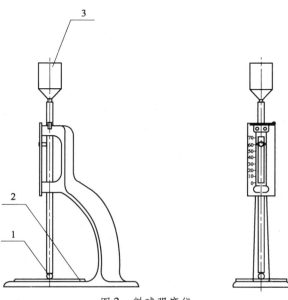

图 2　料球强度仪

1—料球;2—玻璃板;3—锥斗。

4.4.2.2 测定步骤

取 5.0mm～7.1mm 区间的生料球 10 个,分别将料球置于改制维卡仪底座的中心上,放下金属圆棒,使其下端面压住料球,然后不断地向锥斗内加入砝码,直至料球出现裂纹时止,记录锥斗中的砝码重量。

4.4.2.3 计算

生料球的耐压力按式(5)计算。

$$F = \frac{9.8}{10} \sum_{i=1}^{10} F'_i \quad \cdots\cdots\cdots\cdots\cdots\cdots\cdots\cdots\cdots\cdots\cdots\cdots\cdots\cdots \text{(5)}$$

式中：

F——生料球的平均耐压力,单位为牛顿(N)；

F'_i——单个生料球的耐压力,单位为千克(kg)；

10——生料球的个数,单位为个。

4.5 堆积密度的测定

4.5.1 仪器

a. 台秤

分度值 5g,最大称量 5000g。

b. 堆积密度测定仪

由立升筒、闸板和漏斗组成,如图3所示。具体要求如下：

——立升筒,内径108mm,深109mm,容积1000cm³。

——漏斗,上口内径108mm,下口内径50mm,直筒高120mm,锥体高50mm。

——刮尺,长150mm,宽25mm,厚4mm,尺边磨圆。

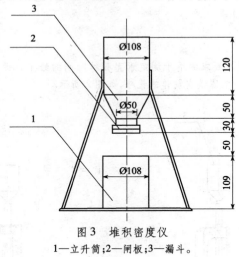

图3 堆积密度仪

1—立升筒;2—闸板;3—漏斗。

4.5.2 测定步骤

从试样桶中取生料球2000g置于漏斗中,然后拉开闸板,将试样卸入已知质量(m_{d_1})的立升筒内,堆满,用刮尺轻轻刮平(注意不要将生料球刮碎)。称量立升筒及其中生料球的总质量(m_{d_2})。

4.5.3 计算

生料球堆积密度按式(6)计算,计算结果保留至小数点后两位。

$$\rho_d = \frac{m_{d_2} - m_{d_1}}{1000} \quad\cdots\cdots\cdots\cdots\cdots\cdots\cdots\cdots\cdots\cdots\cdots\cdots\cdots\cdots (6)$$

式中:

ρ_d——生料球堆积密度,单位为克每立方厘米(g/cm³);

m_{d_1}——立升筒质量,单位为克(g);

m_{d_2}——生料球及立升筒的总质量,单位为克(g)。

4.6 表观密度的测定

4.6.1 仪器

a. 体积测定仪

主要由测量筒、水银介质、标尺、测微手柄、调零后柄组成,如图4所示。精度3级,分度值不大于0.0025cm³,最大测量范围为18cm³。

b. 天平

分度值0.001g,最大称量200g。

4.6.2 测定步骤

测定前,将体积测定仪放在搪瓷托盘内,将约1000g水银注入量筒内,拧紧量筒盖。旋动调零手柄和测微手柄,将测微手柄调至零点刻线处,停留30s,无零点飘移,即认为零点已调准,拧紧固定螺钉。每次测定前均须校准零点。零点校准之后,用天平称量10个算术平均粒径区间生料球的质量(m_b)。

全部旋出测微手柄,打开量筒盖,将用天平称量过的算术平均粒径区间的10个生料球装入量筒内,拧紧量筒盖(注意不要将料球挤碎)。旋进测微手柄,使水银液面的凸面顶端对准玻璃标尺上的刻线,停留30s,无零点飘移即可读数并记录(V_b)。

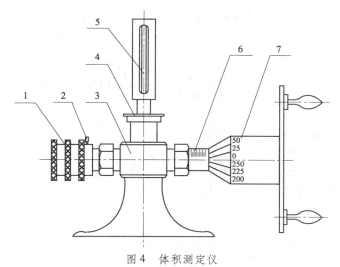

图 4　体积测定仪

1—调零手柄;2—固定螺栓;3—量筒;4—量筒盖;5—玻璃标尺;6—测量套;7—测微手柄。

4.6.3　计算

生料球表观密度按式(7)计算,计算结果保留至小数点后两位。

$$\rho_b = \frac{m_b}{V_b} \quad\cdots\cdots\cdots\cdots\cdots\cdots\cdots\cdots\cdots\cdots\cdots\cdots\cdots\cdots\cdots\cdots(7)$$

式中:

ρ_b——生料球表观密度,单位为克每立方厘米(g/cm³);

m_b——试样的质量,单位为克(g);

V_b——试样的体积,单位为立方厘米(cm³)。

4.7　生料密度的测定

4.7.1　仪器

a. 天平:分度值0.001g,最大称量200g。

b. 密度瓶:符合GB/T 208的规定。

c. 研钵。

4.7.2　试样处理

取生料球约200g,按4.2.2将其烘干。用研钵磨细并全部通过0.080mm方孔筛。

4.7.3　生料密度的测定

生料密度ρ_s的测定按GB/T 208进行。

4.8　堆积空隙率的测定

4.8.1　按4.5条和4.6条测定生料球的堆积密度和表观密度。

4.8.2　计算

生料球堆积空隙率按式(8)计算,计算结果保留至小数点后一位。

$$p_d = \frac{\rho_b - \rho_d}{\rho_b} \times 100 \quad\cdots\cdots\cdots\cdots\cdots\cdots\cdots\cdots\cdots\cdots\cdots\cdots(8)$$

式中:

p_d——生料球堆积空隙率,单位为百分数(%);

ρ_b——生料球表观密度,单位为克每立方厘米(g/cm³);

ρ_d——生料球堆积密度,单位为克每立方厘米(g/cm³)。

4.9　孔隙率的测定

279

4.9.1 分别按4.2条、4.6条和4.7条测定生料球的水分、表观密度和生料密度。

4.9.2 计算

生料球孔隙率按式(9)计算,计算至0.1。

$$p_n = \left[1 - \frac{\rho_b}{\rho_1}\left(\frac{100 - W}{100} \right) \right] \times 100 \quad\cdots\cdots\cdots (9)$$

式中:

p_n——生料球孔隙率,单位为百分数(%);

ρ_b——生料球的表观密度,单位为克每立方进厘米(g/cm^3);

ρ_1——生料球的生料密度,单位为克每立方厘米(g/cm^3);

W——生料球的水分,单位为百分数(%)。

4.10 高温爆破率的测定

4.10.1 仪器

a. 高温炉:使用温度不低于950℃,并带有恒温控制装置。

b. 陶瓷蒸发皿:60mL。

4.10.2 测定步骤

从表1查出按4.3.3.2条得到的算术平均粒径所在筛余孔径区间,取该区间和5.0mm～7.1mm区间的湿生料球各20个,置于陶瓷蒸发皿内,迅速放入预先升温至950℃的高温炉内,保持5min后取出。料球呈现破裂、剥壳即视为爆破。记录爆破的生料球个数。

4.10.3 计算

4.10.3.1 算术平均粒径区间生料球的高温爆破率

按式(10)计算,计算结果保留整数。

$$B_g = \frac{n_g}{20} \times 100 \quad\cdots\cdots\cdots (10)$$

式中:

B_g——算术平均粒径区间生料球高温爆破率,单位为百分数(%);

n_g——算术平均粒径区间生料球高温爆破个数,单位为个;

20——所取生料球个数,单位为个。

4.10.3.2 5.0mm～7.1mm生料球高温爆破率

按式(11)计算,计算结果保留整数。

$$B'_g = \frac{n'_g}{\times 20} \times 100 \quad\cdots\cdots\cdots (11)$$

式中:

B'_g——5.0mm～7.1mm生料球高温爆破率,单位为百分数(%);

n'_g——5.0mm～7.1mm生料球高温爆破个数,单位为个;

20——所取生料球个数,单位为个。

4.11 冲击破损率的测定

4.11.1 测定步骤

取算术平均粒径所在粒度区间的生料球20个置于陶瓷蒸发皿内,迅速将其逐一自1.5m高处自由坠落到6.0mm厚的平滑钢板上,观察并记录生料球的破损个数。料球 呈现裂纹、摔破即视为破损。

4.11.2 计算

生料球冲击破损率按式(12)计算,结果取整数。

$$B_c = \frac{n_c}{20} \times 100 \quad\cdots\cdots\cdots (12)$$

式中：

B_c——生料球冲击破损率，单位为百分数（%）；

n_c——生料球冲击破损个数，单位为个；

20——所取生料球个数，单位为个。

4.12 干球磨损率的测定

4.12.1 仪器

a. 天平

分度值不大于1g，最大称量不小于1000g。

b. 圆孔振动筛

筛框直径300mm，高50mm，圆孔径2.8mm，振幅1.9mm，频率24.8Hz。

4.12.2 试样处理

取5.0mm～7.1mm生料球约200g，置于105℃～110℃的烘干箱中烘干。

4.12.3 测定步骤

称取烘干后的料球（95g～105g）放入圆孔筛内（m_{a1}）。筛析10min，称量筛上料球的质量（m_{a2}）。

4.12.4 计算

干球磨损率按式（13）计算，结果取整数。

$$A = \frac{m_{a1} - m_{a2}}{m_{a1}} \times 100 \quad\cdots\cdots\cdots\cdots\cdots\cdots\cdots\cdots\cdots\cdots\cdots\cdots\cdots\cdots\cdots\cdots\cdots\cdots \quad (13)$$

式中：

A——干球磨损率，单位为百分数（%）；

m_{a1}——磨损前试样总质量，单位为克（g）；

m_{a2}——磨损后筛上料球的质量，单位为克（g）。

4.13 高温收缩率的测定

4.13.1 仪器

a. 体积测定仪

b. 高温炉

温度范围0℃～1600℃，并带有恒温控制装置。

c. 铂坩埚或石墨坩埚

外径约80mm，高约25mm，内径约40mm，深约10mm。

4.13.2 测定步骤

取算术平均粒径所在粒度区间的生料球10个，用4.6.1条体积测定仪测其体积（V_{s1}）。装入铂坩埚或石墨坩埚烘干后，置于事先已升到1100℃的高温炉中继续升温，升温速率约150℃/h。炉温升到生料球的烧结温度（一般控制在1400℃）后，保温20min，取出，自然冷却至室温。用体积测定仪测定煅烧后料球的体积（V_{s2}）。

4.13.3 计算

生料球线收缩率按式（14）计算，结果保留至小数点后一位。

$$S_l = \left[1 - \left(\frac{V_{s2}}{V_{s1}} \right)^{\frac{1}{3}} \right] \times 100 \quad\cdots\cdots\cdots\cdots\cdots\cdots\cdots\cdots\cdots\cdots\cdots\cdots \quad (14)$$

式中：

S_l——生料球线收缩率，单位为百分数（%）；

V_{s1}——煅烧前试样体积，单位为立方厘米（cm^3）；

V_{s2}——煅烧后试样体积，单位为立方厘米（cm^3）。

生料球体积收缩率按式（15）计算，结果保留至小数点后一位。

$$S_v = \left(1 - \frac{V_{S_2}}{V_{S_1}} \right) \times 100 \quad \text{.............................} \quad (15)$$

式中：

S_v——生料球体积收缩率，单位为百分数（%）。

5 料球性能评价

料球性能从水分、均匀性系数、堆积孔隙率、孔隙率及高温爆破率等5个方面来评价，分优等品、合格品和次品三个等级。其他指标如冲击破损率、线收缩率等可作补充叙述，表2为料球性能评价表。

表2 料球性能评价表

级别	水分 W（%）	堆积孔隙率 P_d（%）	孔隙率 P_n（%）	高温爆破率 B_g（%）	均匀性系数 n
优等品	≤11	≥40	≥40	≤5	≥0.9
合格品	11～13	35～40	35～40	5～15	0.8～0.9
次品	≥13	≤35	≤35	≥15	≤0.8

ICS 91. 100. 10

Q 11

备案号:27692—2010

中华人民共和国建材行业标准

JC/T 578—2009

代替 JC/T 578—1995

评定水泥强度匀质性试验方法

Method for assessing the uniformity of cement strength

2009-12-04 发布　　　　　　　　　　2010-06-01 实施

中华人民共和国工业和信息化部　发 布

前　言

本标准是对 JC/T 578—1995《评定水泥强度匀质性试验方法》的格式修订。

本标准自实施之日起代替 JC/T 578—1995。

本标准附录 A 为规范性附录,附录 B 为资料性附录。

本标准由中国建筑材料联合会提出。

本标准由全国水泥标准化技术委员会(SAC/TC 184)归口。

本标准主要起草单位:建筑材料工业技术监督研究中心。

本标准主要起草人:甘向晨、赵婷婷、金福锦、陈斌。

本标准所代替标准的历次版本发布情况为:

——JC/T 578—1995。

评定水泥强度匀质性试验方法

1 范围

本标准规定了评定某一时期单一品种、单一强度等级水泥强度匀质性试验的取样、步骤、结果计算及评定准则和某一时期单一编号水泥强度均匀性试验的取样、步骤和结果计算。

本标准适用于通用水泥,中、低热水泥和抗硫硅酸盐水泥等具有28d抗压强度的水泥以及规定采用本方法的其他品种和龄期的水泥。

2 规范性引用文件

下列文件中的条款通过本标准的引用而成为本标准的条款。凡是注日期的引用文件,其随后所有的修改单(不包括勘误的内容)或修订版均不适用于本标准,然而,鼓励根据本标准达成协议的各方研究是否可使用这些文件的最新版本。凡是不注日期的引用文件,其最新版本适用于本标准。

GB/T 12573 水泥取样方法

GB/T 17671 水泥胶砂强度检验方法(ISO法)(GB/T 17671—1999 idt ISO 679:1989)

3 术语和定义

下列术语和定义适用于本标准。

3.1 匀质性 uniformity

某一时期单一品种、单一强度等级水泥28d抗压强度的稳定程度。

3.2 均匀性 homogeniety

某一时期单一编号水泥10个分割样28d抗压强度的均匀程度。

4 方法原理

统计在某一时期单一品种水泥、单一强度等级和某一时期单一编号水泥的28d抗压强度,用标准偏差和变异系数表示该水泥的匀质性和均匀性。

5 取样

按GB/T 12573的规定进行取样。所有取样应由质量控制或检验人员执行。

6 步骤

6.1 强度试验

按GB/T 17671进行所有试样的强度试验。

6.2 匀质性试验

6.2.1 以月为单位,单一品种的任一强度等级水泥,每月应不少于30个连续编号,如不足30个编号,则与下月合并。以数理统计方法,统计水泥28d抗压强度的平均值、最高、最低值、标准偏差和变异系数。

6.2.2 每3个(或3天)连续编号中至少有一个应做重复试验,直至有10个试样已重复试验为止。重复试验应与最初试验不是同一天。将重复试验的编号标记并记录结果,计算平均极差 $\bar{R}$,然后计算试验的标准偏差 S_e 和试验的变异系数 C_e。

6.2.3 当试验的变异系数 C_e 不大于4.0%时,则减少重复试验的频数为每10个(或10天)连续编号做一个重复试验(每月至少做一次重复试验)。当试验的变异系数 C_e 大于4.0%时,则恢复每3个(或3天)连续编号做一个重复试验(至少做10个编号)。当试验的变异系数 C_e 大于5.5%时,则应充分检验仪器和试验步骤是否符合规定要求。

6.3 均匀性试验

单一编号水泥强度均匀性试验步骤和计算按附录A进行。

7 计算及结果表示

7.1 强度平均值

强度平均值 $\overline{X}$ 按公式(1)计算,结果保留至小数点后一位。

$$\overline{X} = \frac{X_1 + X_2 + \cdots + X_n}{n} \quad\cdots\cdots\cdots\cdots\cdots\cdots\cdots\cdots\cdots\cdots (1)$$

式中:

$\overline{X}$——全部试样28d抗压强度平均值,单位为兆帕(MPa);

$X_1 、 X_2 \cdots X_n$——每一试样28d抗压强度,单位为兆帕(MPa);

n——试样数量。

7.2 总标准偏差

总标准偏差 S_t,按式(2)计算,结果保留至小数点后两位。

$$S_t = \sqrt{\frac{\sum_{i=1}^{n}(X_i - \overline{X})^2}{n-1}} \quad\cdots\cdots\cdots\cdots\cdots\cdots (2)$$

式中:

S_t——某一时期单一品种水泥的28d抗压强度总标准偏差,单位为兆帕(MPa);

X_i——每一试样28d抗压强度,单位为兆帕(MPa);

$\overline{X}$——全部试样28d抗压强度平均值,单位为兆帕(MPa);

n——试样数量。

7.3 总变异系数

总变异系数 C_t 按式(3)计算,结果保留至小数点后两位。

$$C_t = \frac{S_t}{\overline{X}} \times 100 \quad\cdots\cdots\cdots\cdots\cdots\cdots\cdots\cdots\cdots\cdots (3)$$

式中:

C_t——某一时期单一品种水泥的28d抗压强度总变异系数,以百分数表示(%);

S_t——某一时期单一品种水泥的28d抗压强度总标准偏差,单位为兆帕(MPa);

$\overline{X}$——全部试样28d抗压强度平均值,单位为兆帕(MPa)。

7.4 重复试验

7.4.1 试验的标准偏差

试验的标准偏差 S_e 按式(4)计算,结果保留至小数点后两位。

$$S_e = 0.886\overline{R} \cdots\cdots\cdots\cdots\cdots\cdots\cdots\cdots\cdots\cdots\cdots (4)$$

式中:

S_e——根据重复试验计算的试验的标准偏差,单位为兆帕(MPa);

$\overline{R}$——重复试验强度值极差的平均值,单位为兆帕(MPa);

0.886——同一水泥试样重复试验的极差系数。

7.4.2 试验的变异系数

试验的变异系数 C_e 按式(5)计算,结果保留至小数点后两位。

$$C_e = \frac{S_e}{\overline{X}_e} \times 100 \quad \cdots\cdots\cdots\cdots\cdots\cdots\cdots\cdots\cdots\cdots\cdots\cdots\cdots\cdots\cdots\cdots\cdots\cdots \quad (5)$$

式中：

C_e——根据重复试验计算的试验的变异系数，以百分数表示（%）；

S_e——根据重复试验计算的试验的标准偏差，单位为兆帕（MPa）；

$\overline{X}_e$——重复试验强度的平均值，单位为兆帕（MPa）。

7.5 标准偏差和变异系数

标准偏差 S_c 和变异系数 C_v 按式（6）和式（7）计算，结果保留至小数点后两位。

$$S_c = \sqrt{S_t^2 - S_e^2} \quad \cdots\cdots\cdots\cdots\cdots\cdots\cdots\cdots\cdots\cdots\cdots\cdots\cdots\cdots\cdots\cdots \quad (6)$$

$$C_v = \sqrt{C_t^2 - C_e^2} \quad \cdots\cdots\cdots\cdots\cdots\cdots\cdots\cdots\cdots\cdots\cdots\cdots\cdots\cdots\cdots\cdots \quad (7)$$

式中：

S_c——某一时期单一品种水泥的28d抗压强度标准偏差，单位为兆帕（MPa）；

S_t——某一时期单一品种水泥的28d抗压强度总标准偏差，单位为兆帕（MPa）；

S_e——根据重复试验计算的试验的标准偏差，单位为兆帕（MPa）；

C_v——某一时期单一品种水泥的28d抗压强度变异系数，以百分数表示（%）；

C_t——某一时期单一品种水泥的28d抗压强度总变异系数，以百分数表示（%）；

C_e——根据重复试验计算的试验的变异系数，以百分数表示（%）。

8 评定报告

评定报告应至少包括以下内容：

——生产企业名称；

——水泥品种及强度等级；

——试验结果（平均强度、强度最大、最小值、标准偏差和变异系数）；

——试验日期、化验室统计员和实验室负责人签字，实验室名称（盖章）。

9 评定准则

单一品种水泥以28d抗压强度的标准偏差 S_c 和变异系数 C_v 作为评定水泥强度匀质性的依据，同时参考其他品质指标的情况。

单一编号水泥10个分割样强度均匀性应符合相关标准和规定的要求。

附　录　A
（规范性附录）
单一编号水泥强度均匀性试验

A.1　取样

按 GB/T 12573 进行取样。所有取样应由质量控制或检验人员进行。在正常生产情况下每季度取样一次，生产工艺或品种发生变化时，应改变取样周期。

A.2　步骤

每个品种水泥随机抽取一个编号，按 GB/T 12573 方法取 10 个分割样，在 2～3 天内按 GB/T 17671 进行强度试验，并计算强度平均值、标准偏差和变异系数。

A.3　计算及结果表示

A.3.1　强度平均值

强度平均值 $\overline{X}_{分割样}$ 按式（A.1）计算，结果保留至小数点后一位。

$$\overline{X}_{分割样} = \frac{X_{分割样1} + X_{分割样2} + \cdots + X_{分割样10}}{n} \quad\cdots\cdots\cdots\cdots\cdots\cdots\cdots\cdots\text{（A.1）}$$

式中：

$\overline{X}_{分割样}$——10 个分割样 28d 抗压强度的平均值，单位为兆帕（MPa）；

$X_{分割样1}$、$X_{分割样2}\cdots X_{分割样10}$——每个分割样的 28d 抗压强度值，单位为兆帕（MPa）；

n——分割样数量，$n=10$。

A.3.2　标准偏差

标准偏差 $S_{分割样}$ 按式（A.2）计算，结果保留至小数点后两位。

$$S_{分割样} = \sqrt{\frac{\sum_{i=1}^{n}(X_{分割样} - \overline{X}_{分割样})^2}{n-1}} \quad\cdots\cdots\cdots\cdots\cdots\cdots\text{（A.2）}$$

式中：

$S_{分割样}$——分割样 28d 抗压强度标准偏差，单位为兆帕（MPa）；

$X_{分割样i}$——每个分割样的 28d 抗压强度值，单位为兆帕（MPa）；

$\overline{X}_{分割样}$——10 个分割样 28d 抗压强度平均值，单位为兆帕（MPa）；

n——分割样数量，$n=10$。

A.3.3　变异系数

变异系数 $C_{v分割样}$ 按式（A.3）计算，结果保留至小数点后两位。

$$C_{v分割样} = \frac{S_{分割样}}{\overline{X}_{分割样}} \times 100 \quad\cdots\cdots\cdots\cdots\cdots\cdots\cdots\cdots\text{（A.3）}$$

式中：

$C_{v分割样}$——分割样 28d 抗压强度变异系数，以百分数表示（%）；

$S_{分割样}$——分割样 28d 抗压强度标准偏差，单位为兆帕（MPa）；

$\overline{X}_{分割样}$——10 个分割样 28d 抗压强度平均值，单位为兆帕（MPa）。

附 录 B

（资料性附录）

重复试验计算示例

重复试验计算示例见表 B.1。

表 B.1 重复试验计算示例

日期	编号	28d 抗压强度/MPa		极差 R MPa
		试验	重复试验	
略	略	......		
		54.7	53.9	0.8
		53.2	53.6	0.4
		54.2	54.7	0.5
		52.1	52.6	0.5
		54.2	54.8	0.6
		53.1	54.3	1.2
		52.3	53.4	1.1
		52.4	52.1	0.3
		55.4	54.9	0.5
		53.0	52.2	0.8
		......		
平均值/MPa		——	$\overline{X}_e = 53.7$	$\overline{R} = 0.67$
试验的标准偏差 S_e/MPa		$S_e = 0.886\overline{R} = 0.886 \times 0.67 = 0.59$		
试验的变异系数 C_e/%		$C_e = \dfrac{S_e}{\overline{X}_e} \times 100 = 0.59/53.7 \times 100 = 1.10$		

ICS 91.100.10
Q 11
备案号:27698—2010

JC

中华人民共和国建材行业标准

JC/T 601—2009
代替 JC/T 601—1995

水泥胶砂含气量测定方法

Methods for determining air content in cement mortar

2009-12-04 发布

2010-06-01 实施

中华人民共和国工业和信息化部　发布

前　言

本标准与 ASTMC 185—01《水硬性水泥含气量测定方法》的一致性程度为非等效。

本标准自实施之日起代替 JC/T 601—1995 标准。

与 JC/T 601—1995 标准相比,主要变化如下:

——胶砂搅拌机由"符合 GB 3350.1 要求的胶砂搅拌机"改为"符合 JC/T 681 的行星式水泥胶砂搅拌机"(1995 版标准第4.1条,本版标准第4.3条);

——跳桌由符合 GB 2419 标准的跳桌改为"符合 JC/T 958 水泥胶砂流动度测定仪(跳桌)"(1995 版标准第7.2条,本版标准第4.1条);

——跳桌跳动次数由"15 次"改为"12 次"(1995 版标准第7.2条,本版标准第7.2条)。

附录 A 为规范性附录。

本标准由中国建筑材料联合会提出。

本标准由全国水泥标准化技术委员会(SAC/TC 184)归口。

本标准起草单位:中国建筑材料科学研究总院、厦门艾思欧标准砂有限公司。

本标准参加起草单位:山东丛林集团有限公司、云南瑞安建材投资有限公司。

本标准主要起草人:江丽珍、颜碧兰、刘晨、李昌华、翟联金、马兆模。

本标准于 1995 年首次发布,本次为第一次修订。

水泥胶砂含气量的测定方法

1 范围

本标准规定了水泥胶砂含气量测定方法的方法原理、仪器设备、材料、试验室温度和湿度、胶砂组成、胶砂实际容重的测定、胶砂理论容重的计算、水泥胶砂含气量的计算。

本标准适用于硅酸盐水泥、普通硅酸盐水泥以及指定采用本标准的其他品种水泥。

2 规范性引用标准

下列文件中的条款通过本标准的引用而成为本标准的条款。凡是注日期的引用文件,其随后所有的修改单(不包括勘误的内容)或修订版均不适用于本标准,然而,鼓励根据本标准达成协议的各方研究是否可使用这些文件的最新版本。凡是不注日期的引用文件,其最新版本适用于本标准。

GB/T 208　水泥密度测定方法

GB/T 2419　水泥胶砂流动度测定方法

GB/T 6003.2　金属穿孔板试验筛

JC/T 681　行星式水泥胶砂搅拌机

JC/T 958　水泥胶砂流动度测定仪(跳桌)

3 方法原理

本方法通过计算水泥胶砂组分的密度和配比得到理论容重,与其实际容重的差值,确定水泥胶砂中的含气量。

4 仪器设备

4.1 跳桌

符合 JC/T 958 的要求。

4.2 天平

最大称量不小于2000g,分度值不大于1g。

4.3 行星式水泥胶砂搅拌机

符合 JC/T 681 的规定。

4.4 容重圆筒

由不锈钢或铜质材料制成,内径约76mm,深度约88mm,容重圆筒容积为400mL。圆筒壁厚应均匀,壁厚和底厚不小于2.9mm,空容重圆筒重量不大于900g。

4.5 直刀

由不锈钢制成,形状和尺寸的示意图见图1。

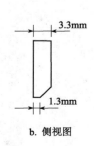

a. 正视图　　　　　　　　　　　　　　　　b. 侧视图

图1　直刀示意图

4.6 捣棒

捣棒由不吸水、耐磨损的硬质材料制成。捣棒头的断面为 13mm×13mm，手柄长度 120mm～150mm。

4.7 敲击棒

由硬木制成，直径约 16mm，长约 152mm。

4.8 玻璃板

尺寸约为 100mm×100mm 的玻璃板，板面光滑。

5 材料

5.1 玻璃珠

符合本标准附录 A 的规定。

5.2 试验用水

制备胶砂时可用饮用水。标定容重圆筒容积时(8.1 条)，宜使用 20℃蒸馏水。

6 试验室温度和湿度

试验室温度为 20℃±2℃，相对湿度大于 50%。试验前水泥试样、玻璃珠、拌合水及容重圆筒等材料和仪器设备宜在试验室放置 24h。

7 胶砂组成

7.1 灰珠比

水泥胶砂由水泥与玻璃珠组成，其比例为 1:4。每次试验需称取水泥 350g，玻璃珠 1400g。

7.2 胶砂用水量

按胶砂流动度达到 160mm±5mm 控制加水量，水泥胶砂搅拌程序按 GB/T 17671—1999 进行，水泥胶砂流动度试验方法按 GB/T 2419 进行，但用符合本标准附录 A 要求的玻璃珠替代标准砂。搅拌时，注意尽量使胶砂不要粘壁和锅底，搅拌时停拌 90s 内用胶皮或料勺将叶片和锅壁上的胶砂刮入锅中。跳桌跳动次数为 12 次。每次进行流动度操作时，剩余胶砂放在搅拌锅中并用湿布盖好。若流动度符合要求，则用留在锅里的胶砂测定容重。

8 胶砂实际容重的测定

8.1 容重圆筒容积的标定

8.1.1 首先将容重圆筒清洗干净，晾干。盖上玻璃板，称重，准确至 1g(m_1)。取下玻璃板，加满 20℃的蒸馏水。盖上玻璃板，将多余水排出。透过玻璃板应看不到气泡，证明容重圆筒已被水完全充满，否则应再添加水，直至完全充满。玻璃板与圆筒一同称重，注意称重时将容重圆筒外水擦干，准确至 1g(m_2)。

8.1.2 容重圆筒的容积按式(1)计算，精确至小数点后一位。

$$V = \frac{m_2 - m_1}{0.99823} \quad \cdots\cdots\cdots\cdots\cdots\cdots\cdots\cdots\cdots\cdots\cdots\cdots\cdots\cdots\cdots\cdots \text{（1）}$$

式中：

V——容重圆筒容积，单位为立方厘米(cm^3)；

m_1——容重圆筒和玻璃板盛水前的重量，单位为克(g)；

m_2——容重圆筒和玻璃板盛水后的重量，单位为克(g)；

0.99823——蒸馏水在 20℃时的密度，单位为克每立方厘米(g/cm^3)。

8.2 胶砂容重测定

8.2.1 按第 7 章要求制成的水泥胶砂流动度达到 160mm±5mm 时，立即将测定流动度剩余在搅拌锅内的胶砂进行容重测定，不能使用测定流动度的那部分胶砂。

8.2.2 用料勺将搅拌好的胶砂分三次装入已称重的容重圆筒(m_3)中，每次装入的胶砂量大致相等，每层用捣棒沿圆筒内壁捣压 18 次，中心捣压 2 次。在捣压第一层时，捣压至圆筒底部 2mm～3mm。在捣压第二层和第三层时,使捣棒捣压至前一层即可。捣压完毕后,用敲击棒的端部在圆筒外以间隔相同的5个点轻轻敲击,排除胶砂裹住的附加气泡,然后用直刀的斜边紧贴圆筒顶部,将多余的胶砂刮去并抹平,刮平次数不超过4次。如发现有玻璃珠浮在表面,应再加少量胶砂重新刮平。

8.2.3 从装筒至刮平结束应不超过90s,擦去附在圆筒外壁上的胶砂和水,将装满胶砂的圆筒放到天平上称重,准确至1g(m_4)。

8.2.4 胶砂实际容重 γ_b 按式(2)计算,保留至小数点后两位。

$$\gamma_b = \frac{m_4 - m_3}{V} \quad\cdots\cdots\cdots\cdots\cdots\cdots\cdots\cdots\cdots\cdots\cdots\cdots\cdots\cdots\cdots\quad(2)$$

式中:

γ_b——胶砂实际容重,单位为克每立方厘米(g/cm^3);

m_3——空容重圆筒的重量,单位为克(g);

m_4——装满胶砂后容重圆筒的重量,单位为克(g)。

9 胶砂理论容重 γ_p 的计算

胶砂理论容重 γ_p 按式(3)计算,计算结果保留至小数点后两位。

$$\gamma_p = \frac{350 + 1400 + 350 \times P}{\dfrac{350}{\rho_c} + \dfrac{1400}{\rho_g} + \dfrac{350 \times P}{0.99823}} \quad\cdots\cdots\cdots\cdots\cdots\cdots\cdots\cdots\cdots\quad(3)$$

式中:

γ_p——胶砂理论容重,单位为克每立方厘米(g/cm^3);

P——水泥胶砂达到规定流动度时的水灰比(%);

ρ_c——水泥密度,单位为克每立方厘米(g/cm^3);

ρ_g——玻璃珠密度,单位为克每立方厘米(g/cm^3);

350——试验时称取的水泥重量,单位为克(g);

1400——试验时称取的玻璃珠重量,单位为克(g)。

10 水泥胶砂含气量的计算

水泥胶砂含气量的计算按式(4)进行,结果精确至小数点后一位。

$$A_c = \left(1 - \frac{\gamma_b}{\gamma_p}\right) \times 100 \quad\cdots\cdots\cdots\cdots\cdots\cdots\cdots\cdots\cdots\cdots\cdots\quad(4)$$

式中:

A_c——水泥胶砂含气量(%)。

γ_b——胶砂实际容量,单位为克每立方厘米(g/cm^3);

γ_p——胶砂理论容量,单位为克每立方厘米(g/cm^3)。

附　录　A
（规范性附录）
水泥胶砂含气量检验用玻璃珠

A.1　范围

本附录适用于进行胶砂含气量检验用玻璃珠。

A.2　指标要求

A.2.1　密度

应在 2.3g/cm³ ~ 2.5g/cm³ 之间。

A.2.2　漂浮物

不超过 0.1%。

A.2.3　圆球度

不应低于 80%。

A.2.4　粒度

应满足表 A.1 要求。

表 A.1　玻璃珠粒度要求

圆孔筛孔径/mm	累计筛余/%	圆孔筛孔径/mm	累计筛余/%
1.18	0	0.60	>95
0.85	<15		

A.3　仪器设备

A.3.1　圆孔筛

符合 GB/T 6003.2 要求的 1.18mm、0.85mm、0.60mm 的圆孔筛。

A.3.2　烘干箱

可控制温度不低于 110℃，温度控制精度不大于 2℃。

A.3.3　投影仪

放大倍数至少 100 倍。

A.4　试验方法

A.4.1　密度的测定

按 GB/T 208 进行。

A.4.2　漂浮物含量的测定

称取具有代表性的玻璃珠 50g，准确至 0.1g（m_5）。将玻璃珠倒入烧杯中，注入蒸馏水，用有橡皮头的玻璃棒搅拌约 1min，将浑浊的水小心倒出，如此重复，直至没有发现漂浮物为止。将玻璃珠在 110℃ 温度下烘干至恒重，冷却称量，准确至 0.1g（m_6）。漂浮物量按式（A.1）计算，结果保留至小数点后第二位。

$$c = \frac{m_5 - m_6}{m_5} \times 100 \quad \cdots\cdots\cdots\cdots\cdots\cdots\cdots\cdots\cdots\cdots\cdots\cdots\cdots\cdots \text{（A.1）}$$

式中：

c——漂浮物含量，%；

m_5——玻璃珠试样重量，单位为克（g）；

m_6——清洗后玻璃珠试样重量,单位为克(g)。

A.4.3 圆球度的测定

取不量有代表性的不少于 200 粒的玻璃珠,放到投影仪下观察。计算颗粒的长径与短径的比,比值小于 1.2 的视为圆球。

圆球度按式(A.2)计算,结果保留整数。

$$B = \frac{N - N_1}{N} \times 100 \quad \cdots\cdots\cdots\cdots\cdots\cdots\cdots\cdots\cdots\cdots\cdots\cdots\cdots\cdots\cdots\cdots\cdots (A.2)$$

式中:

B——玻璃球圆球率(%);

N——投影仪下所观察颗粒的总数,单位为个;

N_1——投影仪下所观察到的非圆球形颗粒数,单位为个。

A.4.4 粒度测定

取 100g 具有代表性的玻璃珠分别放在 1.18mm、0.85mm、0.60mm 的筛子上测定筛余。筛析时每分钟通过量不超过 0.5g 时视为已完成筛分。筛余结果按式(A3)计算,结果保留整数。

$$R = \frac{R_t}{W} \times 100 \quad \cdots\cdots\cdots\cdots\cdots\cdots\cdots\cdots\cdots\cdots\cdots\cdots\cdots\cdots\cdots\cdots\cdots (A3)$$

式中:

R——玻璃珠筛余百分数,单位为质量百分数(%);

R_t——玻璃珠筛余物的质量,单位为克(g);

W——玻璃珠试样的质量,单位为克(g)。

也可分别测定 >1.18mm、0.85mm ~ 1.18mm、0.60mm ~ 0.85mm 各级的筛余,再计算累计筛余。

ICS 91. 100. 10
Q 11
备案号:27697—2010

中华人民共和国建材行业标准

JC/T 602—2009
代替 JC/T 602—1995

水泥早期凝固检验方法

Testing methed of the early stiffening of cement
(Paste Method and Mortar Method)

2009-12-04 发布   2010-06-01 实施

中华人民共和国工业和信息化部 发布

前　言

本标准与美国标准 ASTMC 451—07《水硬性水泥早期凝固试验方法（净浆法）》和 ASTMC 359—07《水硬性水泥早期凝固试验方法（砂浆法）》的一致性程度为修改采用。

本标准自实施之日起，代替 JC/T 602—1995。

与 JC/T 602—1995 相比，本标准主要变化如下：

——将"GB 3350.1　水泥物理检验仪器　胶砂搅拌机、GB 3350.6　水泥物理检验仪器　净浆标准稠度与凝结时间测定仪、GB 3350.8　水泥物理检验仪器　水泥净浆搅拌机"改为"JC/T 681　行星式水泥胶砂搅拌机、JC/T 727　水泥净浆标准稠度与凝结时间测定仪、JC/T 729　水泥净浆搅拌机"（1995 版第 2 章，本版第 2 章）；

——砂浆法中将"标准砂"改为"符合 GB/T 17671—1999 规定的 0.5mm ~ 1.0mm 的中级砂"（1995 版第 5.2 条，本版第 5.2 条）；

——砂浆法中将水泥胶砂加水量由"硅酸盐水泥、普通硅酸盐水泥为 192mL"改为"硅酸盐水泥、普通硅酸盐水泥为 185mL，或按流动度达到 205mm ~ 215mm 范围内确定加水量"（1995 版第 7.1 条，本版第 7.1 条）；

——增加了早期凝固判定的一般原则（本版第 7 章）。

本标准由中国建筑材料联合会提出。

本标准由全国水泥标准化技术委员会（SAC/TC 184）归口。

本标准负责起草单位：中国建筑材料科学研究总院、河南红旗渠建设集团有限公司、厦门艾思欧标准砂有限公司。

本标准参加起草单位：云南瑞安建材投资有限公司、云南红塔滇西水泥股份有限公司。

本标准主要起草人：江丽珍、张秋英、刘晨、于法典、郝卫增、白显明、翟联金、郭伸。

本标准首次发布于 1995 年，本次为第一次修订。

水泥早期凝固检验方法

1 范围

本标准规定了水泥早期凝固检验方法的术语和定义、仪器设备、试验室温度和材料、操作、结果计算和试验报告。本标准试验方法有水泥净浆法和砂浆法两种,判定原则以水泥净浆法为准。

本标准适用于硅酸盐水泥、普通硅酸盐水泥及指定采用本标准的其他品种水泥。

2 规范性引用文件

下列文件中的条款通过本标准的引用而成为本标准的条款。凡是注日期的引用文件,其随后所有的修改单(不包括勘误的内容)或修订版均不适用于本标准,然而,鼓励根据本标准达成协议的各方研究是否可使用这些文件的最新版本。凡是不注日期的引用文件,其最新版本适用于本标准。

GB/T 1346 水泥标准稠度用水量、凝结时间、安定性检验方法(GB/T 1346 — 2002,eqv ISO 9597:1989)

GB/T 2419 水泥胶砂流动度测定方法

GB/T 17671—1999 水泥胶砂强度检验方法(ISO 法)(idt ISO 679:1989)

JC/T 681 行星式水泥胶砂搅拌机

JC/T 727 水泥净浆标准稠度与凝结时间测定仪

JC/T 729 水泥净浆搅拌机

3 术语和定义

下列术语和定义适用于本标准。

3.1 早期凝固 early stiffening

水泥净浆或水泥砂浆加水搅拌后不久发生的异常凝结现象称为早期凝固。早期凝固分假凝和瞬凝。

3.2 假凝 false set

水泥净浆或水泥砂浆加水搅拌后不久,在没有放出大量热的情况下迅速变硬,不用另外加水重新搅拌后仍能恢复其塑性的现象称为假凝。

3.3 瞬凝 flash set

水泥净浆或水泥砂浆加水搅拌后不久,有大量热放出,同时迅速变硬,不另外加水重新搅拌也不能恢复其塑性的现象称为瞬凝,也称为"闪凝"。

3.4 针入度 penetration

衡量水泥净浆或水泥砂浆塑性状态的尺度,用规定横截面和重量的试杆沉入浆体内的深度来表示。

4 仪器设备

4.1 净浆法仪器设备

4.1.1 维卡仪

符合 JC/T 727 的规定。其中滑动部分总重量为 300 g±0.5 g。

4.1.2 水泥净浆搅拌机

符合 JC/T 729 的规定。

4.1.3 圆模

符合 JC/T 727 的规定。

4.1.4 天平

最大量程为 2 000 g,分度值不大于 2 g。

4.1.5 量水器

符合 GB/T 1346 的有关规定。

4.1.6 秒表

量程为 60min,分度值不大于 0.5s。

4.1.7 小刀

刀口平直,长度大于 100mm。

4.1.8 钢勺

木柄不锈钢勺。

4.2 砂浆法仪器设备

4.2.1 维卡仪

符合 JC/T 727 的规定。其中滑动部分总重量为 400g±0.5g。

4.2.2 行星式水泥胶砂搅拌机

符合 JC/T 681 的规定。

4.2.3 水泥胶砂流动度测定仪

符合 GB/T 2419 的规定。

4.2.4 试模

容积长、宽、高尺寸为 150mm×50mm×50mm 的槽形上开口试模,用金属材料制成,试模不应漏水。

4.2.5 温度计

量程为(0~50)℃,分度值不大于 0.5℃。

4.2.5 天平

同 4.1.4。

4.2.6 量水器

同 4.1.5。

4.2.7 秒表

同 4.1.6。

4.2.8 小刀

同 4.1.7。

4.2.9 钢勺

同 4.1.8。

5 试验室条件和材料

5.1 试验室温度应保持在 20℃±2℃,相对湿度应不低于 50%。

5.2 水泥试样、标准砂及拌合水的温度应保持在 20℃±2℃。

5.3 标准砂应符合 GB/T 17671—1999 规定的 0.5mm~1.0mm 的中级砂。

6 试验步骤

6.1 净浆法

6.1.1 水泥净浆的制备

称取 500g 水泥试样,放入用湿布擦过的净浆搅拌锅内,安放在净浆搅拌机上,把开关置于手动位置上,按照水泥试样标准稠度用水量加水,静置 30s,开动搅拌机慢速运转 30s,停转 15s,在停止期间用小刀将粘在锅边上的净浆刮到锅中,再开动搅拌机快速运转 2min30s。

6.1.2 试件成型

搅拌结束后,立即用钢勺将净浆装满圆模,用小刀插捣 2 次~3 次,在垫有胶皮的工作台上振动圆模两次,由中间向两边刮去高出圆模的净浆,抹平。锅内剩余的净浆用湿布覆盖。

6.1.3 初始针入度的测定

将装净浆的圆模放在维卡仪试杆下,试杆下端面对准圆模边缘直径的三分之一处,并与净浆表面接触,卡紧螺丝,在搅拌结束后20s时,突然放松螺丝,试杆沉入净浆内,在此期间应避免对仪器的振动,在下沉30s时,试杆下端面沉入净浆的深度(从净浆表面算起)为初始针入度(A)。

若初始针入度超出32mm±4mm范围时,应更换试样,改变加水量重新试验。

6.1.4 终期针入度的测定

在完成初始针入度测定之后,提起试杆擦净,将圆模换一个新的位置,按同样的操作,在搅拌结束后5min时,突然放下试杆30s时,试杆下端面沉入净浆的深度,即为终期针入度(B)。

6.1.5 再拌针入度的测定

完成终期针入度测定之后,将圆模内净浆倒回锅内,连同原剩余净浆,在搅拌机上一起快速搅拌1min,按本标准6.2、6.3条操作测得的针入度即为再拌针入度(E)。

6.1.6 水泥在初凝前发生的不正常凝结现象,有可能发生在本方法规定的测试时间之外,为判明其凝结性质可以改变终期针入度测定时间,进行试验,但在报告中要注明终期针入度测定的时间。

6.1.7 结果计算

水泥净浆终期针入度百分数(P)按下式计算,结果计算至0.1%。

$$P = \frac{B}{A} \times 100 \quad\cdots\cdots\cdots\cdots\cdots\cdots\cdots\cdots\cdots\cdots\cdots\cdots\cdots\cdots\cdots (1)$$

式中:

P——水泥净浆终期针入度百分数,单位为百分数(%);

A——水泥净浆初始针入度,单位为毫米(mm);

B——水泥净浆终期针入度,单位为毫米(min)。

6.1.8 试验报告

试验报告应包括至少以下内容:

a)水泥净浆初始针入度A(mm);

b)水泥净浆终期针入度B(mm);

c)水泥净浆终期针入度百分数P(%);

d)水泥净浆再拌针入度E(mm)。

6.2 砂浆法

6.2.1 试验材料

称取水泥试样600g、标准砂600g。水泥胶砂加水量按硅酸盐水泥、普通硅酸盐水泥为185mL,或按流动度达到205mm~215mm范围内确定加水量。流动度试验方法按GB/T 2419进行。试验材料及用具应在试验室内放置4h以上,使其和试验室温度保持一致。

6.2.2 水泥胶砂制备

将称好的水泥试样、标准砂倒入用湿布擦过的胶砂搅拌锅内,放在行星式水泥胶砂搅拌机上,把开关置于手动位置,开动搅拌机慢速干拌10s后徐徐加水,5s内将水加完,继续搅拌至1min(从加水开始算起)。

6.2.3 水泥胶砂温度测量

停止搅拌后,迅速将温度计插入胶砂中,保持45s读出胶砂温度并记录,完成温度测量后,再继续搅拌15s。

6.2.4 试件成型

完成搅拌后,用钢勺将胶砂装满试模,用双手将试模提起约80mm,在工作台面上振动两次,用小刀沿试模长度相对方向做锯状运动,将高出试模的胶砂削去,抹平,锅内剩余的胶砂用湿布覆盖。

6.2.5 初始针入度的测定

将装胶砂的试模放在维卡仪试杆下,试杆下端面对准试模长度方向中心线,并与胶砂表面接触,卡紧螺丝,在距加水开始3min时,突然放松螺丝,试杆沉入胶砂10s后,试杆下端面与胶砂表面之间的距离为初始针入度(A)。一般地,初始针入度为维卡仪的读数;如果维卡仪试杆与容器底部接触,初始针入度应记录为 50^+ mm。

6.2.6 5min、8min、11min 针入度的测定

初始针入度测定完后,立即提起并擦净试杆,轻移试模,选择新的测试点,按同样的操作,在距加水5min、8min、11min 时分别测定针入度,其中 11min 针入度测点应在初始和 5min 针入度测点的中间。

6.2.7 再拌针入度的测定

完成 11min 针入度测定后,将试模中胶砂倒入锅内,连同原剩余胶砂一起重新搅拌 1min,按本标准6.2.4、6.2.5 操作并在重新搅拌结束后 45s 测定的针入度即为再拌针入度。

6.2.8 试验报告

试验报告应包括以下内容:

a) 水泥胶砂初始针入度 A(mm);

b) 水泥胶砂 5min 针入度 B(mm);

c) 水泥胶砂 8min 针入度 C(mm);

d) 水泥胶砂 11min 针入度 D(mm);

e) 水泥胶砂再拌针入度 E(mm);

f) 水泥胶砂温度(℃)。

7 早期凝固判定的一般原则

7.1 当水泥净浆终期针入度百分数 $P \geq 50\%$ 时,判定该水泥为正常凝固。

7.2 当水泥净浆终期针入度百分数 $P < 50\%$ 时,判定该水泥为早期凝固。

7.2.1 不另外加水,重新搅拌后测定再拌针入度,仍能恢复其塑性的现象判为假凝。

7.2.2 不另外加水,重新搅拌后测定再拌针入度,不能恢复其塑性的现象判为瞬凝,也称为"闪凝"。

ICS 91. 100. 10
Q 11
备案号:27688—2010

中华人民共和国建材行业标准

JC/T 668—2009
代替 JC/T 668—1997

水泥胶砂中剩余三氧化硫含量的测定方法

Method for determining residue water-extractable sulfate in ecment mortar

2009-12-04 发布　　　　　　　　2010-06-01 实施

中华人民共和国工业和信息化部　发布

前　言

　　本标准与 ASTM C 265—06《水化波特兰水泥胶砂中水溶性硫酸钙含量测试方法》的一致性程度为非等效。

　　本标准自实施之日起代替 JC/T 668—1997 标准。

　　本标准与 JC/T 668—1997 相比,主要变化如下:

　　——标准名称由"水化水泥胶砂中硫酸钙含量的测定方法"改为"水泥胶砂中剩余三氧化硫含量的测定方法";

　　——原理中增加"本方法适用于测定已硬化的波特兰水泥砂浆中可溶于水的 SO_3。这一测量结果代表了残存在砂浆中未反应的游离石膏。"(1997 版标准第 3 章,本版标准第 3 章);

　　——胶砂搅拌机由符合"JC/T 722 水泥物理检验仪器　胶砂搅拌机"改为符合"JC/T 681 行星式水泥胶砂搅拌机"(1997 版标准第 4.1 条,本版标准第 2 章);

　　——试验用标准砂由"符合 GB 178 的规定"改为"符合 GB/T 17671—1999 的 0.5mm～1.0mm 的中级砂"(1997 版标准第 5.2 条,本版标准第 5.2 条)。

　　本标准由中国建筑材料联合会提出。

　　本标准由全国水泥标准化技术委员会(SAC/TC 184)归口。

　　本标准起草单位:中国建筑材料科学研究总院。

　　本标准参加起草单位:山东丛林集团有限公司、云南瑞安建材投资有限公司、中国建筑材料检验认证中心。

　　本标准主要起草人:刘晨、颜碧兰、江丽珍、李昌华、翟联金、温玉刚、王昕。

　　本标准首次发布时间为 1997 年 5 月,本标准为第一次修订。

水泥胶砂中剩余三氧化硫含量的测定方法

1 范围

本标准规定了水泥胶砂中剩余三氧化硫含量测定方法的原理、仪器设备、材料、试验室温度和湿度、试验胶砂制备和养护、水泥胶砂溶出液的制备、溶出液的分析、结果计算及结果处理。

本标准适用于硅酸盐水泥、普通硅酸盐水泥以及指定采用本标准的其他品种水泥。

2 规范性引用标准

下列文件中的条款通过本标准的引用而成为本标准的条款。凡是注日期的引用文件,其随后所有的修改单(不包括勘误的内容)或修订版均不适用于本标准,然而,鼓励根据本标准达成协议的各方研究是否可使用这些文件的最新版本。凡是不注日期的引用文件,其最新版本适用于本标准。

GB/T 176 水泥化学分析方法

GB 6003 试验筛

GB/T 6682 分析实验室用水规格和试验方法

GB/T 17671—1999 水泥胶砂强度检验方法(ISO 法)(neq ISO 689:1989)

JC/T 681 行星式水泥胶砂搅拌机

3 原理

本方法采用一定组成的胶砂在23℃±0.5℃的水中养护24h±15min后抽出溶液,测定其中的SO_3含量。本方法适用于测定已硬化的波特兰水泥砂浆中可溶于水的SO_3。这一测量结果代表了残存在砂浆中未反应的游离石膏。

4 仪器设备

4.1 天平

最大称量不小于1000g,分度值不大于1g。

4.2 行星式水泥胶砂搅拌机

符合 JC/T 681 的规定。

4.3 聚乙烯塑料袋

容量为1L,厚度约为0.10mm,不漏水,洁净且干燥。

4.4 筛

符合 GB 6003 标准的2.36mm的方孔筛。

4.5 研钵的研棒

铁或瓷质制成,容积约为1.5L。

4.6 布氏漏斗

G4。

4.7 抽滤瓶

不小于1000mL。

4.8 烧杯

400mL。

4.9 移液管

25.00mL。

4.10 抽气泵

4.11 滤纸

Ø10cm 中速定量滤纸。

4.12 高温炉

满足 GB/T 176 要求的高温炉。应使用温度控制器准确控制炉温,可控制温度在 800℃±25℃范围内。

5 材料

5.1 水泥试样

应充分拌匀,通过 0.90mm 的方孔筛并记录筛余物。

5.2 标准砂

符合 GB/T 17671—1999 要求的 0.5mm~1.0mm 的中级砂。

5.3 试验用水

采用符合 GB/T 6682 要求的 Ⅲ 级以上水。

5.4 甲基红溶液

将 0.2g 甲基红溶于 100mL 乙醇中。

5.5 HCl 溶液(1+1)

5.6 氯化钡

将 100g 氯化钡溶于水中,加水稀释至 1L。

5.7 硝酸银(5g/L)

将 0.5g 硝酸银溶于水中,加入 1mL 硝酸,加水稀释至 100mL,贮存于棕色瓶中。

6 试验室温度和湿度

试验室温度为 20℃~25℃,相对湿度大于 50%。养护水槽温度 23℃±0.5℃。

7 试验胶砂制备和养护

7.1 胶砂组成

每次试验需称取水泥 500g±2g,0.5mm~1.0mm 的中级砂 1375g±5g,水 250mL±1mL。

7.2 胶砂的制备

按 GB/T 17671—1999 搅拌程序进行搅拌后,立即取出两份,每份约为 500g,装入两只已编号的塑料袋中,袋口先用橡皮筋扎紧一道,然后将袋上部分折叠过来,再扎一道橡皮筋,并立即将两袋胶砂放入 23℃±0.5℃的水槽中养护。

8 水泥胶砂溶出液的制备

8.1 先将胶砂溶出液制备所需的布氏漏斗、抽滤瓶、搅拌锅、移液管、烧杯等用满足 5.3 条要求的水冲洗干净并烘干。

8.2 在水泥加水拌和后 24h±15min 内,把塑料袋逐个从水槽中取出,将已经硬化的胶砂从塑料袋中取出放入研钵中磨碎,磨至全部通过 2.36mm 筛(如塑料袋有漏水现象应重新成型)。称取约 400g 磨好的胶砂倒入洁净干燥的搅拌锅中,加 100mL 满足 5.3 条要求的水,用不锈钢料勺快速搅匀,然后用胶砂搅拌机以公转速度 125r/min 搅 2min。所用的料勺、搅拌机叶片应预先用满足 5.3 条要求的水冲洗干净,并保持潮湿状态。

8.3 将搅拌完毕的浆体倒入一只洁净干燥的 G4 号布氏漏斗中抽吸过滤,漏斗中使用 4.11 条要求的滤纸,5min~6min 内完成第一次过滤。不管滤液是否浑浊,用一张新的干净滤纸,在没有抽吸的情况下,进行第二次过滤,过滤完的清液倒入干燥洁净的玻璃烧杯中。如不立即进行溶液分析,应用塑料袋将烧杯口封好。第一次溶出液过滤应从加水拌和胶砂时开始在 24h + 15min 内完成。

9 溶出液的分析

用移液管移取 25.00mL 清液(8.3),放入 400mL 烧杯中,用蒸馏水稀释至 150mL,加 2 滴甲基红溶液(5.4),用 HCl(1+1)调至溶液呈酸性,然后继续加入 HCl(1+1)10mL,用蒸馏水调整溶液体积至 200mL ~ 250mL,加热煮沸,加热时玻璃棒底部压一小片定量滤纸,盖上表面皿,在微沸下从杯口缓慢逐滴加入 10mL 热的氯化钡溶液(5.6),继续微沸 3min 以上使沉淀良好地形成,然后在常温下静置 12h ~ 24h 或温热处静置至少 4h,此时溶液体积应保持在约 200mL。用慢速定量滤纸过滤,以温水洗涤,用数滴水淋洗漏斗的下端,用数毫升水洗涤滤纸和沉淀,将滤液收集在试管中,加几滴硝酸银溶液(5.7),观察试管中溶液是否浑浊。如果浑浊,继续洗涤并检验,直至用硝酸银检验不再浑浊为止。

将沉淀及滤纸一并移入已灼烧恒量的瓷坩埚(m_2)中,灰化完全后,放入 800℃ 的高温炉(4.11)内灼烧 30min,取出坩埚,置于干燥器中冷却至室温,称量。反复灼烧,直至恒量(m_1)。

10 结果计算

按式(1)计算 SO_3 含量,结果以 g/L 表示至小数点后二位。

$$X_{SO_3} = \frac{(m_1 - m_2) \times 0.343}{0.025} \quad\cdots\cdots\cdots\cdots\cdots\cdots\cdots\cdots\cdots\cdots\cdots\cdots\cdots (1)$$

式中:

X_{SO_3}——三氧化硫的含量,单位为克每升(g/L);

m_1——坩埚及灼烧后沉淀物质量,单位为克(g);

m_2——坩埚的质量,单位为克(g);

0.343——硫酸钡对三氧化硫的换算系数;

0.025——吸取溶出液的体积,单位为升(L)。

11 结果处理

以两次结果的平均值作为水化水泥胶砂中 SO_3 含量,如两次结果差值超过 0.20g/L 时应重新试验。

ICS
Q
备案号:27686—2010

JC

中华人民共和国建材行业标准

JC/T 850—2009
代替 JC/T 850—1999

水泥用铁质原料化学分析方法

Methods of chemical analysis of iron raw materials for cement industry

2009-12-04 发布

2010-06-01 实施

中华人民共和国工业和信息化部　发布

前　言

本标准自实施之日起,代替 JC/T 850—1999《水泥用铁质原料化学分析方法》。

与 JC/T 850—1999 相比,本标准主要变化如下:

——增加了三氧化硫的测定——燃烧－库仑滴定法(代用法)(本版第 17 章)。

本标准附录 A 是规范性附录。

本标准由中国建筑材料联合会提出。

本标准由全国水泥标准化技术委员会(SAC/TC 184)归口。

本标准负责起草单位:中国建筑材料科学研究总院。

本标准主要起草人:刘玉兵、赵鹰立、游良俭、黄小楼。

本标准于 1999 年 6 月首次发布,本次为第一次修订。

水泥用铁质原料化学分析方法

1 范围

本标准规定了配制水泥生料用铁质校正原料的化学分析方法。本标准中对二氧化硅、三氧化二铁、三氧化二铝和三氧化硫等四种化学成分的测定包含基准法和代用法两种方法,可根据实际情况任选。在有争议时,以基准法为准。

本标准适用于水泥生产用铁矿石、硫酸渣等铁质校正原料的化学分析。

2 规范性引用文件

下列文件中的条款通过本标准的引用而成为本标准的条款。凡是注日期的引用文件,其随后所有的修改单(不包括勘误的内容)或修订版均不适用于本标准,然而,鼓励根据本标准达成协议的各方研究是否可使用这些文件的最新版本。凡是不注日期的引用文件,其最新版本适用于本标准。

GB/T 212 煤的工业分析方法

GB/T 6682 分析实验室用水规格和试验方法

GB/T 6730.1 分析用预干燥试样的制备

GB 8170 数值修约规则

3 试剂和材料

分析过程中,所用水应符合 GB/T 6682 中规定的三级水要求;所用试剂应为分析纯或优级纯试剂;用于标定与配制标准溶液的试剂,除另有说明外应为基准试剂。

除另有说明外,% 表示"质量分数"。本标准使用的市售液体试剂具有下列密度(ρ)(20℃,单位 g/cm^3)或%(质量分数):

——盐酸(HCl) 1.18 ~ 1.19(ρ)或 36% ~ 38%

——氢氟酸(HF) 1.13(ρ)或 40%

——硝酸(HNO$_3$) 1.39 ~ 1.41(ρ)或 65% ~ 68%

——硫酸(H$_2$SO$_4$) 1.84(ρ)或 95% ~ 98%

——冰乙酸(CH$_3$COOH) 1.049(ρ)或 99.8%

——氨水(NH$_3$·H$_2$O) 0.90 ~ 0.91(ρ)或 25% ~ 28%

在化学分析中,所用酸或氨水,凡未注浓度者均指市售的浓酸或浓氨水。用体积比表示试剂稀释程度,例如:盐酸(1 + 1)表示 1 份体积的浓盐酸与 1 份体积的水相混合。

3.1 盐酸(1 + 1);(1 + 5);(1 + 9);(1 + 99)

3.2 硝酸(1 + 1)

3.3 氨水(1 + 1)

3.4 氢氧化钠(NaOH)

3.5 氢氧化钾(KOH)

3.6 氢氧化钾溶液(200g/L)

将 200g 氢氧化钾(3.5)溶于水中,加水稀释至 1L,贮存于塑料瓶中。

3.7 无水碳酸钠(Na$_2$CO$_3$)

3.8 无水硼砂(Na$_2$B$_4$O$_7$)

3.9 碳酸钠 – 硼砂混合熔剂

将 2 份质量的无水碳酸钠(3.7)与 1 份质量的无水硼砂(3.8)混合研细。

3.10 焦硫酸钾($K_2S_2O_7$)

3.11 氯化亚锡溶液(60g/L)

将 60g 氯化亚锡($SnCl_2 \cdot 2H_2O$)溶于 200mL 热盐酸中,用水稀释至 1L,混匀。

3.12 钨酸钠溶液(250g/L)

将 250g 钨酸钠($Na_2WO_4 \cdot 2H_2O$)溶于适量水中(若浑浊需过滤),加 5mL 磷酸,加水稀释至 1L,混匀。

3.13 硫磷混酸

将 200mL 硫酸在搅拌下缓慢注入 500mL 水中,再加入 300mL 磷酸,混匀。

3.14 三氯化钛溶液(1+19)

取三氯化钛溶液(15%~20%)100mL,加盐酸(1+1)1900mL 混匀,加一层液体石蜡保护。

3.15 氯化钡溶液(100g/L)

将 100g 二水氯化钡($BaCl_2 \cdot 2H_2O$)溶于水中,加水稀释至 1L。

3.16 pH4.3 的缓冲溶液

将 42.3g 无水乙酸钠(CH_3COONa)溶于水中,加 80mL 冰乙酸(CH_3COOH),用水稀释至 1L,摇匀。

3.17 pH6 的缓冲溶液

将 200g 无水乙酸钠(CH_3COONa)溶于水中,加 20mL 冰乙酸(CH_3COOH),用水稀释至 1L,摇匀。

3.18 pH10 的缓冲溶液

将 67.5g 氯化铵(NH_4Cl)溶于水中,加 570mL 氨水,加水稀释至 1L。

3.19 三乙醇胺[$N(CH_2CH_2OH)_3$](1+2)

3.20 酒石酸钾钠溶液(100g/L)

将 100g 酒石酸钾钠($C_4H_4KNaO_6 \cdot 4H_2O$)溶于水中,稀释至 1L。

3.21 苦杏仁酸溶液(50g/L)

将 50g 苦杏仁酸(苯羟乙酸)[$C_6H_5CH(OH)COOH$]溶于 1L 热水中,并用氨水(1+1)调节 pH 约至 4(用 pH 试纸检验)。

3.22 氟化铵溶液(100g/L)

称取 100g 氟化铵($NH_4F \cdot 2H_2O$)于塑料杯中,加水溶解后,用水稀释至 1L,贮存于塑料瓶中。

3.23 氯化钾(KCL)

3.24 氟化钾溶液(150g/L)

称取 150g 氟化钾($KF \cdot 2H_2O$)于塑料杯中,加水溶解后,用水稀释至 1L,贮存于塑料瓶中。

3.25 氯化钾溶液(50g/L)

将 50g 氯化钾(3.23)溶于水中,用水稀释至 1L。

3.26 氯化钾-乙醇溶液(50g/L)

将 5g 氯化钾(3.23)溶于 50mL 水中,加入 50mL95% 乙醇(C_2H_5OH),混匀。

3.27 碳酸铵溶液(100g/L)

将 10g 碳酸铵[$(NH_4)_2CO_3$]溶于 100mL 水中,用时现配。

3.28 氧化钾(K_2O)、氧化钠(Na_2O)标准溶液

3.28.1 氧化钾标准溶液的配制

称取 0.792g 已于 130℃~150℃烘过 2h 的氯化钾(KCl),精确至 0.0001g,置于烧杯中,加水溶解后,移入 1000mL 容量瓶中,用水稀释至标线,摇匀,贮存于塑料瓶中。此标准溶液每毫升相当于 0.5mg 氧化钾。

3.28.2 氧化钠标准溶液的配制

称取 0.943g 已于 130℃~150℃烘过 2h 的氯化钠(NaCl),精确至 0.0001g,置于烧杯中,加水溶解后,移入 1000mL 容量瓶中,用水稀释至标线,摇匀,贮存于塑料瓶中。此标准溶液每毫升相当于 0.5mg 氧化钠。

3.28.3 氧化钾(K_2O)、氧化钠(Na_2O)系列标准溶液的配制

吸取按 3.28.1 配制的每毫升相当于 0.5mg 氧化钾的标准溶液 0;1.00;2.00;4.00;6.00;8.00;10.00;12.00(mL)和按 3.28.2 配制的每毫升相当于 0.5mg 氧化钠的标准溶液 0;1.00;2.00;4.00;6.00;8.00;10.00;12.00(mL)以一一对应的顺序,分别放入 100mL 容量瓶中,用水稀释至标线,摇匀。所得氧化钾(K_2O)、氧化钠(Na_2O)系列标准溶液的浓度分别为 0.00;0.005;0.010;0.020;0.030;0.040;0.050;0.060(mg/mL)。

3.29 碳酸钙标准溶液[$c(CaCO_3) = 0.024$mol/L]

称取 0.6g(m_1)于 105℃~110℃烘过 2h 的碳酸钙($CaCO_3$),精确至 0.0001g,置于 400mL 烧杯中,加入约 100mL 水,盖上表面皿,沿杯口缓慢加入 5mL~10mL 盐酸(1+1),加热煮沸数分钟。将溶液冷至室温,移入 250mL 容量瓶中,用水稀释至标线,摇匀。

3.30 EDTA 标准滴定溶液[$c(EDTA) = 0.015$mol/L]

3.30.1 标准滴定溶液的配制

称取约 5.6gEDTA(乙二胺四乙酸二钠盐)置于烧杯中,加入约 200mL 水,加热溶解,过滤,用水稀释至 1L。

3.30.2 EDTA 标准滴定溶液浓度的标定

吸取 25.00mL 碳酸钙标准溶液(3.29)于 400mL 烧杯中,加水稀释至约 200mL,加入适量的 CMP 混合指示剂(3.42),在搅拌下加入氢氧化钾溶液(3.6)至出现绿色荧光后再过量 2mL~3mL,以 EDTA 标准滴定溶液滴定至绿色荧光消失并呈现红色。

EDTA 标准滴定溶液的浓度按式(1)计算:

$$c(EDTA) = \frac{m_1}{V_1 \times 1.0009} \quad \cdots\cdots\cdots\cdots\cdots\cdots\cdots\cdots\cdots\cdots (1)$$

式中:

$c(EDTA)$——EDTA 标准滴定溶液的浓度,单位为摩尔每升(mol/L);

V_1——滴定时消耗 EDTA 标准滴定溶液的体积,单位为毫升(mL);

m_1——按 3.29 配制碳酸钙标准溶液的碳酸钙的质量,单位为克(g)。

3.30.3 EDTA 标准滴定溶液对各氧化物滴定度的计算

EDTA 标准滴定溶液对三氧化二铁、三氧化二铝、氧化钙、氧化镁的滴定度分别按式(2)、(3)、(4)、(5)计算:

$$T_{Fe_2O_3} = c(EDTA) \times 79.84 \quad \cdots\cdots\cdots\cdots\cdots\cdots\cdots\cdots (2)$$

$$T_{Al_2O_3} = c(EDTA) \times 50.98 \quad \cdots\cdots\cdots\cdots\cdots\cdots\cdots\cdots (3)$$

$$T_{CaO} = c(EDTA) \times 56.08 \quad \cdots\cdots\cdots\cdots\cdots\cdots\cdots\cdots\cdots (4)$$

$$T_{MgO} = c(EDTA) \times 40.31 \quad \cdots\cdots\cdots\cdots\cdots\cdots\cdots\cdots (5)$$

式中:

$T_{Fe_2O_3}$——每毫升 EDTA 标准滴定溶液相当于三氧化二铁的毫克数,单位为毫克每毫升(mg/mL);

$T_{Al_2O_3}$——每毫升 EDTA 标准滴定溶液相当于三氧化二铝的毫克数,单位为毫克每毫升(mg/mL);

T_{CaO}——每毫升 EDTA 标准滴定溶液相当于氧化钙的毫克数,单位为毫克每毫升(mg/mL);

T_{MgO}——每毫升 EDTA 标准滴定溶液相当于氧化镁的毫克数,单位为毫克每毫升(mg/mL);

$c(EDTA)$——EDTA 标准滴定溶液的浓度,单位为摩尔每升(mol/L);

79.84——$1/2Fe_2O_3$ 的摩尔质量,单位为克每摩尔(g/mol);

50.98——$1/2Al_2O_3$ 的摩尔质量,单位为克每摩尔(g/mol);

56.08——CaO 的摩尔质量,单位为克每摩尔(g/mol);

40.31——MgO 的摩尔质量,单位为克每摩尔(g/mol)。

3.31 硫酸铜标准滴定溶液[$c(CuSO_4) = 0.015$mol/L]

3.31.1 标准滴定溶液的配制

将3.7g硫酸铜($CuSO_4 \cdot 5H_2O$)溶于水中,加4~5滴硫酸(1+1),用水稀释至1L,摇匀。

3.31.2 EDTA标准滴定溶液与硫酸铜标准滴定溶液体积比的标定

从滴定管缓慢放出10mL~15mL[$c(EDTA) = 0.015mol/L$]EDTA标准滴定溶液(3.30)于400mL烧杯中,用水稀释至约150mL,加15mLpH4.3的缓冲溶液(3.16),加热至沸,取下稍冷,加5~6滴PAN指示剂溶液(3.41),以硫酸铜标准滴定溶液滴定至亮紫色。EDTA标准滴定溶液与硫酸铜标准滴定溶液的体积比按式(6)计算:

$$K_1 = \frac{V_2}{V_3} \quad\cdots\cdots\cdots\cdots\cdots\cdots\cdots\cdots\cdots\cdots\cdots (6)$$

式中:

K_1——每毫升硫酸铜标准滴定溶液相当于EDTA标准滴定溶液的毫升数;

V_2——EDTA标准滴定溶液的体积,单位为毫升(mL);

V_3——滴定时消耗硫酸铜标准滴定溶液的体积,单位为毫升(mL)。

3.32 硝酸铋标准滴定溶液[$c(Bi(NO_3)_3) = 0.015mol/L$]

3.32.1 标准滴定溶液的配制

将7.3g硝酸铋($Bi(NO_3)_3 \cdot 5H_2O$)溶于1L0.3mol/L硝酸中,摇匀。

3.32.2 EDTA标准滴定溶液与硝酸铋标准滴定溶液体积比的标定

从滴定管缓慢放出5mL~10mL[$c(EDTA) = 0.015mol/L$]EDTA标准滴定溶液(3.30)于300mL烧杯中,用水稀释至约150mL,用硝酸(1+1)及氨水(1+1)调整pH值1~1.5,加2滴半二甲酚橙指示剂溶液(3.40),以硝酸铋标准滴定溶液滴定至红色。EDTA标准滴定溶液与硝酸铋标准滴定溶液的体积比按式(7)计算:

$$K_2 = \frac{V_4}{V_5} \quad\cdots\cdots\cdots\cdots\cdots\cdots\cdots\cdots\cdots\cdots\cdots (7)$$

式中:

K_2——每毫升硝酸铋标准滴定溶液相当于EDTA标准滴定溶液的毫升数;

V_4——EDTA标准滴定溶液的体积,单位为毫升(mL);

V_5——滴定时消耗硝酸铋标准滴定溶液的体积,单位为毫升(mL)。

3.33 乙酸铅标准滴定溶液[$c(Pb(CH_3COO)_2) = 0.015mol/L$]

3.33.1 标准滴定溶液的配制

将5.7g乙酸铅($Pb(CH_3COO)_2 \cdot 3H_2O$)溶于1L水中,加5mL冰乙酸,摇匀。

3.33.2 EDTA标准滴定溶液与乙酸铅标准滴定溶液体积比的标定

从滴定管缓慢放出10mL~15mL[$c(EDTA) = 0.015mol/L$]EDTA标准滴定溶液(3.30)于300mL烧杯中,用水稀释至约150mL,加入10mLpH6的缓冲溶液(3.17)及7~8滴半二甲酚橙指示剂溶液(3.40),以乙酸铅标准滴定溶液滴定至红色。EDTA标准滴定溶液与乙酸铅标准滴定溶液的体积比按式(8)计算:

$$K_3 = \frac{V_6}{V_7} \quad\cdots\cdots\cdots\cdots\cdots\cdots\cdots\cdots\cdots\cdots\cdots (8)$$

式中:

K_3——每毫升乙酸铅标准滴定溶液相当于EDTA标准滴定溶液的毫升数;

V_6——EDTA标准滴定溶液的体积,单位为毫升(mL);

V_7——滴定时消耗乙酸铅标准滴定溶液的体积,单位为毫升(mL)。

3.34 氢氧化钠标准滴定溶液[$c(NaOH) = 0.15mol/L$]

3.34.1 标准滴定溶液的配制

将60g氢氧化钠(NaOH)溶于10L水中,充分摇匀,贮存于带胶塞(装有钠石灰干燥管)的硬质玻璃瓶或塑料瓶内。

3.34.2 氢氧化钠标准滴定溶液浓度的标定

称取约 0.8g(m_2) 苯二甲酸氢钾($C_8H_5KO_4$)，精确至 0.0001g，置于 400mL 烧杯中，加入约 150mL 新煮沸过的已用氢氧化钠溶液中和至酚酞呈微红色的冷水，搅拌使其溶解，加入 6~7 滴酚酞指示剂溶液(3.44)，用氢氧化钠标准滴定溶液滴定至微红色。

氢氧化钠标准滴定溶液的浓度按式(9)计算：

$$c(NaOH) = \frac{m_2 \times 1000}{V_8 \times 204.2} \quad\text{…………………………………………}\quad (9)$$

式中：

$c(NaOH)$——氢氧化钠标准滴定溶液的浓度，单位为摩尔每升(mol/L)；

V_8——滴定时消耗氢氧化钠标准滴定溶液的体积，单位为毫升(mL)；

m_2——苯二甲酸氢钾的质量，单位为克(g)；

204.2——苯二甲酸氢钾的摩尔质量，单位为克每摩尔(g/mol)。

3.34.3 氢氧化钠标准滴定溶液对二氧化硅的滴定度按式(10)计算：

$$T_{SiO_2} = c(NaOH) \times 15.02 \quad\text{…………………………………………}\quad (10)$$

式中：

T_{SiO_2}——每毫升氢氧化钠标准滴定溶液相当于二氧化硅的毫克数，单位为毫克每毫升(mg/mL)；

$c(NaOH)$——氢氧化钠标准滴定溶液的浓度，单位为毫克每毫升(mg/mL)；

15.02——1/4SiO_2 的摩尔质量，单位为克每摩尔(g/mol)。

3.35 重铬酸钾标准滴定溶液[$c1/6(K_2Cr_2O_7) = 0.05mol/L$]

称取预先在 150℃ 烘干 1h 的重铬酸钾 2.4515g 溶于水，移入 1000mL 容量瓶中，用水稀释到刻度，混匀。

3.36 硫酸亚铁铵溶液[$c(NH_4)_2Fe(SO_4)_2 \cdot 6H_2O) = 0.05mol/L$]

称取 19.7g 硫酸亚铁铵溶于硫酸(5+95)中，移入 1000mL 容量瓶中，用硫酸(5+95)稀释至刻度，混匀。

3.37 二苯胺磺酸钠指示剂溶液

将 0.2g 二苯胺磺酸钠溶于 100mL 水中。

3.38 甲基红指示剂溶液

将 0.2g 甲基红溶于 100mL95% 乙醇中。

3.39 磺基水杨酸钠指示剂溶液

将 10g 磺基水杨酸钠溶于水中，加水稀释至 100mL。

3.40 半二甲酚橙指示剂溶液

将 0.5g 半二甲酚橙溶于 100mL 水中。

3.41 PAN[1-(2-吡啶偶氮)-2-萘酚]指示剂溶液

将 0.2gPAN 溶于 100mL95% 乙醇中。

3.42 CMP 混合指示剂

称取 1.000g 钙黄绿素、1.000g 甲基百里香酚蓝、0.200g 酚酞与 50g 已在 105℃~110℃ 烘干过的硝酸钾(KNO_3) 混合研细，保存在磨口瓶中。

3.43 K-B 混合指示剂

称取 1.000g 酸性铬蓝 K 与 2.5g 萘酚绿 B 和 50g 已在 105℃~110℃ 烘干过的硝酸钾(KNO_3) 混合研细，保存在磨口瓶中。

3.44 酚酞指示剂溶液

将 1g 酚酞溶于 100mL95% 乙醇中。

3.45 电解液

将 6g 碘化钾(KI) 和 6g 溴化钾(KBr) 溶于 300mL 水中，加入 10mL 冰乙酸(CH_3COOH)。

4 仪器与设备

4.1 测定二氧化硅的仪器装置

测定二氧化硅的仪器装置如图1所示。

4.2 灰皿

应符合 GB/T 212 中对灰皿的要求。

4.3 火焰光度计

4.4 库仑积分测硫仪

主要由管式电热炉和库仑积分仪组成。

4.5 化验室通用仪器、设备

主要包括分析天平、高温炉、容量瓶、移液管和滴定管等。

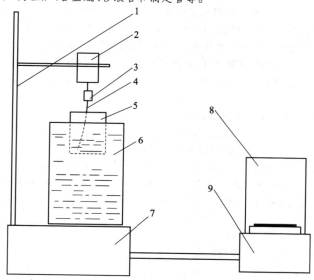

图 1 仪器装置示意图

1—支撑杆;2—搅拌电机;3—搅棒接头,可将塑料搅棒与搅拌电机连接或分开;

4—塑料搅棒,φ6×160mm;5—400mL塑料杯;6—冷却水桶,内盛 25℃ 以下冷却水;

7—控制箱,可控制、调节搅拌速度和高温熔样电炉的温度;8—保温罩;9—高温熔样电炉,工作温度 600℃~700℃。

5 试样的制备

试样的制备按 GB/T 6730.1 进行。

6 烧失量的测定

6.1 方法提要

试样在 950℃~1000℃ 的氧化气氛下,除去水分和二氧化碳,低价硫、铁等元素被氧化成高价,烧失量是试样挥发损失与吸氧增重的代数和。

6.2 分析步骤

称取约 $1g(m_3)$ 试样,精确至 0.0001g,置于已灼烧恒重的灰皿(4.2)中,放入已升温至 950℃~1000℃ 的高温炉中,灼烧 60min,取出灰皿(4.2)置于干燥器中冷却至室温,称量。

6.3 结果的计算与表示

烧失量的质量分数 X_{LOI} 按式(11)计算:

$$X_{\text{LOI}} = \frac{m_3 - m_4}{m_3} \times 100 \quad\cdots\cdots\cdots\cdots\cdots\cdots\cdots\cdots\cdots\cdots\cdots\cdots\cdots\cdots (11)$$

式中：

X_{LOI}——烧失量的质量分数，%；

m_3——试料的质量，单位为克（g）；

m_4——灼烧后试料的质量，单位为克（g）。

7 二氧化硅的测定（基准法）

7.1 方法提要

在适量的氟离子和过饱和氯化钾存在的条件下，使硅酸形成氟硅酸钾沉淀，经过滤、洗涤后用小体积中和液中和残余酸，加沸水使氟硅酸钾沉淀水解生成等物质量的氢氟酸，然后用氢氧化钠标准滴定溶液对所生成的氢氟酸进行滴定。

7.2 溶液的制备

称取约 0.3g 试样（m_5），精确至 0.0001g，置于银坩埚中，在 750℃ 的高温炉中灼烧 20min～30min，取出，放冷。加入 10g 氢氧化钠熔剂（3.4），在 750℃ 的高温下熔融 40min，取出，放冷。在 300mL 烧杯中，加入 100mL 水，加热至沸，然后将坩埚放入烧杯中，盖上表面皿，加热，待熔块完全浸出后，取出坩埚用盐酸（1+5）及水洗净，在搅拌下加入 20mL 硝酸溶液，加热使溶液澄清，冷却至室温后，移入 250mL 容量瓶中，用水稀释至标线，摇匀。此溶液供测定二氧化硅、三氧化二铝、三氧化二铁、氧化钙、氧化镁用。

7.3 分析步骤

吸取 50.00mL 溶液（7.2），放入 300 塑料杯中，加 10mL～15mL 硝酸，冷却。加入 10mL 氟化钾溶液（3.24），搅拌。加入固体氯化钾（3.23），搅拌并压碎未溶颗粒，直至饱和并过量 1g～2g，冷却并静置 15min，用中速滤纸过滤，用氯化钾溶液（3.25）冲洗塑料杯和沉淀 2～3 次。

将滤纸连同沉淀取下，置于原塑料杯中，沿杯壁加入 10mL 氯化钾-乙醇溶液（3.26）及 1mL 酚酞指示剂溶液（3.44），用氢氧化钠标准滴定溶液（3.34）中和未洗尽的酸，仔细搅动滤纸并随之擦洗杯壁，直至溶液呈现红色。向杯中加入约 200mL 已中和至使酚酞指示剂微红的沸水，用氢氧化钠标准滴定溶液（3.34）滴定至微红色。

7.4 结果的计算与表示

二氧化硅的质量分数 X_{SiO_2} 按式（12）计算：

$$X_{SiO_2} = \frac{T_{SiO_2} \times V_9 \times 5}{m_5 \times 1000} \times 100 \quad\cdots\cdots\cdots\cdots\cdots\cdots\cdots\cdots\cdots\cdots\cdots\cdots (12)$$

式中：

X_{SiO_2}——二氧化硅的质量分数，%；

T_{SiO_2}——每毫升氢氧化钠标准滴定溶液相当于二氧化硅的毫克数，单位为毫克每毫升（mg/mL）；

V_9——滴定时消耗氢氧化钠标准滴定溶液的体积，单位为毫升（mL）；

m_5——试料的质量，单位为克（g）。

8 三氧化二铁的测定（基准法）

8.1 方法提要

试样用盐酸和氯化亚锡分解、过滤，滤液作为主液保存；残渣以氢氟酸处理，焦硫酸钾熔融，酸浸取后合并入主液。以钨酸钠为指示剂，用三氯化钛将高价铁还原成低价至生成"钨蓝"，再用重铬酸钾氧化至蓝色消失，加入硫磷混酸，以二苯胺磺酸钠为指示剂，用重铬酸钾标准滴定溶液滴定，借此测定铁量。

8.2 测定步骤

称取约 0.2g（m_6）试样精确至 0.0001g，置于 250mL 烧杯中，加 30mL 盐酸（1+9），低温加热 10min～20min，滴加氯化亚锡溶液（3.11）至浅黄色，继续加热 10min（体积 10mL）左右，取下。加 20mL 温水，用中速滤纸过滤，滤液收集于 400mL 烧杯中，用擦棒擦净杯壁，用盐酸（1+99）洗烧杯 2～3 次，残渣 7～8 次再用热水洗残渣 6～7 次，滤液作为主液保存。

将残渣连同滤纸移入铂坩埚中，灰化，在 800℃ 左右灼烧 20min，冷却，加水润湿残渣，加 4 滴硫酸（1+

1),加5mL氢氟酸,低温加热蒸发至三氧化硫白烟冒尽,取下,加2g焦硫酸钾(3.10),在650℃左右熔融约5min,冷却。将坩埚放入原250mL烧杯中,加5mL盐酸(1+9),加热浸取熔融物,溶解后,用水洗出坩埚,合并入主液。

调整溶液体积至150mL~200mL,加5滴钨酸钠溶液(3.12),用三氯化钛(3.14)滴到呈蓝色,再滴加重铬酸钾标准滴定溶液(3.35)到无色(不计读数),立即加10mL硫磷混酸(3.13)、5滴二苯胺磺酸钠指示剂(3.37),用重铬酸钾标准滴定溶液滴定至稳定的紫色。

8.3　结果的计算与表示

三氧化二铁的质量分数 $X_{Fe_2O_3}$ 按式(13)计算:

$$X_{Fe_2O_3} = \frac{79.84 \times c(1/6 K_2Cr_2O_7) \times V_{10}}{m_6 \times 1000} \times 100 \quad\cdots\cdots\cdots\cdots\cdots\cdots (13)$$

式中:

$X_{Fe_2O_3}$——三氧化二铁的质量分数,%;

$c(1/6 K_2Cr_2O_7)$——重铬酸钾标准滴定溶液浓度,单位为摩尔每升(mol/L);

V_{10}——测定时消耗重铬酸钾标准滴定溶液的体积,单位为毫升(mL);

m_6——试料的质量,单位为克(g);

79.84——$1/2 Fe_2O_3$ 的摩尔质量,单位为克每摩尔(g/mol)。

9　三氧化二铝的测定(基准法)

9.1　方法提要

在EDTA存在下,调溶液pH6.0,煮沸使铝及其他金属离子和EDTA络合,以半二甲酚橙为指示剂,用铅溶液回滴过量的EDTA,再加入氟化按,煮沸置换铝-EDTA络合物中的EDTA,用铅标准溶液滴定置换出的EDTA,借此测定铝量。

9.2　测定步骤

吸取25.00mL溶液(7.2),用水稀释至约150mL,加15mL苦杏仁酸溶液(3.21),然后加入对铁、铝过量10mL~15mLEDTA标准滴定溶液,用氨水(1+1)调整溶液pH至4左右(pH试纸检验),然后将溶液加热至70℃~80℃,再加入10mLpH6的缓冲溶液(3.17),并加热煮沸3min~5min,取下,冷却至室温,加7~8滴半二甲酚橙指示剂溶液(3.40),用乙酸铅标准滴定溶液(3.33)滴定至由黄色至橙红色(不记读数),然后立即向溶液中加10mL氟化铵溶液,并加热煮沸1min~2min,取下,冷却至室温,补加2~3滴半二甲酚橙指示剂溶液(3.40),用乙酸铅标准滴定溶液(3.33)滴定至由黄色至橙红色(记读数)。

9.3　结果的计算与表示

三氧化二铝的质量分数 $X_{Al_2O_3}$ 按式(14)计算:

$$X_{Al_2O_3} = \frac{T_{Al_2O_3} \times K_3 \times V_{11} \times 10}{m_5 \times 1000} \times 100 \quad\cdots\cdots\cdots\cdots\cdots\cdots (14)$$

式中:

$X_{Al_2O_3}$——三氧化二铝的质量分数,%;

$T_{Al_2O_3}$——每毫升EDTA标准滴定溶液相当于三氧化二铝的毫克数,单位为毫克每毫升(mg/mL);

K_3——每毫升乙酸铅标准滴定溶液相当于EDTA标准滴定溶液的毫升数;

V_{11}——测定时消耗乙酸铅标准滴定溶液的体积,单位为毫升(mL);

m_5——试料的质量,单位为克(g)。

10　氧化钙的测定

10.1　方法提要

用氨水沉淀分离大部分铁、铝后,在pH13以上的强碱溶液中,以三乙醇胺掩蔽残余的铁、铝等干扰元素,用CMP混合指示剂为指示剂,用EDTA标准滴定溶液滴定。

10.2　分析步骤

吸取 50.00mL 溶液(7.2),放入 300mL 烧杯中,加水稀释至约 100mL,加入少许滤纸浆,加热至沸,加氨水(1+1)至氢氧化铁沉淀析出,再过量约 1mL,用快速滤纸过滤,用热水洗涤烧杯 3 次,洗涤沉淀 5 次。将滤液收集于 400mL 烧杯中,冷却至 30℃以下,加 5mL 三乙醇胺(3.19)及少许 CMP 混合指示剂(3.42),在搅拌下加入氢氧化钾溶液(3.6)至出现绿色荧光后再过量 12mL~15mL,此时溶液 pH 应在 13 以上,用 EDTA 标准滴定溶液(3.30)滴定到绿色荧光消失并呈现红色。

10.3   结果的计算与表示

氧化钙的质量分数 X_{CaO} 按式(15)计算:

$$X_{CaO} = \frac{T_{CaO} \times V_{12} \times 5}{m_5 \times 1000} \times 100 \quad\cdots\cdots\cdots\cdots\cdots\cdots\cdots\cdots\cdots\cdots \quad (15)$$

式中:

X_{CaO}——氧化钙的质量分数,%;

T_{CaO}——每毫升 EDTA 标准滴定溶液相当于氧化钙的毫克数,单位为毫克每毫升(mg/mL);

V_{12}——测定时消耗 EDTA 标准滴定溶液的体积,单位为毫升(mL);

m_5——7.2 中试料的质量,单位为克(g)。

11   氧化镁的测定

11.1   方法提要

用氨水沉淀分离大部分铁、铝后,在 pH10 的氨性溶液中,以酒石酸钾钠和三乙醇胺联合掩蔽残余的铁、铝等干扰元素,用 K-B 指示剂为指示剂,用 EDTA 标准滴定溶液滴定钙、镁合量,用差减法求得氧化镁含量。

11.2   分析步骤

吸取 50.00mL 溶液(7.2),放入 300mL 烧杯中,加水稀释至约 100mL,加入少许滤纸浆,加热至沸,加氨水(1+1)至氢氧化铁沉淀析出,再过量约 1mL,用快速滤纸过滤,用热水洗涤烧杯三次,洗涤沉淀 5 次。将滤液收集于 400mL 烧杯中,冷却至 30℃以下,加 1mL 酒石酸钾钠(3.20),5mL 三乙醇胺(3.19),用氨水(1+1)调溶液 pH 约为 10,然后加入 20mLpH10 缓冲溶液(3.18)及少许 K-B 指示剂(3.43),用 EDTA 标准滴定溶液(3.30)滴定到纯蓝色。

11.3   结果的计算与表示

氧化镁的质量分数 X_{MgO} 按式(16)计算:

$$X_{MgO} = \frac{T_{MgO} \times (V_{13} - V_{12}) \times 5}{m_5 \times 1000} \times 100 \quad\cdots\cdots\cdots\cdots\cdots\cdots\cdots\cdots \quad (16)$$

式中:

X_{MgO}——氧化镁的质量分数,%;

T_{MgO}——每毫升 EDTA 标准滴定溶液相当于氧化镁的毫克数,单位为毫克每毫升(mg/mL);

V_{13}——测定时消耗 EDTA 标准滴定溶液的体积,单位为毫升(mL);

V_{12}——测定氧化钙时消耗 EDTA 标准滴定溶液的体积〔式(15)〕,单位为毫升(mL);

m_5——7.2 中试料的质量,单位为克(g)。

12   三氧化硫的测定(基准法)

12.1   方法提要

在酸性溶液中,用氯化钡溶液沉淀硫酸盐,经过滤、灼烧后,以硫酸钡形式称量。测定结果以三氧化硫计。

12.2   分析步骤

称取约 0.2g 试样(m_7),精确至 0.0001g,置于镍坩埚中,加入 4g~5g 氢氧化钾(3.5),在电炉上熔融至试样溶解,取下,冷却,放入盛有 100mL 热水的 300mL 烧杯中,待熔体全部浸出后,用盐酸溶解;加入少许滤纸浆,加热至沸,加氨水(1+1)至氢氧化铁沉淀析出,再过量约 1mL,用快速滤纸过滤,用热水洗涤烧杯

3 次,洗涤沉淀 5 次。将滤液收集于 400mL 烧杯中,加 2 滴甲基红指示剂溶液(3.38),用盐酸(1+1)中和至溶液变红,再过量 2mL,加水稀释至约 200mL,煮沸,在搅拌下滴加 10mL 氯化钡溶液(3.15),继续煮沸数分钟,然后移至温热处静置 4h 或过夜(此时溶液的体积应保持在 200mL)。用慢速滤纸过滤,用温水洗涤,直至检验无氯离子为止。将沉淀及滤纸一并移入已灼烧恒量的瓷坩埚中,灰化后于 800℃的高温炉内灼烧 30min,取出坩埚置于干燥器中冷却至室温,称量。反复灼烧,直至恒量。

12.3 结果的计算与表示

三氧化硫的质量分数 X_{SO_3} 按式(17)计算:

$$X_{SO_3} = \frac{0.343 \times m_8}{m_8} \times 100 \quad\cdots\cdots\cdots\cdots\cdots\cdots\cdots\cdots\cdots\cdots\cdots\cdots\cdots\cdots\quad (17)$$

式中:

X_{SO_3}——三氧化硫的质量分数,%;

m_8——灼烧后沉淀的质量,单位为克(g);

m_7——试料的质量,单位为克(g);

0.343——硫酸钡对三氧化硫的换算系数。

13 氧化钾和氧化钠的测定

13.1 方法提要

试样经氢氟酸－硫酸蒸发处理除去硅,用热水浸取残渣。以氨水和碳酸铵分离铁、铝、钙、镁。滤液中的钾、钠用火焰光度计进行测定。

13.2 分析步骤

称取约 0.2g 试样(m_9),精确至 0.0001g,置于铂皿中,用少量水润湿,加 5mL～7mL 氢氟酸及 15～20 滴硫酸(1+1),置于低温电热板上蒸发。近干时摇动铂皿,以防溅失,待氢氟酸驱尽后逐渐升高温度,继续将三氧化硫白烟赶尽。取下放冷,加入 50mL 热水,压碎残渣使其溶解,加 1 滴甲基红指示剂溶液(3.38),用氨水(1+1)中和至黄色,加入 10mL 碳酸铵溶液(3.27),搅拌,置于电热板上加热 20min～30min。用快速滤纸过滤,以热水洗涤,滤液及洗液盛于 100mL 容量瓶中,冷却至室温,用盐酸(1+1)中和至溶液呈微红色,用水稀释至标线,摇匀。

在火焰光度计上,以氧化钾(K_2O)、氧化钠(Na_2O)系列标准溶液为基准,按仪器使用规程测定试液中氧化钾和氧化钠的含量。

13.3 结果的计算与表示

氧化钾和氧化钠的质量分数 X_{K_2O} 和 X_{Na_2O} 按式(18)和式(19)计算:

$$X_{K_2O} = \frac{C_{K_2O} \times 10}{m_9} \quad\cdots\cdots\cdots\cdots\cdots\cdots\cdots\cdots\cdots\cdots\cdots\cdots\quad (18)$$

$$X_{Na_2O} = \frac{C_{Na_2O} \times 10}{m_9} \quad\cdots\cdots\cdots\cdots\cdots\cdots\cdots\cdots\cdots\cdots\cdots\cdots\quad (19)$$

式中:

X_{K_2O}——氧化钾的质量分数,%;

X_{Na_2O}——氧化钠的质量分数,%;

C_{K_2O}——测定溶液中氧化钾的含量,单位为毫克每毫升(mg/mL);

C_{Na_2O}——测定溶液中氧化钠的含量,单位为毫克每毫升(mg/mL);

m_9——试料的质量,单位为克(g)。

14 二氧化硅的测定(代用法)

14.1 方法提要

在适量的氟离子和钾离子存在的条件下,使硅酸形成氟硅酸钾沉淀,经过滤、洗涤后,为易化中和残余酸的操作,以较大的中和液体积中和残余酸,加沸水使氟硅酸钾沉淀水解生成等物质量的氢氟酸,然后用氢氧化钠标准滴定溶液对所生成的氢氟酸进行滴定。

14.2 分析步骤

称取约0.1g试样(m_{10}),精确至0.0001g,置于50mL镍坩埚中,加入4g~5g氢氧化钾(3.5),在600℃~700℃的高温熔样电炉上熔融6min~10min,取下,冷却,向坩埚中加入约20mL水,使熔体全部浸出后,转移到塑料杯中,用20mL硝酸溶解,加10mL氟化钾溶液(3.24),用盐酸(1+5)将坩埚洗净,保持杯中溶液体积70mL~80mL,根据室温按表1加入适量的氯化钾(3.23),将塑料杯放到二氧化硅测定装置(4.1)上,搅拌5min,取下塑料杯,用中速滤纸过滤,用氯化钾溶液(3.25)冲洗塑料杯1次,冲洗滤纸2次,将滤纸连同沉淀取下,置于原塑料杯中,沿杯壁加入20mL~30mL氯化钾-乙醇溶液(3.26)及2滴甲基红指示剂溶液(3.38),用氢氧化钠标准滴定溶液(3.34)中和至溶液由红刚刚变黄。向杯中加入红300mL已中和至使酚酞指示剂微红的沸水及1mL酚酞指示剂溶液(3.44),用氢氧化钠标准滴定溶液(3.34)滴定到溶液由红变黄,再至微红色。

表1 氯化钾加入量表

实验室温度/℃	<20	20~25	25~30	>30
氯化钾加入量/g	3	5	7	10

14.3 结果的计算与表示

二氧化硅的质量分数X_{SiO_2}按式(20)计算:

$$X_{SiO_2} = \frac{T_{SiO_2} \times V_{14}}{m_{10} \times 1000} \times 100 \cdots\cdots (20)$$

式中:

X_{SiO_2}——二氧化硅的质量分数,%;

T_{SiO_2}——每毫升氢氧化钠标准滴定溶液相当于二氧化硅的毫克数,单位为毫克每毫升(mg/mL);

V_{14}——滴定时消耗氢氧化钠标准滴定溶液的体积,单位为毫升(mL);

m_{10}——试料的质量,单位为克(g)。

15 三氧化二铁的测定(代用法)

15.1 方法提要

在试液pH1~1.5的酸度下,加入对于铁过量的EDTA标准滴定溶液,使铁与EDTA完全络合,以半二甲酚橙为指示剂,用硝酸铋标准滴定溶液回滴过量的EDTA。

15.2 分析步骤

吸取25.00mL溶液(7.2),放入300mL烧杯中,加水至约150mL,用硝酸(1+1)和氨水(1+1)调整溶液pH至1~1.5(以精密pH试纸检验)。加入2滴磺基水杨酸钠指示剂溶液(3.39),在搅拌下用EDTA标准滴定溶液(3.30)滴定到红色消失后,再过量1mL~2mL,搅拌并放置1min。加入2~3滴半二甲酚橙指示剂溶液(3.40),立即用硝酸铋标准滴定溶液缓慢滴定至溶液由黄变为橙红色。

15.3 结果的计算与表示

三氧化二铁的质量分数$X_{Fe_2O_3}$按式(21)计算:

$$X_{Fe_2O_3} = \frac{T_{Fe_2O_3} \times (V_{15} - K_2 \times V_{16}) \times 10}{m_5 \times 1000} \times 100 \cdots\cdots (21)$$

式中:

$X_{Fe_2O_3}$——三氧化二铁的质量分数,%;

$T_{Fe_2O_3}$——每毫升EDTA标准滴定溶液相当于三氧化二铁的毫克数,单位为毫克每毫升(mg/mL);

K_2——每毫升硝酸铋标准滴定溶液相当于EDTA标准滴定溶液的毫升数,单位为毫升(mL);

V_{15}——加入 EDTA 标准滴定溶液的体积,单位为毫升(mL);

V_{16}——测定时消耗硝酸铋标准滴定溶液的体积,单位为毫升(mL);

m_5——7.2 中试料的质量,单位为克(g)。

16 三氧化二铝的测定(代用法)

16.1 方法提要

试样用氢氧化钠熔融后,用热水溶解铝酸盐,过滤使铝与铁、钛等元素分离。将滤液酸化后,在 pH1.8 的酸度下用 EDTA 标准滴定溶液滴定残余的铁,用铜盐回滴法测定铝。

16.2 分析步骤

称取约 0.1g 试样(m_{11}),精确至 0.0001g,置于银坩埚中,加入 4g~5g 氢氧化钠(3.4),在 750℃的高温下熔融 40min,取出,放冷。在 300mL 烧杯中,加入 100mL 水加热至沸,然后将坩埚放入烧杯中,盖上表面皿,使熔块溶解。取出坩埚用水洗净,用快速滤纸过滤,用热水洗涤烧杯及沉淀 3 次,滤液及洗涤液收于 400mL 烧杯中。将滤液用盐酸酸化,并用氨水(1+1)和盐酸(1+1)调整溶液 pH1.8,加热溶液至 70℃,加 10 滴磺基水杨酸钠指示剂溶液(3.39),用 EDTA 标准滴定溶液(3.30)滴定到亮黄色,然后加入 EDTA 标准滴定溶液(3.30)至使铝完全络合并过量 10mL~15mL,将溶液加热至 70℃~80℃后,加数滴氨水(1+1)使溶液 pH 值在 3.0~3.5,加 15mLpH4.3 的缓冲溶液(3.16),煮沸 1min~2min,取下,加入 4~5 滴 PAN 指示剂溶液(3.41),以硫酸铜标准滴定溶液(3.31)滴定到亮紫色。

将滤纸及沉淀放回原 300mL 烧杯中加入 50mL 水及 5mL~10mL 盐酸(1+1)加热煮沸,使沉淀溶解,加氢氧化钾溶液(3.6)至产生氢氧化铁沉淀,再过量 7mL~8mL,搅拌并放置 2min,用快速滤纸过滤,用热水洗涤烧杯及沉淀 3 次,滤液及洗涤液收于 400mL 烧杯中。将滤液用盐酸酸化,并用氨水(1+1)和盐酸(1+1)调整溶液 pH1.8,加热溶液至 70℃,加 10 滴磺基水杨酸钠指示剂溶液(3.39),用 EDTA 标准滴定溶液(3.30)滴定到亮黄色,然后加入 EDTA 标准滴定溶液(3.30)10mL~15mL,将溶液加热至 70℃~80℃后,加数滴氨水(1+1)使溶液 pH 值在 3.0~3.5,加 15mLpH4.3 的缓冲溶液(3.16),煮沸 1min~2min,取下,加入 4~5 滴 PAN 指示剂溶液(3.41),以硫酸铜标准滴定溶液(3.31)滴定到亮紫色。

16.3 结果的计算与表示

三氧化二铝的质量分数 $X_{Al_2O_3}$ 按式(22)计算:

$$X_{Al_2O_3} = \frac{T_{Al_2O_3} \times (V_{17} - K_1 \times V_{18})}{m_{11} \times 1000} \times 100 \quad\cdots\cdots\cdots (22)$$

式中:

$X_{Al_2O_3}$——三氧化二铝的质量分数,%;

$T_{Al_2O_3}$——每毫升 EDTA 标准滴定溶液相当于三氧化二铝的毫克数,单位为毫克每毫升(mg/mL);

K_1——每毫升硫酸铜标准滴定溶液相当于 EDTA 标准滴定溶液的毫升数;

V_{17}——两次测定加入 EDTA 标准滴定溶液的总体积,单位为毫升(mL);

V_{18}——两次测定时消耗硫酸铜标准滴定溶液的总体积,单位为毫升(mL);

m_{11}——试料的质量,单位为克(g)。

17 三氧化硫的测定(代用法)

17.1 方法提要

试样中的硫在助剂五氧化二钒存在条件下,于 1200℃以上的高温可生成二氧化硫气体。以铂电极为电解电极,用库仑积分仪电解碘进行跟踪滴定,用另一对铂电极为指示电极指示滴定终点,根据法拉第定律($Q=nFZ$),由电解碘时电量消耗值确定碘的生成量,进而确定样品中的硫含量。

17.2 分析步骤

17.2.1 仪器工作状态的调整

将库仑积分测硫仪的管式电热炉升温至 1200℃以上,并控制其恒温,按照说明书在仪器的电解池中加入适量的电解液(3.45),打开仪器开关,取约 0.05g 三氧化硫含量为 1%~3%的样品于瓷舟中,在样品上加盖一层五氧化二钒,然后送入管式电热炉中,样品在恒温区数分钟内能启动电解碘的生成,说明仪器工作正常,待此样品测定完毕后可开始试样的测定。

17.2.2 试样测定

称取约 0.05g 试样(m_{12}),精确至 0.0001,将试样均匀地平铺于瓷舟中,在试样上加盖一层五氧化二钒,送入管式电热炉中进行测定,仪器显示结果为试样中三氧化硫的毫克数(m_{13})。

17.3 结果的计算与表示

三氧化硫的质量分数 X_{SO_3} 按式(23)计算:

$$X_{SO_3} = \frac{m_{13}}{m_{12} \times 1000} \times 100 \quad\cdots\cdots\cdots\cdots\cdots\cdots\cdots\cdots\cdots\cdots\cdots\cdots\cdots (23)$$

式中:

X_{SO_3}——三氧化硫的质量分数,%;

m_{12}——试料的质量,单位为克(g);

m_{13}——仪器显示的三氧化硫毫克数,单位为毫克(mg)。

18 分析结果的数据处理

18.1 分析值的验收

当平行分析同类型标准试样所得的分析值与标准值之差不大于表 2 所列允许差时,则试样分析值有效,否则无效。分析值是否有效,首先取决于平行分析的标准试样的分析值是否与标准值一致。当所得的两个有效分析值之差,不大于表 2 所列允许差,可予以平均,计算为最终分析结果。如二者之差大于允许差时,则应按附录 A 的规定,进行追加分析和数据处理。

18.2 最终结果的计算

试样有效分析值的算术平均值为最终分析结果。平均值计算至小数第四位,并按 GB 8170 数值修约规则的规定修约到小数点后第二位。

19 允许差

各成分的允许差见表 2。

表 2 测定结果允许差

化学成分	标样允许差/%	试样实验室内允许差/%	试样实验室间允许差/%
烧失量	±0.20	0.25	0.40
SiO_2	±0.30	0.40	0.60
Fe_2O_3	±0.20	±0.25	0.40
Al_2O_3	±0.20	0.25	0.40
CaO	±0.20	0.25	0.40
MgO	±0.20	0.25	0.40
SO_3	±0.20	0.25	0.40
K_2O	±0.07	0.10	0.14
Na_2O	±0.05	0.08	0.10

附　录　A
（规范性附录）
验收试样分析值程序

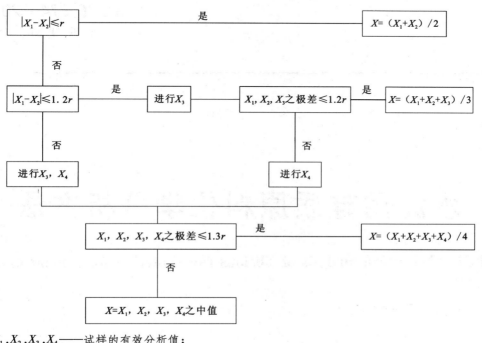

X_1, X_2, X_3, X_4——试样的有效分析值；

r——试样允许差。

ICS
Q
备案号:27687—2010

JC

中华人民共和国建材行业标准

JC/T 874—2009
代替 JC/T 874—2000

水泥用硅质原料化学分析方法

Methods of chemical analysis of silicious raw materials for cement industry

2009-12-04 发布　　　　　　　　　2010-06-01 实施

中华人民共和国工业和信息化部　发布

前　言

本标准自实施之日起,代替 JC/T 874—2000《水泥用硅质原料化学分析方法》。

与 JC/T 874—2000 相比,本标准主要变化如下:

——增加了三氧化硫的测定——燃烧-库仑滴定法(代用法)(本版第23章)。

本标准附录 A 是规范性附录。

本标准由中国建筑材料联合会提出。

本标准由全国水泥标准化技术委员会(SAC/TC 184)归口。

本标准负责起草单位:中国建筑材料科学研究总院。

本标准主要起草人:刘玉兵、赵鹰立、游良俭、黄小楼。

本标准于2000年12月首次发布,本次为第一次修订。

水泥用硅质原料化学分析方法

1 范围

本标准规定了配制水泥生料用硅质原料的化学分析方法。本标准中除氧化钾和氧化钠的测定外，其他化学成分的测定包含基准法和代用法两种方法，可根据实际情况任选。在有争议时，以基准法为准。

本标准适用于配制水泥生料用硅质原料的化学分析。

2 规范性引用文件

下列文件中的条款通过本标准的引用而成为本标准的条款。凡是注日期的引用文件，其随后所有的修改单（不包括勘误的内容）或修订版均不适用于本标准，然而，鼓励根据本标准达成协议的各方研究是否可使用这些文件的最新版本。凡是不注日期的引用文件，其最新版本适用于本标准。

GB/T 6682　分析实验室用水规格和试验方法

GB/T 8170　数值修约规则

3 术语和定义

下列术语和定义适用于本标准。

3.1 硅质原料　silicious materials

用于配制水泥生料，化学组成以二氧化硅为主，铝含量（以三氧化二铝计）在20%以下，铁含量（以三氧化二铁计）在10%以下的水泥生产原料，称为硅质原料。

4 试剂和材料

分析过程中，所用水应符合GB/T 6682中规定的三级水要求；所用试剂应为分析纯或优级纯试剂；用于标定与配制标准溶液的试剂，除另有说明外应为基准试剂。

除另有说明外，%表示"质量分数"。本标准使用的市售液体试剂具有下列密度（ρ）（20℃，单位 g/cm^3）或%（质量分数）：

——盐酸（HCl）　　1.18~1.19（ρ）或36%~38%

——氢氟酸（HF）　　13（ρ）或40%

——硝酸（HNO_3）　　1.39~1.41（ρ）或65%~68%

——硫酸（H_2SO_4）　　1.84（ρ）或95%~98%

——冰乙酸（CH_3OOH）　　1.049（ρ）或99.8%

——氨水（$NH_3 \cdot H_2O$）　　0.90~0.91（ρ）或25%~28%

在化学分析中，所用酸或氨水，凡未注浓度者均指市售的浓酸或浓氨水。用体积比表示试剂稀释程度，例如：盐酸（1+1）表示1份体积的浓盐酸与1份体积的水相混合。

4.1 盐酸（1+1）；（1+5）；（1+9）；（3+97）

4.2 硫酸（1+1）；（1+9）

4.3 氨水（1+1）

4.4 氢氧化钠（NaOH）

4.5 氢氧化钾（KOH）

4.6 无水碳酸钠（Na_2CO_3）

4.7 氢氧化钾溶液（200g/L）

将200g氢氧化钾(4.5)溶于水中,加水稀释至1L,贮存于塑料瓶中。

4.8 氯化铵(NH₄Cl)

4.9 焦硫酸钾(K₂S₂O₇)

4.10 氯化亚锡溶液(60g/L)

将60g氯化亚锡($SnCl_2 \cdot 2H_2O$)溶于200mL热盐酸中,用水稀释至1L,混匀。

4.11 钨酸钠溶液(250g/L)

将250g钨酸钠($Na_2WO_4 \cdot 2H_2O$)溶于适量水中(若浑浊需过滤),加5mL磷酸,加水稀释至1L,混匀。

4.12 硫磷混酸

将200mL硫酸在搅拌下缓慢注入500mL水中,再加入300mL磷酸,混匀。

4.13 三氯化钛溶液(1+19)

取三氯化钛溶液(15%~20%)100mL,加盐酸(1+1)1900mL混匀,加一层液体石蜡保护。

4.14 氯化钡溶液(100g/L)

将100g二水氯化钡($BaCl_2 \cdot 2H_2O$)溶于水中,加水稀释至1L。

4.15 硝酸银溶液(5g/L)

将5g硝酸银($AgNO_3$)溶于水中,加10mL硝酸(HNO_3),用水稀释至1L。

4.16 pH4.3的缓冲溶液

将42.3g无水乙酸钠(CH_3COONa)溶于水中,加80mL冰乙酸(CH_3COOH),用水稀释至1L,摇匀。

4.17 pH10的缓冲溶液

将67.5g氯化铵(NH_3Cl)溶于水中,加570mL氨水,加水稀释至1L。

4.18 三乙醇胺[$N(CH_2CH_2OH)_3$](1+2)

4.19 酒石酸钾钠溶液(100g/L)

将100g酒石酸钾钠($C_4H_4KNaO_6 \cdot 4H_2O$)溶于水中,稀释至1L。

4.20 钼酸铵溶液(50g/L)

将5g钼酸铵[$(NH_4)_6Mo_7O_{24} \cdot 4H_2O$]溶于水中,加水稀释至100mL,过滤后贮存于塑料瓶中。此溶液可保存约一周。

4.21 抗坏血酸溶液(5g/L)

将0.5g抗坏血酸(Vc)溶于100mL水中,过滤后使用。用时现配。

4.22 二安替比林甲烷溶液(30g/L)

将15g二安替比林甲烷($c_{23}H_{24}N_4O_4$)溶于500mL盐酸(1+11)中,过滤后使用。

4.23 氯化钾(KCl)

4.24 氟化钾溶液(150g/L)

称取150g氟化钾($KF \cdot 2H_2O$)于塑料杯中,加水溶解后,用水稀释至1L,贮存于塑料瓶中。

4.25 氯化钾溶液(50g/L)

将50g氯化钾(4.23)溶于水中,用水稀释至1L。

4.26 氯化钾-乙醇溶液(50g/L)

将5g氯化钾(4.23)溶于50mL水中,加入50mL95%乙醇(C_2H_5OH),混匀。

4.27 碳酸铵溶液(100g/L)

将10g碳酸铵[$(NH_4)_2CO_3$]溶于100mL水中,用时现配。

4.28 二氧化硅(SiO_2)标准溶液

4.28.1 标准溶液的配制

称取0.2000g于1000℃~1100℃下新灼烧过30min以上的二氧化硅(SiO_2),精确至0.0001g,置于铂坩埚中,加入2g无水碳酸钠(4.6),搅拌均匀,在1000℃~1100℃高温下熔融15min。冷却,用热水将熔块浸出于盛有热水的300mL塑料杯中,待全部溶解后冷却至室温,移入1000mL容量瓶中,用水稀释至标线,摇匀,移入塑料瓶中保存。此标准溶液每毫升含有0.2mg二氧化硅。吸取10.00mL上述标准溶液于100mL容量瓶中,用水稀释至标线,摇匀,移入塑料瓶中保存。此标准溶液每毫升含有0.02mg二氧化硅。

4.28.2 工作曲线的绘制

  吸取每毫升含有0.02mg二氧化硅的标准溶液0;2.00;4.00;5.00;6.00;8.00;10.00(mL)分别放入100mL容量瓶中,加水稀释至约40mL,依次加入5mL盐酸(1+11)、8mL95%(体积分数)乙醇、6mL钼酸铵溶液(4.20)。放置30min后,加入20mL盐酸(1+1)、5mL抗坏血酸溶液(4.21),用水稀释至标线,摇匀。放置1h后,使用分光光度计,10mm比色皿,以水作参比,于660nm处测定溶液的吸光度。用测得的吸光度作为相对应的二氧化硅含量的函数,绘制工作曲线。

4.29 二氧化钛(TiO_2)标准溶液

4.29.1 标准溶液的配制

  称取0.1000g经高温灼烧过的二氧化钛(TiO_2),精确至0.0001g,置于铂(或瓷)坩埚中,加入2g焦硫酸钾(4.9),在500℃~600℃下熔融至透明。熔块用硫酸(1+9)浸出,加热至50℃~60℃使熔块完全溶解,冷却后移入1000mL容量瓶中,用硫酸(1+9)稀释至标线,摇匀。此标准溶液每毫升含有0.1mg二氧化钛。

  吸取100.00mL上述标准溶液于500mL容量瓶中,用硫酸(1+9)稀释至标线,摇匀,此标准溶液每毫升含有0.02mg二氧化钛。

4.29.2 工作曲线的绘制

  吸取每毫升含有0.02mg二氧化钛的标准溶液0;2.50;5.00;7.50;10.00;12.50;15.00(mL)分别放入100mL容量瓶中,依次加入10mL盐酸(1+2)、10mL抗坏血酸溶液(4.21)、20mL二安替比林甲烷溶液(4.22),用水稀释至标线,摇匀。放置40min后,使用分光光度计,10mm比色皿,以水作参比,于420nm处测定溶液的吸光度。用测得的吸光度作为相对应的二氧化钛含量的函数,绘制工作曲线。

4.30 氧化钾(K_2O)、氧化钠(Na_2O)标准溶液

4.30.1 氧化钾标准溶液的配制

  称取0.792g已于130℃~150℃烘过2h的氯化钾(KCl),精确至0.0001g,置于烧杯中,加水溶解后,移入1000mL容量瓶中,用水稀释至标线,摇匀,贮存于塑料瓶中。此标准溶液每毫升相当于0.5mg氧化钾。

4.30.2 氧化钠标准溶液的配制

  称取0.943g已于130℃~150℃烘过2h的氯化钠(NaCL),精确至0.0001g,置于烧杯中,加水溶解后,移入1000mL容量瓶中,用水稀释至标线,摇匀。贮存于塑料瓶中。此标准溶液每毫升相当于0.5mg氧化钠。

4.30.3 氧化钾(K_2O)、氧化钠(Na_2O)系列标准溶液的配制

  吸取按4.30.1配制的每毫升相当于0.5mg氧化钾的标准溶液0;1.00;2.00;4.00;6.00;8.00;10.00;12.00(mL)和按4.30.2配制的每毫升相当于0.5mg氧化钠的标准溶液0;1.00;2.00;4.00;6.00;8.00;10.00;12.00(mL)以一一对应的顺序,分别放入100mL容量瓶中,用水稀释至标线,摇匀。所得氧化钾(K_2O),氧化钠(Na_2O)系列标准溶液的浓度分别为0.00;0.005;0.010;0.020;0.030;0.040;0.050;0.060(mg/mL)。

4.31 碳酸钙标准溶液〔$c(CaCO_3)=0.024mol/L$〕

  称取0.6g(m1)已于105℃~110℃烘过2h的碳酸钙($CaCO_3$),精确至0.0001g,置于400mL烧杯中,加入约100mL水,盖上表面皿,沿杯口缓慢加入5mL~10mL盐酸(1+1),加热煮沸数分钟。将溶液冷至室温,移入250mL容量瓶中,用水稀释至标线,摇匀。

4.32 EDTA标准滴定溶液〔$c(EDTA)=0.015mol/L$〕

4.32.1 标准滴定溶液的配制

  称取约5.6gEDTA(乙二胺四乙酸二钠盐)置于烧杯中,加入约200mL水,加热溶解,过滤,用水稀释至1L。

4.32.2 EDTA标准滴定溶液浓度的标定

  吸取25.00mL碳酸钙标准溶液(4.31)于400mL烧杯中,加水稀释至约200mL,加入适量的CMP混合指示剂(4.42),在搅拌下加入氢氧化钾溶液(4.7)至出现绿色荧光后再过量2mL~3mL,以EDTA标准滴定溶液滴定至绿色荧光消失并呈现红色。

EDTA 标准滴定溶液的浓度按式(1)计算:

$$c(\text{EDTA}) = \frac{m_1}{V_1 \times 1.0009} \quad\text{.................................} \quad (1)$$

式中:

$c(\text{EDTA})$——EDTA 标准滴定溶液的浓度,单位为摩尔每升(mol/L);

m_1——按 4.31 配制碳酸钙标准溶液的碳酸钙的质量,单位为克(g);

V_1——滴定时消耗 EDTA 标准滴定溶液的体积,单位为毫升(mL)。

4.32.3 EDTA 标准滴定溶液对各氧化物滴定度的计算

EDTA 标准滴定溶液对三氧化二铁、三氧化二铝、氧化钙、氧化镁的滴定度分别按式(2)、(3)、(4)、(5)计算:

$$T_{\text{Fe}_2\text{O}_3} = c(\text{EDTA}) \times 79.84 \quad\text{.................................} \quad (2)$$

$$T_{\text{Al}_2\text{O}_3} = c(\text{EDTA}) \times 50.98 \quad\text{.................................} \quad (3)$$

$$T_{\text{CaO}} = c(\text{EDTA}) \times 56.08 \quad\text{.................................} \quad (4)$$

$$T_{\text{MgO}} = c(\text{EDTA}) \times 40.31 \quad\text{.................................} \quad (5)$$

式中:

$T_{\text{Fe}_2\text{O}_3}$——每毫升 EDTA 标准滴定溶液相当于三氧化二铁的毫克数,单位为毫克每毫升(mg/mL);

$T_{\text{Al}_2\text{O}_3}$——每毫升 EDTA 标准滴定溶液相当于三氧化二铝的毫克数,单位为毫克每毫升(mg/mL);

T_{CaO}——每毫升 EDTA 标准滴定溶液相当于氧化钙的毫克数,单位为毫克每毫升(mg/mL);

T_{MgO}——每毫升 EDTA 标准滴定溶液相当于氧化镁的毫克数,单位为毫克每毫升(mg/mL);

$c(\text{EDTA})$——EDTA 标准滴定溶液的浓度,单位为摩尔每升(mol/L);

79.84——$1/2\text{Fe}_2\text{O}_3$ 的摩尔质量,单位为克每摩尔(g/mol);

50.98——$1/2\text{Al}_2\text{O}_3$ 的摩尔质量,单位为克每摩尔(g/mol);

56.08——CaO 的摩尔质量,单位为克每摩尔(g/mol);

40.31——MgO 的摩尔质量,单位为克每摩尔(g/mol)。

4.33 硫酸铜标准滴定溶液[$c(\text{CuSO}_4) = 0.015\text{mol/L}$]

4.33.1 标准滴定溶液的配制

将 4.7g 硫酸铜($\text{CuSO}_4 \cdot 5\text{H}_2\text{O}$)溶于水中,加 4~5 滴硫酸(1+1),用水稀释至 1L,摇匀。

4.33.2 EDTA 标准滴定溶液与硫酸铜标准滴定溶液体积比的标定

从滴定管缓慢放出 10mL~15mL[$c(\text{EDTA}) = 0.015\text{mol/L}$]EDTA 标准滴定溶液(4.32)于 400mL 烧杯中,用水稀释至约 150mL,加 15mLpH4.3 的缓冲溶液(4.16),加热至沸,取下稍冷,加 5~6 滴 PAN 指示剂溶液(4.41),以硫酸铜标准滴定溶液滴定至亮紫色。EDTA 标准滴定溶液与硫酸铜标准滴定溶液的体积比按式(6)计算:

$$K = \frac{V_2}{V_3} \quad\text{.................................} \quad (6)$$

式中:

K——每毫升硫酸铜标准滴定溶液相当于 EDTA 标准滴定溶液的毫升数;

V_2——EDTA 标准滴定溶液的体积,单位为毫升(mL);

V_3——滴定时消耗硫酸铜标准滴定溶液的体积,单位为毫升(mL)。

4.34 氢氧化钠标准滴定溶液[$c(\text{NaOH}) = 0.15\text{mol/L}$]

4.34.1 标准滴定溶液的配制

将 60g 氢氧化钠(NaOH)溶于 10L 水中,充分摇匀,贮存于带胶塞(装有钠石灰干燥管)的硬质玻璃瓶或塑料瓶内。

4.34.2 氢氧化钠标准滴定溶液浓度的标定

称取约 0.8g(m_2)苯二甲酸氢钾($C_8H_5KO_4$),精确至 0.0001g,置于 400mL 烧杯中,加入约 150mL 新煮沸过的已用氢氧化钠溶液中和至酚酞呈微红色的冷水,搅拌使其溶解,加入 6～7 滴酚酞指示剂溶液(见4.40),用氢氧化钠标准滴定溶液滴定至微红色。

氢氧化钠标准滴定溶液的浓度按式(7)计算:

$$c(NaOH) = \frac{m_2 \times 1000}{V_4 \times 204.2} \qquad \cdots\cdots\cdots\cdots\cdots\cdots\cdots\cdots\cdots\cdots\cdots\cdots\cdots\cdots\cdots \quad (7)$$

式中:

$c(NaOH)$——氢氧化钠标准滴定溶液的浓度,单位为摩尔每升(mol/L);

V_4——滴定时消耗氢氧化钠标准滴定溶液的体积,单位为毫升(mL);

m_2——苯二甲酸氢钾的质量,单位为克(g);

204.2——苯二甲酸氢钾的摩尔质量,单位为克每摩尔(g/mol)。

4.34.3 氢氧化钠标准滴定溶液对二氧化硅的滴定度按式(8)计算:

$$T_{SiO_2} = c(NaOH) \times 15.02 \qquad \cdots\cdots\cdots\cdots\cdots\cdots\cdots\cdots\cdots\cdots\cdots\cdots\cdots\cdots\cdots \quad (8)$$

式中:

T_{SiO_2}——每毫升氢氧化钠标准滴定溶液相当于二氧化硅的毫克数,单位为毫克每毫升(mg/mL);

$c(NaOH)$——氢氧化钠标准滴定溶液的浓度,单位为摩尔每升(mol/L);

15.02——1/4SiO_2 的摩尔质量,单位为克每摩尔(g/mol)。

4.35 重铬酸钾标准滴定溶液〔$c(1/6K_2Cr_2O_7) = 0.05$mol/L〕

称取预先在 150℃烘干 1h 的重铬酸钾 2.4515g 溶于水,移入 1000mL 容量瓶中,用水稀释到刻度,混匀。

4.36 氟化钾溶液(20g/L)

称取 20g 氟化钾($KF \cdot 2H_2O$)于塑料杯中,加水溶解后,用水稀释至 1L,贮存于塑料瓶中。

4.37 二苯胺磺酸钠指示剂溶液

将 0.2g 二苯胺磺酸钠溶于 100mL 水中。

4.38 甲基红指示剂溶液

将 0.2g 甲基红溶于 100mL 95% 乙醇中。

4.39 磺基水杨酸钠指示剂溶液

将 10g 磺基水杨酸钠溶于水中,加水稀释至 100mL。

4.40 酚酞指示剂溶液

将 1g 酚酞溶于 100mL 95% 乙醇中。

4.41 PAN〔1-(2-吡啶偶氮)-2-萘酚〕指示剂溶液

将 0.2gPAN 溶于 100mL 95% 乙醇中。

4.42 CMP 混合指示剂

称取 1.000g 钙黄绿素、1.000g 甲基百里香酚蓝、0.200g 酚酞与 50g 已在 105℃～110℃烘干过的硝酸钾(KNO_3)混合研细,保存在磨口瓶中。

4.43 K-B 混合指示剂

称取 1.000g 酸性铬蓝 K 与 2.5g 萘酚绿 B 和 50g 已在 105℃～110℃烘干过的硝酸钾(KNO_3)混合研细,保存在磨口瓶中。

4.44 电解液

将 6g 碘化钾(KI)和 6g 溴化钾(KBr)溶于 300 水中,加入 10mL 冰乙酸(CH_3COOH)。

5 仪器与设备

5.1 搅拌器

磁力搅拌器(搅拌子带聚四氟乙烯保护层)或如图 1 所示的搅拌装置。

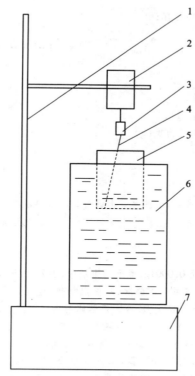

图1 搅拌装置示意图

1—支撑杆;2—搅拌电机;3—搅棒接头,可将塑料搅棒与搅拌电机连接或分开;4—塑料搅棒,φ6×160mm;
5—400mL 塑料杯;6—冷却水桶,内盛25℃以下冷却水,7—控制箱,可控制、调节搅拌速度和高温熔样电炉的温度。

5.2 高温炉

最高工作温度为1200℃。

5.3 火焰光度计

5.4 库仑积分测硫仪

主要由管式电热炉和库仑积分仪组成。

5.5 化验室通用仪器、设备

主要包括分析天平、干燥箱、容量瓶、移液管和滴定管等。

6 试样的制备

试样必须具有代表性和均匀性。由大样缩分后的试样不得少于100g,试样通过80μm 方孔筛时的筛余不应超过15%。再以四分法或缩分器将试样缩减至约25g,然后磨细至全部通过80μm 方孔筛,装入试样瓶中,供分析用。其余作为原样保存备用。

7 烧失量的测定(基准法)

7.1 方法提要

试样在1100℃高温下,灼烧以除去水分和二氧化碳。

7.2 分析步骤

称取约29(m_3)试样,精确至0.0001g,置于已灼烧恒量的瓷坩埚中,将坩埚放在高温炉中从低温开始逐渐升高温度,在1100℃的温度下,灼烧30min～60min,取出坩埚置于干燥器中,冷却至室温,称量。反复灼烧,直至恒量。

7.3 结果的计算与表示

烧失量的质量分数 X_{LOI} 按式(9)计算：

$$X_{LOI} = \frac{m_3 - m_4}{m_3} \times 100 \quad\cdots\cdots\cdots\cdots\cdots\cdots\cdots\cdots\cdots\cdots (9)$$

式中：

X_{LOI}——烧失量的质量分数，%；

m_3——试料的质量，单位为克(g)；

m_4——灼烧后试料的质量，单位为克(g)。

8 二氧化硅的测定(基准法)

8.1 方法提要

试样以无水碳酸钠熔融,盐酸溶解,于沸水浴上进行二次加热蒸发使硅酸凝聚。滤出的沉淀用氢氟酸处理后,失去的质量即为二氧化硅量,加上滤液中比色回收的二氧化硅量即为总二氧化硅量。

8.2 分析步骤

8.2.1 胶凝性二氧化硅的测定

称取约 0.5g 试样(m_5),精确至 0.0001g,置于铂坩埚中,加入 4g 无水碳酸钠(4.6),混匀,再将 1g 无水碳酸钠(4.6)盖在上面。盖上坩埚盖并留有缝隙,从低温加热,逐渐升高温度至 950℃～1000℃,熔融至透明的熔体,旋转坩埚,使熔体附于坩埚壁上,放冷。将熔体用热水溶解后,移入瓷蒸发皿中,盖上表面皿,从皿口滴入 10mL 盐酸及 2.3 滴硝酸,待反应停止后取下表面皿,用平头玻璃棒压碎块状物使分解完全,用热盐酸(1+1)清洗坩埚数次,洗液合并于蒸发皿中。将蒸发皿置于沸水浴上,皿上放一玻璃三角架,再盖上表面皿,蒸发至干。取下蒸发皿,加入 10mL～20mL 热盐酸(3+97),搅拌使可溶性盐类溶解。用中速滤纸过滤,用胶头扫棒以热盐酸(3+97)擦洗玻璃棒及蒸发皿,并洗涤沉淀 3.4 次,然后用热水充分洗涤沉淀,直至用硝酸银溶液(4.15)检验无氯离子为止。在沉淀上加 6 滴硫酸(1+4),滤液及洗液保存在 300mL 烧杯中。

将烧杯中的滤液移到原蒸发皿中,在水浴上蒸发至干后,取下放入烘箱中,于 110℃ 左右的温度下烘60min,取出,放冷。加入 10mL～20mL 热盐酸(3+97),搅拌使可溶性盐类溶解。用中速滤纸过滤,用胶头扫棒以热盐酸(3+97)擦洗玻棒及蒸发皿,并洗涤沉淀 3～4 次,然后用热水充分洗涤沉淀,直至用硝酸银溶液(4.15)检验无氯离子为止。滤液及洗液保存在 250mL 容量瓶中。在沉淀上加 3 滴硫酸(1+4),然后将二次所得二氧化硅沉淀连同滤纸一并移入铂坩埚中,烘干并灰化后放入 1200℃ 的高温炉内灼烧20min～40min,取出坩埚置于干燥器中冷却至室温,称量(m_6)。

向坩埚中加数滴水润湿沉淀,加 6 滴硫酸(1+4)和 10mL 氢氟酸,放入通风橱内电热板上缓慢蒸发至干,升高温度继续加热至三氧化硫白烟完全逸尽。将坩埚放入 1100℃～1150℃ 的高温炉内灼烧 10min,取出坩埚置于干燥器中冷却至室温,称量(m_7)。

经过氢氟酸处理后得到的残渣中加入 0.5g 焦硫酸钾(4.10)熔融,熔块用热水和数滴盐酸(1+1)溶解,溶液并入分离二氧化硅后得到的滤液和洗液中。用水稀释至标线,摇匀。此溶液 A 供测定滤液中残留的胶溶性二氧化硅、三氧化二铝、氧化钙、氧化镁、二氧化钛用。

8.2.2 胶溶性二氧化硅的测定

从溶液 A 中吸取 25.00mL 溶液放入 100mL 容量瓶中,用水稀释至 40mL,依次加入 5mL 盐酸(+11)、8mL 95% 乙醇、6mL 钼酸铵溶液(4.20),放置 30min 后加入 20mL 盐酸(1+1)、5mL 抗坏血酸溶液(4.21),用水稀释至标线,摇匀。放置 1h 后,使用分光光度计,10mm 比色皿,以水作参比,于 660nm 处测定溶液的吸光度。在工作曲线(4.28.2)上查出二氧化硅的含量(m_8)。

8.2.3 结果的计算与表示

8.2.3.1 胶凝性二氧化硅的质量分数 $X_{胶凝SiO_2}$ 按式(10)计算：

$$X_{胶凝SiO_2} = \frac{m_6 - m_7}{m_5} \times 100 \quad\cdots\cdots\cdots\cdots\cdots\cdots\cdots\cdots (10)$$

式中：

$X_{胶凝SiO_2}$——胶凝性二氧化硅的质量分数，%；

m_6——灼烧后未经氢氟酸处理的沉淀及坩埚的质量，单位为克（g）；

m_7——用氢氟酸处理并经灼烧后的残渣及坩埚的质量，单位为克（g）；

m_5——试料的质量，单位为克（g）。

8.2.3.2 胶溶性二氧化硅的质量分数 $X_{胶溶SiO_2}$ 按式（11）计算：

$$X_{胶溶SiO_2} = \frac{m_8}{m_5} \quad\cdots\cdots\cdots\cdots\cdots\cdots\cdots\cdots\cdots\cdots\cdots\cdots\cdots\cdots\cdots\cdots (11)$$

式中：

$X_{胶溶SiO_2}$——胶溶性二氧化硅的质量分数，%；

m_8——测定的100mL溶液中二氧化硅的含量，单位为毫克（mg）；

m_5——试液A中试料的质量，单位为克（g）。

8.2.3.3 二氧化硅的质量分数 X_{SiO_2} 按式（12）计算：

$$X_{SiO_2} = X_{胶凝SiO_2} + X_{胶溶SiO_2} \quad\cdots\cdots\cdots\cdots\cdots\cdots\cdots\cdots\cdots\cdots (12)$$

式中：

X_{SiO_2}——二氧化硅的质量分数，%；

$X_{胶凝SiO_2}$——胶凝性二氧化硅的质量分数，%；

$X_{胶溶SiO_2}$——胶溶性二氧化硅的质量分数，%。

9 三氧化二铁的测定（基准法）

9.1 方法提要

试样用氢氟酸处置，用盐酸溶解残渣。大部分高价铁用氯化亚锡还原后，以钨酸钠为指示剂，用三氯化钛将剩余高价铁还原成低价至生成"钨蓝"，再用重铬酸钾氧化至蓝色消失，加入硫磷混酸，以二苯胺磺酸钠为指示剂，用重铬酸钾标准滴定溶液滴定，借此测定铁量。

9.2 测定步骤

称取约 0.5g（m_9）试样精确至0.0001g，置于铂皿中，加水润湿试料，加 10 滴硫酸（1+1）、10mL 氢氟酸，低温加热蒸发至三氧化硫白烟冒尽，加入 20mL HCL（1+1），继续加热使可溶性残渣溶解。将溶液移入 400mL 烧杯中，洗净铂皿。加热至近沸，在搅拌下慢慢滴加氯化亚锡溶液（4.10）至溶液呈浅黄色，迅速将烧杯放在水槽中冷却。

调整溶液体积至 150mL～200mL，加 5 滴钨酸钠溶液（4.11），用三氯化钛（4.13）滴到呈蓝色，再滴加重铬酸钾标准滴定溶液（4.35）到无色（不计读数），立即加 10mL 硫磷混酸（4.12）、5 滴二苯胺磺酸钠指示剂（4.37），用重铬酸钾标准滴定溶液滴定至稳定的紫色。

9.3 结果的计算与表示

三氧化二铁的质量分数 $X_{Fe_2O_3}$ 按式（13）计算：

$$X_{Fe_2O_3} = \frac{79.84 \times c(1/6K_2Cr_2O_7) \times V_5}{m_9 \times 1000} \times 100 \quad\cdots\cdots\cdots\cdots\cdots\cdots (13)$$

式中：

$X_{Fe_2O_3}$——三氧化二铁的质量分数，%；

$c(1/6K_2Cr_2O_7)$——重铬酸钾标准滴定溶液浓度，单位为摩尔每升（mol/L）；

V_5——测定时消耗重铬酸钾标准滴定溶液的体积，单位为毫升（mL）；

m_9——试料的质量，单位为克（g）；

79.84——1/2Fe$_2$O$_3$ 的摩尔质量，单位为克每摩尔（g/mol）。

10 二氧化钛的测定（基准法）

10.1 方法提要

在酸性溶液中 TiO^{2+} 与二安替比林甲烷生成黄色配合物,于波长 420nm 处测定其吸光度,用抗坏血酸消除三价铁离子的干扰。

10.2 分析步骤

从溶液 A 吸取 10.00mL 溶液放入 100mL 容量瓶中,加入 10mL 盐酸(1+2)及 10mL 抗坏血酸溶液(4.21),放置 5min。加 20mL 二安替比林甲烷溶液(4.22),用水稀释至标线,摇匀。放置 40min 后,使用分光光度计,10mm 比色皿,以水作参比,于 420nm 处测定溶液的吸光度。在工作曲线(4.29.2)上查出二氧化钛的含量(m_{10})。

10.3 结果的计算与表示

二氧化钛的质量分数 X_{TiO_2} 按式(14)计算:

$$X_{TiO_2} = \frac{m_{10} \times 25}{m_5 \times 1000} \times 100 \quad\cdots\cdots\cdots\cdots\cdots\cdots\cdots\cdots\cdots\cdots\cdots\cdots\cdots\cdots\cdots \text{(14)}$$

式中:

X_{TiO_2} ——二氧化钛的质量分数,%;

m_{10} ——100mL 测定溶液中二氧化钛的含量,单位为毫克(mg);

m_5 ——试料的质量,单位为克(g)。

11 三氧化二铝的测定(基准法)

11.1 方法提要

用对于铁、铝、钛过量的 EDTA 标准滴定溶液,于 pH3.8~4.0 使铁铝钛与 EDTA 完全络合,以 PAN 为指示剂,用硫酸铜标准滴定溶液回滴过量的 EDTA。

11.2 分析步骤

从溶液 A 中吸取 25.00mL 溶液放入 300mL 烧杯中,加水稀释至约 100mL,用氨水(1+1)和盐酸(1+1)调节溶液 pH 值在 1.8~2.0 之间(用精密 pH 试纸检验)。将溶液加热至 70℃,加入[$c(EDTA) = 0.015mol/L$] EDTA 标准滴定溶液(4.32)至过量 10mL~15mL(对铁、铝、钛合量而言),用水稀释至 150mL~200mL。加数滴氨水(1+1),使溶液 pH 值在 3.0~3.5 之间,加 15mLpH4.3 的缓冲溶液(4.16),煮沸 1min~2min,取下稍冷,加入 4~5 滴 PAN 指示剂溶液(4.41),以[$c(CuSO_4) = 0.015mol/L$]硫酸铜标准滴定溶液(4.33)滴定至亮紫色。

11.3 结果的计算与表示

三氧化二铝的质量分数 $X_{Al_2O_3}$ 按式(15)计算:

$$X_{Al_2O_3} = \frac{T_{Al_2O_3} \times (V_6 - K \times V_7) \times 10}{m_5 \times 1000} \times 100 - 0.6385 \times X_{Fe_2O_3} - 0.64 \times X_{TiO_2} \cdots\cdots\cdots\cdots \text{(15)}$$

式中:

$X_{Al_2O_3}$ ——三氧化二铝的质量分数,%;

T_{TiO_2} ——二氧化钛的质量分数,%;

$X_{Fe_2O_3}$ ——三氧化二铁的质量分数,%;

$T_{Al_2O_3}$ ——每毫升 EDTA 标准滴定溶液相当于三氧化二铝的毫克数,单位为毫克每毫升(mg/mL);

V_6 ——加入 EDTA 标准滴定溶液的体积,单位为毫升(mL);

V_7 ——滴定时消耗硫酸铜标准滴定溶液的体积,单位为毫升(mL);

K ——每毫升硫酸铜标准滴定溶液相当于 EDTA 标准滴定溶液的毫升数;

m_5 ——试料的质量,单位为克(g);

0.64——二氧化钛对三氧化二铝的换算系数;

0.6385——三氧化二铁对三氧化二铝的换算系数。

12 氧化钙的测定(基准法)

12.1 方法提要

将分离硅后的试液稀释后,以三乙醇胺掩蔽铁、铝等干扰元素,调溶液 pH13 以上,用 CMP 混合指示剂为指示剂,用 EDTA 标准滴定溶液滴定。

12.2 分析步骤

从溶液 A 中吸取 50.00mL 溶液放入 300mL 烧杯中,加水稀释至约 200mL,加 5mL 三乙醇胺(1+2)及少许的 CMP 指示剂(4.42),在搅拌下加入氢氧化钾溶液(4.7)至出现绿色荧光后再过量 5mL~8mL,此时溶液 pH 约为 13 以上,用〔c(EDTA) = 0.015mol/L〕EDTA 标准滴定溶液(4.32)滴定至绿色荧光消失并呈现红色。

12.3 结果的计算与表示

氧化钙的质量分数 X_{CaO} 按式(16)计算:

$$X_{CaO} = \frac{T_{CaO} \times V_8 \times 5}{m_5 \times 1000} \times 100 \quad\cdots\cdots\cdots\cdots\cdots\cdots\cdots (16)$$

式中:

X_{CaO}——氧化钙的质量分数,%;

T_{CaO}——每毫升 EDTA 标准滴定溶液相当于氧化钙的毫克数,单位为毫克每毫升(mg/mL);

V_8——滴定时消耗 EDTA 标准滴定溶液的体积,单位为毫升(mL);

m_5——试料的质量,单位为克(g)。

13 氧化镁的测定(基准法)

13.1 方法提要

在分离硅后的 pH10 氨性溶液中,以酒石酸钾钠和三乙醇胺联合掩蔽残余的铁、铝等干扰元素,用 K-B 指示剂为指示剂,用 EDTA 标准滴定溶液滴定钙、镁合量,用差减法求得氧化镁含量。

13.2 分析步骤

从溶液 A 中吸取 50.00mL 溶液放入 400mL 烧杯中,加水稀释至约 200mL,加 1mL 酒石酸钾钠溶液(4.19),5mL 三乙醇胺(1+2),搅拌,然后加入 25mLpH10 缓冲溶液(4.17)及少许酸性铬蓝 K-萘酚绿 B 混合指示剂(4.43),用〔c(EDTA) = 0.015mol/L〕EDTA 标准滴定溶液(4.32)滴定,近终点时应缓慢滴定至纯蓝色。

13.3 结果的计算与表示

氧化镁的质量分数 X_{MgO} 按式(17)计算:

$$X_{MgO} = \frac{T_{MgO} \times (V_9 - V_8) \times 5}{m_5 \times 1000} \times 100 \quad\cdots\cdots\cdots\cdots\cdots\cdots\cdots (17)$$

式中:

X_{MgO}——氧化镁的质量分数,%;

T_{MgO}——每毫升 EDTA 标准滴定溶液相当于氧化镁的毫克数,单位为毫克每毫升(mg/mL);

V_9——滴定钙、镁合量时消耗 EDTA 标准滴定溶液的体积,单位为毫升(mL);

V_8——测定氧化钙时消耗 EDTA 标准滴定溶液的体积,单位为毫升(mL);

m_5——试料的质量,单位为克(g)。

14 三氧化硫的测定(基准法)

14.1 方法提要

在酸性溶液中,用氯化钡溶液沉淀硫酸盐,经过滤灼烧后,以硫酸钡形式称量。测定结果以三氧化硫计。

14.2 分析步骤

称取约 0.5g 试样(m_{11}),精确至 0.0001g,置于镍坩埚中,加入 4g~5g 氢氧化钾(4.5),在电炉上熔融至试样溶解,取下,冷却,放入盛有 100mL 热水的 300mL 烧杯中,待熔体全部浸出后,用盐酸溶解;加入少许滤纸浆,加热至沸,加氨水(1+1)至氢氧化铁沉淀析出,再过量约1mL,用快速滤纸过滤,用热水洗涤烧杯3次,洗涤沉淀5次。将滤液收集于400mL烧杯中,加2滴甲基红指示剂溶液(4.38),用盐酸(1+1)中和至溶液变红,再过量2mL,加水稀释至约200mL,煮沸,在搅拌下滴加10mL氯化钡溶液(4.14),继续煮沸数分钟,然后移至温热处静置4h或过夜(此时溶液的体积应保持在200mL)。用慢速滤纸过滤,用温水洗涤,直至检验无氯离子为止。将沉淀及滤纸一并移入已灼烧恒量的瓷坩埚中,灰化后在800℃的高温炉内灼烧30min,取出坩埚置于干燥器中冷却至室温,称量。反复灼烧,直至恒量。

14.3 结果的计算与表示

三氧化硫的质量分数 X_{SO_3} 按式(18)计算:

$$X_{SO_3} = \frac{0.343 \times m_{12}}{m_{11}} \times 100 \quad\cdots\cdots\cdots\cdots\cdots\cdots\cdots\cdots\cdots\cdots\cdots\cdots (18)$$

式中:

X_{SO_3}——三氧化硫的质量分数,%;

m_{12}——灼烧后沉淀的质量,单位为克(g);

m_{11}——试料的质量,单位为克(g);

0.343——硫酸钡对三氧化硫的换算系数。

15 氧化钾和氧化钠的测定(基准法)

15.1 方法提要

试样经氢氟酸-硫酸蒸发处理除去硅,用热水浸取残渣。以氨水和碳酸铵分离铁、铝、钙、镁。滤液中的钾、钠用火焰光度计进行测定。

15.2 分析步骤

称取约0.1g试样(m_{13}),精确至0.0001g,置于铂皿中,用少量水润湿,加5mL~7mL氢氟酸及15~20滴硫酸(1+1),置于低温电热板上蒸发。近干时摇动铂皿,以防溅失,待氢氟酸驱尽后逐渐升高温度,继续将三氧化硫白烟赶尽。取下放冷,加入50mL热水,压碎残渣使其溶解,加1滴甲基红指示剂溶液(4.38),用氨水(1+1)中和至黄色,加入10mL碳酸铵溶液(4.27),搅拌,置于电热板上加热20min~30min。用快速滤纸过滤,以热水洗涤,滤液及洗液盛于250mL容量瓶中,冷却至室温,用盐酸(1+1)中和至溶液呈微红色,用水稀释至标线,摇匀。

在火焰光度计上,以氧化钾(K_2O)、氧化钠(Na_2O)系列标准溶液为基准,按仪器使用规程测定试液中氧化钾和氧化钠的含量。

15.3 结果的计算与表示

氧化钾和氧化钠的质量分数 X_{K_2O} 和 X_{Na_2O} 按式(19)和式(20)计算:

$$X_{K_2O} = \frac{C_{K_2O} \times 250}{m_{13} \times 1000} \times 100 \quad\cdots\cdots\cdots\cdots\cdots\cdots\cdots\cdots\cdots\cdots\cdots\cdots (19)$$

$$X_{Na_2O} = \frac{C_{Na_2O} \times 250}{m_{13} \times 1000} \times 100 \quad\cdots\cdots\cdots\cdots\cdots\cdots\cdots\cdots\cdots\cdots\cdots (20)$$

式中:

X_{K_2O}——氧化钾的质量分数,%;

X_{Na_2O}——氧化钠的质量分数,%;

C_{K_2O}——测定溶液中氧化钾的含量,单位为毫克每毫升(mg/mL);

C_{Na_2O}——测定溶液中氧化钠的含量,单位为毫克每毫升(mg/mL);

m_{13}——试料的质量,单位为克(g);

250——试样溶液的体积,单位为毫升(mL)。

16 烧失量的测定(代用法)

16.1 方法提要

试样在950℃高温下灼烧至恒量。

16.2 分析步骤

称取约1g(m_{14})试样,精确至0.0001g,置于已灼烧恒量的瓷坩埚中,将坩埚放在高温炉中从低温开始逐渐升高温度,在950℃的温度下,灼烧30min~60min,取出坩埚置于干燥器中,冷却至室温,称量。反复灼烧,直至恒量。

16.3 结果的计算与表示

烧失量的质量分数X_{LOI}按式(9)计算:

$$X_{LOI} = \frac{m_{14} - m_{15}}{m_{14}} \times 100 \quad\cdots\cdots\cdots\cdots\cdots\cdots\cdots\cdots\cdots\cdots\cdots\cdots\cdots (9)$$

式中:

X_{LOI}——烧失量的质量分数,%;

m_{14}——试料的质量,单位为克(g);

m_{15}——灼烧后试料的质量,单位为克(g)。

17 二氧化硅的测定(代用法)

17.1 方法提要

在适量的氟离子和钾离子存在的条件下,使硅酸形成氟硅酸钾沉淀,经过滤、洗涤及中和残余酸后,加沸水使氟硅酸钾沉淀水解生成等物质量的氢氟酸,然后用氢氧化钠标准滴定溶液对所生成的氢氟酸进行滴定。

17.2 分析步骤

称取约0.5g试样(m_{16}),精确至0.0001g,置于银坩埚中,加入6g~7g氢氧化钠熔剂(4.4),在650℃~700℃的高温下熔融30min~40min。取出,放冷。在300mL烧杯中,加入100mL水,加热至沸,然后将坩埚放入烧杯中,盖上表面皿,加热,待熔块完全浸出后,取出坩埚,在搅拌下加入25mL盐酸和1mL硝酸,加热使溶液澄清,用盐酸(1+5)及水将坩埚洗净,冷至室温后,移入250mL容量瓶中,用水稀释至标线,摇匀。此溶液B供测定二氧化硅、三氧化二铁、三氧化二铝、二氧化钛、氧化钙、氧化镁用。

吸取50.00mL溶液B,放入300塑料杯中,加10mL~15mL硝酸、10mL氟化钾溶液(4.24),搅拌。根据室温按表1加入适量的氯化钾(4.23),用搅拌器(5.1)搅拌10min(用磁力搅拌器搅拌时应预先将塑料杯在25℃以下的水中冷却5min),取下塑料杯,用中速滤纸过滤,用氯化钾溶液(4.25)冲洗塑料杯1次,冲洗滤纸2次,将滤纸连同沉淀取下,置于原塑料杯中,沿杯壁加入20mL~30mL氯化钾-乙醇溶液(4.26)及2滴甲基红指示剂溶液(4.38),用氢氧化钠标准滴定溶液(4.34)中和至溶液由红刚刚变黄。向杯中加入约300mL已中和至使酚酞指示剂微红的沸水及1mL酚酞指示剂溶液(4.40),用氢氧化钠标准滴定溶液(4.34)滴定到溶液由红变黄,再至微红色。

表1 氯化钾加入量表

实验室温度/℃	<15	15~20	21~25	26~30	>30
氯化钾加入量/g	5	8	10	13	16

17.3 结果的计算与表示

二氧化硅的质量分数X_{SiO_2}按式(21)计算:

$$X_{SiO_2} = \frac{T_{SiO_2} \times V_{10} \times 5}{m_{16} \times 1000} \times 100 \quad\cdots\cdots\cdots\cdots\cdots\cdots\cdots\cdots\cdots\cdots (21)$$

式中:

X_{SiO_2}——二氧化硅的质量分数,%;

T_{SiO_2}——每毫升氢氧化钠标准滴定溶液相当于二氧化硅的毫克数,单位为毫克每毫升(mg/mL);

V_{10}——滴定时消耗氢氧化钠标准滴定溶液的体积,单位为毫升(mL);

m_{16}——试料的质量,单位为克(g)。

18 三氧化二铁的测定(代用法)

18.1 方法提要

在pH1.8~2.0温度为60℃~70℃的溶液中,以磺基水杨酸钠为指示剂,用EDTA标准滴定溶液滴定。

18.2 分析步骤

从溶液B中吸取25.00mL溶液放入300mL烧杯中,加水稀释至约100mL,用氨水(1+1)和盐酸(1+1)调节溶液pH值在1.8~2.0之间(用精密pH试纸检验)。将溶液加热至70℃,加10滴磺基水杨酸钠指示剂溶液(3.39),用[$c(EDTA)=0.015mol/L$]EDTA标准滴定溶液(4.32)缓慢地滴定至亮黄色(终点时溶液温度应不低于60℃。)

18.3 结果的计算与表示

三氧化二铁的质量分数$X_{Fe_2O_3}$按式(22)计算:

$$X_{Fe_2O_3} = \frac{T_{Fe_2O_3} \times V_{11} \times 5}{m_{16} \times 1000} \times 100 \cdots\cdots\cdots\cdots\cdots\cdots\cdots\cdots\cdots\cdots (22)$$

式中:

$X_{Fe_2O_3}$——三氧化二铁的质量分数,%;

$T_{Fe_2O_3}$——每毫升EDTA标准滴定溶液相当于三氧化二铁的毫克数,单位为毫克每毫升(mg/mL);

V_{11}——滴定时消耗EDTA标准滴定溶液的体积,单位为毫升(mL);

m_{16}——试料的质量,单位为克(g)。

19 二氧化钛的测定(代用法)

19.1 方法提要

在酸性溶液中TiO^{2+}与二安替比林甲烷生成黄色配合物,于波长420nm处测定其吸光度,用抗坏血酸消除三价铁离子的干扰。

19.2 分析步骤

从溶液B吸取10.00mL溶液放入100mL容量瓶中,加入10mL盐酸(1+2)及10mL抗坏血酸溶液(4.21),放置5min。加5mL95%乙醇、20mL二安替比林甲烷溶液(4.22),用水稀释至标线,摇匀。放置40min后,使用分光光度计,10mm比色皿,以水作参比,于420nm处测定溶液的吸光度。在工作曲线(4.29.2)上查出二氧化钛的含量(m_{17})。

19.3 结果的计算与表示

二氧化钛的质量分数X_{TiO_2}按式(23)计算:

$$X_{TiO_2} = \frac{m_{17} \times 25}{m_{16} \times 1000} \times 100 \cdots\cdots\cdots\cdots\cdots\cdots\cdots\cdots\cdots\cdots (23)$$

式中:

X_{TiO_2}——二氧化钛的质量分数,%;

m_{17}——100mL测定溶液中二氧化钛的含量,单位为毫克(mg);

m_{16}——试料的质量,单位为克(g)。

20 三氧化二铝的测定(代用法)

20.1 方法提要

在滴定铁后的溶液中,加入用对于铝、钛过量的EDTA标准滴定溶液,于pH3.8~4.0使铁铝钛与EDTA完全络合,以PAN为指示剂,用硫酸铜标准滴定溶液回滴过量的EDTA。

20.2 分析步骤

向滴完铁后的溶液中加入[$c(EDTA)=0.015mol/L$]EDTA标准滴定溶液(4.32)至过量10mL~15mL(对铝、钛合量而言),用水稀释至150mL~200mL。将溶液加热至70℃~80℃后,加数滴氨水(1+1),使溶液 pH 值在 3.0～3.5 之间，加 15mLpH4.3 的缓冲溶液（4.16），煮沸 1min～2min，取下稍冷，加入 4～5 滴 PAN 指示剂溶液（4.41），以〔$c(CuSO_4)=0.015mol/L$〕硫酸铜标准滴定溶液（4.33）滴定至亮紫色。

20.3 结果的计算与表示

三氧化二铝的质量分数 $X_{Al_2O_3}$ 按式（24）计算：

$$X_{Al_2O_3} = \frac{T_{Al_2O_3} \times (V_{12} - K \times V_{13}) \times 10}{m_{16} \times 1000} \times 100 - 0.64 \times X_{TiO_2} \quad\cdots\cdots\cdots\cdots\cdots\cdots\quad (24)$$

式中：

$X_{Al_2O_3}$——三氧化二铝的质量分数，%；

$T_{Al_2O_3}$——每毫升 EDTA 标准滴定溶液相当于三氧化二铝的毫克数，单位为毫克每毫升（mg/mL）；

V_{12}——加入 EDTA 标准滴定溶液的体积，单位为毫升（mL）；

V_{13}——滴定时消耗硫酸铜标准滴定溶液的体积，单位为毫升（mL）；

K——每毫升硫酸铜标准滴定溶液相当于 EDTA 标准滴定溶液的毫升数；

X_{TiO_2}——二氧化钛的质量分数；

m_{16}——试料的质量，单位为克（g）；

0.64——二氧化钛对三氧化二铝的换算系数。

21 氧化钙的测定（代用法）

21.1 方法提要

在 pH13 以上的强碱溶液中，以氟化钾掩蔽硅，三乙醇胺掩蔽铁、铝等干扰元素，用 CMP 混合指示剂为指示剂，用 EDTA 标准滴定溶液滴定。

21.2 分析步骤

从溶液 B 中吸取 25.00mL 溶液放入 400mL 烧杯中，加入 15mL 氟化钾溶液（4.36），搅拌并放置 2min 以上，加水稀释至约 200mL，加 5mL 三乙醇胺（1+2）及少许的 CMP 指示剂（4.42），在搅拌下加入氢氧化钾溶液（4.7）至出现荧光绿后，再过量 5mL～7mL，此时溶液 pH 应为大于 13，用〔$c(EDTA)=0.015mol/L$〕EDTA 标准滴定溶液（4.32）滴定至绿色荧光消失（呈微红色）。

21.3 结果的计算与表示

氧化钙的质量分数 X_{CaO} 按式（25）计算：

$$X_{CaO} = \frac{T_{CaO} \times V_{14} \times 10}{m_{16} \times 1000} \times 100 \quad\cdots\cdots\cdots\cdots\cdots\cdots\cdots\cdots\cdots\quad (25)$$

式中：

X_{CaO}——氧化钙的质量分数，%；

T_{CaO}——每毫升 EDTA 标准滴定溶液相当于氧化钙的毫克数，单位为毫克每毫升（mg/mL）；

V_{14}——滴定时消耗 EDTA 标准滴定溶液的体积，单位为毫升（mL）；

m_{16}——试料的质量，单位为克（g）。

22 氧化镁的测定（代用法）

22.1 方法提要

在 pH10 的氨性溶液中，用氟化钾掩蔽硅，以酒石酸钾钠和三乙醇胺联合掩蔽铁、铝等干扰元素，用 K-B 指示剂为指示剂，用 EDTA 标准滴定溶液滴定钙、镁合量，用差减法求得氧化镁含量。

22.2 分析步骤

从溶液 B 中吸取 25.00mL 溶液放入 400mL 烧杯中，加入 15mL 氟化钾溶液（3.36），搅拌并放置 2min 以上，加水稀释至约 200mL，加 1mL 酒石酸钾钠溶液（4.19），5mL 三乙醇胺（1+2），搅拌，然后加入 25mLpH10 缓冲溶液（4.17）及少许酸性铬蓝 K-萘酚绿 B 混合指示剂（4.43），用〔$c(EDTA)=0.015mol/L$〕EDTA 标准滴定溶液（4.32）滴定，近终点时应缓慢滴定至纯蓝色。

22.3 结果的计算与表示

氧化镁的质量分数 X_{MgO} 按式（26）计算：

$$X_{MgO} = \frac{T_{MgO} \times (V_{15} - V_{14}) \times 10}{m_{16} \times 1000} \times 100 \quad \cdots\cdots\cdots\cdots\cdots\cdots\cdots\cdots (26)$$

式中：

X_{MgO}——氧化镁的质量分数，%；

T_{MgO}——每毫升 EDTA 标准滴定溶液相当于氧化镁的毫克数，单位为毫克每毫升（mg/mL）；

V_{15}——滴定钙、镁合量时消耗 EDTA 标准滴定溶液的体积，单位为毫升（mL）；

V_{14}——测定氧化钙时消耗 EDTA 标准滴定溶液的体积，单位为毫升（mL）；

m_{16}——试料的质量，单位为克（g）。

23 三氧化硫的测定（代用法）

23.1 方法提要

试样中的硫在助熔剂五氧化二钒存在条件下，于 1200℃ 以上的高温可生成二氧化硫气体。以铂电极为电解电极，用库仑积分测仪电解碘进行跟踪滴定，用另一对铂电极为指示电极指示滴定终点，根据法拉第定律（$Q = nFZ$），由电解碘时电量消耗值确定碘的生成量，进而确定样品中的硫含量。

23.2 分析步骤

23.2.1 仪器正常工作状态调整

将库仑积分测硫仪的管式电热炉升温至 1200℃ 以上，并控制其恒温，按照说明书在仪器的电解池中加入适量的电解液（4.44），打开仪器开关后，取约 0.05g 三氧化硫含量为 1%～3% 的样品于瓷舟中，在样品上加盖一层五氧化二钒，然后送入管式电热炉中，样品在恒温区数分钟内能启动电解碘的生成，说明仪器工作正常，待此样品测定完毕后可开始试样的测定。

23.2.2 试样测定

称取约 0.05g 试样（m_{18}），精确至 0.0001，将试样均匀地平铺于瓷舟中，在试样上加盖一层五氧化二钒，送入管式电热炉中进行测定，仪器显示结果为试样中三氧化硫的毫克数（m_{19}）。

23.3 结果的计算与表示

三氧化硫的质量分数 X_{SO_3} 按式（27）计算：

$$X_{SO_3} = \frac{m_{19}}{m_{18} \times 1000} \times 100 \quad \cdots\cdots\cdots\cdots\cdots\cdots\cdots\cdots (27)$$

式中：

X_{SO_3}——三氧化硫的质量分数，%；

m_{18}——试料的质量，单位为克（g）；

m_{19}——仪器显示的三氧化硫毫克数，单位为毫克（mg）。

24 分析结果的数据处理

24.1 分析值的验收

当平行分析同类型标准试样所得的分析值与标准值之差不大于表 2 所列允许差时，则试样分析值有效，否则无效。分析值是否有效，首先取决于平行分析的标准试样的分析值是否与标准值一致。当所得的两个有效分析值之差，不大于表 2 所列允许差，可予以平均，计算为最终分析结果。如二者之差大于允许差时，则应按附录 A 的规定，进行追加分析和数据处理。

24.2 最终结果的计算

试样有效分析值的算术平均值为最终分析结果。平均值计算至小数第四位，并按 GB 8170 数值修约规则的规定修约到小数第二位。

25 允许差

各成分的允许差见表2。

表2 测定结果允许差

化学成分	标样允许差/%	试样实验室内允许差/%	试样实验室间允许差/%
烧失量	±0.20	0.25	0.40
SiO_2	±0.30	0.40	0.60
Fe_2O_3	±0.20	0.25	0.40
Al_2O_3	±0.20	0.25	0.40
CaO	±0.20	0.25	0.40
MgO	±0.20	0.25	0.40
SO_3	±0.20	0.25	0.40
K_2O	±0.07	0.10	0.14
Na_2O	±0.05	0.08	0.10

附 录 A
（规范性附录）
验收试样分析值程序

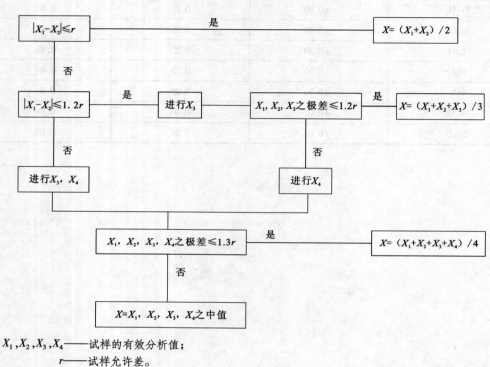

X_1, X_2, X_3, X_4——试样的有效分析值；

r——试样允许差。

ICS

Q 61

备案号:27694—2010

JC

中华人民共和国建材行业标准

JC/T 2000—2009

油井水泥物理性能检测仪器

Apparatus for determining physical performance of oil well cement

2009-12-04 发布 　　　　　　2010-06-01 实施

中华人民共和国工业和信息化部　发布

前　言

本标准由中国建筑材料工业联合会提出。

本标准由全国水泥标准化技术委员会（SAC/TC 184）归口。

本标准主要起草单位：中国建筑材料科学研究总院。

本标准参加起草单位：四川嘉华企业（集团）股份有限公司、新疆天山水泥股份有限公司、新疆青松建材化工股份有限公司、新疆伊犁南岗建材（集团）有限责任公司、沈阳市石油仪器研究所、四川夹江规矩特性水泥有限公司、抚顺水泥股份有限公司、山东华银特种水泥股份有限公司、山东淄博中昌特种水泥有限公司、山东临朐胜潍特种水泥有限公司。

本标准主要起草人：王晶、王敏、王旭方、席劲松、杨万川、贾志方、钟文、张顺、李迎春、尹丽娟、方仁玉、黄泰东、王忠伟、单强、郑勇刚、韩雍、刘新林、方兴国、蒋同笑、黄蓓、刘振龙、熊继平、姚春云、李敬军。

本标准为首次发布。

油井水泥物理性能检测仪器

1 范围

本标准规定了油井水泥物理性能检测仪器的定义、技术要求、检验方法及检验规则、标志、包装等内容。

本标准适用于生产和使用中的油井水泥物理性能检验用的搅拌器、常压稠化仪、常压养护箱、高压养护釜、增压稠化仪的检测。

2 规范性引用文件

下列文件中的条款通过本标准的引用而成为本标准的条款。凡是注日期的引用文件,其随后所有的修改单(不包括勘误的内容)或修订版均不适用于本标准,然而,鼓励根据本标准达成协议的各方研究是否可使用这些文件的最新版本。凡是不注日期的引用文件,其最新版本适用于本标准。

GB 10238—2005 油井水泥(MOD ANSI/API 10 A/ISO 10426—1—2001)

3 搅拌器

3.1 主要构造

搅拌器是制备油井水泥浆的专用仪器。主要由搅拌浆杯、电机、转速显示表和计时器等部件组成。

3.2 技术要求

3.2.1 搅拌器

底部驱动的叶片式混合装置,搅拌器浆杯的容量为1L,搅拌叶片和搅拌浆杯由耐腐蚀材料制成。

3.2.2 搅拌叶片

总成的装配应便于搅拌叶片的拆卸、称量和更换;新的搅拌叶片质量为6.9g~7.6g。

3.2.3 搅拌器的转速

为恒速控制,设置有三速控制开关,分别为低速挡、高速挡和变速挡。在工作状态下,低速挡的转速应控制在4000r/min±200r/min,高速挡的转速应控制在12000r/min±500r/min。

3.2.4 计时器

精度应在±30s/h。

3.3 检验方法

3.3.1 检验条件

环境温度为23℃±2.5℃,检验室无腐蚀性气体。

3.3.2 检验用仪器

3.3.2.1 天平

分度值不大于0.001g。

3.3.2.2 转速表

分度值不大于1r/min。

3.3.2.3 秒表

精度为±0.1s。

3.3.2.4 温度计

分度值不大于0.1℃。

3.3.3 检验步骤

3.3.3.1 搅拌桨叶:用天平测定新搅拌桨叶的质量,平行测定两次,取平均值。当叶片使用一定次数后,再次测定该叶片的质量,平行测定两次,取平均值,以平均值计算叶片质量损失百分数。

3.3.3.2 转速:用转速表检测搅拌器电机的低速挡和高速挡的转速。检测时,将反光片贴在旋转轴上,打开搅拌器电源开关,调节计时器指针在60s处,转速表测试头对准搅拌器旋转轴,按下"低速"挡键测定搅拌器的转速;按下"高速"挡键测定搅拌器"高速"挡的转速。各测量点平行测定两次,取平均值。

3.3.3.3 计时器:用秒表进行测定。以秒表每走30min、60min为一计时单位,测定计时器所走的时间,每一测量点平行测定两次,取平均值。

3.4 检验规则

3.4.1 出厂检验

出厂检验项目为3.2条,出厂检验主要项目的实测数据应记入出厂仪器的随机文件中。

3.4.2 型式检验

检验项目为3.2条,有下列情况之一时,应进行型式检验:

a. 新产品试制或老产品转厂生产的试制定型检定;

b. 产品正式生产后,其结构设计、材料、工艺以及关键的配套元器件有较大改变可能影响产品性能时;

c. 正常生产时,定期或积累一定产量后,应周期性进行一次检验;

d. 产品长期停产后,恢复生产时;

e. 质量监督机构提出进行型式检验要求时。

3.4.3 在用仪器检验

在用仪器检验按照3.2条的技术要求进行,有下列情况之一时,应进行在用仪器检验:

a. 搅拌桨叶:当搅拌桨叶质量损失达到10%时应更换叶片;

b. 转速:检验频次不小于1次/季度;

c. 计时器:检验频次不小于1次/半年。

3.5 判定规则

3.5.1 出厂检验

搅拌器任何一项不符合3.2条要求时,判为出厂检验不合格。

3.5.2 型式检验

搅拌器任何一项不符合3.2条要求时,判为型式检验不合格。

3.5.3 在用仪器检验

在用的搅拌器任何一项不符合3.2条要求时,判为在用仪器不合格。

4 常压稠化仪

4.1 主要构造

常压稠化仪主要由水箱、电位计、浆杯、加热器、温度控制和测量系统、计时器、传动系统等组成。

4.2 技术要求

4.2.1 温度测量系统的精度为±1.7℃。

4.2.2 电机转速为150r/min±15r/min,精度为±1r/min。

4.2.3 计时器的精度为±30s/h。

4.3 检验方法

4.3.1 检验条件

环境温度为23℃±2.5℃,检验室无腐蚀性气体。

4.3.2 检验用仪器

4.3.2.1 温度计

分度值不大于0.1℃。

4.3.2.2 转速表

分度值不大于1r/min。

4.3.2.3 秒表

精度为±0.1s。

4.3.3 检验步骤

4.3.3.1 温度测量系统:用温度计进行测定。检测时,打开仪器电源开关,将仪器的热电偶与温度计平行地捆在一起放入水浴中,测定仪器设定温度分别为27℃、45℃、52℃、62℃等各点的实际温度。温度由低至高间断地升温或恒温。每次改变温度后,至少应使温度稳定15min,然后读取温度值,每个温度点应平行测量两次,取平均值。

4.3.3.2 电机转速:用转速表测量常压稠化仪浆杯转动套转速。平行测定两次,取平均值。

4.3.3.3 计时器:用秒表进行测定。以秒表每走30min、60min为一计时单位,测定计时器所走的时间,每一测量点平行测定两次,取平均值。

4.4 检验规则

4.4.1 出厂检验

出厂检验项目为4.2条,检验的实测数据应记入出厂仪器的随机文件中。

4.4.2 型式检验

检验项目为4.2条,有下列情况之一时,应进行型式检验:

a. 新产品试制或老产品转厂生产的试制定型检定;

b. 产品正式生产后,其结构设计、材料、工艺以及关键的配套元器件有较大改变可能影响产品性能时;

c. 正常生产时,定期或积累一定产量后,应周期性进行一次检验;

d. 产品长期停产后,恢复生产时;

e. 质量监督机构提出进行型式检验要求时。

4.4.3 在用仪器检验

在用仪器检验按照4.2条的技术要求进行,有下列情况之一时,应进行在用仪器检验:

a. 温度测量系统:检验频次不小于1次/月;

b. 电机转速:检验频次不小于1次/季度;

c. 计时器:检验频次不小于1次/半年。

4.5 判定规则

4.5.1 出厂检验

常压稠化仪任何一项不符合4.2条要求时,判为出厂检验不合格。

4.5.2 型式检验

常压稠化仪任何一项不符合4.2条要求时,判为型式检验不合格。

4.5.3 在用仪器检验

在用的常压稠化仪任何一项不符合4.2条要求时,判为在用仪器不合格。

5 常压养护箱

5.1 主要构造

常压养护箱主要由水箱、加热器、温度控制系统、循环系统或搅拌系统等组成。

5.2 技术要求

5.2.1 常压养护箱尺寸应能将抗压强度试模全部浸入水中。

5.2.2 养护温度为规定的温度±1.7℃。

5.2.3 温度测量系统的精度为±1℃。

5.2.4 常压养护箱内应有1个搅拌装置或循环系统。

5.3 检验方法

5.3.1 检验条件

环境温度为23℃±2.5℃,检验室无腐蚀性气体。

5.3.2　检验用仪器

5.3.2.1　温度计

分度值不大于0.1℃。

5.3.3　检验步骤

5.3.3.1　温度测量系统:用温度计进行测定。检测时,打开仪器的电源开关,将仪器的热电偶与温度计平行地捆在一起放入水浴中,测定仪器设定温度分别为20℃、27℃、38℃、60℃、77℃等各点的实际温度。温度由低至高间断地升温或恒温。在每次改变温度后,至少应使温度稳定15min,然后读取温度值,每个温度点应平行测量两次,取平均值。

5.4　检验规则

5.4.1　出厂检验

出厂检验项目为5.2条,出厂检验主要项目的实测数据应记入出厂仪器的随机文件中。

5.4.2　型式检验

检验项目为5.2条,有下列情况之一时,应进行型式检验:

a. 新产品试制或老产品转厂生产的试制定型检定;

b. 产品正式生产后,其结构设计、材料、工艺以及关键的配套元器件有较大改变可能影响产品性能时;

c. 正常生产时,定期或积累一定产量后,应周期性进行一次检验;

d. 产品长期停产后,恢复生产时;

e. 质量监督机构提出进行型式检验要求时。

5.4.3　在用仪器检验

在用仪器检验按照5.2条的技术要求进行,有下列情况之一时,应进行在用仪器检验:

a. 温度测量系统的检验频次不小于1次/月。

5.5　判定规则

5.5.1　出厂检验

常压养护箱任何一项不符合5.2条要求时,判为出厂检验不合格。

5.5.2　型式检验

常压养护箱任何一项不符合5.2条要求时,判为型式检验不合格。

5.5.3　在用仪器检验

在用的常压养护箱任何一项不符合5.2条要求时,判为在用仪器不合格。

6　高压养护箱

6.1　主要构造

高压养护釜主要由高压釜体、加热器、温度控制和测量系统、压力控制系统、内部循环水冷却系统等组成。

6.2　技术要求

6.2.1　最高工作温度不低于200℃,最高工作压力不低于50MPa,加热系统最大升温速率不低于3℃/min。

6.2.2　温度测量系统的精度为±2℃。

6.2.3　压力测量系统的精度为±0.345MPa。

6.3　检验方法

6.3.1　检验条件

环境温度为23℃±2.5℃,检验室无腐蚀性气体。

6.3.2　检验用仪器

6.3.2.1　温度计

分度值不大于0.1℃。

6.3.2.2　标准压力表

精度0.1级。

6.3.3 检验步骤

6.3.3.1 温度测量系统:用温度计进行测定。检测时,打开仪器的电源开关,将仪器的热电偶与温度计平行地捆在一起放入水浴中,测定仪器设定温度分别为20℃、27℃、38℃、60℃、77℃等各点的实际温度。温度由低至高间断地升温或恒温。在每次改变温度后,至少应使温度稳定15min,然后读取温度值,每个温度点应平行测量两次,取平均值。

6.3.3.2 压力测量系统(高压养护箱):用标准压力表进行测定。检测时,打开仪器的电源开关,将标准压力表拧入高压养护釜釜盖的热电偶螺孔中,打开供气阀,当釜体内注满水后拧紧标准压力表螺丝,而后打开高压泵开关,使釜体内压力达到设定的压力测量值。根据高压养护箱压力表的量程选择测量点,应测定满量程25%、50%、75%、100%中至少三个检测点的实际压力值。每个压力点应平行测量两次,取平均值。

6.4 检验规则

6.4.1 出厂检验

出厂检验项目为6.2条,出厂检验主要项目的实测数据应记入出厂仪器的随机文件中。

6.4.2 型式检验

检验项目为6.2条,有下列情况之一时,应进行型式检验:

a. 新产品试制或老产品转厂生产的试制定型检定;

b. 产品正式生产后,其结构设计、材料、工艺以及关键的配套元器件有较大改变可能影响产品性能时;

c. 正常生产时,定期或积累一定产量后,应周期性进行一次检验;

d. 产品长期停产后,恢复生产时;

e. 质量监督机构提出进行型式检验要求时。

6.4.3 在用仪器检验

在用仪器检验按照6.2条的技术要求进行,有下列情况之一时,应进行在用仪器检验:

a. 温度测量系统:温度测量系统的检验频次不小于1次/月;

b. 压力测量系统:检验频次不小于1次/年。

6.5 判定规则

6.5.1 出厂检验

高压养护釜任何一项不符合6.2条要求时,判为出厂检验不合格。

6.5.2 型式检验

高压养护釜任何一项不符合6.2条要求时,判为型式检验不合格。

6.5.3 在用仪器检验

在用的高压养护釜任何一项不符合6.2条要求时,判为在用仪器不合格。

7 立方体试模

7.1 主要构造

立方体试模是50mm立方体(50mm×50mm×50mm),试模能分成两部分以上,试模材料应由不受水泥浆侵蚀的硬金属制成。

7.2 技术要求

7.2.1 立方体试模的各侧面应有足够刚性以防弯曲或变形,模的内表面应为平面,新模表面平面度允许偏差小于0.025mm,使用中的试模允许偏差小于0.05mm。新模内壁对立面间距的允许偏差为±0.13mm。使用中的试模内壁对立面间距的允许偏差为±0.50mm。新模允许偏差 −0.13mm~+0.25mm,使用中试模允许误差 −0.38mm~+0.25mm,相邻面的角度应为90°±0.5°。

7.2.2 试模底板和盖板的厚度不小于6mm。

7.2.3 试模材料硬度为洛氏硬度不低于HRB55。

7.3 检验方法

7.3.1 检验条件

环境温度为23℃±2.5℃,检验室无腐蚀性气体。

7.3.2 检验用仪器

7.3.2.1 游标卡尺

分度值不大于 0.02mm。

7.3.2.2 万能角度尺

分度值不大于 2′。

7.3.3 检验步骤

7.3.3.1 用游标卡尺水平、垂直测量模内壁对立面之间的距离、立方体试模的高度,平行测定两次,取平均值;用万能角度尺水平、垂直测量相邻内表面之间和上下表面间的角度。平行测定两次,取平均值。

7.4 检验规则

7.4.1 出厂检验

出厂检验项目为 7.2 条,出厂检验主要项目的实测数据应记入出厂仪器的随机文件中。

7.4.2 型式检验

检验项目为 7.2 条,有下列情况之一时,应进行型式检验:

a. 新产品试制或老产品转厂生产的试制定型检定;

b. 产品正式生产后,其结构设计、材料、工艺以及关键的配套元器件有较大改变可能影响产品性能时;

c. 正常生产时,定期或积累一定产量后,应周期性进行一次检验;

d. 产品长期停产后,恢复生产时;

e. 质量监督机构提出进行型式检验要求时。

7.4.3 在用仪器检验

在用仪器检验按照 7.2 条的技术要求进行,检验频次不小于 1 次/两年。

7.5 判定规则

7.5.1 出厂检验

立方体试模任何一项不符合 7.2 要求时,判为出厂检验不合格。

7.5.2 型式检验

立方体试模任何一项不符合 7.2 要求时,判为型式检验不合格。

7.5.3 在用仪器检验

在用的立方体试模任何一项不符合 7.2 要求时,判为在用仪器不合格。

8 增压稠化仪

8.1 主要构造

增压稠化仪主要由高压釜体、圆筒式浆杯、电位计、加热器、温度控制和测量系统、压力控制系统、计时器、传动系统等组成。

8.2 技术要求

8.2.1 仪器的最高工作温度不低于 200℃,最高工作压力不低于 175MPa。加热系统要求至少能以 3℃/min 的速率升高油浴温度。

8.2.2 温度测量系统的精度为 ±2℃。

8.2.3 压力测量系统的精度为满量程的 0.25%。

8.2.4 电机转速为 150r/min ± 15r/min。

8.2.5 计时器的精度为 ±30s/h。

8.2.6 用负载型校准装置校准电位计时,依次加 50g、100g、150g、200g、250g、300g、350g、400g 砝码,使弹簧偏转产生直流电压,校准所对应的电压值呈线性关系,相邻两次的电位值差应在 1.3mV ± 0.2mV。

8.3 检验方法

8.3.1 检验条件

环境温度为 23℃ ± 2.5℃,检验室无腐蚀性气体。

8.3.2 检验用仪器

8.3.2.1 温度计

分度值 0.1℃。

8.3.2.2 标准压力表

精度 0.1 级。

8.3.2.3 转速表

分度值 1r/min。

8.3.2.4 秒表

精度为 ±0.1s。

8.3.2.5 砝码

负载型电位计校准用砝码分别为 50g、100g、150g、200g、250g、300g、350g、400g，质量精度为 ±0.1g。

8.3.3 检验步骤

8.3.3.1 温度测量系统：用温度计进行测定。检测时，打开仪器的电源开关，将仪器的热电偶与温度计平行地捆在一起放入釜体内的油浴中，测定仪器设定温度分别在于 27℃、45℃、52℃、62℃ 等各点的实际温度。温度由低至高间断地升温或恒温。在每次改变温度后，至少应使温度稳定 15min，然后读取温度值，每个温度点应平行测量两次，取平均值。

8.3.3.2 压力测量系统：采用标准压力表进行测定。检测时，打开仪器的电源开关，将标准压力表拧入釜盖的热电偶螺孔中，打开供气阀，当釜体内注满烃类油后拧紧标准压力表螺丝，而后打开高压泵开关，使釜体内压力达到设定的测量值。根据增压稠化仪上压力表的量程选择测定点，应测定满量程 25%、50%、75%、100% 各点的实际压力值。每个压力点应平行测量两次，取平均值。

8.3.3.3 电机转速：用转速表测量稠化仪底部传动轴的转速，测量两次，取平均值。

8.3.3.4 计时器：用秒表进行测定。以秒表每走 30min、60min 为一计时单位，记录计时器所走的时间，每一时间测量点平行测定两次，取平均值。

8.3.3.5 负载型电位计：把电位计安装在负载型校准装置上，将三根导线夹在相对应的电位计三个接触片上；将电位计校准装置置于增压稠化仪台板边缘，拉砝码的吊绳离开门板。将电位计校准装置的接线插头，插入稠化仪板面上标有校正器的插座内；依次加 50g、100g、150g、200g、250g、300g、350g、400g 砝码，每加一次砝码后轻轻震动负载型校准装置的底板，以克服机械摩擦引起的误差，分别记录每次加砝码后对应的电压值。平行测定三次，取三次测定结果的平均值。

8.3.3.6 砝码：用天平测定电位计校准用砝码的质量，平行测定两次，取平均值。

8.4 检验规则

8.4.1 出厂检验

出厂检验项目为 8.2 条，出厂检验主要项目的实测数据应记入出厂仪器的随机文件中。

8.4.2 型式检验

检验项目为 8.2 条，有下列情况之一时，应进行型式检验：

a. 新产品试制或老产品转厂生产的试制定型检定；

b. 产品正式生产后，其结构设计、材料、工艺以及关键的配套件有较大改变可能影响产品性能时；

c. 正常生产时，定期或积累一定产量后，应周期性进行一次检验；

d. 产品长期停产后，恢复生产时；

e. 质量监督机构提出进行型式检验要求时。

8.4.3 在用仪器检验

在用仪器检验按照 8.2 条的技术要求进行，有下列情况之一时，应进行在用仪器检验：

a. 温度测量系统：检验频次不小于 1 次/月；

b. 压力测量系统：检验频次不小于 1 次/年；

c. 电机转速：检验频次不小于 1 次/季度；

d. 计时器：检验频次不小于 1 次/半年；

e. 负载型电位计：检验频次不小于 1 次/月；

f. 砝码:检验频次不小于1次/月。

8.5 判定规则

8.5.1 出厂检验

增压稠化仪任何一项不符合8.2条要求时,判为出厂检验不合格。

8.5.2 型式检验

增压稠化仪任何一项不符合8.2条要求时,判为型式检验不合格。

8.5.3 使用中的检验

在用的增压稠化仪任何一项不符合8.2条要求时,判为在用仪器不合格。

9 标志、包装

9.1 标志

每台仪器应有铭牌,其内容包括:名称、型号、生产日期、生产编号、制造商名称。

9.2 包装

9.2.1 包装箱应牢固,仪器在运输中应不发生任何方向的移动,箱内空隙用泡沫等填实;箱内应衬有防雨、防潮材料,包装箱应满足相应运输方式的要求。

9.2.2 每台仪器随包装箱应附有产品合格证、检验报告、使用说明书、装箱单及备件等。

9.2.3 包装箱上应清楚注明:

a. 仪器全称与型号、上下标志、制造商名称及出厂编号;

b. 收货单位和地址;

c. "请勿倒置"、"小心轻放"、"防潮"等字样。

ICS
Q
备案号:27690—2010

JC

中华人民共和国建材行业标准

JC/T 732—2009
代替 JC/T 732—1996

机械化水泥立窑热工计算

Calculation of heat balance for mechanical cement shaft kilns

2009-12-04 发布
2010-06-01 实施

中华人民共和国工业和信息化部　发布

前　言

自本标准实施之日起,代替 JC/T 732—1996《机械化水泥立窑热工计算》。

本标准与 JC/T 732—1996 相比,主要变化如下:

——对平衡范围进行了修改,将熟料冷却风、腰风、烟囱收尘器出口浓度等纳入平衡计算范围(1996年版的第3章,本版的第4、第5章);

——确定"氧弹仪"方法测得黑生料发热量数据在平衡计算中的应用(本版的第4章)。

本标准附录 A、B、C 为资料性附录。

本标准由国家工业和信息化部提出。

本标准由全国水泥标准化技术委员会(SAC/TC 184)归口。

本标准负责起草单位:中国建筑材料科学研究总院。

本标准参加起草单位:合肥水泥研究设计院、国家建筑材料工业建筑材料节能检测评价中心、南京建通水泥技术开发有限公司、广西华宏水泥股份有限公司、云南大理弥渡庞威有限公司、湖南省洞口县为百水泥厂、广西平果万佳水泥有限公司、黑龙江嫩江华夏水泥有限公司、云南易门东源水泥有限公司、内蒙古乌后旗棋祥建材有限公司、山东宏艺科技发展有限公司、北京炭宝科技发展有限公司、上海福丰电子有限公司、甘肃博石水泥技术工程公司、江苏科行集团、南京宇科重型机械有限公司、浙江圣奥耐火材料有限公司、浙江锦诚耐火材料有限公司。

本标准主要起草人:赵慰慈、顾惠元、萧瑛、丁奇生、夏瑾、周志明、范圣良、李银仙、梁家标、梁文赞、陈彬、朱国平、邹伟斌、赵介山。

本标准于1996年首次发布,本次为第一次修订。

机械化水泥立窑热工计算

1 范围

本标准规定了生产硅酸盐水泥熟料的各类型机械化立窑系统(以下简称机立窑)的热工计算方法。

本标准适用于生产硅酸盐水泥熟料的各类型机械化立窑系统的热工计算。普通立窑的热工计算也可参照本标准进行。

2 规范性引用文件

下列文件中的条款通过本标准的引用而成为本标准的条款。凡是注日期的引用文件,其随后所有的修改单(不包括勘误的内容)或修订版均不适用于本标准,然而,鼓励根据本标准达成协议的各方研究是否可使用这些文件的最新版本。凡是不注日期的引用文件,其最新版本适用于本标准。

GB 175　通用硅酸盐水泥

GB/T 213　煤的发热量测定方法

GB/T 2589　综合能耗计算通则

GB/T 17671　水泥强度检验方法

GB16780　水泥单位产品能源消耗限额

JC/T 730　水泥回转窑热平衡、热效率、综合能耗计算方法

JC/T 1005　水泥黑生料发热量测定方法

3 物料平衡计算

3.1 计算范围

出料器熟料出口至烟囱收尘器出口测孔,见图1。

3.2 计算方法

3.2.1 物料收入

3.2.1.1 干燃料消耗量

1)入磨煤消耗量

入磨煤消耗量计算方法见公式(1):

$$m_{rm} = \frac{M_s D_s (100 - W_a)}{10 M_{sh} (100 - W_{ar}^{rm})} \cdots\cdots\cdots (1)$$

式中:

m_{rm}——每千克熟料入磨燃料量,kg/kg;

M_s——测定期间,平均每小时生料消耗量,kg/h;

D_s——干生料含煤量,%;

W_s——生料水分,%;

M_{sh}——测定期间,平均每小时熟料产量,kg/h;

M_{ar}^{rm}——入磨煤的收到基水分,%。

其中,M_{sh}可通过下式计算求得。

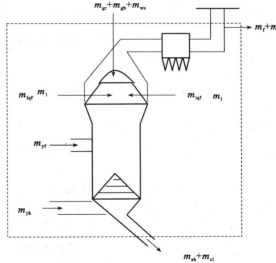

图1　物料平衡图

$$M_{sh} = \left[M_s (100 - D_s)(100 - L_{bs})(100 - W_s) + \right.$$
$$M_s D_s (100 - W_s) A_{ad}^{rm} + 100 M_{ry} (100 - W_{ar}^{ry}) A_{ad}^{ry} - $$
$$\left. 100 \times 100 (100 - L_{fh}) M_{fh} \right] \div \left[100 \times 100 (100 - L_{sh}) \right] \quad\cdots\cdots (2)$$

式中：

L_{bs}——干白生料烧失量，%；

A_{ad}^{rm}——入磨煤的干燥基灰分，%；

M_{ry}——测定期间，平均每小时入窑燃料消耗量，kg/h；

W_{ar}^{ry}——入窑煤的收到基水分，%；

A_{ad}^{ry}——入窑煤的干燥基灰分，%；

L_{fh}——飞灰烧失量，%；

M_{fh}——测定期间，平均每小时飞灰量，kg/kg；

L_{ah}——熟料烧失量，%。

其中，干白生料烧失量 L_{bs} 通过下式计算求得：

$$L_{bs} = \frac{100 L_s - D_s (100 - A_{ad}^{rm})}{100 - D_s} \% \quad\cdots\cdots\cdots\cdots\cdots (3)$$

式中：L_s——干生料烧失量，%。

2）入窑煤消耗量

入窑煤消耗量计算方法见公式（4）：

$$m_{ry} = \frac{M_{ry}}{M_{sh}} \quad\cdots\cdots\cdots\cdots\cdots\cdots\cdots\cdots (4)$$

式中：

m_{ry}——每千克熟料入窑燃料量，kg/kg。

3）燃料消耗量

燃料消耗量计算方法见公式（5）：

$$m_r = m_{rm} + m_{ry} \quad\cdots\cdots\cdots\cdots\cdots\cdots\cdots (5)$$

式中：

m_r——每千克熟料燃料总消耗量，kg/kg。

① 根据料球含煤量计算燃料总消耗量

根据料球含煤量计算燃料总消耗量的方法见公式（6）：

$$m_{jr} = \frac{M_s D_{1q} (100 - W_s)(100 - D_s)}{100 M_{sh} (100 - D_{1q})(100 - W_{ar}^{ry})} \quad\cdots\cdots\cdots\cdots (6)$$

式中：

m_{jr}——每千克熟料按料球含煤量计算的燃料量，kg/kg；

D_{1q}——料球含煤量，%。

注：当 m_r 与 m_{jr} 有差异时，以 m_{jr} 为准。

②干燃料量

干燃料量计算方法见公式（7）：

$$m_{gr} = \frac{m_{rm} (100 - W_{ar}^{rm}) + m_{ry} (100 - W_{ar}^{ry})}{100} \quad\cdots\cdots\cdots\cdots (7)$$

式中：

m_{gr}——每千克熟料干燃料总消耗量，kg/kg。

3.2.1.2 干白生料消耗量

1) 干白生料理论消耗量

干白生料理论消耗量计算方法见公式(8):

$$m_{gbl} = \frac{10000 - 100L_{ah} - m_{rm}A_{ad}^{rm}(100 - W_{ar}^{rm}) - m_{ry}A_{ad}^{ry}(100 - W_{ar}^{ry})}{100(100 - L_{bs})} \cdots\cdots (8)$$

式中:

m_{gbl}——每千克熟料干白生料理论消耗量,kg/kg。

2) 干白生料实际消耗量

干白生料实际消耗量计算方法见公式(9):

$$m_{gb} = m_{gbl} + \frac{m_{fh}(100 - L_{fh})}{100 - L_{bs}} \cdots\cdots (9)$$

式中:

m_{gb}——每千克熟料干白生料实际消耗量,kg/kg;

m_{fh}——每千克熟料飞灰量,kg/kg。

3) 白生料计算消耗量

白生料计算消耗量计算方法见公式(10):

$$m_{bs} = \frac{100m_{gb}}{100 - W_s} \cdots\cdots (10)$$

式中:

m_{bs}——每千克熟料白生料计算消耗量,kg/kg。

4) 白生料实测消耗量

白生料实测消耗量计算方法见公式(11):

$$m_{cb} = \frac{M_s(100 - D_s)}{100M_{sh}} \cdots\cdots (11)$$

式中:

m_{cb}——每千克熟料白生料实测消耗量,kg/kg。

注:当 m_{bs} 与 m_{cb} 有差异时,以 m_{bs} 为准。

3.2.1.3 料球物理水量

料球物理水量计算见公式(12):

$$m_{ws} = \frac{W_{lq}(m_{gb} + m_{gr})}{100 - W_{lq}} \cdots\cdots (12)$$

式中:

m_{ws}——每千克熟料生料球带入物理水量,kg/kg;

W_{lq}——料球水分,%。

3.2.1.4 入窑空气质量

入窑空气质量计算见公式(13):

$$m_{yk} = 1.293V_{yk} \cdots\cdots (13)$$

式中:

m_{yk}——每千克熟料鼓入窑空气质量,kg/kg;

V_{yk}——每千克熟料实测入窑空气量,m³/kg。

3.2.1.5 入窑腰风质量

入窑腰风质量计算见公式(14):

$$m_{yf} = 1.293 V_{yf} \quad\text{.............................} \quad (14)$$

式中：

m_{yf}——每千克熟料鼓入窑腰风空气质量，kg/kg；

V_{yf}——每千克熟料实测入窑腰风空气量，m^3/kg。

3.2.1.6 窑罩门漏入空气质量

1）由烟囱废气和窑面废气成分计算漏风系数

①根据氧气平衡计算

$$n_{O_2} = \frac{O_2^g - O_2^{yg}}{21 - O_2^g} \quad\text{.............................} \quad (15)$$

式中：

n_{O_2}——按氧平衡计算的漏风系数；

O_2^g——干烟气中的氧气含量；

O_2^{yg}——窑面干废气中的氧气含量。

② 根据二氧化碳平衡计算

$$n_{CO_2} = \frac{CO_2^{yg} - CO_2^g}{CO_2^g} \quad\text{.............................} \quad (16)$$

式中：

n_{CO_2}——按二氧化碳平衡计算的漏风系数；

CO_2^{yg}——窑面干废气中的二氧化碳含量；

CO_2^g——干烟气中的二氧化碳含量。

以公式（15）和公式（16）分别计算的漏风系数的绝对值，两者相差不能大于0.10。

③ 漏风系数

$$n = \frac{n_{O_2} + n_{CO_2}}{2} \quad\text{.............................} \quad (17)$$

式中：

n——窑罩看火门漏风系数。

注：漏风系数系窑罩门漏入空气量与窑面废气量之比值。

2）窑罩门漏入空气量

窑罩门漏入空气量计算见公式（18）：

$$V_1 = \frac{V_f n (100 - H_2O^f)}{100(n+1)} \quad\text{.............................} \quad (18)$$

式中：

V_1——窑罩门漏入空气量，m^3/kg；

V_f——烟囱废气量每千克熟料；

H_2O^f——烟囱湿废气中的水汽含量。

3）窑罩门漏入空气质量（kg/kg）

窑罩门漏入空气质量计算见公式（19）：

$$m_1 = 1.293 V_1 \quad\text{.............................} \quad (19)$$

式中：

m_1——每千克熟料窑罩门漏入空气质量，m^3/kg。

3.2.1.7 熟料冷却风质量

熟料冷却风质量计算见公式(20)：

$$m_{lqf} = 1.293 V_{lqf} \quad\cdots\cdots\cdots\cdots\cdots\cdots\cdots\cdots\cdots\cdots\cdots\cdots (20)$$

式中：

m_{lqf}——每千克熟料冷却风空气质量，kg/kg；

V_{lqf}——每千克熟料实测熟料冷却风量，$m^3 kg$。

3.2.1.8 物料总收入

物料总收入计算见公式(21)：

$$m_{zs} = m_{gr} + m_{gb} + m_{ws} + m_{yk} + m_1 + m_{yf} + m_{lqf} \quad\cdots\cdots\cdots\cdots\cdots (21)$$

式中：

m_{zs}——每千克熟料物料平衡中的物料总收入量，kg/kg。

3.2.2 物料支出

3.2.2.1 熟料量(m_{sh})，1kg/kg

3.2.2.2 烟囱废气质量

烟囱废气质量计算见公式(22)：

$$m_f = V_{f\rho f} \quad\cdots\cdots\cdots\cdots\cdots\cdots\cdots\cdots\cdots\cdots\cdots\cdots\cdots\cdots\cdots (22)$$

式中：

m_f——每千克熟料烟囱废气质量，kg/kg；

ρf——烟囱废气的密度，kg/m^3。

3.2.2.3 飞灰量

飞灰量计算见公式(23)：

$$m_{fh} = K_f V_f (100 - H_2O^f) 10^{-5} \cdots (kg/kg) \quad\cdots\cdots\cdots\cdots\cdots\cdots (23)$$

式中：

K_f——干废气含干尘量，kg/m^3。

3.2.2.4 出料器漏风量

1)根据燃料的收到基低(位)发热量 $Q_{net,ar}$ 计算燃料完全燃烧时理论空气需要量，计算见公式(24)：

$$V_{lk} = \frac{m_r(0.241 Q_{net,ar} + 500)}{1000} \quad\cdots\cdots\cdots\cdots\cdots\cdots\cdots\cdots\cdots (24)$$

式中：

V_{lk}——每千克熟料燃料完全燃烧时理论空气需要量，m^3/kg；

$Q_{net,ar}$——燃料收到基低(位)发热量，kcal/kg。

2)实际空气需要量($m^3 kg$)

实际空气需要量计算见公式(25)：

$$V_{sk} = V_{lk\alpha yf} \quad\cdots\cdots\cdots\cdots\cdots\cdots\cdots\cdots\cdots\cdots\cdots\cdots\cdots (25)$$

式中：

V_{sk}——燃料完全燃烧时实际空气需要量每千克熟料；

αyf——窑面废气过剩空气系数。

3)出料器漏风量(m^3/kg)

出料器漏风量计算见公式(26)：

$$V_{cl} = V_{yk} - V_{sk} \quad\cdots\cdots\cdots\cdots\cdots\cdots\cdots\cdots\cdots\cdots\cdots\cdots (26)$$

式中：

V_{cl}——出料器漏风量。

4)出料器漏风质量

出料器漏风质量计算见公式(27)：

$$m_{c1} = 1.293 V_{c1} \quad\cdots\cdots\cdots\cdots\cdots\cdots\cdots\cdots\cdots\cdots\cdots\cdots\cdots\cdots (27)$$

式中：

m_{c1}——出料器漏风质量每千克熟料。

3.2.2.5 其他项

$$m_q = m_{zs} - (m_{sh} + m_f + m_{fh} + m_{c1}) \quad\cdots\cdots\cdots\cdots\cdots\cdots\cdots (28)$$

注：其他项值应为正值，占总收入值的比例应≤3%，否则本测量与计算结果无效。

式中：

m_q——每千克熟料物料平衡中的物料其他支出量，kg/kg。

3.3 物料平衡计算结果

物料平衡计算结果见表1。

表1 物料平衡表

项 目		数值/（kg/kg）	%
收入	干燃料消耗量 m_{gr}		
	干白生料消耗量 m_{gb}		
	料球物理水量 m_{ws}		
	鼓入窑空气质量 m_{yk}		
	窑罩门漏入空气质量 m_l		
	入窑腰风质量 m_{yf}		
	熟料冷却风质量 m_{1qf}		
	总计 m_{zs}		
支出	出窑熟料量 m_{sb}		
	烟囱废气质量 m_f		
	飞灰量 m_{fh}		
	出料器漏风质量 m_{c1}		
	其他 m_q		
	总计 m_{zz}		

4 热平衡计算

4.1 平衡范围

出料器熟料出口至烟囱测孔，见图2。

4.2 计算方法

4.2.1 收入热量

4.2.1.1 燃料燃烧热

燃料燃烧热计算方法见公式(29)：

$$Q_{rk} = Q_{net,ar} m_r \quad\cdots\cdots\cdots\cdots\cdots (29)$$

式中：

Q_{rk}——入窑空气显热，kJ/kg。

注：生料中含有燃料外的可燃物时，其发热量应计入。当采用立窑生料中煤的掺入量测定仪测定时，其结果应与计算求得燃料燃烧热误差不得超过2%。

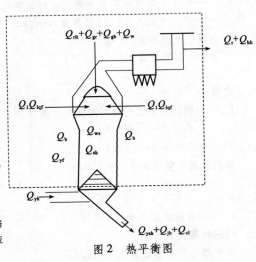

图2 热平衡图

4.2.1.2 干燃料显热

干燃料显热计算方法见公式(30)：

$$Q_{gr} = \frac{C_r m_r t_{1q}(100 - W_{ar})}{100} \quad\text{··············}\quad (30)$$

式中：

Q_{gr}——干燃料显热，kJ/kg；

C_r——燃料的比热，kJ/(kg·℃)；

t_{1q}——料球温度，K；

W_{ar}——燃料的收到基水分，%。

4.2.1.3 干白生料显热

干白生料显热计算方法见公式(31)：

$$Q_{gb} = C_{bs} m_{gb} t_{1q} \quad\text{··············}\quad (31)$$

式中：

Q_{gb}——干白生料显热，kJ/kg；

C_{bs}——白生料的比热，kJ/(kg·℃)。

4.2.1.4 料球物理水显热

料球物理水显热计算方法见公式(32)：

$$Q_w = C_{ws} m_{ws} t_{1q} \quad\text{··············}\quad (32)$$

式中：

Q_w——料球物理水显热，kJ/kg；

C_{ws}——水的比热，kJ/(kg·℃)。

4.2.1.5 入窑空气显热

入窑空气显热计算方法见公式(33)：

$$Q_{yk} = C_k V_{yk} t_{yk} \quad\text{··············}\quad (33)$$

式中：

Q_{yk}——入窑空气显热，kJ/kg；

C_k——空气的比热，kJ/(kg·℃)；

t_{yk}——入窑空气湿度，K。

4.2.1.6 窑罩门漏入空气显热

窑罩门漏入空气显热计算方法见公式(34)：

$$Q_1 = C_k V_1 t_1 \quad\text{··············}\quad (34)$$

式中：

Q_1——窑罩门漏入空气显热，kJ/kg；

t_1——窑罩门漏入空气湿度，K。

4.2.1.7 热量总收入

热量总收入计算方法见公式(35)：

$$Q_{zs} = Q_{rR} + Q_{gr} + Q_{gb} + Q_w + Q_{yk} + Q_1 \quad\text{··············}\quad (35)$$

式中：

Q_{zs}——热量总收入，kJ/kg；

Q_{rR}——燃料燃烧热。

4.2.2 支出热量

4.2.2.1 理论热耗

1）熟料形成中放出热量

① 熟料矿物形成时放出的热量

熟料矿物形成时放出的热量计算方法见公式(36)：

$$q_1 = 4.47C_3S + 6.02C_2S + 0.38C_3A + 1.09C_4AF \qquad (kJ/kg) \quad\cdots\cdots\cdots (36)$$

② 熟料由1400℃冷却到0℃放出的热量

熟料由1400℃冷却到0℃放出的热量计算方法见公式(37)：

$$q_2 = 1527 \qquad (kJ/kg) \quad\cdots\cdots\cdots\cdots\cdots\cdots\cdots (37)$$

③ 生料化合水由450℃冷却到0℃放出的热量

生料化合水由450℃冷却到0℃放出的热量计算方法见公式(38)：

$$q_3 = 11.91 m_{gb1} Al_2O_3^{bs} \qquad (kJ/kg) \quad\cdots\cdots\cdots\cdots\cdots (38)$$

其中：

$$Al_2O_3^{bs} = \frac{10000Al_2O_3^s - D_s A_{ad}^{rm} Al_2O_3^{mh}}{100(100 - D_s)}\%$$

式中：

$Al_2O_3^{bs}$——干白生料的三氧化二铝含量，%；

$Al_2O_3^s$——干生料的三氧化二铝含量，%；

$Al_2O_3^{mh}$——煤灰的三氧化二铝含量，%。

④ 生料中的二氧化碳由900℃冷却到0℃放出的热量

生料中的二氧化碳由900℃冷却到0℃放出的热量计算方法见公式(39)：

$$q_4 = (7.57CaO^{bs} + 10.51MgO^{bs}) m_{gb1} \qquad (kJ/kg) \quad\cdots\cdots\cdots (39)$$

其中：

$$CaO^{bs} = \frac{10000CaO^s - D_s A_{rm}^g CaO^{mb}}{100(100 - D_s)}\%$$

$$MgD^{bs} = \frac{10000MgO^s - D_s A_{rm}^g MgO^{mh}}{100(100 - D_s)}\%$$

式中：

CaO^{bs}——干白生料的氧化钙含量，%；

CaO^s——干生料的氧化钙含量，%；

CaO^{mh}——煤灰的氧化钙含量，%；

MaO^{bs}——白生料的氧化镁含量，%；

MaO^s——生料的氧化镁含量，%；

MaO^{mh}——煤灰的氧化镁含量，%。

⑤ 生成偏高岭土放出的热量

生成偏高岭土放出的热量计算方法见公式(40)：

$$q_5 = 6.5 Al_2O_3^{sh} (kJ/kg) \quad\cdots\cdots\cdots\cdots\cdots\cdots\cdots (40)$$

式中：

$Al_2O_3^{sh}$——熟料的三氧化二铝含量，%。

2）熟料形成中吸收热量(kJ/kg)

① 干生料由0℃加热到450℃所需热量

干生料由0℃加热到450℃所需热量计算方法见公式(41)：

$$q_1' = 476 m_{gb1} \cdots (kJ/kg) \quad\cdots\cdots\cdots\cdots\cdots\cdots\cdots\cdots\cdots\cdots (41)$$

② 高岭土脱水所需热量

高岭土脱水所需热量计算方法见公式(42):

$$q_2' = 23.62 m_{gb1} Al_2O_3^{bs} \cdots (kJ/kg) \quad\cdots\cdots\cdots\cdots\cdots\cdots\cdots (42)$$

③ 脱水后的物料由450℃加热到900℃所需热量

脱水后的物料由450℃加热到900℃所需热量计算方式见公式(43):

$$q_3' = (533 - 1.88 Al_2O_3^{bs}) m_{gb1} \cdots (kJ/kg) \quad\cdots\cdots\cdots\cdots\cdots (43)$$

④ 物料中的碳酸盐分解所需热量

物料中的碳酸盐分解所需热量计算方式见公式(44):

$$q_4' = (29.57 CaO^{bs} + 17.06 MgO^{bs}) m_{gb1} \cdots (kJ/kg) \quad\cdots\cdots\cdots (44)$$

⑤ 碳酸盐分解后物料由900℃加热到1400℃所需热量

碳酸盐分解后物料由900℃加热到1400℃所需热量计算方法见公式(45):

$$q_5' = (516 - 5.16 L_{bs}) m_{gb1} \cdots kJ/kg \quad\cdots\cdots\cdots\cdots\cdots\cdots\cdots (45)$$

⑥ 液相形成所需热量

液相形成所需热量计算方法见公式(46):

$$q_6' = 250 \cdots (kJ/kg) \quad\cdots\cdots\cdots\cdots\cdots\cdots\cdots\cdots\cdots\cdots\cdots (46)$$

3) 理论热耗

理论热耗计算方法见公式(47):

$$Q_{sh} = (q_1' + q_2' + q_3' + q_4' + q_5' + q_6') - (q_1 + q_2 + q_3 + q_4 + q_5) \quad\cdots\cdots (47)$$

式中:

Q_{sh}——理论热耗, kJ/kg。

4.2.2.2 蒸发料球物理水耗热

蒸发料球物理水耗热计算方法见公式(48):

$$Q_{ws} = 2488 m_{ws} \quad\cdots\cdots\cdots\cdots\cdots\cdots\cdots\cdots\cdots\cdots\cdots\cdots\cdots (48)$$

式中:

Q_{ws}——蒸发料球物理水耗热量, kJ/kg。

4.2.2.3 熟料带走显热

熟料带走显热计算方法见公式(49):

$$Q_{ysh} = C_{sh} t_{ysh} \quad\cdots\cdots\cdots\cdots\cdots\cdots\cdots\cdots\cdots\cdots\cdots\cdots (49)$$

式中:

Q_{ysh}——出窑熟料含热量, kJ/kg;

C_{sh}——熟料的比热, kJ/(kg·℃);

t_{ysh}——出窑熟料温度, K。

4.2.2.4 烟气带走显热

烟气带走显热计算方法见公式(50):

$$Q_f = C_f V_f t_f \quad\cdots\cdots\cdots\cdots\cdots\cdots\cdots\cdots\cdots\cdots\cdots\cdots\cdots (50)$$

其中:

$$C_f = \frac{CO_2^f \cdot C_{CO_2} + O_2^f \cdot C_{O_2} + CO^f \cdot C_{CO} + N_2^f \cdot C_{N_2}}{100} +$$

$$\frac{H_2^f \cdot C_{H_2} + CH_4^f \cdot C_{CH_4} \cdot H_2O^f \cdot C_{H_2O}}{100} \quad kJ/m^3 \cdot ℃$$

式中：

Q_f——烟气带走显热，kJ/kg；

C_f——烟囱废气的比热，kJ/(kg·℃)；

CO_2^f——烟气中二氧化碳的百分含量，%；

C_{CO_2}——二氧化碳气体的比热，kJ/(kg·℃)；

O_2^f——烟气中氧气的百分含量，%；

C_{O_2}——氧气的比热，kJ/(kg·℃)；

CO^f——烟气中一氧化碳的百分含量，%；

C_{CO}——一氧化碳气体的比热，kJ/(kg·℃)；

N_2^f——烟气中氮气的百分含量，%；

C_{N_2}——氮气的比热，kJ/(kg·℃)；

H_2^f——烟气中氢气的百分含量，%；

C_{H_2}——氢气的比热，kJ/(kg·℃)；

CH_4^f——烟气中甲烷气的百分含量，%；

C_{CH_4}——甲烷气的比热，kJ/(kg·℃)；

C_{H_2O}——水蒸气的比热，kJ/(kg·℃)。

4.2.2.5 窑系统表面散热损失（Q_b）

Q_b 通过实测并换算成每千克熟料表面散热损失，kJ/kg。

4.2.2.6 机械不完全燃烧热损失

机械不完全燃烧热损失计算方法见公式(51)：

$$Q_{jb} = 338.71 D_{sh} \quad\cdots\cdots\cdots\cdots\cdots\cdots\cdots\cdots\cdots\cdots\cdots (51)$$

式中：

Q_{jb}——机械不完全燃烧热损失，kJ/kg；

D_{sh}——熟料含碳量，%。

4.2.2.7 化学不完全燃烧热损失

化学不完全燃烧热损失计算方法见公式(52)：

$$Q_{hb} = 12733 V_{CO} + 10747 V_{H_2} + 36087 V_{CH_4} \quad\cdots\cdots\cdots\cdots\cdots\cdots (52)$$

式中：

Q_{hb}——化学不完全燃烧热损失，kJ/kg；

V_{CO}——烟囱废气中 CO 的含量，%；

V_{H_2}——烟囱废气中 H_2 的含量，%；

V_{CH_4}——烟囱废气中 CH_4 的含量，%。

4.2.2.8 水冷却热损失

水冷却热损失计算方法与公式(53)：

$$Q_{ls} = 4.1816 m_{ls}(t_{cs} - t_{js}) \quad\cdots\cdots\cdots\cdots\cdots\cdots\cdots\cdots\cdots (53)$$

式中：

Q_{ls}——水冷却热损失，kJ/kg；

m_{ls}——冷却水实际消耗量，kg/kg；

t_{cs}——水冷却出水温度，℃；

t_{js}——水冷却进水温度，℃。

4.2.2.9 出料器漏风热损失

出料器漏风热损失计算方法见公式（54）：

$$Q_{cl} = C_k V_{cl} t_{cl} \quad\cdots\cdots\cdots\cdots\cdots\cdots\cdots\cdots\cdots\cdots\cdots\cdots \text{（54）}$$

式中：

Q_{cl}——出料器漏风带走热损失，kJ/kg；

t_{cl}——出料器漏风温度，K。

4.2.2.10 其他项

其他项计算方法见公式（55）：

$$Q_q = Q_{zs} - (Q_{sh} + Q_{ws} + Q_{ysh} + Q_f + Q_b + Q_{jb} + Q_{hb} + Q_{ls} + Q_{cl}) \quad\cdots\cdots\cdots \text{（55）}$$

式中：

Q_q——其他项热损失，kJ/kg。

注：其他项值应为正值，占总收入值的比例应≤3%，否则本测量与计算结果无效。

4.3 热平衡计算结果

热平衡计算结果见表2。

表2 热平衡表

项 目		数 值		%
		国际单位 kJ/kg	工程单位 kcal/kg	
收入	燃料燃烧热 Q_{rR}			
	干燃料显热 Q_{gr}			
	干白生料显热 Q_{gb}			
	料球物理水显热 Q_w			
	入窑空气显热 Q_{yk}			
	窑罩门漏入空气显热 Q_1			
	入窑腰风显热 Q_{yf}			
	熟料冷却风显热 Q_{lqf}			
	总计 Q_s			
支出	理论热耗 Q_{sh}			
	蒸发料球物理水耗热 Q_{ws}			
	熟料带走显热 Q_{ysh}			
	烟气带走显热 Q_f			
	窑系统表面散热损失 Q_b			
	机械不完全燃烧热损失 Q_{jb}			
	化学不完全燃烧热损失 Q_{hb}			
	水冷却热损失 Q_{ls}			
	出料器漏风热损失 Q_{cl}			
	其他 Q_q			
	总计 Q_{zs}			
备 注				

5 热效率计算

机立窑热效率计算应按公式(56)计算:

$$\eta_{sc} = \frac{Q_{sh}}{Q_{rR}} \times 100\% \quad\cdots\cdots\cdots\cdots\cdots\cdots\cdots\cdots\cdots\cdots\cdots\cdots\cdots\cdots\cdots\cdots (56)$$

式中:

η_{sc}——热效率,%。

6 可比熟料综合标准煤耗计算

6.1 熟料综合标准煤耗

熟料综合标准煤耗应按公式(57)计算:

$$e_{c1} = \frac{P_c Q_{net,ar}}{Q_{bm} P_{c1}} - e_{he} - e_{hu} \quad\cdots\cdots\cdots\cdots\cdots\cdots\cdots\cdots\cdots\cdots\cdots\cdots\cdots (57)$$

式中:

e_{c1}——熟料综合标准煤耗,单位为千克每吨(kg/t);

P_c——测量期内用于烧成熟料的入窑实物煤总量,单位为千克(kg);

$Q_{net,ar}$——测量期内入窑实物煤的加权平均低位发热量,单位为千焦每千克(kJ/kg);

Q_{bm}——每千克标准煤发热量,见 GB/T 2589,单位为千焦每千克(kJ/kg);

P_{c1}——测量期内的熟料总产量,单位为吨(t);

e_{he}——测量期内余热发电折算的单位熟料标准煤量,单位为千克每吨(kg/t),本项数据为回转窑工艺所用,立窑工艺本项数据记为 0;

e_{hu}——测量期内余热利用的热量折算的单位熟料标准煤量,单位为千克每吨(kg/t),项数据为回转窑工艺所用,立窑工艺本项数据记为 0。

6.2 可比熟料综合标准煤耗(kg/t)

可比熟料综合标准煤耗 Q 计算方法见公式(58):

$$Q = aKe_{c1} = \sqrt[4]{\frac{52.5}{A}} \cdot \sqrt{\frac{P_H}{P_0}} \quad e_{c1} \quad\cdots\cdots\cdots\cdots\cdots\cdots\cdots\cdots\cdots (58)$$

式中:

a——熟料强度等级修正系数;

K——海拔修正系数,水泥企业所在地海拔高度超过 1000m 时进行海拔修正;

A——统计期内熟料平均 28d 抗压强度,单位为兆帕(MPa);

52.5——统计期内熟料平均抗压强度修正到 52.5MPa;

P_0——海平面环境大气压,101325 帕(Pa);

P_H——当地环境大气压,单位为帕(Pa)。

附　录　A
（资料性附录）
系统设备概况和热工测量数据汇总表

表 A.1　系统设备概况

			单位	
厂名				
厂址				
窑的编号				
煅烧工艺…				
设备名称			单位	
立窑	规格		m	
	喇叭口规格		m	
	直筒部分规格		m	
立窑外部尺寸	喇叭口		m	
	直筒部分		m	
烟囱规格			m	
窑罩	规格		m	
	看火门	数量	个	
		尺寸(上底×下底×高)	m	
出料器	进料口规格		m	
	规格		mm	
	与水平线夹角		度	
	控制方式			
卸料篦子	形式			
	运转速度	摆(转)动次数	rpm	
		摆动角度	度	
	油泵(电机)规格型号			
鼓风机	型号			
	台数		台	
	铭牌风量		m³/min	
	铭牌风压		Pa	
	电动机	功率	kW	
		转数	rpm	
	送风方式			

续表

			单位	
	厂名			
	厂址			
	窑的编号			
	煅烧工艺…			
	设备名称		单位	
成球盘		直径	m	
		边高	m	
		转数	rpm	
		斜度	度	
	电动机	功率	kW	
		转数	rpm	
喂料机		规格	mm	
		转数	rpm	
	电动机	功率	kW	
		转数	rpm	
煤料混合方法	生料计量	形式		
		计量设备规格		
		流量调节范围		
	煤计量	形式		
		计量设备规格		
		流量调节范围		

＊＊＊煅烧工艺是指采用的白生料法、半黑生料法、全黑生料法、包壳料球法、差热煅烧法或非差热煅烧法。

表A.2　热工测量数据汇总

			单位	
	测量时间(　　年　月　日～　月　日)			
	测量单位与参加人员			
天气情况		气候		
		气压/Pa(mmHg)		
		风速/(m/s)		
		室外温度/℃		
		空气湿度/%		
	测量项目		单位	
熟料		产量 M_{sh}	kg/h	
	化学成分	SiO_2^{sh}	%	
		$Al_2O_3^{sh}$	%	
		$Fe_2O_3^{sh}$	%	
		CaO^{sh}	%	
		MgO^{sh}	%	
		L_{sh}	%	

续表

测量时间（ 年 月 日～ 月 日）				
测量单位与参加人员				
天气情况	气候			
	气压/Pa(mmHg)			
	风速/(m/s)			
	室外温度/℃			
	空气湿度/%			
测量项目			单位	
熟料	含碳量 D_{sh}		%	
	石灰饱和系数 KH/KH⁻			
	硅酸率 n			
	铝氧率 p			
	出窑熟料温度 t_{ysh}		K	
	矿物组成	C_3S		
		C_2S		
		C_3A		
		C_4AF		
		$f-CaO$		
	物量强度	抗折	3d	MPa	
			28d	MPa	
		抗压	3d	MPa	
			28d	MPa	
生料	用量 M_s		kg/h	
	水分 W_s		%	
	化学成分	L_s	%	
		SiO_2^s	%	
		$Al_2O_3^s$	%	
		$Fe_2O_3^s$	%	
		CaO^s	%	
		MgO^s	%	
		K_2O^s	%	
		Na_2O^s	%	
料球	含煤量 D_s		%	
	水分 W_{lq}		%	
	温度 t_{lq}		K	
	含煤量 D_{lq}		%	

续表

	测量时间(年 月 日~ 月 日)				
	测量单位与参加人员				
天气情况	气候				
	气压/Pa(mmHg)				
	风速/(m/s)				
	室外温度/℃				
	空气湿度/%				
	测量项目		单位		
	种类			入磨煤	入窑煤
	产地				
燃料	工业分析	全水分 W^y	%		
		水分 W^t	%		
		灰分 A^t	%		
		挥分 V^f	%		
		固定碳 C^f	%		
	应用基低(位)发热量 Q_{DW}^y		kJ/kg		
	煤灰化学成分	SiO_2^{mh}	%		
		$Al_2O_3^{mh}$	%		
		$Fe_3O_3^{mh}$	%		
		CaO^{mh}	%		
		MgO^{mh}	%		
	用量	入磨煤 m_{rm}	kg/kg		
		入窑煤 m_{ry}	kg/kg		
		合计 m_r	kg/kg		
进入系统空气	鼓风机入窑空气	容量 V_{yk}	m^3/kg		
		温度 t_{yk}	K		
		压力 P_{yk}	Pa		
	漏入空气窑罩门	容量 V_l	m^3/kg		
		温度 t_l	K		
烟囱废气	容量 V_f		m^3/kg		
	温度 t_f		K		
	压力 P_f		Pa		
	成分	CO_2^g	%		
		O_2^g	%		
		CO^g	%		
		N_2^g	%		
		CH_4^g	%		
		H_2^g	%		
	过剩空气系数 α_f				

		测量时间(年 月 日~ 月 日)		
		测量单位与参加人员		
天气情况		气候		
		气压/Pa(mmHg)		
		风速/(m/s)		
		室外温度/℃		
		空气湿度/%		
		测量项目	单位	
烟气飞灰		质量 m_{fh}	kg/kg	
		烧失量 L_{fh}	%	
窑面废气	成分	CO_2^{yg}	%	
		O_2^{yg}	%	
		CO^{yg}	%	
		N_2^{yg}	%	
	过剩空气系数 α_{yf}			
		备注		

附 录 B
（资料性附录）
常用数据表

表 B.1　主要气体的常数

名称	分子式	分子量	密度 kg/m³		热值 kJ/m³	
			计算值	实测值	Q_{GW}	Q_{DW}
空气	—	29	1.2922	1.2928		
氧	O_2	32	1.4276	1.42895		
氢	H_2	2	0.08994	0.08994	12755.1 (3050)	10789.6 (2580)
氮	N_2	28	1.2499	1.2505		
一氧化碳	CO	28	1.2495	1.2500	12629.6 (3020)	12629.6 (3020)
二氧化碳	CO_2	44	1.9634	1.9768		
水蒸气	H_2O	18	—	0.804		
甲烷	CH_4	16	0.7152	0.7163	39729.0 (9500)	35802.1 (8561)

表 B.2　主要气体的平均比热

单位为 kJ/(m³·℃)[kcal/(m³·℃)]

$t/℃$	CO_2	H_2O	空气	CO	N_2	O_2	H_2	CH_4
0	1.606 (0.384)	1.489 (0.365)	1.296 (0.310)	1.296 (0.310)	1.296 (0.310)	1.305 (0.312)	1.280 (0.306)	1.539 (0.368)
100	1.736 (0.415)	1.497 (0.358)	1.301 (0.311)	1.301 (0.311)	1.301 (0.311)	1.313 (0.314)	1.292 (0.309)	1.614 (0.386)
200	1.802 (0.431)	1.514 (0.362)	1.309 (0.313)	1.305 (0.312)	1.305 (0.312)	1.334 (0.319)	1.296 (0.310)	1.752 (0.419)
300	1.878 (0.449)	1.535 (0.367)	1.317 (0.315)	1.317 (0.315)	1.313 (0.314)	1.355 (0.324)	1.301 (0.311)	1.886 (0.451)
400	1.940 (0.464)	1.556 (0.372)	1.330 (0.318)	1.330 (0.318)	1.332 (0.316)	1.376 (0.329)	1.301 (0.311)	2.007 (0.480)
500	2.007 (0.480)	1.581 (0.378)	1.342 (0.321)	1.342 (0.321)	1.334 (0.319)	1.397 (0.334)	1.305 (0.312)	2.129 (0.509)

表 B.3 煤的平均比热

单位为 kJ/(kg·℃)[kcal/(kg·℃)]

| t/℃ \ 比热 | 煤的挥发分/% | | | | | |
	10	15	20	25	30	35
0	0.953 (0.228)	0.987 (0.236)	1.025 (0.245)	1.058 (0.253)	1.096 (0.262)	1.129 (0.270)
10	0.966 (0.231)	0.999 (0.239)	1.037 (0.248)	1.075 (0.257)	1.112 (0.266)	1.146 (0.274)
20	0.979 (0.234)	1.016 (0.243)	1.054 (0.252)	1.092 (0.261)	1.125 (0.269)	1.163 (0.278)
30	0.994 (0.237)	1.033 (0.247)	1.071 (0.256)	1.108 (0.265)	1.142 (0.273)	1.179 (0.282)
40	1.008 (0.241)	1.046 (0.250)	1.083 (0.259)	1.121 (0.268)	1.158 (0.277)	1.196 (0.286)
50	1.025 (0.245)	1.062 (0.254)	1.100 (0.263)	1.138 (0.272)	1.175 (0.281)	1.213 (0.290)
60	1.037 (0.248)	1.079 (0.258)	1.112 (0.266)	1.154 (0.276)	1.192 (0.285)	1.230 (0.294)

表 B.4 熟料的平均比热

单位为 kJ/(kg·℃)[kcal/(kg·℃)]

温度 t/℃	比热	温度 t/℃	比热
0	0.736(0.176)	400	0.895(0.214)
20	0.736(0.176)	500	0.916(0.219)
100	0.782(0.187)	600	0.937(0.224)
200	0.824(0.197)	700	0.953(0.228)
300	0.861(0.206)	800	0.970(0.232)

表 B.5 不同温差、风速的散热系数

单位为 kJ/(m²·h·℃)[kcal/(m²·h·℃)]

| 散热系数 α \ 温差 Δt/℃ | 风速 m/s | | | | | | | | |
	0	0.24	0.48	0.69	0.90	1.20	1.50	1.75	2.0
40	45.16 (10.8)	50.60 (12.1)	56.03 (13.4)	61.47 (14.7)	66.92 (16.0)	75.69 (18.1)	84.47 (20.2)	93.25 (22.3)	102.03 (24.4)
50	47.67 (11.4)	53.11 (12.7)	58.54 (14.0)	63.98 (15.3)	69.42 (16.6)	78.61 (18.8)	87.40 (20.9)	96.18 (23.0)	104.54 (25.0)
60	50.18 (12.0)	56.03 (13.4)	61.47 (14.7)	66.91 (16.0)	71.92 (17.2)	81.42 (19.4)	89.90 (21.5)	98.69 (23.6)	107.47 (25.7)

续表

散热系数 α 风速 m/s 温差 Δt/℃	0	0.24	0.48	0.69	0.90	1.20	1.50	1.75	2.0
70	52.69 (12.6)	58.54 (14.0)	64.40 (15.4)	69.83 (16.7)	74.85 (17.9)	84.05 (20.1)	92.83 (22.2)	101.61 (24.3)	110.39 (26.4)
80	54.78 (13.1)	61.05 (14.6)	66.91 (16.0)	72.34 (17.3)	77.36 (18.5)	86.56 (20.7)	95.34 (22.8)	104.12 (24.9)	112.90 (27.0)
90	57.29 (13.7)	63.56 (15.2)	69.42 (16.6)	74.85 (17.9)	79.87 (19.1)	89.07 (21.3)	97.85 (23.4)	106.63 (25.5)	115.83 (27.7)
100	59.80 (14.3)	66.07 (15.8)	72.34 (17.3)	77.78 (18.6)	82.80 (19.8)	92.00 (22.0)	100.78 (24.1)	109.56 (26.2)	118.34 (28.3)

附 录 C
（资料性附录）
原始数据记录表

表 C.1 煤的工业分析结果与发热量

编号	煤种	产地	工业分析结果/%						发热量/（kJ/kg）或（kcal/kg）	
			W^y	W^f	V^f	A^f	A^g	C^f	Q_{DW}^f	Q_{DW}^y

表 C.2 煤灰化学成分 　　　　　　　　　%

编号	SiO_2	Al_2O_3	Fe_2O_3	CaO	MgO	其他	总和

表 C.3 煤消耗量抽测记录

时间 h:min	抽测秒数/s	煤质量/kg	平均流量/（kg/s）	备注

表 C.4 生料化学成分 　　　　　　　　　%

编号	烧失量 L_{sh}	SiO_2	Al_2O_3	Fe_2O_3	CaO	MgO	其他	总和

表 C.5　生料水分与含煤量(发热量)测定记录

编号	水分 W_s/%	含煤量 D_s/% 发热量 Q/(kJ/kg)	备注

表 C.6　生料消耗量抽测记录

时间 h:min	抽测秒数/s	生料质量/kg	平均流量/(kg/s)	备注

表 C.7　熟料成分和含碳量测定记录　　　　　　　　　　　%

编号	烧失量 L_{sh}	SiO_2	Al_2O_3	Fe_2O_3	CaO	MgO	其他	总和	含碳量 D_{sh}

表 C.8　熟料矿物组成和率值

编号	$f-CaO$/%	C_3S/%	C_2S/%	C_3A/%	C_4AF/%	KH	KH^-	n	p

表 C.9　熟料物料性能测定记录

编号	标准稠度	凝结时间 h:min		安定性	强度/MPa					
		初凝	终凝		抗折			抗压		
					3d	7d	28d	3d	7d	28d

表 C.10　料球温度、水分和含煤量的测定记录

编号	水分 W_{1q}/%	温度 t_{1q}/℃	含煤量 D_{1q}/%	备注

表 C.11 烟囱废气温度和湿含量的测定记录

时:分 h/min	烟囱号	废气温度/℃	干球温度/℃	湿球温度/℃	相对湿度/℃	湿含量/(kg/kg)

表 C.12 烟囱、窑面废气成分分析

时:分 h:min	取样点	球胆号	含量/%						a
			CO_2	O_2	CO	H_2	CH_4	N_2	

表 C.13 烟囱废气、入窑空气动静压的测定记录

压力计倾斜系数 $K = $ _____

时:分 h:min	初读数 /mmH$_2$O	气体温度 /℃	静压 /mmH$_2$O	动压/mmH$_2$O								备注
				1	2	3	4	5	6	7	8	

表 C.14 烟囱废气含尘量的测定记录

抽气时间 h:min ~ h:min	流量计控制流量 L/m	抽气系数		抽气量/m³	滤筒质量/g		尘质量/g	含尘率 /(mg/m³)
		温度 /℃	负压 /mmHg		原质量	集尘后质量		

表 C.15 窑体表面温度的测量记录

℃

时:分 h:min	测点									
	1	2	3	4	5	6	7	8	9	10

表 C.16 出窑熟料、出料器漏风温度的测量记录

时:分 h:min	出窑熟料温度/℃	出料器漏风温度/℃	备注

表 C.17 大气和环境温度、气压的记录

时:分 h:min	环境温度/℃	大气压/Pa	备注

ICS
Q
备案号:27689—2010

中华人民共和国建材行业标准

JC/T 731—2009
代替 JC/T 731—1996

机械化水泥立窑热工测量方法

Methods for heat-measuring of mechanical cement shaft kilns

2009-02-04 发布

2010-06-01 实施

中华人民共和国工业和信息化部　发布

前　　言

本标准自实施之日起,代替 JC/T 731—1996《机械化水泥立窑热工测量方法》。

本标准与 JC/T 731—1996 相比,主要变化如下:

——将熟料冷却风、烟囱收尘器出口浓度等纳入测量范围(1996 年版的第 3 章,本版的 5.1.2);

——对测量频次进行了修改(本版的第 5 章);

——增加了腰风、熟料冷却风的测量项目(本版的 5.1.2);

——对黑生料发热量的测量增加用"氧弹仪"方法测量(本版的 5.2.1)。

本标准附录 A 为规范性附录。

本标准由国家工业和信息化部提出。

本标准由全国水泥标准化技术委员会(SAC/TC 184)归口。

本标准负责起草单位:中国建筑材料科学研究总院。

本标准参加起草单位:合肥水泥研究设计院、国家建筑材料工业建筑材料节能检测评价中心、南京建通水泥技术开发有限公司、云南大理弥渡庞威有限公司、黑龙江嫩江华夏水泥有限公司、湖南省洞口县为百水泥厂、云南易门东源水泥有限公司、广西华宏水泥股份有限公司、广西平果万佳水泥有限公司、内蒙古乌后旗棋样建材有限公司、山东宏艺科技发展有限公司、北京炭宝科技发展有限公司、南京宇科重型机械有限公司、江苏科行集团、浙江圣奥耐火材料有限公司、浙江锦诚耐火材料有限公司、上海福丰电子有限公司、甘肃博石水泥技术工程公司。

本标准主要起草人:赵慰慈、顾惠元、王雅明、丁奇生、缪建通、滕振旗、任光远、崔宝玲、曾维柏、周崇武、赵洪义、陈开明、范圣良、罗博、朱其良。

本标准于 1996 年首次发布,本次为第一次修订。

机械化水泥立窑热工测量方法

1 范围

本标准规定了生产硅酸盐水泥熟料的各类型机械化立窑系统（以下简称机立窑）的热工测量方法。

本标准适用于生产硅酸盐水泥熟料的各类机立窑系统的热工测量。

2 规范性引用文件

下列文件中的条款通过本标准的引用而成为本标准的条款。凡是注日期的引用文件，其随后所有的修改单（不包括勘误的内容）或修订版均不适用于本标准，然而，鼓励根据本标准达成协议的各方研究是否可使用这些文件的最新版本。凡是不注日期的引用文件，其最新版本适用于本标准。

GB/T 175　通用硅酸盐水泥

GB/T 176　水泥化学分析方法

GB/T 211　煤中全水分的测定方法

GB/T 212　煤的工业分析方法

GB/T 213　煤的发热量测定方法

GB/T 1574　煤灰成分分析方法

GB/T 2589　综合能耗计算通则

GB16780　水泥单位产品能源消耗限额

GB/T 17671　水泥强度检验方法（GB/T 17671—1999,idt ISO679:1989）

GB/T 21372　硅酸盐水泥熟料

JC/T 730　水泥回转窑热平衡、热效率、综合能耗计算方法

JC/T 732　机械化水泥立窑热工计算

JC/T 733　水泥回转窑热平衡测定方法

JC/T 1005　水泥黑生料发热量测定方法

3 术语和定义

下列术语和定义适用于本标准。

3.1 干白生料耗　dry raw meal consumption 生产1kg熟料所消耗的不含燃料的干生料量，以 kg/kg 表示。

3.2 风量　air volume

生产过程中实际入窑的风量（折算成标准状态），以 m^3/kg 表示。

3.3 熟料产量　output of clinker

3.3.1 台时产量　output per hour of one shaft kiln

每台立窑每小时生产的熟料量，以 kg/h 表示。

3.3.2 立窑单位断面积产量　production per unit section area of shaft kiln

台时产量与紧靠喇叭口的直筒部分横断面积之比，以 $kg/(m^2 \cdot h)$ 表示。

3.3.3 立窑单位容积产量　production per unit volume of shaft kiln

台时产量与窑有效容积之比，以 $kg/(m^3 \cdot h)$ 表示。

3.4 烧成热耗　heat waste during firing

煅烧1kg熟料实际消耗的热量，以 kJ/kg 表示。

3.5 煤耗　coal waste

3.5.1 实物煤耗　coal waste in kind

煅烧1kg熟料实际消耗的煤量，以 kg/kg 表示。

3.5.2 标准煤耗　standard coal waste

煅烧 1kg 熟料所消耗的标准煤量,以 kg/kg 表示。

4 测量前的准备

4.1 制定测量计划

4.1.1 每次测量确定负责人,制定测量计划。

4.1.2 测量计划的内容包括:任务、内容和要求、人员的组织分工、进度和注意事项等。

4.2 测量仪器、仪表、计量装置及窑系统设备的检查

4.2.1 测量仪器、仪表及计量装置应在校准有效期内。

4.2.2 立窑系统设备在测量前须进行检查,如有不正常现象应予以排除。

4.3 测点

根据要求,布置测点和开好测量孔。

4.4 试测

4.4.1 在窑系统运转正常时进行试验性测量

4.4.2 试测和正式测量期间所用原料、燃料及生料成分应稳定。

4.4.3 所有测量项目应按 5.2 的要求进行试测。

5 测量要求和方法

5.1 测量时间和周期

5.1.1 在窑系统运转正常的情况下总的连续测量时间不小于 16h(应含三个班次)。

5.1.2 各测量和分析项目的测量(采样)周期见表 1,测量(采样)点示意图见图 1。

表 1 各测量和分析项目的测量(采样)周期

项 目		测量(采样)点	周 期	备 注
燃料	a)工业分析	1. 入磨煤 在库底或磨头仓下喂料设备 2. 入窑煤(外加煤) 在配煤楼(站)煤仓下喂料设备(窑面储煤料车)	1h 取样一次,将测量期间取得的试样缩分后测定	
	b)灰分化学成分		2h	
	c)热值			
	d)水分		1h 测量流量一次,每次测量时间不少于 30s,外加煤按实际用量过磅计量	
	e)消耗量			
生料	a)化学成分	配煤楼生料小仓或生料库底喂料设备	1h 取样一次,将取得的试样缩分后测定	
	b)水分		4h	
	c)含煤量		1h 取样一次,4h 一组试样混合测定一次	
	d)消耗量		1h 测量流量一次,每次测量时间不少于 10s	
熟料	a)化学成分	出料器下输送机	1h 取样一次,将测量期间取得的试样缩分后测定	取样时应考虑熟料在窑内的停留时间
	b)矿物组成和 $f-CaO$			
	c)含煤量			
	d)物理性能			
	e)产量			
料球	a)水分	成球盘出料口或皮带喂料机上	1h	
	b)温度			
	c)含煤量		1h 取样一次,4h 一组试样混合测定一次	

项　目		测量（采样）点	周　期	备　注
烟囱废气	a）温度	收尘器后烟囱测孔	1h	装设双烟囱的立窑应轮流测量
	b）成分			
	c）湿含量			
	d）静压			
	e）动压			
	f）含尘量		2h	
窑面废气成分		窑面	2h	
窑体散热损失		窑壁、窑罩、烟囱表面	4h	
出窑熟料温度		出料器	1h	
出料器漏风温度		出料器	1h	
入窑空气 熟料冷却风 腰风	a）温度	入窑风管 熟料冷却风管 腰风管	1h	
	b）静压			
	c）动压			
大气和环境	a）温度 b）气压	窑表面2m周围	4h	

5.2　测量方法

5.2.1　燃料（煤）的测量

5.2.1.1　煤的工业分析

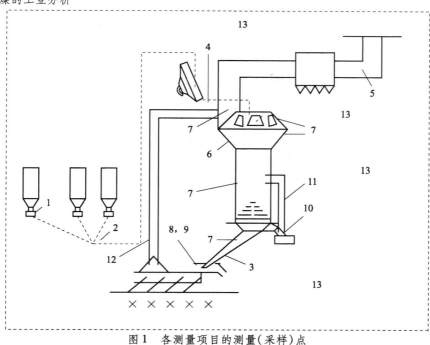

图1　各测量项目的测量（采样）点

1—燃料；2—生料；3—熟料；4—料球；5—烟囱废气；6—窑面废气成分；7—窑体散热损失；
8—出窑熟料温度；9—出料器漏风温度；10—入窑空气；11—腰风；
12—熟料冷却风；13—大气和环境。

按 GB/T 212《煤的工业分析方法》进行;

5.2.1.2 灰分化学成分

按 GB/T 1574《煤灰成分分析方法》进行;

5.2.1.3 热值(发热量)

按 GB/T 213《煤的发热量测定方法》测定;

5.2.1.4 水分的测定

在计算实物煤耗的计量点取样,取样后立即粉碎至 3mm 以下,按 GB/T 211《煤中全水分的测定方法》测定;

5.2.1.5 消耗量

可利用厂内原有的计量装置测定,但须经校正,使其相对误差小于 2%,也可根据生料球含煤量、生料消耗量进行计算,或根据熟料产量和飞灰量、料球含煤量进行反平衡计算。

5.2.2 生料检测

5.2.2.1 化学成分

按 GB/T 176《水泥化学分析方法》进行;

5.2.2.2 水分的测定

按《水泥化学分析》进行;

5.2.2.3 含煤量

可采用立窑生料中煤的掺入量测定仪测定结果计算,也可用烧失量和滴定值计算。

5.2.2.4 消耗量

可利用厂内原有的计量装置测定,但须经校正,使其相对误差小于 2%;也可根据料球含煤量、燃料消耗量进行计算,或根据熟料产量和飞灰量、料球发热量进行反平衡计算。

5.2.3 熟料检测

5.2.3.1 化学成分

按 GB/T 176《水泥化学分析方法》进行;

5.2.3.2 矿物组成和游离氧化钙量的测定

按 GB/T 176《水泥化学分析方法》进行;

5.2.3.3 含碳量的测定

按本标准附录 A 立窑水泥熟料含碳量的测定方法(规范性附录)进行;

5.2.3.4 物理性能

按 GB/T 21372《硅酸盐水泥熟料》中规定的检验方法进行;

5.2.3.5 产量的测定

可将测量期间的出窑熟料全部称量或通过料球水分、生料料耗等计算,或由生料和燃料消耗量、飞灰量计算。

5.2.4 料球检测

5.2.4.1 水分的测定

按 GB/T 176《水泥化学分析方法》进行;

5.2.4.2 温度的测量

采集不小于 3kg 的料球盛入容器中,然后将半导体温度计插入料球中测量。所用半导体温度计的误差应小于 0.5℃;

5.2.4.3 含煤量

可采用立窑生料中煤的掺入量测定仪测定,也可用烧失量和滴定值计算。

5.2.5 烟囱废气检测

5.2.5.1 温度的测量

可采用铂热电阻温度计或铠状镍铬-考铜热电偶温度计或其他同精度(误差小于 1℃)的温度计,其时间常数应小于 15s;

5.2.5.2 成分分析

使用气体全分析仪。当使用其他分析仪时,其相对误差应小于5%;

5.2.5.3 湿含量的测量

按 JC/T 733《水泥回转窑热平衡测定方法》进行;

5.2.5.4 静压的测量

按 JC/T 733《水泥回转窑热平衡测定方法》进行;

5.2.5.5 动压的测量

按 JC/T 733《水泥回转窑热平衡测定方法》进行;

5.2.5.6 含尘量的测量

按 JC/T 733《水泥回转窑热平衡测定方法》进行。

5.2.6 窑面废气成分检测

5.2.6.1 窑面废气样的采集

按《水泥窑热工测量》进行;

5.2.6.2 气体成分

同5.2.5.2,分析后将同一圆环相同编号点的成分平均值作为该编号点的平均废气成分。

5.2.7 窑体散热损失检测

5.2.7.1 测定项目

立窑系统热平衡范围内的所有热设备如立窑直筒部分、窑罩、烟气管道、卸料管、冷却风管和腰风管等及其彼此之间联结管道的表面散热量。

5.2.7.2 测点位置

各热设备表面。

5.2.7.3 测定仪器

热流计、红外测温仪、表面热电偶温度计、辐射温度计和半导体点温计以及玻璃温度计、热球式电风速仪、叶轮式或转杯式风速计。

5.2.7.4 测定方法

a)用玻璃温度计测定环境空气温度。

b)用热球式电风速计、叶轮式或转杯式风速计测定环境风速,并确定空气冲击角。

c)用热流计测出各热设备的表面散热量。

无热流计时,用红外测温仪、表面热电偶温度计和半导体点温计等测定热设备的表面温度,计算散热量。测定方法如下:

将各种需要测定的热设备,按其本身的结构特点和表面温度的不同,划分成若干个区域,计算出每一区域表面积的大小;分别在每一区域里测出若干点的表面温度,同时测出周围环境温度、环境风速和空气冲击角;根据测定结果在相应表中查出散热系数,按下式计算热设备表面散热量:

$$Q_B = \Sigma Q_{Bi} = \Sigma [\alpha_{Bi}(t_{Bi} - t_k) \times F_{Bi}] \quad \cdots\cdots\cdots\cdots\cdots\cdots\cdots\cdots\cdots\cdots\cdots \quad (1)$$

式中:

Q_B——设备表面散热量,kJ/h;

Q_{Bi}——各区域表面散热量,kJ/h;

α_{Bi}——表面散热系数,kJ/$(m^2 \cdot h \cdot \text{℃})$;

t_{Bi}——被测某区域的表面温度平均值,℃;

t_k——环境空气温度,℃;

F_{Bi}——各区域的表面积,m^2。

上式中 α_{Bi} 与温差和环境风速及空气冲击角有关,可由 JC/T 733 附录C查出。

5.2.8 出窑熟料温度测量

将出窑熟料(不少于10kg)迅速收集于一保温桶中,用铠装热电偶温度计插入测量。如出料器上已有出窑熟料温度测定装置,也可进行对比校正后用于出窑熟料温度测量。

5.2.9　出料器漏风温度测量

用误差小于1.0℃的温度计测量。

5.2.10　入窑空气、腰风、熟料冷却风测量

5.2.10.1　温度

使用误差小于1.0℃的温度计测量；

5.2.10.2　静压

用U型管压力计或不低于该设备水平的其他仪器进行测量；

5.2.10.3　动压

按JC/T 733《水泥回转窑热平衡测定方法》进行。

5.2.11　大气和环境

5.2.11.1　温度

用实验室玻璃温度计测量；

5.2.11.2　气压

用大气压力计测量，也可用气象部门同期的测量数据。

6　测量报告内容

6.1　文字说明

6.1.1　测量任务、内容和要求。

6.1.2　测量窑的规格尺寸、结构、加料、卸料、冷却等参数。

6.1.3　被测定窑所用原燃材料、配料组成等参数。

6.1.4　测点布置图及所用仪器仪表、计量装置、设备及测定人员。

6.1.5　测定的综合数据表。

6.1.6　综合分析意见。

6.2　数据综合表

按JC/T 732附录B规定的内容和格式填写。

6.3　综合分析意见

对立窑生产状态的评价和分析，并提出改进意见。

附 录 A
（规范性附录）
立窑水泥熟料含碳量的测定方法

A.1 原理

熟料中含有未燃烧尽的碳,在氧气或空气充足的情况下,燃烧成二氧化碳气体,以烧碱石棉吸收,由增加的重量计算碳的质量。反应中产生的水分用无水氯化钙吸收。

A.2 测定装置

测定装置示意见图 A.1。

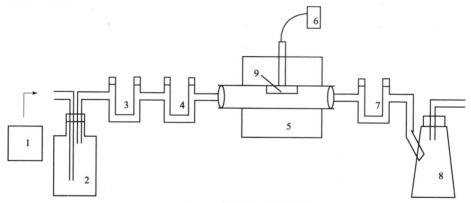

图 A.1 测定含碳量的流程图

1—氧气瓶;2—气体洗涤瓶;3—气体洗涤器;4—气体干燥器;5—管式燃烧炉;
6—电子温度自动控制器;7—气体干燥器;8—气体吸收塔;9—古氏坩埚。

A.3 测量设备

氧气瓶、气体洗涤瓶(内装500g/L氢氧化钾溶液以吸收气体中的二气化碳)、气体洗涤器(内装烧碱石棉以吸收气体中的二氧化碳)、气体干燥器(内装无水氯化钙以吸收气体中的水分)、管式燃烧炉、电子温度自动控制器(0℃~1000℃)、气体干燥器(内装无水氯化钙以吸收气体中的水分)、气体吸收塔(下部装烧碱石棉,上部装无水氯化钙)、古氏坩埚。

A.4 测定步骤

用万分之一天平称取1.0000g样品,粉碎后通过4900孔筛的熟料试样加入10mL(1+4)盐酸加热,使其中的碳酸盐分解,然后用铺有酸洗石棉的古氏坩埚在吸气的情况下过滤,用水洗涤去氯根,将石棉和残渣一起小心地移入灼烧过的古氏坩埚中,在105℃~110℃烘干至恒重。将瓷舟放于管式燃烧炉的高温带,与已恒重过的吸收塔等联接,同时通氧或空气将残渣灼烧20min~30min,停止通入气体,取下吸收塔称重,然后在接上吸收塔通气体5min~10min后,再取下吸收塔称重,直至恒重时止。

A.5 要求

A.5.0 熟料中往往还含有碳酸盐,为此应在测定前用稀盐酸处理。

A.5.1 整套仪器在各接头的连接处不得有漏气。

A.5.2 在测定试样的含碳量前,必须测定吸收塔的空白值,即将吸收塔称重,然后在管式电炉中不放试样的情况下将系统按测定条件通气20min～30min后,再分别称重,其增重必须各小于0.0005g时才能使用,否则应增加对气体的干燥能力。

A.5.3 酸洗石棉也有一定的空白值,最好在测定后校正。即在管式电炉中只放酸洗石棉(不放试样)的情况下,将系统按测定条件通气20min～30min,然后称量吸收塔,其增重即为酸洗石棉的空白值,这个数值要在测定含碳量后从 G_2 中扣除。

A.5.4 吸收塔及吸收塔周围环境应保持洁净。

A.5.5 瓷舟在使用前须在950℃～1000℃下灼烧1h。

A.6 计算公式

熟料中含碳量的计算按(A.1)式,计算结果宜保留小数点后2位。

$$C = \frac{m_2 - m_1}{m} \times 100 \times \frac{12}{44}\% \quad \cdots\cdots\cdots\cdots\cdots\cdots\cdots\cdots\cdots\cdots\cdots\cdots \text{(A.1)}$$

式中:

C——熟料中含碳量;

m_2——吸收塔吸收之后的质量,单位为克(g);

m_1——吸收塔吸收之前的质量,单位为克(g);

m——试样质量,单位为克(g)。

ICS

Q

备案号：24202—2008

JC

中华人民共和国建材行业标准

JC/T 1085—2008

水泥用 X 射线荧光分析仪

X-ray fluorescence analyzer for cement

2008-06-16 发布　　　　　　　　　2008-12-01 实施

中华人民共和国国家发展和改革委员会　发布

前　言

本标准由中国建筑材料联合会提出。

本标准由全国水泥标准化技术委员会(SAC/TC 184)归口。

本标准起草单位:中国建筑材料科学研究总院、北京邦鑫伟业仪器公司。

本标准主要起草人:刘玉兵、赵鹰立、白友兆、游良俭。

本标准为首次发布。

水泥用 X 射线荧光分析仪

1 适用范围

本标准规定了水泥用 X 射线荧光分析仪的原理；术语和定义；技术要求；试验方法；验收规则；标志、包装、运输、贮存与使用。

本标准适用于水泥及其原材料化学成分分析的 X 射线荧光分析仪的新购仪器验收和在用仪器校准。

2 规范性引用文件

下列文件中的条款通过本标准的引用而成为本标准的条款。凡是注日期的引用文件，其随后所有的修改单（不包括勘误的内容）或修订版均不适用于本标准，然而，鼓励根据本标准达成协议的各方研究是否可使用这些文件的最新版本。凡是不注日期的引用文件，其最新版本适用于本标准。

GB/T 4883 数据的统计处理和解释 正态样本异常值的判断和处理

GB/T 19140 水泥 X 射线荧光分析通则

GSB 08—1110 X 射线荧光分析专用系列水泥生料成分分析标准样品

3 原理

一种元素的特征 X 射线，是由该元素原子内层电子跃迁而产生的。当某元素的原子内层轨道电子被逐出，外层轨道电子落入这一空穴时，便产生该元素的特征 X 射线。特征 X 射线是由一系列表示发射元素特征的、不连续的独立谱线波所组成。特征谱线的强度与该元素的含量有关。

4 术语和定义

下列术语和定义适用于本标准。

4.1 元素 X 射线荧光分析仪 elementary X-ray fluorescence analyzer

仅可用于分析样品中二氧化硅、三氧化二铁、三氧化二铝、氧化钙、三氧化硫或其中的某一种成分或某几种成分的 X 射线荧光仪称为元素 X 射线荧光分析仪。

4.2 X 射线荧光分析仪 X-ray fluorescence analyzer

可用于分析样品中二氧化硅、三氧化二铁、三氧化二铝、氧化钙、三氧化硫、氯、氧化钾、氧化钠等成分或更多成分的 X 射线荧光仪称为 X 射线荧光光谱仪或 X 线荧光能谱仪，统称为 X 射线荧光分析仪。

4.3 顺序式 X 射线荧光分析仪 sequential X-ray fluorescence analyzer

具有扫描道的波长色散 X 射线荧光光谱仪称为顺序式 X 射线荧光分析仪。

4.4 同时式 X 射线荧光分析仪 simultaneous X-ray fluorescence analyzer

仅具有固定道的波长色散 X 射线荧光光谱仪称为同时式 X 射线荧光分析仪。

5 技术要求

5.1 精密度

测定氧化钙时，谱线强度的变异系数应小于 0.15%；测足二氧化硅时，谱线强度的变异系数应小于 0.40%；测定三氧化硫时，谱线强度的变异系数应小于 2.0%。

5.2 稳定性

测定氧化钙时，谱线强度的极差应小于 0.5%；测定二氧化硅时，谱线强度的极差应小于 1.5%；测定三氧化硫时，谱线强度的极差应小于 5.0%。

5.3 线性

5.3.1 制作氧化钙的工作曲线时,各标准样品中氧化钙含量计算值与标准值之间误差的最大值应小于0.17%。

5.3.2 制作二氧化硅的工作曲线时,各标准样品中二氧化硅含量计算值与标准值之间误差的最大值应小于0.25%。

5.3.3 制作三氧化硫的工作曲线时,各标准样品中三氧化硫含量计算值与标准值之间误差的最大值应小于0.10%。

注:对于不能测定上述某种成分的元素 x 射线荧光分析仪,针对该成分以上三项技术要求不用测量。

5.4 灵敏度

当样品中氧化钙、二氧化硅和三氧化硫含量的变化值分别为其 GB/T 19140 规定的室内允许偏差时,各成分谱线强度的变化量应分别小于相应成分谱线强度标准偏差的三倍。

5.5 分辨能力

当样品中二氧化硅和氧化镁含量变化1%时,对三氧化二铝含量测定的最大影响值应小于0.2%。

5.6 X 射线光管功率

用于顺序式 X 射线荧光仪的光管额定功率应大于2kW,用于同时式 X 射线荧光仪的光管额定功率应大于100W。

6 试验方法

6.1 试验条件

——环境温度可设定在15℃~26℃范围内的任一温度上,温度变化率小于1℃/h,相对湿度≤70%。

——电源电压为单相电源22V±22V,50Hz±0.5Hz;三相电源380V±38V,50Hz±0.5Hz。

——仪器应放在平衡坚实的地平上。仪器室内应无任何酸碱等腐蚀性气体,无尘埃,无强烈的机械振动和电磁干扰。

——仪器接地电阻≤10Ω。

6.2 试验用试样片的制备

测定二氧化硅、氧化钙时,采用 GSB 08—1110 生料标准样品制备试样片;测定三氧化硫时,采用水泥标准样品制备试样片,试样片的制备按 GB/T 19140 进行。

6.3 精密度测定方法

对试样片中待测化学成分的谱线强度连续测定21次,每次测定应取出样片,重新放置;对于多样进样器,应对各个位置的试样片都进行重新放置;对于顺序式 X 射线荧光光谱仪,其分光晶体、2θ 角、准直器等机械位置均应发生交换变动。

各化学成分谱线强度的标准偏差按式(1)计算,变异系数按式(2)计算:

$$S = \sqrt{\frac{\sum (I_i - \bar{I})^2}{20}} \quad \cdots\cdots\cdots\cdots\cdots\cdots\cdots\cdots\cdots\cdots \quad (1)$$

式中:

S——待测化学成分谱线强度的标准偏差;

$\bar{I}$——待测化学成分谱线强度的平均值;

I_i——待测化学成分单次谱线强度测定值。

$$\varepsilon = \frac{S}{\bar{I}} \times 100 \quad \cdots\cdots\cdots\cdots\cdots\cdots\cdots\cdots\cdots\cdots \quad (2)$$

式中:

ε——待测化学成分谱线强度的变异系数;

S——待测化学成分谱线强度的标准偏差;

$\bar{I}$——待测化学成分谱线强度的平均值。

6.4 稳定性测定方法

稳定性的测定方法与精密度的相同。但测定频次是每隔2h测定一次氧化钙、二氧化硅和三氧化硫的谱线强度,共测定12次。氧化钙、二氧化硅和三氧化硫的谱线强度极差按式(3)计算:

$$R = \frac{I_{max} - I_{min}}{\bar{I}} \times 100 \quad\cdots\cdots\cdots\cdots\cdots\cdots\cdots\cdots\cdots\cdots\cdots\cdots\cdots (3)$$

式中:

R——谱线强度极差;

I_{max}——12次测定中谱线强度的最大值;

I_{min}——12次测定中谱线强度的最小值;

$\bar{I}$——12次测定中谱线强度的平均值。

6.5 线性和灵敏度测定方法

6.5.1 采用 GSB 05—1100 生料标准样品制作氧化钙和二氧化硅的曲线,采用水泥标准样品制作三氧化硫的工作曲线。各化学成分的工作曲线均采用一元线性回归方程:$C_i = KI_i + B$,工作曲线的斜率按式(4)计算,截距近式(5)计算:

$$K = \frac{\sum\limits_{i=1}^{n} C_i I_i - \frac{1}{n}\left(\sum\limits_{i=1}^{n} C_i\right)\left(\sum\limits_{i=1}^{n} I_i\right)}{\sum\limits_{i=1}^{n} I_i^2 - \frac{1}{n}\left(\sum\limits_{i=1}^{n} I_i\right)^2} \quad\cdots\cdots\cdots\cdots\cdots\cdots\cdots (4)$$

式中:

K——工作曲线的斜率;

C_i——样品 i 中某化学成分的含量;

I_i——样品 i 谱线强度测定值;

n——标准样品的个数。

$$B = \frac{1}{n}\left(\sum\limits_{i=1}^{n} C_i - K \sum\limits_{i=1}^{n} I_i\right) \quad\cdots\cdots\cdots\cdots\cdots\cdots\cdots (5)$$

式中:

B——工作曲线的截距;

C_i——样品 i 中某化学成分的含量;

I_i——样品 i 谱线强度测定值;

n——标准样品的个数。

样品 i 中各化学成分的计算值与标准值之间的误差按式(6)计算:

$$E_i = \text{abs}\left[C_i - (KI_i + B)\right] \quad\cdots\cdots\cdots\cdots\cdots\cdots\cdots (6)$$

式中:

E_i——样品 i 中各化学成分的计算值与标准值之间误差绝对值;

K——工作曲线的斜率;

B——工作曲线的截距;

C_i——样品 i 中某成分的含量;

I_i——样品 i 谱线强度测定值;

6.5.2 按照 GB/T 4883 对 E_i 进行异常值处理后,标准样品各化学成分的计算值与标准值之间误差最大值按式(7)计算:

$$E = \max(E_1, E_2, \cdots, E_i, \cdots E_n) \quad\cdots\cdots\cdots\cdots\cdots\cdots\cdots (7)$$

式中：

E——标准样品各化学成分的计算值与标准值之间误差的最大值；

E_i——标准样品各化学成分的计算值与标准值之间的误差(不含剔除值)。

6.5.3 样品中氧化钙、二氧化硅和三氧化硫的灵敏度按式(8)计算：

$$\Delta I = r/K \quad\cdots\cdots\cdots\cdots\cdots\cdots\cdots\cdots\cdots\cdots\cdots\cdots\cdots\cdots\cdots (8)$$

式中：

ΔI——灵敏度；

r——GB/T 19140 中规定的化学成分室内允许偏差，氧化钙、二氧化硅和三氧化硫的 r 值分别为 0.25、0.20 和 0.15；

K——式(4)中工作曲线的斜率。

6.6 分辨能力测定方法

选取任意生料样品 S_0，在约50g该生料中分别加入1.0%的二氧化硅(分析纯或更高纯度试剂)和 1.0%的氧化镁(分析纯或更高纯度试剂)制得样品 S_1 和 S_2，将样品 S_1 和 S_2 充分混合后，再分别用振动磨磨制2min，对 S_0 样品也进行同样的磨制处理。分别测定三个样品中的三氧化二铝。1%二氧化硅和氧化镁对三氧化二铝的最大影响值按式(9)计算：

$$E_R = \max(C_1 - C_0, C_2 - C_0) \quad\cdots\cdots\cdots\cdots\cdots\cdots\cdots\cdots\cdots\cdots (9)$$

式中：

E_R——分辨能力；

C_0——S_0 样品中三氧化二铝的测定结果；

C_1——S_1 样品中三氧化二铝的测定结果；

C_2——S_2 样品中三氧化二铝的测定结果。

6.7 X射线光管功率确定方法

对于顺序式X射线荧光仪，首先根据X光管的自身标注确认其功率不小于2kW，然后将X射线光管的电压设置为50kV，电流设置为40mA，此时若仪器工作状态无异常，则表明X射线光管功率不小于2kW。

对于同时式X射线荧光仪，首先根据X光管的自身标注确认其功率不小于100W，然后将X射线光管的电压设置为50kV，电流设置为2mA，此时若仪器工作状态无异常，则表明X射线光管功率不小于2kw。

7 验收规则

7.1 新购仪器验收

新购X射线荧光分析仪检验结果符合5.1、5.2、5.3、5.4、5.5、5.6的技术要求，则认定新购X射线荧光分析仪合格。

7.2 在用X射线荧光分析仪校准

由于修理或其他原因使仪器状态发生变化，或仪器正常工作一年时，应对仪器进行校准检验。检验结果符合5.1、5.2、5.3、5.4、5.5的技术要求，则认定在用X射线荧光分析仪合格。

8 标志、包装、运输、贮存与使用

8.1 仪器应标明仪器名称、型号、生产厂名、出厂日期和仪器编号，并附有出厂合格证书和说明书。

8.2 包装应适应陆路、水路运输的要求。

8.3 对仪器进行贮存和使用时，环境条件应满足6.1。

9 重要提示

水泥用X射线荧光分析仪有毒性材料、电磁辐射和高压电等危险因素，本标准不涉及人身安全问题，生产商应保证水泥用X射线荧光分析仪符合国家的相关安全要求，使用者应取得相关职业从业证书。

ICS

Q

备案号:24200—2008

JC

中华人民共和国建材行业标准

JC/T 1083—2008

水泥与减水剂相容性试验方法

Test method for compatibility of cement and warer—reducing agent

2008-06-16 发布　　　　　　　　2008-12-01 实施

中华人民共和国国家发展和改革委员会　发布

前　言

本标准附录 A 为规范性附录。

本标准由中国建筑材料联合会提出。

本标准由全国水泥标准化技术委员会(SAC/TC 184)归口。

本标准主要起草单位:中国建筑材料科学研究总院。

本标准参加起草单位:天津市雍阳减水剂厂、河北科析仪器设备有限公司、烟台山水水泥有限公司、厦门市路桥建材公司海沧分公司。

本标准起草人:肖忠明、郭俊萍、张文和、苑立平。

本标准为首次发布。

水泥与减水剂相容性试验方法

1 范围

本标准规定了水泥与减水剂相容性试验方法的术语和定义、方法原理、实验室和设备、水泥浆体的组成、试验步骤、数据处理、结果表示、试验报告。

本标准适用于评价水泥与减水剂的相容性。

2 规范性引用文件

下列文件中的条款通过本标准的引用而成为本标准的条款。凡是注日期的引用文件,其随后所有的修改单(不包括勘误的内容)或修订版均不适用于本标准,然而,鼓励根据本标准达成协议的各方研究是否可使用这些文件的最新版本。凡是不注日期的引用文件,其最新版本适用于本标准。

GB/T 8077 混凝土外加剂匀质性试验方法

JC/T 729 水泥净浆搅拌机

3 术语和定义

下列术语和定义适用于本标准。

3.1 水泥与减水剂相容性 compatibility of cement and water-reducing agent

使用相同减水剂或水泥时,由于水泥或减水剂的质量而引起水泥浆体流动性、经时损失的变化程度以及获得相同的流动性减水剂用量的变化程度。

3.2 基准减水剂 control water-reducing agent

用于评价水泥与减水剂相容性的减水剂。

3.3 初始 Marsh(马歇尔)时间(T_{in}) initial Marsh time

新拌水泥浆体通过 Marsh 筒注满 200mL 烧杯所用时间。

3.4 60min Marsh(马歇尔)时间(T_{60}) Marsh time in 60min

将水泥浆体放置 60min 后,重新搅拌后注满 200mL 烧杯所用时间。

3.5 初始流动度(F_{in}) initial fluidity

固定量的新拌水泥浆体的最大扩展直径。

3.6 60min 流动度(F_{60}) fluidity in 60min

将水泥浆体放置 60min 后,重新搅拌后所测定的最大扩展直径。

3.7 减水剂饱和掺量点(简称饱和掺量点) saturation point of water-reducing agent

当 Marsh 时间不再随减水剂掺量的增加而明显减少时或浆体流动度不再随减水剂掺量的增加而明显增加时所对应的减水剂掺量。

3.8 流动性经时损失率(简称经时损失率,FL) loss rate of fluidity as time

经 60min 后,水泥浆体流动性的损失比率。

4 方法原理

4.1 马歇尔法(简称 Marsh 筒法,标准法)

Marsh 筒为下带圆管的锥形漏斗,最早用于测定钻井泥浆液的流动性,后由加拿大 Sherbrooke 大学提出用于测定添加减水剂水泥浆体的流动性,以评价水泥与减水剂适应性。具体方法为让注入漏斗中的水泥浆体自由流下,记录注满 20mL 容量筒的时间,即 Marsh 时间,此时间的长短反映了水泥浆体的流动性。

4.2 净浆流动度法(代用法)

　　将制备好的水泥浆体装入一定容量的圆模后,稳定提起圆模,使浆体在重力作用下在玻璃板上自由扩展,稳定后的直径即流动度,流动度的大小反映了水泥浆体的流动性。

4.3 当有争议时,以标准法为准。

5　实验室和设备

5.1　实验室

　　实验室的温度应保持在20℃±2℃,相对湿度应不低于50%。

5.2　设备

5.2.1 水泥净浆搅拌机　符合JC/T 729的要求,配备6只搅拌锅。

5.2.2 圆模　圆模的上口直径36mm、下口直径60mm、高度60mm,内壁光滑无暗缝的金属制品。

5.2.3 玻璃板　Ø400mm×5mm

5.2.4 刮刀

5.2.5 卡尺　量程30mm,分度值1mm。

5.2.6 秒表　分度值0.1s。

5.2.7 天平　量程100g分度值0.01g;量程1000g,分度值1g。

5.2.8 烧杯　400mL。

5.2.9 Marsh筒　直管部分由不锈钢材料制成,锥形漏斗部分由不锈钢或由表面光滑的耐锈蚀材料制成,机械要求见图1所示。

5.2.10 量筒　250mL,分度值1mL。

6　水泥浆体的组成

6.1　水泥

　　试验前,应将水泥过0.9mm方孔筛并混合均匀。当试验水泥从取样至试验要保持24h以上时,应将水泥贮存在气密的容器中,该容器材料不应与水泥起反应。

6.2　水

　　洁净的饮用水。

6.3　基准减水剂

　　应符合附录A的规定。当试验者自行选择基准减水剂时,应保证减水剂的质量稳定、均匀。

6.4 水泥、水、减水剂和试验用具的温度与试验室温度一致。

7　水泥浆体的配合比

　　水泥浆体的配合比见表1。

8　试验步骤

8.1　Marsh筒法(标准法)

8.1.1 每锅浆体用搅拌机进行机械搅拌。试验前使搅拌机处于工作状态。

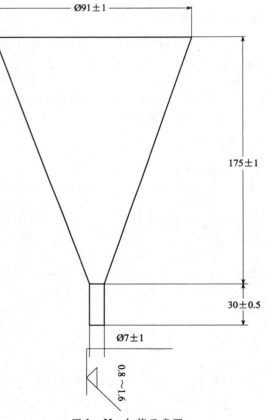

图1　Marsh筒示意图

表1 每锅浆体的配合比

方法	水泥/g	水/mL	水灰比	基准减水剂^{a,b,c}(按水泥的质量百分比)/%
Marsh 筒法	500±2	175±1	0.35	0.4 0.6 0.8
流动度法	500±2	145±1	0.29	1.0 1.2 1.4

^a:可以购买附录A所规定的基准减水剂,也可以由试验者自行选择。

^b:根据水泥和减水剂的实际情况,可以增加或减少基准减水剂的掺量点。

^c:减水剂掺量按固态粉剂计算。当使用液态减水剂时,应按减水剂含固量折算为固态粉剂含量,同时在加水量中减去液态减水剂的含水量。

8.1.2 用湿布将Marsh筒、烧杯、搅拌锅、搅拌叶片全部润湿。将烧杯置于Marsh筒下料口的下面中间位置,并用湿布覆盖。

8.1.3 将基准减水剂和约1/2的水同时加入锅中,然后用剩余的水反复冲洗盛装基准减水剂的容器直至干净并全部加入锅中,加入水泥,把锅固定在搅拌机上,按JC/T 729的搅拌程序搅拌。

8.1.4 将锅取下,用搅拌勺边搅拌边将浆体立即全部倒入Marsh筒内。打开阀门,让浆体自由流下并计时,当浆体注入烧杯达到200mL时停止计时,此时间即为初始Marsh时间。

8.1.5 让Marsh筒内的浆体全部流下,无遗留地回收到搅拌锅内,并采取适当的方法密封静置以防水分蒸发。

8.1.6 清洁Marsh筒、烧杯。

8.1.7 调整基准减水剂掺量,重复上述步骤,依次测定基准减水剂各掺量下的初始Marsh时间。

8.1.8 自加水泥起到60min时,将静置的水泥浆体按JC/T 729的搅拌程序重新搅拌,重复8.1.4条,依次测定基准减水剂各掺量下的60minMarsh时间。

8.2 净浆流动度法(代用法)

8.2.1 每锅浆体用搅拌机进行机械搅拌。试验前使搅拌机处于工作状态。

8.2.2 将玻璃板置于工作台上,并保持其表面水平。

8.2.3 用湿布把玻璃板、圆模内壁、搅拌锅、搅拌叶片全部润湿。将圆模置于玻璃板的中间位置,并用湿布覆盖。

8.2.4 将基准减水剂和约1/2的水同时加入锅中,然后用剩余的水反复冲洗盛装基准减水剂的容器直至干净并全部加入锅中,加入水泥,把锅固定在搅拌机上,按JC/T 729的搅拌程序搅拌。

8.2.5 将锅取下,用搅拌勺边搅拌边将浆体立即倒入置于玻璃板中间位置的圆模内。对于流动性差的浆体要用刮刀进行插捣,以使浆体充满圆模。用刮刀将高出圆模的浆体刮除并抹平,立即稳定提起圆模。圆模提起后,应用刮刀将粘附于圆模内壁上的浆体尽量刮下,以保证每次试验的浆体量基本相同。提取圆模1min后,用卡尺测量最长径及其垂直方向的直径,二者的平均值即为初始流动度值。

8.2.6 快速将玻璃板上的浆体用刮刀无遗留地回收到搅拌锅内,并采取适当的方法密封静置以防水分蒸发。

8.2.7 清洁玻璃板、圆模。

8.2.8 调整基准减水剂掺量,重复上述步骤,依次测定基准减水剂各掺量下的初始流动度值。

8.2.9 自加水泥起到60min时,将静置的水泥浆体按JC/T 729的搅拌程序重新搅拌,重复8.2.5条,依次测定基准减水剂各掺量下的60min流动度值。

9 数据处理

9.1 经时损失率的计算

经时损失率用初始流动度或Marsh时间与60min流动度或Marsh时间的相对差值表示,即:

$$FL = \frac{T_{60} - T_{in}}{T_{in}} \times 100 \quad \text{··············} \quad (1)$$

或

$$FL = \frac{F_{in} - F_{60}}{F_{in}} \times 100 \quad \text{··············} \quad (2)$$

式中：

FL——经时损失率,单位为百分数(%);

T_{in}——初始 Marsh 时间,单位为秒(s);

T_{60}——60min Marsh 时间,单位为秒(s);

F_{in}——初始流动度,单位为毫米(mm);

F_{60}——60min 流动度,单位为毫米(mm)。

结果保留到小数点后一位。

9.2 饱和掺量点的确定

以减水剂掺量为横坐标、净浆流动度或 Marsh 时间为纵坐标做曲线图,然后做两直线段曲线的趋势线,两趋势线的交点的横坐标即为饱和掺量点。处理方法示例于图2。

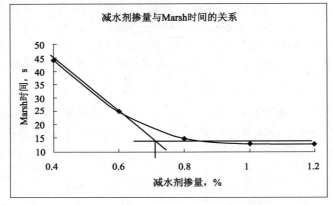

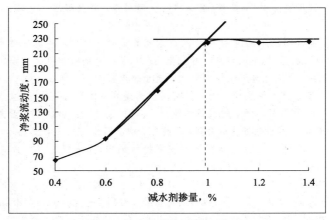

图2 饱和掺量点确定示意图

10 结果表示

水泥与减水剂相容性用下列参数表示:

——饱和掺量点;

——基准减水剂 0.8% 掺量时的初始 Marsh 时间或流动度；

——基准减水剂 0.8% 掺量时的经时损失率。

11 试验报告

试验报告宜给出如下信息：

——水泥品种、生产单位、生产批号；

——其准减水剂信息；

——试验方法；

——饱和掺量点；

——基准减水剂 0.8% 掺量下的初始 Marsh 时间或流动度；

——基准减水剂 0.8% 掺量时的经时损失率。

附　录　A
（规范性附录）
水泥与减水剂相容性试验用基准减水剂技术条件

A.1　总则

基准减水剂是检验水泥与减水剂相容性的基准材料,本标准推荐由符合下列品质指标和质量稳定性指标制备而成的萘系减水剂。

A.2　品质指标

A.2.1　含固量:92.5% ±0.5%。

A.2.2　硫酸钠:15.8% ±0.5%。

A.2.3　pH 值:8.7±0.5。

A.3　质量稳定性指标

当采用任一水泥,用两个不同批次的基准减水剂进行流动性试验时,由于质量原因造成的基准减水剂各掺量点的流动性差值应符合表 A.1 的要求。

表 A.1　质量稳定性指标

项　　目	Marsh 筒法/s		净浆流动度法/mm	
	初始	60min	初始	60min
最大差值	1.5	1.5	4	4

A.4　试验方法

A.4.1　含固量、硫酸钠含量、pH 值

按 GB/T 8077 进行。

A.4.2　质量稳定性

按本标准正文进行。用 0.8% 的减水剂掺量进行试验。试验前,应将水泥混合均匀。

ICS

Q

备案号:24203—2008

JC

中华人民共和国建材行业标准

JC/T 1086—2008

水泥氯离子扩散系数检验方法

The method for determining the chloride diffusion coefficient for cement

2008-06-16 发布　　　　　　　　2008-12-01 实施

中华人民共和国国家发展和改革委员会　发布

前　言

　　本标准是在混凝土氯离子扩散系数快速检测方法(Nel法)原理基础上提出的水泥氯离子扩散系数的快速检测方法。

　　本标准附录 A 为规范性附录。

　　本标准由中国建筑材料联合会提出。

　　本标准由全国水泥标准化技术委员会(SAC/TC 184)归口。

　　本标准起草单位:中国建筑材料科学研究总院、宁波科环新型建材有限公司。

　　本标准主要起草人:王昕、马国宁、叶晓林、施浩洋、江丽珍、刘晨、张晶。

　　本标准主要协作单位:北京耐尔仪器设备有限公司。

　　本标准为首次发布。

水泥氯离子扩散系数检验方法

1 范围

本标准规定了水泥氯离子扩散系数检验方法的原理、仪器设备、材料、试验室条件、试体成型、养护条件等。

本标准适用于硅酸盐水泥、普通硅酸盐水泥、矿渣硅酸盐水泥、火山灰质硅酸盐水泥、粉煤灰硅酸盐水泥、复合硅酸盐水泥及其他指定采用本标准的水泥氯离子扩散系数的检测与评价。

2 规范性引用文件

下列文件中的条款通过本标准的引用而成为本标准的条款。凡是注日期的引用文件,其随后所有的修改单(不包括勘误的内容)或修订版均不适用于本标准,然而,鼓励根据本标准达成协议的各方研究是否可使用这些文件的最新版本。凡是不注日期的引用文件,其最新版本适用于本标准。

GB/T 17671 水泥胶砂强度检验方法(ISO 法)(GB/T 17671—1999,idt ISO 679:1989)

JC/T 681 行星式水泥胶砂搅拌机

JC/T 723 水泥胶砂振动台

JC/T 726 水泥胶砂试模

3 原理

本方法是将水泥胶砂试件在淡水中养护至 28d,然后在真空环境下用 NaCl 溶液使试体充分饱盐,通过检测电导率由 Nernst-Einstein 方程(公式1)计算出水泥氯离子扩散系数,并根据扩散系数高低对水泥抗氯离子渗透能力进行评价。

$$D_i = \frac{RT\sigma_i}{Z_i^2 F^2 C_i} \quad\cdots\cdots\cdots\cdots\cdots\cdots\cdots\cdots\cdots\cdots\cdots\cdots \quad (1)$$

式中:D_i——氯离子扩散系数,即单位时间单位面积上氯离子通过数量,单位为平方米每秒(m^2/s);

R——气体常数,取 8.314 焦耳每摩尔开(J/mol·K);

T——绝对温度,单位为开(K);

σ——粒子偏电导率,单位为西门子每米(S/m);

Z_i——粒子电荷数或价数;

F——Faraday 常数,取 96500 库每摩尔(c/mol);

C_i——粒子浓度,即所用盐溶液氯离子浓度,单位为摩尔每升(mol/L)。

4 仪器设备

4.1 水泥胶砂搅拌机

应符合 JC/T 681 中相关规定。

4.2 振动台

应符合 JC/T 723 中相关规定。

4.3 试模

试模主要由隔板、端板、底板、紧固装置及定位销组成(如图1),可同时成型三条 100mm × 100mm × 50mm 试体,并能拆卸。试模总质量为 8.75kg ± 0.25kg,其他技术要求应符合 JC/T 726 相关规定。

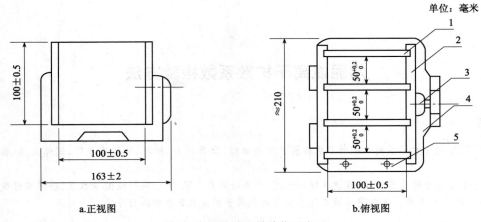

图 1　水泥胶砂试模结构示意图

1—隔板；2—端板；3—紧固装置；4—底座；5—定位销。

4.4　下料漏斗

下料漏斗结构和规格要求，如图 2 所示。

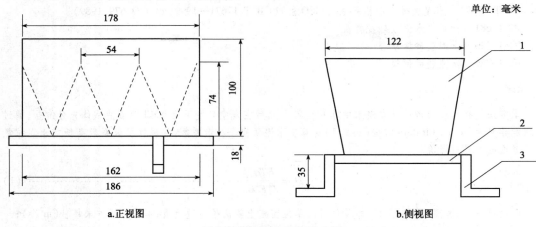

图 2　下料漏斗结构示意图

1—漏斗；2—模套；3—紧固卡臂。

4.5　天平

最大量程不小于 2000g，分度值不大于 2g。

4.6　量筒

量程为 250mL，分度值为 1mL。

4.7　真空饱盐设备

4.7.1　基本结构

真空饱盐装置主要由饱盐容器和真空泵及其控制装置等部分组成，其基本结构如图 3 所示。

4.7.2　饱盐容器

容器材质应为 304 等级以上的不锈钢或玻璃材质，且容器的密封性应良好，并与真空泵相连。

4.7.3　真空泵及其控制装置

应能够保证饱盐容器内部维持 0.08MPa 负压。

4.8　水泥氯离子扩散系数测定装置

应符合本标准附录 A 有关要求。

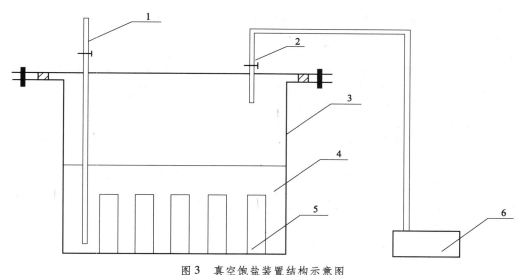

图 3 真空饱盐装置结构示意图

1—进水口；2—抽气口；3—饱盐容器；4—NaCl 溶液；5—水泥试体；6—真空泵及其控制装置。

5 材料

5.1 标准砂

符合 GB/T 17671 相关要求的中国 ISO 标准砂。

5.2 试验用水

成型试验用水宜为洁净的饮用水。

5.3 NaCl 溶液

用分析纯 NaCl 和蒸馏水配制，溶液浓度为 4mol/L。

6 试验室条件

试验室的温度和湿度，应符合 GB/T 17671 的有关规定。

7 试体成型

7.1 水泥胶砂配比应符合 GB/T 17671 中有关要求，即灰砂比为 1：3，水灰比为 0.5。试验时，每组胶砂需准确称取水泥样品（900 ± 2）g，中国 ISO 标准砂（2700 ± 10）g（两小袋），水（450 ± 1）mL。

7.2 水泥胶砂的搅拌应符合 GB/T 17671 中相关规定。

7.3 搅拌完成后，立即进行试体成型。先将试模和下料漏斗卡紧在振动台的中心，然后将搅拌好的胶砂分两次填入试模中。第一次先将约一半物料填入试模中，开启振动台振动 $120s \pm 5s$；然后再将余下物料加入试模中，再振动 $120s \pm 5s$。

7.4 振动完毕后取下试模，按 GB/T 17671 中有关规定刮平试体，并标明试体编号。

8 养护条件

将成型后试体连同试模放入湿养护箱中养护 24h，养护温度（20 ± 1）℃、湿度 ≥90%。然后脱模，并将试体放在（20 ± 1）℃淡水中养护至 28d，养护龄期自胶砂加水搅拌时算起。

9 水泥氯离子扩散系数检测

9.1 检测前的准备

9.1.1 4mol/L NaCl 溶液的配制

检测前应先配制 4mol/L NaCl 溶液。每次试验至少需制备 10L 以上 NaCl 溶液,每 1L 溶液是将 234g 分析纯 NaCl 与蒸馏水搅拌均匀制得。配制好的溶液应在试验室温度下静置 8h。

9.1.2 试体的饱盐

将养护至龄期的试体放入饱盐容器中,开启真空泵让试体在 0.08MPa 负压下抽吸 4h。然后由进水口加入配制好的 NaCl 溶液,液面距试体上表面的高度应不少于 2cm,并在 0.08MPa 负压下再抽吸 2h。此后保持 0.08MPa 负压不变,让试体在 NaCl 溶液中静置 18h,使其达到充分饱盐状态。

9.1.3 表面处理

检测前应擦去试体表面多余溶液。

9.2 氯离子扩散系数的检测

试验时开启氯离子扩散系数测定装置,并立即将待测水泥试体放在测试电极中间进行检测。在整个检测过程中测定装置将在 0~10V 电压范围内,以每 1min 测试电压增大 1V 频率检测不同电压下通过试体的电流值,测试点不少于 5 个,且不同测试点处电压与电流间应具有良好的线性关系。通过系统数据采集与处理,并按公式(1)计算氯离子扩散系数。每块试体检测宜在 15min 内完成。

10 试验结果与处理

10.1 试验结果

水泥氯离子扩散系数检测结果,可由测试装置数据处理系统直接计算出来。计算结果精确至 $1 \times 10^{-14} \mathrm{m}^2/\mathrm{s}$,且保留至整数位。

10.2 结果处理

每块试体的氯离子扩散系数,是检测数据中与平均值偏差在 5% 以内数据进行平均作为检测结果;以三块平行试体中相对偏差在 15% 以内的检测结果平均值,作为该水泥样品氯离子扩散系数最终检测结果。若三块试体中有两组试体检测结果与平均值偏差大于 15%,则需重新进行检测。

11 检测方法允许偏差

11.1 复演性

同一样品由同一试验室、同一操作人员用相同的设备检测结果的允许偏差,应不超过 6%。

11.2 再现性

同一样品由不同试验室、不同人员用不同设备检测结果的允许偏差,应不超过 15%。

12 水泥氯离子渗透性评价

水泥胶砂试体氯离子的渗透性,可按表 1 进行评价。

表 1 水泥氯离子渗透性评价指标 单位为 m^2/s

氯离子扩散系数, $\times 10^{-14}$	水泥氯离子渗透性评价
>500	很高
>250~500	高
>100~250	中
>50~100	低
≤50	很低

附　录　A
（规范性附录）
氯离子扩散系数测定装置（Nel 法）

A.1　范围

本标准规定的测定装置适用于水泥和混凝土氯离子扩散系数的快速检测（即 Nel 法）。

A.2　测定装置基本结构

测定装置主要由测试电极、直流稳压电源、电压和电流数据采集与处理系统几部分组成，其基本结构如图 A.1 所示。

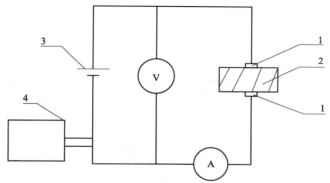

图 A.1　氯离子扩散系数测定装置结构示意图
1—电极；2—饱盐试体；3—直流稳压电源；4—数据采集与处理。

A.3　技术要求

A.3.1　测试电极

测试电极应为紫铜材料制成，表面需经抛光处理。其直径为 $\Phi(50 \pm 0.1)$ mm，厚度（25 ±0.5mm）。

A.3.2　直流稳压电源

直流稳压电源 0～10V，电压可根据需要自动进行调节。

A.3.3　测试电压

测试电极两端电压，应精确到 ±0.1V。

A.3.4　测试电流

测试电流范围 0～300mA，且应精确到 ±1mA。

A.3.5　数据采集与处理系统

应能自动采集测试电压与电流数据，并按公式（1）准确计算出试体氯离子扩散系数，且能显地计算结果。

A.3.6　仪器校准与测量精度

将电极两端接入精度为万分之一的电阻，标称阻值分别为：300Ω、1000Ω、2000Ω，测量精度应高于 0.5%。

ICS

Q

备案号：20449—2007

JC

中华人民共和国建材行业标准

JC/T 733—2007

代替 JC/T 733—1987（1996）

水泥回转窑热平衡测定方法

Methods for the measuring of heat balance of cement rotary kiln

2007-04-13 发布   2007-10-01 实施

中华人民共和国国家发展和改革委员会　发布

前　言

本标准是对 JC/T 733—1987(1996)《水泥回转窑热平衡测定方法》进行的修订。

本标准与 JC/T 733—1987(1996)相比,主要变化如下:

——增加了测定时窑系统连续、正常、稳定运行的时间不小于72h的要求(1987年版的4.7,本版的3.6);

——增加了各项测定中使用的测定仪器的精度要求(本版的4.3、6.3、7.3、8.3、11.3、13.3和14.3);

——增加了"熟料产量无法通过实物计量时,可根据生料喂料量折算"的熟料产量计算方法(1987年版的5.4.1,本版的4.4.1);

——将"快速热电偶"改为"铠装热电偶与温度显示仪表组合的热电偶测温仪"(1987年版的7.3,本版的6.3);

——将"快速热电偶应采用铂铑的热电偶"改为"铠装热电偶可采用镍铬-镍硅铠装热电偶、铂铑30-铂铑6铠装热电偶、铂铑-铂铠装热电偶或铜-康铜铠装热电偶"(1987年版的7.3.3,本版的6.3);

——对出冷却机熟料温度的计算公式进行了修正(1987年版的7.4.4,本版的6.4.4);

——将"气体温度低于500℃时,用玻璃温度计测定"改为"气体温度低于500℃时,可用玻璃温度计或铠装热电偶与温度显示仪表组合的热电偶测温仪测定"(1987年版的8.4.1,本版的7.4.1);

——气体压力的测定仪器增加了"数字压力计"(1987年版的9.3,本版的8.3);

——气体含湿量的测定改为"按 GB/T 16157—1996 进行测定"(1987年版的11.3和11.4,本版的10.3);

——气体流量测定的测点位置要求改为"测孔上游直线管道大于6D,测孔下游直线管道大于3D"(1987年版的12.2,本版的11.2);

——气体流量的测定仪器改为"标准型皮托管或S型皮托管,倾斜式微压计、U型管压力计或数字压力计,大气压力计"(1987年版的12.3,本版的11.3);

——对气体流量测定的测点位置和测点数的确定方法进行了修改(1987年版的12.4.3,本版的11.4.3);

——对燃料的基准换算和发热量计算方法进行了修改(1987年版的附录A,本版的附录A)。

——删除光学高温计主要参数及允许误差(1987年版的附录B.1)。

——增加附录C。

本标准自实施之日起代替 JC/T 733—1987(1996)《水泥回转窑热平衡测定方法》。

本标准附录A、附录C为规范性附录,附录B为资料性附录。

本标准由中国建筑材料工业协会提出。

本标准由全国水泥标准化技术委员会(SAC/TC 184)归口。

本标准负责起草单位:天津水泥工业设计研究院。

本标准主要起草人:刘继开、陶从喜、肖秋菊、倪祥平、王仲春、彭学平。

本标准所代替标准的历次版本发布情况为:

GB 8490—1987、JC/T 733—1987(96)。

水泥回转窑热平衡测定方法

1 范围

本标准规定了生产硅酸盐水泥熟料的各类型水泥回转窑热平衡参数的测定方法。

本标准适用于生产硅酸盐水泥熟料的各类型水泥回转窑热平衡参数的测定。

2 规范性引用文件

下列文件中的条款通过本标准的引用而成为本标准的条款。凡是注日期的引用文件,其随后所有的修改单(不包括勘误的内容)或修订版均不适用于本标准,然而,鼓励根据本标准达成协议的各方研究是否可使用这些文件的最新版本。凡是不注日期的引用文件,其最新版本适用于本标准。

GB/T 176 水泥化学分析方法

GB/T 211 煤中全水分的测定方法

GB/T 212 煤的工业分析方法

GB/T 213 煤的发热量测定方法

GB/T 214 煤中全硫的测定方法

GB/T 260 石油产品水分测定法

GB/T 268 石油产品残碳测定法

GB/T 384 石油产品热值测定法

GB/T 388 石油产品硫含量测定法

GB/T 483 煤炭分析试验方法一般规定

GB/T 508 石油产品灰分测定法

GB/T 1598 铂铑 13-铂热电偶丝

GB/T 2614 镍铬-镍硅热电偶丝

GB/T 2902 铂铑 30-铂铑 6 热电偶丝

GB/T 2903 铜-康铜热电偶丝

GB/T 3772 铂铑 10-铂热电偶丝

GB/T 16157—1996 固定污染源排气中颗粒物测定与气态污染物采样方法

GB/T 16839.2 热电偶 第2部分:允差

GB/T 17674 原油及其产品中氮含量的测定 化学发光法

JC/T 420 水泥原料中氯离子的化学分析方法

JC/T 730 水泥回转窑热平衡、热效率、综合能耗计算方法

3 测定前的准备及注意事项

3.1 根据工厂具体情况,制订测定方案。

3.2 所用各类仪器仪表及计量设备,均应定期检定或校准。

3.3 根据测定要求,开好测孔,搭好脚手架,准备好必要的工具和劳动保护用品。

3.4 准备好各测定项目的数据记录表格。

3.5 按要求逐项填写并及时整理测定记录,发现问题尽早重测或补测。

3.6 各项测定工作,必须在窑系统处于连续、正常、稳定运行的时间不小于72h的生产条件下进行。需要检测的项目,应尽可能同时进行,以保证测定结果的准确性。

4 物料量的测定

4.1 测定项目

熟料、入窑系统生料、入窑和入分解炉燃料、入窑回灰、预热器和收尘器的飞灰、增湿塔和收尘器收灰的质量。

4.2 测点位置

与测定项目对应,分别在冷却机熟料出口、预热器(或窑)生料入口、窑和分解炉燃料入口、入窑回灰进料口、预热器和收尘器气流出口、增湿塔与收尘器的收灰出料口。

4.3 测定仪器

适合粉状、粒状物料的计量装置,精度一般不大于2.5%。

4.4 测定方法

4.4.1 对熟料、生料、燃料、窑灰、增湿塔和收尘器收灰,均宜分别安装计量设备单独计量,未安装计量设备的可进行定时检测或连续称量,需至少抽测三次以上,按其平均值计算物料质量。熟料产量无法通过实物计量时,可根据生料喂料量折算。

4.4.2 出冷却机的熟料质量,应包括冷却机拉链机和收尘器及三次风管下的熟料质量。

4.4.3 预热器和收尘器飞灰量,根据各测点气体含尘浓度测定结果分别计算,精确至小数点后一位,公式如下:

预热器飞灰量:

$$M_{fh} = V_f \times K_{fh} \quad \cdots\cdots\cdots\cdots\cdots\cdots\cdots\cdots\cdots\cdots\cdots\cdots\cdots\cdots\cdots (1)$$

收尘器飞灰量:

$$M_{Fh} = V_F \times K_{Fh} \quad \cdots\cdots\cdots\cdots\cdots\cdots\cdots\cdots\cdots\cdots\cdots\cdots\cdots\cdots (2)$$

式中:

M_{fh}、M_{Fh}——分别为预热器与收尘器出口的飞灰量,单位为千克每小时(kg/h);

V_f、V_F——分别为预热器与收尘器出口的废气体积①,单位为标准立方米每小时(m³/h);

K_{fh}、K_{Fh}——分别为预热器与收尘器出口废气的含尘浓度,单位为千克每标准立方米(kg/m³)。

5 物料成分及燃料发热量的测定

5.1 测定项目

熟料、生料、窑灰、飞灰和燃料的成分及燃料发热量。

5.2 测点位置

同4.2。

5.3 测定方法

5.3.1 熟料、生料、窑灰和飞灰成分

熟料、生料、窑灰和飞灰中的烧失量、SiO_2、Al_2O_3、Fe_2O_3、CaO、MgO、K_2O、Na_2O、SO_3 和 f-CaO,按 GB/T 176 规定的方法分析。熟料、生料、窑灰和飞灰中的 Cl^-,按 JC/T 420 规定的方法分析。

5.3.2 燃料

5.3.2.1 燃料成分应注明相应基准,各基准之间的换算系数见附录 A。

5.3.2.2 固体燃料:按 GB/T 212 规定的方法分析,其项目有:M_{ad}、V_{ad}、A_{ad}、FC_{ad}。固体燃料中的 C、H、O、N 也可按 GB/T 476 规定的方法分析;S 按 GB/T 214 规定的方法分析;全水分按 GB/T 211 规定的方法分析。

---

① 本标准中不加说明时,气体体积均指温度为0℃,压力为101325Pa时的体积,单位为立方米(m³),简称"标准立方米"。

5.3.2.3 液体燃料:全水分按 GB/T 260 规定的方法分析;灰分按 GB/T 508 规定的方法分析;残碳含量按 GB/T 268 规定的方法分析;硫含量按 GB/T 388 规定的方法分析;氮含量按 GB/T 17674 规定的方法分析。

5.3.2.4 气体燃料:采用色谱仪进行成分分析,其项目有:CO、H_2、C_mH_n、H_2S、O_2、N_2、CO_2、SO_2、H_2O。

5.3.3 燃料发热量

5.3.3.1 固体燃料发热量按 GB/T 213 规定的方法测定。

5.3.3.2 液体燃料发热量按 GB/T 384 规定的方法测定。

5.3.3.3 无法直接测定燃料发热量时,可根据元素分析或工业分析结果计算发热量(见附录A)。

6 物料温度的测定

6.1 测定项目
生料、燃料、窑灰、飞灰、收灰和出窑熟料及出冷却机熟料的温度。

6.2 测定位置
同 4.2。

6.3 测定仪器
玻璃温度计、半导体点温计、光学高温计、红外测温仪和铠装热电偶与温度显示仪表组合的热电偶测温仪。玻璃温度计精度应不大于2.5%,最小分度值应不大于2℃;半导体点温计和热电偶测温仪显示误差值应不大于±3℃;光学高温计精度应不大于2.5%;红外测温仪的精度应不大于2%或±2℃。

使用时,应注意下列事项:

用玻璃温度计测量时,应将其感温部分插入被测物料或介质中。

用光学高温计时,辐射体与高温计之间的距离应不小于0.7m并不大于3.0m;光学高温计的物镜应不受其他光源的影响;避免中间介质(如测量孔的玻璃、粉尘、煤粒、烟粒等)对测量精度的影响。

铠装热电偶可用镍铬-镍硅铠装热电偶、铂铑30-铂铑6铠装热电偶、铂铑-铂铠装热电偶或铜-康铜铠装热电偶。热电偶应分别符合 GB/T 2614、GB/T 2902、GB/T 1598、GB/T 3772 和 GB/T 2903 规定的技术要求,热电偶的允差符合 GB/T 16839.2 的规定。常用热电偶适用的温度测量范围参见附录B。

6.4 测定方法

6.4.1 生料、燃料、窑灰、收灰的温度可用玻璃温度计测定。

6.4.2 飞灰的温度,视与各测点废气温度一致。

6.4.3 出窑熟料温度,可用光学高温计、红外测温仪、铂铑-铂铠装热电偶或铂铑30-铂铑6铠装热电偶测定。

6.4.4 出冷却机熟料温度,用水量热法测定。方法如下:

用一只带盖密封保温容器,称取一定量(一般不应少于20kg)的冷水,用玻璃温度计测定容器内冷水的温度,从冷却机出口取出一定量(一般不应少于10kg)具有代表性的熟料,迅速倒入容器内并盖严。称量后计算出倒入容器内熟料的质量,并用玻璃温度计测出冷水和熟料混合后的热水温度,根据熟料和水的质量、温度和比热,计算出冷却机熟料的温度,公式如下:

$$t_{sh} = \frac{M_{LS}(t_{RS} - t_{LS}) \times C_W + M_{sh} \times C_{sh2} \times t_{RS}}{M_{sh} \times C_{sh}} \quad\cdots\cdots\cdots\cdots\cdots\cdots\cdots (3)$$

式中:

t_{sh}——出冷却机熟料温度,单位为摄氏度(℃);

M_{LS}——冷水质量,单位为千克(kg);

t_{RS}——热水温度,单位为摄氏度(℃);

t_{LS}——冷水温度,单位为摄氏度(℃);

C_W——水的比热,单位为千焦每千克摄氏度〔kJ/(kg·℃)〕;

C_{sh}——熟料在 t_{sh} 时的比热,单位为千焦每千克摄氏度〔kJ/(kg·℃)〕;

C_{sh2}——熟料在 t_{RS} 时的比热,单位为千焦每千克摄氏度〔kJ/(kg·℃)〕;

M_{sh}——熟料质量,单位为千克(kg)。

重复测量三次以上,以其平均值作为测量结果,精确至 0.1℃。

7 气体温度的测定

7.1 测定项目

窑和分解炉的一次空气、二次空气、三次空气,冷却机的各风机鼓入的空气,生料带入的空气,窑尾、分解炉、增湿塔及各级预热器的进、出口烟气,排风机及收尘器进、出口废气的温度。

7.2 测点位置

各自进、出口风管。环境空气温度应在不受热设备辐射影响处测定。

7.3 测定仪器

7.3.1 玻璃温度计,其精度要求见 6.3。

7.3.2 铠装热电偶与温度显示仪表组合的热电偶测温仪,其精度要求见 6.3。

7.3.3 抽气热电偶,其显示误差值应不大于 ±3℃。

7.4 测定方法

7.4.1 气体温度低于 500℃ 时,可用玻璃温度计或铠装热电偶与温度显示仪表组合的热电偶测温仪测定。

7.4.2 对高温气体的测定用铠装热电偶与温度显示仪表组合的热电偶测温仪。测定中应根据测定的大致温度、烟道或炉壁的厚度以及插入的深度(设备条件允许时,一般应插入 300mm ~ 500mm),选用不同型号和长度的热电偶。

7.4.3 热电偶的感温元件应插入流动气流中间,不得插在死角区域,并要有足够的深度,尽量减少外露部分,以避免热损失。

7.4.4 抽气热电偶专门用于入窑二次空气温度的测定,使用前,需对抽气速度做空白试验。使用时需根据隔热罩的层数及抽气速度,对所测的温度进行校正,参见附录 B。

8 气体压力的测定

8.1 测定项目

窑和分解炉的一次空气、二次空气、三次空气,冷却机的各风机鼓入的空气,生料带入的空气,窑尾、分解炉、增湿塔及各级预热器的进、出口烟气,排风机及收尘器进、出口废气的压力。

8.2 测点位置

与 7.2 相同。

8.3 测定仪器

U 型管压力计、倾斜式微压计或数字压力计与测压管。U 型管压力计的最小分度值应不大于 10Pa;倾斜式微压计精度应不大于 2%,最小分度值应不大于 2Pa;数字压力计精度应不大于 1%。

8.4 测定方法

测定时测压管与气流方向要保持垂直,并避开涡流和漏风的影响。

9 气体成分的测定

9.1 测定项目

窑尾烟气,预热器和分解炉进、出口气体,增湿塔及收尘器的进、出口废气以及入窑一次空气(当一次空气使用煤磨的放风时)的气体成分,主要项目有 O_2、CO、CO_2。

9.2 测点位置

各相应管道。

9.3 测定仪器

9.3.1 取气管

一般选用不锈钢管。

9.3.2 吸气球

一般采用双联球吸气器。

9.3.3 贮气球胆

用篮、排球的内胆。

9.3.4 气体分析仪

采用奥氏气体分析仪或其他等效仪器。对测试的结果有异议时,以奥氏气体分析仪的分析结果为准。

10 气体含湿量的测定

10.1 测定项目

一次空气、预热器、增湿塔和收尘器出口废气的含湿量。

10.2 测点位置

各相应管道。

10.3 测定方法

根据管道内气体含湿量大小不同,可以采用干湿球法、冷凝法或重量法中的一种进行测定。具体测试方法按 GB/T 16157—1996 进行测定。

对测定结果有疑问或无法测定时,可根据物料平衡进行计算。

11 气体流量的测定

11.1 测定项目

窑和分解炉的一次空气、二次空气、三次空气,冷却机的各风机鼓入的空气,生料带入的空气,窑尾、分解炉、增湿塔及各级预热器的进、出口烟气,排风机及收尘器进、出口废气的流量。

11.2 测点位置

各相应管道,并符合下列要求:

a) 气体管道上的测孔,应尽量避免选在靠弯曲、变形和有闸门的地方,避开涡流和漏风的影响;

b) 测孔位置的选择原则,测孔上游直线管道大于 6D,测孔下游直线管道大于 3D(D 为管道直径)。

11.3 测定仪器

标准型皮托管或 S 型皮托管,倾斜式微压计、U 型管压力计或数字压力计,大气压力计;热球式电风速计、叶轮式或转杯风速计。标准型皮托管和 S 型皮托管应符合 GB/T 16157—1996 的规定;倾斜式微压计、U 型管压力计和数字压力计的精度要求见 8.3;大气压力计最小分度值应不大于 0.1kPa;热球式电风速计的精度应不大于 5%;叶轮式风速计的精度应不大于 3%;转杯风速计的精度应不大于 0.3m/s。

11.4 测定方法

11.4.1 除入窑二次空气及系统漏入空气外,其他气体流量均通过仪器测定。

11.4.2 用标准型皮托管或 S 型皮托管与倾斜式微压计、U 型管压力计或数字压力计组合测定气体管道横断面的气流平均速度,然后,根据测点处管道断面面积计算气体流量。

11.4.3 测量管道内气体平均流速时,应按不同管道断面形状和流动状态确定测点位置和测点数,方法如下:

11.4.3.1 圆形管道

表1 圆形管道分环及测点数的确定

管道直径,m	等面积环数	测点直径数	测点数
<0.3			1
0.3～0.6	1～2	1～2	2～8
0.6～1.0	2～3	1～2	4～12
1.0～2.0	3～4	1～2	6～16
2.0～4.0	4～5	1～2	8～20
>4.0	5	1～2	10～20

表2 测点与管道内壁距离(管道直径的分数)

测点号	环数				
	1	2	3	4	5
1	0.146	0.067	0.044	0.033	0.026
2	0.084	0.250	0.146	0.105	0.082
3		0.750	0.296	0.194	0.146
4		0.933	0.704	0.323	0.226
5			0.854	0.677	0.342
6			0.956	0.806	0.658
7				0.895	0.774
8				0.967	0.854
9				0.918	
10				0.974	

将管道分成适当数量的等面积同心环,各测点选在各环等面积中心线与呈垂直相交的两条直径线的交点上。

直径小于0.3m,流速分布比较均匀、对称并符合11.2要求的小圆形管道,可取管道中心作为测点。

不同直径的圆形管道的等面积环数、测量直径数及测点数见表1,一般一根管道上测点不超过20个。测点距管道内壁距离见表2。

11.4.3.2 矩形管道

将管道断面分成适当数量面积相等的小矩形,各小矩形的中心为测点。小矩形的数量按表3规定选取。一般一根管道上测点数不超过20个。

表3 矩形管道小矩形划分及测点数的确定

管道面积,m^2	等面积小矩形长边长度,m	测点总数
<0.1	<0.32	1
0.1~0.5	<0.35	1~4
0.5~1.0	<0.50	4~6
1.0~4.0	<0.67	6~9
4.0~9.0	<0.75	9~16
>9.0	≤1.0	≤20

管道断面面积小于0.1m^2,流速分布比较均匀、对称并符合11.2要求的小矩形管道,可取管道中心作为测点。

用标准型皮托管或S型皮托管测定气流速度时,应使标准型皮托管或S型皮托管的测量部分与管道中气体流向平行,最大允许偏差角不得大于10°。管道内被测气流速度应在5.0m/s~50.0m/s之内。

11.5 计算方法

11.5.1 用管道气体平均速度计算气体流量,按式(4)和式(5)计算。

$$V = 3600 \times F \times \omega_{PJ} = 3600 \times F \times K_d \sqrt{\frac{2 \times \Delta P_{PJ}}{\rho_t}} \quad \cdots\cdots (4)$$

$$\sqrt{\Delta P_{PJ}} = \frac{\sqrt{\Delta P_1} + \sqrt{\Delta P_2} + \cdots\cdots + \sqrt{\Delta P_n}}{n} \quad \cdots\cdots (5)$$

式中：

V——工作状态下气体流量,单位为立方米每小时(m^3/h);

F——管道断面面积,单位为平方米(m^2);

ω_{PJ}——管道断面气流平均速度,单位为米每秒(m/s);

K_d——皮托管的系数;

ΔP_{PJ}——管道断面上动压平均值,单位为帕(Pa);

ρ_t——被测气体工作状态下的密度,单位为千克每立方米(kg/m^3);

ΔP_1、ΔP_2……ΔP_n——分别为管道断面上各测点的动压值,单位为帕(Pa);

n——测点数量。

11.5.2 入窑二次空气量,用计算方法求得,见 JC/T 730 冷却机的热平衡与热效率计算。

11.5.3 系统漏入空气量无法测定,可以通过气体成分平衡计算。

12 气体含尘浓度的测定

12.1 测定项目

预热器出口气体,增湿塔进、出口气体,收尘器进、出口气体,篦冷机烟囱和一次空气(当采用煤磨放风时)的含尘浓度。

12.2 测点位置

各自相应管道。

12.3 测定仪器

烟气测定仪、烟尘浓度测定仪。烟气测定仪、烟尘浓度测定仪的烟尘采样管应符合 GB/T 16157—1996 的规定。

12.4 测定方法

将烟尘采样管从采样孔插入管道中,使采样嘴置于测点上,正对气流,按颗粒物等速采样原理,即采样嘴的抽气速度与测点处气流速度相等,抽取一定量的含尘气体,根据采样管滤筒内收集到的颗粒物质量和抽取的气体量计算气体的含尘浓度。含尘浓度的测定应符合如下要求:

a)测量仪器各部分之间的连接应密闭,防止漏气,正式测定前应做抽气空白试验,检查有无漏气;

b)含尘浓度的测孔应选择在气流稳定的部位,尽量避免涡流影响(见 11.2),测孔尽可能开在垂直管道上;

c)取样嘴应放在平均风速点的位置上,并要与气流方向相对;

d)测定中要保持等速采样,即保证取样管与气流管道中的流速相等;

e)回转窑废气是高温气体,露点温度高,取样管应采取保温措施(或采用管道内滤尘法),以止水汽冷凝;

f)在不稳定气流中测定含尘浓度时,测量系统中需串联一个容积式流量计,累计气体流量。

13 表面散热量的测定

13.1 测定项目

回转窑系统热平衡范围(见 JC/T 730)内的所有热设备如回转窑、分解炉、预热器、冷却机和三次风管等及其彼此之间连接管道的表面散热量。

13.2 测点位置

各热设备表面。

13.3 测定仪器

热流计;红外测温仪;表面热电偶温度计;辐射温度计和半导体点温计以及玻璃温度计;热球式电风速仪、叶轮式或转杯式风速计。热流计精度应不大于 5%;红外测温仪、半导体点温计和玻璃温度计的精度要求见 6.3;表面热电偶温度计显示误差值应不大于 ±3℃;辐射温度计的精度应不大于 2.5%;热球式电风速仪、叶轮式和转杯式风速计的精度要求见 11.3。

13.4 测定方法

13.4.1 用玻璃温度计测定环境空气温度(见7.2)。

13.4.2 用热球式电风速计、叶轮式或转杯式风速计测定环境风速并确定空气冲击角。

13.4.3 用热流计测出各热设备的表面散热量。

13.4.4 无热流计时,用红外测温仪、表面热电偶温度计和半导体点温计等测定热设备的表面温度,计算散热量。测定方法如下:

将各种需要测定的热设备,按其本身的结构特点和表面温度的不同,划分成若干个区域,计算出每一区域表面积的大小;分别在每一区域里测出若干点的表面温度,同时测出周围环境温度、环境风速和空气冲击角;根据测定结果在相应表中查出散热系数,按下式计算每一区域的表面散热量:

$$Q_{Bi} = \alpha_{Bi}(t_{Bi} - t_k) \times F_{Bi} \quad \cdots\cdots\cdots\cdots\cdots\cdots\cdots\cdots\cdots\cdots\cdots (6)$$

式中:

Q_B——设备表面散热量,单位为千焦每小时(kJ/h);

Q_{Bi}——各区域表面散热量,单位为千焦每小时(kJ/h);

t_{Bi}——被测某区域的表面温度平均值,单位为摄氏度(℃);

t_k——环境空气温度,单位为摄氏度(℃);

F_{Bi}——各区域的表面积,单位为平方米(m²);

α_{Bi}——表面散热系数,单位为千焦每平方米小时摄氏度〔kJ/(m²·h·℃)〕,它与温差$(t_{Bi} - t_k)$和环境风速及空气冲击角有关(见附录C)。

热设备的表面散热量等于各区域表面散热量之和:

$$Q_B = \sum Q_{Bi} \quad \cdots\cdots\cdots\cdots\cdots\cdots\cdots\cdots\cdots\cdots\cdots (7)$$

14 用水量的测定

14.1 测定项目

窑系统各水冷却部位如一次风管;窑头、尾密封圈;烧成带胴体;冷却机胴体;冷却机熟料出口;增湿塔和托轮轴承等处的用水量。

14.2 测点位置

各进水管和出水口。

14.3 测定仪器

水流量计(水表)或盛水容器和磅秤;玻璃温度计。水流量计(水表)的精度应不大于1%;磅秤的最小感量应不大于100g;玻璃温度计的精度要求见6.3。

14.4 测定方法

用玻璃温度计分别测定进、出水的温度。采用水冷却的地方,应测出冷却水量,包括变成水蒸汽的汽化水量和水温升高后排出的水量。对进水量的测定,应在进水管上安装水表计量,若无水表的测点,可与出水同样的方法测定,即在一定时间里用容器接水称量。需至少抽测三次以上,按其平均值计算进、出水量,二者之差即为蒸发汽化水量。

附录 A
（规范性附录）
燃料的基准换算和发热量计算方法

A.1 燃料成分基准之间的换算

燃料成分必须有明确的基准，对固体及液体燃料有收到基"ar"，空气干燥基"ad"，干燥基"d"，干燥无灰基"daf"，将角标写在主题符号的右下角。各基准之间的换算关系见表 A.1。

表 A.1 各基准之间的换算系数

已知的燃料成分	换算的燃料成分			
	收到基（ar）	空气干燥基（ad）	干燥基（d）	干燥无灰基（daf）
收到基（ar）	1	$\dfrac{100-M_{ad}}{100-M_{ar}}$	$\dfrac{100}{100-M_{ar}}$	$\dfrac{100}{100-M_{ar}-A_{ar}}$
空气干燥基（ad）	$\dfrac{100-M_{ar}}{100-M_{ad}}$	1	$\dfrac{100}{100-M_{ad}}$	$\dfrac{100}{100-M_{ad}-A_{ad}}$
干燥基（d）	$\dfrac{100-M_{ar}}{100}$	$\dfrac{100-M_{ad}}{100}$	1	$\dfrac{100}{100-M_{d}}$
干燥无灰基（daf）	$\dfrac{100-M_{ar}-A_{ar}}{100}$	$\dfrac{100-M_{ad}-A_{ad}}{100}$	$\dfrac{100-A_{d}}{100}$	1

A.2 燃料发热量的计算

A.2.1 采用氧弹量热法测定和计算时，按 GB/T 213 规定的方法。

A.2.2 根据煤的工业分析结果计算烟煤、无烟煤和褐煤低位发热量的公式如下：

A.2.2.1 烟煤低位发热量计算公式：

$$Q_{net,ad} = 35860 - 73.7V_{ad} - 395.7A_{ad} - 702.0M_{ad} + 173.6CRC \quad\cdots\cdots\cdots\cdots\cdots \text{（A.1）}$$

式中：

$Q_{net,ad}$——空气干燥基煤样低位发热量，单位为千焦每千克（kJ/kg）；

V_{ad}——空气干燥基煤样挥发分，以百分数表示（%）；

A_{ad}——空气干燥基煤样灰分，以百分数表示（%）；

M_{ad}——空气干燥基煤样水分，以百分数表示（%）；

CRC——焦渣特性。

A.2.2.2 无烟煤低位发热量的计算公式：

$$Q_{net,ad} = 34814 - 24.7V_{ad} - 382.2A_{ad} - 563.0M_{ad} \quad\cdots\cdots\cdots\cdots\cdots\cdots\cdots \text{（A.2）}$$

A.2.2.3 褐煤低位发热量计算公式：

$$Q_{net,ad} = 31733 - 70.5V_{ad} - 321.6A_{ad} - 388.1M_{ad} \quad\cdots\cdots\cdots\cdots\cdots\cdots\cdots \text{（A.3）}$$

A.2.3 根据煤的元素分析结果计算煤的低位发热量的计算公式：

A.2.3.1 需要采用全硫计算煤的低位发热量的计算公式：

$$Q_{net,ad} = 6984 + 275.1C_{ad} + 805.7H_{ad} + 60.7S_{t,ad} - 142.9O_{ad} - 74.4A_{ad} - 129.2M_{ad} \quad\cdots\cdots\cdots\cdots\cdots \quad (A.4)$$

A.2.3.2 不需要采用全硫计算煤的低位发热量的计算公式:

$$Q_{net,ad} = 12807.6 + 216.6C_{ad} + 734.2H_{ad} - 199.7O_{ad} - 132.8A_{ad} - 188.3M_{ad} \quad\cdots\cdots\cdots\cdots\cdots \quad (A.5)$$

式中:

C_{ad}、H_{ad}、$S_{t,ad}$、O_{ad}——分别为空气干燥基煤样碳、氢、全硫、氧的质量分数,以百分数表示(%)。

A.2.4 根据元素分析(或成分分析)结果计算液体和气体燃料发热量的计算公式:

A.2.4.1 液体燃料:

$$Q_{net,ar} = 339C_{ar} + 1030H_{ar} - 109(O_{ar} - S_{ar}) - 25M_{ar} \quad\cdots\cdots\cdots\cdots\cdots \quad (A.6)$$

式中:

C_{ar}、H_{ar}、$S_{t,ar}$、O_{ar}——分别为液体燃料中碳、氢、全硫、氧的质量分数,以百分数表示(%)。

A.2.4.2 气体燃料:

$$Q_{net,ar} = 126.3CO + 107.9H_2 + 358.0CH_4 + 590.5C_2H_4 + 231.3H_2S \quad\cdots\cdots\cdots\cdots \quad (A.7)$$

式中:

CO、H_2、CH_4、C_2H_4、H_2S——分别为气体燃料中各成分的体积分数,以百分数表示(%)。

附　录　B

（资料性附录）

常用热电偶的允差等级及抽气热电偶温度校正

B.1 常用热电偶适用的温度测量范围见表 B.1。

表 B.1　常用热电偶适用的温度测量范围

热电偶类型	分度号	测温范围,℃	推荐使用的最高测温范围,℃	
			长期	短期
铜-康铜	T	−200～350	350	400
镍铬-镍硅	K	−200～1300	800	1300
铂铑 30-铂铑 6	B	0～1800	1700	1800
铂铑-铂	R 和 S	0～1700	1300	1700

B.2 使用抽气热电偶应根据隔热罩的层数及抽气速度,对所测温度进行校正,校正值见表 B.2。

表 B.2　抽气热电偶温度校正

测量温度,℃	档板层数	最低抽气速度,m/s	最低速度时校正值,℃
400	一层	40	+10～15
500	一层	60	+17～25
600	一层	80	+25～36
600	二层	40	+10～15
700	二层	60	+10～15
800	二层	70	+10～25
900	二层	80	+30～46
1000	二层	100	+50～70

附 录 C
（规范性附录）
表面散热系数的修正方法

C.1 表面散热系数说明

计算回转窑、单筒冷却机等转动设备的表面散热时，查表 C.1 中的数值，并对空气冲击角的影响加以校正；计算预热器、分解炉等不转动设备的表面散热时，查表 C.2 中的数值。

表 C.1 不同温差与不同风速的散热系数 α 　　单位为 kJ/（m² · h · ℃）

温差 Δt ℃	风速，m/s								
	0	0.24	0.49	0.69	0.90	1.20	1.50	1.75	2.0
40	45.16	50.60	56.03	61.47	66.92	75.69	84.47	93.25	102.03
50	47.67	53.11	58.54	63.98	69.42	78.61	87.40	96.18	104.54
60	50.18	56.03	61.47	66.91	71.92	81.42	89.90	98.69	107.47
70	52.69	58.54	64.40	69.83	74.85	84.05	92.83	101.61	110.39
80	54.78	61.05	66.91	72.34	77.36	86.56	95.34	104.12	112.39
90	57.29	63.56	69.42	74.85	79.87	89.07	97.85	106.63	115.83
100	59.80	66.07	72.34	77.78	82.80	92.00	100.78	109.56	118.34
110	62.31	68.58	74.85	80.29	85.31	94.50	103.29	112.07	120.85
120	64.82	71.09	77.36	82.80	88.23	97.43	106.21	114.99	123.30
130	67.32	74.01	80.29	85.72	90.74	99.97	109.14	117.50	124.19
140	70.25	76.52	82.80	88.23	93.25	102.45	111.23	120.01	124.61
150	72.34	79.03	85.72	91.16	96.18	105.38	114.58	120.85	125.45
160	74.85	81.54	88.23	93.67	99.10	108.30	115.83	121.27	125.87
170	76.94	84.05	91.16	86.60	101.61	110.81	116.25	121.69	126.28
180	79.45	86.56	93.67	99.10	104.54	111.23	116.67	122.10	126.70
190	82.00	89.07	96.18	101.61	106.63	112.07	117.09	122.52	127.12
200	84.47	92.00	99.10	104.12	107.05	112.90	117.92	122.94	127.54
210	86.98	94.50	101.61	104.54	107.89	113.32	118.34	123.36	127.90
220	89.49	97.01	102.03	105.38	108.72	114.16	118.76	123.79	128.30
230	92.00	97.85	102.49	105.79	109.14	114.58	119.18	124.19	128.79
240	94.50	98.69	102.87	106.21	109.56	114.99	119.59	124.61	129.63

表 C.2　不同温差与不同风速的散热系数 α 　　　单位为 kJ/(m² · h · ℃)

温差 Δt ℃	风速，m/s				
	0	2.0	4.0	6.0	8.0
40	35.13	75.27	96.18	113.74	129.67
50	37.63	78.20	99.10	116.67	132.98
60	40.14	81.12	102.03	119.18	135.48
70	42.65	83.63	104.96	122.52	138.83
80	45.16	86.14	108.30	125.45	142.17
90	47.67	89.49	111.23	128.79	145.10
100	50.18	92.00	114.58	132.14	148.03
110	52.69	94.92	117.92	135.07	151.79
120	55.20	97.85	120.85	138.41	155.14
130	57.71	100.78	124.19	141.34	158.06
140	60.22	103.70	127.12	144.68	160.99
150	62.72	105.79	130.47	148.03	164.76
160	65.23	109.56	133.81		
170	67.74	112.49	136.74		
180	70.25	115.41	140.08		
190	72.76	117.92	143.01		
200	75.27	120.85	146.36		
210	77.78				
220	80.29				
230	82.80				
240	85.31				
250	87.81				

C.2　冲击角的校正方法

计算表面散热，当考虑空气冲击角对单窑散热系数的影响时，应采用冲击角的校正系数。

冲击角校正系数与不同冲击角散热系数的关系：

$$\varepsilon_\Phi = \frac{\alpha_\varphi}{\alpha_{90}} \quad\cdots\cdots\cdots\cdots\cdots\cdots\cdots\cdots\cdots\cdots\cdots\cdots\cdots\cdots\cdots\cdots\cdots\quad (C.1)$$

式中：

ε_Φ——冲击角的校正系数；

α_φ——冲击角的 φ 时的散热系数，单位为千焦每平方米小时摄氏度〔kJ/(m₂ · h · ℃)〕；

α_{90}——冲击角为90°时的散热系数,单位为千焦每平方米小时摄氏度〔kJ/(m$_2$·h·℃)〕。

根据试验测定结果,冲击角(φ)与校正系数(ε_{Φ})的关系见表C.3:

表 C.3　冲击角与校正系数的关系

φ	10°	15°	20°	25°	30°	35°	40°	45°	50°	55°～90°
ε_{Φ}	0.75	0.80	0.83	0.86	0.90	0.93	0.96	0.97	0.98	1.00

故考虑冲击角时,单窑散热系数应为:

$$\alpha_{\varphi} = \alpha \times \varepsilon_{\Phi} \quad \cdots\cdots\cdots\cdots\cdots\cdots\cdots\cdots\cdots\cdots\cdots\cdots\cdots\cdots \quad (\text{C.2})$$

式中:

α——单窑的散热系数,单位为千焦每平方米小时摄氏度〔kJ/(m$_2$·h·℃)〕。

C.3　多窑并列时散热系数计算

多筒冷却机与窑体散热之间的相互影响,可作为多窑并列的一个特例对待,而多窑并列时的散热系数是单窑的0.8倍,即:

$$\alpha' = 0.8 \times \alpha \quad \cdots\cdots\cdots\cdots\cdots\cdots\cdots\cdots\cdots\cdots\cdots\cdots\cdots\cdots \quad (\text{C.3})$$

式中:

α'——冲击角为Φ时的散热系数,单位为千焦每平方米小时摄氏度〔kJ/(m$_2$·h·℃)〕。

故多筒冷却机的散热计算,可按单窑计算后,乘以校正值0.8。

ICS

Q

备案号:20448—2007

JC

中华人民共和国建材行业标准

JC/T 730—2007
代替 JC/T 730—1984(1996)

水泥回转窑热平衡、热效率、
综合能耗计算方法

Methods for the calculation of heat balance, heat Officiency and
comprehensive energy consumption of cement rotary kiln

2007-04-13 发布   2007-10-01 实施

中华人民共和国国家发展和改革委员会   发布

前　言

本标准是对 JC/T 730—1984(1996)《水泥回转窑热平衡、热效率、综合能耗计算方法》进行的修订。

本标准与 JC/T 730—1984(1996)相比,主要变化如下:

——增加了冷却机出口飞灰对物料平衡和热平衡的影响;

——窑头漏风系数由"5%～10%"改为"2%～10%"(1984年版的4.1.2.2,本版的6.1.2.2);

——对部分符号和单位进行了修改;

——删除原标准附录C和附录D。

本标准附录A、附录C为资料性附录,附录B为规范性附录。

本标准自实施之日起代替 JC/T 730—1984(1996)。

本标准由中国建筑材料工业协会提出。

本标准由全国水泥标准化技术委员会(SAC/TC 184)归口。

本标准起草单位:天津水泥工业设计研究院。

本标准主要起草人:刘继开、陶从喜、肖秋菊、倪祥平、王仲春、彭学平。

本标准所代替标准的历次版本发布情况为:

——GB 4179—1984、JC/T 730—1984(1996)。

水泥回转窑热平衡、热效率、综合能耗计算方法

1 范围

本标准规定了生产硅酸盐水泥熟料的各类型回转窑(包括预热、烧成及冷却系统)的热平衡、热效率及熟料烧成综合能耗的计算方法。

本标准适用于生产硅酸盐水泥熟料的各类型回转窑(包括预热、烧成及冷却系统)的热平衡、热效率及熟料烧成综合能耗的计算。

2 规范性引用文件

下列文件中的条款通过本标准的引用而成为本标准的条款。凡是注日期的引用文件,其随后所有的修改单(不包括勘误的内容)或修订版均不适用于本标准,然而,鼓励根据本标准达成协议的各方研究是否可使用这些文件的最新版本。凡是不注日期的引用文件,其最新版本适用于本标准。

GB/T 2587 热设备能量平衡通则

GB/T 2589 综合能耗计算通则

JC/T 733 水泥回转窑热平衡测定方法

3 术语和定义

下列术语和定义适用于本标准。

3.1 熟料烧成综合能耗 comprehensive energy consumption of clinker burning

熟料烧成综合能耗指成系统在标定期间内,实际消耗的各种能源实物量按规定的计算方法和单位分别折算成标准煤量的总和,单位为千克(kg)。

3.2 熟料烧成热耗 heat consumption of clinker burning

熟料烧成热耗指单位熟料产量下消耗的燃料燃烧热,单位为千焦每千克(kJ/kg)。

3.3 回转窑系统热效率 heat efficiency of rotary kiln system

回转窑系统热效率指单位质量熟料的形成热与燃料(包括生料中可燃物质)燃烧放出热量的比值,以百分数表示(%)。

4 计算依据和计算基准

4.1 计算依据

根据热平衡参数测定结果计算,热平衡参数的测定按 JC/T 733 规定的方法进行。窑的主要设备情况及热平衡测定结果记录表参见附录 A。

4.2 计算基准

温度基准:0℃;质量基准:1kg 熟料。

5 回转窑系统平衡计算

5.1 物料平衡

5.1.1 物料平衡范围

物料平衡计算的范围是从冷却机熟料出口到预热器废气出口(即包括冷却机、回转窑、分解炉和预热器系统)并考虑了窑灰回窑操作的情况。物料平衡范围见图1。

对不带预热器、分解炉、没有窑中喂料的情况,则计算项目中相关参数视为零。对带余热锅炉的窑,余

热锅炉部分的热平衡计算不列在本标准中,可参阅锅炉的有关标准计算。

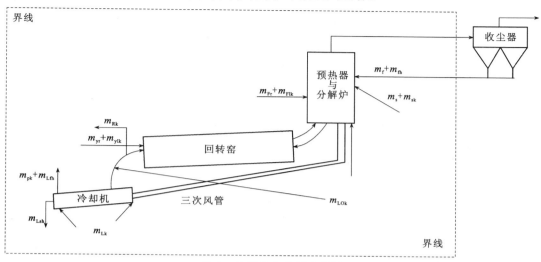

图 1　物料平衡范围示意图

5.1.2　收入物料

5.1.2.1　燃料消耗量

5.1.2.1.1　固体或液体燃料消耗量

固体或液体燃料消耗量计算公式见式(1):

$$m_r = \frac{M_{yr+} + M_{Fr}}{M_{sh}} \cdots\cdots\cdots\cdots\cdots (1)$$

式中:

m_r——每千克熟料燃料消耗量,单位为千克每千克(kg/kg);

M_{yr}——每小时入窑燃料量,单位为千克每小时(kg/h);

M_{Fr}——每小时入分解炉燃料量,单位为千克每小时(kg/h);

M_{sh}——每小时熟料产量,单位为千克每小时(kg/h)。

5.1.2.1.2　气体燃料消耗量

气体燃料消耗量计算公式见式(2):

$$m_r = \frac{V_r}{M_{sh}} \times \rho_r \cdots\cdots\cdots\cdots\cdots (2)$$

式中:

V_r——每小时气体燃料消耗体积①,单位为标准立方米每小时(m³/h);

ρ_r——气体燃料的标况密度,单位为千克每标准立方米(kg/m³)。

气体燃料的标况密度计算公式见式(3)

$$\rho_r = \frac{CO_2 \times \rho_{CO_2} + CO \times \rho_{CO} + O_2 \times \rho_{O_2} + C_mH_n \times \rho_{C_mH_n} + H_2 \times \rho_{H_2} + N_2 \times \rho_{N_2} + H_2O \times \rho_{H_2O}}{100} \cdots\cdots (3)$$

式中:

CO_2、CO、O_2、C_mH_n、H_2、N_2、H_2O——气体燃料中各成分的体积分数,以百分数表示(%);

---

①　本标准中不加说明时,气体体积均指温度为0℃,压力为101325Pa 时的体积,单位为立方米(m³),简称"标准立方米"。

ρ_{CO_2}、ρ_{CO}、ρ_{O_2}、$\rho_{C_mH_n}$、ρ_{H_2}、ρ_{N_2}、ρ_{H_2O}——各成分的标况密度,单位为千克每标准立方米(kg/m^3),参见附录 C。

5.1.2.2 生料消耗量

生料消耗量计算公式见式(4):

$$m_s = \frac{M_s}{M_{sh}} \quad\text{……………………………………………………} (4)$$

式中:

m_s——每千克熟料生料消耗量,单位为千克每千克(kg/kg);

M_s——每小时生料喂料量,单位为千克每小时(kg/h)。

5.1.2.3 入窑回灰量

入窑回灰量计算公式见式(5):

$$m_{yh} = \frac{M_{yh}}{M_{sh}} \quad\text{……………………………………………………} (5)$$

式中:

m_{yh}——每千克熟料入窑回灰量,单位为千克每千克(kg/kg);

M_{yh}——每小时入窑回灰量,单位为千克每小时(kg/h)。

5.1.2.4 空气消耗量

5.1.2.4.1 进入系统一次空气量

进入系统一次空气量计算公式见式(6):

$$m_{1k} = \frac{V_{y1k} + V_{F1k}}{M_{sh}} \times \rho_{1k} \quad\text{……………………………} (6)$$

式中:

m_{1k}——每千克熟料进入系统一次空气量,单位为千克每千克(kg/kg);

V_{y1k}——每小时入窑一次空气体积,单位为标准立方米每小时(m^3/h);

V_{F1k}——每小时入分解炉一次空气体积,单位为标准立方米每小时(m^3/h);

ρ_{1k}——一次空气的标况密度,单位为千克每标准立方米(kg/m^3)。

注:当一次空气用煤磨的放风时,应根据一次空气的成分计算ρ_{1k}。

一次空气的标况密度计算公式见式(7):

$$\rho_{1k} = \frac{CO_2^{1k} \times \rho_{CO_2} + CO^{1k} \times \rho_{CO} + O_2^{1k} \times \rho_{O_2} + N_2^{1k} \times \rho_{N_2} + H_2O^{1k} \times \rho_{H_2O}}{100} \quad\text{………………} (7)$$

式中:

CO_2^{1k}、CO^{1k}、O_2^{1k}、N_2^{1k}、H_2O^{1k}——一次空气中各成分的体积分数,以百分数表示(%)。

5.1.2.4.2 进入冷却机空气量

进入冷却机空气量计算公式见式(8):

$$m_{Lk} = \frac{V_{Lk}}{M_{sh}} \times \rho_k \quad\text{……………………………………………} (8)$$

式中:

m_{Lk}——每千克熟料入冷却机的空气量,单位为千克每千克(kg/kg);

V_{Lk}——每小时入冷却机的空气体积,单位为标准立方米每小时(m^3/h);

ρ_k——空气的标况密度,单位为千克每标准立方米(kg/m^3)。

5.1.2.4.3 生料带入空气量

生料带入空气量计算公式见式(9):

$$m_{sk} = \frac{V_{sk}}{M_{sh}} \times \rho_k \quad \cdots\cdots\cdots\cdots\cdots\cdots\cdots\cdots\cdots\cdots\cdots\cdots \quad (9)$$

式中：

m_{sk}——每千克熟料生料带入空气量，单位为千克每千克（kg/kg）；

V_{sk}——每小时生料带入空气体积，单位为标准立方米每小时（m³/h）。

5.1.2.4.4 窑系统漏入空气量

窑系统漏入空气量计算公式见式（10）：

$$m_{LOk} = \frac{V_{LOk}}{M_{sh}} \times \rho_k \quad \cdots\cdots\cdots\cdots\cdots\cdots\cdots\cdots\cdots\cdots\cdots \quad (10)$$

式中：

m_{LOk}——每千克熟料系统漏入空气量，单位为千克每千克（kg/kg）；

V_{LOk}——每小时系统漏入空气体积，单位为标准立方米每小时（m³/h）。

5.1.2.5 物料总收入

物料总收入计算公式见式（11）：

$$m_{zs} = m_r + m_s + m_{yh} + m_{1k} + m_{Lk} + m_{sk} + m_{LOk} \quad \cdots\cdots\cdots\cdots\cdots\cdots \quad (11)$$

式中：

m_{zs}——每千克熟料物料总收入，单位为千克每千克（kg/kg）。

5.1.3 支出物料

5.1.3.1 出冷却机熟料量

出冷却机熟料量计算公式见式（12）：

$$m_{Lsh} = 1 - m_{Lfh} \quad \cdots\cdots\cdots\cdots\cdots\cdots\cdots\cdots\cdots\cdots\cdots\cdots \quad (12)$$

式中：

m_{Lsh}——每千克熟料出冷却机熟料量，单位为千克每千克（kg/kg）；

m_{Lfh}——每千克熟料冷却机出口飞灰量，单位为千克每千克（kg/kg）。

5.1.3.2 预热器出口废气量

预热器出口废气量计算公式见式（13）：

$$m_f = \frac{V_f}{M_{sh}} \times \rho_f \quad \cdots\cdots\cdots\cdots\cdots\cdots\cdots\cdots\cdots\cdots\cdots\cdots \quad (13)$$

式中：

m_f——每千克熟料预热器出口废气量，单位为千克每千克（kg/kg）；

V_f——每小时预热器出口废气体积，单位为标准立方米每小时（m³/h）；

ρ_f——预热器出口废气的标况密度，单位为千克每标准立方米（kg/m³）。

预热器出口废气的标况密度计算公式见式（14）：

$$\rho_f = \frac{CO_2^f \times \rho_{CO_2} + CO^f \times \rho_{CO} + O_2^f \times \rho_{O_2} + N_2^f \times \rho_{N_2} + H_2O^f \times \rho_{H_2O}}{100} \quad \cdots\cdots\cdots\cdots \quad (14)$$

式中：

CO_2^f、CO^f、O_2^f、N_2^f、H_2O^f——预热器出口废气中各成分的体积分数，以百分数表示（%）。

5.1.3.3 预热器出口飞灰量

预热器出口飞灰量计算公式见式（15）：

$$m_{fh} = \frac{V_f \times K_{sh}}{M_{sh}} \quad \cdots\cdots\cdots\cdots\cdots\cdots\cdots\cdots\cdots\cdots\cdots\cdots \quad (15)$$

式中：

m_{fh}——每千克熟料预热器出口飞灰量，单位为千克每千克（kg/kg）；

K_{sh}——预热器出口废气中飞灰的浓度，单位为千克每标准立方米（kg/m³）。

5.1.3.4 冷却机排出空气量

冷却机排出空气量计算公式见式（16）：

$$m_{pk} = \frac{V_{pk}}{M_{sh}} \times \rho_k \quad\cdots\cdots\cdots\cdots\cdots\cdots\cdots\cdots\cdots\cdots\cdots\cdots\cdots\cdots (16)$$

式中：

m_{pk}——每千克熟料冷却机排出空气量，单位为千克每千克（kg/kg）；

V_{pk}——每小时冷却机排出空气体积，单位为标准立方米每小时（m³/h）。

5.1.3.5 煤磨抽冷却机空气量

煤磨抽冷却机空气量计算公式见式（17）：

$$m_{Rk} = \frac{V_{Rk}}{M_{sh}} \times \rho_k \quad\cdots\cdots\cdots\cdots\cdots\cdots\cdots\cdots\cdots\cdots\cdots\cdots\cdots\cdots (17)$$

式中：

m_{Rk}——每千克熟料煤磨抽冷却机空气量，单位为千克每千克（kg/kg）；

V_{Rk}——每小时煤磨抽冷却机空气体积，单位为标准立方米每小时（m³/h）。

5.1.3.6 冷却机出口飞灰量

冷却机出口飞灰量计算公式见式（18）：

$$m_{Lfh} = \frac{V_{pk} \times K_{Lfh}}{M_{sh}} \quad\cdots\cdots\cdots\cdots\cdots\cdots\cdots\cdots\cdots\cdots\cdots (18)$$

式中：

K_{Lfh}——冷却机出口废气中飞灰的浓度，单位为千克每标准立方米（kg/m³）。

5.1.3.7 其他支出

m_{qt}，单位为千克每千克（kg/kg）。

5.1.3.8 物料总支出

物料总支出计算公式见式（19）：

$$m_{zc} = m_{Lsh} + m_f + m_{fh} + m_{pk} + m_{Rk} + m_{Lfh} + m_{qt} \quad\cdots\cdots\cdots\cdots\cdots\cdots (19)$$

式中：

m_{zc}——每千克熟料物料总支出，单位为千克每千克（kg/kg）。

5.1.4 物料平衡计算结果

见表1。

表1 物料平衡计算结果

收入物料				支出物料			
项　目	符号	kg/kg	%	项　目	符号	kg/kg	%
燃料消耗量	m_r			出冷却机熟料量	m_{Lsh}		
生料消耗量	m_s			预热器出口废气量	m_f		
入窑回灰量	m_{yh}			预热器出口飞灰量	m_{fh}		
一次空气量	m_{1k}			冷却机排出空气量	m_{pk}		
入冷却机冷空气量	m_{Lk}			煤磨从系统抽出热空气量	m_{Rk}		

收入物料				支出物料			
项　目	符号	kg/kg	%	项　　目	符号	kg/kg	%
生料带入空气量	m_{sk}			冷却机出口飞灰量	m_{Lfh}		
系统漏入空气量	m_{LOk}			其他支出	m_{qt}		
合　　计				合　　计			

5.2　热平衡

5.2.1　热平衡范围

热平衡范围见图2。热平衡按GB/T 2587规定的方法进行计算。

5.2.2　收入热量

5.2.2.1　燃料燃烧热

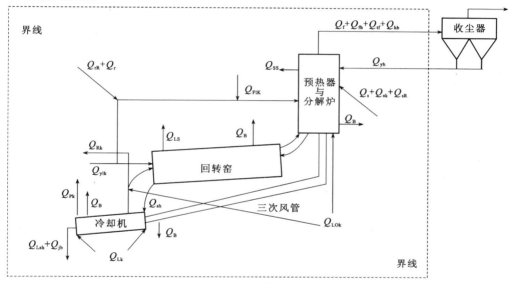

图2　热平衡范围示意图

燃料燃烧热计算公式见式（20）：

$$Q_{rR} = m_r \times Q_{net,ar} \quad\cdots\cdots\cdots\cdots\cdots\cdots\cdots\cdots\cdots\cdots\cdots\cdots\cdots\cdots (20)$$

式中：

Q_{rR}——每千克熟料燃料燃烧热，单位为千焦每千克（kJ/kg）；

$Q_{net,ar}$——入窑燃料收到基低位发热量，单位为千焦每千克（kJ/kg）。

注：采用煤作为燃料时，上式中$Q_{net,ar}$为入窑煤粉收到基低位发热量，不能与原煤收到基发热量混淆。

5.2.2.2　燃料显热

燃料显热计算公式见式（21）：

$$Q_r = m_r \times c_r \times t_r \quad\cdots\cdots\cdots\cdots\cdots\cdots\cdots\cdots\cdots\cdots\cdots\cdots\cdots\cdots (21)$$

式中：

Q_r——每千克熟料燃料带入显热，单位为千焦每千克（kJ/kg）；

c_r——燃料比热，单位为千焦每千克摄氏度〔kJ/（kg·℃）〕；

t_r——燃料温度，单位为摄氏度（℃）。

5.2.2.3　生料中可燃物质燃烧热

生料中可燃物质燃烧热计算公式见式(22)：

$$Q_{sR} = m_{sr} \times Q_{net,ar} \quad\cdots\cdots\cdots\cdots\cdots\cdots\cdots\cdots\cdots\cdots\cdots (22)$$

式中：

Q_{sR}——每千克熟料生料中可燃物质的燃烧热，单位为千焦每千克(kJ/kg)；

m_{sr}——生料中可燃物质含量，单位为千克每千克(kg/kg)；

$Q_{net,ar}$——生料中可燃物质收到基低位发热量，单位为千焦每千克(kJ/kg)。

5.2.2.4 生料显热

生料显热计算公式见式(23)：

$$Q_s = m_s \times c_s \times t_s \quad\cdots\cdots\cdots\cdots\cdots\cdots\cdots\cdots\cdots\cdots\cdots (23)$$

式中：

Q_s——每千克熟料生料带入显热，单位为千焦每千克(kJ/kg)；

c_s——生料的比热，单位为千焦每千克摄氏度〔kJ/(kg·℃)〕；

$c_s = (0.88 + 2.93 + 10^{-4} \times t_s) + 4.1816 \times \dfrac{W^s}{100 - W_s}$，$W^s$ 为生料的水分，以百分数表示(%)；

t_s——生料的温度，单位为摄氏度(℃)。

5.2.2.5 入窑回灰显热

入窑回灰显热计算公式见式(24)：

$$Q_{yh} = m_{yh} \times c_{yh} \times t_{yh} \quad\cdots\cdots\cdots\cdots\cdots\cdots\cdots\cdots\cdots\cdots\cdots (24)$$

式中：

Q_{yh}——每千克熟料入窑回灰显热，单位为千焦每千克(kJ/kg)；

c_{yh}——入窑回灰的比热，单位为千焦每千克摄氏度〔kJ/(kg·℃)〕；

t_{yh}——入窑回灰的温度，单位为摄氏度(℃)。

5.2.2.6 一次空气显热

一次空气显热计算公式见式(25)：

$$Q_{1k} = \frac{V_{y1k}}{M_{sh}} \times c_k \times t_{y1k} + \frac{V_{F1k}}{M_{sh}} \times c_k \times t_{F1k} \quad\cdots\cdots\cdots\cdots\cdots (25)$$

式中：

Q_{1k}——每千克熟料一次空气显热，单位为千焦每千克(kJ/kg)；

c_k——空气的比热，单位为千焦每标准立方米摄氏度〔kJ/(m³·℃)〕；

t_{y1k}——入窑一次空气的温度，单位为摄氏度(℃)；

t_{F1k}——入分解炉一次空气的温度，单位为摄氏度(℃)。

注：当一次空气用煤磨放风时，根据一次空气成分计算 $c_{k(入窑)}$ 值。

入窑一次空气采用煤磨放风比热计算公式见式(26)：

$$c_{k(入窑)} = \frac{CO_2^{1k} \times c_{CO_2} + CO^{1k} \times c_{CO} + O_2^{1k} \times c_{O_2} + N_2^{1k} \times c_{N_2} + H_2O^{1k} \times c_{H_2O}}{100} \quad\cdots\cdots (26)$$

式中：

$c_{k(入窑)}$——入窑一次空气采用煤磨放风时的比热，单位为千焦每标准立方米摄氏度〔kJ/(m³·℃)〕；

c_{CO_2}、c_{CO}、c_{O_2}、c_{N_2}、c_{H_2O}——在 $0 \sim t_{1k}$℃内，各气体定压平均体积比热，单位为千焦每标准立方米摄氏度〔kJ/(m³·℃)〕。

5.2.2.7 入冷却机空气显热

入冷却机空气显热计算公式见式(27)：

$$Q_{LK} = \frac{L_{Lk}}{M_{sh}} \times c_k \times t_{Lk} \quad\cdots\cdots\cdots\cdots\cdots\cdots\cdots\cdots\cdots\cdots\cdots\cdots\cdots \quad (27)$$

式中：

Q_{Lk}——每千克熟料入冷却机的空气显热，单位为千焦每千克(kJ/kg)；

t_{Lk}——入冷却机的空气温度，单位为摄氏度(℃)。

5.2.2.8 生料带入空气显热

生料带入空气显热计算公式见式(28)：

$$Q_{sk} = \frac{V_{sk}}{M_{sh}} \times c_k \times t_s \quad\cdots\cdots\cdots\cdots\cdots\cdots\cdots\cdots\cdots\cdots\cdots\cdots\cdots \quad (28)$$

式中：

Q_{sk}——每千克熟料生料带入空气显热，单位为千焦每千克(kJ/kg)。

5.2.2.9 系统漏入空气显热

系统漏入空气显热计算公式见式(29)：

$$Q_{LOk} = \frac{V_{LOk}}{M_{sh}} \times c_k \times t_k \quad\cdots\cdots\cdots\cdots\cdots\cdots\cdots\cdots\cdots\cdots\cdots\cdots \quad (29)$$

式中：

Q_{LOk}——每千克熟料系统漏入空气显热，单位为千焦每千克(kJ/kg)；

t_k——环境空气的温度，单位为摄氏度(℃)。

5.2.2.10 热量总收入

热量总收入计算公式见式(30)：

$$Q_{ZS} = Q_{rR} + Q_r + Q_{sR} + Q_s + Q_{yh} + Q_{1k} + Q_{Lk} + Q_{sk} + Q_{LOk} \quad\cdots\cdots\cdots \quad (30)$$

式中：

Q_{ZS}——每千克熟料热量总收入，单位为千焦每千克(kJ/kg)。

5.2.3 支出热量

5.2.3.1 熟料形成热

a) 不考虑硫、碱的影响时熟料形成热用式(31)计算

$$Q_{sh} = 17.19Al_2O_3^{sh} + 27.10MgO^{sh} + 32.01CaO^{sh} - 21.40SiO_2^{sh} - 2.47Fe_2O_3^{sh} \quad\cdots\cdots \quad (31)$$

b) 考虑硫、碱的影响时熟料形成热用式(32)计算

$$Q_{sh} = Q_{sh} - 107.90 \times (Na_2O^s - Na_2O^{sh}) - 71.09 \times (K_2O^s - K_2O^{sh}) + 83.64 \times (SO_3^s - SO_3^{sh}) \quad\cdots\cdots \quad (32)$$

式中：

$Al_2O_3^{sh}$、MgO^{sh}、CaO^{sh}、SiO_2^{sh}、$Fe_2O_3^{sh}$、K_2O^{sh}、Na_2O^{sh}、SO_3^{sh}——熟料中相应成分的质量分数，以百分数表示(%)；

Na_2O^s、K_2O^s、SO_3^s——生料中相应成分的灼烧基质量分数，以百分数表示(%)。

注：矿渣配料时熟料形成热计算，遵照附录 B 的规定。

5.2.3.2 蒸发生料中水分耗热

蒸发生料中水分耗热计算公式见式(33)：

$$Q_{ss} = m_s \times \frac{W^s}{100} \times q_{qh} \quad\cdots\cdots\cdots\cdots\cdots\cdots\cdots\cdots\cdots\cdots\cdots\cdots \quad (33)$$

式中：

Q_{ss}——每千克熟料蒸发生料中的水分耗热，单位为千焦每千克(kJ/kg)；

435

q_{qh}——水的汽化热,单位为千焦每千克(kJ/kg)。

5.2.3.3 出冷却机熟料显热

出冷却机熟料显热计算公式见式(34):

$$Q_{Lsh} = (1 - m_{Lfh}) \times c_{sh} \times t_{Lsh} \quad\cdots\cdots\cdots\cdots\cdots\cdots\cdots\cdots\cdots\cdots\cdots\cdots\cdots (34)$$

式中:

Q_{Lsh}——出冷却机熟料显热,单位为千焦每千克(kJ/kg);

c_{sh}——熟料的比热,单位为千焦每千克摄氏度〔kJ/(kg·℃)〕;

t_{Lsh}——出冷却机熟料温度,单位为摄氏度(℃)。

5.2.3.4 预热器出口废气显热

预热器出口废气显热计算公式见式(35):

$$Q_f = \frac{V_f}{M_{sh}} \times c_f \times t_f \quad\cdots\cdots\cdots\cdots\cdots\cdots\cdots\cdots\cdots\cdots\cdots\cdots\cdots (35)$$

式中:

Q_f——每千克熟料预热器出口废气显热,单位为千焦每千克(kJ/kg);

c_f——预热器出口废气比热,单位为千焦每标准立方米摄氏度〔kJ/(m³·℃)〕;

t_f——预热器出口废气的温度,单位为摄氏度(℃)。

预热器出口废气比热计算公式见式(36):

$$C_f = \frac{CO_2^f \times c_{CO_2} + CO^f \times c_{CO} + O_2^f \times c_{O_2} + N_2^f \times c_{N_2} + H_2O^f \times c_{H_2O}}{100} \quad\cdots\cdots\cdots\cdots (36)$$

式中:

c_{CO_2}、c_{CO}、c_{O_2}、c_{N_2}、c_{H_2O}——在 $0 \sim t_f$℃内,各气体定压平均体积比热,单位为千焦每标准立方米摄氏度〔kJ/(m³·℃)〕。

5.2.3.5 预热器出口飞灰显热

预热器出口飞灰显热计算公式见式(37):

$$Q_{fh} = m_{fh} \times c_{fh} \times t_f \quad\cdots\cdots\cdots\cdots\cdots\cdots\cdots\cdots\cdots\cdots\cdots\cdots\cdots (37)$$

式中:

Q_{fh}——每千克熟料预热器出口飞灰显热,单位为千焦每千克(kJ/kg);

c_{fh}——预热器出口飞灰的比热,单位为千焦每千克摄氏度〔kJ/(kg·℃)〕。

5.2.3.6 飞灰脱水及碳酸盐分解耗热

飞灰脱水及碳酸盐分解耗热计算公式见式(38):

$$Q_{tf} = m_{fh} \times \frac{100 - L_{fh}}{100 - L_s} \times \frac{H_2O^s}{100} \times 6690 + \left(m_{fh} \times \frac{100 - L_{fh}}{100 - L_s} \times \frac{CO_2^s}{100} - m_{fh} \times \frac{L_{fh}}{100} \right) \times \frac{100}{44} \times 1660 \quad\cdots\cdots (38)$$

式中:

Q_{tf}——每千克熟料飞灰脱水及碳酸盐分解耗热,单位为千焦每千克(kJ/kg);

L_{fh}——飞灰的烧失量,以百分数表示(%);

L_s——生料的烧失量,以百分数表示(%);

H_2O——生料中化合水含量,以百分数表示(%);

6690——高岭土脱水热,单位为千焦每千克(kJ/kg);

CO_2^s——生料中 CO_2 含量,以百分数表示(%);

1660——$CaCO_3$ 分解热,单位为千焦每千克(kJ/kg)。

生料中 CO_2 含量计算公式见式(39):

$$CO_2^s = \frac{CaO^s}{100} \times \frac{44}{56} + \frac{MgO^s}{100} \times \frac{44}{40.3} \cdots\cdots\cdots\cdots\cdots\cdots \quad (39)$$

式中：

CaO^s，MgO^s——分别为生料中 CaO 和 MgO 含量，以百分数表示（%）。

5.2.3.7 冷却机排出空气显热

冷却机排出空气显热计算公式见式(40)：

$$Q_{pk} = \frac{V_{pk}}{M_{sh}} \times c_k \times t_{pk} \cdots\cdots\cdots\cdots\cdots\cdots\cdots \quad (40)$$

式中：

Q_{pk}——每千克熟料冷却机排出空气显热，单位为千焦每千克（kJ/kg）；

t_{pk}——冷却机排出空气温度，单位为摄氏度（℃）。

5.2.3.8 冷却机出口飞灰显热

冷却机出口飞灰显热计算公式见式(41)：

$$Q_{Lfh} = m_{Lfh} \times c_{Lfh} \times t_{pk} \cdots\cdots\cdots\cdots\cdots\cdots \quad (41)$$

式中：

Q_{Lfh}——每千克熟料冷却机出口飞灰显热，单位为千焦每千克（kJ/kg）；

c_{Lfh}——冷却机出口飞灰的比热，单位为千焦每千克摄氏度〔kJ/(kg·℃)〕。

5.2.3.9 煤磨抽冷却机空气显热

煤磨抽冷却机空气显热计算公式见式(42)：

$$Q_{Rk} = \frac{V_{Rk}}{M_{sh}} \times c_k \times t_{Rk} \cdots\cdots\cdots\cdots\cdots\cdots\cdots \quad (42)$$

式中：

Q_{Rk}——每千克熟料煤磨抽冷却机空气显热，单位为千焦每千克（kJ/kg）；

t_{Rk}——煤磨抽冷却机空气温度，单位为摄氏度（℃）。

5.2.3.10 化学不完全燃烧的热损失

化学不完全燃烧的热损失计算公式见式(43)：

$$Q_{hb} = \frac{V_f}{M_{sh}} \times \frac{CO^f}{100} \times 12630 \cdots\cdots\cdots\cdots\cdots\cdots \quad (43)$$

式中：

Q_{hb}——每千克熟料化学不完全燃烧热损失，单位为千焦每千克（kJ/kg）；

CO^f——预热器出口废气中 CO 的体积分数，以百分数表示（%）；

12630——CO 的热值，单位为千焦每标准立方米（kJ/m³）。

5.2.3.11 机械不完全燃烧的热损失

机械不完全燃烧的热损失计算公式见式(44)：

$$Q_{jb} = \frac{L_{sh}}{100} \times 33874 \cdots\cdots\cdots\cdots\cdots\cdots\cdots \quad (44)$$

式中：

Q_{jb}——每千克熟料机械不完全燃烧热损失，单位为千焦每千克（kJ/kg）；

L_{sh}——熟料的烧失量，以百分数表示（%）；

33874——碳的热值，单位为千焦每千克（kJ/kg）。

5.2.3.12 系统表面散热

系统表面散热计算公式见式(45)：

$$Q_{\mathrm{B}} = \frac{\sum Q_{\mathrm{B}i}}{M_{\mathrm{sh}}} \quad\cdots\cdots\cdots\cdots\cdots\cdots\cdots\cdots\cdots\cdots\cdots\cdots\cdots\cdots\cdots\cdots\cdots (45)$$

式中:

Q_{B}——每千克熟料系统表面散热量,单位为千焦每千克(kJ/kg);

$\sum Q_{\mathrm{B}i}$——每小时系统表面总散热量,单位为千焦每小时(kJ/h)。

5.2.3.13 冷却水带出热

冷却水带出热计算公式见式(46):

$$Q_{\mathrm{Ls}} = \frac{M_{\mathrm{Ls}} \times (t_{c_{\mathrm{s}}} - t_{js}) \times c'_{\mathrm{s}} + M_{\mathrm{qh}} \times q_{\mathrm{qh}}}{M_{\mathrm{sh}}} \quad\cdots\cdots\cdots\cdots\cdots\cdots\cdots (46)$$

式中:

Q_{Ls}——每千克熟料冷却水带出热量,单位为千焦每千克(kJ/kg);

M_{Ls}——每小时冷却水用量,单位为千克每小时(kg/h);

$t_{c_{\mathrm{s}}}$——冷却水出水温度,单位为摄氏度(℃);

t_{js}——冷却水进水温度,单位为摄氏度(℃);

c'_{s}——水的比热,4.1816,单位为千焦每千克摄氏度〔kJ/(kg·℃)〕;

M_{qh}——每小时汽化冷却水量,单位为千克每小时(kg/h);

q_{qh}——水的汽化热,单位为千焦每千克(kJ/kg)。

5.2.3.14 其他支出

其他热支出,Q_{qt},单位为千焦每千克(kJ/kg)。

5.2.3.15 热量总支出

热量总支出计算公式见式(47):

$$Q_{\mathrm{ZC}} = Q_{\mathrm{sh}} + Q_{\mathrm{ss}} + Q_{\mathrm{Lsh}} + Q_{\mathrm{f}} + Q_{\mathrm{fh}} + Q_{\mathrm{tf}} + Q_{\mathrm{pk}} + Q_{\mathrm{Lfh}} + Q_{\mathrm{Rk}} + Q_{\mathrm{hb}} + Q_{\mathrm{jb}} + Q_{\mathrm{B}} + Q_{\mathrm{Ls}} + Q_{\mathrm{qt}} \cdots\cdots (47)$$

式中:

Q_{ZC}——每千克熟料热量总支出,单位为千焦每千克(kJ/kg)。

5.2.4 热平衡计算结果

热平衡计算结果见表2。

5.3 回转窑系统的热效率计算

回转窑系统的热效率计算公式见式(48):

$$\eta_{\mathrm{y}} = \frac{Q_{\mathrm{sh}}}{Q_{\mathrm{rR}} + Q_{\mathrm{sR}}} \quad\cdots\cdots\cdots\cdots\cdots\cdots\cdots\cdots\cdots\cdots\cdots\cdots\cdots\cdots\cdots\cdots (48)$$

式中:

η_{y}——回转窑系统的热效率,以百分数表示(%)。

表2 热平衡计算结果

收入热量				支出热量			
项 目	符号	kJ/kg	%	项 目	符号	kJ/kg	%
燃料燃烧热	Q_{rR}			熟料形成热	Q_{sh}		
燃料显热	Q_{r}			蒸发生料中水分耗热	Q_{ss}		
生料中可燃物质燃烧热	Q_{sR}			出冷却机熟料显热	Q_{Lsh}		
生料显热	Q_{s}			预热器出口废气显热	Q_{f}		
入窑回灰显热	Q_{yh}			预热器出口飞灰显热	Q_{fh}		

收入热量				支出热量			
项　目	符号	kJ/kg	%	项　目	符号	kJ/kg	%
一次空气显热	Q_{1k}			飞灰脱水及碳酸盐分解耗热	Q_{tf}		
入冷却机冷空气显热	Q_{Lk}			冷却机排出空气显热	Q_{pk}		
生料带入空气显热	Q_{sk}			冷却机出口飞灰显热	Q_{Lfh}		
系统漏入空气显热	Q_{LOk}			煤磨抽冷却机热空气显热	Q_{Rk}		
				化学不完全燃烧热损失	Q_{hb}		
				机械不完全燃烧热损失	Q_{jb}		
				系统表面散热	Q_B		
				冷却水带出热	Q_{Ls}		
				其他支出	Q_{qt}		
合　计				合　计			

6　冷却机的热平衡与热效率计算

6.1　热平衡

6.1.1　收入热量

6.1.1.1　出窑熟料显热

出窑熟料显热计算公式见式(49)：

$$Q_{ysh} = 1 \times c_{sh} \times t_{ysh} \quad\cdots\cdots\cdots\cdots\cdots\cdots\cdots\cdots\cdots\cdots\cdots\cdots \quad (49)$$

式中：

Q_{ysh}——出窑熟料显热，单位为千焦每千克(kJ/kg)；

t_{ysh}——出窑熟料温度，单位为摄氏度(℃)。

6.1.1.2　入冷却机总空气显热

入冷却机总空气显热计算公式见式(50)：

$$Q'_{Lk} = \frac{V_{Lk}}{M_{sk}} \times c_k \times t_{Lk} + \frac{V_{LOk(冷却机)}}{M_{sh}} \times c_k \times t_k \quad\cdots\cdots\cdots\cdots \quad (50)$$

式中：

Q'_{Lk}——每千克熟料入冷却机总空气显热，单位为千焦每千克(kJ/kg)；

$V_{LOk(冷却机)}$——每小时冷却机漏入空气体积，单位为标准立方米每小时(m³/h)。

6.1.1.3　热量总收入

热量总收入计算公式见式(51)：

$$Q_{LZS} = Q_{ysh} + Q'_{Lk} \quad\cdots\cdots\cdots\cdots\cdots\cdots\cdots\cdots\cdots\cdots \quad (51)$$

式中：

Q_{LZS}——冷却机热量总收入，单位为千焦每千克(kJ/kg)。

6.1.2　支出热量

6.1.2.1　出冷却机熟料显热

出冷却机熟料显热按式(34)计算。

6.1.2.2　入窑二次空气显热

入窑二次空气显热计算公式见式(52)：

$$V_{y2k} = \frac{V_{y2k}}{M \, sk} \times c_k \times t_{y2k} \quad\cdots\cdots\cdots\cdots\cdots\cdots\cdots\cdots\cdots\cdots\cdots \quad (52)$$

式中：

Q_{y2k}——每千克熟料入窑二次空气显热，单位为千焦每千克（kJ/kg）；

V_{y2k}——每小时入窑二次空气体积，单位为标准立方米每小时（m^3/h）；

t_{y2k}——入窑二次空气的温度，单位为摄氏度（℃）。

每小时入窑二次空气体积计算公式见式（53）：

$$V_{y2k} = V'_k \times \alpha_y \times M_{yr} \times (1 - \varphi_{yT}) - V_{y1k} \quad\cdots\cdots\cdots\cdots\cdots \quad (53)$$

式中：

α_y——窑尾过剩空气系数；

φ_{yT}——窑头漏风系数，视窑头密闭情况而定，一般选 φ_{yT} = 2% ~ 10%；

V'_k——燃料完全燃烧时理论空气需要量，对固体及液体燃料，单位为标准立方米每千克（m^3/kg），对气体燃料，单位为标准立方米每标准立方米（m^3/m^3）。

6.1.2.2.1 根据燃料元素分析（或成分分析）结果计算 V'_k

a）固体及液体燃料

固体及液体燃料完全燃烧时理论空气需要量计算公式见式（54）：

$$V'_k = 0.089C_{ar} + 0.267H_{ar} + 0.033(S_{ar} - O_{ar}) \quad\cdots\cdots\cdots\cdots \quad (54)$$

式中：

C_{ar}、H_{ar}、S_{ar}、O_{ar}——燃料中各元素质量百分含量，以百分数表示（%）。

b）气体燃料

气体燃料完全燃烧时理论空气需要量计算公式见式（55）：

$$V'_k = 0.0476 \times (0.5CO + 0.5H_2 + 2CH_4 + 3C_2H_4 + 1.5H_2S - O_2) \quad\cdots\cdots\cdots\cdots \quad (55)$$

式中：

CO、H_2、CH_4、C_2H_4、H_2S、O_2——气体燃料中各成分体积分数，以百分数表示（%）。

6.1.2.2.2 根据燃料收到基低位发热量近似计算 V'_k

a）固体燃料

固体燃料完全燃烧时理论空气需要量计算公式见式（56）：

$$V'_k = \frac{0.242Q_{net,ar}}{1000} + 0.5 \quad\cdots\cdots\cdots\cdots\cdots\cdots\cdots\cdots\cdots\cdots \quad (56)$$

b）液体燃料

液体燃料完全燃烧时理论空气需要量计算公式见式（57）：

$$V'_k = \frac{0.203Q_{net,ar}}{1000} + 2.0 \quad\cdots\cdots\cdots\cdots\cdots\cdots\cdots\cdots\cdots\cdots \quad (57)$$

c）气体燃料，根据发热量不同按表 3 中相应公式计算：

表 3 气体燃料完全燃烧时理论空气需要量

$Q_{net,ar}$ kJ/m^3	< 10455	= 10455	= 12546	= 14637	> 14637
V'_k m^3/m^3	$\frac{0.209Q_{net,ar}}{1000}$	2.15	2.72	3.45	$\frac{0.261Q_{net,ar}}{1000} - 0.25$

6.1.2.3 入分解炉三次空气显热

入分解炉三次空气显热计算公式见式（58）：

$$Q_{F3k} = \frac{V_{F3k}}{M_{sh}} \times c_k \times t_{F3k} \quad \cdots\cdots\cdots\cdots\cdots\cdots\cdots\cdots\cdots\cdots\cdots\cdots \quad (58)$$

式中：

Q_{F3k}——每千克熟料入分解炉三次空气显热，单位为千焦每千克(kJ/kg)；

t_{F3k}——入分解炉三次空气的温度，单位为摄氏度(℃)。

6.1.2.4 煤磨抽冷却机空气显热

煤磨抽冷却机空气显热按式(42)计算。

6.1.2.5 冷却机排出空气显热

冷却机排出空气显热按式(40)计算。

6.1.2.6 冷却机出口飞灰显热

冷却机出口飞灰显热按式(41)计算。

6.1.2.7 冷却机表面散热

冷却机表面散热计算公式见式(59)：

$$Q_{LB} = \frac{\sum Q_{LBi}}{M_{sh}} \quad \cdots\cdots\cdots\cdots\cdots\cdots\cdots\cdots\cdots\cdots\cdots\cdots \quad (59)$$

式中：

Q_{LB}——每千克熟料冷却机表面散热量，单位为千焦每千克(kJ/kg)；

$\sum Q_{LBi}$——每小时冷却机表面总散热量，单位为千焦每小时(kJ/h)。

6.1.2.8 冷却水带走热

冷却水带走热计算公式见式(60)：

$$Q_{LLs} = \frac{M_{LLs} \times (t_{Lcs} - t_{Ljs}) \times c'_s + M_{Lqh} \times q_{qh}}{M_{sh}} \quad \cdots\cdots\cdots\cdots\cdots\cdots\cdots \quad (60)$$

式中：

Q_{LLs}——每千克熟料冷却机冷却水带走热，单位为千焦每千克(kJ/kg)；

M_{LLs}——每小时冷却机冷却水用量，单位为千克每小时(kg/h)；

t_{Lcs}，t_{Ljs}——分别为冷却机冷却水出水和进水温度，单位为摄氏度(℃)；

M_{Lqh}——每小时冷却机汽化冷却水量，单位为千克每小时(kg/h)。

6.1.2.9 冷却机其他支出

冷却机其他支出 Q_{Lqt}，单位为千焦每千克(kJ/kg)。

6.1.2.10 热量总支出

热量总支出计算公式见式(61)：

$$Q_{LZC} = Q_{Lsh} + Q_{y2k} + Q_{F3k} + Q_{Rk} + Q_{pk} + Q_{Lfh} + Q_{LB} + Q_{LLs} + Q_{Lqt} \quad \cdots\cdots\cdots\cdots \quad (61)$$

6.1.3 冷却机热平衡计算结果

冷却机热平衡计算结果见表4。

表4 冷却机热平衡计算结果

收入热量				支出热量			
项　目	符号	kJ/kg	%	项　目	符号	kJ/kg	%
入冷却机熟料显热	Q_{ysh}			出冷却机熟料显热	Q_{Lsh}		
入冷却机冷空气显热	Q'_{Lk}			入窑二次空气显热	Q_{y2k}		
				入炉三次空气显热	Q_{F3k}		
				煤磨抽热风显热	Q_{Rk}		

收入热量				支出热量			
项　目	符号	kJ/kg	%	项　目	符号	kJ/kg	%
				冷却机排风显热	Q_{pk}		
				冷却机出口飞灰显热	Q_{Lfh}		
				冷却机表面散热	Q_{LB}		
				冷却水带走热	Q_{LLs}		
				其他支出	Q_{Lqt}		
合　计				合　计			

6.2　冷却机的热效率计算

冷却机的热效率计算公式见式(62)：

$$\eta_L = \frac{Q_{y2k} + Q_{F3k}}{Q_{ysh}} \quad\cdots\cdots\cdots\cdots\cdots\cdots\cdots\cdots\cdots\cdots\cdots (62)$$

式中：

η_L——冷却机的热效率，以百分数表示(%)。

7　熟料烧成综合能耗计算

7.1　熟料烧成综合能耗计算的范围

7.1.1　熟料烧成实际消耗的各种能源,包括一次能源(原油、原煤、天然气等)、二次能源(电力、热力、焦炭等国家统计制度所规定的各种能源统计品种)及耗能工质(水、压缩空气等)所消耗的能源。各种能源不得重记和漏计。

7.1.2　熟料烧成实际消耗的各种能源,系指用于生产目的所消耗的各种能源。包括主要生产系统、辅助生产系统和附属生产系统用能,主要生产系统指生料输送、生料预热(和分解)和熟料烧成与冷却系统等,辅助生产系统指排风及收尘系统等,附属生产系统指控制检测系统等。不包括用于生活目的和基建项目用能。

7.1.3　在实际消耗的各种能源中,作为原料用途的能源应包括在内;带余热发电的回转窑,若余热锅炉在热平衡范围内,余热发电消耗和回收的能源应包括在内,若余热锅炉在热平衡范围外,余热发电消耗和回收的能源应不包括在内。

7.1.4　各种能源统计范围如下:从生料出库(或料浆池)到熟料入库;从燃料出煤粉仓(或工作油罐)到废气出大烟囱。具体包括:生料输送,生料预热(和分解),熟料烧成与冷却,熟料输送,排风及收尘,控制检测等项,而不包括生料和燃料制备。

7.2　各种能源综合计算原则

7.2.1　各种能源消耗量均指实际测得的消耗量。

7.2.2　各种能源均应折算成标准煤耗。

1千克标准煤的热值见GB/T 2589。

7.2.3　熟料烧成消耗的一次能源及生料中可燃物质,均折算为标准煤量。

7.2.4　熟料烧成消耗的二次能源及耗能工质消耗的能源均应折算成一次能源,其中耗能工质按GB/T 2589的规定折算成一次能源。电力能源按国家统计局规定折算成标准煤量。

7.3　熟料单位产量综合能耗计算

熟料单位产量综合能耗按下式计算：

$$熟料单位产量综合能耗 = \frac{熟料烧成综合能耗}{标定期间熟料产量} \quad\cdots\cdots\cdots\cdots\cdots\cdots\cdots (63)$$

式中：

熟料单位产量综合能耗,单位为千克每吨(kg/t);

标定期间熟料产量,单位为吨(t)。

附 录 A
（资料性附录）
窑的主要设备情况及热平衡参数测定结果记录表

表 A.1　主要设备情况

		名　　　称	单　位	规　格　参　数	备　注
		工厂名称			
		工厂厂址			
		窑的编号			
		烧成方法			
回转窑		规格	m		
		胴体内容积	m³		
		平均有效直径	m		
		有效长度	m		
		有效内表面积	m²		
		有效内容积	m³		
		斜度	%		
		窑速	r/min		
		电机型号			
		电机功率	kW		
分解炉		型式			
		规格	m		
预热器		型式			
	规格	C1	m		
		C2	m		
		C3	m		
		C4	m		
		C5	m		
余热发电	锅炉	型号			
		规格	m		
	发电机组	型号			
		规格	m		
		能力	kW		

名　称			单位	规 格 参 数	备　注
燃烧喷嘴	窑头	型式			
		规格	mm		
	分解炉	型式			
		规格	mm		
一次风机	窑头	型号			
		风压	Pa		
		铭牌风量	m³/min		
		电机功率	kW		
	窑尾	型号			
		风压	Pa		
		铭牌风量	m³/min		
		电机功率	kW		
喂煤设备	窑头	型号			
		能力	t/h		
		罗茨风机 型号			
		罗茨风机 铭牌风量	m³/min		
		罗茨风机 风压	kPa		
		罗茨风机 电机功率	kW		
	分解炉	型号			
		能力	t/h		
		罗茨风机 型号			
		罗茨风机 铭牌风量	m³/min		
		罗茨风机 风压	kPa		
		罗茨风机 电机功率	kW		
喂料设备	斗式提升机	型号			
		能力	t/h		
		输送高度	m		
增湿塔		规格	mm		
		工况处理风量	m³/h		
收尘设备	窑尾	型式			
		工况处理风量	m³/h		
	冷却机	型式			
		工况处理风量	m³/h		
冷却机系统	冷却机	型式			
		型号			
		篦床面积	m²		

名 称			单 位	规 格 参 数	备 注
冷却机系统	一室风机 A	型号			
		风压	Pa		
		铭牌风量	m³/h		
		电机功率	kW		
	一室风机 B	型号			
		风压	Pa		
		铭牌风量	m³/h		
		电机功率	kW		
	平衡风机	型号			
		风压	Pa		
		铭牌风量	m³/h		
		电机功率	kW		
	二室风机	型号			
		风压	Pa		
		铭牌风量	m³/h		
		电机功率	kW		
	三室风机	型号			
		风压	Pa		
		铭牌风量	m³/h		
		电机功率	kW		
	四室风机	型号			
		风压	Pa		
		铭牌风量	m³/h		
		电机功率	kW		
	五室风机	型号			
		风压	Pa		
		铭牌风量	m³/h		
		电机功率	kW		
	六室风机	型号			
		风压	Pa		
		铭牌风量	m³/h		
		电机功率	kW		
冷却机余风风机		型号			
		风压	Pa		
		铭牌风量	m³/h		
		介质温度	℃		
		电机功率	kW		

续表

名　　称			单　位	规　格　参　数	备　注
窑尾高温风机	型号				
		风压	Pa		
		铭牌风量	m³/h		
		介质温度	℃		
		电机功率	kW		
窑尾排风机	型号				
		风压	Pa		
		铭牌风量	m³/h		
		介质温度	℃		
		电机功率	kW		

表 A.2-1　热平衡参数测定记录

测定时间			年　　月　　日			
测定人员						
天气情况		大气压力,Pa		气温,℃	风速,m/s	空气湿度,%

测　定　项　目			单位	测定数据	备　　注	
熟料	产量		kg/h			t/d
	温度	窑出口	℃			
		冷却机出口	℃			
入窑生料	喂料量		kg/h		折合比	
	水分		%			
	温度		℃			
	可燃物质的含量		kg/kg			
窑灰	增湿塔收回窑灰量		kg/h			
	收尘器收回窑灰量		kg/h			
	入窑回灰	灰量	kg/h			
		温度	℃			
		水分	%			
入窑燃料	喂料量	窑头	kg/h			
		分解炉	kg/h			
		合计	kg/h			
	温度	窑用	℃			
		炉用	℃			
	煤灰掺入率		%			
	种类					
	产地					

表 A. 2-2　气体体积与含尘量测定结果

测定项目		风　量		温度	压力	含尘浓度	飞灰量	飞灰水分	飞灰烧失量	备注
		工况 m³/h	标况 m³/h	℃	Pa	kg/m³	kg/h	%	%	
一次空气	入窑　送煤风									
	入窑　净风									
	入分解炉　送煤风									
	入分解炉　净风									
	生料带入空气									
入冷却机的冷空气	平衡风机									
	一室风机 A1									
	一室风机 A2									
	一室风机 B1									
	一室风机 B2									
	二室风机									
	三室风机									
	四室风机									
	五室风机									
	六室风机									
	总空气量									
预热器出口废气										
入窑二次空气										
冷却机排风										
煤磨抽冷却机热风										
入分解炉三次空气										

表 A. 2-3　化学分析结果

项目	烧失量 %	SiO₂ %	Al₂O₃ %	Fe₂O₃ %	CaO %	MgO %	K₂O %	Na₂O %	SO₃ %	Cl⁻ %	总和 %	f-CaO %	KH	SM	IM
熟料															
生料															
煤灰															
飞灰															

表 A. 2-4-1　固体燃料和液体燃料分析结果

燃料种类	水分 %	元素分析					工业分析					低位热值 $Q_{net,ar}$ kJ/kg
		C %	H %	S %	N %	O %	M_{ar} %	V_{ar} %	A_{ar} %	FC_{ar} %	焦渣特性 #	
固体燃料												
可燃物质												
液体燃料												

表 A.2-4-2　气体燃料分析结果

气体燃料	W %	H₂ %	CO %	CO₂ %	N₂ %	O₂ %	CₘHₙ %	SO₂ %	H₂S %	低位热值 $Q_{net,ar}$ kJ/kg

表 A.2-5　气体成分与含湿量测定结果

测　点	气体成分,%				过剩空气系数 α	含湿量%
	CO₂	O₂	CO	N₂		
窑尾烟室						
分解炉出口						
预热器出口						
C5 出口						
烟囱						
一次空气						

表 A.2-6　表面散热测定结果

测定项目	每小时散热量 kJ/h	每千克熟料散热量 kJ/kg
回转窑		
预热器		
分解炉		
三次风管		
冷却机		
合计		

表 A.2-7　冷却水测定结果

测定项目	冷却水量 kg/h	进水湿度 ℃	出水温度 ℃	汽化耗水量 kg/h	耗热量 kJ/h
回转窑					
冷却机					
合计					

附　录　B

（规范性附录）

熟料形成热的理论计算方法

熟料形成热，是用基准温度（0℃）的干物料，在没有任何物料和热量损失的条件下，制成 1 千克仍为基准温度的熟料所需的热量。

若采用普通原料（石灰石、黏土和铁粉）配料，以煤粉为燃料，可用如下方法计算。

B.1 生成 1 千克熟料，干原料消耗量的计算

B.1.1 生成 1 千克熟料，煤灰的掺入量

生成 1 千克熟料，煤灰的掺入量计算公式见式（B.1）：

$$m_A = m_r \times A_{ar} \times \alpha \times \frac{1}{10000} \quad\cdots\cdots\cdots\cdots\cdots\cdots\cdots\cdots\cdots\cdots\cdots\cdots（B.1）$$

式中：

m_A——生成每千克熟料煤灰的掺入量，单位为千克每千克（kg/kg）；

m_r——每千克熟料燃料消耗量，单位为千克每千克（kg/kg）；

A_{ar}——煤粉收到基灰分，以百分数表示（%）；

α——煤灰掺入率，以百分数表示（%）。

B.1.2 生成 1 千克熟料，生料中碳酸钙消耗量

生成 1 千克熟料，生料中碳酸钙消耗量计算公式见式（B.2）：

$$m_{CaCO_3} = \frac{CaO^{sh} - CaO^A \times m_A}{100} \times \frac{100}{56} \quad\cdots\cdots\cdots\cdots\cdots\cdots\cdots\cdots（B.2）$$

式中：

m_{CaCO_3}——生成每千克熟料生料中碳酸钙消耗量，单位为千克每千克（kg/kg）；

CaO^{sh}——熟料中 CaO 含量，以百分数表示（%）；

CaO^A——煤灰中 CaO 含量，以百分数表示（%）。

B.1.3 生成 1 千克熟料，生料中碳酸镁消耗量

生成 1 千克熟料，生料中碳酸镁消耗量计算公式见式（B.3）：

$$m_{MgCO_3} = \frac{MgO^{sh} - MgO^A \times m_A}{100} \times \frac{84.3}{40.3} \quad\cdots\cdots\cdots\cdots\cdots\cdots\cdots\cdots（B.3）$$

式中：

m_{MgCO_3}——生成每千克熟料生料中碳酸镁消耗量，单位为千克每千克（kg/kg）；

MgO^{sh}——熟料中 MgO 含量，以百分数表示（%）；

MgO^A——煤灰中 MgO 含量，以百分数表示（%）。

B.1.4 生成 1 千克熟料，生料中高岭土消耗量

生成 1 千克熟料，生料中高岭土消耗量计算公式见式（B.4）：

$$m_{AS_2H_2} = \frac{Al_2O_3^{sh} - Al_2O_3^A \times m_A}{100} \times \frac{258}{102} \quad\cdots\cdots\cdots\cdots\cdots\cdots\cdots（B.4）$$

式中：

$Al_2O_3^{sh}$——熟料中 Al_2O_3 含量，以百分数表示（%）；

$Al_2O_3^A$——煤灰中 Al_2O_3 含量,以百分数表示(%)。

B.1.5 生成 1 千克熟料,生料中的 CO_2 消耗量

生成 1 千克熟料,生料中的 CO_2 消耗量计算公式见式(B.5):

$$m_{CO2} = \frac{CaO^{sh} - CaO^A \times m_A}{100} \times \frac{44}{56} + \frac{MgO^{sh} - MgO^A \times m_A}{100} \times \frac{44}{40.3} \quad\cdots\cdots\cdots\cdots\cdots (B.5)$$

式中:

m_{CO2}——生成每千克熟料生料中 CO_2 消耗量,单位为千克每千克(kg/kg)。

B.1.6 生成 1 千克熟料,生料中的化合水消耗量

生成 1 千克熟料,生料中的化合水消耗量计算公式见式(B.6):

$$m_{H_2O} = \frac{Al_2O_3^{sh} - Al_2O_3^A \times m_A}{100} \times \frac{36}{102} \quad\cdots\cdots\cdots\cdots\cdots\cdots (B.6)$$

式中:

m_{H_2O}——生成 1 千克熟料,生料中的化合水消耗量,单位为千克每千克(kg/kg)。

B.1.7 生成 1 千克熟料,干原料的消耗量

生成 1 千克熟料,干原料的消耗量计算公式见(B.7):

$$m_{gy} = 1 + m_{CO_2} + m_{H_2O} \quad\cdots\cdots\cdots\cdots\cdots\cdots\cdots\cdots\cdots (B.7)$$

式中:

m_{gy}——生成 1 千克熟料,干原料的消耗量,单位为千克每千克(kg/kg)。

注1:使用部分矿渣配料时,应扣除来自矿渣中各成分的含量计算。

注2:使用液体或气体燃料时,公式中的 m_A 为零。

B.2 吸收热量的计算

B.2.1 干物料从0℃加热到450℃吸收热量

干物料从0℃加热到450℃吸收热量计算公式见式(B.8):

$$q_1 = m_{gy} \times 1.058 \times (450 - 0) \quad\cdots\cdots\cdots\cdots\cdots\cdots (B.8)$$

式中:

q_1——干物料从0℃加热到450℃吸收热量,单位为千焦每千克(kJ/kg)。

1.058——干物料在0℃~450℃时的平均比热,单位为千焦每千克摄氏度〔kJ/(kg·℃)〕。

B.2.2 高岭土吸收热量 q_2

高岭土吸收热量计算公式见式(B.9):

$$q_2 = m_{H_2O} \times 6690 \quad\cdots\cdots\cdots\cdots\cdots\cdots\cdots (B.9)$$

式中:

q_2——高岭土吸收热量,单位为千焦每千克(kJ/kg)

6690——高岭土脱水热,单位为千焦每千克(kJ/kg)。

注:一般生产水泥用的粘土主要成分是高岭土,因此,粘土脱水实际是高岭土脱水。

B.2.3 脱水后物料由450℃加热到900℃吸收热量

脱水后物料由450℃加热到900℃吸收热量计算公式见(B.10):

$$q_3 = (m_{gy} - m_{H_2O}) \times 1.184 \times (900 - 450) \quad\cdots\cdots\cdots\cdots (B.10)$$

式中:

q_3——脱水后物料由450℃加热到900℃吸收热量,单位为千焦每千克(kJ/kg)

1.184——脱水后的物料在450℃~900℃时的平均比热,单位为千焦每千克摄氏度(kJ/(kg℃))。

B.2.4 碳酸盐分解吸收热量

碳酸盐分解吸收热量计算公式见式(B.11)：

$$q_4 = m_{CaCO_3} \times 1660 + m_{MgCO_3} \times 1420 \quad\cdots\cdots\cdots\cdots\cdots\cdots\cdots\cdots\quad (B.11)$$

式中：

q_4——碳酸盐分解吸收热量 q_4，单位为千焦每千克(kJ/kg)。

B.2.5 物料由 900℃加热到 1400℃吸收热量

物料由 900℃加热到 1400℃吸收热量计算公式见式(B.12)：

$$q_5 = (m_{gy} - m_{H_2O} - m_{CO_2}) \times 1.033 \times (1400 - 900) \quad\cdots\cdots\cdots\cdots\cdots\quad (B.12)$$

式中：

q_5——物料由 900℃加热到 1400℃吸收热量，单位为千焦每千克(kJ/kg)；

1.033——碳酸盐分解后的物料在 900℃～1400℃时的平均比热，单位为千焦每千克摄氏度〔kJ/(kg·℃)〕。

B.2.6 在 1400℃时，液相形成吸收热量

在 1400℃时，液相形成吸收热量见下式：

$$q_6 \approx 109 kJ/kg$$

式中：

q_6——在 1400℃时，液相形成吸收热量，单位为千焦每千克(kJ/kg)。

B.3 放出热量的计算

B.3.1 在 1000℃～1400℃范围内，由熟料矿物形成放出热量

在 1000℃～1400℃范围内，由熟料矿物形成放出热量计算公式见式(B.13)：

$$q_7 = \frac{1}{100}(C_3S \times 465 + C_2S \times 610 + C_3A \times 88 + C_4AF \times 105)\cdots\cdots\cdots\cdots\quad (B.13)$$

式中：

q_7——在 1000℃～1400℃范围内，由熟料矿物形成放出热量，单位为千焦每千克(kJ/kg)；

465——C_3S 形成热，单位为千焦每千克(kJ/kg)；

610——C_2S 形成热，单位为千焦每千克(kJ/kg)；

88——C_3A 形成热，单位为千焦每千克(kJ/kg)；

105——C_4AF 形成热，单位为千焦每千克(k1/kg)。

熟料矿物形成放热与熟料中各矿物的含量有关，根据熟料的化学成分分别按式(B.14)、(B.15)、(B.16)、(B.17)计算各矿物的含量：

$$C_3S = 4.07CaO^{sh} - 7.60SiO_2^{sh} - 6.72Al_2O_3^{sh} - 1.43Fe_2O_3^{sh} \quad\cdots\cdots\cdots\cdots\quad (B.14)$$

$$C_2S = 8.60SiO_2^{sh} - 3.17CaO^{sh} + 5.10Al_2O_3^{sh} + 1.07Fe_2O_3^{sh} \quad\cdots\cdots\cdots\cdots\quad (B.15)$$

$$C_3A = 2.65Al_2O_3^{sh} - 1.69Fe_2O_3^{sh} \quad\cdots\cdots\cdots\cdots\cdots\cdots\cdots\quad (B.16)$$

$$C_4AF = 3.04Fe_2O_3^{sh} \quad\cdots\cdots\cdots\cdots\cdots\cdots\cdots\cdots\cdots\cdots\quad (B.17)$$

式中：

C_3S、C_2S、C_3A、C_4AF——分别为熟料中各矿物的含量，以百分数表示(%)。

B.3.2 黏土中无定形物质结晶放出热量

黏土中无定形物质结晶放出热量计算公式见式(B.18)：

$$q_8 = m_{AS_2H_2} \times 0.86 \times 301 \quad\cdots\cdots\cdots\cdots\cdots\cdots\cdots\cdots\quad (B.18)$$

式中：

q_8——黏土中无定形物质结晶放出热量，单位为千焦每千克(kJ/kg)；

0.86——偏高岭土($Al_2O3 \cdot 2SiO_2$)与高岭土($Al_2O_3 \cdot 2SiO_2 \cdot 2H_0$)分子量之比;

301——脱水高岭土结晶热,单位为千焦每千克(kJ/kg)。

B.3.3 熟料由1400℃冷却到0℃时放出热量

熟料由1400℃冷却到0℃时放出热量计算公式见式(B.19):

$$q_9 = 1 \times 1.092 \times (1400 - 0) \quad\cdots\cdots\cdots\cdots\cdots\cdots\cdots (B.19)$$

式中:

q_9——熟料由1400℃冷却到0℃时放出热量,单位为千焦每千克(kJ/kg);

1.092——熟料在0℃~1400℃时的平均比热,单位为千焦每千克摄氏度[kJ/(kg·℃)]。

B.3.4 碳酸盐分解出的CO_2,由900℃冷却到0℃时放出热量

碳酸盐分解出的CO_2,由900℃冷却到0℃时放出热量计算公式见式(B.20):

$$q_{10} = m_{CO_2} \times 1.104 \times (900 - 0) \quad\cdots\cdots\cdots\cdots\cdots\cdots (B.20)$$

式中:

q_{10}——碳酸盐分解出的CO_2,由900℃冷却到0℃时,放出热量q_{10},单位为千焦每千克(kJ/kg);

1.104——CO_2在0℃~900℃时的平均比热,单位为千焦每千克摄氏度[kJ/(kg·℃)]。

B.3.5 生料中化合水,由450℃冷却到0℃时放出热量

生料中化合水,由450℃冷却到0℃时,放出热量计算公式见式(B.21):

$$q_{11} = m_{H_2O} \times [1.966 \times (450 - 0) - 2496] \quad\cdots\cdots\cdots\cdots\cdots (B.21)$$

式中:

q_{11}——生料中化合水,由450℃冷却到0℃时,放出热量,单位为千焦每千克(kJ/kg);

1.966——水蒸汽在0℃~450℃时的平均比热,单位为千焦每千克摄氏度[kJ/(kg·℃)];

2496——0℃时水的汽化潜热,单位为千焦每千克摄氏度[kJ/(kg·℃)]。

B.4 熟料形成热

熟料形成热计算公式见式(B.22):

$$Q_{sh} = (q_1 + q_2 + q_3 + q_4 + q_5 + q_6) - (q_7 + q_8 + q_9 + q_{10} + q_{11}) \quad\cdots\cdots\cdots (B.22)$$

式中:

Q_{sh}——熟料形成热,单位为千焦每千克(kJ/kg)。

附 录 C
（资料性附录）
各类数据表

表 C.1 各种气体的常数

名称	分子式	分子量	密度 kg/m³		气体热值			
					kJ/m³		kJ/kg	
			计算值	实测值	Q_{gr}	Q_{net}	Q_{gr}	Q_{net}
空气	−	29	1.2922	1.2928				
氧	O_2	32	1.4276	1.42895				
氢	H_2	2	0.08994	0.08994	12755.1	10789.6	141719.6	119897.9
氮	N_2	28	1.2499	1.2505				
一氧化碳	CO	28	1.2495	1.2500	12629.6	12629.6	10099.5	10099.5
二氧化碳	CO_2	44	1.9634	1.9768				
二氧化硫	SO_2	64	2.8581	2.9265				
三氧化硫	SO_3	80	−	(3.575)				
硫化氢	H_2S	34	−	1.5392	25108.7	23143.2	16075.6	15205.8
一氧化氮	NO	30	1.3388	1.3402				
氧化二氮	N_2O	44	1.9637	1.9878				
水蒸气	H_2O	18		0.804				
甲烷	CH_4	16	0.7152	0.7163	39729.0	35802.1	55474.2	49991.6
乙烷	C_2H_6	30	1.3406	1.3560	69605.2	63712.8	51852.6	47465.7
丙烷	C_3H_8	44	−	2.0037	99063.2	91205.2	50326.2	46332.4
丁烷	C_4H_{10}	58	−	2.703	128441.8	118250.2	49385.2	45600.5
戊烷	C_5H_{12}	72	−	3.457	157786.9	146006.2	48992.1	45332.9
乙炔	C_2H_2	26	1.1607	1.0709	57991.8	56026.3	49891.3	48201.7
乙烯	C_2H_4	28	1.2506	1.2604	62960.0	59033.1	50276.0	47139.5
丙烯	C_3H_6	42	−	1.915	91853.4	85961.0	48895.9	45759.4
丁烯	C_4H_8	56	−	2.50	121307.3	113453.5	48431.7	45295.2
戊烯	C_5H_{10}	70		150635.6	140816.3	48113.9	44977.4	
苯	C_6H_6	78		3.3	147311.0	141426.9	42246.6	40557.0
碳	C	12	2.26(固)				33874.2	33874
硫	S	32	1.96(单斜) 2.07(斜方)				10455.0	10455.0

表 C.2　各种气体的平均比热　　　　单位为 kJ/(m³·℃)

温度℃	CO_2	H_2O	空气	CO	空气中N_2	O_2	H_2	SO_2	H_2S	CH_4	C_2H_2	C_2H_4	C_2H_6	C_3H_8
0	1.606	1.489	1.296	1.296	1.296	1.305	1.280	1.736	1.464	1.539	1.869	1.869	2.196	3.065
100	1.736	1.497	1.301	1.301	1.301	1.313	1.292	1.819	1.510	1.614	2.045	2.104	2.501	3.530
200	1.802	1.514	1.309	1.305	1.305	1.334	1.296	1.894	1.552	1.752	2.183	2.325	2.794	3.973
300	1.878	1.535	1.317	1.317	1.313	1.355	1.301	1.961	1.598	1.886	2.288	2.530	3.074	4.395
400	1.940	1.556	1.330	1.330	1.322	1.376	1.301	2.024	1.644	2.007	2.637	2.718	3.333	4.793
500	2.007	1.581	1.342	1.342	1.334	1.397	1.305	2.074	1.681	2.129	2.438	2.890	3.576	5.144
600	2.058	1.606	1.355	1.355	1.347	1.414	1.309	2.116	1.719	2.246	2.505	3.049	3.801	5.449
700	2.104	1.631	1.372	1.372	1.355	1.434	4.313	2.154	1.756	2.354	2.572	3.187	4.011	5.763
800	2.145	1.660	1.384	1.388	1.368	1.451	1.317	2.187	1.794	2.459	2.626	3.341	4.203	6.047
900	2.183	1.685	1.397	1.401	1.384	1.464	1.322	2.216	1.828	2.551	2.681	3.446	4.374	6.298
1000	2.216	1.715	1.409	1.414	1.397	1.476	1.330	2.242	1.861	2.643	2.731	3.559	4.537	6.516
1100	2.233	1.748	1.422	1.426	1.405	1.189	1.334	2.258						
1200	2.258	1.777	1.434	1.439	1.418	1.501	1.338	2.279						
1300	2.292	1.802	1.443	1.451	1.430	1.510	1.347							
1400	2.313	1.823	1.455	1.460	1.439	1.518	1.355							
1500	2.334	1.848	1.464	1.468	1.447	1.531	1.363							

表 C.3　燃料的平均比热　　　　单位为 kJ/(kg·℃)

温度,℃	煤的比热						燃油的比热		
	煤的挥发分,%						油的容重,kg/L		
	10	15	20	25	30	35	0.8	0.9	1.0
0	0.953	0.987	1.025	1.058	1.096	1.129	1.882	1.756	1.673
10	0.966	0.999	1.037	1.075	1.112	1.146	1.899	1.773	1.690
20	0.979	1.016	1.054	1.092	1.125	1.163	1.915	1.790	1.706
30	0.991	1.033	1.071	1.108	1.142	1.179	1.932	1.807	1.723
40	1.008	1.046	1.083	1.121	1.158	1.196	1.949	1.823	1.740
50	1.025	1.062	1.100	1.138	1.175	1.213	1.966	1.840	1.756
60	1.037	1.079	1.112	1.154	1.192	1.230	1.982	1.857	1.773
70	1.050	1.087	1.129	1.167	1.209	1.246	1.999	1.874	1.790
80	1.066	1.104	1.146	1.184	1.225	1.267	2.016	1.890	1.807
90	1.079	1.121	1.158	1.200	1.242	1.284	2.032	1.907	1.823
100	1.092	1.133	1.175	1.217	1.259	1.301	2.049	1.924	1.840
110	1.108	1.150	1.192	1.234	1.276	1.317	2.066	1.940	1.857
120	1.121	1.163	1.209	1.250	1.288	1.334	2.083	1.957	1.874
130	1.138	1.179	1.225	1.267	1.305	1.351	2.099	1.974	1.890
140	1.154	1.196	1.242	1.284	1.322	1.368	2.116	1.991	1.907
150	1.167	1.209	1.255	1.296	1.337	1.384	2.133	2.007	1.924
160	1.184	1.225	1.271	1.313	1.355	1.401			
170	1.196	1.242	1.284	1.330	1.372	1.418			

表 C.4　物料成分的平均比热　　　　　单位为 kJ/(kg·℃)

温度℃	SiO$_2$	CaO	CaCO$_3$	MgO	MgCO$_3$	高岭土	脱高岭	矿渣
100	0.799	0.786	0.874	0.979	1.075	0.991	0.841	
200	0.824	0.820	0.928	1.004	1.154	1.066	0.899	
300	0.920	0.841	0.979	1.029	1.217	1.121	0.941	0.903
400	0.970	0.853	1.020	1.054	1.267	1.158	0.979	0.933
500	1.025	0.861	1.050	1.079	1.313	1.184	1.008	0.945
600	1.066	0.870	1.079	1.100	1.347		1.029	0.962
700	1.083	0.878	1.096	1.121	1.368		1.046	0.991
800	1.092	0.887	1.104	1.142	1.380		1.062	1.008
900	1.100	0.891	1.112	1.158			1.079	1.016
1000	1.108	0.895		1.171			1.092	1.029
1100	1.112	0.899					1.108	1.046
1200	1.117	0.903					1.117	1.075
1300	1.129	0.907					1.121	1.158
1400	1.133	0.912					1.129	
1500	1.138	0.916						

表 C.5　熟料矿物成分的平均比热　　　　　单位为 kJ/(kg·℃)

温度,℃	C$_3$S	β-C$_2$S	γ-C$_2$S	C$_3$A
100			0.790	
200				
300	0.866		0.866	0.887
400	0.891		0.891	
450	0.903		0.903	
500	0.912	0.933	0.916	0.924
600	0.933	0.949	0.933	
675	0.945	0.966	0.949	
700	0.949	0.974		0.945
800	0.966	0.995		
900	0.979	1.012		0.958
1000	0.995	1.025		
1100	1.008	1.041		0.970
1200	1.012	1.054		
1300	1.020	1.062		0.983
1400	1.029			
1500	1.037			

表 C.6　熟料与窑灰的平均比热　　　　单位为 kJ/(kg·℃)

温度,℃	比热		温度,℃	比热	
	熟料	窑灰		熟料	窑灰
0	0.736		900	0.979	1.046
20	0.736		1000	0.991	1.046
100	0.782	0.836	1100	1.008	
200	0.824	0.878	1200	1.033	
300	0.861	0.878	1300	1.058	
400	0.895	0.920	1400	1.092	
500	0.916	0.962	1500	1.121	
600	0.937	0.962			
700	0.953	1.004			
800	0.970	1.004			

注1：1200℃以上的比热,已包含熔融热。
注2：窑灰的比热,按一般成分概算。

表 C.7　水在不同温度下的汽化热　　　　单位为 kJ/kg

温度,℃	汽化热	温度,℃	汽化热	温度,℃	汽化热	温度,℃	汽化热
0	2497.5	40	2403.4	80	2305.5	120	2198.5
5	2485.8	45	2391.3	85	2292.6	125	2184.7
10	2474.1	50	2380.0	90	2279.6	130	2170.3
15	2462.4	55	2367.4	95	2266.6	135	2155.0
20	2450.7	60	2355.7	100	2253.7	140	2140.8
25	2438.9	65	2343.2	105	2239.9	145	2125.3
30	2427.2	70	2332.0	110	2226.5	150	2110.2
35	2415.1	75	2318.5	115	2212.7	200	1957.2

ICS

Q

备案号:17601—2006

JC

中华人民共和国建材行业标准

JC/T 1005—2006

水泥黑生料发热量测定方法

Determination of calorific value of cement black raw meal

2006-05-06 发布

2006-10-01 实施

中华人民共和国国家发展和改革委员会　发 布

前　言

本标准是根据我国立窑水泥生产的需要,在合理利用煤炭资源和保护环境质量的基础上提出的。

本标准由中国建筑材料工业协会提出。

本标准由全国水泥标准化技术委员会(SAC/TC 184)归口。

本标准负责起草单位:中国建筑材料科学研究院。

本标准参加起草单位:长沙开元仪器有限公司。

本标准主要起草人:张玉昌、倪竹君、崔恩书、郑朝华、罗华东。

本标准为首次发布。

水泥黑生料发热量测定方法

1 范围

本标准规定了水泥黑生料发热量的两种测定方法。

本标准方法 A(酸处理法)和方法 B(包纸法)适用于水泥黑生料发热量的测定。其中,方法 B 仅限于水泥黑生料中原材料和配料方案比较稳定的生产企业使用。

2 规范性引用文件

下列文件中的条款通过本标准的引用而成为本标准的条款。凡是注日期的引用文件,其随后所有的修改单(不包括勘误的内容)或修订版均不适用于本标准,然而,鼓励根据本标准达成协议的各方研究是否可使用这些文件的最新版本。凡是不注日期的引用文件,其最新版本适用于本标准。

GB/T 483 煤炭分析试验方法一般规定

GB/T 6682 分析实验室用水规格和试验方法

3 术语和定义

下列术语和定义适用于本标准。

3.1 弹筒发热量 bomb calorific value

单位质量的试样在充有过量氧气的氧弹内燃烧,其燃烧产物组成为氧气、氮气、二氧化碳、硝酸和硫酸、液态水以及固态灰时放出的热量。测定结果以兆焦每千克(MJ/kg)或焦耳每克(J/g)表示。

3.2 恒容高位发热量 gross calorific value at constant volume

单位质量的试样在充有过量氧气的氧弹内燃烧,其燃烧产物组成为氧气、氮气、二氧化碳、二氧化硫、液态水以及固态灰时放出的热量。测定结果以兆焦每千克(MJ/kg)或焦耳每克(J/g)表示。

恒容高位发热量即由弹筒发热量减去硝酸生成热和硫酸校正热后得到的发热量。

4 仪器

发热量测定仪是由氧弹、内筒、外筒、搅拌器、温度传感器、试样点火装置、温度测量和控制系统以及水构成。发热量测定仪恒温筒结构示意图见图1:

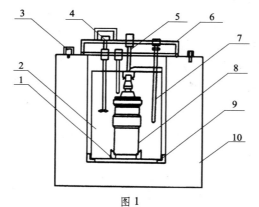

图 1

1—氧弹支架;2—内筒;3—进出水孔;4—搅拌电机;5—点火电极;
6—翻盖;7—探头;8—氧弹;9—内桶支架;10—外筒。

5 试剂和材料

5.1 氧气 99.5% 纯度,不含可燃成分,不应使用电解氧。

5.2 苯甲酸 基准量热物质,经计量机关检定,并标明标准热值。

5.3 盐酸(1+4)。

5.4 氢氧化钠标准滴定溶液 $c(NaOH) \approx 0.0mol/L$。

称取氢氧化钠 4g,溶解于 1000mL 经煮沸冷却后的水中,混合均匀,装入塑料瓶中。用苯二甲酸氢钾基准试剂进行标定。

5.5 甲基红指示剂 2g/L。

称取 0.2g 甲基红,溶解于 100mL 乙醇中。

5.6 抽滤瓶 500mL。

5.7 点火丝 直径 0.1mm 左右的镍铬丝或其他已知热值的金属丝或棉线,如使用棉线,应使用粗细均匀,不涂蜡的白棉线。

5.8 慢速定量滤纸使用前先测出燃烧热,准确称取滤纸约 1g,精确到 0.1mg,团紧,放入燃烧皿中,按常规方法测定发热量。取 3 次结果的平均值作为滤纸热值。

5.9 所用试剂不低于分析纯,所用水符合 GB/T 6682 中规定的三级水要求。

6 方法 A(酸处理法)

6.1 方法提要

用稀酸将黑生料处理后,经过滤、烘干,进行发热量测定。

6.2 测定步骤

准确称取试样 1.4g ~ 1.6g,精确到 0.1mg,置于 300mL 烧杯中,加水润湿试样。加入 25mL 盐酸(见 5.3),盖上表面皿,加热微沸 1min ~ 2min。取下稍冷后,用一张慢速定量滤纸(见 5.8)以抽气法过滤,用热水洗涤至无氯离子为止。将沉淀及滤纸取出,放入烘箱中烘干,取出后放入燃烧皿中。然后可按恒温式或绝热式发热量测定仪法的要求分别进行。

6.3 恒温式发热量测定仪法

6.3.1 取一段已知质量的点火丝,把两端分别接在两个电极柱上,弯曲点火丝接近试样,注意与试样保持良好接触。

往氧弹中加入 10mL 蒸馏水。小心拧紧氧弹盖,往氧弹中缓缓充入氧气,直到压力达到 2.8MPa ~ 3.0MPa,充氧时间不得少于 15s。当钢瓶中氧气压力降到 5.0MPa 以下时,充氧时间应酌量延长,压力降到 4.0MPa 以下时,应更换新的钢瓶氧气。

6.3.2 水量用称量法测定。如用容量法,则需对温度变化进行补正。

6.3.3 把氧弹放入装好水的内筒中,然后接上点火电极插头,装上搅拌器和量热温度计,并盖上外筒的盖子。靠近量热温度计的露出水银柱的部位,应另悬一支普通温度计,用以测定露出柱的温度。

6.3.4 开动搅拌器,5min 后开始计时和读取内筒温度(t_0)并立即通电点火。随即记下外筒温度(t_j)和露出柱温度(t_e)。外筒温度至少读到 0.05K,内筒温度借助放大镜读到 0.001K。读取温度时,视线、放大镜中线和水银柱顶端应位于同一水平上,以避免视差对读数的影响。每次读数前,应开动振荡器振动 3s ~ 5s。

6.3.5 观察内筒温度,如在 30s 内温度急剧上升,则表明点火成功。点火后 1′40″ 读取一次内筒温度($t_{1'40''}$),读到 0.01K 即可。

6.3.6 接近终点时,开始按 1min 间隔读取内筒温度。读温前开动振荡器,读准到 0.001K。以第一个下降温度作为终点温度(t_n)。试验主阶段至此结束。

6.3.7 停止搅拌,取出内筒和氧弹,开启放气阀,放出燃烧废气。打开氧弹,用蒸馏水充分冲洗氧弹内各部分、放气阀、燃烧皿内外和燃烧残渣。把全部洗液收集在一个烧杯中供测硫使用。

6.4 绝热式发热量测定仪法

6.4.1 按本标准 6.3.1 步骤准备氧弹。

6.4.2 按本标准6.3.2步骤称出内筒中所需的水。

6.4.3 按本标准6.3.3步骤安放内筒、氧弹、搅拌器和温度计。

6.4.4 开动搅拌器和外筒循环水泵,开通外筒冷却水和加热器。当内筒温度趋于稳定后,调节冷却水流速,使外筒加热器每分钟自动接通3次~5次。

调好冷却水后,开始读取内筒温度,借助放大镜读到0.001K,每次读数前,开动振荡器振动3s~5s。当以1min为间隔连续3次读数极差不超过0.001K时,即可通电点火,此时温度即为点火温度t_0。否则调节电桥平衡钮,直到内筒温度达到稳定,再行点火。

点火后6min~7min,再以1min间隔读取内筒温度,直到连续3次读数极差不超过0.001K为止。取最高的一次读数为终点温度t_n。

6.4.5 关闭搅拌器和加热器,然后按本标准6.3.7步骤结束试验。

6.5 自动发热量测定仪法

6.5.1 按本标准6.3.1步骤准备氧弹。

6.5.2 按仪器操作说明书进行其余步骤的试验,然后按本标准6.3.7步骤结束试验。

6.5.3 试验结果弹筒发热量$Q_{b,ad}$可直接打印或显示。

6.6 测定结果的计算

6.6.1 空气干燥试样的弹筒发热量$Q_{b,ad}$按式(1)计算:

$$Q_{b,ad} = \frac{EH[(t_n + h_n) - (t_0 + h_0) + C] - (q_1 + q_2)}{m} \quad \cdots\cdots\cdots\cdots (1)$$

式中:

$Q_{b,ad}$——空气干燥试样的弹筒发热量,单位为焦耳每克(J/g);

E——发热量测定仪的热容量,单位为焦耳每开尔文(J/K);

H——贝克曼温度计的平均分度值:使用数字显示温度计时,$H = 1$;

h_n——t_n的毛细孔径修正值,使用数字显示温度计时,$h_n = 0$。

h_0——t_0的毛细孔径修正值,使用数字显示温度计时,$h_0 = 0$;

C——冷却校正值,单位为开尔文(K);

q_1——点火热,单位为焦耳(J);

q_2——如包纸等产生的总热量,单位为焦耳(J);

m——试样质量,单位为克(g);

注:绝热式发热量测定仪:$C = 0$

6.6.2 空气干燥试样的恒容高位发热量$Q_{gr,ad}$按式(2)计算:

$$Q_{gr,ad} = Q_{b,ad} - (94.1 S_{b,ad} + \alpha Q_{b,ad}) \quad \cdots\cdots\cdots\cdots (2)$$

式中:

$Q_{gr,ad}$——空气干燥试样的恒容高位发热量,单位为焦耳每克(J/g);

$Q_{b,ad}$——空气干燥试样的弹筒发热量,单位为焦耳每克(J/g);

$S_{b,ad}$——由弹筒洗液测得的试样的含硫量,单位为百分数(%);

94.1——空气干燥试样中每1.00%硫的校正值,单位为焦耳(J);

α——硝酸生成热校正系数,$\alpha = 0.0010$。

在需要测定弹筒洗液(见6.3.7)中硫$S_{b,ad}$的情况下,把洗液煮沸2min~3min,取下稍冷后,以甲基红(见5.5)为指示剂,用氢氧化钠标准滴定溶液(见5.4)滴定,以求出洗液中的总酸量,然后按式(3)计算出弹筒洗液硫$S_{b,ad}$(%):

$$S_{b,ad} = (c \times V/m - \alpha Q_{b,ad}/60) \times 1.6 \quad \cdots\cdots\cdots\cdots (3)$$

式中:

c——氢氧化钠标准滴定溶液的物质的量的浓度,单位为摩尔每升(mol/L);

　　V——滴定用去的氢氧化钠标准滴定溶液体积，单位为毫升(mL)；

　　60——相当1mmol硝酸的生成热，单位为焦耳(J)；

　　m——称取的试样质量，单位为克(g)；

　　1.6——($1/2H_2SO_4$)对硫的换算系数。

6.7　结果的表述

　　弹筒发热量和高位发热量的结果计算到1J/g，取高位发热量的两次重复测定的平均值，按GB/T 483数字修约规则修约到最接近的10J/g的倍数，按J/g或MJ/kg的形式报出。

6.8　方法的精密度

　　发热量测定的重复性和再现性见表1。

表1

高位发热量 $Q_{gr,M}$ (折算到同一水分基)(J/g)	重复性	再现性
	100	130

6.9　基准的换算

　　干燥基试样的恒容高位发热量按式(4)换算：

$$Q_{gr,d} = Q_{gr,ad} \times \frac{100}{100 - M_{ad}} \quad\cdots\cdots\cdots\cdots\cdots\cdots\cdots\cdots\cdots \quad (4)$$

　　式中：

　　$Q_{gr,d}$——干燥基试样的恒容高位发热量，单位为焦耳每克(J/g)；

　　M_{ad}——空气干燥基试样的水分，单位为百分数(%)。

7　方法B(包纸法)

7.1　方法提要

　　用已知热量的滤纸将黑生料包住，直接测定发热量。

7.2　测定步骤

　　准确称取试样1.9g～2.1g，精确至0.1mg，置于一张慢速定量滤纸(见5.8)上，用纸将试样团紧，将包着试样的纸团放入燃烧皿中。下面的操作步骤按本标准6.3、6.4、6.5要求进行。

7.3　测定结果的计算

7.3.1　空气干燥试样的弹筒发热量 $Q_{b,ad}$ 按本标准6.6.1中式(1)计算。

7.3.2　弹筒发热量的修正

　　空气干燥试样的弹筒发热量 $Q_{b,ad}$(修正)按式(5)计算：

$$Q_{b,ad}(修正) = K \times Q_{b,ad} \quad\cdots\cdots\cdots\cdots\cdots\cdots\cdots\cdots\cdots \quad (5)$$

　　修正系数按式(6)计算：

$$K = Q_{b,ad}(A)/Q_{b,ad}(B) \quad\cdots\cdots\cdots\cdots\cdots\cdots\cdots\cdots\cdots \quad (6)$$

　　式中：

　　$Q_{b,ad}$(修正)——用方法B所得空气干燥试样弹筒发热量的修正值，单位为焦耳每克(J/g)；

　　K——修正系数；

　　$Q_{b,ad}(A)$——同一试样用方法A所得空气干燥试样的弹筒发热量，单位为焦耳每克(J/g)；

　　$Q_{b,ad}(B)$——同一试样用方法B所得空气干燥试样的弹筒发热量，单位为焦耳每克(J/g)。

7.3.3　空气干燥试样的恒容高位发热量 $Q_{gr,ad}$ 按本标准6.6.2中式(2)计算。

7.3.4　高位发热量的修正

　　空气干燥试样的恒容高位发热量 $Q_{gr,ad}$(修正)按式(7)计算：

$$Q_{gr,ad}(修正) = K \times Q_{gr,ad} \quad\cdots\cdots\cdots\cdots\cdots\cdots\cdots\cdots\cdots \quad (7)$$

式中：

$Q_{gr,ad}$（修正）——用方法 B 所得空气干燥试样的恒容高位发热量的修正值，单位为焦耳每克（J/g）。

7.4 结果的表述

弹筒发热量和高位发热量的结果计算到 1J/g，取高位发热量的两次重复测定的平均值，按 GB/T 483 数字修约规则修约到最接近的 10J/g 的倍数，按 J/g 或 MJ/kg 的形式报出。

7.5 方法的精密度

发热量测定的重复性和再现性见表 2。

表 2

高位发热量 $Q_{gr,M}$（折算到同一水分基）（J/g）	重复性	再现性
	120	150

ICS
Q
备案号:17607—2006

JC

中华人民共和国建材行业标准

JC/T 721—2006
代替 JC/T 721—1982（1996）

水泥颗粒级配测定方法　激光法

Testing method for particle size of cement
（Laser based methods）

2006-05-06 发布　　　　　　　　　　2006-10-01 实施

中华人民共和国国家发展和改革委员会　发布

前　言

本标准是对 JC/T 721—1982(1996)《水泥颗粒级配测定方法》进行的修订。

本标准自实施之日起,代替 JC/T 721—1982(1996)《水泥颗粒级配测定方法》。

本标准与 JC/T 721—1982(1996)《水泥颗粒级配测定方法》相比,主要变化如下:

——采用激光粒度分析法代替颗粒沉降法测定水泥颗粒级配。

——用激光粒度分析仪代替沉降天平(1982 年版的第 1 条~第 8 条,本版的全部条文)。

本标准的附录 A 为规范性附录。

本标准由中国建筑材料工业协会提出。

本标准由全国水泥标准化技术委员会(SAC/TC 184)归口。

本标准负责起草单位:中国建筑材料科学研究院。

本标准参加起草单位:珠海欧美克科技有限公司、荷兰安米德有限公司、济南微纳公司。本标准主要起草人:颜碧兰、陈萍、王文义、张福根、熊向军、任中京、朱晓玲、席劲松、刘晨、王昕。

本标准于 1982 年首次发布,本次为第一次修订。

水泥颗粒级配测定方法激光法

1 范围

本标准规定了水泥颗粒级配测定方法的原理、仪器设备、试验条件、测试步骤、测试报告。

本标准适用于水泥及指定采用本标准的其他粉体材料。

2 规范性引用文件

下列文件中的条款通过本标准的引用而成为本标准的条款。凡是注日期的引用文件,其随后所有的修改单(不包括勘误的内容)或修订版均不适用于本标准,然而,鼓励根据本标准达成协议的各方研究是否可使用这些文件的最新版本。凡是不注日期的引用文件,其最新版本适用于本标准。

GB/T 19077.1 粒度分析 激光衍射法

GB/T 6003.1 金属丝编织网试验筛

3 方法原理

一个有代表性的粉体试样,以适当浓度在液体或气体介质中良好分散(即颗粒之间相互分离,不团聚)后,通过激光束,光束将被试样颗粒散射或阻挡,产生变化了的光信号。该光信号的值与颗粒大小之间有对应关系,反映该关系的数据可事先存在与仪器配套的计算机中。该光信号被传感器接收后,转换成一组数字化的光电信号,再送入计算机。计算机可根据接收到的光信号,计算出被测试样的粒度分布。

以液体为介质输送并分散试样,称为湿法进样;以气体为介质输送并分散试样,称为干法进样。

4 术语和定义

下列术语和定义适用于本标准。

4.1 遮光比 obscuration

指测量用的照明光束被测量中的样品颗粒阻挡的部分与照明光的比值。

4.2 量程范围 ranger

仪器在一个量程档内,可以测量的粒度范围。

5 符号

下列符号适用于本标准。

$D10$:表示在累计粒度分布曲线中,10%体积的颗粒直径比此值小,单位为 μm。

$D50$:颗粒的中位径,为体积基准,即50%体积的颗粒直径小于这个值,另外50%体积的颗粒直径大于这个值,单位为 μm。

$D90$:表示在累计粒度分布曲线中,90%体积的颗粒直径比此值小,单位为 μm。

$D(4,3)$:体积平均粒径,是粒径对体积的加权平均,单位为 μm。

$D(3,2)$:表面积平均粒径,是粒径对表面积的加权平均,单位为 μm。

X_0:特征粒径,由 Rosin – Rammler – Bennet(简称 RRB 表达式)得到,特指筛余为36.8%时所对应的颗粒粒径,单位为 μm。

n:均匀性系数,由 Rosin – Rammler – Bennet(简称 RRB 表达式)得到,是表示粒度分布宽窄的参数。

6 仪器设备

6.1 激光粒度分析仪

应符合本标准附录 A(规范性附录)的规定。

6.2 0.50mm 方孔筛

符合 GB/T 6003.1《金属丝编织网试验筛》标准中表 2 的规定。

6.3 电热干燥箱

温度控制范围:室温～1500℃,精度要求:±2℃。

7 分散介质

7.1 无水乙醇

湿法采用无水乙醇为分散介质。无水乙醇中乙醇含量应符合色谱纯的要求,即含量大于99.5%。

7.2 压缩空气

干法采用压缩空气为分散介质。压缩空气不应含水、油和微粒。压缩空气在接触水泥颗粒前宜通过一个带过滤网的干燥器。

8 试验条件和仪器校准

8.1 试验条件

室温在10℃～30℃之间,相对湿度不大于70%。室内空气中微粒含量较少,通风良好,无腐蚀性气体,避免阳光直射。

8.2 仪器校准

仪器的校准采用颗粒级配标准样品校验。校验的粒径点为2μm、8μm、16μm、32μm、45um。在上述五个粒径点上,对应颗粒百分含量的测量值与标准值的绝对误差应小于3%。

有下列情况之一者进行仪器校准:

——首次使用前:

——仪器维修后;

——测试300个样品后。

9 测试步骤

9.1 样品处理和样品要求

9.1.1 检验用水泥样品应通过0.5mm方孔筛。

9.1.2 在105℃～115℃的条件下烘干1h后冷却至室温。

9.1.3 在进行水泥颗粒级配测量前将样品混匀。

9.2 开机

9.2.1 确认供电状况是否正常。

9.2.2 打开电源,使激光粒度分析仪预热20min以上。

9.2.3 输入样品名称、样品编号等有关信息。

9.3 测试过程

9.3.1 在测试中,应保证遮光比控制在5%－18%的范围内。当遮光比不在此范围内时要重新进行调试。

9.3.2 湿法

在样品池中加入适量的无水乙醇,按符合附录A要求的仪器有关规定进行试验操作。最后打印出分析结果,保存报告。

排出被测样品,将样品池清洗干净。

9.3.3 干法

开启空压机,压力表显示正常。

在进样料斗中加满待测的水泥样品,按符合附录A要求的仪器有关规定进行试验操作。最后打印出分析结果,保存报告。

9.3.4 无论是干法还是湿法,在测试结果中至少应给出 1μm、3μm、5μm、8μm、16μm、24μm、32μm、45μm、

63μm、80μm、10μm 上的百分含量。

10 试验结果的重复性

采用一个水泥样品测量 5 次时，D10、D50 和 D90 对应粒度的重复性如下：对于任意粒度分布的中位粒径值 D50 的变异系数应小于 3%，D10 和 D90 的变异系数应有一个不超过 5%。

11 测试报告

测试报告应包括以下内容：

a) 样品

1) 样品的名称、编号。

b) 介质

1) 介质的名称、介质的折射率。

c) 激光粒度分析仪

1) 仪器类型和编号；

2) 最近校准仪器的日期；

3) 遮光比；

4) 超声波的功率和振动时间（湿法）。

d) 测试

1) 测试日期、测试时间、测试人员；

2) 粒度特征参数（包括以下几项）：

D10、D50、D90，

$D(4,3)$、$D(3,2)$；

3) RRB 分布参数：特征粒径 X_0 和均匀性系数 n；

4) 粒度分布图；

5) 粒径分布表。

附 录 A

（规范性附录）

激光粒度分析仪

A.1 技术要求和性能指标

A.1.1 消耗功率

测量单元 30W

A.1.2 温、湿度

温度：10℃～30℃，湿度：≤70%。

A.1.3 光源

激光

A.1.4 量程范围

1.0μm～100μm。

A.1.5 校准

采用颗粒级配标准样品进行校准检验，最少校准粒径点为：2μm、8μm、16μm、32μm 和 45μm。在上述五个粒径点上，对应颗粒百分含量的测量值与标准值的绝对误差应小于3%。

A.1.6 测试报告内容

A.1.6.1 在测试结果中至少应给出 1μm、3μm、5μm、8μm、16μm、24μm、32μm、45μm、63μm、80μm、100μm 上的累积百分含量。

A.1.6.2 仪器类型

A.1.6.3 测量系统参数

A.1.6.4 粒度特征参数

报告中应包括以下特征参数：

——表示边界粒径和中位粒径的参数，即 $D10$、$D50$、$D90$；

——表示平均粒径的参数，即 $D(4,3)$、$D(3,2)$；

——RRB 分布参数，即特征粒径 X_0 和均匀性系数 n；

——粒度分布图

——粒径分布表

A.1.6.5 测试人员的姓名和样品名称、样品编号及测试日期等。

A.2 安装要求

A.2.1 对基础设施的要求

A.2.1.1 环境

仪器应安装在洁净、少尘、无烟、带空调的环境中。室温要稳定，没有明显的气流，没有直射阳光。空气湿度不可高于70%。地面不能有明显的震动。

A.2.1.2 电力供应

要求 220V、50Hz/60Hz，有三项插座且接地线良好，并且严禁将零线和地线合接。

A.2.2 对配套设备的要求

A.2.2.1 工作台

仪器的测量单元和计算机等应安装在坚实的工作台上。

A.2.2.2 空调机

仪器的工作环境要求温度在 10℃～30℃，湿度低于 70%。如果达不到上述要求，则要求配备功率足够大(与试验室面积有关),且有抽湿功能的空调机。

A.3 安全注意事项

A.3.1 激光安全问题

虽然激光粒度分析仪的激光器功率并不高,只有3mW以下,但激光束的亮度极高,直射入眼将会造成伤害。因此建议无经验者或未经训练者不要直接用眼睛对着激光束。

A.3.2 电器安全注意事项

仪器插电源线或在仪器的各单元之间作电气或信号连接时,必须确保电源开关是断开的,否则有可能造成人体触电或仪器损坏。

ICS 91. 100. 10

Q 11

备案号：15211—2005

JC

中华人民共和国建材行业标准

JC/T 734—2005

代替 JC/T 734—1996

水泥原料易磨性试验方法

Test method for grindability of cement raw materials

2005-02-14 发布　　　　　　　　　　2005-07-01 实施

中华人民共和国国家发展和改革委员会　发布

前　言

本标准修改采用日本工业标准 JIS M 4002:2000《粉磨功指数试验方法》。

本标准是对 JC/T 734—1996《水泥原料易磨性试验方法》进行的修订。

本标准自实施之日起代替 JC/T 734—1996《水泥原料易磨性试验方法》。

本标准与 JC/T 734—1996 相比主要变化如下：

——删除了用于分析试样和成品粒度的筛子的规格要求(1996 年版的 5.2 表 1)；

——删除了振筛机、破碎机等通用设备的规格要求(1996 年版的 5.3、5.4)；

——试样粒度用"小于 3.35mm"代替"小于 3.15mm"(1996 年版的 6.1；本版的 6.1)；

——修改了试验磨产量的计算公式(1996 年版的 7.7；本版的 7.5)：

——修改了粉磨功指数的计算公式(1996 年版的 8.2；本版的 8.1)；

本标准由中国建筑材料工业协会提出。

本标准由全国水泥标准化技术委员会(SAC/TC184)归口。

本标准负责起草单位:天津水泥工业设计研究院。

本标准主要起草人:倪祥平、王仲春、肖秋菊、白波、陈东明。

本标准于 1988 年首次发布,1996 年第一次修订,本次为第二次修订。

水泥原料易磨性试验方法

1 范围

本标准规定了用实验室球磨机测定水泥原料易磨性方法的术语和定义、试验原理、试验设备、试样准备、试验步骤以及试验结果等内容。

2 规范性引用文件

下列文件中的条款通过本标准的引用而成为本标准的条款。凡是注日期的引用文件,其随后所有的修改单(不包括勘误的内容)或修订版均不适用于本标准,然而,鼓励根据本标准达成协议的各方研究是否可使用这些文件的最新版本。凡是不注日期的引用文件,其最新版本适用于本标准。

GB/T 308—1989 滚珠轴承 钢球

GB/T 6003.1—1997 金属丝编织网试验筛(MOD ISO 3310-1:1990)

3 术语和定义

下列术语和定义适用于本标准。

3.1 粉磨功指数 grinding work index

依据邦德(F. C. Bond)粉碎理论的指数,表示水泥原料的易磨性。

3.2 80%通过粒度 80% passing size

具有粒度分布的粉粒体,其80%质量的颗粒通过的筛孔尺寸。

3.3 成品筛 product sieve

用于从物料中分离成品的试验筛。

3.4 循环负荷 circulating load

卸出磨机的物料中,需要返回磨机的粗粉质量与通过成品筛的细粉质量之比。

3.5 平衡状态 equilibrium state

连续三次粉磨的循环负荷都符合250%±5%,且磨机每转产生的成品质量的极差小于其平均值的3%。

4 试验原理

用规定的球磨机对试样进行间歇式循环粉磨,根据平衡状态下的磨机产量和成品粒度,以及试样粒度和成品筛孔径,求得试样的粉磨功指数。

5 试验设备

5.1 球磨机

内径305mm、内长305mm的铁制圆筒状球磨机(结构尺寸如图1),转速70r/min。

5.2 钢球

符合GB/T 308—1989的规定,其构成如表1,总质量不小于19.5kg。

新钢球使用前需通过粉磨硬质物料消减表面光洁度。

5.3 试验筛

符合GB/T 6003.1—1997的规定。

5.4 漏斗和量筒

如图2所示。

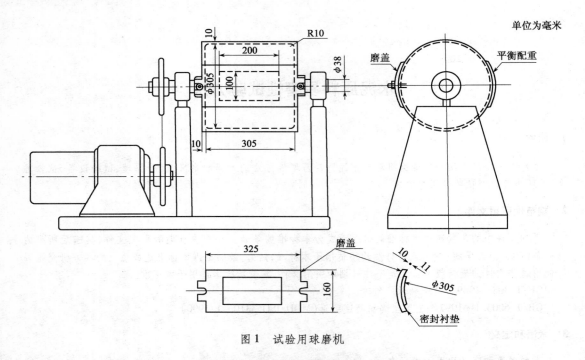

图1 试验用球磨机

表1 试验用钢球

直径 mm	个数
37.5	43
30.2	67
26.4	10
19.1	71
16.9	94
合计	285

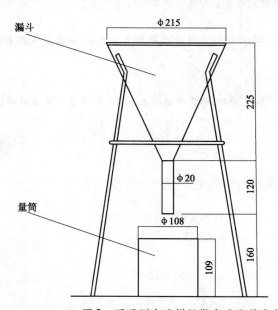

图2 用于测定试样松散容重的漏斗和量筒

5.5 称量设备

5.5.1 量程不小于2000g,最小分度值不大于1g;

5.5.2 量程不小于200g,最小分度值不大于0.1g。

6 试样准备

6.1 制备粒度小于3.35mm的干燥试样约10kg。

6.2 将试样混匀,用5.4规定的漏斗和量筒测定1000mL松散试样的质量,求得700mL松散试样的质量。

6.3 用筛孔尺寸为1mm的试验筛将全部试样筛分成粗细两部分,称量求得两部分试样的质量比。

6.4 将粗细两部分试样各铺成一长形料堆——铺料沿纵向往复多层,取料从一端横向截取。

7 试验步骤

7.1 按6.3的质量比分别称取粗细两部分试样,总质量500g,用筛分法测定其粒度分布,求试样的80%通过粒度。

7.2 按6.3的质量比称取粗细两部分试样,总量为700mL松散试样的质量,稍作混拌后倒入已装钢球的磨机;根据经验选定磨机第一次运转的转数(通常为100r～300r)。

7.3 运转磨机至预定的转数:将磨内物料连同钢球一起卸出,扫清磨内残留物。

7.4 用成品筛筛分所有卸出的物料,称得筛上粗粉质量。

7.5 按式(1)计算磨机每转产生的成品质量:

$$G_j = \frac{(w-a_j)-(w-a_{j-1})m}{N_j} \quad\cdots\cdots\cdots\cdots\cdots\cdots\cdots\cdots\cdots (1)$$

式中:

G_j——第 j 次粉磨后磨机每转产生的成品质量,单位为克每转(g/r);

w——700mL松散试样的质量,单位为克(g);

a_j——第 j 次粉磨后,卸出磨机的全部物料经筛分未通过成品筛的粗粉质量,单位为克(g)。

a_{j-1}——上一次粉磨后,卸出磨机的全部物料经筛分未通过成品筛的粗粉质量。当 j=1 时,a_{j-1}为0,单位为克(g)。

m——试样中由破碎作用导致的可通成品筛的细粉含量。当原料的自然粒度小于3.35mm而无需破碎制备试样时,m为0,单位为百分数(%)

N_j——第 j 次粉磨的磨机转数,单位为转(r)。

7.6 以250%的循环负荷为目标,按式(2)计算磨机下一次运转的转数:

$$N_{j+1} = \frac{\dfrac{w}{(2.5+1)}-(w-a_j)m}{G_j} \quad\cdots\cdots\cdots\cdots\cdots\cdots\cdots\cdots\cdots (2)$$

7.7 按6.3的质量比称取粗细两部分试样总量 $w-a_j$,与筛上粗粉 a_j 混合后一起倒入已装钢球的磨机。

7.8 重复7.3～7.7的操作,直至平衡状态(如图3)。

7.9 计算平衡状态下三个 G_J 的平均值。

7.10 将平衡状态下粉磨所得的成品一起混匀,测定其粒度分布,求成品的80%通过粒度。

8 试验结果

8.1 计算方法

按式(3)计算粉磨功指数:

$$W_i = \frac{176.2}{P^{0.023} \times G^{0.82} \times (10/\sqrt{P_{80}} - 10/\sqrt{F_{80}})} \quad\cdots\cdots\cdots\cdots\cdots\cdots (3)$$

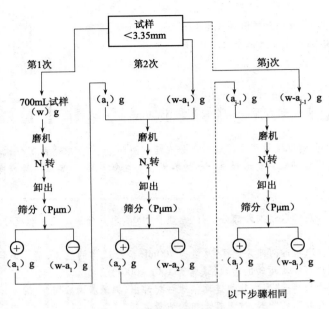

图3　试验步骤示意图

式中：

W_i——粉磨功指数，单位为兆焦每吨（MJ/t）；

P——成品筛的筛孔尺寸，单位为微米（μm）；

G——平衡状态下三个 G_j 的平均值，单位为克每转（g/r）；

P_{80}——成品的80%通过粒度，单位为微米（μm）；

F_{80}——试样的80%通过粒度，单位为微米（μm）。

当原料的自然粒度小于3.35mm而无需破碎制备试样时，F_{80} 用2500代替。

8.2 表示方法

粉磨功指数的表示应包括成品筛的筛孔尺寸。以成品筛的筛孔尺寸为80μm为例，某粉磨功指数可表示为：59.8MJ/t（$P=80μm$）。

ICS 91. 100. 10

Q 11

备案号:15212—2005

中华人民共和国建材行业标准

JC/T 735—2005

代替 JC/T 735—1996

水泥生料易烧性试验方法

Test method for burnability of cement raw meal

2005-02-14 发布

2005-07-01 实施

中华人民共和国国家发展和改革委员会　发布

前　言

本标准是对 JC/T 735—1996《水泥生料易烧性试验方法》进行的修订。

本标准自实施之日起代替 JC/T 735—1996《水泥生料易烧性试验方法》。

本标准与 JC/T 735—1996 相比主要变化如下：

——重新定义了术语易烧性（1996 年版第 3 章，本版第 3 章）；

——修改了试体成型用水量，改为"边搅拌边加入 10ml 蒸馏水"（1996 年版的 6.2，本版的 6.2）；

——修改了试体成型方式，原"手工锤制成 φ13mm×13mm 的小试体"改为"使用压力机以 10.6kN 力制成 φ13mm 的小试体"（1996 年版的 6.3，本版的 6.3）；

——明确了分析样保存方式及保存时间（1996 年版的 8.6、8.7，本版的 8.5）；

——删除了允许误差（1996 年版的 9.2）。

本标准由中国建筑材料工业协会提出。

本标准由全国水泥标准化技术委员会（SAC/TC184）归口。

本标准负责起草单位：天津水泥工业设计研究院。

本标准主要起草人：陈东明、倪祥平、肖秋菊、王仲春、白波。

本标准所代替标准的历次版本发布情况为：

——GB 9965—1988、JC/T 735—1996。

水泥生料易烧性试验方法

1 范围

本标准规定了水泥生料易烧性试验的术语和定义、方法原理、试验设备和器具、试样制备、试验温度、试验步骤以及试验结果及表示方法等内容。

本标准适用于硅酸盐水泥的生料易烧性试验。

2 规范性引用文件

下列文件中的条款通过本标准的引用而成为本标准的条款。凡是注日期的引用文件,其随后所有的修改单(不包括勘误的内容)或修订版均不适用于本标准,然而,鼓励根据本标准达成协议的各方研究是否可使用这些文件的最新版本。凡是不注日期的引用文件,其最新版本适用于本标准。

GB/T 176 水泥化学分析方法(MOD ISO 680:1990)

GB/T 1345 水泥细度检验方法(80μm 筛筛析法)

GB/T 6003.1 金属丝编织网试验筛(MOD ISO 3310—1:1990)

JC/T 734 水泥原料易磨性试验方法

3 术语和定义

下列术语和定义适用于本标准。

易烧性 burnability

水泥生料煅烧形成熟料的难易程度。

4 方法原理

按一定的煅烧制度对水泥生料试体进行煅烧后,测定其游离氧化钙含量,用该游离氧化钙含量表示该生料的煅烧难易程度。游离氧化钙含量愈低,易烧性愈好。

5 试验设备和器具

5.1 试验球磨机

符合 JC/T 734 的规定。

5.2 预烧用高温炉

额定温度不小于1000℃,温度控制精度1.0%。

5.3 煅烧用高温炉

额定温度不小于1600℃,温度控制精度0.5%。

5.4 电热干燥箱

可控制温度105℃～110℃。

5.5 平底耐高温容器、坩埚钳

5.6 干燥器

5.7 天平

量程不小于200g,最小分度值不大于0.1g。

5.8 试验筛

符合 GB/T 6003.1 的规定。

5.9 压力机

最大压力50kN,精度0.1kN。

5.10 试体成型模具

试体成型模具见图 1,材质为 45 号钢。

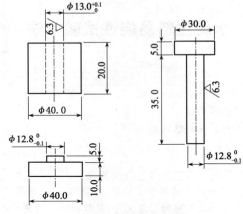

图 1   试体成型模具示意图

6   试样制备

6.1   以试验室制备的生料或工业生料掺适量煤粉作为试验生料。

试验室使用试验球磨机制备生料,每次制备生料约 1.5kg,控制细度 80μm 筛余为 10% ±1%,其 200μm 筛余应不大于 1.5%。

6.2   称取生料 100g,置于洁净容器中,边搅拌边加入 10mL 蒸馏水,拌和均匀。

6.3   每次称取湿生料 3.6g±0.1g,放入试体成型模具内,使用压力机以 10.6kN 力制成 φ13mm 的小试体。

6.4   将试体置于已恒温至 105℃~110℃ 的电热干燥箱内烘 60min 以上。

7   试验温度

试体煅烧按下列温度进行:

——1350℃;

——1400℃:

——1450℃。

特殊需要时,也可增加其他温度。

各温度的易烧性试验均按第 8 章重复进行。

8   试验步骤

8.1   取相同试体六个为一组,均布且不重叠地直立于平底耐高温容器内。

8.2   将盛有试体的容器放入恒温 950℃ 的预烧高温炉内,恒温预烧 30min。

8.3   将预烧完毕的试体随同容器立即转放到已恒温至试验温度(见第 7 章)的煅烧高温炉内,恒温煅烧 30min。试体应放置在热电偶端点的正下方。

8.4   煅烧后立即取出试体置于空气中自然冷却至室温。

8.5   将冷却后的试体研磨成通过 80μm 试验筛的分析样,混匀后装入贴有标签的磨口小瓶内,然后放入干燥器内保存,三天内按 GB/T 176 完成游离氧化钙含量测定。

9   试验结果及表示方法

易烧性试验结果以试样在各试验温度煅烧后的游离氧化钙含量表示,同时标注熟料三率值(KH、SM、AM)。

ICS 91. 100. 10

Q 13

备案号：15221—2005

JC

中华人民共和国建材行业标准

JC/T 951—2005

水泥砂浆抗裂性能试验方法

Test method for cracking-resistance of cement mortar

2005-02-14 发布

2005-07-01 实施

中华人民共和国国家发展和改革委员会　发布

前　言

　　本标准主要参考了美国混凝土学会 ACI—544"纤维增强混凝土的性能测试"（A Proposed Test to Determine the Cracking Potential due to Drying Shrinkage of concrete, concrete Construction/Sep. 1985）技术报告中 P. P. Kraai 提出的砂浆及混凝土干燥收缩裂缝测试方法的有关内容，结合我国国情，对部分内容进行了调整和修改。

　　本标准由中国建筑材料工业协会提出。

　　本标准由全国水泥制品标准化技术委员会归口。

　　本标准负责起草单位：苏州混凝土水泥制品研究院、苏州中材建筑建材设计研究院。

　　本标准参加起草单位：同济大学、中国建筑材料科学研究院、德清微晶水泥外加剂有限责任公司、宁波大成新材料股份有限公司、深圳海川工程科技有限公司、常州市天怡工程纤维有限公司。

　　本标准主要起草人：施凤莲、谈永泉、马一平、高春勇、张维轩、陆仕样、胡最森。

　　本标准委托苏州混凝土水泥制品研究院、苏州中材建筑建材设计研究院负责解释。

　　本标准为首次发布。

引　言

目前,混凝土是结构工程中用量最大的建筑材料,但混凝土的固有弱点是因脆性大和抗拉强度低等而容易产生裂缝。混凝土在浇捣以后,由于失水而产生收缩,这种收缩受到基底、模板和钢筋等不同程度的约束作用,因而在混凝土内部产生了拉应力,但此时的砼仍处于塑性阶段,其抗拉强度几乎为零,不能抵抗此拉应力,所以混凝土会产生不同程度的裂缝,这种裂缝被称为塑性裂缝(也称干燥收缩裂缝)。环境温度和混凝土自身的温度越高、环境湿度越低,空气流动速度越大,混凝土水分蒸发量也越大,产生的塑性收缩裂缝也就越严重,这必然对后期的结构受力、抗渗性、抗冻性等产生不良影响,甚至威胁到结构的安全性。

为了减少混凝土产生的早期塑性收缩裂缝,国内大多采用掺入纤维(如聚丙烯纤维、聚丙烯腈纤维、合成纤维等)或采用抗裂型外加剂等方法。它们虽未明显提高混凝土的抗拉强度和抗压强度,但对混凝土早期结构的形成有明显的影响,使早期裂缝的产生受到了抑制,明显提高了混凝土的抗渗性、抗冻性、抗冲击性。

为了检验这些产品特有的性能,迫切需要制定一个统一的试验方法,以能准确反映产品抗开裂性能。由于混凝土的收缩裂缝主要出现在砂浆组分中,因此本试验方法是以砂浆组分为基础而提出的。

水泥砂浆抗裂性能试验方法

1 范围

本标准规定了水泥砂浆抗裂性能试验的仪器和设备、试验室条件、原材料和配合比、试验方法、试验结果的计算和评定、试验报告等。

本标准适用于评定不同水泥砂浆(包括素水泥砂浆、掺外掺材料水泥砂浆)的早期塑性抗收缩开裂的性能。外掺材料包括纤维、外加剂、掺合料等。

2 规范性引用文件

下列文件中的条款通过本标准的引用而成为本标准的条款。凡是注日期的引用文件,其随后所有的修改单(不包括勘误的内容)或修订版均不适用于本标准,然而,鼓励根据本标准达成协议的各方研究是否可使用这些文件的最新版本。凡是不注日期的引用文件,其最新版本适用于本标准。

GB 8076—1997 混凝土外加剂

JGJ 52 普通混凝土用砂质量标准及检验方法

JGJ 63 混凝土拌合用水标准

3 仪器和设备

3.1 砂浆搅拌机:搅拌筒容量(进料)28L,搅拌筒额定容量(出料)15L。

3.2 电子计量秤:量程12kg;分度值2g;精度3级。

3.3 工业天平:量程5000g;分度值10mg;精度9级(M1)。

3.4 台秤:量程50kg;分度值20g;精度3级。

3.5 风扇:风速为4m/s～5m/s。

3.6 碘钨灯:1000W。

3.7 钢卷尺:5m;量程5000mm;分度值1mm。

3.8 塞尺:量程4.07mm;分度值0.01mm。

3.9 试验用的模板图见图1:

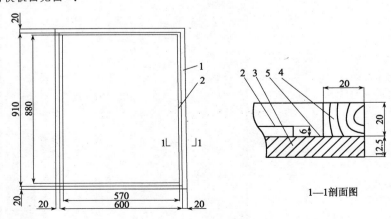

图 1 模板图

1—试验用的模板;2—钢筋框架;3—五合板底模;4—模板边框;5—两层塑料薄膜。

试验用的模板底部为五合板,四周边框为硬木制成,模板底部和四周边框用木螺钉和白胶水固定好;模板内净尺寸(即试件尺寸):长 910mm ± 3mm、宽 600mm ± 3mm、高 20mm ± 1mm;模板底部衬有两层塑料薄膜,以减小底模对试件收缩变形的影响;模板四周、底部应保持平整状态,无翘曲、无凹坑的现象;模板内放置直径为 8mm 光圆钢筋的框架,框架的外围尺寸(包括钢筋在内):长 880mm ± 3mm、宽 570mm ± 3mm,框架四角分别焊接四个竖向钢筋端头,钢筋端头离模板底部的高度为 6mm;钢筋框架允许重复使用,但钢筋框架应保持清洁干净、没有明显的变形,无翘曲、无脱焊的现象,框架应处于同一个平面上,以保证下次使用时不露出砂浆表面。

4 试验室条件

应在温度为 20℃ ± 3℃、相对湿度为 60% ± 5% 的室内进行。

5 原材料和配合比

5.1 原材料

5.1.1 试验用水泥宜采用符合 GB 8076—1997 中 5.1.1 规定的基准水泥。在因故得不到基准水泥时,应采用强度等级为 42.5 的普通硅酸盐水泥。

5.1.2 试验用砂应采用中砂,其质量应符合 JGJ 52 规定的要求,其中细度模数为 2.2 ~ 2.4,含泥量小于 1%。

5.1.3 拌和用水应符合 JGJ 63 的要求。

5.1.4 需要检测的掺入水泥砂浆中的材料(包括纤维、外加剂、掺合料等)。

5.2 配合比

试验用原材料的配合比为:水泥:砂:水 = 1:1.5:0.5(质量比);需检测的材料掺量为委托单位推荐掺量。若采用掺合料,则采用内掺。

6 试验方法

6.1 试验室拌制砂浆时,材料应称重计量。称量的精确度:水泥、水、外掺料为 ±0.5%;砂为 ±1%。

6.2 试验室拌制一盘砂浆的用量应足够满足一块试验用模板的用量。一块试件的原材料用量:水泥(胶凝材料)用量为 10kg、砂用量为 15kg、用水量为 5kg;需检测的材料用量按委托单位推荐的掺量。如砂中含水,用水量应作调整。

6.3 试验用的模板应水平并排摆放在坚固、平整的试验平台上,并保持平整,模板间距为 300mm,事先在模板内部全部铺好两层薄膜,然后放入钢筋框架,钢筋框架应处于模板内的中心位置。

6.4 将基准砂浆用的原材料称量后,一次装入砂浆搅拌机内搅拌 1min 后,倒入全部用水,经砂浆搅拌机再搅拌 3min ~ 4min。

6.5 受检砂浆的搅拌方式按照受检产品说明书提供的搅拌方法搅拌。

6.6 拌合料搅拌后,其流动度应满足自动流满整个模板(特殊情况应另作调整)。

6.7 将拌合料沿着模板的边缘螺旋式向中心进行浇筑,直至拌合料充满整个模板,立即用光滑的宽度不小于 25mm、长度大于模板短边的铝合金方管(使用前用湿抹布擦拭干净)沿着模板的长边从试件中心线向二边快速刮平试件表面。

6.8 立即开启风扇吹向试件表面,风扇位于距模板短边 150mm 处,风叶中心与试件表面平行,试件横向中心线的风速为 4m/s ~ 5m/s。

6.9 同时开启 1000W 碘钨灯,碘钨灯位于试件横向中心线的上方 1.2m、距模板长边 150mm 处,连续光照 4h 后关闭碘钨灯。试验布置示意图见图 2,并记录开启、关闭的时间。

6.10 风扇连续吹 24h 后,用塞尺分段测量裂缝宽度 d,

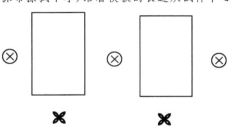

图 2 试验布置示意图
⊗—碘钨灯;✖—电扇

485

按裂缝宽度分级测量裂缝长度 l ,用棉纱线沿着裂缝的走向取得相应的长度,以钢卷尺测量其值 l ,单位为mm。测得的数值尾数如小于 5mm 时,尾数取 0mm;如大于或等于 5mm 时,尾数取 10mm。裂缝测量过程中应为同一人。

6.11 记录试验开始和结束的试验室温、湿度条件。

7 试验结果计算与评定

7.1 以约束区内的裂缝作为本次试验评定依据。根据裂缝宽度把裂缝分为五级,每一级对应着一个权重值(见表1),将每一条裂缝的长度乘以其相对应的权重值,再相加起来所得到的总和称为开裂指数 W ,以此表示水泥砂浆的开裂程度。

表1 权重值

裂缝宽度 $d$mm	权重值 A
$d \geqslant 3$	3
$3 > d \geqslant 2$	2
$2 > d \geqslant 1$	1
$1 > d \geqslant 0.5$	0.5
$d < 0.5$	0.25

7.2 开裂指数以 mm 计,按式(1)计算:

$$W = \sum (A_i \cdot l_i) \quad\quad\quad\quad\quad\quad\quad\quad\quad\quad (1)$$

式中:

W——开裂指数,单位为毫米(mm);

A_i——权重值;

l_i——裂缝长度。

7.3 以二个试件开裂指数的算术平均值作为该组试件的开裂指数值,计算精确至 1mm;

7.4 抗开裂性能比以基准砂浆的开裂指数平均值与需要检测的掺入水泥砂浆中的外掺材料的开裂指数平均值之差除以基准砂浆的开裂指数平均值的百分数表示。抗开裂性能比 γ 按式(2)计算,精确至 1%。

$$\gamma = \frac{W_0 - W_1}{W_0} \times 100 \quad\quad\quad\quad\quad\quad\quad\quad\quad (2)$$

式中:

γ——抗开裂性能比,正值表示提高,负值表示降低,单位为百分数(%);

W_1——需要检测的掺入水泥砂浆中外掺材料的开裂指数的平均值,单位为毫米(mm);

W_0——基准砂浆的开裂指数的平均值,单位为毫米(mm)。

8 试验报告

试验报告必须包括下列内容:

a)送样单位;

b)试验用原材料及配合比;

c)需检测的材料品种、掺量;

d)试验室温度、相对湿度;

e)每次试验试件对应权重值的裂缝宽度、裂缝长度、开裂指数、抗开裂性能比;

f)本标准编号;

g)试验日期;

h)试验单位和人员。

备案号：15208—2005

中华人民共和国建材行业标准

JC/T 727—2005
代替 JC/T 727—1982（1996）

水泥净浆标准稠度与凝结时间测定仪

Apparatus for determining normal consistency and setting time
of cement paste

2005-02-14 发布　　　　　　　　2005-07-01 实施

中华人民共和国国家发展和改革委员会　发 布

前　　言

本标准是对 JC/T 727—1982(1996)《水泥物理检验仪器净浆标准稠度与凝结时间测定仪》进行的修订。

本标准自实施之日起代替 JC/T 727—1982(1996)。

本标准与 JC/T 727—1982(1996)相比,主要变化如下:

——增加了范围一章(本版第 1 章);

——增加了规范性引用文件一章(本版第 2 章);

——增加了结构示意图(本版第 3 章);

——增加了名词术语(本版第 4 章);

——将试杆改为滑动杆(1996 版的 1.7,本版的 5.1);

——增加了标准稠度测定用试杆(简称试杆)(本版的 5.2);

——凝结时间测定用试针按 GB/T 1346—2001 改为初凝用试针直径为 Φ1.13mm ± 0.05mm,长度为 50mm ± 1.0mm,终凝用试针直径为 Φ1.13mm ± 0.05mm,针头带有环行附件,环形附件带有排气孔,总长度为 30mm ± 1.0mm。环形附件平面与针头的距离为 0.50mm,并且环形附件与试针应焊接牢固(1996 版的 1.10,本版的 5.6.2);

——将试锥和试杆光洁度∇6 改为滑动杆、试杆、试锥粗糙度:不大于 Ra1.6(1996 版的 1.8,本版的 5.5);

——圆模高度由 40mm ± 0.5mm 改为 40mm ± 0.2mm(1996 版的 1.9,本版的 5.7.1);

——滑动部分总质量由 300g ± 2g 改为 300g ± 1g(1996 版的 1.11,本版的 5.9);

——增加了外观一章(本版的 5.11);

——增加了试验条件和试验设备章节(本版的 6.1、6.2);

——增加了检验规则章节(本版第 7 章)。

本标准由中国建筑材料工业协会提出。

本标准由全国水泥标准化技术委员会(SAC/TC184)归口。

本标准负责起草单位:中国建筑材料科学研究院。

本标准参加起草单位:无锡建仪仪器机械有限公司。

本标准主要起草人:颜碧兰、江丽珍、刘晨、唐晓坪。

本标准所代替标准的历次版本发布情况为:

——JC/T 727—1982(1996)。

水泥净浆标准稠度与凝结时间测定仪

1 范围

本标准规定了水泥净浆标准稠度与凝结时间测定仪的结构、技术要求,检验方法,检验规则,标志,包装与运输。

本标准适用于按 GB/T 1346《水泥标准稠度用水量、凝结时间、安定性检验方法》进行的水泥标准稠度用水量和凝结时间试验用测定仪。

2 规范性引用文件

下列文件中的条款通过本标准的引用而成为本标准的条款。凡是注日期的引用文件,其随后所有的修改单(不包括勘误的内容)或修订版均不适用于本标准,然而,鼓励根据本标准达成协议的各方研究是否可使用这些文件的最新版本。凡是不注日期的引用文件,其最新版本适用于本标准。

GB/T 1346　水泥标准稠度用水量、凝结时间、安定性检验方法(eqv ISO 9597:1989)

3 名词术语

下列术语和定义适用于本标准。

3.1 滑动杆

固定在水泥净浆标准稠度与凝结时间测定仪机架上的、可在垂直方向升降的金属圆杆,其下端有螺纹,可以装配试针、试杆或试锥。

3.2 标准稠度测定用试杆

固定在滑动杆下端,用于测定水泥标准稠度用水量(标准法)的金属圆杆。

3.3 标准稠度测定用试锥

固定在滑动杆下端,用于测定水泥标准稠度用水量(代用法)的金属圆锥体。

3.4 初凝用试针

固定在滑动杆下端,用于测定初凝时间的金属针。

3.5 终凝用试针

固定在滑动杆下端,用于测定终凝时间的金属针,针头带有环形附件。

4 结构

水泥净浆标准稠度与凝结时间测定仪也称维卡仪,是采用贯入深度来测定水泥净浆的标准稠度和凝结时间,其结构由支架、滑动杆、测定标准稠度用试杆或试锥、锥模,测定凝结时间用试针和圆模组成,如图 1 所示。

5 技术要求

5.1 滑动杆

直径为 Φ11.93mm～Φ11.98mm。

5.2 标准稠度测定用试杆

有效长度为 50mm±1mm,直径为 Φ10.00mm±0.05mm。

5.3 标准稠度测定用试锥

5.3.1 锥角为 43°36′±2′。

5.3.2 锥高为 50.0mm±1.0mm。

5.3.3 试锥材质:铜质材料制成。

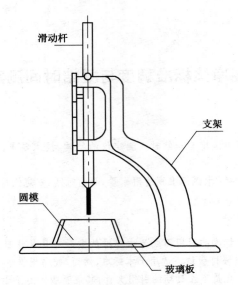

图1 水泥净浆标准稠度与凝结时间测定仪

5.4 标准稠度测定用锥模

5.4.1 锥模角度为43°36′±2′。

5.4.2 锥模工作高度为75.0mm±1.0mm,总高度为82.0mm±1.0mm。

5.5 滑动杆、试杆、试锥粗糙度

不大于Ra1.6。

5.6 凝结时间测定用试针

5.6.1 初凝用试针

直径为Φ1.13mm±0.05mm,长度为50.0mm±1.0mm,试针针头呈平头,其平面垂直轴心。

5.6.2 终凝用试针

针头直径为Φ1.13mm±0.05mm,试针针头呈平头,其平面垂直轴心。针头带有环形附件,环形附件带有排气孔,总长度为30.0mm±1.0mm。环形附件平面与针头的距离为0.50mm,并且环形附件与试针应焊接牢固。

5.6.3 试针材质

由刚性材料制成,不得弯曲。

5.7 圆模

5.7.1 上口内径为Φ65mm±0.2mm,下口内径为Φ75mm±0.5mm,高度为40mm±0.2mm。

5.7.2 圆模材质:耐腐蚀、有足够硬度的金属制成。

5.8 试杆、试锥、试针的同轴度

在试杆、试锥、试针与底座平面接触情况下,试杆、试锥、试针的同轴度为<1.0mm。

5.9 滑动部分总质量

滑动杆与试杆、滑动杆与试锥、滑动杆与试针(包括固定螺丝、标尺指针)总质量均为300g±1g。

5.10 标尺的刻度范围

深度(S)的刻度范围为0mm~70mm,分度值为1mm:标准稠度用水量(P)的刻度范围为21%~33.5%,分度值为0.25%;S与P应符合P=33.4−0.185S:标尺刻度清晰,位置固定并平直。

5.11 外观

试杆、试锥、试针的安装配合部位应能互换。滑动杆表面应光滑平整,能靠自重自由下落,无紧涩和晃动现象。

6 检验方法

6.1 检验条件

检验室内无腐蚀气体。

6.2 检验用仪器设备

6.2.1 钢板尺

分度值不大于0.5mm。

6.2.2 游标卡尺

分度值不大于0.02mm。

6.2.3 深度尺

分度值不大于0.02mm。

6.2.4 塞尺

0.5mm塞尺。

6.2.5 角度规

分度值不大于2′。

6.2.6 外径千分尺

分度值不大于0.01mm。

6.2.7 百分表

6.2.8 天平

分度值不大于0.1g。

6.3 检验步骤

6.3.1 对5.1滑动杆、5.2标准稠度测定用试杆的检测

用游标卡尺检测。

6.3.2 对5.3标准稠度测定用试锥、5.4标准稠度测定用锥模的检测

锥角、锥模角度用角度规检测,至少测垂直两个方向,取平均值;锥高、锥模总高度用钢板尺在平台上检测;锥模工作高度用直径约为1mm的硬钢丝和钢板尺检测。

6.3.3 对5.5滑动杆、试杆、试锥粗糙度的检测

用粗糙度样板检测。

6.3.4 对5.6凝结时间测定用试针的检测

初凝用试针和终凝用试针的直径、长度用游标卡尺检测;将一块平整的玻璃板放在已安装终凝用试针的测定仪底座上,缓缓放下滑动杆,使终凝用试针与玻璃板接触,用0.5mm塞尺检测环形附件平面与针头的距离。

6.3.5 对5.7圆模的检测

上口内径、下口内径用游标卡尺检测;圆模高度用深度尺检测。

6.3.6 对5.3.3试锥材质、5.6.3试针材质、5.7.2圆模材质的检查

目测检查。

6.3.7 对5.8试杆、试锥、试针同轴度的检测

6.3.7.1 试杆同轴度的检测

在滑动杆下端装上试杆,固定,在底座上放一块玻璃板,取两张白纸,中间夹一张复印纸一并放在玻璃板上。将滑动杆放下,使试杆与纸接触,然后用手轻轻转动滑动杆一周,此时试杆在纸上划出一个圆圈。用游标卡尺检测圆圈的直径,扣除试杆的直径后除以2即为试杆的同轴度。平行测定两次,取平均值。

6.3.7.2 试锥同轴度的检测

在滑动杆下端装上试锥,按6.3.7.1条步骤测定,使试锥的锥尖在纸上划出一个圆圈。用游标卡尺测量圆圈的直径,其直径的一半即为试锥的同轴度。平行测定两次,取平均值。

6.3.7.3 试针同轴度的检测

在滑动杆下端装上试针,按6.3.7.1条步骤测定,使试针的针尖在纸上划出一个圆圈。用游标卡尺测量圆圈的直径,扣除试针的直径后除以2即为试针的同轴度。平行测定两次,取平均值。

6.3.8 对5.9滑动部分总质量的检测

用天平进行。

6.3.9 对5.10标尺的刻度范围的检查

目测检查。深度(S)刻度范围及分度值可目测和用钢板尺对比检查。标尺S与P的关系用钢板尺在上、中、下检查三个刻度线,判断是否符合关系式 $P = 33.4 - 0.185S$。

6.3.10 对5.11外观的检查

在装配操作中目测检查。

7 检验规则

7.1 出厂检验

出厂检验项目为第5章除5.8和5.10以外的全部内容。出厂检验的主要项目的实测数据应记录在随机文件中。

7.2 型式检验

型式检验项目为第5章全部内容。有下列情况之一时,应进行型式检验:

a)新产品试制或老产品转厂生产时的试制;

b)产品正式生产后,其结构设计、材料工艺以及关键的配套元器件有较大改变,可能影响产品性能时;

c 正常生产时,定期或积累一定产量后,应进行周期检验;

d)产品长期停产,恢复生产时;

e)国家质量监督机构提出检验要求时。

7.3 判定规则

7.3.1 出厂检验

每台测定仪均应进行出厂检验,符合出厂检验项目要求时,判为出厂检验合格,其中任一项不符合要求,判为出厂检验不合格。

7.3.2 型式检验

当批量不大于50台时,抽取两台样机进行检验。当两台样机均符合型式检验项目要求时,判为型式检验合格:若有一台样机不合格,则判定该批产品不合格。当批量大于50台时,抽取五台样机。若有两台或两台以上样机不合格,则判定该批产品不合格。

8 标志、包装和运输

8.1 标志

8.1.1 每台测定仪上应有牢固的铭牌,其内容包括:型号、名称、生产编号、生产日期、制造厂名;每台测定仪应附有产品合格证、检验报告、使用说明书、装箱单及备用件等。

8.1.2 包装箱上字样和标志应清楚,内容包括:

a)制造厂名,型号名称及生产编号;

b)收货单位和地址;

c)"请勿倒置"、"小心轻放"等。

8.2 包装和运输

包装箱应牢固,使测定仪在运输中不致发生任何方向的移动。箱内空隙用纸屑、泡沫塑料等填实。

备案号：15209—2005

JC

中华人民共和国建材行业标准

JC/T 728—2005

代替 JC/T 728—1982（1996）

水泥标准筛和筛析仪

Cement standard sieves and sieving apparatus

2005-02-14 发布　　　　　　　　　　　　2005-07-01 实施

中华人民共和国国家发展和改革委员会　发 布

前　言

本标准是对 JC/T 728—1982(1996)《水泥物理检验仪器　标准筛》进行的修订。

本标准自实施之日起代替 JC/T 728—1982(1996)。

本标准与 JC/T 728—1982(1996)相比,主要技术内容改变如下:

——标准名称由原来的《水泥物理检验仪器　标准筛》改为《水泥标准筛和筛析仪》;

——增加了方孔边长 0.045mm 规格的标准筛(本版第 3 章);

——增加了筛孔检测方法(本版的 6.3.4);

——增加了负压筛析仪的技术要求和检测方法(本版的 4.2.1、5.2.1 和 6.4.1);

——增加了负压筛析仪的型式检验(本版的 7.3)及判定规则;

——增加了标准筛筛网符合 GB/T 6003.1《金属丝编织网试验筛》、GB/T 6005《试验筛、金属丝编织网、穿孔板和电成型薄板、筛孔的基本尺寸》的要求(本版的 5.1.4)。

本标准由中国建筑材料工业协会提出。

本标准由全国水泥标准化技术委员会(SAC/TC184)归口。

本标准负责起草单位:中国建筑材料科学研究院。

本标准参加起草单位:陕西西安西缆铜网厂、沧州路达建筑仪器厂、绍兴陶堰新兴仪厂、无锡锡仪建材仪器厂、无锡建仪仪器机械有限公司。

本标准主要起草人:陈萍、张大同、席劲松、张西强、李国金、陶宝荣、汪义湘、唐晓坪。

本标准委托中国建筑材料科学研究院负责解释。

本标准所代替的历次版本情况为:

——GB/T 3350.7—1982、JC/T 728——1982(1996)。

水泥标准筛和筛析仪

1 范围

本标准规定了水泥标准筛和筛析仪的分类、结构、技术要求、检验方法、检验规则以及标志、包装和运输等内容。

本标准适用于筛析法测定水泥细度的标准筛和筛析仪,以及指定采用本标准测定其他粉状物料细度的标准筛和筛析仪。

2 规范性引用文件

下列文件中的条款通过本标准的引用而成为本标准的条款。凡是注日期的引用文件,其随后所有的修改单(不包括勘误的内容)或修订版均不适用于本标准,然而,鼓励根据本标准达成协议的各方研究是否可使用这些文件的最新版本。凡是不注日期的引用文件,其最新版本适用于本标准。

GB/T 1345 水泥细度检验方法 筛析法

GB/T 6003.1 金属丝编织网试验筛

GB/T 6005 试验筛、金属丝编织网、穿孔板和电成型簿板、筛孔的基本尺寸

GSB 14—1511 水泥细度和比表面积标准样品

3 分类

根据 GB/T 1345 的规定,按筛析试验方法的不同水泥标准筛分负压筛、水筛和手工干筛三种,其中每种筛又分为方孔边长 0.045mm 和 0.080mm 两种规格。

4 结构

4.1 试验筛

4.1.1 负压筛的结构见图1。

4.1.2 水筛的结构见图2。

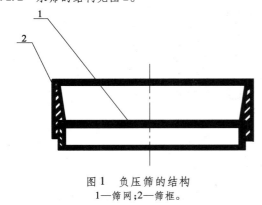

图 1 负压筛的结构
1—筛网;2—筛框。

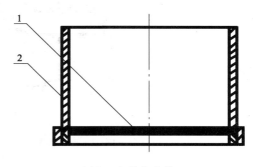

图 2 水筛的结构
1—筛网;2—筛框。

4.1.3 手工干筛的结构见图3。

4.2 筛析仪

4.2.1 负压筛析仪

负压筛析仪由旋风筒、负压源、收尘系统、筛座、控制指示仪表和负压筛盖等组成,如图4所示。负压筛析仪筛座如图5所示,上口有"0"形密封圈与负压筛连接,中间有一个能定速转动的喷气嘴,底部设有与负压源连接的管路。

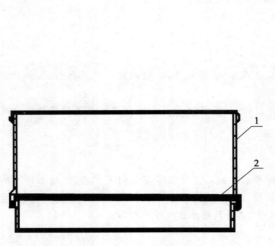

图 3 手工干筛的结构
1—筛框;2—筛网。

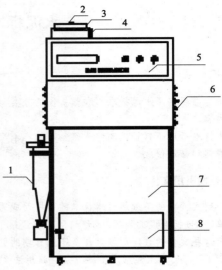

图 4 负压筛析仪示意图
1—旋风筒;2—筛盖;3—负压筛;4—负压筛筛座;
5—筛析仪控制面板;6—收尘器排风罩;
7—工业收尘器;8—出灰口。

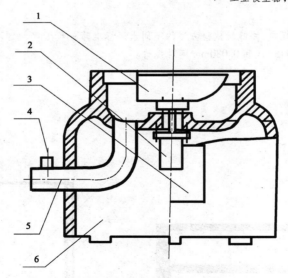

图 5 负压筛析仪筛座示意图
1—喷气嘴;2—微电机;3—控制板开口;4—负压表接口;
5—负压源及收尘器接口;6—壳体。

4.2.2 水筛筛析仪

水筛筛架基本结构如图6所示,由筛座、座框、双嘴漏斗、旋转轴、水轮叶片、支座和一个单独的喷嘴组成。

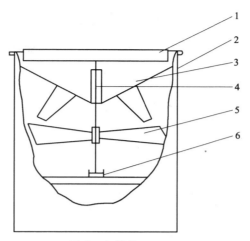

图6 水筛架

1—筛座;2—座框;3—双嘴漏斗;4—旋转轴;
5—水轮叶片;6—支座玻璃板。

5 技术要求

5.1 标准筛

5.1.1 标准筛筛框规正、筛网平整无折皱、紧绷且无损伤。

5.1.2 筛网由不易锈蚀的材料制作,推荐使用奥氏体不锈钢、锡青铜、黄铜。

5.1.3 筛框由工程塑料或不锈的金属材料制成,成品筛尺寸应符合表1的要求。

表1 成品筛尺寸 单位为毫米

项 目	负压筛	水筛	手工干筛
有效内径	150(上口)±1	125±1	150±1
从筛网至筛口的高度	25±1	80±1	50±1
与筛座、架配合尺寸	148.5±0.5	137^{+0}_{-2}	150±1
筛网与筛框接缝边部的涂料宽度	不外露	3~4	3~4

5.1.4 网孔尺寸应符合 GB/T 6003.1、GB/T 6005 R20/380μm,R20/345μm 的要求。若用 GSB 14—1511 标准样品检测时,试验筛的修正系数 C 应在 0.80~1.20 之间。

5.2 筛析仪

5.2.1 负压筛析仪

5.2.1.1 负压筛析仪外观无伤痕,配件齐全。

5.2.1.2 筛析仪控制面板设有电源开关和指示标记、时间定位调节器、负压指示表和负压调节开关。

5.2.1.3 筛座上口的直径 16^{+0}_{-2}mm。

5.2.1.4 筛座工作时"O"形圈应能保证与负压筛连接密封,以确保负压大于4000Pa。

5.2.1.5 喷气嘴的上开口尺寸符合图7要求,喷气嘴的转速为30r/min±2r/min。

5.2.1.6 负压指示表的准确度不低于2.5级。

5.2.1.7 负压源采用功率≥600W的工业收尘器,或相当功能的其他设备,可产生不低于6000Pa的负压,并能保证筛析仪在4000Pa~6000Pa范围内调整。

5.2.1.8 负压筛析仪的筛析时间可在0min~5min范围内设定和自动控制,控制误差±2s。

5.2.1.9 小型旋风收尘筒的收尘效率不低于90%。

5.2.2 水筛筛析仪

单位为毫米

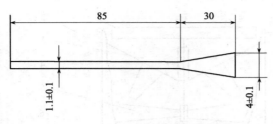

图7　喷气嘴上开口

5.2.2.1 水筛架和喷头由塑料或不锈蚀金属制成。

5.2.2.2 筛座放上水筛工作时应能运转平稳,灵活方便。

5.2.2.3 水筛架筛座直径为 137_{-0}^{+2}mm。

5.2.2.4 水筛喷头应呈弧面状,弧面圆周直径为55mm±1mm,喷头面上均布90个孔;孔径为0.5mm ~0.7mm。

6　检验方法

6.1　检验条件

检测应在无腐蚀性气体、温度波动小于3℃的室内进行。

6.2　检测用计量器具和辅助设备

a)游标卡尺:分度值不大于0.02mm;

b)钢直尺:分度值不大于0.5mm;

c)塞尺:0.02mm～0.50mm;

d)钢丝:0.40mm、0.60mm、0.80mm;

e)准确度不低于1级的数字压力计;

f)秒表:分度值不大于0.1s;

g)投影仪或读数显微镜。

6.3　对5.1标准筛的检验

6.3.1　对5.1.1外观的检查

目测检查。

6.3.2　对5.1.2材质的检查

目测检查。

6.3.3　对5.1.3筛框的检查

6.3.3.1　目测检查筛框材料。

6.3.3.2　用游标卡尺测量筛框尺寸。测量时,在互相垂直的两个方向上检测而且都应符合要求,以两次测量平均值为最终结果。

6.3.4　对5.1.4筛网的检测

6.3.4.1　筛孔尺寸的检测分标准样品标定和投影仪检测两种方法。当以标准样品标定结果和用投影仪检测结果有争议时,以投影仪检测结果为准。

6.3.4.2　采用标准样品标定。操作方法按GB/T 1345附录A的要求进行。

6.3.4.3　采用投影仪检测时,用投影仪或至少50倍的读数显微镜检测,当用投影仪检测时,将投影仪放大倍数调整为100倍,将筛子平放在镜头下,打开电源,调节焦距使投影仪屏幕上网孔清晰。观察筛网总体外观、丝径、在没有超出极限网孔尺寸和呈菱形孔的条件下再按规定检查单个网孔。

然后在筛子的两个垂直方向分别选择三个检测区(按十字形排列,检测六个区域),每个检测区的直径约5mm,每个方向检测区的连线应不与经纬线平行,用投影仪测量每个检测区中的每个孔的一相对边中点间距离,一般每个区应连续检测10至15个孔的尺寸,然后分别计算测量网孔的平均孔径和中位孔数

（%）。用读数显微镜检测时,操作方法和投影仪基本一致。

6.4 对5.2筛析仪的检测

6.4.1 对5.2.1负压筛析仪的检测

6.4.1.1 对5.2.1.1外观的检查

用目测检查。

6.4.1.2 对5.2.1.2控制面板的检查

用目测检查。

6.4.1.3 对5.2.1.3上口直径的检测

用游标卡尺检测。

6.4.1.4 对5.2.1.4密封性的检查

将筛子与筛座连接,盖上筛盖,接通电源开机检查负压表的负压是否能大于4000Pa。

6.4.1.5 对5.2.1.5喷气嘴上开口尺寸和转速的检测

开口尺寸的检测:大口一端用游标卡尺检测,另一端用塞尺检测。

转速的检测:打开负压筛析仪控制开关,用秒表人工计数测量喷气嘴转速。

6.4.1.6 对5.2.1.6压力指示表精度的检测

将数字压力计与负压筛析仪的负压系统连接,调节负压筛析仪负压至4000Pa、5000Pa、6000Pa三点,按进程和回程分别记录数字压力计的压力值(记录至100Pa)。

6.4.1.7 对5.2.1.7负压源的检测

在负压筛析仪筛座上放上试验筛并盖好筛盖,打开负压源开关,调节负压至最大值并记录,同时验证4000Pa～6000Pa范围内的可调性。

6.4.1.8 对5.2.1.8时间控制器的检测

打开负压筛析仪控制开关,用秒表检测显示时间,当显示时间和检测时间差超过2s时为不合格。

6.4.1.9 对5.2.1.9旋风筒收尘效率的检测

首先将负压筛析仪在不加样品的情况下运转两分钟,将筛座中粉尘吸尽,并将旋风筒和回收瓶中的物料清除干净。然后按照GB/T 1345中7.2条负压筛析法连续进行两个筛析试验后,用毛刷将残留在负压筛筛座内的物料刷至旋风筒内,开启筛析仪将其吸净,然后将回收瓶中的物料进行称量,负压筛收尘效率按式(1)计算:

$$H = \frac{h_t}{(W-F)} \times 100 \quad \cdots\cdots\cdots\cdots\cdots\cdots\cdots\cdots\cdots\cdots\cdots\quad (1)$$

式中:

H——负压筛收尘效率,单位为质量百分数(%);

h_t——收尘质量,单位为克(g);

W——试样的质量,单位为克(g);

F——试样的筛余量,单位为克(g);

结果计算至0.1%。

6.4.2 对5.2.2的检验:

6.4.2.1 对5.2.2.1材质的检查

材质用目测检查。

6.4.2.2 对5.2.2.2水筛筛析仪的检查

筛座运行情况用目测检查

6.4.2.3 对5.2.2.3筛座的检测

用游标卡尺检测。

6.4.2.4 对5.2.2.4水筛喷头的检测

用目测检查喷头面上90个孔分布状况,用游标卡尺测量水筛喷头弧面圆周直径,用0.40mm、0.60mm、0.80mm的钢丝检测喷头面的孔径。

7 检验规则

7.1 出厂检验

7.1.1 标准筛出厂检验为第5.1全部内容。

7.1.2 筛析仪出厂检验为第5章除5.2.1.9条外的全部内容。检测的实测数据应记入随机文件中。

7.2 型式检验

筛析仪型式检验为第5章5.2条的全部内容。有下列情况之一时,应进行型式检验:

    a) 新产品试制或老产品转厂生产的试制定型检定;

    b) 产品正式生产后,其结构设计、材料、工艺以及关键的配套元器件有较大改变可能影响产品性能时;

    c) 正常生产时,定期或积累一定产量后,应周期性进行一次检验;

    d) 产品长期停产后,恢复生产时;

    e) 国家质量监督机构提出进行型式检验要求时。

7.3 判定规则

7.3.1 出厂检验

每生产100只标准筛为一批,每批中任抽1只符合出厂检验要求时判该批标准筛出厂合格。其中任何一项不符合要求,则判该批标准筛出厂检验不合格。

每台筛析仪均符合出厂检验要求时判为出厂合格。其中任何一项不符合要求时,判为出厂检验不合格。

7.3.2 型式检验

当筛析仪批量不大于50台时,抽样两台,若检验后有一台不合格,则判定该批产品为不合格批;当批量大于50台时,抽样五台,若检验后出现两台或两台以上的不合格品,则判定该批产品为不合格批。

8 标志、包装和运输

8.1 标志

8.1.1 标准筛、筛析仪上均应有牢固的铭牌,表面和标志应明亮、清晰、耐久,并能防锈,铭牌内容包括:

    a) 名称;

    b) 型号;

    c) 生产日期;

    d) 生产编号;

    e) 制造厂家。

8.2 包装和运输

8.2.1 随机文件有产品合格证,使用说明书,装箱单应一起装箱。

8.2.2 包装箱上字样和标志应清楚,内容包括:

    a) 制造厂名,型号、名称及生产编号;

    b) 收货单位及地址;

    c) "请勿倒置"、"小心轻放"等;

    d) 包装箱应牢固,使试验筛、筛析仪在运输过程中不会发生任何方向的移动,以免碰伤试验筛网。

ICS 91. 110. 10
Q 11
备案号：15228—2005

JC

中华人民共和国建材行业标准

JC/T 958—2005

水泥胶砂流动度测定仪(跳桌)

Flow table for determine mortar fluidity

2005-02-14 发布　　　　　　　　　　　2005-07-01 实施

中华人民共和国国家发展和改革委员会　发布

前　言

本标准由中国建筑材料工业协会提出。

本标准由全国水泥标准化技术委员会(SAC/TC184)归口。

本标准负责起草单位:中国建筑材料科学研究院。

本标准参加起草单位:无锡建仪仪器机械有限公司。

本标准主要起草人:刘晨、颜碧兰、江丽珍、唐晓坪。

本标准为首次发布。

水泥胶砂流动度测定仪(跳桌)

1 范围

本标准规定了水泥胶砂流动度测定仪(简称跳桌)的结构、技术要求、检验方法、检验规则、标志及包装等内容。

本标准适用于 GB/T 2419—2005《水泥胶砂流动度测定方法》标准中规定的跳桌。

2 规范性引用文件

下列文件中的条款通过本标准的引用而成为本标准的条款。凡是注日期的引用文件,其随后所有的修改单(不包括勘误的内容)或修订版均不适用于本标准,然而,鼓励根据本标准达成协议的各方研究是否可使用这些文件的最新版本。凡是不注日期的引用文件,其最新版本适用于本标准。

GB/T 2419—2005 水泥胶砂流动度测定方法

3 基本结构

跳桌是通过凸轮的转动带动推杆向上运动,将桌面顶至最高点后自由下落撞击机架,使其上的水泥胶砂流动。跳桌由铸铁机架和跳动部分(包括铸钢圆盘桌面和推杆)组成(图1)。

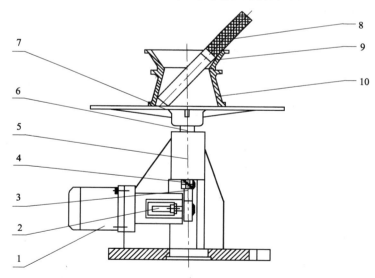

图1 跳桌结构示意图

1—电机;2—接近开关;3—凸轮;4—滑轮;5—机架;6—推杆;
7—圆盘桌面;8—捣棒;9—模套;10—截锥圆模。

4 技术要求

4.1 跳动部分的质量为 4.35kg±0.15kg。

4.2 落距为 10mm±0.2mm。

4.3 桌面跳动频率为 1 次/秒,跳动一个周期25 次的时间为 25s±1s。

4.4 圆盘桌面

4.4.1 直径为 Φ300mm±1mm。

4.4.2 工作表面镀硬铬,表面粗糙度 Ra 在 0.8μm~1.6μm 之间。

4.4.3 布氏硬度不低于 200HB。

4.4.4 跳桌圆盘桌面工作面中心有直径 Φ125mm±0.5mm 的刻圆。

4.5 推杆与机架孔的间隙为 0.05mm~0.10mm。

4.6 圆盘和机架接触时,接触面应为 360°完全接触。

4.7 圆盘桌面上互相垂直的四点与底座高度相差不大于 0.3mm。

4.8 凸轮表面硬度不低于 55HRC。

4.9 截锥圆模

4.9.1 高度为 60mm±0.5mm。

4.9.2 上口内径为 Φ70mm±0.5mm。

4.9.3 下口内径为 Φ100mm±0.5mm。

4.9.4 下口外径为 Φ120mm±0.5mm。

4.9.5 壁厚不小于 5mm。

4.10 捣棒工作部分直径为 Φ20mm±0.5mm,长度不小于 200mm。

4.11 整机绝缘电阻不低于 2MΩ。

4.12 外观

外表面不得有粗糙不平或未规定的凸起、凹陷;非加工内表面应刷防锈漆,外表面均应打底上漆;油漆面应平整、光亮、均匀和色调一致;加工面不得有碰伤、划痕和锈斑,应平整光洁。

5 检验方法

5.1 检验室条件

跳桌应安放在稳定的水平工作台或混凝土基础上,工作电压波动范围不超过 −7%~10% 的范围内。

5.2 检验用仪器设备

    a)秒表:分度值不大于 0.1s;

    b)游标卡尺:分度值不大于 0.02mm;

    c)高度尺:分度值不大于 0.5mm;

    d)天平:分度值不大于 5g;

    e)塞尺;

    f)表面粗糙度样板;

    g)专用量块:10.20mm 的专用量块,9.80mm 的专用量块;

    h)百分表外卡规:分度值不大于 0.5mm;

    i)兆欧表:额定直流电压 500V,准确度不低于 2.5 级;

    j)硬度计。

5.3 对 4.1 跳动部分质量的检测

用天平检测。

5.4 对 4.2 落距的检查

用专用量块测量。将 10.20mm 的专用量块放在机架顶面和凸肩平面之间,转动凸轮,凸轮与托轮不接触。将 9.80mm 的专用量块放在机架顶面和凸肩平面之间,转动凸轮,凸轮最高点与托轮接触。符合以上情况为合格,否则为不合格。

5.5 对 4.3 振动频率和工作周期的检测

用秒表测量一个工作周期,用一个周期的秒数除以振动的次数。测量两个周期,取平均值。

5.6 对 4.4 桌面的检测

5.6.1 对 4.4.1 跳桌桌面直径和 4.4.3 刻圆直径的检测

用游标卡尺测量互相垂直的两个方向,取平均值。

5.6.2 对4.4.2表面粗糙度的检查

用表面粗糙度样板进行检查。

5.7 对4.5推杆与机架孔间隙的检测

用游标卡尺分别测量推杆直径和机架轴孔内径。需测量两个互相垂直的方向,取平均值,然后用机架孔轴内径减推杆直径即为间隙。

5.8 对4.6圆盘和机架接触面状况的检查。

将跳桌放在水平台上,当圆盘和机架接触时,目测是否有光线通过。将圆盘转90°,再观察。只要有一个方向有光线通过,即为不合格。

5.9 对4.7桌面高度差的检测

将跳桌放在平台上,转动凸轮,使圆盘桌面处于最高和最低状态,用高度尺检测。

5.10 对4.8凸轮表面硬度的检测

用硬度计检测。

5.11 对4.9截锥圆模的检测

用游标卡尺检测试模高度、上口内径、下口内径、下口外径。

用百分表外卡规检测壁厚。分别测量互相垂直的两个方向,取其平均值。

5.12 对4.10捣棒工作部分直径和长度的的检测

用游标卡尺测量互相垂直的两个方向,取其平均值。

5.13 对4.11绝缘性能的检测

用兆欧表检测。

5.14 对4.12外观的检查

目测检查。

6 检验规则

6.1 出厂检验

出厂检验项目为第4章除4.4.3、4.8外的其他内容,主要实测数据记录在随机文件中。

6.2 型式检验

检验项目为第4章的全部内容,有下列情况之一时,应进行型式检验:

a)新产品试制或老产品转厂生产的试制定型检定;

b)产品正式生产后,其结构设计、材料、工艺以及关键的配套元器件有较大改变可能影响产品性能时;

c)正常生产时,定期或积累一定产量后,应周期性进行一次检验;

d)产品长期停产后,恢复生产时;

e)质量监督机构提出进行型式检验要求时。

6.3 判定规则

6.3.1 出厂检验

每台跳桌均符合出厂检验要求时判为出厂检验合格。其中任何一项不符合要求时,判为出厂检验不合格。

6.3.2 型式检验

当批量不大于20台时,每批抽样两台,检验后如有一台不合格,则判定该批产品为不合格批。当批量大于20台时,抽取五台,检验后如有两台或两台以上不合格,则判定该批产品为不合格批。

7 包装及标志

7.1 每台跳桌上宜有牢固的铭牌,表面和标志宜明亮、清晰,并能防锈,其内容包括:型号、名称、生产编号、生产日期、制造厂名。

7.2 产品合格证、使用说明书,装箱单及备用件等宜与跳桌一起装箱。

7.3 跳桌装箱时,箱内空隙宜用纸屑、泡沫塑料等填实。

7.4 包装箱上字样和标志宜清楚,内容包括:

    a) 制造厂名,型号名称及生产编号;

    b) 收货单位和地址:

    c) "请勿倒置"、"小心轻放"等。

备案号：15206—2005

中华人民共和国建材行业标准

JC/T 724—2005

代替 JC/T 724—1982（1996）

水泥胶砂电动抗折试验机

Electrically driven flexure testing device for strength of cement mortar

2005-02-14 发布

2005-07-01 实施

中华人民共和国国家发展和改革委员会　发布

前　　言

本标准是对 JC/T 724—1982(1996)《水泥物理检验仪器 电动抗折试验机》进行的修订。

本标准自实施之日起代替 JC/T 724—1982(1996)。

与 JC/T 724—1982(1996)《电动抗折试验机》相比,主要变化如下:

——增加了范围(本版第1章);

——增加了结构描述和结构示意图(本版第2章);

——增加了示值 kN 和 MPa 的对应关系(本版的 3.1.3);

——规范了某些技术要求。如加荷圆柱与支撑圆柱的有效长度:46mm;规范为加荷圆柱和支撑圆柱的有效长度:≥46.0mm(本版的 3.4.2);

——加荷速度,力值采用法定计量单位。加荷速度:5kg/s±0.5kg/s;改为加荷速度:0.050kN/s±0.005kN/s(1996版的 2.4,本版的 3.3)。抗折机最大负荷分为 500kg 和 600kg 两种;改为抗折机最大负荷不低于 5000N(1996版第1章,本版第2章);

——细化了检验规则,增加了型式检验(本版第5章)。

本标准由中国建筑材料工业协会提出。

本标准由全国水泥标准化技术委员会(SAC/TC184)归口。

本标准负责起草单位:中国建筑材料科学研究院。

本标准参加起草单位:无锡市锡仪建材仪器厂、无锡市锡东建材设备厂、无锡建仪仪器机械有限公司、浙江中科仪器有限公司、上虞市东关建工仪器厂。

本标准主要起草人:宋立春、肖忠明、汪义湘、汪舸舸、唐晓坪、谢岳庆、韩永甫。

本标准委托中国建筑材料科学研究院负责解释。

本标准所代替标准的历次版本情况为:

——GB 3350.3—1982、JC/T 724—1982(1996)。

水泥胶砂电动抗折试验机

1 范围

本标准规定了电动抗折试验机(以下简称抗折机)的结构、技术要求、检验方法、检验规则以及标志和包装等内容。

本标准适用于检验水泥胶砂 40mm×40mm×160mm 棱柱试体抗折强度的试验机。

2 结构

抗折机为双臂杠杆式,主要由机架、可逆电机、传动丝杠、标尺、抗折夹具等组成。工作时游砣沿着杠杆移动逐渐增加负荷。抗折机最大负荷不低于 5000N。其结构见图 1。

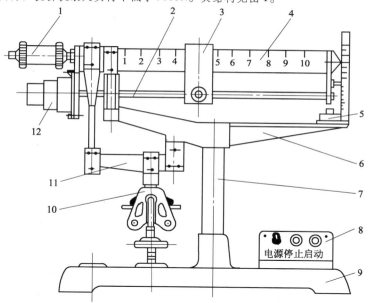

图 1 抗折机结构示意图

1—平衡锤;2—传动丝杠;3—游砣;4—主杠杆;5—微动开关;6—机架;7—立柱;
8—电器控制箱;9—底座;10—抗折夹具;11—下杠杆;12—可逆电机。

3 技术要求

3.1 示值

3.1.1 示值相对误差不超过 ±1%。

3.1.2 示值相对变动度不超过 1%。

3.1.3 示值 kN 和 MPa 的对应关系:1kN 对应 2.34MPa。

3.2 灵敏度

杠杆端点加 1g 克砝码时,端点下降距离大于支点到端点距离的 2%。杠杆调整平衡后,再失去平衡能自动恢复平衡位置。

3.3 加荷速度

以 kN/s 为单位时,为 0.050kN/s±0.005kN/s;以 MPa/s 为单位时,为 0.1170MPa/s±0.0117MPa/s。

3.4 加荷圆柱和支撑圆柱

3.4.1 加荷圆柱和支撑圆柱的直径:10.0mm±0.1mm。

3.4.2 加荷圆柱和支撑圆柱的有效长度:≥46.0mm。

3.4.3 两支撑圆柱的中心距:100.0mm±0.1mm。

3.4.4 两支撑圆柱的平行度(分水平方向和竖直方向):≤0.1mm。

3.4.5 圆柱的间隙:加荷圆柱和支撑圆柱都应能自由转动,但不旷动;其配合间隙:≤0.05mm。

3.5 传动丝杆和游砣的轴向间隙

传动丝杆和游砣的轴向间隙:≤0.5mm。

3.6 刀刃、刀承硬度

3.6.1 刀刃硬度:HRC60~62。

3.6.2 刀承硬度:HRC62~64。

3.7 夹具工作面的粗糙度

夹具工作面的粗糙度:≤Ra0.8。

3.8 绝缘性能

整机绝缘性能良好,整机绝缘电阻大于2MΩ。

3.9 抗折机加荷时应平稳,无颤动冲击现象。

3.10 抗折机的标尺刻线应清晰均匀。

3.11 抗折机应有表示机体与杠杆水平的明显标志。

3.12 抗折机的油漆、电镀表面应平整、光亮、均匀和色调一致。

4 检验方法

4.1 检验条件

检验应在无腐蚀性气体、温度波动小于2℃的室内进行。电源电压的波动范围:220^{+10}_{-7}V。

4.2 检验用计量器具和辅助设备

 a)秒表:分度值不大于0.1s;

 b)游标卡尺:分度值不大于0.02mm;

 c)0.3级标准测力计;

 d)1g砝码(四等);

 e)表面粗糙度比较样块;

 f)钢板尺:分度值不大于1mm;

 g)卷尺:分度值不大于1mm;

 h)塞尺;

 i)40mm×40mm×160mm 标准块;

 j)兆欧表:额定直流电压500V,准确度不低于2.5级;

 k)洛氏硬度计。

4.3 对3.1示值的检测

用0.3级标准测力计进行。检测时,从最大负荷的10%开始到最大负荷,测点不少于五处,每处测三次。示值相对误差和相对变动度的计算,以抗折机的标尺为根据,在测力计读数,按式(1)、式(2)计算:

$$q = \frac{\overline{K} - K}{K} \times 100\% \qquad\cdots\cdots\cdots\cdots\cdots\cdots\cdots\cdots (1)$$

$$b = \frac{K_{imax} - K_{imin}}{\overline{K_i}} \times 100\% \qquad\cdots\cdots\cdots\cdots\cdots\cdots\cdots (2)$$

式中：

q——示值的相对误差，单位为百分数（%）；

b——示值的相对变动度，单位为百分数（%）；

K——测力计证书中的进程标准数，单位为牛顿（N）；

$\overline{K}_i$——进程中测力计三次读数的算术平均值，单位为牛顿（N）；

K_{imax}——进程中测力计三次读数中的最大值，单位为牛顿（N）；

K_{imin} 进程中测力计三次读数中的最小值，单位为牛顿（N）。

4.4 对3.2 灵敏度的检测

用1g砝码和钢板尺检测杠杆端点加1g砝码时端点下降的距离，用卷尺检测支点到端点的距离。

4.5 对3.3 加荷速度的检测

用秒表进行，以三次算术平均值计算。

4.6 对3.4 加荷圆柱和支撑圆柱的检测

4.6.1 对3.4.1 加荷圆柱与支撑圆柱直径的检测：用游标卡尺进行。

4.6.2 对3.4.2 加荷圆柱与支撑圆柱有效长度的检测：用游标卡尺进行。

4.6.3 对3.4.3 两支撑圆柱的中心距的检测：两支撑圆柱的中心距用游标卡尺进行检测。

4.6.4 对3.4.4 两支撑圆柱的平行度的检测：两支撑圆柱水平方向的平行度用游标卡尺进行检测，两支撑圆柱竖直方向的平行度用塞尺和40mm×40mm×160mm 标准块进行检测。

4.6.5 对3.4.5 圆柱间隙的检测：用手能够自由转动加荷圆柱和支撑圆柱，无旷动感；用游标卡尺检测圆柱的直径和其相应配合孔的内径。

4.7 对3.5 传动丝杆和游砣的轴向间隙的检测

卸下游砣，用游标卡尺检测传动丝杆的外径及游砣上和传动丝杆配合孔的内径，两者之差即为轴向间隙。

4.8 对3.6 刀刃、刀承硬度的检测

用硬度计进行。

4.9 对3.7 夹具工作面的粗糙度的检测

用表面粗糙度比较样块进行。

4.10 对3.8 绝缘性能的检测

用兆欧表进行。

4.11 对3.9～3.12 运行状态、标尺、水平标志、外观的检查

按要求目测。

5 检验规则

5.1 出厂检验

出厂检验为第3章除3.6 刀刃、刀承硬度外的全部内容。出厂检验的主要项目的实测数据应记入随机文件中。

5.2 型式检验

型式检验为第3章的全部内容。

有下列情况之一时，应进行型式检验：

a）新产品试制或老产品转厂生产的试制定型检定；

b）产品正式生产后，其结构设计、材料、工艺以及关键的配套元器件有较大改变可能影响产品性能时；

c）正常生产时，定期或积累一定产量后，应周期性进行一次检验；

d）产品长期停产后，恢复生产时；

e）国家质量监督机构提出进行型式检验要求时。

5.3 判定规则

5.3.1 出厂检验

每台抗折机均符合出厂要求时判为出厂检验合格。其中任何一项不符合要求时,判为出厂检验不合格。

5.3.2　型式检验

当批量不大于50台时,抽样两台,若检验后有一台不合格,则判定该批产品为不合格批;当批量大于50台时,抽样五台,若检验后出现两台或两台以上的不合格品,则判定该批产品为不合格批。

6　标志和包装

6.1　标志

抗折机上应有牢固的铭牌,标志应明亮、清晰、耐久,并能防锈,铭牌内容包括:

　a)名称;

　b)型号;

　c)生产日期;

　d)生产编号;

　e)制造厂家。

6.2　包装

6.2.1　产品合格证、检验报告、使用说明书、装箱单及备用件、附件等应与抗折机一起装箱。

6.2.2　抗折机怕震零部件如杠杆、丝杆等应卸下用木块等固定于箱内。装箱应采用木制包装,箱内应衬有防雨、防潮材料。

6.2.3　包装箱上标志应清楚,内容包括:

　a)名称、型号,生产编号及制造厂家;

　b)收货单位及地址;

　a)"请勿倒置"、"小心轻放"等。

ICS 91. 110. 10

Q 11

备案号:15230—2005

JC

中华人民共和国建材行业标准

JC/T 960—2005

水泥胶砂强度自动压力试验机

Automatic compression machine for testing cement strength

2005-02-14 发布　　　　　　　　　2005-07-01 实施

中华人民共和国国家发展和改革委员会　发 布

JC/T 960—2005

前　言

本标准的附录 A 为规范性附录,附录 B 为资料性附录。

本标准由中国建筑材料工业协会提出。

本标准由全国水泥标准化技术委员会(SAC/TC184)归口。

本标准负责起草单位:中国建筑材料科学研究院、绍兴市肯特机械电子有限公司。

本标准参加起草单位:无锡建仪仪器机械有限公司、威海试验机制造有限公司、济南试金集团有限公司、无锡东仪制造科技有限公司、无锡锡仪建材仪器厂、浙江中科仪器有限公司。

本标准主要起草人:肖忠明、颜碧兰、张大同、李钊海、宋立春、王昕、唐晓坪、唐少敏、耿秀英、王志云、汪义湘、谢岳庆。

本标准委托中国建筑材料科学研究院负责解释。

本标准为首次发布。

水泥胶砂强度自动压力试验机

1 范围

本标准规定了水泥胶砂强度自动压力试验机(以下简称水泥自动压力机)的术语和定义、正常工作条件、技术要求、检验方法、检验规则、标志及包装等内容。

本标准适用于 GB/T 17671—1999 水泥强度检验方法规定的水泥自动压力机。

2 规范性引用文件

下列文件中的条款通过本标准的引用而成为本标准的条款。凡是注日期的引用文件,其随后所有的修改单(不包括勘误的内容)或修订版均不适用于本标准,然而,鼓励根据本标准达成协议的各方研究是否可使用这些文件的最新版本。凡是不注日期的引用文件,其最新版本适用于本标准。

GB 191 包装储运图示标志

GB/T 2611—1992 试验机通用技术要求

GB/T 6388 运输包装收发货标志

GB/T 17671—1999 水泥胶砂强度试验方法(ISO 法)(idt ISO 679:1989)

JJG 144 《标准测力仪》检定规程

3 术语和定义

下列术语和定义适用于本标准。

水泥胶砂强度自动压力试验机 Automatic compression machine for testing cement strength

一种符合 GB/T 17671《水泥胶砂强度检验方法(ISO 法)》要求、能够自动按 GB/T 17671 水泥胶砂强度检验方法规定的加荷速度进行水泥强度测定,并具有动态显示、峰值保持、结果处理等功能的压力试验机。

4 主参数系列

水泥自动压力机按最大压力划分为两个系列:200kN 和 300kN。

5 水泥自动压力机正常工作条件

水泥自动压力机应在如下条件下工作:

a)在室温 10℃~35℃范围内;

b)相对湿度小于 80%;

c)在无震动的环境中;

d)周围无腐蚀性介质以及强电、磁场;

e)在稳定、水平的基础上安装;

f)电源电压应不超过额定电压的 ±10%。

6 技术要求

6.1 水泥自动压力机的等级与示值准确度

水泥自动压力机的等级为 1 级,其各项误差应符合表 1 的要求。

表1 水泥自动压力机的示值精确度

水泥自动压力机级别	最大允许值%			
	相对误差			相对分辨率 α
	示值 q	示值重复性 b	回零 f₀	
1	±1.0	1.0	±0.1	0.5

注：示值精确度最低从12kN开始进行检测。

6.2 加荷速度

6.2.1 水泥自动压力机的加荷速度：2.4kN/s±0.2kN/s。

6.2.2 从10kN起到峰值范围内,加荷速度合格率不低于98%。

6.2.3 水泥自动压力机加荷速度的稳定起始点应不大于10kN。

6.2.4 峰值瞬间的加荷速度应在1.5kN/s~2.6kN/s范围内。

6.2.5 水泥自动压力机除具备GB/T 17671规定的加荷速度外,还可具有根据不同水泥强度试验方法的要求调整加荷速度的功能。

6.3 加载压力

水泥自动压力机加载压力应平稳,无冲击和脉动现象。

6.4 机架

6.4.1 水泥自动压力机上、下压板中心线的不重合度小于1mm。

6.4.2 水泥自动压力机上、下压板之间应有足够的空间,并保证在放置夹具或测试仪器时不松动框架结构。

6.4.3 压板：

6.4.3.1 下压板表面应与水泥自动压力机的轴线相垂直并在加荷过程中保持不变。

6.4.3.2 上压板如带有球座,则球座应能保证灵活并且在加荷过程中上下压板的位置固定不变。球座的中心应在水泥自动压力机轴线与上压板下表面的交点上,偏差不大于1mm。

6.4.3.3 压板工作表面的表面粗糙度参数 R_a 值应小于0.8μm。

6.4.3.4 硬度应不低于55HRC。

6.4.3.5 下压板应具有直径 φ8mm、高约5mm~7mm的可拆卸的定位销和刻线清晰的直径 φ100mm的定位圆环。

6.5 压力的测量、显示和操作装置

6.5.1 压力的测量、显示和操作装置应布置在便于操作和监控、并不受试验影响的安全位置上。

6.5.2 压力的测量和显示装置应具有调零功能,显示装置的零点示值在15min内的最大漂移量应不超过满量程的±0.2%。

6.5.3 压力的测量和显示装置应能清晰连续、准确地显示试体上所受的总压力值。

6.5.4 压力的显示装置上的峰值应能保持到下一个试验开始。

6.5.5 压力的显示装置应能自动按照所设定的强度试验方法处理同一组试体的强度并将结果显示。如有储存和打印功能,打印格式建议采用资料性附录B。

6.5.6 操作装置应标识明显,防止误操作。

6.6 安全防护装置

6.6.1 安全防护装置应灵敏可靠,当压力超过最大量程的2%~5%时,超载保护装置应能立即动作,自动停止施加压力。

6.6.2 水泥自动压力机的控制系统应能保证在试样破坏后立即停止向试样继续施加压力。

6.6.3 水泥自动压力机上应有压板行程超限保护功能。

6.7 电气设备

电气设备应符合GB/T 2611中6.1.1、6.1.4、6.1.7的规定,绝缘电阻应不小于2MΩ。

6.8 液压设备

液压设备应符合 GB/T 2611 中 7.1、7.3、7.12 的规定。对于非液压加荷的水泥自动压力机,本条技术要求不作考核。

6.9 噪声

工作时音响应正常,噪声声压级不大于 75dB(A)。

6.10 耐运输颠簸性能

在包装条件下,应能承受运输颠簸试验而无损坏。颠簸试验后,水泥自动压力机不经修调仍应全面符合本标准的规定。

6.11 外观质量

外观质量应符合 GB/T 2611 中 8.1、8.4、8.7 和 8.10 的规定。

7 检验方法

7.1 检验条件

检验应在本标准第 5 章规定的条件下进行。

7.2 检验用计量标准和辅助设备

a)0.3 级标准测力仪;

b)加荷速度检测仪:加荷速度检测仪应符合附录 A 的要求;

c)洛氏硬度计;

d)轮廓仪或其他粗糙度检测装置;

e)秒表:分度值不大于 0.1s;

f)声级计;

g)兆欧表:额定直流电压 500V,准确度不低于 2.5 级;

h)深度尺、游标卡尺:分度值 0.02mm;

i)专用 R 规;

j)能承受 100kN 以上压力的 40mm×40mm×160mm 水泥胶砂试体;

k)有关检测用的其他通用工具和量具及辅助工具。

7.3 对 6.1 等级与示值准确度的检测

7.3.1 水泥自动压力机示值精确度的检测可以采用 0.3 级标准测力仪,也可以采用加荷速度检测仪。

7.3.2 在水泥自动压力机上安放标准测力仪或加荷速度检测仪,启动水泥自动压力机,重复三次施加试验力,每次均到最大试验力,并且每次卸除试验力后调零,然后开始检查。

7.3.3 对试验力应采用递增力进行三组测量,每组应在 12kN 到 200kN 之间选择不少于五个力值测量点。推荐在第三组测量前将测力仪旋转到 90° 或 180° 的位置。

7.3.4 示值相对误差 q、示值重复性相对误差 b、回零相对误差 f_0 和相对分辨率 α 的计算方法如下:

a)以标准测力仪的标准数为依据,在试验力显示装置上读数时,示值相对误差 q、示值重复性相对误差 b 分别按式(1)、式(2)计算:

$$q = \frac{\overline{F_i} - F}{F} \times 100\% \qquad \cdots\cdots (1)$$

$$b = \frac{F_{imax} - F_{imin}}{F} \times 100\% \qquad \cdots\cdots (2)$$

式中:

F——试验力递增时,标准测力仪指示的实际力值,单位为千牛顿(kN);

$\overline{F_i}$——对同一测量点,所测得 F_i 的算术平均值,单位为千牛顿(kN);

F_{imax}——对同一测量点,所测得 F_i 中的最大值,单位为千牛顿(kN);

F_{imin}——对同一测量点,所测得 F_i 中的最小值,单位为千牛顿(kN)。

b)以试验力显示装置上的显示值为依据,在标准测力仪上读数时,示值相对误差 q、示值重复性相对误

差 b 分别按式(3)、式(4)计算:

$$q = \frac{F_i - \overline{F}}{\overline{F}} \times 100\% \quad \text{.................................(3)}$$

$$b = \frac{F_{max} - F_{min}}{\overline{F}} \times 100\% \quad \text{.........................(4)}$$

式中:

F_i——试验力递增时,水泥自动压力机显示装置上的力读数值,单位为千牛顿(kN);

$\overline{F}$——对同一测量点,标准测力仪所测得 F 的算术平均值,单位为千牛顿(kN);

F_{max}——对同一测量点,标准测力仪所测得 F 中的最大值,单位为千牛顿(kN);

F_{min}——对同一测量点,标准测力仪所测得 F 中的最小值,单位为千牛顿(kN)。

c)回零相对误差 f_0 按式(5)计算:

$$f_0 = \frac{F_{i0}}{F_N} \times 100\% \quad \text{...........................(5)}$$

式中:

F_{i0}——卸除试验力后,试验力显示装置上残留的显示值,单位为千牛顿(kN);

F_N——水泥自动压力机每级试验力指示装置上的最大试验力,单位为千牛顿(kN)。

d)相对分辨率 α 按式(6)计算:

$$\alpha = \frac{r}{F_r} \times 100\% \quad \text{.............................(6)}$$

式中:

r——试验力显示装置的分辨率,单位为千牛顿(kN);

F_r——水泥自动压力机每级最大试验力 20% 点上的试验力值,单位为千牛顿(kN)。

7.4 对 6.2 加荷速度的检测

7.4.1 用加荷速度检测仪和能承受 100kN 以上压力的 40mm×40mm×160mm 水泥胶砂试体检测 6.2.1、6.2.2、6.2.3、6.2.4。检测时将水泥自动压力机的加荷速度设定为 GB/T 17671 规定的值,将抗压夹具按正常试验情况放置好,同时将加荷速度检测仪的传感器放置于抗压夹具上并将胶砂试体置于抗压夹具中,启动水泥自动压力机进行施压同时启动加荷速度测定仪进行检测,直至试体破坏。加荷速度检测仪自动记录加荷过程并进行统计分析,给出加荷速度的稳定起始点、从 10kN 起到峰值范围内的加荷速度的平均值和合格率、峰值瞬间的加荷速度、实时力值和加荷速度曲线。应进行两次,两次都应合格,如有一次不合格,应进行第三次检测并合格。

7.4.2 对 6.2.5 加荷速度调整能力的检查:实际操作检查。

7.5 对 6.3、6.5.3、6.5.4、6.6.2 加载状态、显示力值能力、峰值保持、试样破坏后停止加压能力的检查

根据加荷速度检测仪记录的实时力值曲线检查 6.3 水泥自动压力机的加载试验力是否平稳,以及进行 6.5.3、6.5.4、6.6.2 的检查。

7.6 对 6.4 机架的检测

7.6.1 对 6.4.1 上、下压板中心线的不重合度的检测

将辅助工具定位在下压板的中间,启动水泥自动压力机,上升工作台使上压板接触辅助工具,用深度尺在相互垂直的方向测量上下压板侧面到辅助工具的距离,以同方向距离差最大者为最终结果。

7.6.2 对 6.4.2 上、下压板之间空间的检查

实际操作检查。

7.6.3 对 6.4.3.1 下压板表面与水泥自动压力机的轴线垂直状态的检查

将辅助工具定位在下压板的中间,启动水泥自动压力机,上升工作台使上压板接触辅助工具,目测观察辅助工具的上下表面是否与上下压板表面完全接触(不带球座)或球座侧面是否与其固定结构的侧面重

合(带球座)。然后施加 50kN 的力,再进行观察。

7.6.4 对 6.4.3.2 球座灵活情况以及球座中心的检测

首先用手搬动球座,检查其是否灵活。然后借助辅助工具目测检查在加荷过程中上下压板的位置是否固定不变。

用游标卡尺和 R 规进行检测。检测时,拆下球座,用 R 规先测出球座球半径 R,然后用游标卡尺测出球座顶部定位孔半径 r,再用游标卡尺测出球座及上压板的总厚度 h,偏差 A 按式(7)计算:

$$A = h - (R^2 - r^2)^{1/2} \quad \dots\dots\dots\dots\dots\dots\dots\dots\dots\dots\dots (7)$$

式中:

A——球座中心偏差,单位为毫米(mm);

h——球座及上压板的总厚度,单位为毫米(mm);

R——球座球半径,单位为毫米(mm);

r——球座顶部定位孔半径,单位为毫米(mm)。

7.6.5 对 6.4.3.3 表面粗糙度的检测

用轮廓仪或其它粗糙度检测装置检测。

7.6.6 对 6.4.3.4 硬度的检测

用洛氏硬度计检测。

7.6.7 对 6.4.3.5 定位销及定位环的检测

用游标卡尺检测。

7.7 对 6.5 测量、显示和操作装置的检测

7.7.1 对 6.5.1、6.5.6 测量、显示和操作装置位置的检查:目测检查。

7.7.2 对 6.5.2 测量和显示装置调零功能和漂移的检测:预热水泥自动压力机,使其处于良好的工作状态后,进行调零功能和零点漂移的检测。

7.7.3 对 6.5.5 数据处理功能的检查:模拟水泥胶砂强度试验过程进行检查,数据处理的结果应符合 GB/T 17671 的有关规定。

7.8 对 6.6 安全防护装置的检查

实际操作检查。

7.9 对 6.7 电气设备的检查

按 GB/T 2611 的规定进行检查。绝缘电阻用兆欧表检测。

7.10 对 6.8 液压设备的检查

按 GB/T 2611 的规定进行检查。

7.11 对 6.9 噪声的检测

a)声级计传声器面向声源,且与水平面平行;

b)传声器距地面高度为 1.5m;

c)传声器与水泥自动压力机间的距离为 1m;

d)沿水泥自动压力机周围的测量点应不少于六点,以各测量点中测得的最大值作为水泥自动压力机工作时的噪声。

7.12 对 6.10 耐运输颠簸性能的检测

水泥自动压力机的耐运输颠簸性能可使用下述两种方法之一进行:

a)水泥自动压力机的包装按正常的运输状态紧固安装在碰撞台的台面上,以近似半正弦波的脉冲波形进行碰撞试验,试验时选用的严酷等级如下:

峰值加速度 $100m/s^2 \pm 10m/s^2$,脉冲持续时间 11ms ± 2ms,脉冲重复频率 60 次/min～100 次/min,碰撞次数 1000 次 ±10 次;

b)水泥自动压力机包装件装到载重量不小于 4t 的载重汽车车厢后部,以 25km/h～40km/h 的速度在三级公路的中级路面上进行 100km 以上的运输试验。

水泥自动压力机经碰撞试验或运输颠簸试验后,不经调修,按本标准的规定进行全面检查,其结果应

满足本标准6.10的要求。

7.13 对6.11外观质量的检查

按GB/T 2611的规定进行检查。

8 检验规则

8.1 出厂检验

出厂检验为第6章除6.4.3.2的球座中心偏差、6.10外的全部内容。出厂检验的主要项目的实测数据应记入随机文件中。

8.2 型式检验

型式检验为第6章的全部内容。

有下列情况之一时,应进行型式检验:

a)新产品试制或老产品转厂生产的试制定型检定;

b)产品正式生产后,其结构设计、材料、工艺以及关键的配套元器件有较大改变可能影响产品性能时;

c)正常生产时,定期或积累一定产量后,应周期性进行一次检验;

d)产品长期停产后,恢复生产时;

e)国家质量监督机构提出进行型式检验要求时。

8.3 判定规则

8.3.1 出厂检验

每台水泥自动压力机均符合出厂检验要求时判为出厂检验合格。其中任何一项不符合要求时,判为出厂检验不合格。

8.3.2 型式检验

当批量不大于50台时,抽样两台,若检验后有一台不合格,则判定该批产品为不合格批;当批量大于50台时,抽样五台,若检验后出现两台或两台以上的不合格品,则判定该批产品为不合格批。

9 随机文件

随同水泥自动压力机应提供下列文件:

a)产品使用说明书;

b)产品出厂合格证;

b)检验报告;

a)装箱单。

10 标志及包装

10.1 标志

10.1.1 水泥自动压力机应具有铭牌,其内容包括:

a)水泥自动压力机名称;

b)水泥自动压力机型号;

c)水泥自动压力机最大试验力;

d)水泥自动压力机级别;

e)CMC标记和计量器具制造许可证号;

f)生产日期;

g)生产编号;

h)制造单位。

10.1.2 包装箱上的收发货标志应符合GB/T 6388的规定。

10.1.3 储运图示标志应符合GB 191的规定。

10.1.4 包装标志应不因时间久长或雨水冲刷而模糊不清。

10.2 包装

10.2.1 水泥自动压力机未涂漆的零、部件应油封包装。

10.2.2 水泥自动压力机所带的各种压板、附件和工具等应油封包装于小箱中。

10.2.3 水泥自动压力机应牢靠地固定在包装箱中,确保运输安全可靠。

10.2.4 包装箱所选用的材料和结构应能防止风沙和雨水侵入箱中。

附　录　A
（规范性附录）
加荷速度检测仪

A.1　总则

　　加荷速度检测仪是检测水泥胶砂强度自动压力试验机加荷速度的专用检测仪器,同时也可进行静态力值的检测。加荷速度检测仪由压力传感器、信号转换器和计算机组成。本仪器能自动采集数据、自动分析处理数据,并能将结果显示、储存和打印。

A.2　技术要求

A.2.1　动态采样频率:50Hz。
A.2.2　最小力值分辨率:≤0.01KN。
A.2.3　动静态力值精度:≤0.3%。
A.2.4　量程:≥200KN。

A.3　功能

A.3.1　具有动静态力值检测功能。
A.3.2　能够给出加荷速度稳定起始点、从10kN到峰值的加荷速度合格率和平均加荷速度、实时加荷速度曲线和力值曲线以及峰值时的力值、加荷速度。
A.3.3　对检测结果具有显示、储存、打印的功能。

A.4　计量、校准周期

　　一年或遇异常情况时校准后使用。

A.5　计量、校准方法

A.5.1　动态采样频率、最小力值分辨率通过原始数据的查询来确定。
A.5.2　力值精度按JJG 144《标准测力仪》国家计量检定规程进行。

附录 B

（资料性附录）
水泥胶砂抗压强度检验原始记录

B.1 建议采用以下格式打印水泥胶砂抗压强度原始记录。

试样编号：   共 页第 页

品种等级	
检验标准	GB/T 17671—1999《水泥胶砂强度检验方法（ISO 法）》
成型日期	年　月　日　时　分
破型日期	年　月　日　时　分
龄期(d)	
室温(℃)	

试件破坏极限值（kN）	抗 压 强 度 （MPa）
强度（MPa）	
检验人员	
校核人员	

水泥自动压力机	型号	
	编号	
	状况	
备　注		

ICS 91. 110. 10
Q 11
备案号:15231—2005

JC

中华人民共和国建材行业标准

JC/T 961—2005

水泥胶砂耐磨性试验机

Apparatus of wear abrasion for harden mortar

2005-02-14 发布　　　　　　　　　2005-07-01 实施

中华人民共和国国家发展和改革委员会　发布

前　　言

本标准由中国建筑材料工业协会提出。

本标准由全国水泥标准化技术委员会（SAC/TC184）归口。

本标准负责起草单位：中国建筑材料科学研究院。

本标准参加起草单位：无锡市锡东建材设备厂、无锡建仪仪器机械有限公司。

本标准主要起草人：宋立春、肖忠明、汪舸舸、唐晓坪。

本标准委托中国建筑材料科学研究院负责解释。

本标准为首次发布。

水泥胶砂耐磨性试验机

1 范围

本标准规定了水泥胶砂耐磨性试验机(简称耐磨机)的结构、技术要求、检验方法、检验规则、标志及包装等内容。

本标准适用于测试水泥胶砂试体及其它建筑材料耐磨性的试验机。

2 结构

水泥胶砂耐磨性试验机由直立主轴和水平转盘及传动机构、控制系统组成。主轴和转盘不在同一轴线上,同时按相反方向转动,主轴下端配有磨头连结装置,可以装卸磨头。

3 技术要求

3.1 主轴

3.1.1 主轴与水平转盘垂直度:测量长度80mm时偏离度不大于0.04mm。

3.1.2 主轴与转盘的中心距为40.0mm±0.2mm。

3.1.3 主轴升降行程不小于80mm,磨头最低点距水平转盘工作面不大于25mm。

3.2 水平转盘

3.2.1 水平转盘转速17.5r/min±0.5r/min,主轴与转盘转速比为35:1。

3.2.2 水平转盘上配有能夹紧试体的卡具,卡头单向行程为15^{+4}_{-2}mm。卡头宽度不小于50mm。夹紧试体后应保证试体不上浮或翘起。

3.3 花轮磨头

3.3.1 花轮磨头(见图1)由三组花轮组成,按星形等分排列。

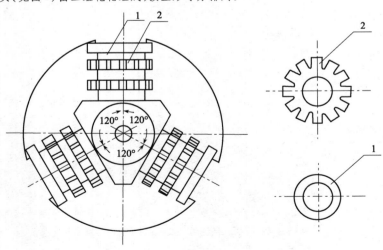

图1 花轮磨头示意简图
1—花轮片间挡圈;2—花轮片。

3.3.2 组装后,花轮内侧与轴心的最小距离为16.00mm±0.05mm,花轮外侧与轴心的最大距离为25.00mm±0.05mm。

3.3.3 每组花轮由两片花轮片装配而成,其间距为2.8mm~3.1mm。

3.4 花轮片

3.4.1 花轮片间挡圈的内径为12.00mm±0.05mm,外径为16.00mm±0.05mm,由不小于60HRC硬质钢制成。

3.4.2 花轮片直径为$\phi 25_0^{+0.05}$mm,厚度为$3_0^{+0.05}$mm。

3.4.3 花轮片边缘上均匀分布12个矩形齿,齿宽为3.30mm±0.05mm,齿高为3.00mm±0.05mm。

3.4.4 花轮片由不小于60HRC硬质钢制成。

3.5 负荷

负荷分为200N、300N、400N三档;负荷误差不超过±1%。

3.6 控制系统

耐磨机应有控制系统,具有0~999水平转盘转速自动控制显示装置,其转数误差小于1/4转,并装有电源电压监视表及停车报警装置。

3.7 绝缘性能

整机绝缘性能良好,整机绝缘电阻大于2MΩ。

3.8 吸尘装置

应能吸走磨下的粉尘。

3.9 噪音

耐磨机空载运行不开启吸尘器时,其噪音小于60dB。

4 检验方法

4.1 检验条件

检验应在无腐蚀性气体的室内进行。电源电压的波动范围:380_{-10}^{+10}V。

4.2 检验用计量器具和辅助设备

    a)游标卡尺:分度值不大于0.02mm;

    b)数显转速表:精度不低于1r/min;

    c)直角尺;

    d)兆欧表:额定直流电压500V,准确度不低于2.5级;

    e)声级计;

    f)塞尺;

    g)管形测力计:精度不低于1N;

    h)钢直尺:分度值不大于1mm;

    i)洛氏硬度计。

4.3 对3.1主轴的检测

4.3.1 对3.1.1主轴与水平转盘垂直度的检测:卸下磨头,放下负荷砣主轴,将直角尺一直角边置于水平转盘上,另一直角边紧贴主轴,用塞尺检测距水平转盘80mm处主轴与直角边间隙。

4.3.2 对3.1.2主轴与转盘的中心距的检测:卸下磨头,放下负荷砣主轴,用直角尺检测主轴内侧与转盘中心的水平距离;再用游标卡尺检测主轴直径;前者与后者半径之和为主轴与转盘的中心距。

4.3.3 对3.1.3主轴升降行程和磨头最低点距水平转盘工作面距离的检测:装上磨头,提升负荷砣主轴,用钢直尺检测磨头最低点与转盘工作面的距离;再放下负荷砣主轴,用钢直尺检测磨头最低点与转盘工作面的距离(此即为磨头最低点距水平转盘工作面的距离);两者差值为主轴升降行程。

4.4 对3.2水平转盘的检测

4.4.1 对3.2.1水平转盘与主轴转速的检测

用数显转速表进行,并计算两者转速比。

4.4.2 对3.2.2水平转盘上夹试体卡具的检测

4.4.2.1 卡头单向行程的检测:用专用扳手调节活卡头至活动距离的两个极限,用钢直尺分别检测其与相应固定卡头的距离。

4.4.2.2 卡头宽度的检测:用游标卡尺进行。

4.5 对3.3花轮磨头的检测

4.5.1 对3.3.1花轮磨头的三组花轮按星形等分排列的检测:用游标卡尺检测花轮磨头突出六边相应三边的长度是否相同,取相互平行边的中点用钢直尺画三条中心线是否相交于一点。

4.5.2 对3.3.2花轮内侧与轴心最小距离和花轮外侧与轴心最大距离的检测:用游标卡尺进行。

4.5.3 对3.3.3每组花轮的两片花轮片间距的检测:用游标卡尺进行。

4.6 对3.4花轮片的检测

4.6.1 对3.4.1花轮片间挡圈的内径、外径、厚度的检测:用游标卡尺进行。对花轮片间挡圈硬度的检测:用硬度计进行。

4.6.2 对3.4.2花轮片直径和厚度的检测:用游标卡尺进行。

4.6.3 对3.4.3花轮片矩形齿宽和高的检测:用游标卡尺进行。齿数目测检查。

4.6.4 对3.4.4花轮片圈硬度的检测:用硬度计进行。

4.7 对3.5三档负荷的检测

装上磨头,放下负荷陀主轴,用管形测力计提升负荷陀主轴。

4.8 对3.6控制系统的检查

设定控制器转数,开动耐磨机,记录转盘转数是否与设定转数相同;停车时报警装置是否工作。

4.9 对3.7绝缘性能的检测

用兆欧表进行。

4.10 对3.8吸尘装置的检查

按要求实际检测或在水平转盘上放些粉状物料进行检测。

4.11 对3.9噪声的检测

a)声级计传声器面向声源,且与水平面平行;

b)传声器距地面高度为1.5m;

c)传声器与耐磨机间的距离为1m;

d)沿耐磨机周围的测量点应不少于六点,以各测量点中测得的最大值作为耐磨机工作时的噪声。

5 检验规则

5.1 出厂检验

出厂检验为第3章除3.8吸尘装置、3.4.1花轮片间挡圈的硬度和3.4.4花轮片的硬度外的全部内容。出厂检验的主要项目的实测数据应记入随机文件中。

5.2 型式检验

型式检验为第3章的全部内容。

有下列情况之一时,应进行型式检验:

a)新产品试制或老产品转厂生产的试制定型检定;

b)产品正式生产后,其结构设计、材料、工艺以及关键的配套元器件有较大改变可能影响产品性能时;

c)正常生产时,定期或积累一定产量后,应周期性进行一次检验;

d)产品长期停产后,恢复生产时;

e)国家质量监督机构提出进行型式检验要求时。

5.3 判定规则

5.3.1 出厂检验

每台耐磨机均符合出厂要求时判为出厂检验合格。其中任何一项不符合要求时,判为出厂检验不合格。

5.3.2 型式检验

当批量不大于50台时,抽样两台,若检验后有一台不合格,则判定该批产品为不合格批;当批量大于

50台时,抽样五台,若检验后出现两台或两台以上的不合格品,则判定该批产品为不合格批。

6 标志及包装

6.1 标志

耐磨机上应有牢固的铭牌,表面和标志应明亮、清晰、耐久,并能防锈,铭牌内容包括:

a) 名称;

b) 型号;

c) 生产日期;

d) 生产编号;

e) 制造厂家。

6.2 包装

6.2.1 产品合格证,检验报告,使用说明书,装箱单及备用件、附件等应与耐磨机一起装箱。

6.2.2 装箱应采用木制包装,箱内应衬有防雨、防潮材料。

6.2.3 包装箱上字样和标志应清楚,内容包括:

a) 名称、型号,生产编号及制造厂家;

b) 收货单位及地址;

a) "请勿倒置"、"小心轻放"等。

ICS 91. 110
Q 93
备案号:15243—2005

JC

中华人民共和国建材行业标准

JC/T 971—2005

水泥制品工业用水压试验机

Hydrostatic testing machine for cement products industry

2005-02-14 发布　　　　　　　　　　　2005-07-01 实施

中华人民共和国国家发展和改革委员会　发 布

前　言

本标准由中国建筑材料工业协会提出。

木标准由国家建筑材料工业机械标准化技术委员会归口。

本标准负责起草单位：常州建材设备制造厂、苏州中材建筑建材设计研究院（苏州混凝土水泥制品研究院）、江苏华光双顺机械制造有限公司、扬州市江扬建材机械厂、江苏邦威机械制造有限公司、无锡市建设机械施工有限公司、江都市建材机械厂、江都市环球建筑设备器材厂、常州市成功建材机械有限公司。

本标准主要起草人：左元龙、孟柏庆、匡红杰、董正伟、佘福斌、张爱梅、薛淦泉、仲长平、武长宝、杨晓冬。

本标准为首次发布。

水泥制品工业用水压试验机

1 范围

本标准规定了水泥制品工业用水压试验机(以下简称水压机)的术语和定义、分类、分级、技术要求、试验方法、检验规则以及标志、包装、贮存和运输等。

本标准适用于对符合 GB 4084、GB 5695、GB 5696、GB/T 11836、JC/T 640、JC/T 923 等要求的水泥制品进行内压试验用的水压机。

2 规范性引用文件

下列文件中的条款通过本标准的引用而成为本标准的条款。凡是注日期的引用文件,其随后所有的修改单(不包括勘误的内容)或修订版均不适用于本标准,然而,鼓励根据本标准达成协议的各方研究是否可使用这些文件的最新版本。凡是不注日期的引用文件,其最新版本适用于本标准。

GB 150—1998　钢制压力容器

GB 191—2000　包装储运图示标志

GB/T 699—1999　优质碳素结构钢

GB/T 700—1988　碳素结构钢

GB/T 1031—1995　表面粗糙度　参数及其数值

GB/T 1800.4—1999　极限与配合　标准公差等级和孔、轴的极限偏差表

CB/T 1804—2000　一般公差　未注公差的线性和角度尺寸的公差(MOD ISO 2768—1∶1989)

GB/T 1184—1996　形状和位置公差　未注公差值

GB/T 3766—1983　液压系统通用技术条件

GB 4084　自应力混凝土输水管

GB 5083　生产设备安全卫生设计总则

GB 5226.1—2002　机械安全　机械电气设备　第1部分∶通用技术条件

GB 5695　预应力混凝土输水管(震动挤压工艺)

GB 5696　预应力混凝土输水管(管芯缠丝工艺)

GB/T 7932—2003　气动系统通用技术条件

GB/T 11836　混凝土与钢筋混凝土排水管

GB/T 13306　标牌

GB/T 13384　机电产品包装通用技术条件

GB/T 19685　预应力钢筒混凝土管

JC/T 401.2—1991　建材机械用碳钢和低合金钢铸件技术条件

JC/T 402　水泥机械涂漆防锈技术条件

JC/T 640　顶进施工法用钢筋混凝土排水管

JC/T 923　混凝土低压排水管

JC/T 355—1985　水泥机械产品的型号编制方法

JC 532—1994　建材机械焊接件通用技术条件

《压力容器安全技术监督规程》劳动部1990年5月颁发

3 术语和定义

下列术语和定义适用于本标准。

3.1　内胆　inner container

在水压试验中,为减少用水量、缩短试压周期而装在试件内腔与两端堵盘连接用的钢制筒形部件。

3.2　密封槽环　lock ring

设在内胆两端用于安装密封圈的钢制环形零件。

3.3　堵盘　choke tray

在水压机上用于堵住试件两端的盘状部件。

4　分类、分级

4.1　水压机按试件在试验时的放置形式分为立式水压机(代号 L,见图1)和卧式水压机(代号 W,见图2、图3)。

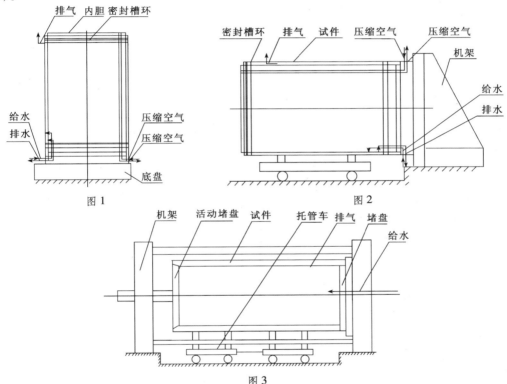

图1　　　　　　　　　　　　　　　图2

图3

4.2　水压机按可试验的试件种类分为预应力钢筒混凝土管水压机(代号 G)、预应力混凝土输水管(管芯缠丝工艺)水压机(代号 S)、预应力混凝土输水管(振动挤压工艺)水压机(代号 Y)、自应力混凝土输水管水压机(代号 Z)、混凝土和钢筋混凝土排水管水压机(代号 P)等。

4.3　水压机按试验时的最大工作压力可分为七个级别(见表1)。

表1　单位为兆帕

最大工作压力级别	Ⅰ	Ⅱ	Ⅲ	Ⅳ	Ⅴ	Ⅵ	Ⅶ
水压机最大工作压力	0.5	1.0	1.5	2.0	2.5	3	4

4.4　水压机按一次最多可试验的试件数量分为单管水压机和双管水压机。

4.5　型号表示方法如下:

4.6　标记示例:

示例:卧式预应力混凝土输水管(管芯缠丝工艺)水压机,最大工作压力级别Ⅲ级,试件公称直径1000mm～1600mm,公称长度5m,一次测试2根,标记为:

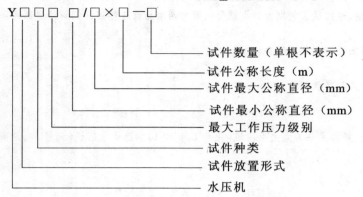

YWSⅢ1000/1600×5－2

试件数量（单根不表示）	
试件公称长度（m）	
试件最大公称直径（mm）	
试件最小公称直径（mm）	
最大工作压力级别	
试件种类	
试件放置形式	
水压机	

5 技术要求

5.1 基本要求

5.1.1 水压机应符合本标准的规定,并按照规定程序批准的图样和技术文件制造。

5.1.2 产品设计和制造的安全卫生要求应符合 GB 5083 的规定。

5.1.3 图样上线性尺寸的未注公差,切削加工部位应符合 GB/T 1804—2000 表 1 中 M 级的要求;非切削加工部位应符合 GB/T 1804—2000 表 1 中 C 级的要求。

5.1.4 钢焊接件的焊接质量应符合 JC 532 的规定,焊接接头的表面质量不低于该标准表 2 中 Ⅲ 级的要求。

5.1.5 外协件和外购件应符合相关的国家标准或行业标准要求。

5.1.6 气动系统应符合 GB/T 7932—2003 的有关规定。

5.1.7 液压系统应符合 GB/T 3766—2001 的有关规定。

5.1.8 电气系统应符合 GB 5226.1—2002 的有关规定。

5.2 整机性能要求

5.2.1 水压机在标定的压力下,必须工作正常。

5.2.2 水压机给水系统应装有恒压装置。

5.2.3 水压机给、排水时间:有内胆水压机不大于5min,无内胆水压机不超过15min。

5.2.4 排气口的设置应保证排尽试压腔内的空气。

5.2.5 水压机堵盘、内胆与试件接口处,不得渗漏。

5.2.6 立式水压机内胆中心线与水平面的垂直度公差为1.5mm:卧式水压机内胆中心线与水平面的平行度公差为1.5mm。

5.2.7 卧式水压机两堵盘:

5.2.7.1 定位端面与两堵盘公共轴心线的垂直度公差为1.5mm。

5.2.7.2 两端堵盘的同轴度公差为1.5mm。

5.2.7.3 两堵盘公共轴心线与水平面的平行度公差为1.5mm。

5.2.8 水压机托管车托起的试件在测试工位时,其中心线与水压机的中心线同轴度公差为2mm。

5.2.9 水压机电气系统:

5.2.9.1 电路绝缘性能不小于1MΩ。

5.2.9.2 在1500V、50Hz状态下,1min内电路与水压机其他机件之间无击穿或飞弧现象。

5.2.10 压力表应符合 Ⅱ 级的规定。

5.3 主要零部件要求

5.3.1 机架在最大工作压力下不应产生永久变形。

5.3.2 内胆:

5.3.2.1 筒体内胆表面无凹陷。

5.3.2.2 在最大工作压力下无永久变形。

5.3.2.3 内胆工作时无渗漏。

5.3.2.4 两端密封环外圆柱面的同轴度公差为1.5mm。

5.3.2.5 内胆筒壁素线直线度为2mm。

5.3.3 堵盘的定位端面与其轴孔中心线的垂直度公差为0.5mm。

5.3.4 轴类零件材料性能不低于45#优质碳素钢,并进行必要的热处理。

5.3.5 与轴承配合的轴颈直径的尺寸公差等级为GB/T 1800.4—1999中的k6级,表面粗糙度为1.6μm;与齿轮、蜗轮联轴器等配合的轴颈直径的尺寸公差等级为GB/T 1800.4—1999中的m6级,表面粗糙度为3.2μm。

5.3.6 联轴器、齿轮、蜗轮内孔及与轴承配合的孔的尺寸公差等级为GB/T 1800.4—1999中的H7级,表面粗糙度为3.2μm。

5.4 外观要求

5.4.1 水压机的外表面平滑,不应有非设计需要的弯曲、凹凸不平等影响美观的缺陷。

5.4.2 所有机件边缘不应有错位、飞边、锐边、尖角、毛刺等缺陷。

5.4.3 外表面涂漆要求应符合JC/T 402的有关规定。

6 试验方法

6.1 检测

6.1.1 第5.1.1、5.1.2查产品蓝图与设备结构。

6.1.2 线性尺寸、形状和位置公差、表面粗糙度用常规量具或对比块检测。

6.1.3 第5.1.5查相应合格证与质保书。

6.1.4 第5.2.6、5.2.7、5.3.2三项根据使用实际工况,按本标准要求进行密封性能测试,测试中无试件配套可另制代用件进行测试。

6.1.5 第5.2.8、5.2.9、5.2.10、5.3.2.1项用重锤、经纬仪、钢直尺、水平尺进行检测。

6.1.6 第5.3.2.4、5.3.3项在专用平台、支架上进行检测,也可以在加工机床上进行。

6.1.7 第5.3.2.5项用弦线、钢板尺检测。

6.1.8 材料的材质、力学性能查理化试验报告或质量保证书。

6.1.9 第5.4、5.1.4、5.2.5目测。

6.2 空载试验

6.2.1 试验条件:

a)各润滑部位按规定注入油、脂,各运动零部件相对位置调试合格,紧固件联接处应固紧;

b)液压、电气、气路、水路分项调试合格;

c)运转零部件手动或点动单项运行调试合格。

6.2.2 空载连续正常运行3~5次。

6.3 负载试验

6.3.1 试验条件:

负载试验在6.2项合格条件下进行。

6.3.2 应按水压机的操作规程在最大工作压力下进行负载试车,首次负载试车时应缓慢加载,首次试车完成后,正常运行三次。

7 检验规则

产品检验分出厂检验和型式检验,检验项目见表2。

表 2

序　号	检验项目	项　类	检验方法	判定依据	型式检验	出厂检验
1	内胆筒体刚度	主要项目	6.1.4	5.3.2.2	√	√
2	内胆筒体密封性		6.1.4	5.3.2.3	√	√
3	内胆筒体表面质量		6.1.5	5.3.2.1	√	√
4	产品设计的安全性		6.1.8	5.1.7	√	√
5	试件与水压机配合件密封性		6.1.10	5.2.7	√	√
6	水压机最大工作压力测验		6.3	5.2.1	√	√
7	水压机恒压法		6.3	5.2.4	√	√
8	机架应有足够刚度		6.3	5.3.1	√	√
9	轴类零件配合面尺寸精度、表面粗糙度	一般项目	6.1.2	5.3.5	√	√
10	盘类零件配合面尺寸精度、表面粗糙度		6.1.2	5.3.6	√	√
11	配件应合格		6.1.3	5.1.5	√	—
12	水、气、油路应密封		6.1.4	5.2.6	√	√
13	卧式水压机两堵头平行	一般项目	6.1.5	5.2.7.1	√	√
14	水压机轴心线应合格		6.1.5	5.2.8	√	√
15	卧式水压机两堵头平行		6.1.5	5.2.7.3	√	√
16	卧式水压机两堵头同轴度		6.1.5	5.2.7.2	√	√
17	托管车与水压机中心线相对位置		6.1.5	5.2.10	√	√
18	堵盘定位面与其孔中心线垂直		6.1.6	5.3.3	√	√
19	内胆两端密封环同轴度		6.1.6	5.3.2.4	√	√
20	内胆筒体素线直线度		6.1.7	5.3.2.5	√	√
21	主要零件材质		6.1.8	5.3.4	√	√
22	排气口应合理		6.1.9	5.2.5	√	√
23	焊接质量		6.1.9	5.1.2	√	√
24	外观质量		6.1.9	5.4	√	√
25	气动系统合格		6.2.1	5.1.6	√	—
26	水路系统压力表应合格		6.2.1	5.2.2	√	—
27	电器线路绝缘性		6.2.1	5.2.10	√	—

注：序 9、10、21 对不同零件可分别立项。

7.1.1　出厂检验

a)水压机出厂前检查主要零部件检测记录,其主要项目符合本标准有关规定;

b)整机要求在出厂前逐项检测,其中 5.2.6、5.2.7.3、5.2.8 可以在使用现场检测;

c)随机文件齐全。

7.1.2　型式检验

有下列情况之一者,应按本标准的全部要求进行型式检验:

a)新产品试制和新产品试制定型鉴定;

b)正式生产后,如结构、材料、工艺等有较大改变,可能影响产品性能时;

c)正常生产每二年进行一次;

d)停产一年后,恢复生产时;

e)国家质量监督机构提出进行型式检验要求时。

8 标志、包装、运输及贮存

8.1 水压机在明显合适固定部位设置产品标牌,标牌符合 GB/T 1306—1991 的规定,标牌标明下列内容:

a)产品商标;

b)产品名称;

c)标准号;

d)产品型号;

e)最大工作压力;

f)试件规格;

g)出厂编号;

h)企业名称;

i)制造日期。

8.2 产品包装运输应符合 GB 191—2000 及 GB/T 13384—1992 的要求。

8.3 在第一包装箱内应有下列文件:

a)合格证;

b)使用说明书;

c)装箱单;

d)配套机电有关文件。

8.4 产品应存放在干燥的环境中,场地平整。

ICS 91.110
Q 93
备案号:15227—2005

JC

中华人民共和国建材行业标准

JC/T 957—2005

水泥包装袋跌落试验机

Falling bag apparatus of sacks for packing cement

2005-02-14 发布   2005-07-01 实施

中华人民共和国国家发展和改革委员会 发布

前　　言

本标准由中国建筑材料工业协会提出。

本标准由全国水泥标准化技术委员会（SAC/TC184）归口。

本标准负责起草单位:中国建筑材料科学研究院。

本标准参加起草单位:瓦房店建科实验仪器有限公司。

本标准主要起草人:王昕、霍春明、姜治帮。

本标准为首次发布。

水泥包装袋跌落试验机

1 范围

本标准规定了水泥包装袋跌落试验机(以下简称试验机)的基本结构、正常使用条件、技术要求、检验方法、检验规则以及包装与标志等内容。

本标准适用于 GB 9774—2002 水泥包装袋标准中检测水泥包装袋牢固度的跌落试验机。

2 规范性引用文件

下列文件中的条款通过本标准的引用而成为本标准的条款。凡是注日期的引用文件,其随后所有的修改单(不包括勘误的内容)或修订版均不适用于本标准,然而,鼓励根据本标准达成协议的各方研究是否可使用这些文件的最新版本。凡是不注日期的引用文件,其最新版本适用于本标准。

GB 9774—2002 水泥包装袋

3 基本结构

水泥包装袋跌落试验机由机架、提升装置以及质地坚硬耐磨性较好钢性材质的托板和冲击板等几部分组成,能将包装袋平稳提升至足够高度并使其自由落下。基本结构见图1。

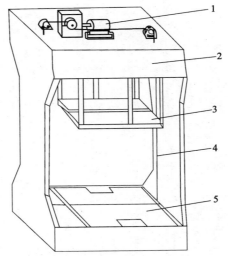

图1 水泥包装袋跌落试验机基本结构示意图

1—提升装置;2—机架;3—托板;

4—钢丝绳;5—冲击板

4 正常使用条件

4.1 试验机应安装在坚实基础上。

4.2 试验机安装完后,其冲击板面应保持水平。

5 技术要求

5.1 冲击板

5.1.1 冲击板表面应平整,整个表面的平面度应小于2mm。

5.1.2 冲击板厚度应不小于10mm。

5.2 托板

5.2.1 托板处于水平工作位置时,其上表面与冲击板表面的距离应为1000mm±10mm。

5.2.2 托板处于水平工作位置时,托板对角线四个端点处上表面与冲击板表面的距离极差应小于2mm。

5.2.3 托板的长度不小于480mm,宽度不小于252mm,且两托板在水平工作位置时其间隙不大于132mm。

5.2.4 托板应能同时瞬间打开。

5.3 控制系统

5.3.1 试验机控制系统应有计数功能,计数次数从1~99次。

5.3.2 试验机控制系统能使试验机自动完成架包、提升、打开等一套动作。

5.3.3 试验机控制系统应具有暂停控制功能或紧急情况停止功能。

5.4 运行

5.4.1 试验机运行中冲击板不移动,不变形,不框动,冲击板大小应保证样袋完全跌落在冲击板面内。

5.4.2 试验机在提升、转移和释放样袋中不得损伤样袋。试验机在释放样袋时应保证样袋自由平落。

5.5 整机绝缘性能

试验机整机绝缘性能应良好,绝缘电阻不低于2MΩ。

5.6 外观

5.6.1 试验机外表面均宜打底上漆,油漆面宜平整、光亮、均匀、色调一致。

5.6.2 零件加工面不得有碰伤、划痕和锈斑。

5.6.3 冲击面和托板表面不应有粗糙不平或未规定的凸起、凹陷。

6 检验方法

6.1 检验室条件

检验室内无腐蚀气体,试验机应保持清洁。检验时电压正常,波动范围在 -10% ~10% 范围内。

6.2 检验用仪器设备

检验用仪器设备包括:

a)游标卡尺:分度值不大于0.02mm;

b)钢直尺:分度值不大于1mm;

c)塞尺;

d)兆欧表:额定直流电压500V,准确度不低于2.5级。

6.3 检验项目

6.3.1 对5.1.1冲击板表面平面度的检测

用钢直尺侧立于冲击板表面上各方位,用塞尺检测钢尺侧立边与冲击板表面的间隙。

6.3.2 对5.1.2冲击板厚度的检测

将冲击面活动部分提升一定距离,然后用卡尺测量钢板的厚度。

6.3.3 对5.2.1托板与冲击板表面距离的检测

用钢直尺检测。使托板上升至工作位置,用钢尺检测托板对角线四个端点处上表面四角至冲击面的垂直距离。

6.3.4 对5.2.2托板水平程度的检测

用钢直尺检测。使托板上升至工作位置,用钢尺分别检测托板上表面四角与冲击面的垂直距离。

6.3.5 对5.2.3托板尺寸及两板间隙的检测

用钢直尺检测。托板的长度,应在托板宽度方向的两端检测两点,并取平均值作为最终检测结果;宽度及托板处于水平位置时两板间隙,分别应在托板长度方向的两端及中间检测三点,并取平均值作为最终检测结果。上述任何一处测量点的检测,其检测结果均不能超过允许误差范围。

6.3.6 对 5.2.4 托板瞬间打开情况的检测

目测检查。

6.3.7 对 5.3 和 5.4 的检查

开启试验机运行试验,目测检查。

6.3.8 对 5.5 绝缘性能检查

用兆欧表检测。

6.3.9 对 5.6 外观检查

目测检查。

7 检验规则

7.1 出厂检验

出厂检验为第 5 章除 5.4.2 条外的全部内容,主要实测数据记录在随机文件中。

7.2 型式检验

型式检验为第 5 章的全部内容,有下列情况之一时,应进行型式检验:

a) 新产品试制或老产品转厂生产的试制定型检定;

b) 产品正式生产后,其结构设计、材料、工艺以及关键的配套元器件有较大改变可能影响产品性能时;

c) 正常生产时,定期或积累一定产量后,应周期性进行一次检验;

d) 产品长期停产后,恢复生产时;

e) 国家质量监督机构提出进行型式检验要求时。

7.3 判定规则

7.3.1 出厂检验

每台试验机均符合出厂检验要求时判为出厂检验合格。其中任何一项不符合要求时,判为出厂检验不合格。

7.3.2 型式检验

当批量不大于五台时,抽样一台,若检验不合格,则判定该批产品为不合格批;当批量大于五台时,抽样两台,若检验后出现一台或一台以上的不合格品,则判定该批产品为不合格批。

8 包装与标志

8.1 标志

每台试验机上应有牢固的铭牌,表面和标志宜明亮、清晰并能防锈。铭牌内容包括:名称、型号、生产编号、生产日期、制造厂名。

8.2 包装

8.2.1 试验机装箱时宜用螺栓固定在箱底上,使其在运输中不致发生任何方向的移动;控制器及其电路说明书宜用塑料袋封装。箱内的空隙宜用纸屑、泡沫塑料等充填。

8.2.2 产品合格证、检验报告、装箱单等随机文件应与设备一起装箱。

8.2.3 包装箱上字样和标志宜清楚,内容包括:

a) 设备名称、型号、制造厂名及生产编号;

b) 收货单位和地址;

c)"请勿倒置"、"小心轻放"等。

ICS 91. 110. 10

Q 11

备案号:15229—2005

JC

中华人民共和国建材行业标准

JC/T 959—2005

水泥胶砂试体养护箱

Curing box for cement motar specimens

2005-02-14 发布　　　　　2005-07-01 实施

中华人民共和国国家发展和改革委员会　发布

前　言

本标准是根据 GB/T 17671—1999《水泥胶砂强度检验方法(ISO 法)》(idt ISO 679:1989)标准中对养护条件的规定而制定的。

本标准的附录 A 为规范性附录。

本标准由中国建筑材料工业协会提出。

本标准由全国水泥标准化技术委员会(SAC/TC184)归口。

本标准负责起草单位:中国建筑材料科学研究院、河北省泊头市科析仪器设备厂。

本标准参加起草单位:无锡建仪仪器机械有限公司、苏州市东华试验仪器有限公司、昆明市百顺佳制冷设备有限公司。

本标准主要起草人:肖忠明、张大同、王文茹、宋立春、唐晓坪、王雪昌、吴江。

本标准委托中国建筑材料科学研究院负责解释。

本标准为首次发布。

水泥胶砂试体养护箱

1 范围

本标准规定了水泥胶砂试体养护箱(以下简称养护箱)的术语和定义、技术要求、检验方法、检验规则、标志及包装等内容。

本标准适用于按 GB/T 17671—1999 进行强度检验的水泥胶砂试体养护箱;也可适用于指定采用本标准的其他水泥试验方法用试体养护箱。

2 规范性引用文件

下列文件中的条款通过本标准的引用而成为本标准的条款。凡是注日期的引用文件,其随后所有的修改单(不包括勘误的内容)或修订版均不适用于本标准,然而,鼓励根据本标准达成协议的各方研究是否可使用这些文件的最新版本。凡是不注日期的引用文件,其最新版本适用于本标准。

GB 191 包装储运图示标志

GB/T 6388 运输包装收发货标志

GB/T 17671—1999 水泥胶砂强度试验方法(ISO 法)(idt ISO 679:1989)

JJG 205 《气象用毛发湿度表、毛发湿度计》检定规程

JJG 718 《温度巡回检测仪》检定规程

3 术语和定义

下列术语和定义适用于本标准。

水泥胶砂试体养护箱 Curing box for cement motar specimens

一种人工气候试验箱。其功能是能使箱内每一区域的人工气候达到 GB/T 17671—1999 中 4.1 对养护温湿度的要求。

4 技术要求

4.1 外观

整洁,平整,无凹陷、掉漆、划痕和损坏,标识完整、清晰、明了。

4.2 结构

4.2.1 箱体的结构应能保证在取放试体时,能有效防止箱体外温湿度的影响。箱体内壁由耐锈蚀材料或经防锈处理的材料制作。箱壁应有隔热层。启动养护箱,温度平衡后,其隔热效果应达到如下要求之一:

a)环境温度为 0℃~35℃时,控制温度 20℃±1℃空载运行率应不超过 70%;

b)环境温度为 20℃±2℃时,控制温度 20℃±1℃空载运行率应不超过 50%。

4.2.2 箱内蓖板应呈水平放置。在额定试验容量内蓖板最大挠度不超过蓖板长度的 1%。

4.2.3 空载运行 24h 后,养护空间内无滴水现象。

4.3 电器性能

4.3.1 整机绝缘电阻大于 2MΩ。

4.3.2 养护箱工作时,制冷机和相关运转设备的工作噪声声压级应 ≤65dB(A),并无明显震动。

4.4 使用性能

4.4.1 在 0℃~35℃的环境下,养护空间的温度能自动控制在 20℃±1℃,相对湿度 ≥90%。

4.4.2 在一个控温工作周期内,同一层左右两侧距内壁 50mm 处的温度相差应小于 0.5℃,最上层和最下

层之间的温度极差应小于0.8℃。

4.4.3 温度显示值可通过人工校正,其显示值与温度传感器固定位置的实测温度相差应小于0.5℃。

4.4.4 具备湿度显示器的,其示值与箱内实测湿度的误差应在 −3%RH~5%RH 范围内。

4.5 耐运输颠簸性能

养护箱在包装条件下,应能承受运输颠簸试验而无损坏。颠簸试验后,养护箱在开箱后静止4h以上,不经修调仍应全面符合本标准的规定。

5 检验方法

5.1 检验条件

检验应在本标准4.2.1所规定的温度条件下进行。

5.2 检验用计量标准和辅助设备

a)温湿度检测仪:温湿度检测仪应符合附录A的要求;

b)直尺:分度值不大于0.5mm;

c)水平仪:精度不低于0.5/1000;

d)钟表;

e)声级计;

f)兆欧表:额定直流电压500V,准确度不低于2.5级;

g)有关检验用的其它通用工具和量具。

5.3 对4.1外观的检查

目测检查

5.4 对4.2结构的检测

5.4.1 对4.2.1运行率的检测:用钟表检测4.2.1中的a或b。当养护箱内的温度达到控制目标并稳定后用钟表测出养护箱在环境温度下两个控温工作周期(恒温、工作、恒温、工作)的工作时间和总时间,然后用工作时间除以总时间。

5.4.2 对4.2.2蓖板的检测:用水平仪、直尺和与试验容量相当质量的物体检测。

5.4.3 对4.2.3滴水现象的检查:目测检查。

5.5 对4.3电器性能的检测

5.5.1 对4.3.1绝缘电阻的检测

用兆欧表进行。

5.5.2 对4.3.2噪声的检测

a)声级计传声器面向声源,且与水平面平行;

b)传声器距地面高度为1.5m;

c)传声器与养护箱间的距离为1m;

d)沿养护箱周围的测量点应不少于六点,以各测量点中测得的最大值作为养护箱工作时的噪声。

5.6 对4.4使用性能的检测

用温湿度检测仪检测。检测时将温湿度检测仪的传感器分别置于最上层的左右两点、最下层的左右两点以及中间靠近养护箱的温度和湿度传感器的附近,读取检测仪的检测数据以及养护箱显示器的温湿度值。同层温差以最大者计,上下层温差以最大极差计。

5.7 对4.5耐运输颠簸性能的检测

养护箱的耐运输颠簸性能可使用下述两种方法之一进行:

a)养护箱的包装按正常的运输状态紧固安装在碰撞台的台面上,以近似半正弦波的脉冲波形进行碰撞试验,试验时选用的严酷等级如下:

峰值加速度100m/s² ±10m/s²,脉冲持续时间11ms±2ms,脉冲重复频率60次/min~100次/min,碰撞次数1000次±10次;

b)养护箱包装件装到载重量不小于 4t 的载重汽车车厢后部,以 25km/h ~ 40km/h 的速度在三级公路的中级路面上进行 100km 以上的运输试验。

养护箱经碰撞试验或运输颠簸试验后,不经调修,按本标准的规定进行全面检查,其结果应满足本标准 4.5 的要求。

6 检验规则

6.1 出厂检验

出厂检验为第 4 章除 4.5 外的全部内容。出厂检验的主要项目的实测数据应记入随机文件中。

6.2 型式检验

型式检验为第 4 章的全部内容。有下列情况之一时,应进行型式检验:

a)新产品试制或老产品转厂生产的试制定型检定;

b)产品正式生产后,其结构设计、材料、工艺以及关键的配套元器件有较大改变可能影响产品性能时;

c)正常生产时,定期或积累一定产量后,应周期性进行一次检验;

d)产品长期停产后,恢复生产时;

e)国家质量监督机构提出进行型式检验要求时。

6.3 判定规则

6.3.1 出厂检验

每台养护箱均符合出厂检验要求时判为出厂检验合格。其中任何一项不符合要求时,判为出厂检验不合格。

6.3.2 型式检验

当批量不大于 50 台时,抽样两台,若检验后有一台不合格,则判定该批产品为不合格批;当批量大于 50 台时,抽样五台,若检验后出现两台或两台以上的不合格品,则判定该批产品为不合格批。

7 随机文件

随同养护箱提供下列文件:

a)产品使用说明书;

b)产品出厂合格证;

c)检验报告:

d)装箱单。

8 标志及包装

8.1 标志

8.1.1 养护箱应具有铭牌,其内容包括:

a)养护箱名称;

b)养护箱型号;

c)生产日期;

d)生产编号;

e)制造厂家

8.1.2 包装箱上的收发货标志应符合 GB/T 6388 的规定。

8.1.3 储运图示标志应符合 GB 191 的规定。

8.1.4 包装标志应不因时间久长或雨水冲刷而模糊不清。

8.2 包装

8.2.1 养护箱应牢靠地固定在包装箱中,确保运输安全可靠。

8.2.2 包装箱所选用的材料和结构应能防止风沙和雨水侵入箱中。

附 录 A

（规范性附录）

温湿度检测仪

A.1 总则

温湿度检测仪是检测水泥胶砂试体养护箱内的温度、温度场以及湿度的检测仪器。

A.2 基本要求

温湿度检测仪由温度传感器和测量仪表组成。温度传感器至少具有六根，能同时检测五点的温度和一点的湿度。湿度的检测根据干湿球湿度计的原理进行。温湿度检测仪应具有巡检功能和打印功能，打印结果为养护箱中间位置的温度、湿度以及上下同层温度差、上下层温度差。

A.3 技术要求

A.3.1 温度测量范围:0℃～40℃。

A.3.2 测温准确度:±0.2℃。

A.3.3 测湿准确度:小于3％RH。

A.4 校准周期

一年或遇异常情况时校准后使用。

A.5 计量、校准方法

A.5.1 温度按 JJG 718《温度巡回检测仪》国家计量检定规程进行。

A.5.2 湿度按 JJG 205《气象用毛发湿度表、毛发湿度计》国家计量检定规程进行。

备案号：15207—2005

JC

中华人民共和国建材行业标准

JC/T 726—2005
代替 JC/T 726—1997

水泥胶砂试模

Mould for cement mortars

2005-02-14 发布　　　　　　2005-07-01 实施

中华人民共和国国家发展和改革委员会　发布

前　言

本标准是对 JC/T 726—1997《水泥胶砂试模》进行的修订。

本标准自实施之日起代替 JC/T 726—1997。

本标准与 JC/T 726—1997 相比,主要变化如下:

——试模材质的要求,改为"隔板和端板经采用调质后布氏硬度不小于 HB150 的钢材"(1997 年版的 3.1,本版的 4.2.1);

——试模组装后模腔基本尺寸,改为"长(A)为 160mm±0.8mm,宽(B)为 40mm±0.2mm,深(C)为 40.1mm±0.1mm"(1997 年版的 3.2,本版的 4.1.1);

——试模座底外型尺寸的范围要求,改为"长 245mm±2mm,宽 165mm±1mm,高 65mm±2mm"(1997 年版的 3.3,本版的 4.1.2));

——试模底面的要求,改为"试模底座底面应与上平面平行,其四角高度极差应小于 0.1mm。"(1997 年版的 3.9,本版的 4.2.4);

——对试模垂直公差的检测,将宽度角尺改为专用标准检具(1997 年版的 4.4,本版的 5.2);

——明确了试模的外观要求(1997 年版的 3.10,本版的 4.4)。

本标准由中国建筑材料工业协会提出。

本标准由全国水泥标准化技术委员会(SAC/TC184)归口。

本标准负责起草单位:中国建筑材料科学研究院。

本标准参加起草单位:河北北方建筑仪器制造公司、沧州三星建材试验仪器厂。

本标准主要起草人:王昕、霍春明、郭秀江、郭秀臣。

本标准于 1982 年首次发布,1997 年第一次修订,本次为第二次修订。

水泥胶砂试模

1 范围

本标准规定了水泥胶砂试模(以下简称试模)的基本结构、技术要求、检验方法、检验规则以及标志和包装等。

本标准适用于 GB/T 17671—1999 水泥胶砂强度试验方法中成型用试模。

2 规范性引用文件

下列文件中的条款通过本标准的引用而成为本标准的条款。凡是注日期的引用文件,其随后所有的修改单(不包括勘误的内容)或修订版均不适用于本标准,然而,鼓励根据本标准达成协议的各方研究是否可使用这些文件的最新版本。凡是不注日期的引用文件,其最新版本适用于本标准。

GB/T 17671—1999 水泥胶砂强度检验方法(ISO 法)(idt ISO 679:1989)

3 基本结构

试模由隔板、端板、底板、紧固装置及定位销组成,能同时成型三条 40mm×40mm×160mm 棱柱体且可拆卸,基本结构如图 1 所示。

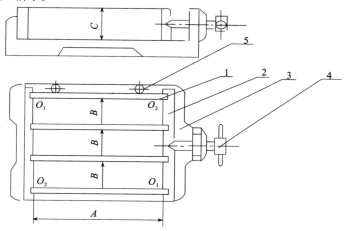

图 1　水泥胶砂试模基本结构

1—隔板;2—端板;3—底座;4—紧固装置;5—定位销

4 技术要求

4.1 整体要求

4.1.1 试模组装后模腔基本尺寸:长(A)为 160mm ± 0.8mm,宽(B)为 40mm ± 0.2mm,深(C)为 40.1mm ± 0.1mm。

4.1.2 试模底座外型尺寸:长 245mm ± 2mm,宽 165mm ± 1mm,高 65mm ± 2mm。

4.1.3 试模质量:6.25kg ± 0.25kg。

4.2 试模组件

4.2.1 隔板和端板采用经调质后布氏硬度不小于 HB150 的钢材。

4.2.2 试模底座表面应光滑、无气孔、整洁、无粗糙不平现象,上平面粗糙度 Ra 不大于 1.6、平面公差不大于0.03mm。底座非加工面无毛刺,经涂漆处理不留痕迹。

4.2.3 端板与隔板工作面的平面公差不大于0.03mm,工作面粗糙度 Ra 不大于1.6。

4.2.4 试模底座底面应与上平面平行,其四角高度极差应小于0.1mm。

4.2.5 试模的每个组件应有标记,以便组装并保证符合公差要求。

4.3 试模组件的装配

4.3.1 试模安装紧固后,隔板与端板的上表面应平齐。

4.3.2 试模安装紧固后,内壁各接触面应相互垂直,垂直公差不大于0.2mm。

4.3.3 试模组件应装卸方便,紧固装置灵活,紧固时隔板不应左右倾斜及晃动,紧固后隔板与底座的间隙应小于0.05mm。

4.4 外观

试模加工表面应光滑、无气孔、整洁、无粗糙不平现象;非加工表面宜刷漆防锈,无毛刺、经涂漆处理不留痕迹。

5 检验方法

5.1 检验室条件

检验室内无腐蚀气体,试模应保持清洁。

5.2 检验用仪器设备

检验仪器设备包括:

a)深度游标卡尺,分度值不大于0.02mm;

b)钢直尺,分度值不大于1mm;

c)垂直公差专用检具;

d)塞尺;

e)台秤或电子秤,分度值不大于5g;

f)表面粗糙度标准样板;

g)刀口尺,0级;

h)硬度计。

5.3 检验项目

5.3.1 对4.1.1试模模腔基本尺寸的检测

试模模腔长度(A)、宽(B)及深(C)用游标卡尺检测。长(A)应在试模宽度方向的两端检测两点,并取平均值作为最终检测结果;宽(B)在试模长度方向的两端及中间检测三点,并取平均值作为最终检测结果;深(C)在试模长度方向的两端及中间检测三点,并取平均值作为最终检测结果。上述任何一处测量点的检测,其结果不能超过技术要求的允许范围。

5.3.2 对4.1.2外型最大尺寸的检测

用钢直尺检测。

5.3.3 对4.1.3试模净重的检测

用台秤或电子秤检测。

5.3.4 对4.2.1硬度检测

用硬度计检测。

5.3.5 对4.2.2、4.2.3平面公差和粗糙度的检测

平面公差用刀口尺和塞尺检测:检测全部端板和隔板。检测时先将刀口尺长边垂直立于被测平面上,然后用塞尺检查直尺与平面上的间隙。

粗糙度用粗糙度标准样板进行检查。

5.3.6 对4.2.4试模底面与上平面平行度的检测

用游标卡尺检测。用卡尺测量试模底座平面四角的厚度值,并计算四角厚度值的极差。

5.3.7 对4.2.5、4.3.1、4.4试模组件标记、上表面及外观检查

目测检查。

5.3.8 对4.3.2垂直公差的检测

用专用检具和塞尺分别检测底座上平面与端板、上平面与隔板、隔板与端板各一点。检测时先将专用检具放入模腔内,一面靠紧形成夹角的一个平面,另一面与形成夹角的另一平面接触,然后用塞尺进行检测。

5.3.9 对4.3.3试模装配后隔板的检测

用塞尺检测。

6 检验规则

6.1 出厂检验

出厂检验为第4章中除4.2.1外的全部内容,主要实测数据记录在随机文件中。

6.2 型式检验

型式检验为第4章的全部内容,有下列情况之一时,应进行型式检验:

a)新产品试制或老产品转厂生产的试制定型检定;

b)产品正式生产后,其结构设计、材料、工艺以及关键的配套元器件有较大改变可能影响产品性能时;

c)正常生产时,定期或积累一定产量后,应周期性进行一次检验;

d)产品长期停产后,恢复生产时;

e)国家质量监督机构提出进行型式检验要求时。

6.3 判定规则

6.3.1 出厂检验

每件试模均符合出厂检验要求时判为出厂检验合格。其中任何一项不符合要求时,判为出厂检验不合格。

6.3.2 型式检验

当批量不大于50件时,抽样两件,若检验后有一件不合格,则判定该批产品为不合格批;当批量大于50件时,抽样五件,若检验后出现两件或两件以上的不合格品,则判定该批产品为不合格批。

7 标志和包装

7.1 标志

每个试模上应有牢固的铭牌,表面和标志宜明亮、清晰并能防锈,其内容包括:名称、型号、生产编号、生产日期、制造厂名。

7.2 包装

7.2.1 装箱前试模内表面应涂油防锈。

7.2.2 试模装箱时应用有防潮纸的包装盒包装。成批运输外加包装箱,每箱最多六个,箱内衬防潮纸,箱内空隙用柔软材料(如纸屑、泡沫塑料等)填实。盒装或包装箱都应包扎牢固。

7.2.3 产品合格证、检验报告、装箱单等随机文件应与试模一起装箱。

7.2.4 包装箱上字样和标志宜清楚,内容包括:

a)产品名称、制造厂名及生产编号;

b)收货单位和地址;

c)"注意防潮"、"小心轻放"等。

ICS 91. 110. 10
Q 11
备案号：15224—2005

JC

中华人民共和国建材行业标准

JC/T 954—2005

水泥安定性试验用雷氏夹

Le Chatelier for determining soundness of cement paste

2005－02－14 发布 　　　　　　　　2005－07－01 实施

中华人民共和国国家发展和改革委员会　发布

前　言

本标准由中国建筑材料工业协会提出。

本标准由全国水泥标准化技术委员会（SAC/TC184）归口。

本标准负责起草单位：中国建筑材料科学研究院。

本标准参加起草单位：泊头市科析仪器设备厂、无锡建仪仪器机械有限公司。

本标准主要起草人：刘晨、颜碧兰、江丽珍、王文茹、唐晓坪。

本标准为首次发布。

水泥安定性试验用雷氏夹

1 范围

本标准规定了水泥安定性试验用雷氏夹的结构、技术要求、检验方法、检验规则以及标志与包装。

本标准适用于按 GB/T 1346—2001《水泥标准稠度用水量、凝结时间、安定性检验方法》进行水泥安定性试验用雷氏夹。

2 规范性引用文件

下列文件中的条款通过本标准的引用而成为本标准的条款。凡是注日期的引用文件,其随后所有的修改单(不包括勘误的内容)或修订版均不适用于本标准,然而,鼓励根据本标准达成协议的各方研究是否可使用这些文件的最新版本。凡是不注日期的引用文件,其最新版本适用于本标准。

GB/T 1346—2001　水泥标准稠度用水量、凝结时间、安定性检验方法(MOD ISO 9597:1989)

3 结构示意图

雷氏夹是由电镀铜合金环模和焊接在其上的两根指针组成。它通过指针的分离程度指示环模内水泥净浆的体积变化。结构如图 1 所示。

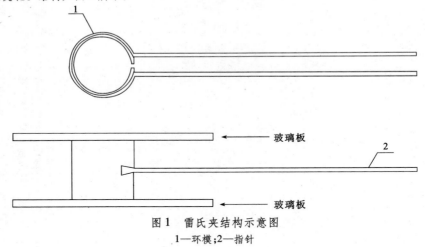

图 1　雷氏夹结构示意图

1—环模;2—指针

4 技术要求

4.1　雷氏夹弹性符合如下要求:

自然状态下雷氏夹两根指针间距离为 10mm ± 1mm。当一根指针的根部先悬挂在一根金属细丝或尼龙丝上,另一根指针的根部再挂上 300g 质量的砝码时,两根指针针尖的距离增加(ΔD)在 17.5mm ± 2.5mm 范围内。当去掉砝码后针尖的距离能恢复至挂砝码前的状态。

4.2　指针直径:2.0mm ± 0.2mm,长度:150mm ± 1mm。

4.3　雷氏夹环模与指针联结焊弧弧长:12mm ± 1mm。

4.4　环模

4.4.1　壁厚:0.50mm ± 0.05mm

4.4.2　高度:30mm ± 1mm

4.4.3　内径:30mm ± 1mm,

4.4.4 开口缝宽不大于 1mm。

4.5 雷氏夹电镀宜光洁、无剥落现象,边缘焊缝和针尖无毛刺。

4.6 雷氏夹指针宜平直,对称,端部为扁尖状。

5 检验方法

5.1 检验条件

检验室内无腐蚀气体,保持清洁。

5.2 检验用仪器设备

　　a)雷氏夹膨胀测定仪;

　　b)游标卡尺:量程不小于 200mm,分度值不大于 0.02mm;

　　c)钢卷尺:分度值不大于 1mm;

　　d)钢直尺:量程不小于 300mm,分度值不大于 0.5mm;

　　e)塞尺。

5.3 检验步骤

5.3.1 对 4.1 雷氏夹弹性的检测

用雷氏夹膨胀测定仪检测。将雷氏夹竖直放在测定仪的模座上,从膨胀值标尺上读出两根指针针尖的距离(d_1)。再将雷氏夹一根指针的根部悬挂在测定仪的悬丝(金属丝或尼龙丝)上,另一根指针的根部挂 300g 质量的砝码,测量两根指针针尖的距离(d_2)。去掉砝码后,再测量两指针针尖的距离(d_3)。d_1、d_2、d_3 测试两次,取两次平均值。d_3 与 d_1 相同。

雷氏夹受力后两根指针针尖距离的增加值按式(1)计算:

$$\Delta D = d_2 - d_1 \quad\cdots\cdots\cdots\cdots\cdots\cdots\cdots\cdots\cdots\cdots\cdots (1)$$

式中:

ΔD ——雷氏夹受力后两根指针针尖距离的增加值,单位为毫米(mm);

d_1 ——雷氏夹受力前两根指针针尖距离,单位为毫米(mm);

d_2 ——雷氏夹的一根指针根部挂 300g 质量的砝码时,两根指针针尖的距离,单位为毫米(mm)。

5.3.2 对 4.2 指针直径的检测

用游标卡尺测量。

5.3.3 对 4.2 指针长度的检测

用钢直尺测量。

5.3.4 对 4.3 雷氏夹环模与指针联结焊弧弧长的检测

用钢卷尺测量。将卷尺沿焊弧紧贴圆环放置,在卷尺上直接读出焊弧起点到终点距离。

5.3.5 对 4.4.1 雷氏夹环模壁厚的检测

用游标卡尺测量。

5.3.6 对 4.4.2 雷氏夹环模高度的检测

用游标卡尺测量。

5.3.7 对 4.4.3 雷氏夹环模内径的检测

用游标卡尺测量。

5.3.8 对 4.4.4 雷氏夹开口缝宽的检测

用塞尺测量。

5.3.9 对 4.5 雷氏夹电镀情况的检查

目测检查。

5.3.10 对 4.6 雷氏夹指针外观的检查

目测检查。

6 检验规则

6.1 出厂检验项目为第4章的全部内容。

6.2 对于出厂检验,符合全部项目要求的雷氏夹判为出厂检验合格。任一项不合格,判为出厂检验不合格。

7 标志与包装

7.1 每盒雷氏夹上宜有合格证和检测报告,其内容包括:型号、名称、生产编号、生产日期、制造厂名及主要项目检测数据。

7.2 宜使用定制的泡沫塑料包装雷氏夹,以免在运输和保管的过程中挤压变形。

7.3 包装箱上字样和标志宜清楚,内容包括:

　　a)制造厂名,型号名称及生产编号;

　　b)收货单位和地址;

　　c)"请勿倒置"、"小心轻放"等。

ICS 91.110.10

Q 11

备案号：15225—2005

JC

中华人民共和国建材行业标准

JC/T 955—2005

水泥安定性试验用沸煮箱

Boiling box for determing soundness of cement

2005-02-14 发布   2005-07-01 实施

中华人民共和国国家发展和改革委员会   发 布

前　言

本标准按 GB/T 1346—2001《水泥标准稠度用水量、凝结时间、安定性检验方法》的有关要求制定。

本标准由中国建筑材料工业协会提出。

本标准由全国水泥标准化技术委员会（SAC/TC184）归口。

本标准负责起草单位：中国建筑材料科学研究院。

本标准参加起草单位：上虞市东关建工仪器厂、无锡锡仪建材仪器厂、无锡建仪仪器机械有限公司。

本标准主要起草人：江丽珍、颜碧兰、刘晨、王文义、韩永甫、汪义湘、唐晓坪。

本标准为首次发布。

水泥安定性试验用沸煮箱

1 范围

本标准规定了水泥安定性试验用沸煮箱(简称沸煮箱)的结构、技术要求,检验方法,检验规则,以及标志、包装和运输等内容。

本标准适用于按 GB/T 1346《水泥标准稠度用水量、凝结时间、安定性检验方法》进行安定性试验用的沸煮箱。

2 规范性引用文件

下列文件中的条款通过本标准的引用而成为本标准的条款。凡是注日期的引用文件,其随后所有的修改单(不包括勘误的内容)或修订版均不适用于本标准,然而,鼓励根据本标准达成协议的各方研究是否可使用这些文件的最新版本。凡是不注日期的引用文件,其最新版本适用于本标准。

GB/T 1346 水泥标准稠度用水量、凝结时间、安定性检验方法(MOD ISO 9597:1989)

3 结构

由箱体、加热管和控制器等组成,其箱体结构如图1所示。

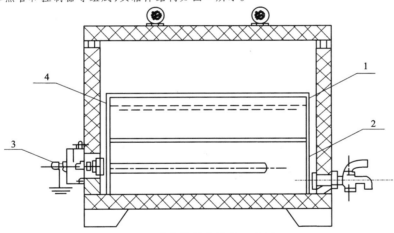

图1 沸煮箱箱体结构示意图
1—试件架;2—箱体;3—电热管;4—加水线

4 技术要求

4.1 沸煮箱材料由不锈钢制成。

4.2 沸煮箱的绝缘电阻不小于 $2M\Omega$。

4.3 沸煮箱在工作过程中,水封槽和箱体应不漏水。在箱体150mm 等高线处的外表面温度不得超过 $60℃$。

4.4 沸煮箱箱体内部尺寸为:

——长(L):410mm ± 3mm;

——宽(B):240mm ± 3mm;

——高(H):310mm ± 3mm。

4.5 沸煮箱箱体底部配有两根功率不同的电热管,小功率电热管的功率为 900W ~ 1100W,两根电热管的总功率为3600W ~ 4400W。电热管距箱底的净距离(h_1)为:20mm < h_1 < 30mm。

4.6 沸煮箱控制器具有自动控制和手动控制两种功能。

4.6.1 自动控制

能在 30min ±5min 内将箱中试验用水从 20℃ ±2℃ 加热至沸腾状态并保持 180min ±5min 后自动停止,整个试验过程中不需补充水量。

4.6.2 手动控制

可在任意情况下关闭或开启大功率电热管。

4.7 沸煮箱内配有雷氏夹试件架和试饼架两种。

4.7.1 雷氏夹试件架

其结构示意图如图 2 所示。支撑金属丝间的净距离(S_1)为:10mm < S_1 < 15mm,支撑金属丝距电热管的净距离(h_2)为:50mm < h_2 < 75mm,隔离金属丝间的净距离(S_2)为:30mm < S_2 < 35mm。支撑金属丝和隔离金属丝由不锈钢或铜质材料制成,直径不小于4mm。

4.7.2 试饼架

其结构示意图如图 3 所示。蓖板面平整,上面均匀分布规则的孔。蓖板距电热管的净距离(h_3)为:50mm < h_3 < 75mm。蓖板材料为不锈钢或铜质材料制成。

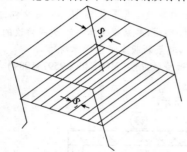

图2 雷氏夹试件架 　　　　　　　　　 图3 试饼架

4.8 外观:箱体外表面应平整光亮,箱盖板结合处应密封、平整。

5 检验方法

5.1 检验条件

检验室内无腐蚀气体。检验时电源电压的波动范围为 −7% ~ 10%。

5.2 检验用仪器设备

5.2.1 游标卡尺

分度值不大于 0.02mm。

5.2.2 深度尺

分度值不大于 0.02mm。

5.2.3 秒表

分度值不大于 0.1s。

5.2.4 表面温度计

分度值不大于 0.2℃。

5.2.5 万用表

5.2.6 兆欧表

额定直流电压 500V,准确度不低于 2.5 级。

5.3 检验步骤

5.3.1 对4.1沸煮箱材料的检查

目测检查。

5.3.2 对4.2绝缘电阻的检测

用兆欧表分别测出大、小两根电热管与箱体的绝缘电阻 R_1 和 R_2。

5.3.3 对4.3漏水和外表面温度的检测

在沸煮箱内加入一定量（约180mm深）的试验用水进行沸煮试验,目测观察箱体是否漏水。用表面温度计测定水沸腾时箱体外表面150mm高处的表面温度。

5.3.4 对4.4沸煮箱箱体内部容积尺寸的检测

用钢板尺进行。

5.3.5 对4.5电热管总功率和电热管距箱底的净距离（h_1）的检测

5.3.5.1 电热管总功率的检测

用万用表分别测出大、小二根电热管的电阻 R_1、R_2,大、小电热管的功率和总功率分别按式（1）、式（2）、式（3）计算。

$$W_1 = \frac{V_2}{R_1} \quad\text{………………………………………………}\quad (1)$$

$$W_2 = \frac{V_2}{R_2} \quad\text{………………………………………………}\quad (2)$$

$$W' = W_1 + W_2 \quad\text{………………………………………………}\quad (3)$$

式中:

W'——两根电热管的总功率,单位为瓦（W）;

W_1——大电热管的功率,单位为瓦（W）;

W_2——小电热管的功率,单位为瓦（W）;

V——电压,单位为伏特（V）,按220V计;

R_1——大电热管的电阻,单位为欧母（Ω）;

R_2——小电热管的电阻,单位为欧母（Ω）。

5.3.5.2 电热管距箱底的净距离（h_1）的检测

用深度尺测出电热管上平面距底板的净距离（d_1）,用游标卡尺测出电热管的直径（d_0）,电热管距箱底的净距离（h_1）按式（4）计算。

$$h_1 = d_1 - d_0 \quad\text{………………………………………………}\quad (4)$$

式中:

h_1——电热管距箱底的净距离,单位为毫米（mm）;

d_1——电热管上平面距底板的净距离,单位为毫米（mm）;

d_0——电热管的直径,单位为毫米（mm）。

5.3.6 对4.6自动控制和手动控制的检测

5.3.6.1 自动控制

在沸煮箱内加入一定量的试验用水,试验用水的初始温度为20℃±2℃。接通电源,将开关打到自动位置,用秒表开始计时。从开始计时到30min±5min内目测箱中的试验用水达到沸腾状态,此时大功率电热管停止工作,小功率电热管继续工作至180min±5min后自动停止。

5.3.6.2 手动控制

接通电源,将开关打到手动位置,按动手动开关,观测大功率电热管的开关是否正常。

5.3.7 对4.7雷氏夹试件架和试饼架的检测

5.3.7.1 雷氏夹试件架的检测

支撑钢丝间的净距离（S_1）隔离钢丝间的净距离（S_2）用游标卡尺进行;用深度尺分别测出支撑钢丝距底板的净距离（d_2）和电热管上平面距底板的净距离（d_1）,则支撑钢丝电热管的净距离（h_2）按式（5）计算:

$$h_2 = d_2 - d_1 \quad\text{………………………………………………}\quad (5)$$

式中:

h_2——支撑钢丝距电热管的净距离,单位为毫米（mm）;

d_2——支撑钢丝距底板的净距离,单位为毫米（mm）;

d_1——电热管上平面距底板的净距离,单位为毫米（mm）。

5.3.7.2 试饼架的检测

用深度尺分别测出蓖板距底板的净距离（d_3）和电热管上平面距底板的净距离（d_1），则蓖板距电热管的净距离（h_3）按式（6）计算：

$$h_3 = d_3 - d_1 \cdots\cdots\cdots\cdots\cdots\cdots\cdots\cdots\cdots\cdots (6)$$

式中：

h_3——蓖板距电热管的净距离，单位为毫米（mm）；

d_3——蓖板距底板的净距离，单位为毫米（mm）；

d_1——电热管上平面距底板的净距离，单位为毫米（mm）。

5.3.8 对4.8外观的检查

目测检查。

6 检验规则

6.1 出厂检验

出厂检验项目为第4章除4.3和4.6.1外全部内容。出厂检验的主要项目的实测数据应记录在随机文件中。

6.2 型式检验

型式检验项目为第4章全部内容。有下列情况之一时，应进行型式检验：

a) 新产品试制或产品转厂生产时的试制；

b) 产品正式生产后，其结构设计、材料工艺以及关键的配套元器件有较大改变，可能影响产品性能时；

c) 正常生产时，定期或积累一定产量后，应进行周期检验；

d) 产品长期停产，恢复生产时；

e) 质量监督机构提出检验要求时。

6.3 判定规则

6.3.1 出厂检验

每台沸煮箱均应进行出厂检验，符合出厂检验项目要求时，判为出厂检验合格，其中任一项不符合要求，判为出厂检验不合格。

6.3.2 型式检验

当批量不大于50台时，抽取两台样机进行检验。当两台样机均符合型式检验项目要求时，判为型式检验合格；若有一台样机不合格，则判定该批产品不合格。当批量大于50台时，抽取五台样机。若有两台或两台以上样机不合格，则判定该批产品不合格。

7 标志、包装和运输

7.1 标志

7.1.1 每台沸煮箱上应有牢固的铭牌，其内容包括：型号、名称、生产编号、生产日期、制造厂名；每台沸煮箱应附有产品合格证、检验报告、使用说明书、装箱单及备用件等。

7.1.2 包装箱上字样和标志应清楚，内容包括：

a) 制造厂名，型号名称及生产编号；

b) 收货单位和地址；

c) "请勿倒置"、"小心轻放"等。

7.2 包装和运输

包装箱应牢固，使沸煮箱在运输中不致发生任何方向的移动；控制器部分应用塑料袋封装。箱内空隙用纸屑、泡沫塑料等填实。

备案号：14578—2004

中华人民共和国建材行业标准

JC/T 421—2004

代替 JC/T 421—1991（1996）

水泥胶砂耐磨性试验方法

Method of wear abrasion for harden mortar

2004-10-20 发布　　　　　　　2005-04-01 实施

中华人民共和国国家发展和改革委员会　发布

前　言

本标准自实施日起代替 JC/T 421—1991《水泥胶砂耐磨性试验方法》。

本标准与 JC/T 421—1991《水泥胶砂耐磨性试验方法》相比,主要变化如下:

——搅拌机采用 JC/T 681—1997 行星式水泥胶砂搅拌机(1991 年版的 4.5,本版的 4.5);

——振动台采用 GB/T 17671—1999《水泥胶砂强度检验方法(ISO 法)》中代用振动台(1991 年版的 4.6,本版的 4.6);

——试验用砂采用符合 GB/T 17671—1999 规定的粒度范围在 0.5mm～1.0mm 的标准砂(1991 年版的 5.2,本版的 5.2);

——胶砂振实后立即刮平(1991 年版的 6.6,本版的 8.3);

——在 300N 负荷下预磨、再磨(1991 年版的 7.1,本版的 9.2)。

本标准附录 A 为规范性附录。

本标准由中国建筑材料工业协会提出。

本标准由全国水泥标准化技术委员会(SAC/TC184)归口。

本标准负责起草单位:中国建筑材料科学研究院。

本标准主要起草人:颜碧兰、江丽珍、宋立春、王旭芳、张大同、陈萍、席劲松。

本标准所代替的历次版本情况为 JC/T 421—1991,本次为第一次修订。

水泥胶砂耐磨性试验方法

1 范围

本标准规定了水泥胶砂耐磨性试验方法的原理、仪器设备、材料、试验室温度和湿度、胶砂组成、试体成型及养护、试体养护和磨损试验、结果计算及处理。

本标准适用于道路硅酸盐水泥及指定采用本标准的其他水泥。

2 规范性引用文件

下列文件中的条款通过本标准的引用而成为本标准的条款。凡是注日期的引用文件,其随后所有的修改单(不包括勘误的内容)或修订版均不适用于本标准,然而,鼓励根据本标准达成协议的各方研究是否可使用这些文件的最新版本。凡是不注日期的引用文件,其最新版本适用于本标准。

GB/T 17671—1999　水泥胶砂强度检验方法(ISO 法)(idt ISO 679:1989)

JC/T 681　行星式水泥胶砂搅拌机

3 原理

本方法以水泥、标准砂和水按规定组成制成的胶砂试体养护至规定龄期,按规定的磨损方式磨削,以试体磨损面上单位面积的磨损量来评定水泥的耐磨性。

4 仪器设备

4.1 水泥胶砂耐磨试验机

水泥胶砂耐磨试验机性能应符合附录 A(规范性附录)的要求。

4.2 试模

水泥胶砂耐磨性试验用试模由侧板、端板、底座、紧固装置及定位销组成,如图 1 所示。

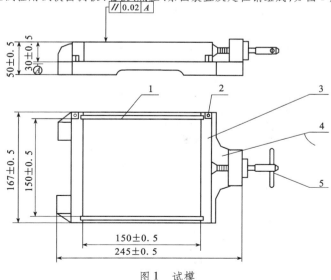

图 1　试模

1—侧板;2—定位销;3—端板;4—底座;5—紧固装置

4.3 模套

各组件可以拆卸组装。试模模腔有效容积为150mm×150mm×30mm。侧板与端板由45号钢制成,表面粗糙度 Ra 不大于6.3,组装后模框上下面的平行度不大于0.02mm,模框应有成组标记。底座用 HT20—40 灰口铸铁加工,底座上表面粗糙度 Ra 不大于6.3,平面度不大于0.03mm,底座非加工面经涂漆无流痕。侧板、端板与底座紧固后,最大翘起量应不大于0.05mm,其模腔对角线长度差不大于0.1mm。紧固装置应灵活,放松紧固装置时侧板应方便地从端板中取出或装入。试模总重:6kg~6.5kg。

模套由普通钢制成。结构与尺寸如图2所示。

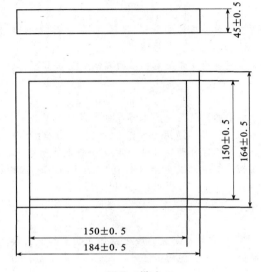

图2　模套

4.4 电热干燥箱

电热干燥箱,带有鼓风装置;控制温度60℃±5℃。

4.5 搅拌机

符合 JC/T 681。

4.6 振动台

符合 GB/T 17671 中 11.7 条代用振动台的要求。

4.7 天平

天平称量不小于2000g,最小分度值不大于1g。

5 材料

5.1 水泥试样应充分混合均匀。

5.2 试验用砂采用符合 GB/T 17671 规定的粒度范围在 0.5mm~1.0mm 的标准砂。

5.3 试验用水应是洁净的饮用水。有争议时采用蒸馏水。

6 试验室温度和湿度

试验室及养护条件应符合 GB/T 17671 有关规定,试验设备和材料温度应与试验室温度一致。

7 胶砂组成

7.1 灰砂比

水泥胶砂耐磨性试验应成型三块试体,灰砂比为 1:2.5。每成型一块试体宜称取水泥400g,试验用标准砂1000g。

7.2 胶砂用水量

按水灰比 0.44 计算,每成型一块试体加水量为 176ml。

8 试体成型及养护

8.1 成型前将试模擦净,模板与底座的接触面应涂黄干油,紧密装配,防止漏浆,内壁均匀刷上一薄层机油。

8.2 将称量好的试验材料按 GB/T 17671 中 6.3 条的程序进行搅拌。

8.3 在胶砂搅拌的同时,将试模及模套卡紧在振动台的台面中心位置,并将搅拌好的胶砂全部均匀地装入试模内,开动振动台,约 10s 时,开始用小刀插划胶砂,横划 14 次,竖划 14 次,另外在试体四角分别用小刀插 10 次,整个插划工作在 60s 内完成。插划胶砂方法如图 3 所示。振实 120s±5s 后自动停车。振毕,取下试模,去掉模套,刮平、编号,放入养护箱中养护至 24h±0.25h(从加水开始算起),取出脱模。脱模时应防止试体的损伤。

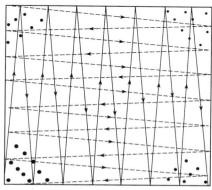

图 3 试件成型时小刀插划方法示意图

9 试体养护和磨损试验

9.1 试体养护

脱模后,将试体竖直放入水中养护,彼此间应留有间隙,水面至少高出试件 20mm,试体在水中养护到 27 天龄期(从加水开始算起为 28 天)取出。试体从水中取出后,擦干立放,在空气中自然干燥 24h,在 60℃±5℃ 的温度下烘干 4h,然后自然冷却至试验室温度。

9.2 磨损试验

首先安装新的花轮片前应称取其质量,磨损试验后卸下花轮片称取质量,当花轮片质量损失达到 0.5g 时应予淘汰,更换新的花轮片。取经干燥处理后的试体,将刮平面朝下,放至耐磨试验机的水平转盘上,作好定位标记,并用夹具轻轻固紧。接着在 300N 负荷下预磨 30 转(可视试体的强度及表面的平整度增加转数),取下试体扫净粉粒称量,作为试体预磨后的质量 g_1(精确到 0.001kg),然后再将试体放回到水平转盘原来位置上放平、固紧(注意试体与转盘之间不应有残留颗粒以免影响试体与磨头的接触),再磨 40 转,取下试体扫净粉粒称量,作为试体磨损后的质量 g_2(精确到 0.001kg)。整个磨损过程应将吸尘器对准试体磨损面,使磨下的粉尘及时从磨损面吸走。花轮磨头与水平转盘作相反方向转动,磨头沿着试体表面环形轨迹磨削,使试体表面产生一个内径约为 30mm,外径约为 130mm 的环形磨损面。

10 结果计算及处理

10.1 结果计算

每一试体上单位面积的磨损量按式(1)计算,计算至 0.001kg/m²:

$$G = \frac{g_1 - g_2}{0.0125} \cdots\cdots\cdots\cdots\cdots\cdots\cdots\cdots\cdots\cdots (1)$$

式中：

G ——单位面积上的磨损量，单位为千克每平方米(kg/m^2)；

g_1 ——试体预磨后的质量，单位为千克(kg)；

g_2 ——试体磨损后的质量，单位为千克(kg)；

0.0125 ——磨损面积，单位为平方米(m^2)。

10.2 结果处理

以三块试体所得磨损量的平均值作为该水泥试样的磨损结果。其中磨损量超过平均值15%时应予以剔除，剔除一块后，取余下两块试体结果的平均值为磨损结果；如有两块试体磨损量超过平均值15%时，则本组试验作废。

附　录　A

（规范性附录）

水泥胶砂耐磨性试验机

本附录规定了水泥胶砂耐磨性试验机的结构和技术要求。

A.1　结构

水泥胶砂耐磨性试验机由直立主轴和水平转盘及传动机构、控制系统组成。主轴和转盘不在同一轴线上，同时按相反方向转动，主轴下端配有磨头连接装置，可以装卸磨头。

A.2　技术要求

A.2.1　主轴与水平转盘垂直度：测量长度80mm时偏离度不大于0.04mm。水平转盘转速17.55r/min ± 0.5r/min，主轴与转盘转速比为35:1。主轴与转盘的中心距为40mm ± 0.2mm。负荷分为200N;300N;400N三档，负荷误差不大于 ±1%。主轴升降行程不小于80mm，磨头最低点距水平转盘工作面不大于25mm。水平转盘上配有能夹紧试件的卡具，卡头单向行程为150^{+4}_{-2}mm。卡夹宽度不小于50mm。夹紧试件后应保证试件不上浮或翘起。

A.2.2　花轮磨头由三组花轮组成，按星形排列成等分三角形。花轮与轴心最小距离为16mm，最大距离为25mm，如图A.1所示（图中长度、直径的公差都为 ±0.5mm）。每组花轮由两片花轮片装配而成，其间距为2.6mm~2.8mm。花轮片直径为$\phi25^{+0.02}_{0}$mm，厚度为$3^{+0.02}_{0}$mm，边缘上均匀分布12个矩形齿，齿宽为3.3mm，齿高为3mm，由不小于HRC60硬质钢制成。

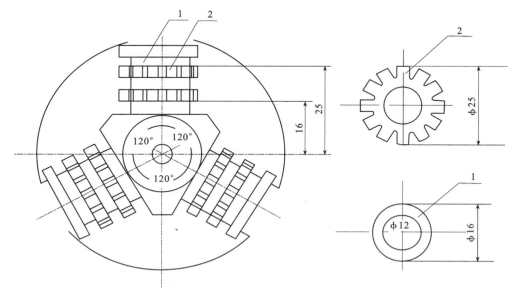

图 A.1　花轮磨头

A.2.3　机器上装有必要的电器控制器，具有0~999转盘数字自动控制显示装置，其转数误差小于1/4转，并装有电源电压监视表及停车报警装置，电器绝缘性能良好，噪音小于90dB。

A.2.4　吸尘装置：随时将磨下的粉尘吸走。

备案号：14582—2004

JC

中华人民共和国建材行业标准

JC/T 603—2004
代替 JC/T 603—1995

水泥胶砂干缩试验方法

Standard test method for drying shinkage of mortar

2004-10-20 发布　　　　　　　2005-04-01 实施

中华人民共和国国家发展和改革委员会　发布

前　　言

本标准参考 ASTM　C596－01《水硬性水泥的干缩试验方法》进行修订。

本标准代替 JC/T 603—1995《水泥胶砂干缩试验方法》，与 JC/T 603—1995 相比，主要变化如下：

——胶砂搅拌机采用符合 JC/T 681 规定的行星式水泥胶砂搅拌机(1995 版的 4.1,本版的 4.1)；

——试验用砂为符合 GB/T 17671—1999 规定的粒度范围在 0.5mm～1.0mm 的标准砂(1995 版的 5.2,本版的 5.1)。

请注意本标准的某些内容有可能涉及专利。本标准的发布机构不应承担识别这些专利的责任。

本标准由中国建筑材料工业协会提出。

本标准由全国水泥标准化技术委员会(SAC/TC184)归口。

本标准负责起草单位:中国建筑材料科学研究院。

本标准主要起草人:江丽珍、颜碧兰、刘晨、王旭芳、张大同、陈萍。

本标准所代替标准的历次版本情况为:

——GB 751—1965、GB 751—1981；

——JC/T 603—1995。

水泥胶砂干缩试验方法

1 范围

　　本标准规定了水泥胶砂干缩试验的原理、仪器设备、试验材料、试验室温度和温度、胶砂组成、试体成型、试体养护、存放和测量、结果计算及处理。

　　本标准适用于道路硅酸盐水泥及指定采用本标准的其他品种水泥。

2 规范性引用文件

　　下列文件中的条款通过本标准的引用而成为本标准的条款。凡是注日期的引用文件,其随后所有的修改单(不包括勘误的内容)或修订版均不适用于本标准,然而,鼓励根据本标准达成协议的各方研究是否可使用这些文件的最新版本。凡是不注日期的引用文件,其最新版本适用于本标准。

　　GB/T 2419　水泥胶砂流动度测定方法

　　GB/T 17671—1999　水泥胶砂强度检验方法(ISO法)(idt ISO 679:1989)

　　JC/T 681　行星式水泥胶砂搅拌机

3 原理

　　本方法是将一定长度、一定胶砂组成的试体,在规定温度、规定湿度的空气中养护,通过测量规定龄期的试体长度变化率来确定水泥胶砂的干缩性能。

4 仪器设备

4.1 胶砂搅拌机

　　符合 JC/T 681 的规定。

4.2 试模

4.2.1 试模为三联模,由互相垂直的隔板、端板、底座以及定位用螺丝组成,结构如图1所示。各组件可以拆卸,组装后每联内壁尺寸为 25mm × 25mm × 280mm。端板有三个安置测量钉头的小孔,其位置应保证成型后试体的测量钉头在试体的轴线上。

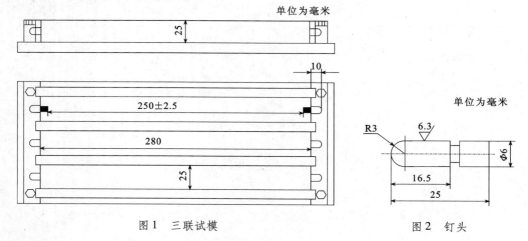

图1　三联试模　　　　　　　　　　　图2　钉头

4.2.2 隔板和端板用 45 号钢制成,表面粗糙度 Ra 不大于 6.3。

4.2.3 底座用 HT20－40 灰口铸铁加工,底座上表面粗糙度 Ra 不大于 6.3,底座非加工面涂漆无流痕。

4.3 钉头

测量钉头用不锈钢或铜制成,规格如图 2 所示。成型试体时测量钉头伸入试模端板的深度为 10mm ±1mm。

4.4 捣棒

捣棒包括方捣棒和缺口捣棒两种,规格见图 3,均由金属材料制成。方捣棒受压面积为 23mm×23mm。缺口捣棒用于捣固测量钉头两侧的胶砂。

4.5 干缩养护箱

由不易被药品腐蚀的塑料制成,其最小单元能养护六条试体并自成密封系统,结构如图 4 所示。有效容积为 340mm×220mm×200mm,有五根放置试体的蓖条,分为上、下两部分,蓖条宽 10mm、高 15mm、相互间隔 45mm,蓖条上部放置试体的空间高为 65mm。蓖条下部用于放置控制单元湿度用的药品盘,药品盘由塑料制成,大小应能从单元下部自由进出,容积约 2.5L。

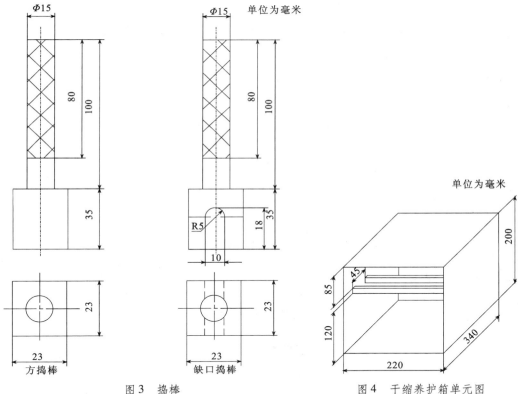

图 3 捣棒   图 4 干缩养护箱单元图

4.6 比长仪

由百分表、支架及校正杆组成,百分表分度值为 0.01mm,最大基长不小于 300mm,量程为 10mm。允许用其他形式的测长仪,但精度必须符合上述要求,在仲裁检验时,应以比长仪为准。

4.7 天平

最大称量不小于 2000g,分度值不大于 2g。

4.8 三棱刮刀

截面为边长 28mm 的正三角形,钢制,有效长度为 26mm。

5 试验材料

5.1 试验用砂为符合 GB/T 17671—1999 规定的粒度范围在 0.5mm～1.0mm 的标准砂。**5.2** 试验用水

应为饮用水。

6 试验室温度和湿度

6.1 成型试验室温度应保持在20℃±2℃,相对湿度应不低于50%。

6.2 试验设备和材料温度应与试验室温度一致。

6.3 带模养护的养护箱或雾室温度保持在20℃±1℃,相对湿度不低于90%。

6.4 养护池水温度应在20℃±1℃范围内。

6.5 干缩养护箱温度20℃±3℃,相对湿度50%±4%。

7 胶砂组成

7.1 灰砂比

水泥胶砂的干缩试验需成型一组三条25mm×25mm×280mm试体。胶砂中水泥与标准砂比例为1:2(质量比)。成型一组三条试体宜称取水泥试样500g,标准砂1000g。

7.2 胶砂用水量

胶砂的用水量,按制成胶砂流动度达到130mm～140mm来确定。胶砂流动度的测定按GB/T 2419进行,但称量应按7.1要求。

8 试体成型

8.1 试模准备

成型前将试模擦净,四周的模板与底座紧密装配,内壁均匀刷一薄层机油。钉头擦净后嵌入试模孔中,并在孔内左右转动,使钉头与孔准确配合。

8.2 胶砂制备

将称量好的砂倒入搅拌机的加砂装置中,依GB/T 17671—1999中6.3条的程序进行搅拌。在静停的90s的头30s将搅拌锅放下,用餐刀将黏附在搅拌机叶片上的胶砂刮到锅中。再用料勺混匀砂浆,特别是锅底砂浆。

8.3 试体成型

8.3.1 将制备好的胶砂,分两层装入两端已装有钉头的试模内。

8.3.2 第一层胶砂装入试模后,先用小刀来回划实,尤其是钉头两侧,必要时可多划几次,然后用23mm×23mm方捣棒从钉头内侧开始,从一端向另一端顺序地捣10次,返回捣10次,共捣压20次,再用缺口捣棒在钉头两侧各捣压两次,然后将余下胶砂装入模内,同样用小刀划匀,深度应透过第一层胶砂表面,再用23mm×23mm捣棒从一端开始顺序地捣压12次,往返捣压24次(每次捣压时,先将捣棒接触胶砂表面再用力捣压。捣压应均匀稳定,不得冲压)。

8.3.3 捣压完毕,用小刀将试模边缘的胶砂拨回试模内,并用三棱刮刀将高于试模部分的胶砂断成几部分,沿试模长度方向将超出试模部分的胶砂刮去(刮平时不要松动已捣实的试体,必要时可以多刮几次),刮平表面后,编号。

8.3.4 将试体带模放入温度20℃±1℃,相对湿度不低于90%的养护箱或雾室内养护。

9 试体养护、存放和测量

9.1 试体自加水时算起,养护24h±2h后脱模。然后将试体放入水中养护。如脱模困难时,可延长脱模时间。所延长的时间应在试验报告中注明,并从水养时间中扣除。

9.2 试体在水中养护两天后,由水中取出,用湿布擦去表面水分和钉头上的污垢,用比长仪测定初始读数(L_0)。比长仪使用前应用校正杆进行校准,确认其零点无误情况下才能用于试体测量(零点是一个基准数,不一定是零)。测完初始读数后应用校正杆重新检查零点,如零点变动超过±0.01mm,则整批试体应重新测定。

9.3 将试体移入干缩养护箱的箅条上养护,试体之间应留有间隙,同一批出水试体可以放在一个养护单元里,最多可以放置两组同时出水的试体,药品盘上按每组0.5kg放置控制相对湿度的药品——硫氰酸钾固体。关紧单元门使其密闭。

9.4 从试体放入干缩养护箱记时25天(即从成型时算起28天),取出测量试体长度(L_{28})。

注:引用本标准的除道路水泥外的其他品种水泥的干缩龄期可自行设定。

9.5 试体长度测量应在试验室内进行,比长仪应在试验室温度下恒温后才能使用。

9.6 每次测量时,试体在比长仪中的上下位置都相同。读数时应左右旋转试体,使试体钉头和比长仪正确接触,指针摆动不得大于0.02mm。读数应记录至0.001mm。

测量结束后,应用校正杆校准零点,当零点变动超过±0.01mm时,整批试体应重新测量。

10 结果计算及处理

10.1 结果计算

水泥胶砂试体28天龄期干缩率按式(1)计算,计算至0.001%。

$$S_{28} = \frac{(L_0 - L_{28}) \times 100}{250} \quad\cdots\cdots\cdots\cdots\cdots\cdots\cdots\cdots\cdots\cdots\cdots (1)$$

式中:

S_{28}——水泥胶砂试体28天龄期干缩率,单位为百分数(%);

L_0—— 初始测量读数,单位为毫米(mm);

L_{28}—— 28天龄期的测量读数,单位为毫米(mm);

250——试体有效长度,单位为毫米(mm)。

10.2 结果处理

以上三条试体的干缩率的平均值作为试样的干缩结果,如有一条干缩率超过中间值15%时取中间值作为试样的干缩结果;当有两条试体超过中间值15%时应重新试验。

备案号:14579—2004

JC

中华人民共和国建材行业标准

JC/T 453—2004
代替 JC/T 453—92(1996)

自应为水泥物理检验方法

Method of physical test for self-stressing cement

2004-10-20 发布　　　　　　　　　　2005-04-01 实施

中华人民共和国国家发展和改革委员会　发布

前　言

本标准是在 JC/T 453—92(1996)《自应力水泥物理检验方法》基础上进行修订的。

本标准自实施之日起,代替 JC/T 453—92(1996)。

本标准与 JC/T 453—92(1996)相比主要修改有:

——自应力、自由膨胀率和强度试件测定用的标准砂改用 ISO 标准砂,成型方法按 GB/T 17671—1999《水泥胶砂强度检验方法(ISO 法)》进行,并重新确定了胶砂加水系数 K 值和脱模强度指标(92 版的 6.5,本版的 6.5);

——强度的测定以 GB/T 17671—1999 代替 GB/T 177—1985《水泥胶砂强度检验方法》(92 版的 6.9,本版的 6.8);

——自由膨胀率测定用钉头改为台阶形(92 版的 6.1.5,本版的 6.1.5);

——将 JC 715—1996《自应力硫铝酸盐水泥》和 JC 437—1996《自应力铁铝酸盐水泥》中的 28 天自应力增进率测定方法附录归入本标准并作了修订(本版第 7 章);

——原方法标准中的附录 A 纳入本方法标准正文(92 版附录 A,本版的 6.4.2)。

本标准由中国建筑材料工业协会提出。

本标准由全国水泥标准化技术委员会(SAC/TC184)归口。

本标准负责起草单位:中国建筑材料科学研究院。

本标准主要起草人:张秋英、张大同、郭俊萍、刁江京、王旭方。

本标准首次发布于 1992 年。本次为第一次修订。

自应力水泥物理检验方法

1 范围

本标准规定了自应力水泥物理检验方法的术语和定义、比表面积、细度、凝结时间、自由膨胀率、限制膨胀率、强度等检验方法以及 28 天自应力增进率的测定。

本标准适用于自应力硅酸盐水泥、自应力硫铝酸盐水泥、自应力铁铝酸盐水泥、自应力铝酸盐水泥及其他指定采用本标准的水泥物理性能检测。

2 规范性引用文件

下列文件中的条款通过本标准的引用而成为本标准的条款。凡是注日期的引用文件,其随后所有的修改单(不包括勘误的内容)或修订版均不适用于本标准,然而,鼓励根据本标准达成协议的各方研究是否可使用这些文件的最新版本。凡是不注日期的引用文件,其最新版本适用于本标准。

GB/T 208　水泥密度测定方法

GB/T 1345　水泥细度检验方法(80μm 筛筛析法)

GB/T 1346　水泥标准稠度用水量、凝结时间、安定性检验方法(GB/T 1346—2002,eqv ISO 9597：1989)

GB 4357　碳素弹簧钢丝

GB/T 8074　水泥比表面积测定方法(勃氏法)

GB/T 17671—1999　水泥胶砂强度检验方法(ISO 法)(idt ISO 679：1989)

JC/T 726—1996　水泥胶砂试模

3 术语和定义

下列术语和定义适用于本标准。

3.1 自由膨胀　free expansion

在无约束状态下,水泥水化硬化过程中的体积膨胀。

3.2 限制膨胀　restrained expansion

在约束状态下,水泥水化硬化过程中的体积膨胀。

3.3 自应力　self-stress

水泥水化硬化后的体积膨胀能使砂浆或混凝土在受约束条件下产生的应力。

4 水泥比表面积、细度检验方法

比表面积、细度分别按 GB 8074 和 GB 1345 进行检验,但水泥试样不进行烘干处理。

5 凝结时间检验方法

凝结时间按 GB 1346 进行检验。但初凝开始测定时间应不迟于产品标准规定的初凝时间前 10min。

6 自由膨胀率、限制膨胀率、强度检验方法

6.1 仪器设备

6.1.1 蒸汽养护箱

养护箱箅板与加热器之间的距离大于 50mm,内外箱体之间应加保温材料隔热,箱的内层由不锈蚀的

金属材料制成,箱口与箱盖之间用水封槽密封,箱盖内侧应成弓形,温度控制精度±2℃,试件放入后温度回升至控制温度所需时间最长应不大于10min,试验期间水位要低于蓖板,高于加热器,并不需补充水量。

6.1.2 比长仪

比长仪由百分表和支架组成(图1),并带有基长标准杆。百分表最小刻度为0.01mm,支架底部应装有可调底座,用于调整测量基长。测量自由膨胀时基长为176mm,测量限制膨胀时基长为156mm,量程不小于10mm。在非仲裁检验中,允许使用精度符合上述要求的其他形式的测长仪。

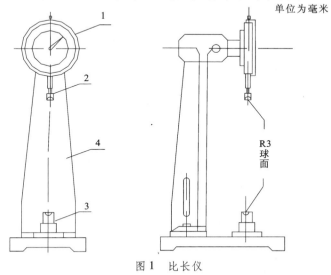

图1 比长仪
1—百分表;2—上顶头;3—可调下底座;4—支架

6.1.3 限制钢丝骨架

限制钢丝骨架由直径φ5mm钢丝与4mm厚钢板铜焊制成,钢丝应符合GB 4357的要求。构造如图2所示。钢板与钢丝的垂直偏差不大于5°。钢丝应平直,两端测点表面应用铜焊1mm～2mm厚,并使之呈球面。

钢丝极限抗拉强度应大于1200MPa,铜焊处拉脱强度不低于800MPa。限制钢丝骨架可重复使用,但不应超过五次,当其受到损伤影响自应力值测定时,应及时更新。

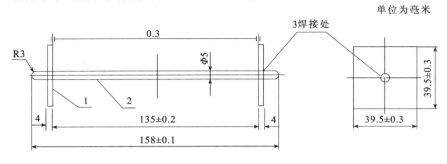

图2 限制钢丝骨架
1—钢板;2—钢丝

6.1.4 试模

自由膨胀率、限制膨胀率、强度成型试模均采用符合JC/T 726—1996要求的40mm×40mm×160mm三联试模。其中自由膨胀试模应在两端板内侧中心钻孔,以安装测量钉头,孔的直径$\Phi 6_0^{+0.03}$mm,深8mm,小孔位置必须保证测量钉头在试件的中心线上,装测量钉头后内侧之间的长度为135mm。

6.1.5 测量钉头

581

测量钉头用铜材或不锈钢制成,尺寸见图3。

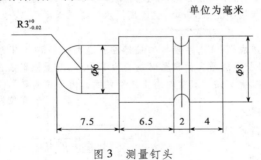

图3　测量钉头

6.1.6　其他仪器设备

胶砂搅拌机、振实台、压力试验机和抗折机均应符合 GB/T 17671—1999 的有关规定。

6.2　试验条件及材料

6.2.1 试验室温度、湿度应符合 GB/T 17671—1999 的有关规定。

6.2.2 水泥试样应充分混合均匀。

6.2.3 标准砂应符合 GB/T 17671—1999 的有关要求。

6.2.4 试验用水应是洁净的淡水。

6.3　蒸养温度的规定

自应力水泥的蒸汽养护温度按品种规定为:

——自应力硅酸盐水泥,85℃±5℃;

——自应力硫铝酸盐水泥,42℃±2℃;

——自应力铁铝酸盐水泥,42℃±2℃;

——自应力铝酸盐水泥,42℃±2℃。

6.4　脱模强度的规定

6.4.1 自应力水泥的脱模强度规定为10MPa±2MPa,要达到该脱模强度,应预先确定蒸养时间。

6.4.2 脱模强度蒸养时间的测定按 6.5.1～6.5.3 成型两组强度试件,按 6.5.4 要求进行蒸养。一组蒸养约1h,另一组蒸养约2h,分别脱模冷却测其强度,用两个时间的对应强度作一直线,根据水泥脱模强度的要求,用内插法找出该水泥的蒸养时间,见图4。

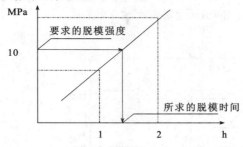

图4　内插法找蒸养时间

6.5　试件的制备与养护

6.5.1　试件成型用试模

一个样品应成型自由膨胀试件三条,限制膨胀试件三条,强度试件九条;试模内表面涂上一薄层模型油或机油,试模模框与底座的接触面应涂上黄干油,防止漏浆;将涂有少许黄干油的测量钉头圆头插入自由膨胀试模的两端孔内,并敲击测量钉头到位,测量钉头接触水泥端不应沾有油污;在限制膨胀试模内,装入干净无油污的限制钢丝骨架。

6.5.2　胶砂组成

胶砂中水泥与砂的比例为1:2.0(质量比),每锅胶砂需称水泥675g,标准砂1350g(1袋)。

胶砂的用水量按式(1)计算:

$$W = \frac{(P + K) \times C}{100} \cdots\cdots\cdots\cdots\cdots\cdots\cdots\cdots\cdots\cdots\cdots\cdots\cdots (1)$$

式中:

W——胶砂加水量,单位为克或毫升(g或ml);

P——水泥标准稠度用水量,单位为百分比(%);

K——加水系数,取11%;

C——水泥用量,单位为克(g)。

注:如按K值取11%加水成型时,胶砂在振动完毕后,试模内仍有未被胶砂充满的地方,则可提高K值,提高时以一个百分点的倍数,直至胶砂能充满整个试模为止。

6.5.3 成型操作

一个样品的全部试件应在45min内完成成型、刮平和编号等成型操作,成型后的试件应在试验室中静置。具体操作按GB/T 17671—1999中第7.1~7.2条进行。

6.5.4 养护和脱模

当从同一样品的第一个试模成型加水时开始计时,达到45min时,应将这个样品的全部试件带模移入已达蒸养温度的蒸养箱中的同一层箅板上。按预先确定的蒸养时间蒸养。蒸养时间从全部试件放入蒸养箱时开始计时,蒸养完毕取出试件立即脱模,脱模时应防止试件损伤,脱模后的试件摊开在非金属箅板上冷却,从脱模开始算起在1h~1.5h内检测脱模强度,按6.6.2测量自由膨胀和限制膨胀试件初始值,测量后连同强度试件放入20℃±1℃水中养护。

每个养护水池只能养护同品种的水泥试件。

6.6 自由膨胀率的测定

6.6.1 龄期

分为3d、7d、14d、28d四个龄期。但可根据产品膨胀稳定期要求增加测量龄期。

6.6.2 试件的测量

测量前从养护水池中取出自由膨胀试件,擦去试件表面沉淀物,应将试件测量钉头擦净,在要求龄期±1h内按一定的试件方向进行测长。测定值应记录至0.002mm。每次测长前和测长结束时应用标准杆校准百分表零点,如结束时发现百分表零点相差一格以上时,整批试件应重新测长。

6.6.3 计算

自由膨胀率ε_1按式(2)计算,计算至0.001%:

$$\varepsilon_1 = \frac{L_{X1} - L_1}{L_{O1}} \times 100 \cdots\cdots\cdots\cdots\cdots\cdots\cdots\cdots\cdots\cdots\cdots (2)$$

式中:

ε_1——所测龄期的自由膨胀率,单位为百分数(%);

L_{X1}——所测龄期的自由膨胀试件测量值,单位为毫米(mm);

L_1——脱模后自由膨胀试件测量值,单位为毫米(mm);

L_{O1}——自由膨胀试件原始净长,135mm。

6.6.4 结果处理

自由膨胀率以三条试件测定值的平均值来表示,当三个值中有超过平均值±10%的应予以剔除,余下的二个数值平均,不足两个数值时应重做试验。

6.7 自应力的测定

6.7.1 自应力值

自应力值是通过测定水泥砂浆的限制膨胀率计算得到。

6.7.2 限制膨胀率龄期

同6.6.1。

6.7.3 限制膨胀率测量

测量前从水中取出限制膨胀试件,接着按6.6.2自由膨胀率的操作进行测长。

6.7.4 限制膨胀率计算

限制膨胀率 ε_2 按式(3)计算,计算至0.001%:

$$\varepsilon_2 = \frac{L_{X2} - L_2}{L_{O2}} \times 100 \quad\cdots\cdots\cdots\cdots\cdots\cdots\cdots (3)$$

式中:

ε_2——所测龄期的限制膨胀率,单位为百分数(%);

L_{X2}——所测龄期的限制膨胀试件测量值,单位为毫米(mm);

L_2—— 脱模后限制膨胀试件测量值,单位为毫米(mm);

L_{O2}——限制膨胀试件原始净长,135mm;

6.7.5 限制膨胀率取值

限制膨胀率 ε_2 的取值按6.6.4的规定进行。

6.7.6 自应力值的计算

自应力值 σ 按式(4)计算,计算至0.01MPa:

$$\sigma = u \cdot E \cdot \varepsilon_2 \quad\cdots\cdots\cdots\cdots\cdots\cdots\cdots (4)$$

式中:

σ—— 所测龄期的自应力值,单位为兆帕(MPa);

u—— 配筋率,1.24×10^2;

E—— 钢筋弹性模量,$1.96 \times 10^5 \text{MPa}$;

ε_2——所测龄期的限制膨胀率,单位为百分数(%)。

6.8 强度检验

6.8.1 龄期

分为脱模、7d、28d 三个龄期或按各品种水泥标准规定。

6.8.2 强度试验

到龄期的试件应在±1h内进行强度试验,试验时应在试验前15min从水中取出、用湿布擦净。加荷速度应符合 GB/T 17671—1999 的规定。

6.8.3 计算与结果处理

抗折强度、抗压强度的计算与结果处理,按 GB/T 17671—1999 规定进行。

7 28天自应力增进率的测定

7.1 28天自应力增进率(K_{28})是采用出厂自应力值检测结果,按照25天至31天期间的日平均自应力值增长值来表示。

7.2 要测定28天自应力增进率时,只需将测自应力值的样品同时增加35天龄期的自应力值测定;若没有要求自应力值测定的样品,应按6.5的要求制备试件,并测定14天、21天、28天、35天的自应力值。

7.3 以龄期(X)和对应的自应力值(Y)作乘幂函数曲线,求对应的关系式,把25天(X_1)和31天(X_2)龄期代入乘幂函数关系式,求出对应的自应力值(Y_1)和(Y_2),按式(5)计算,计算至0.001MPa/d:

$$K_{28} = \frac{Y_2 - Y_1}{X_2 - X_2} = \frac{Y_2 - Y_1}{6} (\text{MPa/d}) \quad\cdots\cdots\cdots\cdots\cdots\cdots (5)$$

为了减少偏差最好用计算机进行作图和求乘幂函数关系式。

注:本项测定适用于自应力硫铝酸盐水泥和自应力铁铝酸盐水泥,其他自应力水泥采用时需研究本规定的适用性。

备案号:14584—2004

中华人民共和国建材行业标准

JC/T 738—2004
代替 JC/T 738—286(1996)

水泥强度快速检验方法

Accelerated test method for cement strenght

2004-10-20 发布　　　　　　　　2005-04-01 实施

中华人民共和国国家发展和改革委员会　发 布

前　言

本标准代替 JC/T 738—86(1996)《水泥强度快速检验方法》。

本标准与 JC/T 738—86(1996)相比,主要变化如下:

——在本标准适用范围中,增加了复合硅酸盐水泥(本版第 1 章);

——对标准砂、试验室温湿度控制要求,改为"应符合 GB/T 17671—1999《水泥胶砂强度检验方法(ISO 法)》有关要求"(1986 版的 1.1;本版的 4.1);

——试体成型,改为"按 GB/T 17671—1999《水泥胶砂强度检验方法(ISO 法)》规定进行"(1986 版第 4 章;本版第 7 章);

——试体成型后养护制度改为"预养 4h±15min"(1986 版的 5.1;本版的 8.1);

——增加了检验方法精确性要求(本版附录 A.3.1)和对 28 天预测精度的计算(本版附录 A.4)。

本标准附录 A 为规范性附录,附录 B 为资料性附录。

本标准由中国建筑材料工业协会提出。

本标准由全国水泥标准化技术委员会(SAC/TC184)归口。

本标准负责起草单位:中国建筑材料科学研究院。

本标准参加起草单位:云南开远水泥股份有限公司、福建省水泥质量监督检验站、深圳市建设工程质量检测中心。

本标准主要起草人:白显明、江丽珍、王昕、霍春明、张明珊、苏怀锋。

本标准于 1986 年首次发布,本次为第一次修订。

水泥强度快速检验方法

1 范围

本标准规定了水泥强度快速检验方法的原理、仪器、材料、试验室温、湿度、试体成型、养护制度、抗压强度试验以及水泥28天抗压强度的预测方法。

本标准适用于硅酸盐水泥、普通硅酸盐水泥、矿渣硅酸盐水泥、火山灰硅酸盐水泥、粉煤灰硅酸盐水泥和复合硅酸盐水泥的水泥强度的快速检验以及28天水泥抗压强度的预测。

本方法可用于水泥生产和使用的质量控制,但不作为水泥品质鉴定的最终结果。

2 规范性引用文件

下列文件中的条款通过本标准的引用而成为本标准的条款。凡是注日期的引用文件,其随后所有的修改单(不包括勘误的内容)或修订版均不适用于本标准,然而,鼓励根据本标准达成协议的各方研究是否可使用这些文件的最新版本。凡是不注日期的引用文件,其最新版本适用于本标准。

GB/T 17671—1999 水泥胶砂强度检验方法(ISO 法)(idt ISO 679:1989)

3 原理

本方法是按 GB/T 17671—1999《水泥胶砂强度检验方法(ISO 法)》有关要求制备 40mm × 40mm × 160mm 胶砂试体,采用55℃湿热养护加速水泥水化24h后进行抗压强度试验,从而获得水泥快速强度。通过水泥快速强度,预测标准养护条件下水泥28d抗压强度。

4 仪器

4.1 水泥胶砂搅拌机、振实台(振动台)、试模、下料漏斗、刮平刀、抗折试验机、抗压试验机及抗压夹具均应符合 GB/T 17671—1999 的规定。

4.2 湿热养护箱(见图1),由箱体和温度控制装置组成。箱体内腔尺寸 650mm×350mm×260mm;腔内装有试体架,试体架距箱底高度为150mm;箱顶有密封的箱盖;箱壁内填有良好的保温材料。养护箱通常用1kW 电热管加热。温度控制装置由感温计及定时控制器组成。湿热养护箱温度精度应不大于 ±2℃。相对湿度大于90%。

4.3 常温养护箱温度控制应为20℃ ±1℃,相对湿度大于9%。

5 材料

5.1 水泥样品应充分混合均匀。

5.2 标准砂应符合 GB/T 17671—1999 的有关要求。

5.3 试验用水应是洁净的饮用水。

6 试验室温、湿度

试验室温度、湿度,应符合 GB/T 17671—1999 的有关规定。

7 试体成型

应符合 GB/T 17671—1999 的规定。

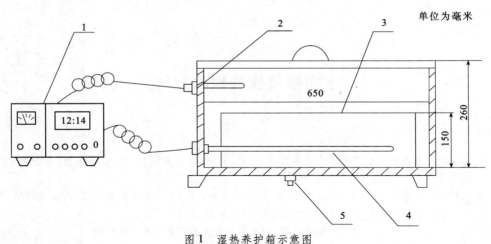

单位为毫米

图1 湿热养护箱示意图

1—恒温定时控制器;2—感温探头;3—试体架;4—电热管;5—放水阀

8 养护制度

8.1 试体成型后,立即连同试模放入常温养护箱内预养 4h±15min。

8.2 将带模试体放入湿热养护箱内的试体架上,盖好箱盖。从室温开始加热,在 1.5h±10min 内等速升温至 55℃,并在 55℃±2℃ 下恒温 18h±10min 后停止加热。

8.3 打开箱盖,取出试模,在试验室中冷却 50min±10min 后脱模。

8.4 每次试验从试体养护到脱模的总体时间相差,不宜超过±30min。

9 抗压强度试验

按第 8 章要求完成试体养护并脱模后的试体,应立即按 GB/T 17671—1999 的有关规定进行抗压强度试验,得到水泥快速强度 $R_{快}$。

10 水泥 28 天抗压强度的预测

水泥 28d 抗压强度的预测按式(1)计算,计算结果保留至一位小数:

$$R_{28预} = a \times R_{快} + b \quad\cdots\cdots\cdots\cdots\cdots\cdots\cdots\cdots\cdots\cdots\cdots\cdots (1)$$

式中:

$R_{28预}$——预测的水泥 28 天抗压强度,单位为兆帕(MPa);

$R_{快}$—— 水泥快速抗压强度,单位为兆帕(MPa);

a、b—— 待定系数。

预测公式的建立方法和 a、b 的确立见附录 A,计算实例参见附录 B。

附录 A
（规范性附录）
水泥 28 天抗压强度预测公式的建立方法

A.1 预测待定系数 a、b 的确立

常数 a、b 按以下公式计算,计算结果保留至小数点后两位:

$$a = \frac{\sum\limits_{i=1}^{n} R_{28实i} \times R_{快i} - (\sum\limits_{i=1}^{n} R_{28实i}) \times (\sum\limits_{i=1}^{n} R_{快i})/n}{\sum\limits_{i=1}^{n} R_{快i}^2 - (\sum\limits_{i=1}^{n} R_{快i})^2/n} \qquad \cdots\cdots\cdots\cdots\cdots\cdots (A.1)$$

$$b = \overline{R}_{28实} - a \times \overline{R}_{快} \qquad\cdots\cdots\cdots\cdots\cdots\cdots\cdots (A.2)$$

$$\overline{R}_{28实} = (\sum\limits_{i=1}^{n} R_{28实i})/n \qquad\cdots\cdots\cdots\cdots\cdots\cdots\cdots (A.3)$$

$$\overline{R}_{快} = (\sum\limits_{i=1}^{n} R_{快i})/n \qquad\cdots\cdots\cdots\cdots\cdots\cdots\cdots (A.4)$$

式中:

n——试验组数;

$R_{28实i}$——第 i 个水泥样品 28 天标准养护实测抗压强度,单位为兆帕(MPa);

$R_{快i}$——第 i 个水泥样品快速抗压强度,单位为兆帕(MPa);

$\overline{R}_{28实}$——n 个水泥样品 28 天标准养护实测抗压强度平均值,单位为兆帕(MPa);

$\overline{R}_{快}$——n 个水泥样品快速抗压强度平均值,单位为兆帕(MPa)。

为了提高预测结果的准确性,a、b 值应由标准使用单位根据试验数据确定,其试验组数应不小于 30 组。不同单位的 a、b 值允许不同。a、b 值的计算,也可借助计算机统计分析作图功能通过建立的线性关系图直接求取。

A.2 水泥 28 天强度预测公式的建立

a、b 值确定后,代入预测公式 $R_{28预} = a \times R_{快} + b$ 中,即可获得本单位使用的专用式。根据使用情况,必要时可修正 a、b 值。

A.3 预测公式的可靠性

A.3.1 检验方法的精确性

水泥 28d 标准养护实测抗压强度检验方法的精确性,应符合 GB/T 17671—1999 的有关规定,即同一试验室的重复性试验,28d 抗压强度变异系数应在 1%~3% 之间;不同试验室间再现性试验,28d 抗压强度变异系数应不超过 6%。

水泥快速强度方法的精确性,同一试验室按本标准得出的水泥快速强度值变异系数应不大于 3%。

A.3.2 相关系数 r 和剩余标准偏差 S 的计算

为了保证预测结果的可靠性,预测公式建立后应按公式(A.5)和(A.6)计算相关系数 r 和剩余标准偏差 S,计算结果保留至小数点后两位:

$$r = \frac{\sum\limits_{i=1}^{n} R_{28实i} \times R_{快i} - (\sum\limits_{i=1}^{n} R_{28实i}) \times (\sum\limits_{i=1}^{n} R_{快i})/n}{\sqrt{[\sum\limits_{i=1}^{n} R_{28实i}^2 - (\sum\limits_{i=1}^{n} R_{28实i})^2/n][\sum\limits_{i=1}^{n} R_{快i}^2 - (\sum\limits_{i=1}^{n} R_{快i})^2/n]}} \qquad\cdots\cdots\cdots (A.5)$$

$$S = \sqrt{\frac{(1-r^2) \times [\sum\limits_{i=1}^{n} R_{28实i}^2 - \frac{1}{n}(\sum\limits_{i=1}^{n} R_{28实i})^2]}{n-2}} \qquad\cdots\cdots\cdots\cdots (A.6)$$

式中：

$R_{28实i}$——第 i 个水泥 28 天标准养护实测抗压强度，单位为兆帕（MPa）；

$R_{快i}$ ——第 i 个水泥快速抗压强度，单位为兆帕（MPa）；

n ——试验组数。

相关系数 r 应不小于 0.75（单一强度等级时不作规定），且越接近 1 越好。相关系数 r 的计算，也可借助计算机统计分析功能通过建立的线性关系图直接求取。

同时，还要求公式（1）的剩余标准偏差 S 愈小愈好，要求 S 应不大于所用全部水泥样品 28d 实测抗压强度平均值 $\overline{R}_{28实}$ 的 7.0%。

A.4 预测结果的精度

将任一快速强度值 $R_{快0}$ 代入预测公式，即可得到相应的 28d 预测抗压强度值 $R_{28预}$。预测结果的置信区间，可以表示为 $[R_{28预} - 2S_x, R_{28预} + 2S_x]$，即所预测到的强度值有 95% 的概率在此区间内。其中，R_{28} 为预测 28d 抗压强度；S_x 为实验标准差，可按公式（A.7）计算，计算结果保留至小数点后一位。

$$S_x = S \times \sqrt{1 + \frac{1}{n} + \frac{(R_{快0} - \overline{R}_{快})^2}{\sum_{i=1}^{n}(R_{快i} - \overline{R}_{快})^2}} \quad \cdots\cdots\cdots\cdots\cdots\cdots\cdots（A.7）$$

式中：

S ——剩余标准偏差；

n ——确立预测常数时水泥样品的试验组数；

$R_{快0}$——新输入的快速强度值，单位为兆帕（MPa）；

$\overline{R}_{快}$ ——确立预测常数时水泥样品快速强度平均值，单位为兆帕（MPa）；

$R_{快i}$——确立预测常数时的第 i 个水泥样品快速强度值，单位为兆帕（MPa）。

附录 B
（资料性附录）
建立水泥 28 天抗压强度预测公式的应用实例

某试验室用不同品种、不同标号的水泥进行了 38 组水泥强度试验，试验结果见下表。

表 B.1　试验及计算结果

序号	品种	$R_{快}$	$R_{28实}$	$R^2_{快}$	$R^2_{28实}$	$R_{快}\cdot R_{28实}$	$R_{28预}$	$R_{28预}-R_{28实}$	相对误差,%
1	P·O42.5	32.4	55.5	1049.80	3080.25	1798.20	55.8	0.3	0.55
2	P·O42.5R	27.6	56.5	761.76	3192.25	1559.40	50.6	−5.9	−10.39
3	P·O42.5R	31.3	58.3	979.69	3398.89	1824.79	54.6	−3.7	−6.31
4	P·O32.5	23.1	44.6	533.61	1989.16	1030.26	45.8	1.2	2.65
5	P·Ⅱ42.5	29.9	53.9	894.01	2905.21	1611.61	53.1	−0.8	−1.47
6	P·S32.5	22.5	44.5	506.25	1980.25	1001.25	45.1	0.6	1.43
7	P·O42.5	30.9	56.5	954.81	3192.25	1745.85	54.2	−2.3	−4.09
8	P·O42.5	31.7	50.0	1004.9	2500.00	1585.00	55.0	5.0	10.10
9	P·S32.5	21.3	43.7	453.69	1909.69	930.81	43.8	0.1	0.33
10	P·F32.5	24.2	44.8	585.64	2007.04	1084.16	47.0	2.2	4.84
11	P·O32.5	29.5	52.9	870.25	2798.41	1560.55	52.7	−0.2	−0.42
12	P·S32.5	23.8	46.8	566.44	2190.24	1113.84	46.5	−0.3	−0.56
13	P·S32.5	26.7	52.5	712.89	2756.25	1401.75	49.7	−2.8	−5.41
14	P·S32.5	21.2	39.9	449.44	1592.01	845.88	43.7	3.8	9.61
15	P·O42.5	30.6	54.4	936.36	2959.36	1664.64	53.9	−0.5	−0.98
16	P·O52.5R	35.4	64	1253.20	4096.00	2265.60	59.0	−5.0	−7.75
17	P·O32.5	22.0	43.1	484.00	1857.61	948.20	44.6	1.5	3.47
18	P·S32.5	26.4	48.6	696.96	2361.96	1283.04	49.3	0.7	1.52
19	P·Ⅱ42.5	38.4	55.2	1474.60	3047.04	2119.68	62.3	7.1	12.81
20	P·O42.5R	33.7	57.9	1135.70	3352.41	1951.23	57.2	−0.7	−1.20
21	P·S32.5	26.5	51.7	702.25	2672.89	1370.05	49.4	−2.3	−4.36
22	P·O42.5	30.0	50.9	900.00	2590.81	1527.00	53.2	2.3	4.55
23	P·Ⅱ62.5R	50.4	70.0	2540.20	4900.00	3528.00	75.2	5.2	7.43
24	P·Ⅱ52.5R	33.7	56.1	1135.7	3147.21	1890.57	57.2	1.1	1.97
25	P·O32.5R	23.5	42.2	552.25	1780.84	991.70	46.2	4.0	9.51
26	P·O42.5	25.9	48.6	670.81	2361.96	1258.74	48.8	0.2	0.41
27	P·O32.5R	18.9	42.4	357.21	1797.76	801.36	41.3	−1.1	−2.70

序号	品种	$R_{快}$	$R_{28实}$	$R^2_{快}$	$R^2_{28实}$	$R_{快} \cdot R_{28实}$	$R_{28预}$	$R_{28预} - R_{28实}$	相对误差,%
28	P·S32.5	20.2	39.8	408.04	1584.04	803.96	42.7	2.9	7.18
29	P·Ⅱ42.5	30.4	54.6	924.16	2981.16	1659.84	53.6	−1.0	−1.74
30	P·O42.5	29.6	48.6	876.16	2361.96	1438.56	52.8	4.2	8.62
31	P·O42.5	24.7	50.2	610.09	2520.04	1239.94	47.5	−2.7	−5.37
32	P·Ⅱ42.5	32.9	58.9	1082.4	3469.21	1937.81	56.3	−2.6	−4.34
33	P·F32.5	22.9	43.4	524.41	1883.56	993.86	45.6	3.2	4.99
34	P·P32.5	21.1	42.8	445.21	1840.41	905.19	43.6	0.7	1.70
35	P·F42.5	34.7	64.1	1204.10	4108.81	2224.27	58.3	−5.8	−9.08
36	P·F42.5	38.3	66.5	1466.90	4422.25	2546.95	62.2	−4.3	−6.52
37	P·F32.5	23.6	49.6	556.96	2460.16	1170.56	46.3	−3.3	−6.61
38	P·F32.5	24.3	47.3	590.49	2237.29	1149.39	47.1	−0.2	−0.47
	Σ	1074.2	1951.4	31851	102287	56763.49	1951.4	—	—
	平均	28.3	51.4	838.19	2691.75	1493.78	51.4	2.4	4.6

注1:表中 $R_{快}$ 指水泥快速强度值,$R_{28实}$ 指水泥28天标准养护条件下实测强度值,$R_{28预}$ 指预测强度值。

注2:表中相对误差,指水泥28天预测值与实测值间相对误差。

示例:

1 按公式 A.1~公式 A.4 计算预测公式待定系数。

$$a = \frac{\sum_{i=1}^{n} R_{28实i} \times R_{快i} - (\sum_{i=1}^{n} R_{28实i}) \times (\sum_{i=1}^{n} R_{快i})/n}{\sum_{i=1}^{n} R^2_{快i} - (\sum_{i=1}^{n} R_{快i})^2/n} = \frac{56763.49 - 1951.4 \times 1074.2/38}{31851 - (1074.2)^2/38} = 1.08$$

$$b = \overline{R}_{28实} - a \times \overline{R}_{快} = 51.4 - 1.08 \times 28.3 = 20.84$$

2 建立预测方程。

由 a、b 值得出快速强度与28d强度的预测关系式如下:

$$R_{28预} = a \times R_{快} + b = 1.08 \times R_{快} + 20.84$$

3 方法可靠性的评定。

根据公式(A.5)和(A.6)计算预测方程相关系数和剩余标准偏差,如下:

$$r = \frac{56763.49 - 1951.4 \times 1074.2/38}{\sqrt{[102287 - (1951.4)^2/38] \times [31851 - (1074.2)^2/38]}} = 0.91$$

$$S = \sqrt{\frac{(1 - r^2)\left[\sum_{i=1}^{n} R^2_{28实i} - \frac{1}{n}(R_{28实i})^2\right]}{n - 2}} = 3.13 \text{ MPa}$$

$$\frac{S}{\overline{R}_{28实}} \times 100\% = 6.1\%$$

由于相关系数 r 为0.91,且剩余标准偏差 S 与强度平均值 $\overline{R}_{28实}$ 的相对百分数6.1%(小于7.0%),故所建立的预测方程可以使用。

4 预测结果的精度。

设某样品测定快速强度 $R_{快0} = 35$MPa,代入预测公式可得 $R_{28预} = 58$MPa。按公式 A.7 计算实验标准差

S_x 如下：

$$S_x = S \times \sqrt{1 - \frac{1}{n} + \frac{(R_{快0} - R_{快})^2}{\sum\limits_{i=1}^{n} (R_{快i} - \overline{R}_{快})^2}} = 3.13 \times 1.029 = 3.2\text{MPa}$$

则 28d 水泥强度预测结果有 95% 的概率在 $[58 - 2 \times 3.2, 58 + 2 \times 3.2]$ 内。

ICS 91. 100. 10

Q 11

备案号:27696—2010

JC

中华人民共和国建材行业标准

JC/T 742—2009
代替 JC/T 742—1996

掺入水泥中的回转窑窑灰

Rstary kiln dust used in cement

2009-12-04 发布

2010-06-01 实施

中华人民共和国工业和信息化部　发布

前　言

本标准自实施之日起代替 JC/T 742—1996。

与 JC/T 742—1996 相比,主要变化如下:

——细度要求中增加了"当窑灰不经粉磨掺入普通硅酸盐水泥时,细度以比表面积表示,其比表面积不小于300m²/kg";并增加了"45μm方孔筛筛余不大于30%作为选择性指标"(本版第4.1条);

——将"附着水分"更名改为"含水量"(1996 版第4.2条,本版第4.2条);

——取消附录。

本标准由中国建筑材料联合会提出。

本标准由全国水泥标准化技术委员会(SAC/TC 184)归口。

本标准负责起草单位:中国建筑材料科学研究总院。

本标准参加起草单位:拉法基瑞安水泥有限公司、山西新绛威顿水泥有限责任公司。

本标准主要起草人:刘云、王显斌、支俊秉、张旭。

本标准于1984年首次发布,本次为第一次修订。

掺入水泥中的回转窑窑灰

1 范围

本标准规定了掺入水泥中的回转窑窑灰的术语和定义、技术要求、试验方法、检验规则等。

本标准适用于作为混合材料掺入水泥中的回转窑窑灰。

2 规范性引用文件

下列文件中的条款通过本标准的引用而成为本标准的条款。凡是注日期的引用文件，其随后所有的修改单（不包括勘误的内容）或修订版均不适用于本标准，然而，鼓励根据本标准达成协议的各方研究是否可使用这些文件的最新版本。凡是不注日期的引用文件，其最新版本适用于本标准。

GB/T 176 水泥化学分析方法（GB/T 176—1996，eqv ISO 680：1990）

GB/T 1345 水泥细度检验方法 筛析法

GB/T 1596 用于水泥和混凝土中的粉煤灰

GB/T 8074 水泥比表面积测定方法（勃氏法）

3 术语和定义

下列术语和定义适用于本标准。

回转窑窑灰 rotary kiln dust

用回转窑生产硅酸盐水泥熟料时，随气流从窑尾排出的、经收尘设备收集所得的干粉末，称为回转窑窑灰。

4 技术要求

4.1 细度

当窑灰不经粉磨掺入普通硅酸盐水泥时，其细度以比表面积表示，应不小于 $300m^2/kg$；当窑灰不经粉磨掺入其他品种水泥时，其细度以筛余表示，$80\mu m$ 方孔筛筛余不大于 10% 或 $45\mu m$ 方孔筛筛余不大于 30%。

4.2 含水量

应不超过3%。

4.3 碱含量

按水泥中窑灰掺加量的不同范围，窑灰中的碱含量应符合表1要求。砌筑水泥所用窑灰，不受本指标的限制。

表1 窑灰中的碱含量要求　　　　　　　　　　　　　　　　　　单位为百分数

水泥中的窑灰掺加量	窑灰中碱含量（$Na_2O + 0.658K_2O$）
≤5	≤8
>5 且 ≤8	≤5

5 试验方法

5.1 比表面积

按 GB/T 8074 进行。

5.2 80μm 和 45μm 筛余

按 GB/T 1345 进行。

5.3 含水量

按 GB/T 1596 的附录 C 进行。

5.4 碱含量

按 GB/T 176 进行。

6 检验规则

6.1 细度和含水量每周至少检验一次。碱含量每半个月至少检验一次。

6.2 在熟料生产工艺发生变动的情况下,应先对窑灰进行检验,符合本标准4.1~4.3各项指标的窑灰,才能掺入水泥中。

ICS 91. 100. 10
Q 11
备案号:27683—2010

JC

中华人民共和国建材行业标准

JC/T 1099—2009

硫铝酸钙改性硅酸盐水泥

Calcium sulpho-aluminate modified portland cement

2009-12-04 发布　　　　　　　　　　2010-06-01 实施

中华人民共和国工业和信息化部　发布

前　言

本标准附录 A 为规范性附录。

本标准由中国建筑材料联合会提出。

本标准由全国水泥标准化技术委员会（SAC/TC 184）归口。

本标准负责起草单位：中国建筑材料科学研究总院。

本标准参与起草单位：内蒙古乌兰水泥集团呼和浩特金山特种水泥有限责任公司、内蒙古同达建材有限责任公司、山东章丘华明水泥有限公司、北京联创科贸有限责任公司。

本标准主要起草人：颜碧兰、王昕、刘晨、宋军华、时光、朱彪、邓克平、李树清。

本标准为首次制定。

硫铝酸钙改性硅酸盐水泥

1 范围

本标准规定了硫铝酸钙改性硅酸盐水泥的术语和定义、组分与材料、强度等级、技术要求、试验方法、检验规则、包装、标志、运输和贮存等。

本标准适用于硫铝酸钙改性硅酸盐水泥。

2 规范性引用文件

下列文件中的条款通过本标准的引用而成为本标准的条款。凡是注日期的引用文件,其随后所有的修改单(不包括勘误的内容)或修订版均不适用于本标准,然而,鼓励根据本标准达成协议的各方研究是否可使用这些文件的最新版本。凡是不注日期的引用文件,其最新版本适用于本标准。

GB/T 176 水泥化学分析方法(GB/T 176—1996,eqv ISO 680:1990)

GB/T 203 用于水泥中的粒化高炉矿渣

GB/T 750 水泥压蒸安定性试验方法

GB/T 1345 水泥细度检验方法 筛析法

GB/T 1346 水泥标准稠度用水量、凝结时间、安定性检验方法(GB/T 1346—2001,eqv- ISO 9597:1989)

GB/T 1596 用于水泥和混凝土中的粉煤灰

GB/T 2847 用于水泥中的火山灰质混合材料

GB/T 5483 石膏和硬石膏(GB/T 5483—1996,egv ISO 1587:1975)

GB 9774 水泥包装袋

GB/T 12573 水泥取样方法

GB/T 12960 水泥组分的定量测定

GB/T 17671 水泥胶砂强度检验方法(ISO 法)(GB/T 17671—1999,idt ISO 679:1989)

GB/T 18046 用于水泥和混凝土中的粒化高炉矿渣粉

JC/T 313 水泥膨胀率试验方法

JC/T 420 水泥原料中氯离子的化学分析方法

JC/T 667 水泥助磨剂

3 术语和定义

下列术语和定义适用于本标准。

硫铝酸钙改性硅酸盐水泥 calcium sulpha-aluminate modified portland cement

以含少量无水硫铝酸钙的硅酸盐水泥熟料,与规定的混合材料和适量石膏,共同磨细制成的具有早强微膨胀性的水硬性胶凝材料,称为硫铝酸钙改性硅酸盐水泥,代号 S. M. P. 。

4 组分与材料

4.1 组分

硫铝酸钙改性硅酸盐水泥的组分应符合表1的规定。

表 1　组分要求　　　　　　　　　　　　（单位:%）

品　　　种	代　　号	组　　　　分		
		熟料 + 石膏	粒化高炉矿渣	粉煤灰
硫铝酸钙改性硅酸盐水泥	S. M. P.	>50 且≤80	>20。且≤50°	- - -
			- - -	>20。且≤35°
			>20 且≤50°[a、b]	

a 可用不超过水泥质量8%且符合4.2.5条要求的火山灰质混合材或符合4.2.6要求的石灰石代替。

b 其中粉煤灰掺量不得大于35%。

4.2　材料要求

4.2.1　熟料

由主要含 CaO、SiO_2、Al_2O_3、Fe_2O_3 的原料,按适当比例磨细烧至部分熔融所得以硅酸钙为主要成分,并含无水硫铝酸钙的水硬性胶凝物质。

4.2.2　石膏

符合 GB/T 5483 规定的 A 类硬石膏或 G 类二水石膏或 M 类混合石膏。

4.2.3　粒化高炉矿渣

符合 GB/T 203 规定的粒化高炉矿渣或 GB/T 18046 规定的矿渣粉。

4.2.4　粉煤灰

符合 GB/T 1596 规定的粉煤灰。

4.2.5　火山灰质混合材

符合 GB/T 2847 规定的火山灰质混合材。

4.2.6　石灰石

石灰石中的三氧化二铝含量应不大于2.5%。

4.2.7　助磨剂

水泥粉磨时允许加入助磨剂,其加入量应不超过水泥质量的0.5%,助磨剂应符合 JC/T 667 的规定。

5　强度等级

硫铝酸钙改性硅酸盐水泥强度等级为32.5、32.5R、42.5、42.5R、52.5、52.5R。

6　技术要求

6.1　化学成分

硫铝酸钙改性硅酸盐水泥化学成分指标符合表2的规定。

表 2　化学成分要求　　　　　　　　　　　（单位:%）

SO_3	MgO	Cl^-
≤6.0	≤6.0[a]	≤0.06[b]

a 如果水泥中氧化镁的含量(质量分数)大于6.0%时,应进行水泥压蒸安定性试验并合格。

b 当有更低要求时,该指标由买卖双方确定。

6.2　碱含量(选择性指标)

碱含量由供需双方商定。碱含量按 $Na_2O + 0.658K_2O$ 计算值表示。

6.3　凝结时间

初凝不早于45min,终凝不迟于600min,也可由供需双方商定。

6.4　安定性

6.4.1　浸水安定性合格。

6.4.2　沸煮安定性合格。

6.5 强度

不同强度等级的硫铝酸钙改性硅酸盐水泥各龄期的强度符合表3的规定。

表3 强度指标 （单位：MPa）

强度等级	抗折强度		抗压强度	
	3d	28d	3d	28d
32.5	≥2.5	≥5.5	≥12.0	≥32.5
32.5R	≥3.5		≥17.0	
42.5	≥3.5	≥6.5	≥17.0	≥42.5
42.5R	≥4.0		≥22.0	
52.5	≥4.0	≥7.0	≥23.0	≥52.5
52.5R	≥5.0		≥27.0	

6.6 线膨胀率

线膨胀率应符合以下要求：

—1d 不小于 0.05%；

—7d 不小于 0.10%；

—28d 不得大于 0.60%。

6.7 细度（选择性指标）

80μm 方孔筛筛余不大于 10% 或 45μm 方孔筛筛余不大于 30%。

7 试验方法

7.1 水泥组分

由生产者按 GB/T 12960 或选择准确度更高的方法。在正常生产情况下，生产者应至少每月对水泥组分进行校核，年平均值应符合本标准第 4.1 条的规定，单次检验值应不超过本标准规定最大限量的 2%。

为保证组分测定结果的准确性，生产者应采用适当的生产程序和适宜的方法对所选方法的可靠性进行验证，并将经验证的方法形成文件。

7.2 无水硫铝酸钙

按照附录 A 进行。

7.3 三氧化硫（SO_3）、氧化钠（Na_2O）和氧化钾（K_2O）

按 GB/T 176 进行。

7.4 氯离子

按 JC/T 420 进行。

7.5 细度

按 GB/T 1345 进行。

7.6 凝结时间

按 GB/T 1346 进行。

7.7 安定性

7.7.1 压蒸安定性

按 GB/T 750 进行。

7.7.2 浸水安定性

按照 GB/T 1346 中安定性试验方法成型试饼和养护，养护 24h 后取下试饼放在 20℃ ±1℃ 水中浸泡 27d。从养护水中取出试饼，目测试饼无裂缝，用直尺检查没有弯曲，则试饼浸水安定性合格。

7.7.3 沸煮安定性

按 GB/T 1346 进行。

7.8 线膨胀率

按 JC/T 313 进行,养护龄期为 1d、7d、28d。

7.9 强度

按 GB/T 17671 进行。

8 检验规则

8.1 编号及取样

水泥出厂前按同品种编号和取样。袋装水泥和散装水泥应分别进行编号和取样。每一编号为一取样单位,水泥出厂编号按不超过 400t 为一编号。

取样方法按 GB/T 12573 进行。取样应有代表性。可连续取,亦可从 20 个以上不同部位取等量样品,总量不少于 12kg。

8.2 检验分类

8.2.1 出厂检验

经确认水泥各项技术指标及包装质量符合要求时方可出厂。出厂检验项目为 6.1、6.3、6.4、6.5、6.6 条。

8.2.2 型式检验

型式检验项目为 4.1 组分、4.2 材料要求及第 6 章的全部技术要求。有下列情况之一者,应进行型式检验:

a) 水泥企业初次生产时的定型鉴定;

b) 正式生产后,如原燃材料或工艺有较大改变,可能影响产品性能时;

c) 正常生产过程中,每半年至少进行一次;

d) 产品停产一年后,恢复生产时;

e) 出厂检验结果与上次型式检验结果有较大差异时;

f) 国家质量监督机构提出进行型式检验的要求时。

8.3 判定规则

产品经检验各项性能均符合本标准技术要求,则判定该批产品为合格品。若有一项性能指标不符合标准要求,判该批水泥不合格。

8.4 出厂检验报告

检验报告内容应包括出厂检验项目、细度、混合材品种和掺加量、石膏和助磨剂的品种和掺加量及合同约定的其他技术要求。水泥厂应在水泥发出日起 11d 内寄发除 28d 强度、浸水安定性和 28d 线膨胀率以外的各项试验结果。28d 强度、浸水安定性和 28d 线膨胀率数值,应在水泥发出日起 32d 内补报。

8.5 交货与验收

8.5.1 交货时水泥的质量验收可抽取实物试样以其检验结果为依据,也可以生产者同编号水泥的检验报告为依据。采取何种方法验收由买卖双方商定,并在合同或协议中注明。卖方有告知买方验收方法的责任。当无书面合同或协议,或未在合同、协议中注明验收方法的,卖方应在发货票上注明"以本厂同编号水泥的检验报告为验收依据"字样。

8.5.2 以抽取实物试样的检验结果为验收依据时,买卖双方应在发货前或交货地共同取样和签封。取样方法按 GB 12573 进行,取样数量为 24kg,缩分为二等份。一份由卖方保存 40d,一份由买方按本标准规定的项目和方法进行检验。

在 40d 以内,买方检验认为产品质量不符合本标准要求,而卖方又有异议时,则双方应将卖方保存的另一份试样送省级或省级以上国家认可的水泥质量监督检验机构进行仲裁检验。水泥安定性仲裁检验应在取样之日起 10d 以内完成。

8.5.3 以生产者同编号水泥的检验报告为验收依据时,在发货前或交货时买方在同编号水泥中取样,双方共同签封后由卖方保存90d,或认可卖方自行取样、签封并保存90d的同编号水泥的封存样。

在90d内,买方对水泥质量有疑问时,则买卖双方应将共同认可的试样送省级或省级以上国家认可的水泥质量监督检验机构进行仲裁检验。

9 包装、标志、运输与贮存

9.1 包装

水泥可以散装或袋装,袋装水泥每袋净含量为50kg,且应不少于标志质量的99%;随机抽取20袋总质量(含包装袋)应不少于1000kg。其他包装形式由供需双方协商确定,但有关袋装质量要求,应符合上述规定。水泥包装袋应符合GB 9774的规定。

9.2 标志

水泥包装袋上应清楚标明:执行标准、水泥品种、代号、强度等级、生产者名称、生产许可证标志(QS)及编号、出厂编号、包装日期、净含量。包装袋两侧应采用蓝色或黑色印刷水泥名称和强度等级。

散装发运时应提交与袋装标志相同内容的卡片。

9.3 运输与贮存

水泥在运输与贮存时不得受潮和混入杂物,不同品种和强度等级的水泥在贮运中避免混杂。

附　录　A

（规范性附录）

熟料中无水硫铝酸钙的定性测定

A.1　范围

本附录适用于熟料中无水硫铝酸钙的定性测定。

A.2　原理

用待测试样进行 X 射线衍射,得到发生衍射的晶面距和相对强度,与 JC PDS(The Joint Committee on Powder Diffraction Dtandards)收集的粉末衍射图谱卡片(PDF)对照进行检索,判断待测试样中是否存在无水硫铝酸钙。

A.3　仪器

A.3.1　X-射线衍射仪(铜靶)

功率大于 3kW,试验条件:管流≥40mA,管压≥37.5kV。

A.4　试验步骤

A.4.1　所取熟料应具有代表性。

A.4.2　用玛瑙研铂细磨熟料,使其全部通过80μm方孔筛。扫描速度每分钟等于或小于$2°(2\theta)$,扫描范围为$2\theta = 5.0° \sim 60.0°$。

A.5　图谱处理

根据 PDF 粉末衍射图谱卡片,卡片号为 16－335。无水硫铝酸钙的特征峰为表 A.1 所示。在衍射图谱中应有表 A.1 的三个特征峰。

表 A.1　无水硫铝酸钙的特征峰

d 值　nm　（Å）	相对强度（%）
0.376　（3.76）	100
0.265　（2.65）	25
0.217　（2.27）	20

ICS
Q
备案号:24204—2008

JC

中华人民共和国建材行业标准

JC/T 1087—2008
代替 YB 4098—1996

钢渣道路水泥

Steel slag cement for road

2008-06-16 发布 　　　　　　　　　　　2008-12-01 实施

中华人民共和国国家发展和改革委员会　发布

前　言

本标准是对 YB 4098—1996《钢渣道路水泥》进行的修订。

本标准与 YB 4098—1996 相比主要变化如下：

——定义中将平炉、转炉钢渣改为转炉钢渣或电炉钢渣(1996 年版的第 3 章;本版的第 3 章);

——在组分条款中取消了钢渣和粒化高炉矿渣的总掺入量不小于 60% 的规定(1996 年版的第 4 章;本版的第 4 章);

——水泥标号改为强度等级,增加了一个强度等级产品(1996 年版的第 5 章,本版的第 5 章);

——水泥强度检验方法由 GB/T 17671—1999《水泥胶砂强度检验方法(ISO 法)》代替 GB/T 177—1985《水泥胶砂强度检验方法》(1996 年版的 7.8,本版的 7.8);

本标准自实施之日起代替 YB 4098—1996;

本标准由中国建筑材料联合会提出。

本标准由全国水泥标准化技术委员会(SAC/TC 184)归口。

本标准负责起草单位:中冶集团建筑研究总院。

本标准参加起草单位:中国京冶工程技术有限公司、山西双良水泥有限公司。

本标准主要起草人:朱桂林、张亮亮、李虎森、郝以党、孙树杉。

本标准所代替标准的历次版本发布情况为:

——YB 4098—1996。

钢渣道路水泥

1 范围

本标准规定了钢渣道路水泥的术语和定义、材料要求、强度等级、技术要求、试验方法、检验规则、包装、标志、运输与贮存。

本标准适用于道路路面和对耐磨、抗干缩等性能要求较高的其他工程用的钢渣道路水泥。

2 规范性引用文件

下列文件中的条款通过本标准的引用而成为本标准的条款。凡是注日期的引用文件,其随后所有的修改单(不包括勘误的内容)或修订版均不适用于本标准,然而,鼓励根据本标准达成协议的各方研究是否可使用这些文件的最新版本。凡是不注日期的引用文件,其最新版本适用于本标准。

GB/T 176 水泥化学分析方法(GB/T 176—1996,egv ISO 680:1990)

GB/T 203 用于水泥中的粒化高炉矿渣

GB/T 750 水泥压蒸安定性试验方法

GB/T 1346 水泥标准稠度用水量、凝结时间、安定性检验方法(GB/T 1346—2001,eqv ISO 9597:1989)

GB/T 5483 石膏和硬石膏(GB/T 5483—1996,eqv ISO 1587:1975)

GB/T 8074 水泥比表面积测定方法(勃氏法)(neq ASTM C204:1981)

GB 9774 水泥包装袋

GB 12573 水泥取样方法

GB/T 12960 水泥组分的定量测定

GB/T 17671 水泥胶砂强度检验方法(ISO 法)(GB/T 17671—1999,idt ISO 679:1989)

GB/T 21372 硅酸盐水泥熟料

YB/T 022 用于水泥中的钢渣

YB/T 140 水泥用钢渣化学分析方法

JC/T 421 水泥胶砂耐磨性试验方法

JC/T 603 水泥胶砂干缩试验方法

JC/T 667 水泥助磨剂

3 术语和定义

下列术语和定义适用于本标准。

3.1

钢渣道路水泥 steel slag cement for road

以转炉钢渣或电炉钢渣(简称钢渣)为主要成分,和硅酸盐水泥熟料、适量粒化高炉矿渣、石膏,磨细制成的水硬性胶凝材料,称为钢渣道路水泥,代号为 S·R。

4 材料要求

4.1 钢渣

应符合 YB/T 022 的规定,其掺加量(按质量百分比计)不应少于 30%。

4.2 粒化高炉矿渣

应符合 GB/T 203 的规定。

4.3 硅酸盐水泥熟料

应符合 GB/T 21372 的规定,且 28d 抗压强度不低于 55MPa。

4.4 石膏

应符合 GB/T 5483 的规定。

4.5 助磨剂

粉磨时允许加入助磨剂,其加入量不得超过水泥质量的 0.5%,助磨剂应符合 JC/T 667 的规定。

5 强度等级

钢渣道路水泥强度等级分为 32.5、42.5。

6 技术要求

6.1 三氧化硫

三氧化硫含量应不大于 4.0%。

6.2 比表面积

比表面积应不小于 380m²/kg。

6.3 凝结时间

初凝应不早于 1.5h,终凝应不迟于 10h。

6.4 安定性

用沸煮法检验必须合格。用氧化镁含量大于 13% 的钢渣制成的水泥,经压蒸安定性检验,必须合格。

6.5 干缩率

28d 干缩率不得大于 0.10%。

6.6 耐磨性

28d 磨耗量不得大于 3.00kg/m²。

6.7 强度

水泥的强度等级按规定龄期的抗压强度和抗折强度划分,各龄期的抗压强度和抗折强度应不低于表 1 中数值。

表 1 水泥的等级与各龄期强度

单位为兆帕

强度等级	抗压强度		抗折强度	
	3d	28	3d	28d
32.5	16.0	32.5	3.5	6.5
42.5	21.0	42.5	4.0	7.0

6.8 碱含量

碱含量由供需双方商定。若使用活性骨料,用户要求提供低碱水泥时,水泥中碱含量应不超过 0.60%。碱含量按 $Na_2O + 0.658K_2O$ 计算值表示。

7 试验方法

7.1 水泥中三氧化硫(SO_3)、氧化钠(Na_2O)和氧化钾(K_2O)含量

按 GB/T 176 进行。

7.2 钢渣中氧化镁(MgO)含量

按 YB/T 140 进行。

7.3 比表面积

按 GB/T 8074 进行。

7.4 凝结时间和安定性

按 GB/T 1346 进行。

7.5 压蒸安定性

按 GB/T 750 进行。

7.6 干缩率

按 JC/T 603 进行。

7.7 耐磨性

按 JC/T 421 进行。

7.8 强度

按 GB/T 17671 进行。

8 检验规则

8.1 编号及取样

水泥出厂前按同品种、同等级编号和取样。袋装水泥和散装水泥应分别进行编号和取样。每一编号为一取样单位、水泥出厂编号按水泥厂年产量规定：

10 万 t 以上,不超过 400t 为一编号;

10 万 t 以下,不超过 200t 为一编号。

取样方法按 GB 12573 进行。当散装水泥运输工具的容量超过该厂规定出厂编号吨数时,允许该编号的数量超过取样规定吨数。

取样应有代表性。可连续取,亦可从 20 个以上不同部位取等量样品,总量至少 14kg。

所取样品应按本标准第 7 章规定的方法进行出厂检验。

8.2 水泥出厂

经确认水泥各项技术指标及包装质量符合要求时方可出厂。

8.3 检验分类

8.3.1 出厂检验

出厂检验项目为 6.1～6.4、6.7、6.8 的技术要求。

8.3.2 型式检验

型式检验项目为第 6 章规定的全部技术要求。有下列情况之一者,应进行型式检验:

a)新产品试制定型鉴定;

b)正式生产后,如材料、工艺有较大改变,可能影响产品性能时;

c)正常生产时,对每周第一个编号的水泥进行干缩率和耐磨性试验;

d)产品长期停产后,恢复生产时;

e)国家质量监督检验机构提出型式检验要求时。

8.4 判定规则

8.4.1 检验结果符合 6.1～6.4、6.7、6.8 的规定为合格品。

8.4.2 检验结果不符合 6.1～6.4、6.7、6.8 中的任何一项技术要求为不合格品。

8.5 试验报告

试验报告内容应包括本标准规定的各项技术要求及试验结果。水泥厂应在水泥发出日起 7 日内寄发除 28d 强度、干缩率和耐磨性以外的各项试验结果,28d 强度数值,应在水泥发出日起 32 日内补报。

8.6 交货与验收

8.6.1 交货

交货时水泥的质量验收可抽取实物试样以其检验结果为依据,也可以水泥厂同编号水泥的检验报告为依据。采取何种方法验收由买卖双方商定,并在合同或协议中注明。

8.6.2 验收

8.6.2.1 以抽取实物试样的检验结果为验收依据时,买卖双方应在发货前或交货地共同取样和签封。取样方法按 GB 12573 进行,取样应在水泥发货前或到达地 3 日内进行,取样数量为 22kg,缩分为两等份,一份由卖方保存 40 日,一份由买方按本标准规定的项目和方法进行检验。

8.6.2.2 在 40 日内,买方检验认为产品质量不符合本标准要求,而卖方又有异议时,则双方应将卖方保存的另一份试样送省级或省级以上国家认可的水泥质量监督检验机构进行仲裁检验。

8.6.2.3 以水泥厂同编号水泥的检验报告为验收依据时,在发货前或交货时买方在同编号水泥中抽取试样,双方共同签封后保存三个月;或委托卖方在同编号水泥中抽取试样,签封后保存三个月。

在三个月内,买方对水泥质量有疑问时,则买卖双方将共同签封的试样送省级或省级以上国家认可的水泥质量监督检验机构进行仲裁检验。

9 包装、标志、运输与贮存

9.1 包装

水泥可以袋装或散装,袋装水泥每袋净含量 50kg,且不得少于标志质量的 99%;随机抽取 20 袋总质量不得少于 1000kg。其他包装形式由供需双方协商确定,但有关袋装质量要求,必须符合上述原则规定。

水泥包装袋应符合 GB 9774 的规定。

9.2 标志

水泥袋上应清楚标明:产品名称、代号、净含量、强度等级、生产许可证编号、生产者名称和地址、出厂编号、执行标准号、包装年、月、日。包装袋两侧应印有水泥名称和等级,用黑色印刷。

散装时应提交与包装袋标志相同内容的卡片。

9.3 运输与贮存

水泥在运输与贮存时,不得受潮和混入杂物,不同品种和等级的水泥应分别贮存,不得混杂。

ICS
Q
备案号:24199—2008

JC

中华人民共和国建材行业标准

JC/T 1082—2008
代替 YB/T 057—1994

低热钢渣硅酸盐水泥

Low heat portland steel slag cement

2008-06-16 发布
2008-12-01 实施

中华人民共和国国家发展和改革委员会 发布

前　言

本标准参考 JIS R5210—1997《波特兰水泥》(中热波特兰水泥、低热波特兰水泥)和 DIN 1164:2000 – 11《特种水泥》(低热水泥)。

本标准是对 YB/T 057—1994《低热钢渣矿渣水泥》进行的修订。

本标准与原 YB/T 057—1994 相比主要变化如下:

——标准中的名称由低热钢渣矿渣水泥改为低热钢渣硅酸盐水泥(1994 年的封面及有关术语;本版的封面及有关术语);

——定义中将转炉钢渣改为转炉钢渣或电炉钢渣(1994 年版的第 3 章;本版的第 3 章);

——定义中取消了钢渣和高炉矿渣的总掺入量不小于60%的规定(1994 年版的第 3 章);

——水泥标号改为强度等级(1994 年版的第 4 章;本版的第 5 章);

——取消筛析法测定水泥细度的指标(1994 年版的5.2 条);

——水泥强度检验方法由 GB/T 17671—1999《水泥胶砂强度检验方法》(ISO 法)代替 GB/T 177—1985《水泥胶砂强度检验方法》(1994 年版的6.5 条;本版的7.6 条);

—水泥水化热试验方法保留 GB/T 2022《水泥水化热试验方法(直接法)》,同时增加了 GB/T 12959《水泥水化热测定方法》,有矛盾时以溶解热法为准(1994 年版的6.7 条;本版的7.7 条);

本标准自实施之日起代替 YB/T 057—1994。

本标准由中国建筑材料联合会提出。

本标准由全国水泥标准化技术委员会(SAC/TC 184)归口。

本标准负责起草单位:中冶集团建筑研究总院。

本标准参加起草单位:中国京冶工程技术有限公司。

本标准主要起草人:朱桂林、张亮亮、张宇、赵蕊、孙树杉、王建华。

本标准所代替标准的历次版本发布情况为:

——YB/T 057—1994。

低热钢渣硅酸盐水泥

1 范围

本标准中规定了低热钢渣硅酸盐水泥的术语和定义、材料要求、强度等级、技术要求、试验方法、检验规则、包装、标志、运输与贮存。

本标准适用于要求水化热低的大坝和大体积混凝土工程所用的低热钢渣硅酸盐水泥。

2 规范性引用文件

下列文件中的条款通过本标准的引用而成为本标准的条款。凡是注日期的引用文件,其随后所有的修改单(不包括勘误的内容)或修订版均不适用于本标准,然而,鼓励根据本标准达成协议的各方研究是否可使用这些文件的最新版本。凡是不注日期的引用文件,其最新版本适用于本标准。

GB/T 176   水泥化学分析方法(GBT 176—1996,evq ISO 680:1990)

GB/T 203   用于水泥中的粒化高炉矿渣

GB/T 750   水泥压蒸安定性试验方法

GB/T 1346   水泥标准稠度用水量、凝结时间、安定性检验方法(GB/T 1346—2001,eqv ISO 9597:1989)

GB/T 5483   石膏和硬石膏(GB/T 5483—1996,eqv ISO 1587:1975)

GB/T 8074   水泥比表面积测定方法(勃氏法)(neq ASTM C 204:1981)

GB 9774   水泥包装袋

GB 12573   水泥取样方法

GB/T 12959   水泥水化热测定方法

GB/T 12960   水泥组分的定量测量

GB/T 17671   水泥胶砂强度检验方法(ISO 法)(GB/T 17671—1999,idt ISO 679:1989)

GB/T 21372   硅酸盐水泥熟料

YB/T 022   用于水泥中的钢渣

YB/T 140   水泥用钢渣化学分析方法

JC/T 667   水泥助磨剂

3 术语和定义

下列术语和定义适用于本标准。

3.1 低热钢渣硅酸盐水泥 Low heat portland steel slag cement

凡由转炉钢渣或电炉钢渣(简称钢渣)、硅酸盐水泥熟料、适量粒化高炉矿渣、石膏,磨细制成的水硬性胶凝材料,称为低热钢渣硅酸盐水泥。代号为 S·LH。

4 材料要求

4.1 钢渣

应符合 YB/T 022 的规定,其掺和量(按质量百分比计)不应少于 30%。

4.2 粒化高炉矿渣

应符合 GB/T 203 的规定。

4.3 硅酸盐水泥熟料

应符合 GB/T 21372 的规定，且 28d 抗压强度不低于 55MPa。

4.4 石膏

天然石膏：应符合 GB/T 5483 中规定的 G 类或 A 类二级（含）以上的石膏或硬石膏。

工业副产石膏：工业生产中以硫酸钙为主要成分的副产品。采用工业副产石膏时，应经过试验证明对水泥性能无害。

4.5 助磨剂

水泥粉磨时允许加入助磨剂，其加入量不超过水泥质量的 0.5%，助磨剂应符合 JC/T 667 的规定。

5 强度等级

强度等级分为 32.5 和 42.5。

6 技术要求

6.1 三氧化硫

水泥中三氧化硫含量应不大于 4.0%。

6.2 比表面积

水泥比表面积应不小于 $350m^2/kg$。

6.3 凝结时间

初凝时间应不早于 60min，终凝时间应不迟于 12h。

6.4 安定性

用沸煮法检验必须合格。

用氧化镁含量大于 13% 的钢渣制成的水泥，经压蒸安定性检验，必须合格。

6.5 碱

碱含量由供需双方商定，当水泥在混凝土中和骨料可能发生有害反应并经用户提出低碱要求时，低热钢渣硅酸盐水泥中的碱含量以 $Na_2O + 0.658K_2O$ 计算值表示，应不大于 1.0%。

6.6 强度

各龄期强度应不低于表 1 中数值。

表 1 水泥的强度等级与各龄期强度　　　　　单位为兆帕

强度等级	抗压强度		抗折强度	
	7d	28d	3d	28d
32.5	12.0	32.5	3.0	5.5
42.5	13.0	42.5	3.5	6.5

6.7 水化热

各龄期水化热应不大于表 2 中数值。

表 2 各龄期水化热　　　　　单位为千焦每千克

强度等级	水化热	
	3d	7d
32.5	197	230
42.5	230	260

7 试验方法

7.1 水泥中三氧化硫（SO_3）、氧化钠（Na_2O）和氧化钾（K_2O）含量

按 GB/T 176 进行。

7.2 钢渣中氧化镁(MgO)含量

按 YB/T 140 进行。

7.3 比表面积

按 GB/T 8074 进行。

7.4 凝结时间和安定性

按 GB/T 1346 进行。

7.5 压蒸安定性

按 GB/T 750 进行。

7.6 强度

按 GB/T 17671 进行。

7.7 水化热

按 GB/T 2022 或 GB/T 12959 进行,有争议时应以 GB/T 12959 为准。

8 检验规则

8.1 编号、取样及留样

水泥出厂前要按同强度等级编号和取样。每一编号为一单位,袋装水泥和散装水泥应分别进行编号和取样。水泥出厂编号按水泥厂年产量规定:

30 万 t 以上,不超过 600t 为一编号;

10 万 t 以上至 30 万 t,不超过 400t 为一编号;

10 万 t 以下,不超过 200t 为一编号。

取样方法按 GB 12573 进行。

取样应有代表性,可连续取,亦可从 20 个以上不同部位取等量样品,总量至少 14kg。

每一编号取得的水泥样应充分混匀,分为两等份。一份由水泥厂按本标准规定的方法进行试验;一份密封保存三个月,以备复验或提交国家指定的检验机构进行仲裁。

所取样品按本标准第 7 章规定的方法进行检验。

8.2 水泥出厂

经确认水泥各项技术指标及包装质量符合要求时方可出厂。

8.3 出厂检验

出厂检验项目包括 6.1～6.7 的技术要求。

8.4 判定规则

8.4.1 检验结果符合 6.1～6.7 的规定为合格品。

8.4.2 检验结果不符合 6.1～6.7 中的任何一项技术要求为不合格品。

8.5 试验报告

试验报告内容应包括本标准规定的各项技术要求及试验结果。当用户需要时,水泥厂应在水泥发出之日起 7 日内,寄发除 28d 强度以外的各项试验结果,28d 强度数值,应在水泥发出之日起 32 日内补报。

8.6 交货与验收

8.6.1 交货

交货时水泥的质量验收可抽取实物试样以其检验结果为依据,也可以水泥厂同编号水泥的检验报告为依据。采取何种方法验收由供需双方商定,并在合同或协议中注明。

8.6.2 验收

8.6.2.1 以抽取实物试样的检验结果为验收依据时,供需双方应在发货前或交货地共同取样和签封。取样方法按 GB 12573 进行,取样应在水泥发货前或到达地 3 日内进行,取样数量为 22kg,缩分为两等份,一份由供方保存 40 日,一份由需方按本标准规定的项目和方法进行检验。

在 40 日内,需方检验认为产品质量不符合本标准要求,而供方又有异议时,则双方应将供方保存的另一份试样送省级或省级以上国家认可的水泥质量监督检验机构进行仲裁检验。

8.6.2.2 以水泥厂同编号水泥的检验报告为验收依据时,在发货前或交货时需方在同编号水泥中抽取试样,双方共同签封后保存三个月或委托供方在同编号水泥中抽取试样,签封后保存三个月。

在三个月内,需方对水泥质量有疑问时,则供需双方将共同签封的试样送省级或省级以上国家认可的水泥质量监督检验机构进行仲裁检验。

9 包装、标志、运输与贮存

9.1 包装

水泥可以袋装或散装,袋装水泥每袋净质量50kg,且不得少于标志质量的99%;随机抽取20袋总质量不得少于1000kg。其他包装形式由供需双方协商确定。

水泥包装袋应符合 GB 9774 的规定。

9.2 标志

包装袋上应清楚标明:产品名称、代号、净质量、强度等级、生产许可证编号、生产厂名和地址、出厂编号、执行标准号、包装年、月、日。包装袋两侧应印有水泥名称和等级,用黑色印刷。

散装时应提交与包装袋标志相同内容的卡片。

9.3 运输与贮存

水泥在运输与贮存时,不得受潮和混入杂物,不同品种和强度等级的水泥应分别贮存,不得混杂。

ICS
备案号:22933—2008

JC

中华人民共和国建材行业标准

JC/T 1063—2007

水泥窑用抗剥落高铝砖

Spalling resistant high alumina bricks for cement kiln

2007-09-22 发布

2008-04-01 实施

中华人民共和国国家发展和改革委员会　发布

前　言

本标准由中国建筑材料工业协会提出并归口。

本标准负责起草单位:中国建筑材料检验认证中心国家建材工业耐火材料产品质量监督检验测试中心。

本标准参加起草单位:淄博鲁中耐火材料有限公司、淄博市博山中科达耐火材料厂、郑州建信耐火材料成套有限公司。

本标准主要起草人:谢金莉、封立杰、梁新闻、慕松坡、李春燕、李丽萍、薛飞、潘传才、张林林。

本标准委托中国建筑材料检验认证中心国家建材工业耐火材料产品质量监督检验测试中心负责解释。

本标准为首次发布。

水泥窑用抗剥落高铝砖

1 范围

本标准规定了水泥窑用抗剥落高铝砖的术语和定义、分类和标记、技术要求、试验方法、检验规则、包装、标志、运输与储存和质量证明书。

本标准适用于水泥窑用抗剥落高铝砖。

2 规范性引用文件

下列文件中的条款通过本标准的引用而成为本标准的条款。凡是注日期的引用文件,其随后所有的修改单(不包括勘误的内容)或修订版均不适用于本标准,然而,鼓励根据本标准达成协议的各方研究是否可使用这些文件的最新版本。凡是不注日期的引用文件,其最新版本适用于本标准。

GB/T 2997 致密定形耐火制品 体积密度、显气孔率和真气孔率试验方法

GB/T 4984 锆质耐火材料化学分析方法

GB/T 5072.1 致密定形耐火制品 常温耐压强度试验方法 无衬垫仲裁试验

GB/T 5072.2 致密定形耐火制品 常温耐压强度试验方法 第2部分:衬垫试验法

GB/T 6900 铝硅系耐火材料化学分析方法

GB/T 7321 定形耐火制品试样制备方法

GB/T 10325 定形耐火制品抽样验收规则

GB/T 10326 定形耐火制品尺寸、外观及断面的检查方法

GB/T 16546 定形耐火制品包装、标志、运输和储存

YB/T 370 耐火制品荷重软化温度试验方法(非示差-升温法)

YB/T 376.1 耐火制品抗热震性试验方法(水急冷法)

3 术语和定义

下列术语和定义适用于本标准。

抗剥落高铝砖 spalling resistant high alumina bricks

以高铝矾土为主要原料,添加含氧化锆材料或其他原料,经压制成型和烧成后,具有较好的抗剥落性能的定形耐火制品。

4 分类与标记

4.1 分类

按化学成分分为两类。

第一类为含 ZrO_2 的抗剥落高铝砖,用 GKBL-70 表示。

第二类为不含 ZrO_2 的抗剥落高铝砖,用 KBL-70 表示。

4.2 标记

产品标记顺序为:产品名称、品种和标准号。

示例:含 ZrO_2 的抗剥落高铝砖标为:抗剥落高铝砖 GKBL-70 JC/T 1063—2007

5 技术要求

5.1 产品的尺寸允许偏差与外观

产品的尺寸允许偏差与外观应符合表1的规定。

表1 产品的尺寸允许偏差及外观质量 单位为毫米

项 目		指 标
尺寸允许偏差	110	±1
	110~200	±1.5
	>200	±2
	楔形砖大小头尺寸差值	±1
扭曲		≤0.5%
缺角		≤20 允许 20<a+b+c<50 允许二处 ≥50 不允许
缺棱		≤30 允许 30<e+f+g<60 允许三处 ≥60 不允许
裂纹	宽度<0.1	允许
	0.1~0.25	裂纹长度≤40
	>0.25	不允许

注:特殊要求产品的尺寸允许偏差及外观质量由供需双方商定。

5.2 理化性能

产品的理化性能指标应符合表2的规定。

表2 产品的理化指标

项 目			指 标	
			GKBL-70	KBL-70
化学成分	Al_2O_3/%	≥	70.0	70.0
	ZrO_2/%	≥	6.0	—
	*Fe_2O_3/%	≤	1.5	1.5
物理性能	体积密度/g/cm³	≥	2.55	2.55
	显气孔率/%	≤	22	20
	常温耐压强度/MPa	≥	60	60
	荷重软化温度$T_{0.6}$/℃	≥	1470	1470
	热震稳定性(1100℃水冷)/次	≥	20	15

*该项指标为选择性指标。

6 试验方法

6.1 制样按 GB/T 7321 的规定进行。

6.2 Al_2O_3、Fe_2O_3 按 GB/T 6900 的规定进行,ZrO_2 按 GB/T 4984 的规定进行。

6.3 体积密度、显气孔率按 GB/T 2997 的规定进行。

6.4 耐压强度可按 GB/T 5072.1、GB/T 5072.2 的规定进行,其中 GB/T 5072.1 是仲裁检验方法。

6.5 荷重软化温度按 YB/T 370 的规定进行。

6.6 热震稳定性按 YB/T 376.1 的规定进行。

6.7 产品的尺寸偏差和外观质量按 GB/T 10326 的规定进行。

7 检验规则

7.1 出厂检验

出厂检验项目包括第 5 章中的全部性能(Fe_2O_3 含量为选择性指标)。

7.2 组批与抽样

7.2.1 产品按同一类别组批,每批不超过 150t。

7.2.2 抽样按 GB/T 10325 的规定进行。

7.3 判定规则

产品的判定按 GB/T 10325 进行。破坏性检验的样品应从外观检查合格的样本中抽取。第 5 章中的所有项目(Fe_2O_3 含量为选择性指标)为考核指标。

8 包装、标志、运输和储存及质量证明书

8.1 包装、标志、运输和储存按 GB/T 16546 进行。

8.2 砖出厂时应附有质量证明书,质量证明书应包括:供方名称、需方名称、合同号、生产日期、产品名称、标准编号、牌号、批号、尺寸、外观及理化指标等内容。

ICS 91-110

Q 92

备案号:18414—2006

中华人民共和国建材行业标准

JC/T 406—2006

代替 JC/T 406—1991(1996)

水泥机械包装技术条件

Packing technical conditions for cement machinery

2006-08-19 发布

2006-12-01 实施

中华人民共和国工业和信息化部　发布

目　次

前　言

本标准是对 JC/T 406—1991(1996)《水泥机械包装技术条件》进行的修订。

本标准与 JC/T 406—1991(1996)相比,主要技术内容变化如下:

——增加第 3 章术语和定义;

——水泥机械主要产品包装型式加了"推荐"两字,并从正文改为附录 B;

——规范性引用文件采用国际标准一致性程度代号;

——袋式除尘器已由标准型和用户型袋式除尘器代替;

——对防水和防潮包装提出具体等级要求;

——规范了试验方法;

——附录 A 木箱名称作了改动,分为框架木箱 Ⅰ 型、Ⅱ 型和 Ⅲ 型。包装重量也作了适当调整。

本标准的附录 A 和附录 B 均为资料性附录。

请注意本标准的某些内容有可能涉及专利。本标准的发布机构不应承担识别这些专利的责任。

本标准自实施之日起代替 JC/T 406—1991(1996)《水泥机械包装技术条件》。

本标准由中国建筑材料工业协会提出。

本标准由国家建筑材料工业机械标准化技术委员会归口。

本标准负责起草单位:上海建设路桥机械设备有限公司。

本标准参加起草单位:中天仕名科技集团有限公司、南京水泥工业设计研究院、江苏鹏飞集团有限公司、中国建材装备有限公司。

本标准主要起草人:王定华、王奕成、邓军、陆银坤、责道林、李蔚。

本标准所代替标准的历次版本发布情况为:

——JC/T 406—1991(1996);

——JC/T 406—1991。

水泥机械包装技术条件

1 范围

本标准规定了水泥机械包装的术语和定义、包装型式、技术要求、试验方法与检验规则、随机技术文件、标志、起吊、运输和储存。

本标准适用于水泥机械的包装,其他建材机械亦可参照使用。

2 规范性引用文件

下列文件中的条款通过本标准的引用而成为本标准的条款。凡是注日期的引用文件,其随后所有的修改单(不包括勘误的内容)或修订版均不适用于本标准,然而,鼓励根据本标准达成协议的各方研究是否可使用这些文件的最新版本。凡是不注日期的引用文件,其最新版本适用于本标准。

GB/T 41 六角螺母 (GB/T 41—2000,ISO 4034:1999,MOD)

GB/T 95 平垫圈 (GB/T 95—2002,ISO 7091:2000,MOD)

GB/T 96.2 大垫圈 (GB/T 96.2—2002,ISO 7093—2:2000,MOD)

GB/T 100 开槽沉头木螺钉

GB/T 102 六角头木螺钉

GB/T 153 针叶树锯材

GB/T 191 包装储运图示标志 (GB/T 191—2000,ISO 780:1997,MOD)

GB/T 343 一般用途低碳钢丝

GB/T 700—1988 碳素结构钢 (DIN 630:1987,MOD)

GB/T 897 双头螺栓

GB/T 953 等长双头螺栓

GB/T 1413 系列1集装箱分类尺寸和额定质量

GB/T 4817 阔叶树锯材

GB/T 4857.9 包装 运输包装件 喷淋试验方法 (GB/T 4857.9—1992,ISO 2875:1985,MOD)

GB/T 4879—1999 防锈包装

GB/T 5048—1999 防潮包装

GB/T 5398 大型运输件包装试验方法 (GB/T 5398—1999,ASTM D1083:1991,NEQ)

GB/T 5780 六角头螺栓 (GB/T 5780—2000,ISO 4016:1999,MOD)

GB/T 6170 Ⅰ型六角螺母 (GB/T 6170—2000,ISO 4032:1999,MOD)

GB/T 6388 运输包装收发货标志

GB/T 7284 框架木箱 (GB/T 7284—1998,JIS Z1403:1984,NEQ)

GB/T 7350—1999 防水包装

GB/T 9846.4—1998 胶合板 (ISO 1098:1975,NEQ)

GB/T 12339 防护用内包装材料

GB/T 12464 普通木箱

GB/T 12626.2—1990 硬质纤维板 (ISO 2695:1976,NEQ)

GB/T 13041 包装容器 菱镁硅箱

GB/T 13123 竹编胶合板

GB/T 16471 运输包装件尺寸界限(GB/T 16471—1996,MIL—STD—1366B:1981,NEQ)

GB 50010　混凝土结构设计规范

GB 50204　混凝土结构工程施工质量验收规范

GBJ 107　混凝土强度检验评定标准

JB/T 8827　机电产品防震包装

YB/T 025　包装用钢带

YB/T 5002　一般用途圆钢钉

3　术语和定义

下列术语和定义适用于本标准。

3.1　封闭箱装　full-closed box package

箱面用木板等钉合成封闭状的木箱进行的包装。

3.2　花格箱装　semi-closed box package

箱面用木板等钉合成栅栏状的花格箱进行的包装。

3.3　局部包装　part package

仅对产品需要防护的部位所进行的包装。

3.4　敞开包装　non-closed package

将产品固定在底座(或滑木)上,不再进行包装或仅在局部进行包装的一种包装。

3.5　捆扎包装　enlcuing package

对型材、管材、圆钢、钢轨等物品,用适当的材料进行扎紧、定固或增强的包装。

3.6　裸装　bare package

对产品不进行任何形式的包装。

3.7　专用包装　special package

用特制的包装容器对特殊的产品所进行的包装。

4　包装型式

4.1　包装类型主要有:

a) 封闭箱装;

b) 花格箱装;

c) 局部包装;

d) 敞开包装;

e) 捆扎包装;

f) 裸装;

g) 专用包装;

h) 集装箱包装。

4.2　水泥机械包装结构型式示例参见附录A。

4.3　水泥机械主要产品推荐的包装型式参见附录B。表中未列入的产品和零、部件可参照执行。

5　技术要求

5.1　基本要求

5.1.1　水泥机械产品包装应符合本标准规定,并按规定程序批准的包装图样和装箱单进行包装。

5.1.2　产品经检验合格,并满足产品包装前要求的条件后,方可进行外包装。

5.1.3　产品包装应牢固、经济、美观,并能适应长途运输和多次装卸的要求,确保产品完整,无损、安全运达目的地。

5.1.4　制造厂自发货之日起,在正常运输、装卸条件下,应在一年内不因包装不善而引起产品防锈部位的锈蚀和零、部件的丢失。

5.2 产品包装前的要求

5.2.1 产品内部的铁锈、污物、积水等必须清理干净,外表面应整洁。

5.2.2 产品上未涂油漆的加工面,一般应涂刷防锈脂。对精密加工面还应封贴防锈材料。

5.2.3 分段件、分片件应按拼接关系进行编号,在接合处作出定位标记打上字母符号。

5.2.4 对刚性不足的筒体、薄壁壳体等易变形的零件,应在两端和其他适当部位进行支撑加固。

5.3 产品分装原则

5.3.1 产品以一台为单位按装箱单进行包装,同一箱内只能装同一产品的零、部件,非同台产品不应混装。

5.3.2 大型产品原则上按部件包装,拆卸的零件、紧固件等零件,应单独包装并放在所属包装箱内。

5.3.3 对易损坏的仪器仪表、拆卸的精密零件应单独防震包装。

5.4 包装材料及材质要求

5.4.1 木材

5.4.1.1 针、阔叶树种均可作包装用材,对滑木、枕木、框架等受力构件,主要采用马尾松、落叶松和云杉,也可用与上述材料性能相近的其他树种。

5.4.1.2 木材等级应符合 GB/T 153 和 GB/T 4817 的规定,滑木、枕木和框架应不低于二等材制作。顶板、底板和侧板应不低于三等材制作。

5.4.1.3 滑木、枕木、框架及花格箱板材的含水率应不大于25%,封闭箱板材与箱内构件的含水率应不大于20%。

5.4.2 纤维板

制箱和封孔用纤维板应选用不低于 GB/T 12626.2—1990 中的二等品。

5.4.3 胶合板

胶合板推荐选用不低于 GB/T 9846.4—1998 中的三等品。竹胶合板应符合 GB/T 13123 的规定。

5.4.4 钢带

包装用钢带的宽度应不小于16mm,厚度应不小于0.45mm,其质量应符合 YB/T 025 的规定。

5.4.5 钢钉

制箱用钢钉的质量应符合 YB/T 5002 的规定。

5.4.6 钢丝

包装用镀锌钢丝应符合 GB/T 343 的规定。

5.4.7 钢材

包装用型钢、钢材等材料的性能应不低于 GB/T 700—1988 中 Q235A 的规定。

5.4.8 紧固件

固定件应符合以下要求:

a)螺栓应符合 GB/T 5780 的规定;

b)双头螺栓应符合 GB/T 897、GB/T 953 的规定;

c)螺母应符合 GB/T 41、GB/T 6170 的规定;

d)垫圈应符合 GB/T 95、GB/T 96.2 的规定;

e)木螺钉应符合 GB/T 100、GB/T 102 的规定。

5.4.9 包装新材料

使用新开发的可再生、环保型等新包装材料应符合相关标准的规定。

5.5 制箱要求

5.5.1 包装箱顶部型式

陆运包装箱一般采用平顶,因超限也可采用屋脊顶。海运的包装箱都应用平顶。

5.5.2 框架木箱 I 型

框架木箱应符合以下要求:

a)框架木箱应符合 GB/T 7284 的规定;

b）推荐底部各构件的尺寸见表 1；

c）箱型见附录 A 中的图 A.1 和图 A.2。

5.5.3 框架木箱Ⅱ型

框架木箱Ⅱ型应符合以下要求：

a）底板、侧板、端板、顶板的结构和尺寸参照 GB/T 7284 的规定；

b）箱型见附录 A 中的图 A.3 和图 A.4；

c）推荐底部各构件的尺寸见表 1。

5.5.4 框架木箱Ⅲ型（钢筋混凝土滑木箱）

框架木箱Ⅲ型应符合以下要求：

a）底板、侧板、端板、顶板的结构和尺寸参照 GB/T 7284 的规定；

b）箱型见附录 A 中的图 A.5 和图 A.6；

c）滑木和枕木设计应符合 GB 50010 的规定，施工应符合 GB 50204 和 GBJ 107 的规定。

表 1 底座各构件的尺寸

内装物重量 /kg	滑木		端木（宽×厚） /mm	端木与滑木联结用螺栓直径 /mm	辅助滑木的厚度 /mm	底板的厚度/mm	
	箱的内长 /mm	尺寸（宽×厚） /mm				木板	胶合板
≤700	3500	100×50	90×45 或 60×60	10（或用钢钉钉）	≥24	15	5.5
>700～1000		90×60					
>1000～1500		75×75 或 120×60	75×75	12		18	9.0
>1500～2000		90×90	90×90		≥30		
>2000～3000	5000	100×100 或 150×75					
>3000～4000	4500						
>4000～5000	5000	120×120	100×100		≥40		
>5000～7500	4500						
>7500～10000	7000	150×150	120×120		≥50	21	12
>10000～12500	6000						
>12500～15000	8000	180×180	150×150	16	≥60		
>15000～17500	7000						
>17500～20000	6000						

注：若箱的内长超过表中给定范围，可采用大一档尺寸的滑木，或缩短起吊之间的距离。

5.5.5 普通木箱

普通木箱应符合以下要求：

a）普通木箱应符合 GB/T 12464 的规定；

b）推荐箱板箱档尺寸见表 2；

c）箱型见附录 A 中的图 A.7 和图 A.8。

5.5.6 菱镁砼箱

菱镁砼包装箱应符合 GB/T 13041 的规定。

5.6 包装要求

5.6.1 箱装

5.6.1.1 产品重量在 5000kg 以下，精密度较高，并有较高的防潮、防锈、防震要求的产品，应用封闭箱包装；对无防潮、防锈、防震要求，或要求较低的产品，宜用花格箱包装。

表2 普通木箱推荐箱板箱档尺寸

内装物重量/kg	一 级		二 级	
	箱板厚度/mm	箱档宽与厚/mm	箱板厚度/mm	箱档宽与厚/mm
15	12	50×15	12	40×15
50		60×15		50×15
100	15	75×15	15	65×15
150	18	75×18	18	75×18
200	21	80×21		

5.6.1.2 产品装箱时应尽量使其重心居中靠下。重心偏高时应尽可能采用卧式包装。

5.6.1.3 为缩小包装体积,产品能够移动的零、部件应移至使产品具有最小外形尺寸的位置,并加以固定。产品上凸出的零、部件,应尽可能拆下,标上记号另行包装,一般应固定在同一箱内。

5.6.1.4 产品应垫稳、卡紧、固定于包装箱内,防止运输中发生窜动或移位。

5.6.1.5 产品与箱侧壁距离应不少于30mm,与顶板距离应不少于50mm。

5.6.1.6 产品固定在滑木上时,螺栓头部应沉入滑木内。为了产品与箱壁有一定距离,滑木可以适当移动距离。

5.6.1.7 产品上非耐油橡胶件,应另做防止与油脂接触的包装。

5.6.2 局部包装

5.6.2.1 产品上的法兰面、轴孔、内外管螺纹等零、部件,经清理涂上防锈油脂后,为了防止损坏或杂物进入,应用木板、纤维板、塑料套、塑料布等封堵包扎,参见附录A中的图A.9。

5.6.2.2 裸装的轴颈、联轴器、结合面、大齿轮、托轮、震动筛上的震动器等涂上防锈油脂后,包扎石油沥青油纸、塑料布、石油沥青油毡等防护物进行局部包装,参见附录A中的图A.10和图A.11。

5.6.3 敞开包装

5.6.3.1 较长的筒体类产品敞装时,宜卧置于支座底盘或滑木上,参见附录A中的图A.12,并妥善固定,固定不少于两道。

5.6.3.2 锥体类的分片敞装时,应立置或俯置于支座或底盘上,参见附录A中的图A.13,并妥善固定。

5.6.3.3 当产品底座以加工面敞装时,应将底平面平置于滑木或枕木上,参见附录A中的图A.14,并妥善固定。

5.6.4 捆装

5.6.4.1 型钢、管材、圆钢、钢轨类可成捆发运的零、部件,每捆重量应不大于2t,每捆捆扎道数应符合表3的规定,参见附录A中的图A.15。

表3 捆扎道数和捆扎用线材

捆装材料长度/m	≤2	>2～4	>4～6	>6
捆扎道数/道	≥2	≥3	≥4	≥5
捆扎用材和要求	镀锌线材直径≥3.2mm(10号线材),每道≥4股。			

5.6.4.2 框架、平台、墙板、箱体板、支架等焊接结构件,可置于木方、型钢或混凝土方上,两层间加垫块,并用适当方式加以固定,固定应牢固可靠。每捆重量不大于4t。捆扎道数不少于两道,参见附录A中的图A.16～图A.18。

5.6.4.3 电收尘器极板、框架等易变形结构件捆装时,应侧置于钢制底座上,用型钢压紧,并做好防水保护,参见附录A中的图A.19。

5.6.5 裸装

对箱体、桥架、筒节、托轮等产品除去局部包装外,可以采用裸装,参见附录A中图A.20～图A.22。

5.6.6 专用包装

对钢球等特殊产品应采用专用包装箱进行包装。

5.6.7 集装箱包装

出口的水泥机械产品或零部件一般宜采用集装箱包装。集装箱包装货物的尺寸和重量应符合 GB/T 1413 的规定。

5.7 防护要求

5.7.1 防水

防水应符合以下要求：

a) 凡需防水的产品,应放置在内衬防水材料的封闭箱内；

b) 防水等级推荐选用 GB/T 7350—1999 中的 B 类 2 级；

c) 外包装应设通风孔,但应采取防雨措施；

d) 防水包装的其他要求还应符合 GB/T 7350—1999 的规定。

5.7.2 防潮

防潮应符合以下要求：

a) 凡需防潮的产品,应放置在内衬防潮材料的封闭箱内；

b) 防潮用的内包装材料选用应符合 GB/T 5048—1999 中的 2~3 级；

c) 防潮用的内包装材料选用应符合 GB/T 12339 的规定；

d) 防潮包装的其他要求还应符合 GB/T 5048—1999 的规定。

5.7.3 防锈

防锈应符合以下要求：

a) 凡需防锈的产品应在清洁环境下进行,清洗并干燥后应立即防锈,如果中断,应采取暂时性的防锈措施；

b) 防锈包装等级应不低于 GB/T 4879—1999 中的 3 级；

c) 产品防锈表面的防锈层应均匀连续,不得有气泡和手污；

d) 防锈包装的其他要求还应符合 GB/T 4879—1999 的规定。

5.7.4 防震

防震应符合以下要求：

a) 凡有防震要求的产品,如仪器、仪表、精密零部件等均应采用防震包装；

b) 对有防震内包装的箱式包装,应将内包装固定,不允许窜动、移位；

c) 防震包装的其他要求还应符合 JB/T 8827 的规定。

6 试验方法

6.1 大型运输包装件的起吊、跌落试验应符合 GB/T 5398 的规定。

6.2 防水包装喷淋试验应符合 GB/T 4857.9 的规定。

6.3 防潮包装的防潮试验应符合 GB/T 5048—1999 的规定。

6.4 防锈包装的防锈试验应符合 GB/T 4879—1999 的规定。

6.5 防震包装的防震试验应符合 JB/T 8827 的规定。

7 检验规则

7.1 检验分类

检验分为出厂检验和型式检验。

7.2 出厂检验

7.2.1 产品包装应经质量检验部门按出厂检验项目检验合格并做到单物一致,才能发运。

7.2.2 出厂检验项目:5.2、5.3、5.6、5.7。

7.3 型式检验

7.3.1 箱装产品包装箱对运输和环境有特殊要求时应进行型式检验。

7.3.2 型式检验项目按本标准规定的全部项目进行检验。

7.4 判定规则

7.4.1 单件生产的产品包装应逐件检验。

7.4.2 同批生产的产品包装抽检数量不少于20%,合格率低于3/4应加倍抽检,若合格率仍低于3/4,则该批生产的产品包装为不合格。

7.4.3 对于重大产品的包装,应逐件检验。

8 随机技术文件

8.1 随机技术文件应包括:产品使用说明书、合格证明书、产品安装基础图、易损件表和装箱单。压力容器应另附质量证明书。

8.2 随机技术文件应正确、完整、清晰、统一,用塑料袋包装,并存放在1号箱内,箱面应刷写"技术文件在此箱内"的字样。分箱包装的分装箱单应存于分包装箱上方易见的地方。

8.3 对大型或联合设备,应将另一套装箱单和产品包装记录单转发给收货单位。

8.4 装箱单等随机技术文件应铅印或电脑打印后复印,不得用手写体。

9 标志

9.1 发货标志

9.1.1 发货标志应符合GB/T 6388的规定。

9.1.2 辅机、外购件等如采用原包装时,必须换以本公司、厂的标志。

9.1.3 分多箱包装时,箱号用分式表示。其中分子为分箱号,分母为总箱号,主机箱为1号箱。裸装、敞装、捆装和局部包装都必须编号。

9.1.4 每箱都应有发货标志。对裸装、敞装、捆装和局部包装,无法直接标志的,可用金属牌、塑料片作为发货标志,牢固系在包装件的两端。

9.2 储运标志

9.2.1 产品包装后应标出重心和起吊位置。

9.2.2 包装储运图示标志应根据产品特点按照GB/T 191的有关规定正确选用。

10 起吊、运输和储存

10.1 起吊

形状特殊的敞装、裸装、捆装和局部包装的重大产品,应在部件或钢制的支座上设置起吊耳环,并根据需要设置车船定位绳钩。

10.2 运输

铁路、水路和公路运输的包装件外型尺寸应符合GB/T 16471运输包装件尺寸界限的规定。对超长超重的产品,应与运输部门联系确定包装和运输方式。

10.3 储存

10.3.1 包装件堆放高度一般不超过3m,防水、防潮包装件应堆放在库房内或设防雨措施。堆放场地应平整,包装件堆放时,应垫平、整齐。制造厂对包装件堆放有特殊要求时,可向收货单位提出堆放要求或提供堆放示意图。

10.3.2 产品包装后在制造厂内储存超过6个月,出厂时应复验包装质量,如不符合本标准要求时应重新包装。

附 录 A
（资料性附录）
水泥机械包装结构型式示例

A.1 框架木箱 I 型结构型式示例见表 A.1

表 A.1　框架木箱 I 型结构型式示例

包装型式		适用范围	结构示例
箱装	框架木箱 I 型	封闭箱	内装重 5000kg 以下，精密度较高和防雨、防潮、防锈、防震等防护要求较高的大型产品

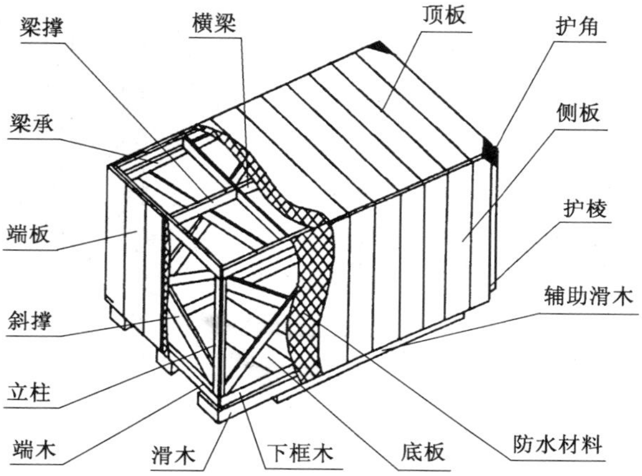

图 A.1

		花格箱	内装重 5000kg 以下，无防雨、防潮、防锈、防震等防护要求，或仅需局部防护的大型产品

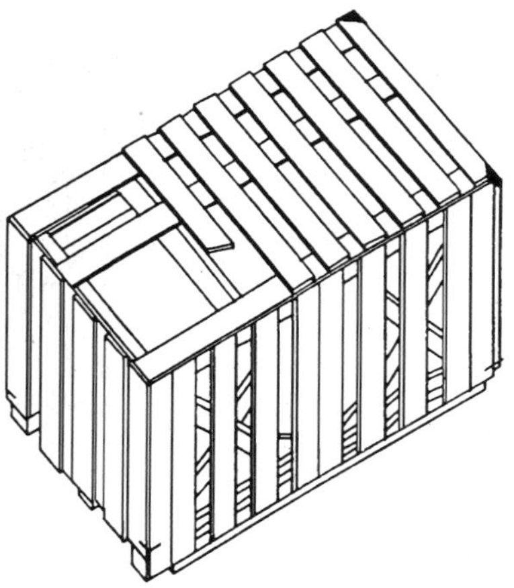

图 A.2

A.2 框架木箱Ⅱ型结构型式示例见表 A.2

表 A.2 框架木箱Ⅱ型结构型式示例

包装型式		适用范围	结构示例
箱装	框架木箱Ⅱ型	封闭箱	内装重 2000kg 以下,精密度较高和防雨、防潮、防锈、防震等防护要求较高的大型产品
			图 A.3
		花格箱	内装重 2000kg 以下,无防雨、防潮、防锈、防震等防护要求,或仅需局部防护的大型产品
			图 A.4

634

A.3 框架木箱Ⅲ型结构型式示例见表 A.3

表 A.3 框架木箱Ⅲ型结构型式示例

包装型式		适用范围	结构示例
箱 装	框架木箱Ⅲ型（钢筋混凝土滑木箱）	封闭箱	内装重 1500kg 以下,精密度较高和防雨、防潮、防锈、防震等防护要求较高的大中型产品,如电动机、减速器等
		花格箱	内装重 1500kg 以下,无防雨、防潮、防锈、防震等防护要求,或仅需局部防护的产品

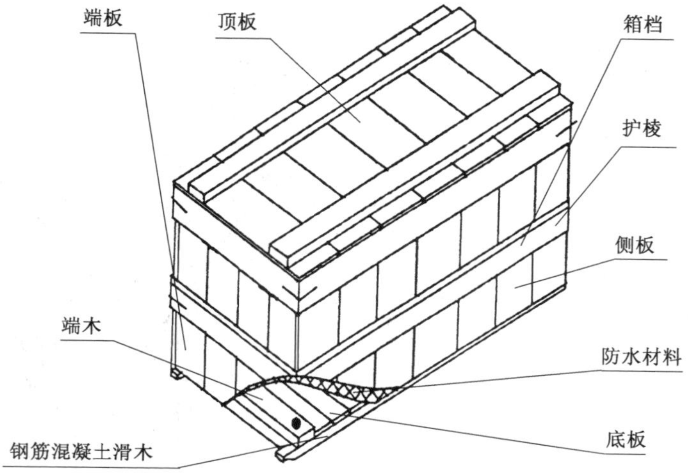

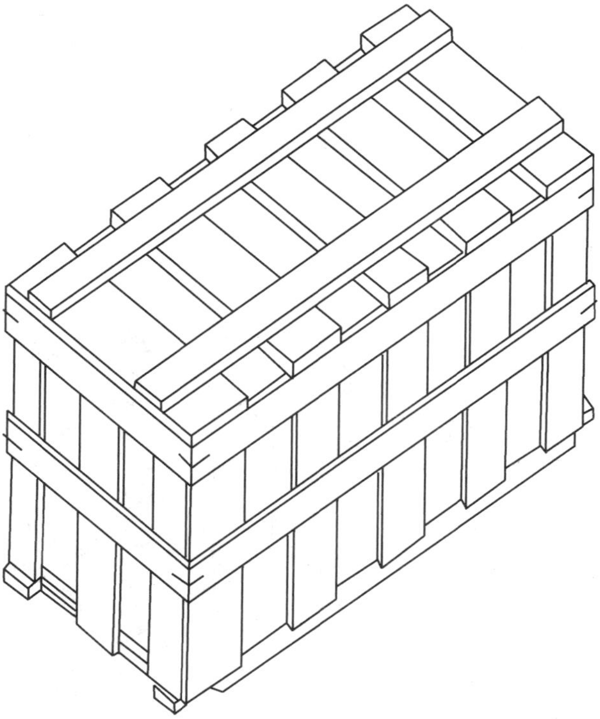

图 A.5

端板　顶板　箱档　护棱　侧板　端木　防水材料　钢筋混凝土滑木　底板

图 A.6

A.4 普通木箱结构型式示例见表 A.4

表 A.4 普通木箱结构型式示例

包装型式			适用范围	结构示例
普通箱装木箱		封闭箱	内装重 200kg 以下,防雨、防潮、防锈、防震等防护要求较高的产品	防水材料 顶板 侧板 端横档 护棱 端立档 底板 端板 箱档 图 A.7
		花格箱	内装重 200kg 以下,无防雨、防潮、防锈、防震等防护要求,或仅需局部防护的产品	图 A.8

A.5 局部包装结构型式示例见表 A.5

表 A.5　局部包装结构型式示例

包装型式	适用范围	结构示例
局部包装	裸装和散装产品中需进行局部防护的部分	 图 A.9 图 A.10 图 A.11

A.6 敞开包装结构型式示例见表 A.6

表 A.6 敞开包装结构型式示例

包装型式	适用范围	结构示例
敞 开 包 装	无防护要求、有局部防护要求或需要固定在底座上以便吊运和放置的产品	 图 A.12 图 A.13 图 A.14

A.7 捆扎包装结构型式示例见表 A.7

表 A.7 捆扎包装结构型式示例

包装型式	适用范围	结构示例
捆扎包装	不易损伤、不易散失、外表粗糙或便于捆扎的产品	塑料套　镀锌钢丝　图 A.15　 角钢夹紧　图 A.16　 吊装孔　产品件　垫块　卡板（角钢）　卡板　图 A.17

续表

包装型式	适用范围	结构示例
捆扎包装	不易损伤、不易散失、外表粗糙或便于捆扎的产品	图 A.18 图 A.19

A.8 裸包装结构型式示例见表 A.8

A.8 裸包装结构型式示例

包装型式	适用范围	结构示例
裸 装	产品完全外露,有足够刚性,无防护要求或仅需局部防护要求,不易倾倒、滚动的产品	 图 A.20 支撑 图 A.21 塑料布　塑料布 图 A.22

附 录 B

（资料性附录）

水泥机械主要产品推荐包装型式

表 B.1　水泥机械主要产品推荐包装型式

序号	产品名称	零部件名称	包装型式
B.1	破碎机	主体	敞装、联轴器、弹簧座局部包装
		电动机组	箱装
B.2	管磨机	简体（含烘干仓简体）	敞装（配适宜的支撑和支座）、滑环局部包装
		滚圈和滑环	敞装、外圆工作面局部包装
		中空轴	敞装、轴颈局部包装
		大齿圈	敞装（半齿圈支撑拉紧）、齿面局部包装
		主轴座	敞装、工作面局部包装
		滑履轴承座	敞装、工作面局部包装
		减速器组	敞装、联轴器局部包装
		传动拉管	敞装
		进出料装置	
		罩子	
		底座	
		主轴瓦	花格箱装
		托瓦	
		润滑油站及润滑油管路	箱装
		辅助传动装置	
		其他小件	
		小齿轮装置	
		衬板	
		衬板螺栓	
		地脚螺栓	
		简板（箅板）	捆扎包装
		挡球圈	
		钢球	特制专用包装
B.3	选粉机	风管	敞装（支撑加固）
		主轴及轴套	箱装
		笼轮	裸装（支撑加固）、轴孔局部包装

序号	产品名称	零部件名称	包装型式
B.3	选粉机	支座	散装
		大小风叶	花格箱装
		导向叶片	
		阀门	
B.4	料浆搅拌机	桥架	裸装
		传动装置	箱装
		中心轴组	
		搅拌机座	
		中心顶盖	花格箱装
		搅拌器	捆装
B.5	成球机	成球盘	裸装
		框架	捆装
B.6	窑尾旋风预热系统	壳体	裸装(支撑加固)
			散装(支撑加固)
		膨胀节	花格箱装
B.7	回转窑	挡轮装置	裸装、挡轮局部包装
		液压挡轮装置、主减速器和液压挡轮油站及管路系统	箱装
		弹簧板和轮带下垫板	
		小齿轮装置	
		窑口护板	花格箱装
		窑头喷煤管	
		筒体	裸装(支撑加固)
		轮带	裸装
		活动窑头	
		窑尾密封装置	裸装
		窑尾链条	捆装
		大齿圈	散装
B.8	机械立窑	立轴	箱装
		棘爪箱	
		油泵箱	
		棘轮	
		齿轮	
		立轴支座	散装、孔口局部包装
		铁砖	箱装
		托盘	裸装、孔口局部包装
		塔式箅子	散装

序号	产品名称	零部件名称	包装型式
B.9	筒式冷却机	扬料板	花格箱装
B.10	回转烘干机		
B.11	推动箅式冷却机	拉链机头、尾轮装置	箱装
		冲击板	
		传动主轴、连杆、轴承、箅板、链轮、托轮	
		固定梁、箅板梁	捆装
		支柱	捆装
		构架	
		壳体	
		墙板	
		活动梁、底板	
B.12	卸料器	主体	箱装
B.13	固定式包装机	主体	箱装
B.14	回转式包装机	围壁	裸装
		筒体	箱装
		称量	
		掉袋	
		稳定	
		控制	
B.15	装车机	机架	捆装
		行走装置	裸装、电动机局部包装
B.16	增湿塔	筒体	散装（分块配支架）
		进风管	
		喷嘴装置	箱装
B.17	电收尘器	阳极板	捆装（防水外包装）
		框架	
		墙板	捆装
		撞击杆	箱装
		电晕线	
		顶梁	裸装
		立柱	
B.18	旋风除尘器	主体	裸装
B.19	扁袋除尘器	主体	裸装
B.20	多管除尘器	主体	裸装
B.21	标准型袋收尘器	箱体及灰斗	裸装
		袋笼	花格箱装

序号	产品名称	零部件名称	包装型式
B.21	标准型袋收尘器	滤袋	箱装
		电机、气缸、脉冲阀等	
B.22	用户型袋收尘器	箱体板	捆装
		花板	
		灰斗板	
		袋笼	花格箱装
		滤袋	箱装
		电机、气缸、脉冲阀等	
B.23	斜槽	标准槽	裸装（特殊要求箱装）
		非标准槽	
		弯槽等	
B.24	螺旋泵	主体	箱装
B.25	仓式泵	主体	裸装、法兰管口局部包装
B.26	提升泵	主体	裸装、法兰管口局部包装
B.27	斗式提升机	箱体	裸装（特殊要求箱装）
		链斗	箱装
		链板	
		链轮	
		小轴	
B.28	斗式输送机	支架	捆装
		轨道	
		链斗装置	花格箱装
		头部装置	
		尾部装置	
B.29	拉链输送机	机槽	裸装
		链节装置	花格箱装
		机盖	
B.30	板式喂料机	链板部分	花格箱装
		固定拦板	
		底板	
		槽板	
B.31	叶轮喂料机	主体	箱装
B.32	螺旋喂料机	主体	裸装、轴颈局部包装

序号	产品名称	零部件名称	包装型式
B.33	桥式斗轮取料机	主梁	裸装
		滚圈	散装（支撑加固）
		圆弧挡板	
		小车传动装置	裸装、电动机局部包装
		大车传动装置	散装、电动机局部包装
		电控设备	箱装
		电缆卷盘装置	花格箱装
		司机室	
		双料斗	
		受料皮带机	
B.34	桥式刮板取料机	主梁	裸装
		固定端梁	裸装、驱动轮轴局部包装
		摆动端梁	裸装、驱动轮轴局部包装
		链轮轴承组	散装，链轮轴、轴头局部包装
		头部与尾部、链轮组	
		双列套筒滚子链	箱装
		刮板输送链	
		各种挡轮	
		耙车拉紧装置	
		滑轮组	
		料耙构件	捆装
		导槽	
		侧支架	裸装
		小车架	
B.35	卸料车式推料机	滚筒和托辊	花格箱装
		车轮组	散装、联轴器局部包装
		车架	裸装
B.36	悬臂式侧推料机	悬臂梁	裸装
		活动支架梁	裸装、连接处局部包装
		滚轮和托轮	箱装
		来料车	裸装、捆装

ICS 91-110

Q 92

备案号:18409—2006

JC

中华人民共和国建材行业标准

JC/T 402—2006

代替 JC/T 402—1991(1996)

水泥机械涂漆防锈技术条件

Technical condition of paint coating and antirust for cement machinery

2006-08-19 发布   2006-12-01 实施

中华人民共和国国家发展和改革委员会   发 布

前　言

本标准是对 JC/T 402—1991(1996)《水泥机械涂漆防锈技术条件》进行的修订。

本标准与 JC/T 402—1991(1996)相比,主要的技术变化如下:

——增加了涂漆前表面预处理要求,内容包括除锈方法、除锈等级和除锈后涂漆间隔时间等;

——根据使用环境,规定了涂层具体要求;

——将试验方法和检验规则分成两章,使标准操作性更好;

——检验规则中将检验项目分为出厂检验和型式检验。

本标准未规定运输过程中的包装防锈,有关运输过程中的包装应遵守 JC/T 406《水泥机械包装技术条件》的规定。

本标准自实施之日起代替 JC/T 402—1991(1996)《水泥机械涂漆防锈技术条件》。

请注意本标准的某些内容有可能涉及专利。本标准的发布机构不应承担识别这些专利的责任。

本标准由中国建筑材料工业协会提出。

本标准由国家建筑材料工业机械标准化技术委员会归口。

本标准负责起草单位:天津水泥工业设计研究院中天仕名科技集团有限公司。

本标准参加起草单位:上海建设路桥机械设备有限公司、承德市联创计控设备有限公司、中国建材装备有限公司。

本标准主要起草人:李顺银、王定华、吕明、靳爽。

本标准所代替标准的历次版本发布情况为:

——JC/T 402—1991(1996);

——JC/T 402—1991。

水泥机械涂漆防锈技术条件

1 范围

本标准规定了水泥机械涂漆与防锈的技术要求、试验方法及检验规则。

本标准适用于水泥机械的涂漆与防锈,其他建材机械的涂漆与防锈可参照使用。

2 规范性引用文件

下列文件中的条款通过本标准的引用而成为本标准的条款。凡是注日期的引用文件,其随后所有的修改单(不包括勘误的内容)或修订版均不适用于本标准,然而,鼓励根据本标准达成协议的各方研究是否可使用这些文件的最新版本。凡是不注日期的引用文件,其最新版本适用于本标准。

GB/T 1720　漆膜附着力测定法

GB/T 1730　漆膜硬度测定法(neq ISO 1522)

GB/T 1731　漆膜柔韧性测定法

GB/T 1732　漆膜耐冲击测定法

GB/T 1743　漆膜光泽测定法

GB/T 1764　漆膜厚度测定法

GB/T 4879　防锈包装

GB/T 7231　工业管路的基本识别色和识别符号

GB/T 8923　涂装前钢材表面锈蚀等级和除锈等级(mod ISO 8501—1:1998)

GSB G51001　漆膜颜色标准样卡

SSPC SP.1~SP.10　SSPC 钢结构表面预处理规范

3 术语和定义

下列术语和定义适用于本标准。

3.1 油漆 paint

一种有机高分子胶体混合物的溶液,将其涂布在物体表面上能干结成膜。

3.2 涂漆 painting

将油漆涂布在物体表面上的施工过程。

3.3 稀释剂 dilution

用来溶解和稀释油漆,以达到应用要求的液体。

3.4 底漆 base paint

直接涂布在物体表面上的打底油漆。

3.5 防锈漆 antirust paint

由防锈颜料和适当的漆料配制而成,用以防止大气中的氧气和水分对工件表面的腐蚀。

3.6 面漆 surface paint

涂布在物体最外表面上的油漆。

3.7 流挂 sag

在垂直物体表面上涂漆,未干前涂层下流,干后留下留痕的现象。

3.8 针孔 pinhole

漆膜在干结过程中,表面出现的一种凹陷的透底的针尖细孔现象。

3.9 橘皮 orange skin

由于漆膜流平性差,干燥后的漆膜表面形成起伏不平的类似橘皮的现象。

4 技术要求

4.1 基本要求

4.1.1 经涂漆或防锈处理的产品表面,自产品出厂之日起,在正常的储运条件下,一年内不得有腐蚀现象。

4.1.2 产品的涂漆防锈一般应按本标准执行。产品图样技术文件和用户特殊要求部分的内容,应按产品图样技术文件和用户特殊要求执行。

4.2 涂漆防锈材料

4.2.1 所用底漆、腻子、中间漆、面漆、稀释剂的选择应合理配套,不得混用。

4.2.2 各种油漆的质量应符合有关标准的规定,并应有产品(油漆)合格证明书。对标牌不清或包装破损,应按标准复验,合格者方可使用。超期的油漆不得使用。

4.2.3 清洗、防锈材料应具有产品出厂合格证,方可使用。采用新的防锈材料,要通过产品鉴定,方可使用。

4.3 涂漆、防锈部位

4.3.1 产品加工件、发蓝件、紧固件、附件及工具须防锈。

4.3.2 除以下产品部位及部件不进行涂漆外,其余均应涂漆:

    a)与混凝土接触或埋入混凝土的部位(或部件)及紧贴耐火材料的部位;

    b)全封闭的箱形结构内表面;

    c)加工的配合面、工作面、摩擦面等;

    d)钢管、阀、法兰内表面;

    e)不锈钢件、高温工况件、易磨损件的易磨损部位;

    f)钢丝绳、地脚螺栓及其底板;

    g)电镀表面、有色金属件;

    h)塑料及橡胶等非金属件;

    i)电除尘器内部构件等涂漆后影响使用性能的部件;

    j)其他技术要求不准涂漆的部件或部位。

4.4 涂漆前的表面预处理

4.4.1 所有需要涂漆的钢铁制件表面在涂漆前,应将表面上的毛刺、飞边、粘砂、浇口、冒口、油污、可剥落的片状氧化物、锈迹、灰尘、泥土等处理干净,将表面上的焊缝打磨平整。

4.4.2 钢铁制件除锈方法和除锈等级应按 GB/T 8923 的规定,见表 1。钢铁制件除锈方法和除锈等级适用范围应按表 1 的规定。

4.4.3 在振动或交变应力较大的设备表面,如破碎机、磨机、拉链机、螺旋输送机、下料锁风装置等,除锈等级应达到 Sa2 或 St2 以上。

4.4.4 若焊接结构件成型后需要热处理,则除锈工序应放在热处理工序之后进行。

4.4.5 喷(抛)射除锈用的弹丸可采用石英砂、铸铁(钢)丸粒、钢丝切丸等,所用弹丸应带有棱角。喷砂时使用的石英砂直径不大于 3mm;采用喷(抛)丸时,铸、锻件表面除锈用的弹丸直径不大于 2mm,钢板及型钢表面除锈用的弹丸直径为 0.6mm～1.2mm。

4.4.6 喷(抛)射除锈或手工动力除锈与涂底漆的间隔时间不得大于 6h(空气相对湿度大于 70% 的地区间隔时间不得大于 4h),酸洗除锈后立即磷化处理与涂底漆的间隔时间不得小于 48h(气温低于 0℃ 环境中间隔时间不得小于 72h)。涂漆前,表面不得有返锈或污染。

4.4.7 用于制作大型结构件的钢铁板材及型材应预先进行除锈,除锈等级一般为 Sa2 级,并在规定时间内涂以底漆。但预留焊接位置处暂不涂漆,预留时间较长则应涂可焊底漆。

表1 除锈方法、等级及推荐适用范围

除锈方法	除锈等级		推荐适用范围
	GB/T 8923	SSPC[a]	
喷射或抛射	Sa2	SP.6	辅助部件或辅助设备及用于轻度腐蚀性环境中的钢铁制件表面
	Sa2 1/2	SP.10	主要部件或主要设备及腐蚀较强的环境下的钢铁制件表面,长期在潮水、潮湿、温热、盐雾等环境下作业与高温接触并且需要涂耐热漆的钢铁制件
	Sa3	SP.5	与液体介质或腐蚀介质接触的表面,如油箱、减速机箱体、水箱的内表面等
手动和动力工具	St2	SP.2T 和 SP.3	凡与高温接触并且不需要涂耐热漆的钢铁制件
	St3		受设备限制,特大钢铁构件以及钢铁构件形状特殊的,无法进行喷射或抛射除锈的,如回转窑筒体等
酸洗	Be	SP.8	设备上的各类钢铁管道;不能喷射或抛射的薄板件(壁厚小于5mm);结构复杂的中、小件及小型零件等

[a] SSPC为美国钢结构涂装委员会《SSPC钢结构表面预处理规范》的表面除锈质量等级。

4.4.8 对于壁厚≤6mm的板材或型材,应采用手工除锈或喷砂除锈。

4.4.9 需要涂腻子的部位,应在涂腻子之前进行表面处理,涂腻子后表面应平整。

4.5 涂层要求

4.5.1 涂漆分类、产品使用环境、适用产品及部件范围及推荐涂层厚度见表2。

4.5.2 产品中的一些特殊部位及部件的涂装技术要求:

a)铆接件相互接触的表面,在连接前应涂厚度30μm～40μm的防锈漆,搭接边缘应用油漆、腻子或粘接剂封闭;

b)由于加工或焊接损坏的底漆,要重新涂漆;

c)不封闭的箱形结构内表面、安全罩内表面、在运输过程中是敞开的内表面等,应涂厚度30μm～80μm的防锈漆。

表2 涂漆分类、使用环境、适用产品及部件范围和涂层厚度

涂漆分类	产品使用环境	适用产品及部件范围	涂层厚度范围/μm	
			底漆厚度	涂层总厚度
A类	一般环境	安装在内陆地区的水泥机械产品	35～60	80～120
B类	沿海地区及腐蚀性较强的环境	在含有盐雾的沿海港口,有一定腐蚀的工业大气等地区作业的水泥机械产品	50～100	150～220
C类	油的环境	与油类接触的部位或油介质的箱体容器等	25～50	80～160
D类	高温环境	各种在高温环境下需涂漆保护的部件和产品,如回转窑筒体等	25～50	50～85
E类	强腐蚀性环境	长期在潮水和潮湿、湿热条件下作业的机械及部件(包括地下管道外表面)	60～150	180～250

注1:D类中可用面漆作为底漆。

注2:E类的底漆厚度包括中间漆厚度。

4.6 面漆颜色

4.6.1 油漆的颜色名称及代号可按GSB G51001中的颜色名称及编码表示,也允许按用户提供的色卡(板)中的颜色名称及代号表示。

4.6.2 水泥机械主体部分的面漆颜色按表3的规定。

表3 主体部分面漆颜色

机械名称	主体部分颜色	GSB G51001 色卡编号
粉磨、包装及输送设备	海灰色	75 B05
煅烧、冷却及除尘设备	银灰色	74 B04
矿山及预均化机械	橘黄色	59 YR04
其他水泥机械	海灰色	75 B05

4.6.3 水泥机械主要零部件面漆颜色按表4的规定。涂条纹时,如表面面积较小,条纹宽度可适当减小,与水平面的斜度可成75°;黄条与黑条每种不少于2条。

4.6.4 机械配管面漆颜色与机械主体面漆颜色相同;远离主体1m以外的配管颜色应符合GB/T 7231的规定,具体见表5。

表4 全要零部件面漆颜色

零部件名称	颜 色	GSB G51001 色卡编号
移动式机械的底盘、固定式机械的基础架	黑色	——
外露快速回转件的轮辐及辐板	大红色	62 R03
油箱减速机壳内表面及浸泡在油中零件的非加工面	棕黄色	47 Y05
浸泡在水中、料浆中零件的表面	黑色	——
工作时容易碰撞的外表面	宽100mm成45°黄黑相间条纹	50 Y08 深黄 黑色
栏杆、扶手	深黄色	50 Y08

表5 配管面漆颜色

序 号	管路名称	面漆颜色	GSB G51001 色卡编号
1	燃料油供油管路	淡棕色	54 YR01
2	燃料油回油管路	棕色	57 YR05
3	润滑油供油管路	淡黄色	48 Y06
4	润滑油回油管路	深黄色	50 Y08
5	液压传动油管路	中黄色	49 Y07
6	清水管路	淡绿色	30 G02
7	回水管路	深绿色	33 G05
8	泥浆管路	铁黄色	51 Y09
9	料浆管路	铁红色	64 R01
10	压缩空气管路	中铁蓝色	3 PB03
11	煤粉输送管路	黑色	——
12	电缆、电线管路	海灰色	75 B05

4.7 漆膜质量要求

4.7.1 底漆质量要求按表6的规定。

4.7.2 面漆质量要求按表7的规定。

4.8 防锈要求

4.8.1 防锈包装应按GB/T 4879执行,质量不低于3级。

表6 底漆质量要求

序 号	项 目 名 称		技 术 要 求
1	外观质量		平整,不应有异物、流挂和漏涂
2	附着力	a)主要平面	按 GB/T 1720 规定的 1 级
		b)次要平面	按 GB/T 1720 规定的 2 级
		c)内表面	按 GB/T 1720 规定的 3 级
3	漆膜厚度		按表 2 的规定

表7 面漆质量要求

序 号	项目名称	技 术 要 求
1	漆膜颜色	按表 3~表 5 的规定。
2	漆膜外观	a)漆膜应光滑、色泽一致
		b)不应有异物、油污、流挂、皱皮、橘皮、刷痕、针孔、鼓泡、裂纹、剥落、漏涂等缺陷;
		c)不同色漆交界面应清晰,不应相互污染
3	附着力	a)主要表面:按 GB/T 1720 规定的 1 级
		b)次要表面:按 GB/T 1720 规定的 2 级
		c)内表面:按 GB/T 1720 规定的 3 级
4	漆膜硬度	按 GB/T 1730 的规定,$X \geqslant 0.25$
5	漆膜柔韧性	a)主要表面:按 GB/T 1731 规定的 $R \leqslant 1\,mm$
		b)次要表面和内表面:按 GB/T 1731 规定的 $R \leqslant 1.5\,mm$
6	漆膜耐冲击	按 GB/T 1732 规定的 $\geqslant 490N \cdot cm$
7	漆膜光泽	对外观有影响的主要平面按 GB/T 1743 规定的,光泽 $\geqslant 70\%$
8	漆膜厚度	按 GB/T 1764 和本标准表 2 的规定

4.8.2 防锈部位在防锈前应清洗干净,无锈迹、水痕、油迹以及其他异物。不得损坏原加工表面。

4.8.3 防锈操作应在清洁环境下进行。清洗并干燥后应立即防锈,如果中断,应采取暂时性的防锈措施。

4.8.4 产品防锈表面的防锈剂层应均匀连续,不得有气泡及异物。

5 试验方法

除锈等级、漆膜颜色等主要技术要求的试验方法按表 8 的规定。对重点防锈部位的试验方法,应按 GB/T 4879 中的规定。

6 检验规则

6.1 检验分类

检验分为出厂检验和型式检验。

6.2 出厂检验

6.2.1 每台产品的涂漆质量需经质量检验部门按出厂检验项目检验,合格后方能出厂。

6.2.2 下列项目为出厂检验项目:4.4.1、4.4.2、4.6.2、4.6.3、4.6.4、4.7.1 表 6 中序号 1、4.7.2 表 7 中序号 1 和序号 2、4.8.4。

6.3 型式检验

表8　主要技术要求的试验方法

序号	项目名称	试　　验　　方　　法
1	除锈等级	a) 按 GB/T 8923 的规定,照片用目视法对比检验
		b) 用目视法进行检验
2	漆膜颜色	a) 按 GSB G51001 规定的漆膜颜色标准色卡用目视法检验
		b) 以用户提供的漆膜颜色样卡用目视法检验
3	漆膜外观质量	用目视法检验
4	漆膜附着力	按 GB/T 1720 漆膜附着力测定法检验
5	漆膜硬度	按 GB/T 1730 漆膜硬度测定法检验
6	漆膜柔韧性	按 GB/T 1731 漆膜柔韧性测定法检验
7	漆膜耐冲击	按 GB/T 1732 漆膜耐冲击测定法检验
8	漆膜光泽	按 GB/T 1743 漆膜光泽测定法检验
9	漆膜厚度	按 GB/T 1764 漆膜厚度测定法检验

6.3.1　有下列情况之一时,应进行型式检验:

a) 产品在质保期内涂漆发生剥落和发生严重腐蚀;

b) 法定质量监督机构提出型式检验时。

6.3.2　型式检验项目按本标准规定的全部项目进行检验。

6.3.3　型式检验应在合格的入库产品中抽取一台(或一件)进行检验,也可用样板进行检验,检验中若不合格,则应加倍抽样进行复检。若复检合格,则判该批产品合格,若仍有一台(或一件)或样板不合格时,则判该批产品为不合格品。

ICS 91.100.40

Q 12

备案号：17689—2006

JC

中华人民共和国建材行业标准

JC/T 412.1—2006

代替 JC/T 412—1991（1996）

纤维水泥平板
第 1 部分：无石棉纤维水泥平板

Fiber cement flat sheets

Part 1：Non-Asbestos Fiber cement flat sheets

2006-05-12 发布　　　　　　　　2006-11-01 实施

中华人民共和国工业和信息化部　发布

目　次

前　言

JC/T 412《纤维水泥平板》分为两个部分：

——第1部分：无石棉纤维水泥平板；

——第2部分：温石棉纤维水泥平板。

本部分为 JC/T 412 的第1部分,本部分中抗折强度指标等同采用 ISO 8336:1993《纤维水泥平板》、型式检验规则等同采用 ISO 390:1993《纤维增强水泥制品—抽样与检验》制订。

本部分与 JC/T 412—1991(1996)相比,主要差异为：

——本部分为原标准未包含的内容；

——明确了纤维水泥平板、无石棉纤维水泥平板的定义；

——采用现行的 GB/T 7109—1997《纤维水泥制品试验方法》规定的试验方法；

——等同采用 ISO 390:1993《纤维增强水泥制品——抽样与检验》的检验规则进行抽样与判定。

本部分由中国建筑材料工业协会提出。

本部分由全国水泥制品标准化技术委员会归口。

本部分负责起草单位：苏州混凝土水泥制品研究院。

本部分参加起草单位：杭州海德邦建材有限公司、广州埃特尼特有限公司、肥城鲁泰科技有限公司、江苏爱富希新型建材有限公司、浙江海龙新型建材有限公司、佛山市金福板业有限公司、广东佛山市南海新元素板业有限公司、靖江市宇航建材热缩制品有限公司、张家港市弘业建材机械厂。

本部分主要起草人：冯立平、史志强、章建阳、史林忠、陈英玲、霍祖志、毛留益。

本部分委托苏州混凝土水泥制品研究院负责解释。

本部分所代替标准的历次版本发布情况为：

——JC/T 412—1991(1996)。

纤维水泥平板
第1部分：无石棉纤维水泥平板

1 范围

JC/T 412 本部分规定了无石棉纤维水泥平板（简称"无石棉板"）的定义、分类、等级、规格和标记、原材料、要求、试验方法、检验规则、标志与合格证、运输与保管等。

本部分适用于以非石棉类无机矿物纤维、有机合成纤维或纤维素纤维，单独或混合作为增强材料，以水泥或在水泥中掺入硅质、钙质材料为基材，经制浆、成型、蒸压（或蒸汽）养护制成的无石棉纤维水泥平板。

按本部分标准生产的产品进行后续表面处理后的装饰性板材，其力学性能可执行本部分标准。但经处理后产品的耐老化由涂层质量决定，涂层的质量及检验方法不包含在本部分内。

2 规范性引用文件

下列文件中的条款通过本部分的引用而成为本部分的条款。凡是注日期的引用文件，其随后所有的修改单（不包括勘误的内容）或修订版均不适用于本部分，然而，鼓励根据本部分达成协议的各方研究是否可使用这些文件的最新版本。凡是不注日期的引用文件，其最新版本适用于本部分。

GB 175　硅酸盐水泥、普通硅酸盐水泥

GB/T 5464—1999　建筑材料不燃性试验方法

GB/T 7019—1997　纤维水泥制品试验方法

GB 8624—1997　建筑材料燃烧性能分级方法

JGJ 63　混凝土拌合用水标准

3 定义

3.1

纤维水泥平板　Fiber cement flat sheets

以有机合成纤维、无机矿物纤维或纤维素纤维为增强材料，以水泥或水泥中添加硅质、钙质材料代替部分水泥为胶凝材料（硅质、钙质材料的总用量不超过胶凝材料总量的80%），经成型、蒸汽或高压蒸汽养护制成的板材。

3.2

无石棉纤维水泥平板　Non-Asbetos Fiber cement flat sheets

用非石棉类纤维作为增强材料制成的纤维水泥平板，制品中石棉成分含量为零。

4 分类、等级、规格和标记

4.1 分类

4.1.1 无石棉板的产品代号为：NAF。

4.1.2 根据密度分为三类：低密度板（代号 L）、中密度板（代号 M）、高密度板（代号 H）。

4.1.2.1 低密度板仅适用于不受太阳、雨水和（或）雪直接作用的区域使用。

4.1.2.2 高密度板及中密度板适用于可能受太阳、雨水和（或）雪直接作用的区域使用。交货时可进行表面涂层或浸渍处理。

4.2 等级

根据抗折强度分为五个强度等级：Ⅰ级、Ⅱ级、Ⅲ级、Ⅳ级、Ⅴ级。

4.3　规格

无石棉板的规格尺寸见表1。

表1　规格尺寸　　　　　　　　　　　　　　　　　　　单位为毫米

项　　　目	公　称　尺　寸
长度	600～3600
宽度	600～1250
厚度	3～30

注1：上述产品规格仅规定了范围,实际产品规格可在此范围内按建筑模数的要求进行选择。

注2：根据用户需要,可按供需双方合同要求生产其他规格的产品。

4.4　标记

无石棉板标记按产品代号、分类、强度等级、规格尺寸(长度×宽度×厚度)、标准编号顺序标记。

示例：无石棉板　中密度　Ⅲ级　长度2440mm、宽度1220mm、厚度6mm。

表示方法为：NAF M Ⅲ 2440×1220×6　JC/T 412.1—2006

5　原材料

5.1　增强纤维

应采用非石棉类无机矿物纤维、有机合成纤维或纤维素纤维。可单一或多种纤维混合作为增强纤维。

5.2　水泥

水泥应符合GB 175的规定。

5.3　水

应使用符合JGJ 63规定的拌合用水,也可掺用本产品生产过程中经过沉淀的回水。

5.4　掺合料

5.4.1　轻质掺合料

生产低密度板时可加入适量的轻质无机掺合材料。

5.4.2　硅质材料

在生产中掺入的硅质掺合材料,其SiC_2含量不宜低于50%,细度为0.080mm方孔筛筛余量小于15%。

5.4.3　钙质材料

在生产中掺入的钙质掺合材料,其CaO含量不宜低于70%,细度为0.080mm方孔筛筛余量小于15%。

5.4.4　高效吸附性材料

在生产中可根据需要适量加入高效吸附性材料,具体品种、用量可由企业按需要确定。

6　要求

6.1　外观质量

6.1.1　正表面：应平整、边缘整齐,不得有裂纹、分层、脱皮。

6.1.2　掉角：长度方向≤20mm,宽度方向≤10mm,且一张板≤1个。

6.2　形状与尺寸偏差

平板的形状与尺寸偏差应符合表2的规定。

6.3　物理性能

无石棉板的物理性能应符合表3的规定。

表2 形状与尺寸偏差

项 目		形状与尺寸偏差
长度/mm	<1200	±3
	1200~2440	±5
	>2440	±8
宽度/mm	≤1200	±3
	>1200	±5
厚度/mm	<8	±0.5
	8~20	±0.8
	>20	±1.0
厚度不均匀度/%		≤6
边缘直线度/mm	<1200	≤2
	≥1200	≤3
边缘垂直度/(mm/m)		≤3
对角线差/mm		≤5

表3 物理性能

类别	密度 D/(g/cm³)	吸水率/%	含水率/%	不透水性	湿胀率/%	不燃性	抗冻性
低密度	0.8≤D≤1.1	—	≤12	24h检验后允许板反面出现湿痕，但不得出现水滴。	蒸压养护制品≤0.25；蒸汽养护制品≤0.50。	GB 8624—1997 不燃性A级。	—
中密度	1.1<D≤1.4	≤40	—				—
高密度	1.4<D≤1.7	≤28	—				经25次冻融循环，不得出现破裂、分层。

6.4 力学性能

无石棉板的力学性能应符合表4的规定。

表4 力学性能

强度等级	抗折强度/MPa	
	气干状态	饱水状态
Ⅰ级	4	—
Ⅱ级	7	4
Ⅲ级	10	7
Ⅳ级	16	13
Ⅴ级	22	18

注1：蒸汽养护制品试样龄期不小于7d。

注2：蒸压养护制品试样龄期为出釜后不小于1d。

注3：抗折强度为试件纵、横向抗折强度的算术平均值。

注4：气干状态是指试件应存放在温度不低于5℃、相对湿度（60±10）%的试验室中，当板的厚度≤20mm时，最少存放3d，而当板厚度>20mm时，最少存放7d。

注5：饱水状态是指试样在5℃以上水中浸泡，当板的厚度≤20mm时，最少浸泡24h，而当板的厚度>20mm时，最少

浸泡48h。

注6:表中列出的抗折强度指标为表6力学性能评定时的标准低限值(L)。

7 试验方法

7.1 对角线差:用分度值为1mm的钢卷尺测量平板对角线长度,取两个对角线长度之差为对角线差,修约至1mm。

7.2 边缘直线度:在边缘同一直边,将拉线两头分别安放在板的两端侧面,用力拉紧。用钢直尺测量板边与拉线间的最大距离。四边分别测量,取最大值为该板的边缘直线度。

7.3 厚度不均匀度:在板的四角及板边中部,距板边缘20mm处测量板的厚度,共测得8个厚度值,以8个厚度值中最大最小值之差除以全部厚度值的平均值为该块板的厚度不均匀度,修约至1%。

7.4 不燃性:按GB/T 5464—1999规定进行。

7.5 其他项目:按GB/T 7019—1997规定进行检验。力学性能试验应在试件按表4注4、注5所规定的要求进行状态调整后试验。

8 检验规则

8.1 检验分类

检验分为出厂检验和型式检验。

8.1.1 产品出厂前均应进行出厂检验。

8.1.2 有下列情况之一时应进行型式检验:

a) 新产品或老产品转厂生产的试制定型鉴定;

b) 生产中如原材料品种、配合比、工艺有较大改变时;

c) 正常生产时,每12个月进行一次;

d) 出厂检验结果与上次型式检验结果有较大差异时;

e) 产品停产达6个月,恢复生产时;

f) 国家质量监督部门提出进行型式检验的要求时。

8.2 出厂检验

8.2.1 检验项目

出厂检验项目为:外观质量、形状与尺寸偏差、抗折强度、密度。

8.2.2 组批

8.2.2.1 外观质量、形状与尺寸偏差

应由同类别、同规格、同强度等级的产品组成,每检验批以3000张为一批,如不足3000张,但大于200张时也可组成为一批。

8.2.2.2 物理性能、力学性能

应由同类别、同强度等级的产品组成,每检验批以3000张为一批,如不足3000张,但大于200张时也可组成为一批。

8.2.3 抽样

8.2.3.1 外观质量、形状与尺寸偏差

从检验批中随机抽取5张板作为必检样品。复检样品在同一批产品中抽取双倍数量10张。

8.2.3.2 物理性能、力学性能

从样本中抽取2张板为检验样品,按GB/T 7019—1997规定的要求制作试样。复检样品在同一批产品中抽取双倍数量4张。

8.2.4 判定

8.2.4.1 外观质量、形状与尺寸偏差

若检验样中仅出现1张不合格时,应对复检样品进行不合格项目复检,复检仍出现不合格品时,判该项目不合格。当2张或2张以上不合格时,判该项目不合格。

8.2.4.2 物理性能、力学性能

当抽取的 2 张板中仅出现一项检验项目不合格项时，可对复检样品进行不合格项目复检，复检仍出现不合格品时，判该项目不合格。当 2 项或 2 项以上不合格时，不得复检。

8.2.4.3 综合判定

当上述各项目均合格时，判该批产品合格。否则应降级处理。

8.3 型式检验

8.3.1 检验项目

本部分第 6 章规定的全部技术要求。

8.3.2 组批

每检验批应以同类别、同规格、同强度等级的产品组成。检验批数量见表 6 第 1 列。

8.3.3 抽样

8.3.3.1 外观质量、形状与尺寸偏差

按表 6 第 2 列的规定数量抽样。

8.3.3.2 力学性能

抗折强度：根据每检验批数量的大小，按表 6 第 7 列的规定数量抽样。按 GB/T 7019—1997 规定的要求制作试样。

8.3.3.3 物理性能

物理性能检验样品按表 5 规定抽样。

表 5 物理性能抽样方案

类别	密度	吸水率	含水率	不透水性	湿胀率	抗冻性	不燃性
必检样品数	2 张						按 GB/T 5464—1999
复检样品数	4 张						规定抽样。

8.3.4 判定规则

8.3.4.1 外观质量、形状与尺寸偏差

a) 当样品中不合格的数量等于表 6 中第 3 列所表示的可接收数量 A_{c1} 时，则判定该检验批该项目合格；

b) 当样品中不合格的数量等于或大于表 6 中第 4 列所表示的拒收数量 R_{e1} 时，则判定该检验批该项目不合格；

c) 当样品中不合格的数量在可接收数量 A_{c1} 和拒收数量 R_{e1}（表 6 中第 3 列和第 4 列）之间时，应进行第 2 次抽样，抽取与第一次相等数量的样品进行试验。

Ⅰ 第二次抽取的试样，应按本部分第 7 章规定的方法进行检验；

Ⅱ 第一次检验时的不合格的样品数与第二次检验后的不合格样品数相加得出不合格样品总数；

Ⅲ 当不合格样品总数等于表 6 中第 5 列规定的可接收总数 A_{c2} 时，则判定该检验批该项目合格；

Ⅳ 当不合格样品总数等于或大于表 6 中第 6 列规定的第二个拒收数 R_{e2} 时，则判定该检验批该项目不合格。

8.3.4.2 抗折强度

按表 6 第 9 列进行评定，当样品平均值 $\overline{X} \geqslant AL$ 时，判该抗折强度项目合格；当样品平均值 $\overline{X} < AL$ 时，判该抗折强度项目不合格。

8.3.4.3 物理性能

a) 当 2 张样品均合格时，判该检验批该项目合格；

b) 当 2 张样品均不合格时，判该检验批该项目不合格；

c) 当 2 张样品中的任 1 张不合格，可对复检样品进行不合格项目的复检，若仍有试件不合格，则判定该检验批该项目不合格。

表6 抽样与评定方案

1	2	3	4	5	6	7	8	9
检验批的产品数量	品质法检验取样数量	外观质量、形状与尺寸偏差				力学性能		
		第一次取样		第一次+第二次取样		变量法检验取样数量	可接收系数 K	变量法评定
		可接收的数量 A_{c1}	拒收的数量 R_{e1}	可接收的数量 A_{c2}	拒收的数量 R_{e2}			
≤150	3	0	1	不适用	不适用	3	0.502	$AL = L + KR$
151~280	8	0	2	1	2	3	0.502	式中:
281~500	8	0	2	1	2	4	0.450	AL——可接收极限(N);
501~1200	8	0	2	1	2	5	0.431	L——标准低限(N);
1201~3200	8	0	2	1	2	7	0.405	K——可接收系数;
3201~10000	13	0	3	3	4	10	0.507	R——样品中最大最小之差(N)。

8.3.4.4 综合判定

上述单项全部合格时,判该检验批产品该等级合格;其中任何一项不合格时,判该检验批产品该等级不合格。

9 标志与合格证

9.1 标志

9.1.1 在无石棉板的非装饰面用不掉色的颜色注明产品标记、生产厂名(或商标)及生产日期(或批号)。

9.1.2 标志也应标注在产品外包装上。

9.2 合格证

产品出厂时须将产品合格证随同发货单发给用户,同批产品不同用户时可将合格证复制发放,但应注明本次放行产品的数量。其中注明:

　　a) 批号、批量;

　　b) 生产厂名及厂址;

　　c) 产品标识;

　　d) 出厂日期;

　　e) 出厂检验项目检验结果;

　　f) 出厂检验部门盖章与检验员签名。

10 运输与保管

10.1 运输

人力搬运时,应侧立搬运;整垛搬运时,应用叉车提起运输;长途运输时,运输工具应平整,减少震动,防止碰撞。装卸时严禁抛掷。

10.2 包装

无石棉纤维水泥平板可采用木架、木箱或集装箱包装,应有防潮措施。

10.3 贮存

堆放场地须坚实平坦,不同规格、类别、等级的无石棉纤维水泥平板应分别堆放,堆垛高度不超过1.5m。

ICS 91.100.40
Q 12
备案号：17690—2006

JC

中华人民共和国建材行业标准

JC/T 412.2—2006
代替 JC/T 412—1991(1996)

纤维水泥平板
第 2 部分：温石棉纤维水泥平板

Fiber cement flat sheets
Part 2：Asbestos Fiber cement flat sheets

2006-05-12 发布　　　　　　　　　　2006-11-01 实施

中华人民共和国国家发展和改革委员会　　发布

目　次

前　言

JC/T 412《纤维水泥平板》分为两个部分：
——第1部分：无石棉纤维水泥平板；
——第2部分：温石棉纤维水泥平板。

本部分为 JC/T 412 的第2部分，本部分的技术指标参照 ISO 396/Ⅰ—80《纤维增强水泥制品第1部分：石棉水泥平板》、ISO 396/Ⅱ—80 纤维增强水泥制品第2部分：硅石石棉水泥平板》、ISO 396/Ⅲ—80《纤维增强水泥制品第3部分：纤维素石棉水泥平板》，型式检验规则等同采用 ISO 390：1993《纤维增强水泥制品—抽样与检验》制订。

本部分代替 JC/T 412—1991(1996)《建筑用石棉水泥平板》。

本部分与 JC/T 412—1991(1996) 相比，主要差异为：
——扩大了标准的适用范围，覆盖了经蒸压养护成的平板；
——明确了纤维水泥平板、温石棉纤维水泥平板的定义；
——增强纤维的品种由单一的石棉纤维扩大为石棉纤维及混合纤维作增强材料；
——根据抗折强度分为五个强度等级，强度等级更加细化，以适应不同工程的需要；
——根据密度分为高密度、中密度、低密度三类；
——规格尺寸只给定范围，具体公称尺寸可由企业根据市场需求决定；
——形状与尺寸偏差指标作了修改，增加了对角线差、边缘垂直度检验项目；
——对于厚度大于12mm 的平板，采用落球法抗冲击性试验方法检验抗冲击性能；
——修订了对角线差、边缘直线度、厚度不均匀度的试验方法；
——增加了附录 A 落球法抗冲击性试验方法；
——采用现行的 GB/T 7109—1997《纤维水泥制品试验方法》规定的试验方法；
——型式检验等同采用 ISO 390：1993《纤维增强水泥制品——抽样与检验》的抽样与判定规则。

本部分由中国建筑材料工业协会提出。

本部分由全国水泥制品标准化技术委员会归口。

本部分负责起草单位：苏州混凝土水泥制品研究院。

本部分参加起草单位：杭州海德邦建材有限公司、肥城鲁泰科技有限公司、江苏爱富希新型建材有限公司、浙江海龙新型建材有限公司、佛山市金福板业有限公司、靖江市宇航建材热缩制品有限公司、张家港市弘业建材机械厂。

本部分主要起草人：冯立平、史志强、章建阳、史林忠、陈英玲、霍祖志、毛留益。

本部分委托苏州混凝土水泥制品研究院负责解释。

本部分所代替标准的历次版本发布情况为：
——JC/T 412—1991(1996)。

纤维水泥平板第2部分:温石棉纤维水泥平板

1 范围

JC/T 412 本部分规定了温石棉纤维水泥平板(简称"石棉板")的分类、规格、等级和标记、原材料、要求、试验方法、检验规则、标志与合格证、运输与保管等。

本部分适用于以温石棉纤维单独(或混合掺入有机合成纤维或纤维素纤维)作为增强材料,以水泥或在水泥中掺入硅质、钙质材料为基材,经制浆、成型、蒸压(或蒸汽)养护制成的温石棉纤维水泥平板。

按本部分标准生产的产品进行后续表面处理后的装饰性板材,其物理力学性能可执行本标准。经涂层处理后产品的耐老化由涂层质量决定,涂层的质量及检验方法不包含在本部分内。

2 规范性引用文件

下列文件中的条款通过本部分的引用而成为本部分的条款。凡是注日期的引用文件,其随后所有的修改单(不包括勘误的内容)或修订版均不适用于本部分,然而,鼓励根据本部分达成协议的各方研究是否可使用这些文件的最新版本。凡是不注日期的引用文件,其最新版本适用于本部分。

GB 175 硅酸盐水泥、普通硅酸盐水泥

GB/T 5464—1999 建筑材料不燃性试验方法

GB/T 7019—1997 纤维水泥制品试验方法

GB 8071 温石棉

GB 8624—1997 建筑材料燃烧性能分级方法

GB/T 17671 水泥胶砂强度检验方法(ISO 法)

JGJ 63 混凝土拌合用水标准

3 定义

3.1

纤维水泥平板 Fiber cement flat sheets

以有机合成纤维、无机矿物纤维或纤维素纤维等为增强材料,以水泥或水泥中添加硅质、钙质材料代替部分水泥为胶凝材料(硅质、钙质材料的总用量不超过胶凝材料总量的80%),经成型、蒸汽或高压蒸汽养护制成的板材。

3.2

温石棉纤维水泥平板 Asbetos cement flat sheets

主要以温石棉纤维单独(或混合掺入有机合成纤维或纤维素纤维)作为增强材料制成的纤维水泥平板。

4 分类、等级、规格和标记

4.1 分类

4.1.1 石棉板的产品代号为:AF。

4.1.2 根据石棉板的密度分为三类:低密度板(代号 L)、中密度板(代号 M)、高密度板(代号 H)。

4.1.2.1 低密度板仅适用于不受太阳、雨水和(或)雪直接作用的区域使用。

4.1.2.2 高密度板及中密度板适用于可能受太阳、雨水和(或)雪直接作用的区域使用。交货时可进行表面涂层或浸渍处理。

4.2 等级

根据石棉板的抗折强度分为五个强度等级:Ⅰ级、Ⅱ级、Ⅲ级、Ⅳ级、Ⅴ级。

4.3 规格

石棉板的规格尺寸见表1。

表1 规格尺寸
单位为毫米

项目	公称尺寸
长度	595～3600
宽度	595～1250
厚度	3～30

注1:上述产品规格仅规定了范围,实际产品规格可在此范围内按建筑模数的要求进行选择。
注2:根据用户需要,可按供需双方合同生产其他规格的产品.

4.4 标记

石棉板标记按产品代号、分类、强度等级、规格尺寸(长度×宽度×厚度)、标准编号顺序进行标记。

示例:石棉板中密度Ⅲ级长度2440mm、宽度1220mm、厚度6mm。

表示方法为:AF M Ⅲ 2440×1220×6 JC/T 412.2—2006

5 原材料

5.1 增强纤维

采用温石棉纤维、无机矿物纤维、有机合成纤维或纤维素纤维,单一纤维或多种纤维混合作为增强纤维。温石棉应符合 GB 8071 的规定。

5.2 水泥

水泥应符合 GB 175 的规定。

5.3 水

应使用符合 JGJ 63 规定的拌合用水或本产品生产过程中经过沉淀的回水。

5.4 掺合料

5.4.1 轻质掺合料

生产低密度板时可加入适量的轻质无机掺合材料。

5.4.2 硅质材料

在生产中掺入的硅质掺合材料,其 SiO_2 含量不宜低于50%,细度为 0.080mm 方孔筛筛余量小于15%。

5.4.3 钙质材料

在生产中掺入的钙质掺合材料,其 CaO 含量不宜低于70%,细度为 0.080mm 方孔筛筛余量小于15%。

6 要求

6.1 外观质量

6.1.1 正表面:应平整、边缘整齐,不得有裂纹、分层、脱皮。

6.1.2 掉角:长度方向≤20mm,宽度方向≤10mm,且一张板≤1 个。

6.2 形状与尺寸偏差

石棉板的形状与尺寸偏差应符合表2的规定。

表2 形状与尺寸偏差

项目		形状与尺寸偏差
长度/mm	<1200	±3
	1200～2440	±5
	>2440	±8
宽度/mm		±3
厚度/mm	<8	±0.3
	8～12	±0.5
	>12	±0.8
厚度不均匀度/%		≤6
边缘直线度/mm	≤1200	≤2
	>1200	≤3
边缘垂直度/(mm/m)		≤3
对角线差/mm		≤5

6.3 物理性能

石棉板的物理性能应符合表3的规定。

表3 物理性能

类别	密度 D/(g/cm³)	吸水率/%	含水率/%	湿胀率/%	不透水性	不燃性	抗冻性
低密度	0.9≤D≤1.2	—	≤12	≤0.30	24h检验后允许板反面出现湿痕,但不得出现水滴。	GB 8624—1997 不燃性A级。	经25次冻融循环,不得出现裂痕、分层。
中密度	1.2<D≤1.5	≤30	—	≤0.40			
高密度	1.5<D≤2.0	≤25	—	≤0.50			

6.4 力学性能

石棉板的力学性能应符合表4的规定。

表4 力学性能

强度等级	抗折强度/MPa		抗冲击强度/(kJ/m²)	抗冲击性
	气干状态	饱水状态	$e≤14$	$e>14$
Ⅰ级	12	—	—	—
Ⅱ级	16	8	—	—
Ⅲ级	18	10	1.8	落球法试验冲击1次,板面无贯通裂纹。
Ⅳ级	22	12	2.0	
Ⅴ级	26	15	2.2	

注1:蒸汽养护制品试样龄期不小于7d。

注2:蒸压养护制品试样龄期为出釜后不小于1d。

注3:抗折强度为试件纵、横向抗折强度的算术平均值。

注4:气干状态是指试验试件应存放在温度不低于5℃、相对湿度(60±10)%的试验室中,当板的厚度≤20mm时,最少应存放3d,而当板厚度>20mm时,最少应存放7d。

注5:饱水状态是指试样在5℃以上水中浸泡,当板的厚度≤20mm时,最少浸泡24h,而当板厚度>20mm时,最少浸泡48h。

注6:表中列出的抗折强度、抗冲击强度指标为表6力学性能评定时的标准低限值(L)。

7 试验方法

7.1 对角线差:用分度值为 1mm 的钢卷尺测量平板对角线长度,取两个对角线长度之差为对角线差,修约至 1mm。

7.2 边缘直线度:在边缘同一直边,将拉线两头分别安放在板的两端侧面,用力拉紧。用钢直尺测量板边与拉线间的最大距离。四边分别测量,取最大值为该板的边缘直线度。

7.3 厚度不均匀度:在板的四角及板边中部,距板边缘 20mm 处测量板的厚度,共测得 8 个厚度值,以 8 个厚度值中最大最小值之差除以全部厚度值的平均值为该块板的厚度不均匀度,修约至 1%。

7.4 不燃性:按 GB/T 5464—1999 规定进行。

7.5 抗冲击性:按本部分附录 A 规定进行。

7.6 其他项目:按 GB/T 7019—1997 规定进行检验。抗折强度试验应在试件按表 4 注 4、注 5 所规定的要求进行状态调整后试验。

8 检验规则

8.1 检验分类

检验分为出厂检验和型式检验。

8.1.1 产品出厂前均应进行出厂检验。

8.1.2 有下列情况之一时应进行型式检验:

    a) 新产品或老产品转厂生产的试制定型鉴定;

    b) 生产中如原材料品种、配合比、工艺有较大改变时;

    c) 正常生产时,每 12 个月进行一次;

    d) 出厂检验结果与上次型式检验结果有较大差异时;

    e) 产品停产达 6 个月,恢复生产时;

    f) 国家质量监督部门提出进行型式检验的要求时。

8.2 出厂检验

8.2.1 检验项目

8.2.1.1 Ⅰ、Ⅱ、Ⅲ级为:外观质量、形状与尺寸偏差、抗折强度、密度。

8.2.1.2 Ⅳ、Ⅴ级为:外观质量、形状与尺寸偏差、抗折强度、抗冲击强度或抗冲击性、密度。

8.2.2 组批

8.2.2.1 外观质量、形状与尺寸偏差

应由同类别、同规格、同强度等级的产品组成,每检验批以 3000 张为一批,如不足 3000 张,但大于 200 张时也可组成为一批。

8.2.2.2 物理性能、力学性能

应由同类别、同强度等级的产品组成,每检验批以 3000 张为一批,如不足 3000 张,但大于 200 张时也可组成为一批。

8.2.3 抽样

8.2.3.1 外观质量、形状与尺寸偏差

从检验批中随机抽取 5 张板作为必检样品。复检样品应在同一批产品中抽取双倍数量 10 张。

8.2.3.2 物理性能、力学性能

从样本中抽取 2 张板为检验样品,按 GB/T 7019—1997 规定的要求制作试样。复检样品应在同一批产品中抽取双倍数量 4 张。

8.2.4 判定

8.2.4.1 外观质量、形状与尺寸偏差

若检验样中仅出现 1 张不合格时,应对复检样品进行不合格项目复检,复检仍出现不合格品时,判该项目不合格。当 2 张或 2 张以上不合格时,判该项目不合格。

8.2.4.2 物理性能、力学性能

当抽取的 2 张板中仅出现一项检验项目不合格项时,可对复检样品进行不合格项目复检,复检仍出现

不合格品时,判该项目不合格。当 2 项或 2 项以上不合格时,不得复检。

8.2.4.3 综合判定

当上述各项目均合格时,判该批产品合格。否则应降级处理。

8.3 型式检验

8.3.1 检验项目

本部分第 6 章规定的全部技术要求。

8.3.2 组批

每检验批应以同类别、同规格、同强度等级的产品组成。检验批数量见表 6 第 1 列。

8.3.3 抽样

8.3.3.1 外观质量、形状与尺寸偏差

按表 6 第 2 列的规定数量抽样。

8.3.3.2 力学性能

a)抗折强度、抗冲击强度:根据每检验批数量的大小,按表 6 第 7 列的规定数量抽样。

按 GB/T 7019—1997 规定的要求制作试样;

b)抗冲击性:从该批样品中随机抽取 2 张试样,按本部分附录 A 规定的要求制作试件。

8.3.3.3 物理性能

物理性能检验样品按表 5 规定抽样。

表 5 物理性能抽样方案

类别	密度	吸水率	含水率	不透水性	湿胀率	抗冻性	不燃性
必检样品数	2 张						按 GB/T 5464—
复检样品数	4 张						1999 规定抽样。

8.3.4 判定规则

8.3.4.1 外观质量、形状与尺寸偏差

a)当样品中不合格的数量等于表 6 中第 3 列所表示的可接收数量 A_{e1} 时,则判定该检验批该项目合格;

b)当样品中不合格的数量等于或大于表 6 中第 4 列所表示的拒收数量 R_{e1} 时,则判定该检验批该项目不合格;

c)当样品中不合格的数量在可接收数量 A_{e1} 和拒收数量 R_{e1}(表 6 中第 3 列和第 4 列)之间时,应进行第 2 次抽样,抽取与第一次相等数量的样品进行试验。

Ⅰ 第二次抽取的试样,应按本部分第 7 章规定的方法进行检验;

Ⅱ 第一次检验时的不合格的样品数与第二次检验后的不合格样品数相加得出不合格样品总数;

Ⅲ 当不合格样品总数等于表 6 中第 5 列规定的可接收总数 A_{e2} 时,则判定该检验批该项目合格;

Ⅳ 当不合格样品总数等于或大于表 6 中第 6 列规定的第二个拒收数 R_{e2} 时,则判定该检验批该项目不合格。

表 6 抽样与评定方案

1	2	3	4	5	6	7	8	9
		外观质量、形状与尺寸偏差				力学性能		
检验批的产品数量	品质法检验取样数量	第一次取样		第一次+第二次取样		变量法检验取样数量	可接收系数 K	变量法评定
		可接收的数量 A_{e1}	拒收的数量 R_{e1}	可接收的数量 A_{e2}	拒收的数量 R_{e2}			
≤150	3	0	1	不适用	不适用	3	0.502	$AL = L + KR$ 式中: AL——可接收极限(N); L——标准低限(N); K——可接收系数; R——样品中最大最小之差(N)。
151~280	8	0	2	1	2	3	0.502	
281~500	8	0	2	1	2	4	0.450	
501~1200	8	0	2	1	2	5	0.431	
1201~3200	8	0	2	1	2	7	0.405	
3201~10000	13	0	3	3	4	10	0.507	

8.3.4.2 抗折强度、抗冲击强度

按表6第9列进行评定,当样品平均值 $\overline{X} \geq AL$ 时,判该抗折强度或抗冲击强度项目合格;当样品平均值 $\overline{X} < AL$ 时,判该抗折强度或抗冲击强度项目不合格。

8.3.4.3 物理性能、抗冲击性

a)当2张样品均合格时,判该检验批该项目合格;

b)当2张样品均不合格时,判该检验批该项目不合格;

c)当2张样品中的任1张不合格,可对复检样品进行不合格项目的复检,若仍有试件不合格,则判定该检验批该项目不合格;

d)抗冲击性不得复检。

8.3.4.4 综合判定

上述单项全部合格时,判该检验批产品该等级合格;其中任何一项不合格时,判该检验批产品该等级不合格。

9 标志与合格证

9.1 标志

9.1.1 在石棉板的非装饰面用不掉色的颜色注明产品标记、生产厂名(或商标)及生产日期(或批号)。

9.1.2 标志也应标注在产品外包装上。

9.2 合格证

发货时须将产品合格证随同发货单发给用户,同批产品不同用户时可将合格证复制发放,但应注明本次放行产品的数量。其中注明:

a)批量、批号;

b)生产厂名及厂址;

c)产品标识;

d)出厂日期;

e)出厂检验项目检验结果;

f)出厂检验部门盖章与检验员签名。

10 运输与保管

10.1 运输

人力搬运时,应侧立搬运;整垛搬运时,应用叉车提起运输;长途运输时,运输工具应平整,减少震动,防止碰撞。装卸时严禁抛掷。

10.2 包装

石棉板可采用木架、木箱或集装箱包装,应有防潮措施。

10.3 贮存

堆放场地须坚实平坦,不同规格、类别、等级的石棉板应分别堆放,堆垛高度不超过1.5m。

附 录 A
（规范性附录）
落球法抗冲击性试验方法

A.1 试验用仪器及设备

A.1.1 试验用砂

采用符合 GB/T 17671 中 11.6 条规定的中国 ISO 标准砂。

A.1.2 冲击球

质量为 1000g±10g 的钢球。

A.1.3 冲击试验示意

冲击试验示意图见图 A.1。

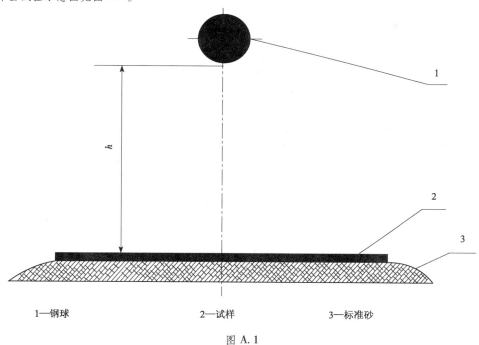

1—钢球   2—试样   3—标准砂

图 A.1

A.2 试样

A.2.1 试样尺寸 500mm×400mm×e。

A.2.2 试样数量 1 块×2 张。

A.2.3 试样切割在距板边 100mm 的板中心区域切取边长为 500mm×400mm 样品。

A.3 试验方法

A.3.1 将试验用砂均匀平铺在工作地坪上，表面用刮尺刮平，面积大于试样面积，砂层厚度为 50mm。

A.3.2 将试样正面朝上，平放在砂面上，轻轻按压试样，确保试样反面与标准砂紧密接触。

A.3.3 按表 A.1 所规定的冲击高度，调整球底面与试样接触面的间距，释放冲击球，冲击球以自由落体的方式，冲击试样，检查试样冲击点部位是否有贯通裂纹。冲击点应在试件中心区域。

表 A.1　落球冲击高度　　　　　　　　　　　　　单位为毫米

试样厚	h
<16	110
≥16 且 <20	140
≥20	170

ICS 91. 100. 10
Q 11
备案号:17608—2006

JC

中华人民共和国建材行业标准

JC/T 740—2006
代替 JC/T 740—1988(1996)

磷渣硅酸盐水泥

Portland phosphorous slag cement

2006-05-06 发布　　　　　　　2006-10-01 实施

中华人民共和国国家发展和改革委员会　发布

前　言

本标准是对 JC/T 740—1988(1996)《磷渣硅酸盐水泥》的修订。

本标准自实施之日起代替 JC/T 740—1988(1996)《磷渣硅酸盐水泥》。

本标准与 JC/T 740—1988(1996)相比,主要变化如下:

——水泥中粒化电炉磷渣掺量由"20%～40%"改为"20%～50%"(1988 年版的第 3 章,本版的 4.1);

——增加了"组成与材料"一章(本版的第 4 章);

——强度等级中增加了早强型磷渣硅酸盐水泥(1988 年版的第 4 章,本版的第 5 章);

——水泥细度要求由 0.080mm 方孔筛筛余"不超过 12%"改为"不超过 6.0%"(1988 年版的 5.4,本版的 6.2.1);

——缩短了对磷渣硅酸盐水泥终凝时间的要求,即由"不得超过 12h"改为"不应超过 10h"(1988 年版的 5.5,本版的 6.2.2);

——取消对磷渣硅酸盐水泥烧失量的限定(1988 年版的 5.2,本版的第 6 章);

——水泥强度指标与 GB 1344—1999《矿渣硅酸盐水泥、火山灰质硅酸盐水泥与粉煤灰硅酸盐水泥》一致(1988 年版的 5.7,本版的 6.3.4);

——水泥强度检验方法采用 GB/T 17671—1999《水泥胶砂强度检验方法(ISO 法)》(1988 年版的 6.5,本版的 7.7);

——增加了水泥中氯离子含量和碱含量的要求(本版的 6.7 和 6.8);

——增加了用于水泥中的粒化电炉磷渣规定(本版附录 A);

——增加了粒化电炉磷渣放射性的检测(本版附录 A.3.4);

——增加了粒化电炉磷渣容重的测定方法(本版附录 B)。

本标准附录 A 和附录 B 为规范性附录。

本标准由中国建筑材料工业协会提出。

本标准由全国水泥标准化技术委员会(SAC/TC 184)归口。

本标准负责起草单位:中国建筑材料科学研究院、云南省建筑材料科学设计院

本标准参与起草单位:云南省国资委水泥昆明公司、上海宝冶商品混凝土公司、上海五冶混凝土公司

本标准主要起草人:颜碧兰、王昕、缪沾、吴秀俊、江丽珍、刘晨、卢钢、李敏、李昌华、宋华、郑维平

本标准主要协作单位:四川致和水泥厂、昆明立宇水泥厂、贵州修文渝鑫水泥厂、四川都江堰拉法基水泥有限公司

本标准于 1988 年首次发布,本次为第一次修订。

磷渣硅酸盐水泥

1　范围

本标准规定了磷渣硅酸盐水泥的术语与定义、材料要求、强度等级、技术要求、试验方法、检验规则以及包装、标志、运输与贮存。

本标准适用于以粒化电炉磷渣为主要混合材料的磷渣硅酸盐水泥。

2　规范性引用文件

下列文件中的条款通过本标准的引用而成为本标准的条款。凡是注日期的引用文件,其随后所有的修改单(不包括勘误的内容)或修订版均不适用于本标准,然而,鼓励根据本标准达成协议的各方研究是否可使用这些文件的最新版本。凡是不注日期的引用文件,其最新版本适用于本标准。

GB 175　硅酸盐水泥、普通硅酸盐水泥

GB/T 176　水泥化学分析方法(GB/T 176—1996,eqv ISO 680:1990)

GB/T 203　用于水泥中的粒化高炉矿渣

GB/T 750　水泥压蒸安定性试验方法

GB/T 1345　水泥细度检验方法(筛析法)

GB/T 1346　水泥标准稠度用水量、凝结时间、安定性检验方法(GB/T 1346—2001,eqv ISO 9597:1989)

GB/T 1596　用于水泥和混凝土中的粉煤灰

GB/T 2847　用于水泥中的火山灰质混合材料(GB/T 2847—1996,neq ISO 863:1990)

GB/T 5483　用于水泥中的石膏和硬石膏(GB/T 5483—1996,neq ISO 1587:1975)

GB/T 1871.1　磷矿石和磷精矿中五氧化二磷含量的测定　磷钼酸喹啉重量法和容量法

GB/T 6005　试验筛金属丝编织网、穿孔板和电成型薄板、筛孔的基本尺寸

GB 6566　建筑材料放射性核素限量

GB 9774　水泥包装袋

GB 12573　水泥取样方法

GB/T 17671　水泥胶砂强度检验方法(ISO 法)(GB/T 17671—1999,idt ISO 679:1989)

JC/T 420　水泥原料中氯的化学分析方法

JC/T 667　水泥助磨剂

JC/T 742　掺入水泥中的回转窑窑灰

3　术语与定义

下列术语和定义适用于本标准。

磷渣硅酸盐水泥　Portland hosphorous slag cement

凡由硅酸盐水泥熟料和粒化电炉磷渣、适量石膏磨细制成的水硬性胶凝材料,称为磷渣硅酸盐水泥(简称磷渣水泥),代号为PPS。

4　组成与材料

4.1　组成

磷渣水泥中粒化电炉磷渣掺量应占水泥质量的20%～50%。

可用粒化高炉矿渣代替部分粒化电炉磷渣,代替总量不得超过混合材料总量的50%。

可用火山灰质混合材料、粉煤灰、石灰石、窑灰中的任一种材料,或包括粒化高炉矿渣在内的任两种材料代替部分粒化电炉磷渣。代替总量不得超过混合材料总量的三分之一。其中,石灰石不得超过水泥总质量的10%,窑灰不得超过水泥总质量的8%。代替后水泥中粒化电炉磷渣的掺量不得少于20%。

4.2 材料

4.2.1 石膏

天然石膏应符合GB/T 5483中规定的G类或A类二级(含)以上石膏或硬石膏。

采用工业生产中以硫酸钙为主要成分的副产石膏时,应经过试验证明对水泥性能无害。

4.2.2 粒化电炉磷渣

符合本标准附录A及附录B的有关规定。

4.2.3 粒化高炉矿渣

符合GB/T 203的有关规定。

4.2.4 火山灰质混合材料

符合GB/T 2847的有关规定。

4.2.5 粉煤灰

符合GB/T 1596的有关规定。

4.2.6 石灰石

石灰石中的三氧化二铝含量不应超过2.5%。

4.2.7 窑灰

符合JC/T 742的有关规定。

4.2.8 助磨剂

磷渣水泥粉磨时可加入助磨剂,其加入量不超过水泥质量的0.5%。助磨剂应符合JC/T 667的有关规定。

5 强度等级

磷渣水泥的强度等级分为32.5、32.5R、42.5、42.5R、52.5、52.5R。

6 技术要求

6.1 化学成分

6.1.1 氧化镁

熟料中氧化镁的含量不应超过5.0%。如水泥经压蒸安定性试验合格,则熟料中氧化镁的含量允许放宽到6.0%。

6.1.2 三氧化硫

水泥中三氧化硫含量不应超过4.0%。

6.1.3 氯离子含量

水泥中氯离子含量不应超过0.06%。

6.1.4 碱含量

水泥中碱含量按 $Na_2O + 0.658K_2O$ 计算值表示。若使用活性骨料要限制水泥中的碱含量时,由供需双方商定。

6.2 物理性能

6.2.1 细度

水泥细度以0.080mm方孔筛筛余表示,且不得超过6.0%。

6.2.2 凝结时间

水泥初凝不应早于45min,终凝不应迟于10h。

6.2.3 安定性

用沸煮法检验,水泥安定性必须合格。

6.2.4 强度

磷渣水泥不同强度等级各龄期强度不应低于表1的要求。

表1 不同强度等级各龄期强度指标 单位为兆帕

强度等级	抗压强度		抗折强度	
	3d	28d	3d	28d
32.5	10.0	32.5	2.5	5.5
32.5R	15.0	32.5	3.5	5.5
42.5	15.0	42.5	3.5	6.5
42.5R	19.0	42.5	4.0	6.5
52.5	21.0	52.5	4.0	7.0
52.5R	23.0	52.5	4.5	7.0

7 试验方法

7.1 氧化镁、三氧化硫、碱含量
按 GB/T 176 进行。

7.2 氯离子含量
按 JC/T 420 进行。

7.3 细度
按 GB/T 1345 进行。

7.4 凝结时间和安定性
按 GB/T 1346 进行。

7.5 压蒸安定性
按 GB/T 750 进行。

7.6 强度
按 GB/T 17671 进行。

8 检验规则

8.1 出厂检验
按本标准第7章规定方法进行出厂检验,检验项目包括第6章除6.1.4外所有技术要求。

8.2 组批与编号
磷渣水泥出厂前按同品种、同强度等级组批编号。袋装水泥和散装水泥应分别进行组批和编号。每一编号为一取样单位。水泥出厂编号按水泥厂年生产能力规定:

a)120 万 t 以上,不超过 1200t 为一编号;
b)60 万 t 以上~120 万 t,不超过 1000t 为一编号;
c)30 万 t 以上~60 万 t,不超过 600t 为一编号;
d)10 万 t 以上~30 万 t,不超过 400t 为一编号;
e)10 万 t 以下,不超过 200t 为一编号。

取样方法按 GB 12573 进行。当散装水泥运输工具的容量超过该厂规定出厂编号吨数时,允许该编号的数量超过取样规定吨数。取样应有代表性,可连续取,亦可从 20 个以上不同部位取等量样品,总量至少 12kg。

8.3 判定规则

8.3.1 出厂检验结果符合第6章技术要求时,判定为出厂检验合格。

8.3.2 磷渣水泥中氧化镁、三氧化硫、氯离子、初凝时间、安定性中任何一项不符合本标准技术要求时,判定为废品。

8.3.3 磷渣水泥中细度、终凝时间、强度等级中任何一项不符合本标准技术要求时,判定为不合格品。包装标志中水泥品种、强度等级、生产厂家名称和出厂编号不全时,也判定为不合格品。

8.4 试验报告

试验报告内容应包括本标准规定的各项技术要求及试验结果、混合材料名称和掺加量、由旋窑还是立窑熟料生产。当用户需要出厂检验报告时,水泥厂应在水泥发出之日起7天内寄发除28天强度以外的各项试验结果。28天强度数值应在水泥发出之日起32天内补报。

8.5 交货、验收及仲裁检验

8.5.1 交货

交货时水泥的质量验收可抽取实物试样以其检验结果为依据,也可以水泥厂同编号水泥的检验报告为依据。采取何种方法验收由买卖双方商定,并在合同或协议中注明。

8.5.2 验收与仲裁检验

8.5.2.1 以抽取实物试样的检验结果为验收依据时,买卖双方应在发货前或交货时共同取样和签封。取样方法按GB 12573进行,取样数量为20kg,缩分为二等份。一份由卖方保存40天,一份由买方按本标准规定的项目和方法进行检验。

在40天以内,买方检验认为产品质量不符合本标准要求,而卖方又有异议时,则双方应将卖方保存的另一份试样送省级或省级以上国家认可的水泥质量监督检验机构进行仲裁检验。

8.5.2.2 以水泥厂同编号水泥的检验报告为验收依据时,在发货前或交货时买方(或委托卖方)在同编号水泥中抽取试样,双方共同签封后保存三个月。

在三个月内,买方对水泥质量有疑问时,则买卖双方应将共同签封的试样送省级或省级以上国家认可的水泥质量监督检验机构进行仲裁检验。

9 包装、标志、运输与贮存

9.1 包装

磷渣水泥可以袋装或散装,袋装水泥每袋净重50kg,且不得少于标志重量的98%;随机抽取20袋总重量不得少于1000kg。其他包装形式可由供需双方协商确定,但有关袋装重量要求,应符合上述原则规定。水泥包装袋符合GB 9774的规定。

9.2 标志

水泥袋上清楚标明产品名称、代号、净重、执行标准号、强度等级、生产许可证编号、生产者名称和地址、出厂编号、包装日期(年、月、日)以及防潮字样。包装袋两侧应清楚标明水泥名称和强度等级,并用黑体印刷。

散装运输时提交与袋装标志相同内容的卡片。

9.3 运输与贮存

水泥在运输与贮存时不得受潮和混入杂物,不同品种和强度等级的水泥应分别贮运,不得混杂。

附 录 A
（规范性附录）
用于水泥中的粒化电炉磷渣

A.1 范围

本附录规定了用于水泥中粒化电炉磷渣的定义、技术要求、试验方法和检验规则。

A.2 粒化电炉磷渣 Granulated electric furnace phosphorous slag

凡用电炉法制黄磷时，所得到的以硅酸钙为主要成分的熔融物，经淬冷成粒，即为粒化电炉磷渣（简称磷渣）。

注：可通过在磷渣中掺入经试验证明对水泥及混凝土性能无害的少量钙质和硅铝质材料对磷渣进行改性。

A.3 技术要求

A.3.1 质量系数 K 值不应小于 1.10。

A.3.2 磷渣中五氧化二磷的含量不应大于 3.5%。

A.3.3 干磷渣的松散容重（简称容重）不应大于 $1.30 \times 10^3 \text{kg/m}^3$；块状磷渣的最大尺寸不应大于 50mm；大于 10mm 的颗粒，以质量百分比计，不应超过 5%。

A.3.4 按 A4.6 条检测，磷渣掺入水泥后天然放射性核素镭—226，钍—232、钾—40 的放射性比活度应同时满足 $I_{Ra} \leqslant 1.0$、$I_r \leqslant 1.0$。

A.4 试验方法

A.4.1 氧化钙、氧化镁、二氧化硅、三氧化二铝、氟含量

按 GB/T 176 进行检测。若磷渣中五氧化二磷的含量大于 0.5%，则应采用 EDTA 络合滴定钙盐返滴定法检测。

A.4.2 五氧化二磷含量

按 GB/T 1871.1 进行检测。

A.4.3 质量系数 K

K 值应按公式 A.1 计算：

$$K = \frac{C + M + A}{S + P} \quad\cdots\cdots\cdots\cdots\cdots\cdots\cdots\cdots\cdots\cdots\cdots\cdots\cdots\cdots\cdots\cdots\cdots （A.1）$$

式中：

K——质量系数；

C——磷渣中氧化钙质量百分比，%；

M——磷渣中氧化镁质量百分比，%；

A——磷渣中氧化铝质量百分比，%；

S——磷渣中二氧化硅质量百分比，%；

P——磷渣中五氧化二磷质量百分比，%。

计算结果保留两位小数。

A.4.4 松散容重

按本标准附录 B 进行检测。

A.4.5 大于 10mm 的颗粒含量

大于 10mm 颗粒的含量用孔径符合 GB/T 6005 标准的 10mm 圆孔筛检验。测定 2kg 左右磷渣试样的筛余。大于 10mm 颗粒的质量百分数按公式 A.2 计算：

$$R = \frac{W}{G} \times 100 \qquad \cdots\cdots\cdots\cdots\cdots\cdots\cdots\cdots\cdots\cdots\cdots\cdots\cdots\cdots\cdots\cdots\cdots \quad (A.2)$$

式中：

R——大于10mm颗粒占总样品量的百分数，(%)：

W——10mm圆孔筛筛余质量，单位为千克(kg)；

G——磷渣试样质量，单位为千克(kg)。

计算结果保留至整数位。

A.4.6 放射性

先将磷渣磨细成粉状，然后用符合 GB 175 要求、拟采用磷渣作为混合材料的企业生产的硅酸盐水泥和磷渣粉按质量比 1∶1 混合均匀，再按 GB 6566 方法检验混合样品的放射性。

A.5 检验规则

A.5.1 取样方法

每天排放的磷渣为一个编号。取样应有代表性，可连续取样，也可从 20 个以上不同部位取等量样品，样品数量约20kg。样品经混合均匀后，用四分法缩分至 5kg 进行试验。取样时应除去 150mm ~ 200mm 外层。

A.5.2 判定规则

A.5.2.1 出厂检验

A.5.2.1.1 磷渣供应单位应按 A.3.1 ~ A.3.3 条要求对每批磷渣进行检验。出厂检验报告应随磷渣一同提供给磷渣用户。

A.5.2.1.2 磷渣的质量系数、五氧化二磷中任何一项不符合本标准技术要求时，判定为废品，不可作为混合材用于水泥生产。

A.5.2.1.3 干磷渣的松散容重、块状磷渣的最大尺寸、大于 10mm 的颗粒质量中任何一项不符合本标准技术要求时，判定为不合格品。

A.5.2.2 型式检验

A.5.2.2.1 检验结果符合 A.3 章所有技术要求时，判定为型式检验合格。

A.5.2.2.2 若原材料、生产工艺发生变化，应对磷渣进行型式检验。

A.5.2.2.3 正常生产时，每年检验一次。

A.5.2.2.4 水泥厂启用磷渣时，应对磷渣进行型式检验。

A.5.3 运输与贮存

磷渣在散装运输时，不应与其他材料混装，车皮或车厢必须清洗干净，以免混入杂质。磷渣在贮存时，不应混入杂质。

附 录 B
（规范性附录）
粒化电炉磷渣容重的测定方法

B.1 仪器

B.1.1 容重仪

容重仪主要由漏斗、容重筒、底盘、三脚支架等四部分组成,如图 B.1 所示。容重筒容积为1L。漏斗可用铁皮、支架用 $\phi 8mm$ 圆钢、底盘用 2mm 厚表面光滑的钢板制成。底盘、支架和漏斗三者可用焊接或铆接,漏斗口下表面距容重筒口上表面距离为100mm。

B.1.2 5mm 圆孔筛

符合 GB/T 6005 标准。筛孔孔径为 5mm,孔距为 4mm,筛直径为 200mm。

B.1.3 钢板尺

长度不小于 150mm。

B.1.4 台秤

分度值不大于 10g。

单位为毫米

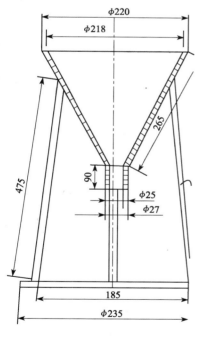

（a）容重仪的漏斗、底盘和支架 （b）容重筒

图 B.1 容重仪示意图

B.2 检测方法

B.2.1 取样

取不少于 2kg 的磷渣样品在(105±5)℃下烘干至恒重,再用 5mm 圆孔筛去除大颗粒后检测容重。

B.2.2 检测

检测容重时,将容重仪放置在稳定的试验台上。将试样混合搅拌均匀,倒入漏斗内,并堵住漏斗下口。打开下料口,使磷渣自然落入容量筒中。磷渣装满后,用钢板尺刮掉多余磷渣,称量装满磷渣的容重筒重量。

B.2.3 计算

按式 B.1 计算磷渣容重:

$$r = \frac{G_1 - G_0}{V} \times 1000 \quad\cdots\cdots\cdots\cdots\cdots\cdots\cdots\cdots\cdots\cdots\cdots\cdots\cdots\cdots \text{(B.1)}$$

式中:

r——磷渣容重,单位为千克每立方米(kg/m^3);

G_1——装满磷渣的容重筒质量,单位为千克(kg);

G_0——容重筒质量,单位为千克(kg);

V——容重筒容积,单位为升(L)。

计算结果保留两位小数。

B.2.4 结果处理

进行两次试验,取两次试验的平均值为最终检测结果。如果两次结果相差超过 10%,应重新进行试验。

ICS 91. 100. 40
Q 14
备案号：14587—2004

JC

中华人民共和国建材行业标准

JC/T 940—2004

玻璃纤维增强水泥（GRC）装饰制品

Glassfibre reinforced cement finished products

2004-10-20 发布　　　　　　　　　　　　2005-04-01 实施

中华人民共和国国家发展和改革委员会　发布

前　言

本标准参照国际 GRC 协会 S‐0110GRCA1995/10/10《玻璃纤维增强水泥的制造规范》。

本标准附录 A 是资料性附录。

本标准由中国建筑材料工业协会提出。

本标准由全国水泥制品标准化技术委员会归口。

本标准负责起草单位：中国建筑材料工业协会玻璃纤维增强水泥（GRC）分会、国家建筑材料工业技术监督研究中心。

本标准参加起草单位：北京宝贵石艺科技有限公司、海南友利装饰材料有限公司、大连开发区新型建材制品厂、北京永伦建材国际有限公司、大连达鹏达装饰工程有限公司、上海自治实业凝石建材工程公司、成都市新宿轻质建材有限公司、北京飞而达科贸有限公司、陕西玻璃纤维总厂、顺德协润建筑装饰制品厂、武汉天裕经济发展有限公司、上海雄美建筑工艺制品有限公司、威海鸿鼎欧式装饰工程有限公司、福建亿圆庄装饰材料发展有限公司、南京倍立达实业有限公司。

本标准主要起草人：崔玉忠、崔琪、曹永康、杨斌。

本标准参加起草人：王瑾、张宝贵、张滨、张华、储好、林肯尼、田勇、贾韵梅、阎京平。

本标准委托中国建筑材料工业协会玻璃纤维增强水泥（GRC）分会负责解释。

本标准为首次发布。

玻璃纤维增强水泥(GRC)装饰制品

1 范围

本标准规定了玻璃纤维增强水泥(GRC)装饰制品的分类、材料、技术要求、试验方法、检验规则以及标志、堆放、装卸、运输与出厂。

本标准适用于以耐碱玻璃纤维为主要增强材料、快硬硫铝酸盐水泥或硅酸盐水泥为胶凝材料、砂子为集料制成的玻璃纤维增强水泥(GRC)装饰制品。

本标准不适用于以膨胀珍珠岩或膨胀蛭石等为集料制成的轻质玻璃纤维增强水泥装饰制品。

2 规范性引用文件

下列文件中的条款通过本标准的引用而成为本标准的条款。凡是注日期的引用文件,其随后所有的修改单(不包括勘误的内容)或修订版均不适用于本标准,然而,鼓励根据本标准达成协议的各方研究是否可使用这些文件的最新版本。凡是不注日期的引用文件,其最新版本适用于本标准。

GB 175 硅酸盐水泥、普通硅酸盐水泥

GB/T 701 低碳钢热轧圆盘条

GB 4237 不锈钢热轧钢板

GB 4356 不锈钢盘条

GB/T 7019 纤维水泥制品试验方法

GB 8076 混凝土外加剂

GB/T 14684 建筑用砂

GB/T 14685 建筑用卵石、碎石

GB/T 15231.1 玻璃纤维增强水泥性能试验方法 体积密度、含水率和玻璃纤维含量

GB/T 15231.2 玻璃纤维增强水泥性能试验方法 抗压强度

GB/T 15231.3 玻璃纤维增强水泥性能试验方法 抗弯性能

GB/T 15231.4 玻璃纤维增强水泥性能试验方法 抗拉性能

GB/T 15231.5 玻璃纤维增强水泥性能试验方法 抗冲击性能

JC/T 539 混凝土和砂浆用颜料及其试验方法

JC/T 572 耐碱玻璃纤维无捻粗纱

JC 714 快硬硫铝酸盐水泥

JC/T 841 耐碱玻璃纤维网格布

JGJ 63 混凝土拌合用水标准

3 分类

3.1 类型

3.1.1 GRC 装饰制品根据用途分为:柱、栏杆、扶手、门窗套、山花、支托、线脚、块石、窗棂、透窗、斗拱、筒瓦、瓦当、假山、雕塑等,主要产品类型与规格尺寸见表1。

表1　主要产品类型与规格尺寸 单位为毫米

规格尺寸	类型								
	ZT	ZS	ZJ	CT	MT	XJ	LG	MGS	DFS
D	150～1000	150～1000	150～1000	—	—	—	120～250	—	—
L(H′)	—	—	600～3600	900～6000	120～400	—	600～900	600～900	—
H(W)	—	—	—	900～3600	2000～3600	200～900	380～1000	300～450	300～450

注1：代号含义：ZT——柱头；ZS——柱身；ZJ——柱基；CT——窗套；MT——门套；XJ——线角；LG——栏杆；
MGS——蘑菇石；DFS——剁斧石。

注2：规格尺寸代号 D、L(H′)、H(W) 在不同类型构件中所代表的尺寸见附录A。

注3：方柱系列尺寸、仿中式古典建筑构件尺寸，其它制品要求的尺寸，由设计确定。

3.1.2 根据制品的成型工艺分为：喷射工艺(PS)、预混工艺(YH)、铺网抹浆工艺(PW)和混合工艺(HH)。喷射工艺、铺网抹浆工艺、混合工艺适合制作平面、薄壁、细长的制品；预混工艺仅适合制作短、粗、壁厚的构件，如柱头、柱基、支托等。

3.2 质量等级

根据制品材料的物理力学性能，装饰制品分为一等品(B)与合格品(C)。

3.3 产品标记

按照产品的成型工艺、规格、质量等级、标准编号顺序标记。

示例：采用喷射工艺成型的直径400mm、高度3200mm的柱身合格品的标记为：

PS GRC ZS400×3200 C JC/T 940—2004

4 材料

4.1 玻璃纤维

耐碱玻璃纤维无捻粗纱、耐碱玻璃纤维短切纱应符合JC/T 572 的规定；耐碱玻璃纤维网格布应符合JC/T 841 的规定。

4.2 水泥

快硬硫铝酸盐水泥应符合JC 714 的规定。

硅酸盐水泥应符合GB 175 的规定。采用硅酸盐水泥时，必须掺入能吸收 $Ca(OH)_2$ 的消碱性材料或掺入丙烯酸乳液，并采用氧化锆含量不小于16%的高耐碱玻璃纤维。

4.3 集料

砂子的技术要求应符合GB/T 14684 的规定，其中砂子含泥量不得大于1.0%，喷射工艺用砂子的最大粒径应小于1.2mm，预混或铺网抹浆工艺用砂子的最大粒径应小于2.4mm，0.15mm 以下颗粒的含量应小于10%；制品的加强肋或填充空腔用混凝土中砂子的粒径不受此限制。

制品的加强肋或填充空腔用的混凝土，可采用卵石或碎石，技术要求应符合GB/T 14685 的规定，含泥量不得大于1%。

4.4 钢筋

低碳钢热轧圆盘条应符合GB/T 701 的规定，不锈钢圆盘条应符合GB 4356 的规定。

4.5 预埋件

应使用镀锌钢板、不锈钢板、镀锌钢筋和不锈钢圆盘条，镀锌钢板的厚度不得小于3mm，不锈钢板的厚度不得小于2mm，预埋件数量和锚固件构造由设计确定。

4.6 水

水应符合JGJ 63 的规定。

4.7 外加剂

4.7.1 可选择性地加入高效减水剂、塑化剂、缓凝剂、早强剂、防冻剂、防锈剂等外加剂；当制品中含有钢质增强材料或钢质预埋件时,不得使用氯化钙基的外加剂。

4.7.2 外加剂应符合 GB 8076 的规定。

4.8 颜料

可使用粉状或液体状颜料,其质量应符合 JC/T 539 的规定。

4.9 填料

可适当掺入开采天然石材或雕琢加工石材留下的石屑,其质量应符合 4.3 条款的规定。

4.10 合成纤维

可加入聚丙烯纤维、维纶纤维等,其质量应符合各相关标准的规定。

4.11 基本材料配合比

基本材料的推荐配合比见表 2。

表 2 基本材料的推荐配合比

	喷射成型	预混成型	铺网抹浆成型
砂灰比(质量比)	0.5~1.0	0.5~1.5	0.5~1.5
水灰比(质量比)	0.35~0.38	0.35~0.40	0.35~0.40
玻璃纤维含量,%(按砂浆质量计)	4.0~5.0	2.0~3.5	—
网格布层数(按 10mm 厚度制品计)	—	—	2
高效减水剂,%(按水泥质量计)	0.30~0.75		

注:混合成型工艺用材料配比,根据所采用的混合方式确定。

5 技术要求

5.1 制造

GRC 装饰制品应按设计图纸制造。

5.2 外观质量

外观质量应符合表 3 规定。

表 3 外观质量

		一等品	合格品
缺棱掉角	长度	≤20mm	≤30mm
	宽度	≤20mm	≤30mm
	数量	不多于 2 处	不多于 3 处
裂纹	长度	不允许	≤30mm
	宽度		≤0.2mm
	数量		不多于 2 处
蜂窝麻面	占总面积	≤1.0%	≤2.0%
	单处面积	≤0.5%	≤1.0%
	数量	不多于 1 处	不多于 2 处
飞边毛刺	厚度	≤1.0mm	≤2.0mm

5.3 尺寸允许偏差

尺寸允许偏差不得超过表 4 中的规定。

表4 尺寸允许偏差 单位为毫米

产品类型与等级		D	L(H')	H(W)
ZT、ZJ	一等品	±3	—	—
	合格品	±5	—	—
ZS	一等品	±3	—	—
	合格品	±5	—	—
CT、MT	一等品	—	±2	±3
	合格品	—	±4	±5
XJ	一等品	—	±2	±3
	合格品	—	±4	±5
LG	一等品	±2	—	±2
	合格品	±3	—	±4
MGS、DFS	一等品	—	±3	±2
	合格品	—	±5	±4

5.4 物理力学性能

物理力学性能应符合表5规定。

表5 物理力学性能指标

	喷射工艺		预混工艺		铺网抹浆工艺		混合工艺	
	一等品	合格品	一等品	合格品	一等品	合格品	一等品	合格品
体积密度,g/cm³ ≥	1.8		1.7					
抗压强度(面外),MPa ≥	40							
抗弯极限强度,MPa ≥	18	14	10	8	14	12	14	12
抗拉极限强度,MPa ≥	5	4	4	3	4	3	5	4
抗冲击强度,kJ/m² ≥	8	6	8	6	8	6	8	6
吸水率,% ≤	14	16	14	16	14	16	14	16
抗冻性,25次	经25次冻融循环,无起层、剥落等破环现象							

注:喷射工艺、铺网抹浆工艺、混合工艺适合制作平面、薄壁、细长的制品;预混工艺仅适合制作粗、短、壁厚的构件,如柱头、柱基、支托等。

6 试验方法

采用快硬硫铝酸盐水泥时,试件的龄期应大于3d;采用硅酸盐水泥时,试件的龄期应大于28d。

6.1 外观质量

6.1.1 量具

钢直尺,量程0～300mm,分度值1mm;游标卡尺,量程0～200mm,精度0.02mm;塞尺,量程0.01mm～10mm。

6.1.2 方法

测量制品的缺棱掉角、裂纹、蜂窝麻面等。

6.2 尺寸偏差

6.2.1 量具

卷尺，量程 0～5000mm，分度值 1mm；钢直尺，量程 0～300mm，分度值 1mm。

6.2.2 方法

分别测量制品的 D、L、H 值各三次，取其算术平均值与规定尺寸之间的差值为尺寸偏差。

6.3 物理力学性能

6.3.1 体积密度

按 GB/T 15231.1 规定试验。

6.3.2 抗压强度

按 GB/T 15231.2 规定试验。

6.3.3 抗弯极限强度

按 GB/T 15231.3 规定试验。

6.3.4 抗拉极限强度

按 GB/T 15231.4 规定试验。

6.3.5 抗冲击强度

按 GB/T 15231.5 规定试验。

6.3.6 吸水率

按 GB/T 7019 规定试验。

6.3.7 抗冻性

按 GB/T 7019 规定试验。

7 检验规则

7.1 出厂检验

7.1.1 出厂检验项目

出厂检验项目包括外观质量、尺寸偏差和抗弯极限强度。

7.1.2 批量

由同种原材料用相同工艺制成的制品组成同一受检批，每个批量为 500 件制品，不足 500 件时，亦作为一个批量。

7.1.3 判定

7.1.3.1 外观质量

逐件检验，超出表 3 规定时，判为不合格品。

7.1.3.2 尺寸偏差

从经过外观质量检验合格的制品中，随机抽取五件样品进行检验。全部符合表 4 规定时，判定批量合格；若有两件或两件以上不符合表 4 规定，判定批量不合格；若有一件不符合表 4 规定时，应再抽取五件样品进行复检，复检结果全部符合表 4 规定时，判定该批量产品合格，若仍有一件不符合表 4 规定时，则判该批量产品不合格。

7.1.3.3 物理力学性能

对于每一受检批，应采用同种原料和相同工艺制作抗弯极限强度检验用试件，按 6.3.3 规定试验，符合表 5 规定时判该批产品合格，否则判该批产品不合格。

7.1.4 总判定

在型式检验合格的条件下，出厂检验中外观质量、尺寸偏差、抗弯极限强度均符合标准相应等级规定时，则判该批产品为相应等级产品。

7.2 型式检验

7.2.1 检验条件

有下列情况之一时，应进行型式检验：

a）新产品试制定型鉴定；

b) 产品结构、材料、工艺有较大改变时；

c) 长期停产再恢复生产时；

d) 出厂检验结果与上一次型式检验结果有较大差异时；

e) 正常生产每年一次；

f) 国家或地方质监机构提出检验要求时。

7.2.2 检验项目

表3、表4、表5中规定的项目。

7.2.3 抽样和检验

外观质量的抽样和检验按7.1.2和7.1.3.1进行；尺寸偏差的抽样和检验按7.1.3.2进行；物理力学性能检验按7.1.3.3进行。

7.2.4 判定

外观质量、尺寸偏差按7.1.3.1、7.1.3.2判定；物理力学性能全部符合表5规定时，判为相应等级的产品。

8 标志、堆放、装卸、运输、出厂

8.1 标志

在制品明显位置固定标明生产单位、商标、产品标记、生产日期以及"严禁碰撞"等字样的标志，标志式样如下：

$$商标 \frac{产品标记}{生产单位、生产日期} 严禁碰撞$$

8.2 堆放

按规格型号分类堆放，堆放场地应平整、干燥、通风，堆放高度不应超过2m，堆放层数不应超过四层。

8.3 装卸、运输

装卸及搬运制品时，必须轻装轻放，严禁抛掷。运输时应固定牢靠，防止晃动，必要时在制品间用草垫隔开，制品放置不得超出车厢长度。

8.4 出厂

制品出厂应提交出厂证明书，其内容包括：

a) 产品标记及数量；

b) 出厂检验结果；

c) 生产日期及出厂日期；

d) 生产单位名称及商标；

e) 生产单位质检部门签章。

附　录　A

（资料性附录）

规格尺寸代号 D、L(H′) 、H(W) 在不同类型构件中所代表的尺寸

规格尺寸代号 D、L(H′) 、H(W) 在不同类型构件中所代表的尺寸如图1~图5。

图2　栏杆(LG)

图1　柱(Z)

图3　窗套(CT)

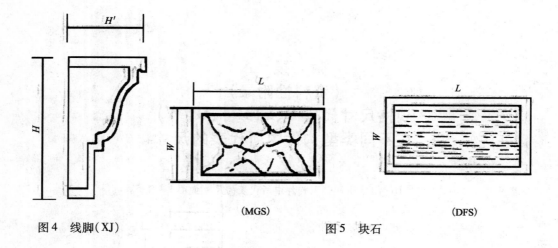

图4　线脚(XJ)

(MGS)　　　　　　　　　　(DFS)

图5　块石

备案号：14577—2004

JC

中华人民共和国建材行业标准

JC/T 311—2004

代替 JC/T 311—1997

明矾石膨胀水泥

Alunite expansive cement

2004-10-20 发布　　　　　　　　2005-04-01 实施

中华人民共和国国家发展和改革委员会　发布

前　言

本标准代替 JC/T 311—1997《明矾石膨胀水泥》。

本标准与 JC/T 311—1997 相比,主要变化如下:

——水泥强度检验方法由 GB/T 17671—1999《水泥胶砂强度检验方法(ISO 法)》代替 GB/T 177—1985《水泥胶砂强度检验方法》(1997 年版的 7.4,本版的 8.4);

——水泥强度标号改为强度等级,并增加了 32.5 等级(见第 6 章);

——确定了新的水泥强度等级指标值(1997 年版的 6.4,本版的 7.4);

——将试件的膨胀率测定由自由膨胀率改为限制膨胀率,确定了新的限制膨胀率指标值(1997 年版的 6.5,本版的 7.5);

——增加了限制膨胀率的测定方法(见本标准的附录 A);

——增加了碱含量由供需双方的协商指标(见本标准的 7.6);

——用铝质熟料代替部分天然明矾石(见本标准的 5.2)。

请注意本标准的某些内容有可能涉及专利。本标准的发布机构不应承担识别这些专利的责任。

本标准附录 A、附录 B 为规范性附录。

本标准由中国建筑材料工业协会提出。

本标准由全国水泥标准化技术委员会(SAC/TC184)归口。

本标准负责起草单位:中国建筑材料科学研究院。

本标准参加起草单位:浙江三狮集团兰溪特种水泥有限公司、河北天塔山建材有限公司。

本标准主要起草人:江云安、卢坚、金欣、崔文刚、董兰女。

本标准所代替标准的历次版本发布情况为:

JC/T 311—1982、JC/T 311—1997。

明矾石膨胀水泥

1 范围

本标准规定了明矾石膨胀水泥的术语和定义、用途、材料要求、强度等级、技术要求、试验方法、检验规则以及包装、标志、运输与贮存。

本标准适用于明矾石膨胀水泥。

2 规范性引用文件

下列文件中的条款通过本标准的引用而成为本标准的条款。凡是注日期的引用文件,其随后所有的修改单(不包括勘误的内容)或修订版均不适用于本标准,然而,鼓励根据本标准达成协议的各方研究是否可使用这些文件的最新版本。凡是不注日期的引用文件,其最新版本适用于本标准。

GB/T 176　水泥化学分析方法(GB/T 176—1996,eqv ISO 680:1990)

GB/T 203　用于水泥中的粒化高炉矿渣

GB/T 1346　水泥标准稠度用水量、凝结时间、安定性检验方法(GB/T 1346—2001,eqv ISO 9597:1989)

GB 1596　用于水泥和混凝土中的粉煤灰

GB 4357　碳素弹簧钢丝

GB/T 5483　石膏和硬石膏(GB/T 5483—1996,neq ISO 1587:1975)

GB/T 8074　水泥比表面积测定方法(勃氏法)

GB 9774　水泥包装袋

GB 12573　水泥取样方法

GB/T 17671　水泥胶砂强度检验方法(ISO 法)(idt ISO·679:1989)

JC/T 312　明矾石膨胀水泥化学分析方法

JC/T 667　水泥助磨剂

JC/T 853　硅酸盐水泥熟料

3 术语与定义

3.1

明矾石膨胀水泥　Alunite expansive cement

以硅酸盐水泥熟料为主,铝质熟料、石膏和粒化高炉矿渣(或粉煤灰),按适当比例磨细制成的,具有膨胀性能的水硬性胶凝材料,称为明矾石膨胀水泥,代号 A·EC。

3.2

铝质熟料　aluminium clinker

经一定温度煅烧后,具有活性,Al_2O_3 含量在 25% 以上的材料称为铝质熟料。

4 用途

主要用于补偿收缩混凝土结构工程,防渗抗裂混凝土工程,补强和防渗抹面工程,大口径混凝土排水管以及接缝、梁柱和管道接头,固接机器底座和地脚螺栓等。

5 材料要求

5.1 硅酸盐水泥熟料,符合 JC/T 853 的规定。宜采用 42.5 等级以上的熟料。

5.2 铝质熟料,Al_2O_3 含量应不小于 25%。

5.3 石膏,符合 GB/T 5483 中 A 类一级品的天然硬石膏。

5.4 矿渣,符合 GB/T 203 的规定。

5.5 粉煤灰,符合 GB 1596 的规定。

5.6 水泥粉磨时允许加入助磨剂,其加入量应不大于水泥质量的 1%,助磨剂应符合 JC/T 667 的规定。

6 强度等级

明矾石膨胀水泥分为 32.5、42.5、52.5 三个等级。

7 技术要求

7.1 三氧化硫

明矾石膨胀水泥中硫酸盐含量以三氧化硫计应不大于 8.0%。

7.2 比表面积

明矾石膨胀水泥比表面积应不小于 400m^2/kg。

7.3 凝结时间

初凝不早于 45min,终凝不迟于 6h。

7.4 强度

各强度等级水泥的各龄期强度应不低于表 1 数值。

表 1 水泥的等级与各龄期强度 单位为兆帕

强度等级	抗压强度			抗折强度		
	3 天	7 天	28 天	3 天	7 天	28 天
32.5	13.0	21.0	32.5	3.0	4.0	6.0
42.5	17.0	27.0	42.5	3.5	5.0	7.5
52.5	23.0	33.0	52.5	4.0	5.5	8.5

7.5 限制膨胀率

三天应不小于 0.015%;28 天应不大于 0.10%。

7.6 不透水性

三天不透水性应合格。

注:任选指标,适用于防渗工程,若该水泥不用在防渗工程中可以不作透水性试验。

7.7 碱含量

碱含量由供需双方商定。当水泥在混凝土中和骨料可能发生有害反应并经用户提出碱要求时,明矾石膨胀水泥中碱的含量以 $R_2O(Na_2O + 0.658K_2O)$ 当量计应不大于 0.60%。

8 试验方法

8.1 三氧化硫(SO_3)

按 JC/T 312 进行。

8.2 比表面积

按 GB/T 8074 进行。

8.3 凝结时间

按 GB/T 1346 进行,但作如下修改:临近终凝时每隔 5min 测定一次。

8.4 强度

按 GB/T 17671 进行。

8.5 限制膨胀率

按本标准附录 A(规范性附录)进行。

8.6 不透水性

按本标准附录 B(规范性附录)进行。

8.7 碱含量

按 GB/T 176 规定进行。

9 检验规则

9.1 编号及取样

水泥出厂前按同等级编号和取样。袋装水泥和散装水泥应分别进行编号和取样,每一编号为一取样单位,取样方法按 GB 12573 进行。

年产量超过 50000t 时,以不超过 400t 为一个编号;年产量超过 10000t 时,应以不超过 200t 为一编号;年产量不足 10000t 时,应以不超过 200t 或不超过三天产量为一个编号。

取样应具有代表性,可连续取,也可以从 20 个以上的不同部位取等量样品,总量不少于 15kg。

9.2 出厂检验

所取样品按本标准第 8 章规定的方法进行出厂检验,检验项目包括需要对产品进行考核的全部技术要求。

9.3 出厂水泥

出厂水泥应保证出厂强度等级和限制膨胀率合格,其余品质指标应符合本标准有关要求。

9.4 废品与不合格品

9.4.1 废品

凡三氧化硫、初凝时间、28 天限制膨胀率中任一项不符合本标准规定时,均为废品。

9.4.2 不合格品

凡比表面积、终凝时间、三天限制膨胀率、不透水性中的任一项不符合本标准规定或强度低于商品标号规定的指标时为不合格品。水泥包装标志中水泥品种、强度等级、生产者名称和出厂编号不全的也属于不合格品。

9.5 试验报告

试验报告内容应包括本标准规定的各项技术要求及试验结果。当用户需要时,水泥厂应在水泥发出之日起 11 天内寄发除 28d 强度和限制膨胀率以外的本标准第七章所列的各项试验结果。28d 强度和限制膨胀率数值应在水泥发出之日期起 32 天内补报。

9.6 交货、验收与仲裁检验

9.6.1 交货

交货时水泥的质量验收可抽取实物试样以其检验结果为依据,也可以水泥厂同编号水泥的检验报告为依据,采取何种方法验收由买卖双方商定,并在合同或协议中注明。

9.6.2 验收与仲裁检验

9.6.2.1 以抽取实物试样的检验结果为验收依据时,买卖双方应在发货前或交货地共同取样和签封。取样方法按 GB/T 12573 进行,取样数量为 30kg,缩分为二等份。一份由卖方保存 40 天,一份由买方按本标准规定的项目和方法进行检验。

在 40 天以内,买方检验认为产品质量不符合本标准要求,而卖方又有异议时,则双方应将卖方保存的另一份试样送国家授权的省级或省级以上国家认可的水泥质量监督检验机构进行仲裁检验。

9.6.2.2 以水泥厂同编号水泥的检验报告为验收依据时,在发货前或交货时买方(或委托卖方)在同编号水泥中抽取试样,双方共同签封后保存三个月。

在三个月内,买方对水泥质量有疑问时,则买卖双方应将签封试样送国家授权的省级或省级以上国家认可的水泥质量监督检验机构进行仲裁检验。

10   包装、标志、运输与贮存

10.1   包装

水泥可以袋装或散装。袋装水泥每袋净含量50kg,且不得少于标志重量的98％,随机抽取20袋总质量不得少于1000kg。其他包装形式由供需双方协商确定。

包装袋应符合 GB 9774 的规定

10.2   标志

包装袋上应清楚标明:产品名称、代号、净含量、执行标准号、强度等级、生产许可证编号、生产者名称和地址、出厂编号、包装年、月、日及严防受潮等字样.包装袋两侧应清楚标明水泥名称和强度等级,并用黑色印刷。

散装时应提交与袋装标志相同内容的卡片。

10.3   运输与贮存

水泥在运输与贮存时不得受潮和混入杂物,不同品种和强度等级的水泥应分别贮运,不得混杂。

袋装水泥保质期为三个月,过期的水泥应按本标准规定的试验方法重新检验,再确定能否使用。

附　录　A
（规范性附录）
明矾石膨胀水泥的限制膨胀率试验方法

A.1　仪器

A.1.1　搅拌机、振动台、试模及下料漏斗

搅拌机、振动台、试模及下料漏斗按 GB/T 17671 规定。

A.1.2　比长仪

比长仪由千分表和支架组成（图 A.1），并带有基长标准杆，千分表刻度最小为 0.001mm。支架底部应装有可调底座，用于调整测量基长。测量限制膨胀时基长为 158mm，量程不小于 10mm。在非仲裁检验中，允许使用精度符合上述要求的其他形式的测长仪。

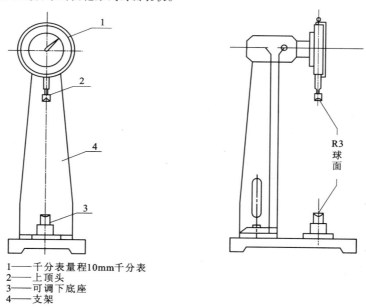

1——千分表量程10mm千分表
2——上顶头
3——可调下底座
4——支架

图 A.1　比长仪

A.1.3　限制钢丝骨架

A.1.3.1　限制钢丝骨架由 Φ4mm 钢丝与 4mm 厚钢板铜焊制成，构造如图 A.2 所示。钢板与钢丝的垂直偏差不大于 5°。钢丝应平直，两端测点表面应用铜焊(1~2)mm 厚，并使之呈球面。

单位为毫米

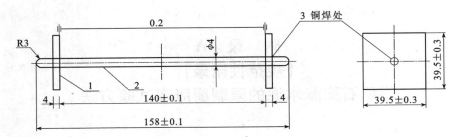

1—钢板；
2—钢丝；
3—铜焊处。

图 A.2　限制钢丝骨架

A.1.3.2　钢丝采用 GB 4357 规定的 D 级弹簧钢丝,铜焊处拉脱强度不低于 785MPa。

A.1.3.3　限制钢丝骨架的使用次数应不超过五次,仲裁检验应不超过一次。

A.1.3.4　试件成型用试模

　　一个样品应准备成型限制膨胀试件三条的试模,试模内表面涂上一薄层模型油或机油,试模模框与底座的接触面应涂上黄干油,防止漏浆;在限制膨胀试模内,装入干净无油污的限制钢丝骨架。

A.2　试验室温度、湿度

A.2.1　试验室、养护箱、养护水的温度、湿度应符合 GB/T 17671 的规定。

A.2.2　每日应检查并记录温度、湿度变化情况。

A.3　试体制作

A.3.1　试体尺寸

　　试体全长 158mm,其中胶砂部分尺寸为 40mm×40mm×140mm。

A.3.2　试验材料

A.3.2.1　标准砂

　　符合 GB/T 17671 要求。

A.3.2.2　水

　　仲裁检验或重要试验用蒸馏水,其他试验可用饮用水。

A.3.3　水泥胶砂配合比

　　水泥胶砂配合比见表 A.1。

表 A.1

材　　　料	代　　号	用　　　量
水泥,g	C	675
标准砂,g	S	1350
拌合水,g	W	270

注 1：S/C=2.0。
注 2：W/C=0.40。

A.3.4　水泥胶砂搅拌、试体成型

　　按 GB/T 17671 规定进行。

A.3.5　试体脱模

　　脱模时间以试体抗压强度达到(10±2)MPa 确定;强度按 GB/T 17671 进行。

A.4 试体测长和养护

A.4.1 试体测长

测量前 3h,将比长仪标准杆放在标准试验室内,用标准杆校正比长仪并调整千分表零点。测量前,将试体及比长仪测头擦净。每次测量时,试体记有标志的一面与测量仪的相对位置必须一致,纵向限制器测头与比长仪测头应正确接触,读数应精确至 0.001mm。不同龄期的试体应在规定时间 ±1h 内测量。

试体脱模后在 1h 内测量初始长度(L)。测量完初始长度的试体立即放入水中养护,然后在测完初始长度后第 3 天(L_1)、28 天(L_2)再测量试体的长度。

A.4.2 试体养护

养护时,应注意不损伤试体测头。试体之间应保持 15mm 以上间隔,试体支点距限制钢板两端约 30mm。

A.5 结果计算和处理

A.5.1 结果计算

限制膨胀率按式(A.1)计算,计算至 0.001%。

$$\varepsilon = \frac{L_1 - L}{L_0} \times 100 \quad\cdots\cdots\cdots\cdots\cdots\cdots\cdots\cdots\cdots\cdots\cdots\cdots\cdots\cdots \text{(A.1)}$$

式中:

ε——限制膨胀率,单位为百分数(%);

L_1——所测龄期的限制试体长度,单位为毫米(mm);

L——限制试体初始长度,单位为毫米(mm);

L_0——限制试体的基长,140mm。

A.5.2 结果处理

取相近的两条试体测量值的平均值作为限制膨胀率测量结果,计算结果保留至小数点后第三位。

附 录 B
（规范性附录）
明矾石膨胀水泥不透水性检验方法

B.1 仪器

砂浆渗透仪：抗渗压力不低于2.0MPa，误差值±0.05MPa的砂浆渗透仪。

胶砂搅拌机：符合GB/T 17671中规定的搅拌机。

胶砂振实台：符合GB/T 17671中规定的振实台。

抗渗试模：上口径为70mm，下口径为80mm，高为35mm的试模。

B.2 试体的成型与养护

B.2.1 每一编号水泥需成型三块试体。采用1:3胶砂（质量比），水灰比为0.500搅拌时需称取水泥450g，ISO标准砂1350g，水205ml，按GB/T 17671搅拌。

B.2.2 将拌和好的水泥胶砂分别装入三个预先擦净并装配好的试模内（模底稍涂机油，模底螺纹部位涂以黄干油）。用小刀沿着模边转圈压实10次，再将砂浆装满试模，稍高出模边。将试模用特制卡具固定在振实台上振实，然后刮平。

B.2.3 试体成型后即放入养护箱内养护，16h后脱去模底，移入养护水槽内养护三天（自加水时算起）。

B.3 不透水性的检验

B.3.1 试体养护到龄期后，从水中取出擦净，脱模，风干表面。

B.3.2 将试体圆周在熔化的蜡中滚动两圈，立即装入已加热至100℃左右的透水试模内（注意试体端面不得粘蜡），加压封边。

B.3.3 开动渗透仪，使试模底盘充满水，然后将透水试模旋紧在试模底盘上。

B.3.4 始压为0.2MPa，2h以后每隔1h增加0.1MPa，至1MPa下恒压8h。

B.4 结果评定

三试体中若有两块于此压力下不透水，则可评定该编号水泥不透水性合格。若有两块试体表面出现水滴，则评定该编号水泥不透水性不合格。

ICS 91.100.10

Q 11

备案号:12759—2003

JC

中华人民共和国建材行业标准

JC/T 912—2003

水泥立窑用煤技术条件

Technical condition of coal for cement shaft kiln

2003-09-20 发布　　　　　　　　2003-12-01 实施

中华人民共和国国家发展和改革委员会　发布

前　言

本标准是在参照 GB/T 7563—2000《水泥回转窑用煤技术条件》,结合我国立窑水泥生产的需要,合理利用煤炭资源和保护环境质量的基础上提出的。

本标准由全国水泥标准化技术委员会提出。

本标准由全国水泥标准化技术委员会、全国煤炭标准化技术委员会归口。

本标准起草单位:中国建筑材料科学研究院水泥科学与新型建筑材料研究所;

山东临沂市庆云山水泥厂;

河南神火煤电股份有限公司。

本标准主要起草人:张玉昌、徐晖、王彦、张道连、郑朝华。

本标准委托中国建筑材料科学研究院水泥科学与新型建筑材料研究所负责解释。

水泥立窑用煤技术条件

1 范围

本标准规定了水泥立窑用煤的煤炭类别、技术要求和试验方法。

本标准适用于水泥厂立窑烧成用煤。可以作为煤炭资源用途评价的依据。

2 规范性引用文件

下列文件中的条款通过本标准的引用而成为本标准的条款。凡是注日期的引用文件,其随后所有的修改单(不包括勘误的内容)或修订版均不适用于本标准,然而,鼓励根据本标准达成协议的各方研究是否可使用这些文件的最新版本。凡是不注日期的引用文件,其最新版本适用于本标准。

GB/T 189 煤炭粒度分级

GB/T 212 煤的工业分析

GB/T 213 煤的发热量测定方法

GB/T 214 煤中全硫的测定方法

GB 474 煤样的制备方法

GB 475 商品煤样采取方法

GB/T 477 煤炭筛分试验方法

GB 5751 中国煤炭分类

3 技术要求和试验方法

产品的技术要求和试验方法应符合表1的规定。

表1 技术要求和试验方法

项目	符号	单位	技术要求	试验方法
煤炭类别	WY YM	—	①常规用煤类别:无烟煤 ②可搭配使用煤类别:烟煤	GB 5751
煤炭粒度	—	mm	一般用煤粒度:<50	GB/T 189 GB/T 477
灰分	A_d	%	≤27.00	GB/T 212
挥发分	V_d	%	无烟煤:≤10.00	GB/T 212
			烟煤:≤15.00	
低位发热量	$Q_{net,ar}$	MJ/kg	≥21.00[1]	GB/T 213
全硫	$S_{t,d}$	%	<1.50[2]	GB/T 214

注:1)发热量为按GB/T 213采用氧弹热量仪的实测结果进行修正后的数值。

2)如有的煤炭产品达不到要求,在符合当地环保要求的情况下,由供需双方协商解决。

4 煤样的采取和制备

煤样按GB 475的规定采取、按GB 474的规定制备。

ICS 91. 100. 10

Q 11

备案号:30047—2011

JC

中华人民共和国建材行业标准

JC/T 600—2010

代替 JC 600—2002

石灰石硅酸盐水泥

Limestone portland cement

2010-11-22 发布

2011-03-01 实施

中华人民共和国工业和信息化部　发 布

前　言

本标准按照 GB/T T1.1—2009 给出的规则起草。

本标准是对 JC 600—2002《石灰石盐酸盐水泥》进行修订。

本标准自实施之日起代替 JC 600—2002。

本标准与 JC 600—2002 相比,主要变化如下:

——标准由强制性标准改为推荐性标准;

——石灰石硅酸盐水泥的术语和定义不再规定组分要求,将组分要求移至组分与材料一章规定(2002 年版的第 3 章;本版 3.1 和 4.1);

——硅酸盐水泥熟料要求改为应符合 GB/T 21372 的要求(2002 年版的 4.1;本版的 4.2);

——工业副产石膏要求改为应符合 GB/T 21371 的要求(2002 年版的 4.3;本版的 4.4.2);

——助磨剂加入量由不超过水泥质量的 1% 改为不超过水泥质量的 0.5%(2002 年版的 4.4;本版的 4.5);

——增加水泥中氯离子含量不大于 0.06% 的规定(见 6.3);

——判定规则取消了废品判定,仅规定了合格品的判定(2002 年版的 8.3;本版的 8.3)。

本标准由中国建筑材料联合会提出。

本标准由全国水泥标准化技术委员会(SAC/TC 184)归口。

本标准主要起草单位:建筑材料工业技术监督研究中心、中国建筑材料科学研究总院、厦门艾思欧标准砂有限公司、拉法基瑞安水泥有限公司。

本标准主要起草人:甘向晨、金福锦、赵婷婷、陈斌、江丽珍、刘晨、李胜泰。

本标准所代替标准的历次版本发布情况为:

——JC 600—1995;

——JC 600—2002。

石灰石硅酸盐水泥

1 范围

本标准规定了石灰石硅酸盐水泥的术语和定义、组分与材料、强度等级、技术要求、试验方法和检验规则及包装、标志、运输和贮存等。

本标准适用于石灰石硅酸盐水泥。

2 规范性引用文件

下列文件对于本文件的应用是必不可少的。凡是注日期的引用文件,仅注日期的版本适用于本文件。凡是不注日期的引用文件,其最新版本(包括所有的修改单)适用于本标准。

GB/T 176　水泥化学分析方法

GB/T 750　水泥压蒸安定性试验方法

GB/T 1346　水泥标准稠度用水量、凝结时间、安定性检验方法(GB/T 1346—2001 eqv ISO 9597:1989)

GB/T 5483 天然石膏

GB/T 8074　水泥比表面积测定方法(勃氏法)

GB 9774　水泥包装袋

GB/T 12573　水泥取样方法

GB/T 12960　水泥组分的定量测定

GB/T 17671　水泥胶砂强度检验方法(ISO法)(GB/T 17671—1999 idt ISO 679:1989)

GB/T 21371　用于水泥中的工业副产石膏

GB/T 21372　硅酸盐水泥熟料

JC/T 667　水泥助磨剂

JC/T 1073　水泥中氯离子的化学分析方法

3 术语和定义

下列术语和定义适用于本文件。

3.1

石灰石硅酸盐水泥　limestone portand cement

以硅酸盐水泥熟料和适量石膏以及一定比例的石灰石磨细制成的水硬性胶凝材料,称为石灰石硅酸盐水泥,代号 P·L。

4 组分与材料

4.1 组分

石灰石硅酸盐水泥中熟料与石膏的含量(质量分数)为:$75\% < G_{熟料+石膏} \leqslant 90\%$,石灰石含量(质量分数)为:$10\% < G_{石灰石} \leqslant 25\%$。

4.2 硅酸盐水泥熟料

应符合 GB/T 21372 的要求。

4.3 石灰石

石灰石中碳酸钙含量(质量分数)不小于 75.0%,三氧化二铝含量(质量分数)不大于 2.0%。

4.4 石膏

4.4.1 天然石膏

应符合 GB/T 5483 中规定的 G 类或 M 类,品位等级为二级(含)以上的石膏。

4.4.2 工业副产石膏

应符合 GB/T 21371 的规定。

4.5 助磨剂

水泥粉磨时允许加入不损害水泥性能的助磨剂,且应符合 JC/T 667 的规定,其加入量应不大于水泥质量的 0.5%。

5 强度等级

石灰石硅酸盐水泥强度等级分为 32.5、32.5R、42.5、42.5R 四个等级。

6 技术要求

6.1 氧化镁

水泥中氧化镁含量(质量分数)应不大于 5.0%。如果水泥经压蒸安定性试验合格,则水泥中氧化镁含量(质量分数)允许放宽到 6.0%。

6.2 三氧化硫

水泥中三氧化硫含量(质量分数)应不大于 3.5%。

6.3 氯离子

水泥中氯离子含量(质量分数)应不大于 0.06%。

6.4 比表面积

水泥比表面积应不小于 350 m^2/kg。

6.5 凝结时间

初凝应不早于 45min,终凝应不迟于 600min。

6.6 安定性

沸煮法合格。

6.7 强度

各强度等级水泥的各龄期抗压强度和抗折强度应符合表 1 的要求。

表 1 各强度等级水泥的各龄期强度指标 单位为兆帕

强度等级	抗压强度		抗折强度	
	3d	28d	3d	28d
32.5	≥11.0	≥32.5	≥2.5	≥5.5
32.5R	≥16.0	≥32.5	≥3.5	≥5.5
42.5	≥16.0	≥42.5	≥3.5	≥6.5
42.5R	≥21.0	≥42.5	≥4.0	≥6.5

6.8 碱含量

水泥中碱含量按 $Na_2O + 0.658K_2O$ 计算值来表示,是否限定由供需双方商定。若使用活性骨料,用户要求提供低碱水泥时,水泥中碱含量应不大于 0.60% 或由供需双方商定。

7 试验方法

7.1 组分

石灰石掺量按 GB/T 12960 进行试验。

7.2 氧化镁、三氧化硫和碱含量

按 GB/T 176 进行试验。

7.3 氯离子含量

按 JC/T 1073 进行试验。

7.4 比表面积

按 GB/T 8074 进行试验。

7.5 凝结时间和安定性

按 GB/T 1346 进行试验。

7.6 压蒸安定性

按 GB/T 750 进行试验。

7.7 强度

按 GB/T 17671 进行试验。

8 检验规则

8.1 编号及取样

水泥出厂前按同品种、同强度等级编号和取样。袋装水泥和散装水泥应分别进行编号和取样,取样方法按 GB/T 12573 进行。每一编号为一取样单位,水泥出厂编号按年生产能力规定:

60 万 t 以上,不超过 1000t 为一编号;

30 万 ~60 万 t,不超过 600t 为一编号;

10 万 t ~30 万 t,不超过 400t 为一编号;

4 万 t ~10 万 t,不超过 200t 为一编号。

8.2 出厂水泥

水泥符合 6.1 ~6.7、6.8(用户需要时)要求时方可出厂。

8.3 判定规则

水泥符合 6.1 ~6.7、6.8(用户需要时)要求为合格品,否则为不合格品。

8.4 检验报告

检验报告内容应包括本标准规定的各项技术要求、石灰石掺加量、助磨剂和石膏的品种及掺量、属旋窑或立窑生产及合同约定的其他技术要求。当用户需要时,生产者应在水泥发出之日起 7d 内寄发除 28d 强度以外的各项检验结果,32d 内补报 28d 强度检验结果。

8.5 交货与验收

8.5.1 交货时水泥的质量验收可抽取实物试样以其检验结果为依据,也可以生产者同编号水泥的检验报告为依据。采取何种方法验收由买卖双方商定,并在合同中或协议中注明。卖方有告知买方验收方法的责任。当无书面合同或协议,或未在合同、协议中注明验收方法的,卖方应在发货票上注明"以本厂同编号水泥的检验报告为验收依据"的字样。

8.5.2 以抽取实物试样的检验结果为验收依据时,买卖双方应在发货前或交货地共同取样和签封。取样方法按 GB/T 12573 进行,取样数量为 20 kg,缩分为二等份。一份由卖方保存 40d,一份由买方按本标准规定的项目和方法进行检验。

在 40d 以内,买方检验认为产品质量不符合本标准要求,而卖方又有异议时,则双方应将卖方保存的另一份试样送省级或省级以上国家认可的水泥质量监督检验机构进行仲裁检验。水泥安定性仲裁检验应在取样之日起 10d 内完成。

8.5.3 以生产者同编号水泥的检验报告为验收依据时,在发货前或交货时买方在同编号水泥中抽取试样,买卖双方共同签封后由卖方保存 90d,或认可卖方自行取样、签封并保存 90d 的同编号水泥的封存样。

在 90d 内,买方对水泥质量有疑问时,则买卖双方应将签封的试样送省级或省级以上国家认可的水泥质量监督检验机构进行仲裁检验。

9 包装、标志、运输与贮存

9.1 包装

水泥可以散装或袋装。袋装水泥每袋净含量50 kg,且应不少于标志质量的99%;随机抽取20袋总质量应不少于1000 kg。其他包装形式由供需双方协商确定,但有关袋装质量的要求,应符合上述原则规定。水泥包装袋应符合GB 9774的规定。

9.2 标志

水泥包装袋上应清楚标明:执行标准、水泥品种、代号、强度等级、生产者名称、生产许可证标志(QS)及编号、出厂编号、包装日期、净含量。包装袋两侧应印有水泥品种和强度等级,用黑色印刷。

散装发运时应提交与袋装标志内容相同的卡片。

9.3 运输与贮存

水泥在运输与贮存时不得受潮和混入杂物,不同品种和强度等级的水泥在贮运过程中应避免混杂。

ICS 91. 100. 10
Q 11
备案号:27693—2010

JC

中华人民共和国建材行业标准

JC/T 452—2009
代替 JC 452—2002

通用水泥质量等级

Ranking of common Portland cements

2009-12-04 发布　　　　　　　　　2010-06-01 实施

中华人民共和国工业和信息化部　发布

前　　言

本标准自实施之日起代替 JC/T 452—2002《通用水泥质量等级》。

与 JC/T 452—2002 相比,主要变化如下:

——取消石灰石硅酸盐水泥,将范围中"本标准适用于硅酸盐水泥、普通硅酸盐水泥、矿渣硅酸盐水泥、火山灰质硅酸盐水泥、粉煤灰硅酸盐水泥、复合硅酸盐水泥和石灰石硅酸盐水泥等通用水泥产品的质量等级评定和质量认证"改为"本标准适用于通用硅酸盐水泥和采用本标准的其他品种水泥的产品质量等级评定和质量认证"(2002 版第 1 章,本版第 1 章);

——将硅酸盐水泥、普通硅酸盐水泥优等品"28d 抗压强度指标≥46.0MPa"改为"28d 抗压强度指标≥48.0MPa"(2002 版第 5.4 条,本版第 5.3 条);

——将矿渣硅酸盐水泥、火山灰质硅酸盐水泥、粉煤灰硅酸盐水泥、复合硅酸盐水泥优等品"3d 抗压强度指标≥21.0MPa,28d 抗压强度指标≥46.0MPa"改为"3d 抗压强度指标≥22.0MPa,28d 抗压强度指标≥48.0MPa"(2002 版第 5.4 条,本版第 5.3 条);

——将硅酸盐水泥、普通硅酸盐水泥一等品"3d 抗压强度指标≥19.0MPa,28d 抗压强度指标≥36.0MPa"改为"3d 抗压强度指标≥20.0MPa,28d 抗压强度指标≥46.0MPa"(2002 版第 5.4 条,本版第 5.3 条);

——将矿渣硅酸盐水泥、火山灰质硅酸盐水泥、粉煤灰硅酸盐水泥、复合硅酸盐水泥一等品"3d 抗压强度指标≥16.0MPa,28d 抗压强度指标≥36.0MPa"改为"3d 抗压强度指标≥17.0MPa,28d 抗压强度指标≥38.0MPa"(2002 版第 5.4 条,本版第 5.3 条);

——将各等级终凝时间由"≤390min、≤390min、≤390min、≤480min"改为"≤300min、≤330min、≤360min、≤420min"(2002 版第 5.4 条,本版第 5.3 条);

——增加了氯离子含量指标(本版第 5.3 条);

——增加了等级判定原则,即"结果符合 5.3 表 1 中相应等级所有指标要求的,判为相应等级品。任一项不符合要求的,降为下一等级品"(本版第 6.1 条)。

本标准由中国建筑材料联合会提出。

本标准由全国水泥标准化技术委员会(SAC/TC 184)归口。

本标准主要起草单位:中国建筑材料科学研究总院、新蒲建设集团有限公司、建筑材料工业技术监督研究中心、厦门艾思欧标准砂有限公司。

本标准参加起草单位:北京国建联信认证中心有限公司、合肥水泥研究设计院、云南瑞安建材投资有限公司、山东丛林集团有限公司、唐山冀东水泥股份有限公司、山东山水水泥集团有限公司、山东山铝水泥有限公司、云南红塔滇西水泥股份有限公司、二连浩特市泰高水泥有限公司、北京市水泥质量监督检验站、山东省水泥质量监督检验站。

本标准主要起草人:江丽珍、刘晨、颜碧兰、于法典、王麦对、李胜泰、安学利、练礼财、徐颖、王昕、宋立春、甘向晨。

本标准所代替标准的历次版本发布情况为:

——JC/T 452—1992、JC/T 452—1997、JC/T 452—2002。

通用水泥质量等级

1 范围

本标准规定了通用水泥质量等级的评定原则和划分,水泥实物质量等级的技术要求和水泥质量等级评定。

本标准适用于符合 GB 175《通用硅酸盐水泥》规定的各品种水泥和采用本标准的其他品种水泥的产品质量等级评定和质量认证。

2 规范性引用文件

下列文件中的条款通过本标准的引用而成为本标准的条款。凡是注日期的引用文件,其随后所有的修改单(不包括勘误的内容)或修订版均不适用于本标准,然而,鼓励根据本标准达成协议的各方研究是否可使用这些文件的最新版本。凡是不注日期的引用文件,其最新版本适用于本标准。

GB 175　通用硅酸盐水泥

3 质量等级的评定原则

3.1　评定水泥质量等级的依据是产品标准和实物质量。

3.2　为使产品质量水平达到相应的等级要求,企业应具有生产相应等级产品的质量保证能力。

4 质量等级的划分

4.1　优等品

水泥产品标准必须达到国际先进水平,且水泥实物质量水平与国外同类产品相比达到近 5 年内的先进水平。

4.2　一等品

水泥产品标准必须达到国际一般水平,且水泥实物质量水平达到国际同类产品的一般水平。

4.3　合格品

按我国现行水泥产品标准组织生产,水泥实物质量水平必须达到现行产品标准的要求。

5 质量等级的技术要求

5.1　水泥实物质量在符合相应标准的技术要求基础上,进行实物质量水平的分等。

5.2　通用水泥的实物质量水平根据 3d 抗压强度、28d 抗压强度、终凝时间、氯离子含量进行分等。

5.3　通用水泥的实物质量应符合表 1 的要求。

表1　通用水泥的实物质量

项目		质量等级				
		优等品		一等品		合格品
		硅酸盐水泥 普通硅酸盐水泥	矿渣硅酸盐水泥 火山质硅酸盐水泥 粉煤灰硅酸盐水泥 复合硅酸盐水泥	硅酸盐水泥 普通硅酸盐水泥	矿渣硅酸盐水泥 火山灰质硅酸盐水泥 粉煤灰硅酸盐水泥 复合硅酸盐水泥	硅酸盐水泥 普通硅酸盐水泥 矿渣硅酸盐水泥 火山灰质硅酸盐水泥 粉煤灰硅酸盐水泥 复合硅酸盐水泥
抗压强度	3d ≥	24.0MPa	22.0MPa	20.0MPa	17.0MPa	符合通用水泥各品种的技术要求
	28d ≥	48.0MPa	48.0MPa	46.0MPa	38.0MPa	
	28d ≤	$1.1\bar{R}^{a}$	$1.1\bar{R}^{a}$	$1.1\bar{R}^{a}$	$1.1\bar{R}^{a}$	
终凝时间 /min　≤		300	330	360	420	
氯离子含量/% ≤		0.06				

[a] 同品种同强度等级水泥28d抗压强度上月平均值,至少以20个编号平均,不足20个编号时,可两个月或三个月合并计算。对于62.5(含62.5)以上水泥,28d抗压强度不大于$1.1\bar{R}$的要求不作规定。

6　水泥质量等级评定

6.1　水泥企业可按本标准实物质量等级的要求,以出厂水泥试验结果确定相应的产品等级。结果符合5.3表1中相应等级所有指标要求的判为相应等级品。任一项不符合要求的降为下一等级品。

6.2　当水泥企业确定产品为优等品、一等品或合格品,并在包装袋上印有相应质量等级时,质量管理部门(即第三方机构)应按企业确定等级进行考核、监督。不合格者不得在产品包装或其他形式上标识。

6.3　水泥产品实物质量水平的验证由省级或省级以上国家认可的水泥质量检验机构负责进行。

6.4　水泥产品的质量管理、认证、统计、监督按照有关规定进行。

ICS 91.100.30
Q 13

JC

中华人民共和国建材行业标准

JC 901—2002

水泥混凝土养护剂

Curing compounds for cement concrete

2002-12-09 发布

2003-03-01 实施

中华人民共和国国家经济贸易委员会　发 布

前　言

本标准第 5 章为强制性条款,其余为推荐性条款。

本标准是在总结我国水泥混凝土养护剂的科研成果和生产使用实践的基础上制定的。本标准制定时,参考了美国试验材料协会 ASTM C 309—1998《混凝土养护用液体成膜剂》与英国 BS 7542—1992《混凝土养护剂的试验方法》。

本标准在制定水泥混凝土养护剂保水率指标时主要参照了英国标准,以测定混凝土的水分损失量来计算其保水率。本标准根据我国实际情况,增补了混凝土抗压强度比、磨耗量、固含量、成膜后浸水溶解性、成膜耐热性等技术指标。

本标准的附录 A、附录 B 为规范性附录。

本标准由中国建筑材料工业协会提出。

本标准由全国水泥制品标准化技术委员会归口。

本标准起草单位:中国建筑材料科学研究院水泥科学与新型建筑材料研究所、交通部公路科学研究所。

本标准主要起草人:付智、王显斌、牛开民、刘云、夏玲玲、隋同波。

本标准为首次发布。

水泥混凝土养护剂

1 范围

本标准规定了水泥混凝土养护剂的术语、一般要求、要求、试验方法、检验规则及包装、标志、运输与贮存等。

本标准适用于表面成膜型养护剂。

2 规范性引用文件

下列文件中的条款通过本标准的引用而成为本标准的条款。凡是注日期的引用文件,其随后所有的修改单(不包括勘误的内容)或修订版均不适用于本标准,然而,鼓励根据本标准达成协议的各方研究是否可使用这些文件的最新版本。凡是不注日期的引用文件,其最新版本适用于本标准。

GB 8076—1997 混凝土外加剂

GB/T 8077 混凝土外加剂匀质性试验方法

GBJ/T 80 普通混凝土拌和物性能试验方法

GBJ/T 81 普通混凝土力学性能试验方法

JC/T 421 水泥胶砂耐磨性方法

JTJ 053 公路工程水泥混凝土试验规程

3 术语

3.1 水泥混凝土养护剂

水泥混凝土养护剂是一种喷洒或涂刷于混凝土表面,能在混凝土表面形成一层连续的不透水的密闭养护薄膜的乳液或高分子溶液。

3.2 基准混凝土

按本标准试验条件规定配制的不喷涂养护剂的混凝土。

4 一般要求

4.1 外观:均匀、无明显色差、不含其他杂质。

4.2 稠度:应满足在4℃以上易于喷涂(或按需要涂刷或辊刷),能形成均匀涂层。

4.3 有害反应:不应对混凝土表面及混凝土性能造成有害影响。

4.4 毒性:不应含有任何对人体、生物与环境有害的化学成分。

4.5 稳定性:在贮存期内,不得出现分层、结块和絮凝现象。

5 要求

水泥混凝土养护剂产品性能应符合表1的要求。

表1 水泥混凝土养护剂技术要求

检验项目		一级品	合格品
有效保水率,% ≥		90	75
抗压强度比,% ≥	7d	95	90
	28d	95	90

检验项目	一级品	合格品
磨耗量^a,kg/m^2 ≤	3.0	3.5
固含量,% ≥	20	
干燥时间,h ≤	4	
成膜后浸水溶解性	应注明溶或不溶	
成膜耐热性	合格	

注:"a"在对表面耐磨性能有要求的表面上使用混凝土养护剂时为必检指标。

6 试验方法

6.1 材料及混凝土配合比

试验所用水泥、砂、石、水等材料及混凝土配合比应符合 GB 8076 要求。

水泥混凝土养护剂用量:产品质量检验时原液的用量宜为 0.2kg/m^2,可采用生产厂家推荐的最低原液用量。推荐的原液用量必须在 0.2kg/m^2～0.25kg/m^2 范围内。

6.2 有效保水率

按本标准附录 A 进行。

6.3 抗压强度比

按本标准附录 B 进行。

6.4 磨耗量

基准试体按照 JTJ 053 试验,喷涂试体按附录 B 成型。

6.5 干燥时间

将养护剂按试验用量涂于泌水结束的符合 JC/T 421 要求的新拌水泥砂浆表面,试验室温度为(20±2)℃,相对湿度为(50±10)%。试验时从喷涂养护剂时开始计时,用手指以适度压力触压表面,无水分粘手上的触干时间定为干燥时间。

6.6 固含量

按 GB 8077 测定。

6.7 成膜后浸水溶解性

将水泥混凝土养护剂按试验用量一次涂于 150mm×300mm 的塑料板上,待完全干燥后,浸入水中,水温为(20±3)℃,浸水时间为 1h,观察膜是否溶解。

6.8 成膜耐热性

将水泥混凝土养护剂按试验用量涂于玻璃板上,待完全干燥后,置于(65±2)℃的烘箱内,恒温 10min 后观察是否出现熔化、变色现象。

7 检验规则

7.1 取样及编号

7.1.1 试样应由买方选择在交货前或交货时在工厂或仓库取样。

7.1.2 生产厂应将产品分批编号,每 20T 为一批量编号,不足 20T 时按一个批量计。每一编号取一个样,取样量不少于 10kg。

7.1.3 如果养护剂在混合罐或槽中,则刚开始灌装时,从罐中取样约三分之一,灌装至一半时,取样约三分之一,另外三分之一在灌装结束时取样。如果养护剂已装入容器中,取样的容器数量是整批容器数的立方根后取较大的整数。

7.2 试样及留样

每一编号取得的试样应充分混匀,分为两等份,一份按表 1 项目进行试验,另一份密封半年,以备有疑问时提交国家指定的检验机构进行复验或仲裁。取样容器应及时密封,严禁泄漏、替换或稀释。

7.3 检验分类

7.3.1 产品检验分出厂检验和型式检验。

7.3.2 出厂检验:产品出厂必须进行出厂检验,项目包括有效保水率、固含量、干燥时间和成膜后浸水溶解性。

7.3.3 型式检验:型式检验包括表1所列的全部检验项目。

有下列情况之一者,应进行型式检验:

    a)新产品或老产品转厂生产的试制定型鉴定;

    b)正式生产后,如材料、工艺有较大改变,可能影响产品性能时;

    c)正常生产时,每季度至少进行一次检验;

    d)产品长期停产后,恢复生产时;

    e)出厂检验结果与上次型式检验有较大差异时;

    f)国家质量监督机构提出进行型式检验要求时。

7.4 判定规则

所有项目均符合本标准第5章中规定的某一等级要求,则判为相应等级。其中有一项不符合合格品要求时,判为不合格。

8 包装、标志、运输与贮存

8.1 产品出厂时应提供产品质量合格证和产品说明书,产品说明书应包括生产厂名称、产品名称及型号、执行标准、外观、色泽、成膜后浸水溶解性、出厂日期、产品质量等级、有效期和注意事项。

8.2 养护剂应装入生产厂提供的洁净容器中,如塑料桶或金属桶,每个容器上应印上可识别的标志和产品名称、型号、执行标准号、净质量、生产厂家、生产日期、有效期和出厂编号。

8.3 运输时应轻拿轻放,防止破损,防止坚硬物碰撞容器。

8.4 养护剂应放在专用仓库或固定的场所妥善保管,以易于识别,便于检查和提货。

8.5 养护剂自生产之日起,在正常运输贮存条件下贮存期为半年。

附　录　A

（规范性附录）
水泥混凝土养护剂有效保水率试验方法

A.1　仪器设备

A.1.1　60L 混凝土标准单卧轴强制式搅拌机。

A.1.2　混凝土标准振动台。

A.1.3　塑料试模 150mm×150mm×150mm。

A.1.4　环境箱：控制箱内环境温度：(38±2)℃；

湿度：(32±3)%(R·H)；

风速：(0.5±0.2)m/s。

注：不能满足风速条件的试验设备只能进行定性试验，而不能作为定级及仲裁试验。

A.1.5　电子天平：称量 20kg，感量 0.1g。

A.2　试件

A.2.1　基准混凝土的制备

采用 60L 搅拌机，成型混凝土的全部材料一次投入，用水量应使混凝土坍落度达到(40±10)mm，拌和量不少于 15L，不大于 45L，搅拌 3min，出料后人工翻拌 2~3 次。

测定混凝土坍落度，按 GBJ/T 80 进行，须控制在(40±10)mm 的范围内。

各种混凝土材料和试验环境均应保持在温度(20±5)℃；相对湿度(50±10)% 的条件下。

A.2.2　试件的成型与数量

A.2.2.1　试模：使用塑料试模，成型前将试模底部的气孔用胶带密封好，不宜在模子内抹过多的脱模剂或油，特别是顶部边缘需密封的地方。

A.2.2.2　试件成型：按 GBJ/T 81 进行，然后在顶面用抹刀抹平，并沿试模内壁插捣数次，缺料处用余浆找平，使顶面均匀密实，没有空隙和裂缝。成型后清理干净模子外缘，并水平放置。

A.2.3　试件数量

基准试件每组：4 块。

喷涂养护剂试件每组：4 块。

A.2.3　试件表面的制备与边缘密封

A.2.3.1　表面制备：待试件表面水消失后，用干净软毛刷轻刷表面釉层，应刷不出表面水或用手指轻擦过表面无水迹为适宜的表面条件。

A.2.3.2　基准试件的表面条件达到要求后，立即对基准试件称量，质量为 m_1，精确至 0.1g，放入环境箱中，记录入箱时间。

A.2.3.3　喷涂养护剂试件的表面条件达到要求后，在试模和试件边缘间，剔出一条深 3mm，宽不大于 3mm 的 V 型槽，用密封胶或蜡等密封材料填充，封边后立即对试件称量，质量为 M_1，精确至 0.1g。

A.2.4　混凝土养护剂的喷涂

A.2.4.1　根据生产厂家推荐用量，计算养护剂的喷涂量 M_c，如无特别要求，以 0.2kg/m² 的用量为准。试件喷涂面积以试件净尺寸计算。

A.2.4.2　按规定用量，在试件顶部均匀地喷涂养护剂，不得有漏喷、漏涂或明显不均匀的情况存在，每个试件一次完成。

A.2.4.3　通过比较喷涂前后试件质量，确定养护剂喷涂量是否达到要求，达到要求后，立即称取喷涂养护

剂试件质量 M_2，精确至 0.1g。整个喷涂时间不得超过 2min，如果最终的养护剂用量与计算用量相差超过 10%，试件无效。

A.3 试件的养护

A.3.1 立即将喷涂过养护剂的试件，放入环境箱内，并记录入箱时间。

A.3.2 基准试件和喷涂养护剂试件应等间距均匀的摆放在环境箱内，72h 后，取出称其质量。基准试件试验最终质量 m_2；喷涂养护剂试件最终质量 M_3；称量精确至 0.1g。

A.4 试验结果计算

A.4.1 基准试件的水分损失量按式（A1）计算：

$$G_0 = m_1 - m_2 \cdots\cdots\cdots\cdots\cdots\cdots\cdots\cdots\cdots\cdots\cdots\cdots （A1）$$

式中：

G_0——基准试件水分损失量，g；

m_1——基准试件入箱前质量，g；

m_2——基准试件试验最终质量，g。

计算结果精确至 0.1g。

A.4.2 喷涂养护剂试件水分损失量按式（A2）和（A3）计算：

$$G_c = M_1 + (N_c \times M_c) - M_3 \cdots\cdots\cdots\cdots\cdots\cdots\cdots\cdots\cdots （A2）$$

式中：

G_c——喷涂养护剂试件水分损失量，g；

M_c——养护剂用量，g；

M_3——喷涂养护剂试件最终质量，g；

N_c——养护剂非挥发组份比例，%。

计算结果精确至 0.1g。

$$M_c = M_2 - M_1 \cdots\cdots\cdots\cdots\cdots\cdots\cdots\cdots\cdots\cdots\cdots （A3）$$

M_1——试件封边后质量，g；

M_2——试件喷涂养护剂后的质量，g；

计算结果精确至 0.1g。

A.4.3 试件水分损失量

以每组试件水分损失量的算术平均值作为试验结果。若同一组内水分损失量最大和最小之差超过 0.15kg/m² ，则该组试验结果无效；若一个试件水分损失量与平均值的差超过 15%，则将该数据剔除，取其余试件的算术平均值作为该组试件的水分损失量。余下的试件数不得少于 3 块；如少于 3 块则该试验作废，必须重做。

A.4.4 有效保水率按式（A4）计算，计算结果精确至 1%。

$$Q = (1 - \overline{G}_c / \overline{G}_0) \times 100 \cdots\cdots\cdots\cdots\cdots\cdots\cdots\cdots\cdots （A4）$$

式中：

Q——养护剂有效保水率，%；

$\overline{G}_0$——基准试件组平均水分损失量，g；

$\overline{G}_c$——喷涂养护剂试件组平均水分损失量，g。

附　录　B

（规范性附录）
混凝土抗压强度比试验方法

B.1 仪器设备

B.1.1 60L 混凝土标准单卧轴强制式搅拌机。

B.1.2 混凝土标准振动台。

B.1.3 试模：为 150mm×150mm×150mm 的塑料试模或密封不透水的钢试模。

B.1.4 试件数量：基准试件与喷涂养护剂试件每个龄期至少 3 块。

B.2 原材料及配合比

按本标准6.1执行。

B.3 试验步骤

B.3.1 按 GBJ/T 81 规定成型：控制混凝土坍落度为（40±10）mm。

B.3.2 待试件表面水消失后，用干净软毛刷轻刷表面釉层，应刷不出表面水或用手指轻擦过表面无水迹为适宜的表面条件。

B.3.3 喷涂养护剂试件组试件表面条件达到要求后，在试模和试件边缘间，剔出一条深3mm，宽不大于3mm 的 V 型槽，用密封胶或蜡等密封材料填充，封边。

B.3.4 根据生产厂家推荐用量，计算养护剂的喷涂量 Mc，如无特别要求，以 0.2kg/m² 的用量为准。试件喷涂面积以试件净尺寸计算。

B.3.5 按规定用量，在试件顶部均匀地喷涂养护剂，不得有漏喷、漏涂或明显不均匀的情况存在，每个试件一次完成。

B.3.6 将喷涂养护剂试件带模置于室内养护，环境温度为（20±5）℃，相对湿度为（50±10）%。

B.3.7 基准试件按 GBJ/T 81 规定养护和测定抗压强度 S。

B.3.8 喷涂养护剂试件养护至龄期后取出，先实测试件受压面积，再按 GBJ/T 81 规定测定抗压强度。根据测定强度和受压面积计算混凝土抗压强度 S'。

B.4 结果计算

抗压强度比以每组涂养护剂混凝土与基准混凝土同龄期抗压强度的算术平均值之比表示，按式（B1）计算，计算结果精确至1%：

$$R_S = \frac{S'}{S} \times 100 \quad\cdots\cdots\cdots\cdots\cdots\cdots\cdots\cdots\cdots\cdots\cdots\cdots\cdots\cdots \text{（B1）}$$

式中：

R_S——抗压强度比，%；

S——基准混凝土的抗压强度，MPa；

S'——涂养护剂混凝土的抗压强度，MPa。